AF292493

Das Konzept „erfolgreich studieren" erfüllt eine zentrale Herausforderung der Lehrenden und Studierenden von heute: Es stehen immer geringere Zeitbudgets für das Vermitteln und Lernen zur Verfügung, während gleichzeitig Umfang und Komplexität von Wissen stetig zunehmen. Die Bücher der Reihe folgen einer darauf abgestimmten Didaktik. Lernziele am Anfang jedes Kapitels geben Orientierung, werden anhand von Übungen und Beispielen vertieft und durch Verständnisfragen und Aufgaben am Kapitelende wiederholt. Zu vielen Büchern finden sich zusätzliche Lerninhalte und Lösungen online. Stolpersteine, an denen leicht Verständnisprobleme entstehen können, werden besonders behandelt.

Wolfgang Finckh

Stahlbeton-konstruktion 1

Von der Bemessung über die Konstruktionsregeln
zum Bewehrungsplan

2. Auflage

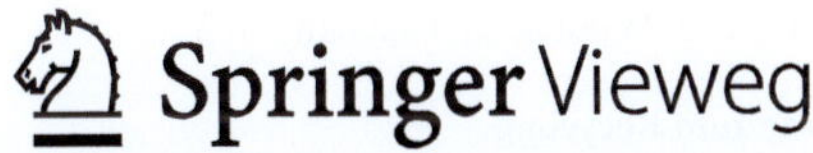

Wolfgang Finckh 🆔
Regensburg, Deutschland

ISSN 2524-8693   ISSN 2524-8707   (electronic)
erfolgreich studieren
ISBN 978-3-658-50726-8   ISBN 978-3-658-50727-5   (eBook)
https://doi.org/10.1007/978-3-658-50727-5

Die Deutsche Nationalbibliothek verzeichnet diese Publikation in der Deutschen Nationalbibliografie; detaillierte bibliografische Daten sind im Internet über https://portal.dnb.de abrufbar.

Planung/Lektorat: Ralf Harms
Springer Vieweg ist ein Imprint der eingetragenen Gesellschaft Springer Fachmedien Wiesbaden GmbH und ist ein Teil von Springer Nature.
Die Anschrift der Gesellschaft ist: Abraham-Lincoln-Str. 46, 65189 Wiesbaden, Germany

Vorwort

Mit der seit vielen Jahrzehnten bewährten Stahlbetonbauweise ist der größte Teil unserer Gebäude und Infrastruktur gebaut worden. Um die Vorteile dieser Bauweise auch in den zukünftigen Jahren erfolgreich anwenden und nutzen zu können, muss vor allem die Nachhaltigkeit verbessert werden. Bei der Verbesserung der Nachhaltigkeit ist neben einer ressourceneffizienten Konstruktion vor allem der Erhalt und die Umnutzung bestehender Bauwerke ein wichtiger Baustein. Beide Aufgabenstellungen können nur mit einem fundierten mechanisch basierten Wissen über die Bauweise bewältigt werden.

Ziel dieses Lehrbuches ist es den Studierenden die Berechnungsgrundlagen des Stahlbetonbaus zu vermitteln und darauf aufbauend über die Konstruktionsregeln an die Bewehrungsführung und -planung heranzuführen. Dabei werden zunächst die Grundlagen des Werkstoffes Stahlbeton und die Berechnung der inneren Kräfte sowie die Biege- und Querkraftbemessung besprochen. Anhand dieser Grundlagen, welche mit zahlreichen Beispielen verdeutlicht sind, werden die allgemeinen Bewehrungs- und Konstruktionsregeln für Balken und Platten erläutert und an Beispielen veranschaulicht. Für die in der Praxis häufig vorkommenden Stützen und Flachdecken sind zusätzlich spezielle Berechnungen und Konstruktionsregeln erforderlich, welche in zwei weiteren Kapiteln erarbeitet werden. Neben den Anforderungen an die Tragfähigkeit muss für ein erfolgreiche dauerhafte Nutzung der Bauwerke auch die Gebrauchstauglichkeit gegeben sein, was in einem weiteren Kapitel behandelt wird. Um das Erlernte in der Praxis auch umsetzen zu können, wird im letzten Kapitel der Planungsprozess, das Anfertigen einer statischen Berechnung sowie das Erstellen von Schal- und Bewehrungsplänen besprochen.

Nach dem Lesen dieses Buches ist es Ihnen möglich die Berechnung und Planung des Stahlbetonbaus im üblichen Hochbau durchzuführen. Bei speziellen Konstruktionen, welche z. B. im Fertigteilbau angewendet werden, sind gegebenenfalls noch weitere Detailnachweise notwendig. Hierauf wird im Teil 2 dieser Buchreihe eingegangen.

In der aktuellen 2. Auflage wurden nicht nur zahlreiche redaktionelle, didaktische und inhaltliche Verbesserungen vorgenommen, sondern auch die zweite Generation des Eurocode 2 (DIN EN 1992-1-1 (09.2025) zusammen mit der DIN EN 1992-1-1/ NA1 (E) (08.2025)) vollständig umgesetzt. Dies war erforderlich, da die erste Generation Anfang 2028 zurückgezogen wird und die Studierenden somit nicht mehr nach veralteten Normen lernen sollen.

Das vorliegende Buch basiert auf der Bachelorvorlesung „Stahlbetonbau I, II und III" an der Ostbayerischen Technischen Hochschule Regensburg, welche ich seit mehreren Jahren halte. Hierbei gilt der Dank meinen Studierenden sowie meinen Kollegen für die zahlreichen Anregungen und Verbesserungsvorschläge.

Dem Springer Vieweg sei für die unkomplizierte Zusammenarbeit gedankt. Vor allem möchte ich mich für die Bereitschaft bedanken, das Buch den Studierenden kostengünstig bzw. im Rahmen des DEAL-Vertrags über SpringerLink zur Verfügung zu stellen.

Wolfgang Finckh
Regensburg, Deutschland
im Dezember 2025

Inhaltsverzeichnis

Einleitung

Inhaltsverzeichnis

W. Finckh, *Stahlbetonkonstruktion 1*, erfolgreich studieren,
https://doi.org/10.1007/978-3-658-50727-5_1

1.1 Der heutige Stahlbetonbau

Der Stahlbeton wurde gegen Ende des 19. Jahrhunderts entwickelt und hat sich im Laufe des 20. Jahrhunderts zu einem der wichtigsten Baumaterialien entwickelt. Seitdem wird die Stahlbetonbauweise für alle Arten von Bauwerken wie beispielsweise Gebäude, Brücken, Wasserbauwerke und Tunnel erfolgreich eingesetzt und ist aufgrund seiner Vielseitigkeit und Langlebigkeit sehr beliebt. Alle diese Bauwerke müssen berechnet, dimensioniert und konstruiert werden.

In der Ingenieurpraxis übernehmen mittlerweile EDV-Programme einen großen Teil dieser Berechnungsaufgaben zur Stahlbetonbemessung. Dabei können Konstruktionen nahezu aller Art, auch teilweise von unerfahrenen Anwendern, in wenigen Stunden berechnet werden. Die Verantwortung, ob die damit erzeugten Ergebnisse für das untersuchte Tragwerk auch zutreffend, konstruktiv verträglich und umsetzbar sind, liegt jedoch nicht bei den Softwareherstellern, sondern beim Tragwerksplaner. Der Einsatz von künstlicher Intelligenz wird diese Problemstellung nicht lösen, sondern eher noch verschärfen, da in kürzerer Zeit noch einfacher mehr Ergebnisse erzeugt werden können. Das nachvollziehen der daraus entstehenden Ergebnisse wird so noch schwieriger. Erschwerend kommt hinzu, dass die Ergebnisse nicht immer reproduzierbar sind, was bedeutet, dass bei einer zweiten (nahezu) gleichen Eingabe ein unterschiedliches Ergebnis erzeugt wird.

Aus den genannten Gründen ist es wichtig, dass Bauingenieure im Berufsleben ein gutes mechanisches Verständnis des Stahlbetonbaus haben. Nur dieses mechanische Verständnis kann eine verantwortungsvolle Anwendung von EDV-Programme gewährleisten. Bei Stahlbetonbauteilen ist es wichtig, dass die Berechnungsergebnisse richtig interpretiert werden und dann in der Konstruktion umgesetzt werden. Hierbei ist die Ausbildung, die Platzierung und die Führung der Stahlbewehrung von entscheidender Bedeutung. Diese Überlegungen zur konstruktiven Durchbildung können nicht durch EDV-Programme übernommen werden und bleiben eine zentrale Aufgabe Bauingenieurinnen und -ingenieure.

Eine wichtige Aufgabe der Planenden, ist zudem neu errichtete Konstruktionen möglichst nachhaltig zu bauen. Was im Stahlbeton vor allem bedeutet, die Konstruktion möglichst materialeffizient, langlebig und somit ressourcenschonend zu erstellen. Auch für diese Aufgabe ist ein gutes Verständnis für die Bauweise zwingend erforderlich.

1.2 Buchreihe Stahlbetonkonstruktion

Die Buchreihe Stahlbetonkonstruktion will das mechanische Verständnis des Stahlbetonbaus zusammen mit der konstruktiven Durchbildung der Bauteile stärken.

In dem vorliegenden ersten Teil werden zunächst in ▶ Kap. 2 und 3 die mechanischen Grundlagen zur Bemessung von nicht stabilitätsgefährdeten stabförmigen Bauteilen erläutert. Mit diesen Grundlagen werden dann in den ▶ Kap. 4 und 5 die Umsetzung der Ergebnisse in die richtige Bewehrungskonstruktion erläutert. Diese beiden Kapitel werden auch nach der Durchführung einer EDV-Berechnung immer benötigt und sind gerade bezüglich der späteren Berufspraxis wichtig. Im ▶ Kap. 6 werden die Stützen behandelt, bei welchem besondere Berechnungs- und Bewehrungsreglungen aufgrund einer möglichen Stabilitätsgefährdung erforderlich sind. Neben den stabförmigen Bauteilen werden auch flächenförmige Bauteile aus Stahlbeton gebaut. Den heutzutage am häufigsten vorkommenden flächenförmigen Bauteilen, den Fachdecken, widmet sich das ▶ Kap. 7. Hier wird insbesondere auf das dort vorkommende Phänomen des Durchstanzen eingegangen. Alle Berechnung müssen so durchgeführt werden, dass diese neben der Tragfähigkeit auch die Gebrauchstauglichkeit sicherstellen, was in ▶ Kap. 8 behandelt wird. Nach einer erfolgreichen Bemessung, Berechnung und Konstruktiven Durchbildung müssen diese Ergebnisse und Informationen noch dokumentiert und in Pläne umgesetzt werden. Dies wird in ▶ Kap. 9 ausführlich besprochen. In ▶ Kap. 10 sind zahlreiche Hilfsmittel und Tabellen enthalten, welche insbesondere bei den Berechnungsbeispielen angewendet werden.

In dem zweiten Teil „Stahlbetonkonstruktion 2 – Von der Bauteilberechnung über die Bemessung zur Bauwerksplanung" (Finckh 2026) werden die Torsionsbemessung, liniengelagerte Platten, die Aussteifung von Gebäuden, die Fertigteilbauweise, Elementdecken und Verbundfugen sowie Fundamente und Bodenplatten behandelt. Außerdem wird die Berechnung von Durchbiegungen und die Schnittgrößenumlagerung betrachtet.

Der geplante dritte Teil werden weitere wichtige Themen wie Heißbemessung, wasserundurchlässige Betonkonstruktionen, hochfeste Materialien, nichtmetallische Bewehrung und Stahlfaserbeton behandeln. Auch wird auf die EDV-Bemessung und die nicht-lineare Berechnung eingegangen.

In allen Teilen sind in jedem Kapitel zur Verdeutlichung des Vorgehens umfangreiche Berechnungsbeispiele mit der zugehörigen Bewehrungsführung enthalten. Bei den Beispielen wurde darauf geachtet, dass diese einen praktischen Hintergrund haben und vollständig gelöst werden. Hierdurch ergeben sich einige Wiederholung und auch teilweise Überschneidungen mit anderen Bemessungsaufgaben.

Insbesondere bei den Beispielen werden einige Grundlagen aus anderen Fachgebieten des Bauingenieurwesens vorausgesetzt. So sollten dem Lesenden die Grundzüge der Baustoffkunde (vgl. z. B. (Koenders et al. 2025)) der Baustatik (vgl. z. B. (Sudret 2022)), der Lastermittlung (vgl. z. B. (Schmidt 2019, 2025)) sowie des Sicherheitskonzeptes bekannt sein. Die Lastermittlung und das Sicherheitskonzept werden zusammen mit der Baustatik auch in (Baar 2021, 2022) zusammenhängen vermittelt.

In den nachfolgenden Kapiteln werden die wesentlichen Themen behandelt, welche für den üblichen Stahlbetonhochbau im Neubau erforderlich sind. Bei sehr gedrungenen Bauteileilen und Detailpunkten sind jedoch besondere Berechnungsverfahren und Bewehrungskonstruktionen erforderlich, welche in (Finckh 2025) besprochen werden. Ebenfalls sind für Stahlbetonbauteile im Bestand besondere Überlegung erforderlich, welche in (Finckh 2024) behandelt werden. Diese beiden Bücher folgen auch dem Konzept der Buchreihe „Stahlbetonkonstruktion".

1.3 Normative Ausgangsbasis – die zweite Eurocodegeneration

Im Jahre 2014 wurde begonnen alle Eurocodes zu überarbeiten. Das Ziel dieser Überarbeitung bestand darin, die Eurocodes anwendungsfreundlicher zu gestalten, aktuelle Erkenntnisse einfließen zu lassen und die Anzahl der Nationalen

Regelungsparameter zu verringern. Im Betonbau wurde nach der Einspruchsphase Ende 2023 die EN 1992-1-1 (11.2023) vom CEN[1] (Europäische Komitee für Normung) veröffentlicht. Die deutsche Übersetzung DIN EN 1992-1-1 (09.2025) wurde zusammen mit dem Gelbdruck des Nationalen Anhangs DIN EN 1992-1-1/NA1 (E) (08.2025) Mitte 2025 veröffentlicht. Die Europäischen Verträge sehen vor, dass die alten Eurocodes im März 2028 zurückgezogen werden und nach den neuen Eurocodes gearbeitet werden sollte. Ab wann in Deutschland mit den neuen Eurocodes gearbeitet werden darf bzw. muss, regelt die Bauaufsicht durch die Aufnahme in die Liste der technischen Baubestimmung. Eine verbindliche Aussage hierzu, war zum Zeitpunkt der Manuskripterstellung noch nicht bekannt. Es ist jedoch davon auszugehen, dass 2027 bis 2028 auf die neuen Eurocodes umgestellt wird.

Um sicherzustellen, dass die Studierenden nicht mit einer zum Zeitpunkt des Abschlusses veralteten Normenstand, in das Berufsleben starten, ist eine frühzeitige Umstellung der Lehre auf die neuen Eurocodes erforderlich. Aus diesem Grund wurde die Buchreihe „Stahlbetonkonstruktion" in der 2. Auflage vollständig auf die neue zweite Eurocodegeneration umgestellt.

Dieses Buch basiert daher auf der zweiten Eurocodegeneration DIN EN 1992-1-1 (09.2025) mit dem Entwurf des zugehörigem Deutschen Nationalen Anhang DIN EN 1992-1-1/NA1 (E) (08.2025). Änderungen aus dem Einspruchsverfahren der DIN EN 1992-1-1/NA1 (E) (08.2025) sowie Änderung aus dem ersten Amendment wurden soweit bekannt schon über Kommentare berücksichtigt. Auslegungen aus dem DAfStb-Heft 600 (DAfStb 2020) wurden sinngemäß berücksichtigt. Auch wurde die Neuauflage der Normenreihe DIN 1045 berücksichtigt, welche bei der Planung und Ausführung zu beachten ist. Die Normenreihe DIN 1045 regelt allgemein alle Aspekte von „Tragwerke aus Beton, Stahlbeton und Spannbeton" und umfasst das folgende, hier relevante Regelwerk:

- DIN 1045-1000 (08.2023): Grundlagen und Betonbauqualitätsklassen,
- DIN 1045-1 (08.2023): Planung, Bemessung und Konstruktion,
- DIN 1045-2 (08.2023): Beton, DIN 1045-3 (08.2023): Bauausführung
- DIN 1045-4 (08.2023): Betonfertigteile – Allgemeine Regeln
- DIN 1045-40 (08.2023): Regeln für Betonfertigteile, die keiner spezifischen Norm entsprechen. DIN 1045-41 (08.2023): Anforderungen für die Verwendung von Betonfertigteilen in baulichen Anlagen.

Für alle, die noch nicht nach der zweiten Eurocodegeneration arbeiten, steht die erste Auflage dieser Buchreihe noch zur Verfügung.

Literatur

Baar S (2021) Lohmeyer Baustatik 1. Springer Fachmedien Wiesbaden, Wiesbaden
Baar S (2022) Lohmeyer Baustatik 2. Springer Fachmedien Wiesbaden, Wiesbaden
DAfStb (Hrsg) (2020) Erläuterungen zu DIN EN 1992-1-1 und DIN EN 1992-1-1/NA; DAfStb Heft 600. Beuth Verlag, Berlin

---

1   Comité Européen de Normalisation.

DIN 1045-1 (08.2023) Tragwerke aus Beton, Stahlbeton und Spannbeton – Teil 1: Planung, Bemessung und Konstruktion, Berlin

DIN 1045-1000 (08.2023) Tragwerke aus Beton, Stahlbeton und Spannbeton – Teil 1000: Grundlagen und Betonbauqualitätsklassen (BBQ), Berlin

DIN 1045-2 (08.2023) Tragwerke aus Beton, Stahlbeton und Spannbeton – Teil 2: Beton, Berlin

DIN 1045-3 (08.2023) Tragwerke aus Beton, Stahlbeton und Spannbeton – Teil 3: Bauausführung, Berlin

DIN 1045-4 (08.2023) Tragwerke aus Beton, Stahlbeton und Spannbeton -Teil 4: Betonfertigteile – Allgemeine Regeln, Berlin

DIN 1045-40 (08.2023) Tragwerke aus Beton, Stahlbeton und Spannbeton – Teil 40: Regeln für Betonfertigteile, die keiner spezifischen Norm entsprechen, Berlin

DIN 1045-41 (08.2023) Tragwerke aus Beton, Stahlbeton und Spannbeton – Teil 41: Anforderungen für die Verwendung von Betonfertigteilen in baulichen Anlagen, Berlin

DIN EN 1992-1-1 (09.2025) Eurocode 2: Bemessung und Konstruktion von Stahlbeton- und Spannbetontragwerken – Teil 1-1: Allgemeine Regeln und Regeln für Hochbauten, Brücken und Ingenieurbauwerke; Deutsche Fassung EN 1992-1-1:2023, Berlin

DIN EN 1992-1-1/NA1 (E) (08.2025) Entwurf, Nationaler Anhang 1 zu DIN EN 1992-1-1:2025-MM – Eurocode 2 – Bemessung und Konstruktion von Stahlbeton- und Spannbetontragwerken – Teil 1-1: Allgemeine Regeln und Regeln für Hochbauten, Brücken und Ingenieurbauwerke, Berlin

EN 1992-1-1 (11.2023) Eurocode 2. Design of concrete structures. General rules and rules for buildings, bridges and civil engineering structures

Finckh W (2024) Verstärken von Betonbauteilen; Tragwerksplanung im Bestand. Springer Vieweg, Wiesbaden

Finckh W (2025) Mit Stabwerkmodellen zur Bewehrungsführung; Detailnachweise im Stahlbetonbau. Springer Vieweg, Wiesbaden

Finckh W (2026) Stahlbetonkonstruktion 2; Von der Bauteilberechnung über die Bemessung zur Bauwerksplanung. Springer Vieweg, Wiesbaden

Koenders E, Weise K, Mayer M, Morina N (2025) Werkstoffe im Bauwesen; Einführung für Bauingenieure und Architekten. Springer Vieweg, Wiesbaden

Schmidt P (2019) Lastannahmen – Einwirkungen auf Tragwerke; Grundlagen und Anwendung nach EC 1. Springer Vieweg, Wiesbaden, Heidelberg

Schmidt P (2025) Lastannahmen – Beispiele. Springer Fachmedien Wiesbaden, Wiesbaden

Sudret B (2022) Baustatik; Eine Einführung. Springer Vieweg, Wiesbaden, Heidelberg

Grundlagen der Biegebemessung

Inhaltsverzeichnis

© Der/die Autor(en), exklusiv lizenziert an Springer Fachmedien Wiesbaden GmbH, ein Teil von Springer Nature 2026
W. Finckh, *Stahlbetonkonstruktion 1*, erfolgreich studieren,
https://doi.org/10.1007/978-3-658-50727-5_2

Dieses Kapitel legt die Basis für die Berechnung von Stahlbetonbauteilen. Zunächst wird in ▶ Abschn. 2.1 das mechanische Materialverhalten von Beton und Stahl über die Beziehung zwischen Spannung und Dehnung beschrieben. Die Besonderheiten bei der Schnittgrößenermittlung und der Systemidealisierung werden in ▶ Abschn. 2.2 erläutert. Mit den Schnittgrößen und dem Materialverhalten können mithilfe der Gleichgewichtsbedingungen am Querschnitt die inneren Kräfte im Beton und im Betonstahl bestimmt und die erforderliche Bewehrungsmenge ermittelt werden. Die Vorgehensweise wird in den ▶ Abschn. 2.3 und 2.4 erläutert. Danach werden weitere Sonderfälle der Bemessung wie z. B. die Druckbewehrung, die häufig vorkommenden Plattenbalkenquerschnitte und die schiefe Biegung besprochen. Zu jedem Abschnitt sind neben den Erläuterungen der Hintergründe auch Berechnungsbeispiele enthalten.

Lernziele

Nach dem Lesen dieses Kapitels:

- Kennen Sie die mechanische Beschreibung des Betons und Betonstahls und wissen, warum und wie man diese Werkstoffe kombiniert.
- Beherrschen Sie die Grundlagen der Biegebemessung auf Basis des Gleichgewichts und können diese Gleichgewichtsbedingungen aufstellen und anwenden.
- Wissen Sie, wie man bei einer Biegebeanspruchung die Bewehrungsmenge ermittelt und warum man möglichweise Druckbewehrung einbauen muss.
- Können Sie einen Plattenbalkenquerschnitt und einen Querschnitt mit schiefer Biegung bemessen.

2.1 Materialverhalten Stahlbeton

2.1.1 Allgemeines

Stahlbeton ist ein Verbundbaustoff aus den Komponenten Beton und Betonstahl, welche als Baustoffe statisch zusammenwirken müssen. Dieses Zusammenwirken wird als Verbund bezeichnet, welcher in ▶ Abschn. 4.5 näher behandelt wird. Das unterschiedliche Materialverhalten dieser beiden Werkstoffe, wie dies ◘ Abb. 2.1 zeigt, bestimmt das allgemeine Tragverhalten des Gesamtbauteils. Der Beton hat hohe Druckfestigkeiten jedoch nur geringe Zugfestigkeiten. Stahl hingegen hat hohe Druck- und Zugfestigkeiten, jedoch besteht unter Druckbeanspruchung und kleinen Querschnittsabmessungen jedoch die Gefahr des Knickversagens.

Die Zugfestigkeit des Betons, die etwa 10 % der Druckfestigkeit beträgt, ist relativ gering. Aufgrund dieser Eigenschaft würde ein unbewehrtes Betonbauteil bei Überschreitung der Zugfestigkeit unter Biegebeanspruchung versagen, wodurch die guten Eigenschaften des Betons auf Druck nicht ausgenutzt werden könnten. Bei einem solchen unbewehrten Betonbauteil würde somit sofort nach dem ersten Riss, aufgrund des spröden Verhaltens des Betons, ein schlagartiges Versagen einstellen, was man im Allgemeinen verhindern will. Da auch die Zugfestigkeit des Betons eine stark streuende Größe ist und mitunter bereits durch rechnerisch nicht erfasste Eigen-

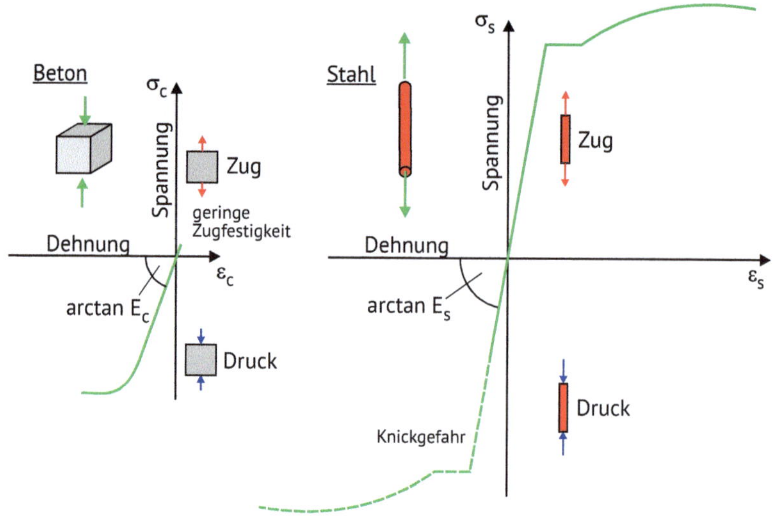

Abb. 2.1 Spannungs-Dehnungs-Diagramme für Beton und Stahl unter Zug- und Druckbeanspruchung

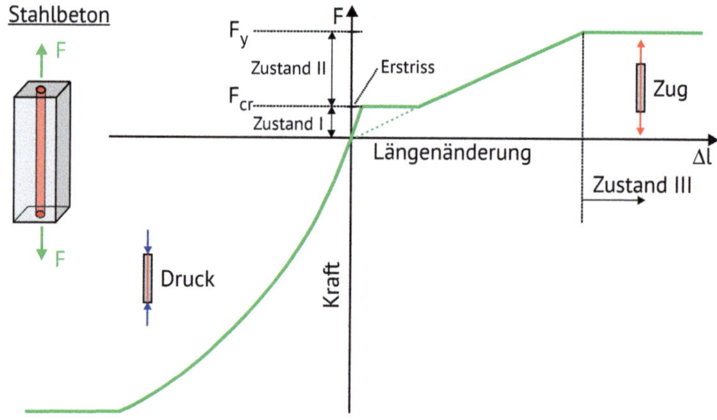

Abb. 2.2 Kraft-Verformungs-Diagramm des Stahlbetons unter Zug- und Druckbeanspruchung

spannungen aufgebraucht ist, werden die Zugkräfte im Stahlbetonbau einer innenliegenden Betonstahlbewehrung zugewiesen.

Dadurch, dass die Zugkräfte im Stahlbeton nun durch den Stahl aufgenommen werden, ergibt sich sowohl eine wirtschaftliche wie auch eine robuste Lösung. Die Druckkräfte werden somit überwiegend durch den Beton übernommen und die Zugkräfte werden durch den teureren Werkstoff Stahl aufgenommen. Der Verbund zwischen Beton und Stahlbewehrung erfolgt dabei wirkungsvoll durch Verzahnung des Betons mit dem Stahl.

Wird nun der Verbundwerkstoff Stahlbeton auf Zug und Druck belastet, erhält man das in **Abb. 2.2** dargestellte Verhalten. Unter Druckbeanspruchung verhält sich das Stahlbetonbauteil ähnlich wie der reine Betonquerschnitt, da die Querschnittsfläche des Betons überwiegt und die Fließdehnungen beider Materialien auf Druck ähnlich sind. Unter Zugbeanspruchung stellt sich jedoch ein deutlich anderes Tragverhalten ein, welches wie folgt vereinfacht idealisiert werden kann:

- Zustand I (ungerissener Zustand): Zunächst verhält sich der Zugstab linear elastisch. Dieser Zustand dauert so lange an, bis die Zugkraft die Risskraft des Betons überschreitet und sich ein erster Riss im Beton ergibt. Die Risskraft bezeichnet hierbei die Zugkraft, bei der die Zugfestigkeit des Betons überschritten wird ($F_{cr} = f_{ct} \cdot A_c$).
- Zustand II (gerissener Zustand): Wird die Zugfestigkeit des Betons überschritten, reißt der Querschnitt. Dabei fällt die Steifigkeit ab und die im Beton gespeicherte elastische Energie wird freigesetzt. Dies führt zu einer schlagartigen Verlängerung des Bauteils. Ab diesem Zeitpunkt wird angenommen, dass der Beton keine Zugspannungen mehr überträgt. Damit muss die gesamte Zugkraft durch die Bewehrung aufgenommen werden.
- Zustand III (plastischer Zustand): Überschreitet die Spannung im Betonstahl die Fließgrenze der Bewehrung, so verlängert sich das Bauteil immer weiter, ohne dass die Zugkraft merklich weiter ansteigt.

Wenn ein Tragsystem entworfen und dimensioniert werden soll, ist es die Aufgabe des Tragwerksplanenden die gedrückten und gezogenen Bereiche im Bauteil und auf Querschnittsebene zu identifizieren. Die Druckkraft wird dann dem Beton zugewiesen, wobei die Betondruckfestigkeit nicht überschritten werden darf, und die Zugkraft wird dem Stahlquerschnitt (der Bewehrung) zugewiesen. Hierbei ist der Stahlquerschnitt so zu wählen, dass die Zugfestigkeit des Stahls nicht überschritten wird. Dieses Prinzip wird auch als Bemessung bezeichnet.

Für die Bemessung werden die Materialkennwerte der jeweiligen Werkstoffe benötigt. Diese werden in den folgenden ▶ Abschn. 2.1.2 und 2.1.3 für den Beton und Betonstahl erläutert. Der Fokus liegt dabei auf den für die Bemessung im Grenzzustand der Tragfähigkeit relevanten Materialkennwerten.

Neben den hier beschriebenen mechanischen Vorteilen hat die Kombination von Stahl und Beton auch den Vorteil, dass der umgebende Beton den Stahl vor Korrosion und Beschädigung schütz. Näheres hierzu wird in ▶ Abschn. 4.1 beschrieben.

❗ Der Stahlbetonbau ist eine nahezu perfekte Partnerschaft zwischen Beton und Stahl. Das, was der eine Partner nicht kann, übernimmt der andere Partner.

2.1.2 Mechanische Beschreibung des Betons

2.1.2.1 Allgemeines

Beton stellt ursprünglich ein Dreistoffsystem dar, das aus Zement, Wasser und Gesteinskörnung[1] besteht. Inzwischen wird jedoch vielfach ein Fünfstoffsystem eingesetzt, bei dem zusätzlich Betonzusatzmittel und Betonzusatzstoffe verwendet werden. Dadurch können Betone mit vielfältigen, spezifischen Eigenschaften hergestellt werden. Das Produkt Beton wird durch die DIN 1045-2 (08.2023) geregelt, welche

---

[1] Umgangssprachlich wird die Gesteinskörnung auch als Zuschlag bezeichnet.

eine konsolidierte Fassungen der europäischen Norm DIN EN 206 (06.2021) mit allen zusätzlichen nationalen Anwendungsregeln darstellt.

Für einige Bemessungsaufgaben müssen nach der DIN EN 1992-1-1 (09.2025) auch die Korngrößen der Gesteinskörnung bekannt sein. Hier ist vor allem der Wert D_{lower} nach DIN 1045-2 (08.2023) relevant, welcher den kleinsten zulässigen Wert der oberen Siebgröße D für die gröbste Gesteinskörnungsfraktion im Beton beschreibt. Damit die Bemessungsgleichungen nach der DIN EN 1992-1-1 (09.2025) gültig sind muss $D_{lower} \geq 8mm$ sein. Bei den Bewehrungsabständen kommt auch der Wert D_{uppper}[2] nach DIN 1045-2 (08.2023) vor, welcher den größte zulässiger Wert der oberen Siebgröße D für die gröbste Gesteinskörnungsfraktion im Beton ist. Es gilt $D_{lower} \leq D_{upper}$. Falls der exakte Wert der oberen Siebgröße D_{max} bekannt ist, gilt $D_{lower} = D_{upper} = D_{max}$.

> Falls ein Beton mit D_{lower} = 24mm und D_{upper} = 32mm bestellt wird, darf das Größtkorn zwischen 24 mm und 32 mm betragen.

Die nachfolgenden Bemessungseigenschaften von Beton dürfen für Betriebstemperaturen im Bereich von $-40\,°C$ bis $+100\,°C$ verwendet werden.

2.1.2.2 Druckfestigkeit

Eine der wichtigsten mechanischen Kenngrößen des Betons ist die Druckfestigkeit f_c, welche auch meist die Bezugsgröße für die statische Berechnung darstellt. Da der Beton ein Baumaterial ist, welches aus einer Mischung von Zement, Sand, Kies und Wasser hergestellt wird, sind die Festigkeitseigenschaft stark abhängig von der Mischung der Einzelbestandteile sowie deren Eigenschaften. Da es sich insbesondere bei der Gesteinskörnung (Sand und Kies) um natürlich Produkte handelt, schwanken die Festigkeitseigenschaft mitunter auch bei gleichbleibendem Betonrezept. Aus diesem Grund müssen die Betondruckfestigkeiten im Regelfall experimentell bestimmt und kontrolliert werden. Heutzutage werden die Druckfestigkeiten üblicherweise entweder an Zylindern mit dem Durchmesser Ø 150 mm und der Höhe h = 300 mm ($f_{c,cyl}$) oder an Würfeln ($f_{c,cube}$) mit der Kantenlänge von 150 mm gemäß DIN EN 12390-3 (10.2019) bestimmt.

Bei einem solchen Druckversuch erfolgt das Druckversagen des Betons durch das Überschreiten der maximalen Querzugspannungen. Damit versagt die seitliche Stützung durch die Klebewirkung des Zementsteins. Hierbei beeinflusst die Prüfkörperform das Ergebnis der Festigkeitsermittlung. Die Querdehnung erzeugt Querzugspannungen, die vom Beton nur sehr beschränkt aufgenommen werden können und somit zum Bruch führen. Bei den niedrigen Probewürfeln ist der Einfluss der Endflächenreibung als Behinderung der Querdehnung über die ganze Prüfkörperhöhe vorhanden, bei den längeren Probezylindern nicht (vgl. ◼ Abb. 2.3).

Im Rahmen der Bemessung wird gemäß der DIN EN 1992-1-1 (09.2025) davon ausgegangen, dass die Betonfestigkeit durch die Zylinderdruckfestigkeit, bestimmt an 150 mm/300 mm Zylindern gemäß DIN EN 12390-1 (09.2021), ausreichend genau beschrieben wird. Somit ergibt sich die mittlere Betondruckfestigkeit aus der Zylinderdruckfestigkeit:

---

2   Umgangssprachlich würde man dies als Größtkorn des Betons bezeichnen.

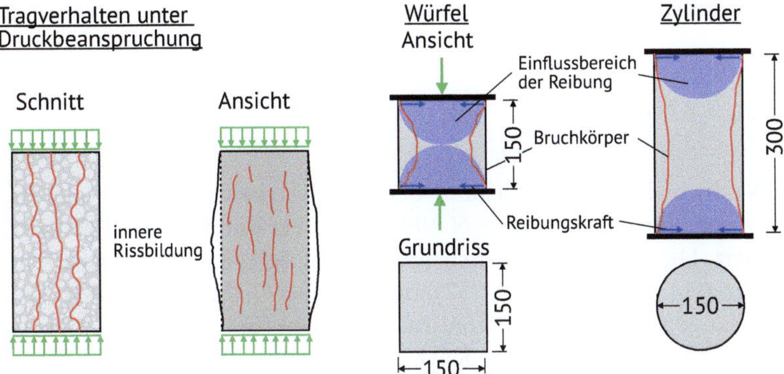

Abb. 2.3 Probekörper für die Druckfestigkeitsprüfung von Beton (Maße in mm)

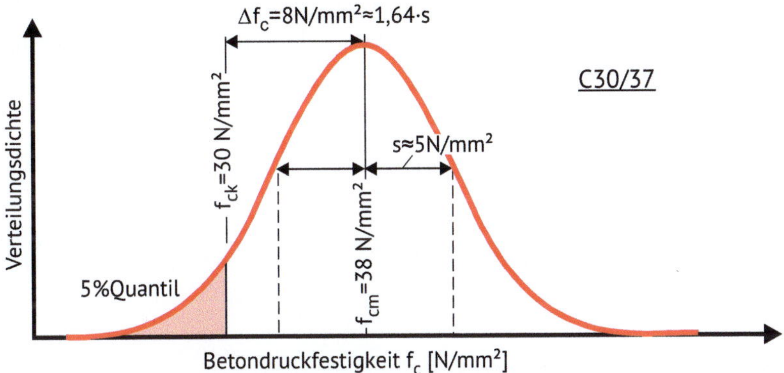

Abb. 2.4 Stochastische Verteilung der Druckfestigkeit

$$f_{cm} = f_{cm,cyl} \tag{2.1}$$

Die anhand von Würfel mit der Kantenlänge von 150 mm ermittelte Druckfestigkeit kann näherungsweis gemäß (Reineck et al. 2012) wie folgt umgerechnet werden:

$$f_{cm} \approx 0{,}79 \cdot f_{cm,cube} \tag{2.2}$$

Um Materialstreuungen zu berücksichtigen, wird gemäß DIN EN 1990 (10.2021) meist der untere charakteristische Wert in Form eines 5 % Quantils als Grundwert für die weitere Bemessung verwendet. Das 5 % Quantil kann gemäß DIN EN 1990 (10.2021) unter Annahme der Grundgesamtheit und einer Standardnormalverteilung über die Standardabweichung berechnet werden. Die Standardabweichung wurde von (Rüsch et al. 1969) für Ortbeton über die Auswertung zahlreicher Baustellen zu einem vom Mittelwert unabhängigen konstanten Wert von $s \approx 5 N/mm^2$ ermittelt. Damit kann gemäß DIN EN 1990 (10.2021) der charakteristische Wert der Betondruckfestigkeit bestimmt werden, wie es in Abb. 2.4 beispielhaft gezeigt ist.

Somit ergibt sich der charakteristische Wert der Betondruckfestigkeit mit Gl. (2.3).

$$f_{ck} = f_{cm} - 8\,N\,/\,mm^2 \tag{2.3}$$

Für die Nachweise im Grenzzustand der Tragfähigkeit (GZT) werden die Festigkeitskennwerte gemäß der DIN EN 1990 (10.2021) durch einen Teilsicherheitsbeiwert dividiert. Dieser Teilsicherheitsbeiwert ergibt sich aus den stochastischen Randbedingungen (vgl. z. B. (Spaethe 1992)) und wird bei Ortbetonbauteilen für den GZT mit γ_C = 1,5 angegeben. Da die Betondruckfestigkeit für einen bestimmten Zeitpunkt (im Regelfall 28 Tage) unter einer Kurzzeitbelastung anhand von Probekörpern bestimmt wurde, müssen noch die Einflüsse des Dauerstandverhalten (vgl. z. B. (Rüsch et al. 1968)), der Nacherhärtung (vgl. z. B. (Grübel et al. 2001)) sowie der Abweichung der Festigkeit im Bauteil gegenüber den Probekörpern berücksichtig werden. Dies erfolgt in der DIN EN 1992-1-1 (09.2025) in Verbindung mit der DIN EN 1992-1-1/NA1 (E) (08.2025) über die Faktoren k_{tc} und η_{cc}. Damit ergibt sich der Bemessungswert der Betondruckfestigkeit zu:

$$f_{cd} = \eta_{cc} \cdot k_{tc} \cdot \frac{f_{ck}}{\gamma_C} \tag{2.4}$$

$$\eta_{cc} = \left(\frac{65N\,/\,mm^2}{f_{ck}} \right)^{1/3} \leq 1,0 \tag{2.5}$$

Dabei ist:

f_{ck} – Charakteristischer Wert der Zylinderdruckfestigkeit

γ_C – Teilsicherheitsbeiwert für Beton. Für die ständige und vorübergehend Bemessungssituation (GZT) gilt γ_C = 1,5.

k_{tc} – Dauerstandskoeffizient,
im Allgemeinen gilt k_{tc} = 0,85.

η_{cc} – Faktor nach Gl. (2.5) zur Berücksichtigung der Differenz zwischen der ungestörten Druckfestigkeit eines Zylinders und der wirksamen Druckfestigkeit, die im tragenden Bauteil auftreten kann.
Für $f_{ck} \leq 65\ N/mm^2$ gilt η_{cc} = 1,0

Für den Dauerstandskoeffizient k_{tc} darf in begründeten Fällen wie z. B. einer Kurzzeitbelastung, bei außergewöhnlichen Einwirkungen oder wenn die quasi-ständigen Einwirkungen weniger als 70 % der charakteristischen Gesamtlast beträgt, k_{tc} = 0,95 gewählt werden.

> **Praxistipp**
>
> Bei werksmäßig hergestellten Fertigteilen können die Streuungen der Betonfestigkeit zum einen durch die industrielle Herstellung und vor allem aber durch Aussonderung von Bauteilen, welche nicht den Abnahmekriterien entsprechen, deutlich reduziert werden. Wenn bei einer werksmäßigen und ständig überwachten Herstellung durch eine Überprüfung der Betonfestigkeit an jedem fertigen Bauteil sichergestellt ist, dass alle Fertigteile mit zu geringer Betonfestigkeit ausgesondert werden, darf gemäß DIN EN 1992-1-1 (09.2025) in Verbindung mit der DIN EN 1992-1-1/NA1 (E) (08.2025) NA.A.2 der Teilsicherheitsbeiwert von $\gamma_{c,red} = 1{,}35$ verwendet werden.

2.1.2.3 Zugfestigkeit

Die Zugfestigkeit f_{ct} von Beton beträgt näherungsweise lediglich 10 % der Druckfestigkeit. Die Zugfestigkeit des Betons wird im Wesentlichen über die Klebewirkung des Zementsteins charakterisiert. Die zentrische Zugfestigkeit beschreibt als zentrale Größe die direkte Zugfestigkeit des Betons. Da diese versuchstechnisch schwer zu bestimmen ist, werden im Regelfall Spaltzugversuche nach DIN EN 12390-6 (05.2024) und Biegezugversuche nach DIN EN 12390-5 (10.2019) durchgeführt. Durch eine entsprechende Korrelation kann dann wieder auf die zentrische Zugfestigkeit zurückgeschlossen werden. In den meisten Fällen in der Praxis liegen keine genauen Versuchswerte für die Betonzugfestig vor. Aus diesem Grund wird oft die Zugfestigkeit in Abhängigkeit der charakteristischen Werte der Betondruckfestigkeit über Korrelationen bestimmt, welche im Wesentlich auf (Heilmann et al. 1969) zurückgehen. Gemäß DIN EN 1992-1-1 (09.2025) kann der Mittelwerte und die charakteristischen Werte der Betonzugfestigkeit wie folgt bestimmt werden:

$$f_{ctm} \approx 0{,}3 \cdot f_{ck}^{2/3} \quad \text{für Normalbeton} \leq C\,50\,/\,60 \tag{2.6}$$

$$f_{ctk;0,05} \approx 0{,}7 \cdot f_{ctm} \tag{2.7}$$

$$f_{ctk;0,95} \approx 1{,}3 \cdot f_{ctm} \tag{2.8}$$

❗ Da die Korrelationen auf Normalbetonen beruhen, welche ohne Zusatzmittel und mit CEM I Zementen hergestellt wurden, sollten die Korrelationen immer mit einer gewissen Vorsicht verwendet werden.

Der Bemessungswert der Betonzugfestigkeit kann über die Gl. (2.9) bestimmt werden.

$$f_{ctd} = k_{tt} \cdot \frac{f_{ctk;0,05}}{\gamma_C} \tag{2.9}$$

Dabei ist:

$f_{ctk;0,05}$ – charakteristischer Wert der Zugfestigkeit nach Gl. (2.8)

γ_c – Teilsicherheitsbeiwert für Beton. Für die ständige und vorübergehend Bemessungssituation (GZT) gilt $\gamma_C = 1,5$.

k_{tt} – Dauerstandskoeffizient Zugfestigkeit. Es gilt $k_{tt} = 0,85$.

Da häufig Biegebeanspruchungen vorliegen, ist auch die Biegezugfestigkeit von Bedeutung. Bei der Biegezugfestigkeit hat die Größe, insbesondere die Höhe, eines Biegebalkens einen entscheidenden Einfluss. So nimmt mit steigender Balkenhöhe die Biegezugfestigkeit ab und nähert sich bei sehr großen Balkenhöhen der zentrischen Zugfestigkeit an (vgl. (Müller und Reinhardt 2009)). Dieser Effekt wird in der Literatur als „Size Effect" bzw. als Maßstabseinfluss bezeichnet (vgl. (Bazant und Kim 1984)). Gemäß DIN EN 1992-1-1 (09.2025) 9.3.4 (4) kann die Biegezugfestigkeit wie folgt bestimm werden:

$$f_{ctm,fl} = \left(1,6 - \frac{h}{1000}\right) \cdot f_{ctm} \geq f_{ctm} \tag{2.10}$$

Hierbei ist h die Bauteilhöhe, welche in [mm] eingesetzt wird.

2.1.2.4 Spannungs-Dehnungs-Linie
2.1.2.4.1 Grundlagen

Für die Bemessung eines Bauteils muss der Zusammenhang zwischen Spannung und Dehnung bekannt sein, um z. B. aus der, auf Grundlage der Bernoulli Hypothese bekannten, Dehnungsverteilung auf eine Spannung zurückschließen zu können. Dieser Zusammenhang wird als Spannungs-Dehnungs-Linie (SDL) bezeichnet und kann z. B. über einen Druckversuch an Zylindern experimentell ermittelt werden, wenn die Kräfte und die Stauchungen des Betonkörpers kontinuierlich aufgezeichnet werden, wie dies ◘ Abb. 2.5 zeigt.

Auf Basis solcher Versuche wurde in der DIN EN 1992-1-1 (09.2025) die Spannungs-Dehnungs-Linie für die Verformungsberechnungen und die nichtlineare Schnittgrößenermittlung festgelegt. Diese Spannungs-Dehnungs-Linie, welche in ◘ Abb. 2.6 dargestellt ist, kann über eine gebrochen rationale Funktion mit drei Freiwerten beschrieben werden.

Gemäß DIN EN 1992-1-1 (09.2025) 5.1.6 (3) wird diese Spannungs-Dehnungs-Linie für die Verformungsberechnung über die Druckspannung σ_c wie folgt beschrieben:

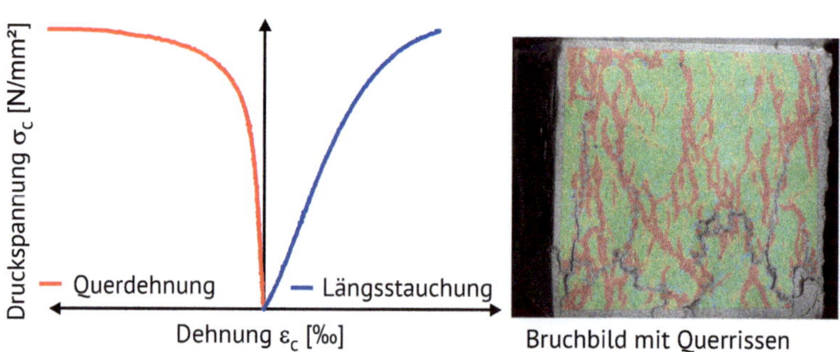

◘ **Abb. 2.5**   Experimentelle Ermittlung einer Spannungs-Dehnungs-Linie

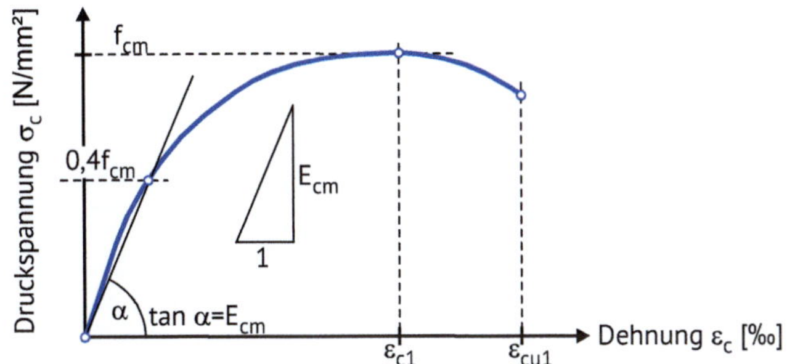

Abb. 2.6 Spannungs-Dehnungs-Linie für Verformungsberechnungen und die nichtlineare Schnittgrößenermittlung, in Anlehnung DIN EN 1992-1-1 (09.2025)

$$\sigma_c = f_{cm} \cdot \frac{k \cdot \dfrac{\varepsilon_c}{\varepsilon_{c1}} - \left(\dfrac{\varepsilon_c}{\varepsilon_{c1}}\right)^2}{1 + (k-2) \cdot \dfrac{\varepsilon_c}{\varepsilon_{c1}}} \tag{2.11}$$

$$k = 1,05 \cdot E_{cm} \cdot |\varepsilon_{c1}| / f_{cm} \tag{2.12}$$

Die drei unabhängigen Parameter f_{cm}; ε_{c1} und E_{cm} werden in Abhängigkeit der Betonfestigkeitsklasse in ▪ Tab. 2.1 angegeben. Die Dehnung ε_{c1} bei der maximalen Spannung kann auch mit Gl. (2.13) und dem E-Modul E_{cm} nach Gl. (2.15) bestimmt werden.

$$\varepsilon_{c1} = 0,7 \cdot f_{cm}^{1/3} \leq 2,8‰ \tag{2.13}$$

Zusätzlich wird die maximale Betondehnung wie folgt begrenzt:

$$\varepsilon_c < \varepsilon_{cu1} = 2,8 + 14 \cdot (1 - f_{cm}/108)^4 \leq 3,5‰ \tag{2.14}$$

2.1.2.4.2 Elastizitätsmodul

Der Elastizitätsmodul hängt nicht nur von der Betonfestigkeitsklasse, sondern auch von den Eigenschaften der verwendeten Gesteinskörnung ab. Wie in ▪ Abb. 2.6 ersichtlich, hat der Beton ein ausgeprägt nichtlineares Verhalten. Für das Verformungsverhalten kann im unteren annähernd linearen Bereich der Spannungs-Dehnungs-Linie ein mittlerer E-Modul E_{cm} als Sekantenmodul zwischen dem Ursprung und $\sigma_c = 0,4 \cdot f_{cm}$ angenommen werden. Aus der Tabelle der Werkstoffkenngrößen (vgl. ▪ Tab. 2.1) kann ein Richtwert für den Sekantenmodul E_{cm} für quarzithaltige Gesteinskörnungen entnommen werden. Alternativ kann dieser auch über die nachfolgende Gleichung (2.15) werden.

$$E_{cm} = k_E \cdot f_{cm}^{\frac{1}{3}} \left[\frac{N}{mm^2}\right] \tag{2.15}$$

Tab. 2.1 Festigkeits- und Formänderungskennwerte für die verschiedenen Betonfestigkeitsklassen

Normalbeton C			12/15	16/20	20/25	25/30	30/37	35/45	40/50	45/55	50/60
Druck-festigkeit	$f_{ck,\,cube}$	N/mm²	15	20	25	30	37	45	50	55	60
	f_{ck}	N/mm²	12	16	20	25	30	35	40	45	50
	f_{cm}	N/mm²	20	24	28	33	38	43	48	53	58
Zugfestigkeit	f_{ctm}	N/mm²	1,6	1,9	2,2	2,6	2,9	3,2	3,5	3,8	4,1
	$f_{ctk;\,0,05}$	N/mm²	1,1	1,3	1,5	1,8	2	2,2	2,5	2,7	2,9
	$f_{ctk;\,0,95}$	N/mm²	2	2,5	2,9	3,3	3,8	4,2	4,6	4,9	5,3
E-Modul $E_{cm} \cdot 10^3$		N/mm²	26	27	29	30	32	33	35	36	37
Nichtlineare-S-D-L	ε_{c1}	‰	1,9	2,0	2,1	2,2	2,4	2,5	2,5	2,6	2,7
	ε_{cu1}	‰	3,5	3,5	3,5	3,5	3,5	3,5	3,5	3,5	3

Dabei ist:

$k_E = 9500$ – für Beton mit quarzitischer Gesteinskörnung

$k_E = 8500$ – für Beton mit Kalkstein-Gesteinskörnung

$k_E = 6600$ – für Beton mit Sandstein-Gesteinskörnung

$k_E = 9500$ – für Beton mit Basalt – Gesteinskörnung

> **Praxistipp**
>
> Dieser Sekantenmodul E_{cm} ist eine Näherung. Bei einigen Tragwerken, wie großen Semi-Integralen-Brücken oder bei spezieller Bauweise wie dem Freivorbau kann der E-Modul von entscheidender Bedeutung sein. Hier sollte dann eine Prüfung des E-Moduls nach DIN EN 12390-13 (09.2021) erfolgen.

Manchmal wird der E-Modul auch als Tangentenmodul E_c definiert. Das Verhältnis zwischen Sekantenmodul E_{cm} und Tangentenmodul E_c kann über $E_c = 1{,}05 \cdot E_{cm}$ beschrieben werden.

2.1.2.4.3 Spannungs-Dehnungs-Linien für die Bemessung

Für die Querschnittsbemessung von Stahlbetonbauteilen wird gemäß der DIN EN 1992-1-1 (09.2025) 8.1.2 die Spannungs-Dehnungs-Linie als Parabel-Rechteck-Diagramm, wie in ◨ Abb. 2.7 dargestellt, angenommen. Bei den Diagrammen in ◨ Abb. 2.7 sind Druckspannungen und Stauchungen positiv dargestellt.

Der Funktionsverlauf der Spannungs-Dehnungs-Linie des Parabel-Rechteck-Diagramms ist dabei wie folgt zu beschreiben:

$$\sigma_c = f_{cd} \cdot \left[1 - \left(1 - \frac{\varepsilon_c}{\varepsilon_{c2}} \right)^2 \right] \quad \text{für} \quad 0 \geq \varepsilon_c \geq \varepsilon_{c2} \tag{2.16}$$

$$\sigma_c = f_{cd} \quad \text{für} \quad \varepsilon_{c2} \geq \varepsilon_c \geq \varepsilon_{cu} \tag{2.17}$$

Hierbei ist:

ε_c – Betonstauchung am Bauteil

ε_{c2} – Dehnung beim Erreichen der Festigkeitsgrenze $\varepsilon_{c2} = 2‰$

ε_{cu} – maximale Dehnung/Bruchdehnung. Bei Normalbeton $\varepsilon_{cu} = 3{,}5‰$

f_{cd} – Bemessungswert des Betons im Grenzzustand der Tragfähigkeit

Für Hochfeste Betone mit $f_{ck} \geq 60 \ N/mm^2$ sollte die Ausnutzung der maximalen Betonstauchung ε_{cu} auf ε_{cu1} nach Gl. (2.14) begrenzt werden. Hier sind jedoch im Rahmen des Weißdrucks des NAs noch Änderungen zu erwarten.

2.1.2.5 Betonfestigkeitsklassen

Wie aus dem Vorherigen ersichtlich, erfordert eine detaillierte Beschreibung des mechanischen Verhaltens von Beton eine Vielzahl von Parametern, welche zum Zeitpunkt der Planung meist nicht bekannt sind. Aus diesem Grund basiert die Bemes-

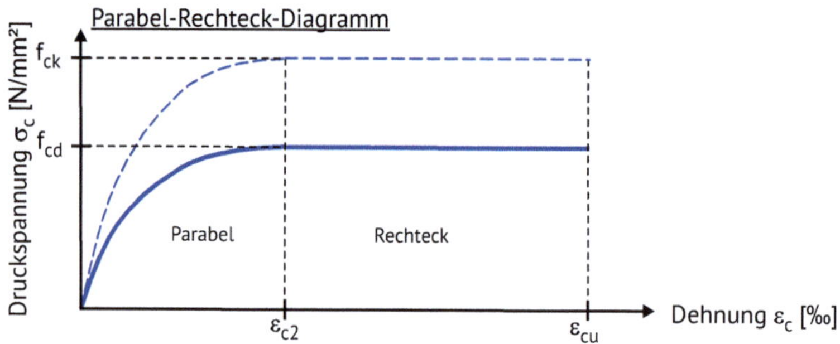

Abb. 2.7 Spannungs-Dehnungs-Linien für die Bemessung, in Anlehnung an die DIN EN 1992-1-1 (09.2025)

sung im Allgemeinen auf einfachen Kenngrößen, welche das Verhalten für die Bemessung ausreichend genau beschreiben und während des Herstellungsprozesse einfach zu überprüfen sind. Die zentrale Größe für die Bemessung ist auch aufgrund der einfachen Prüfung die Betondruckfestigkeit. Die möglichen Druckfestigkeiten werden dabei in Festigkeitsklassen mit gewissen Bandbreiten unterteilt. Die Festigkeitsklassen mit ihren Eigenschaften sind in ▪ Tab. 2.1 gemäß DIN EN 1992-1-1 (09.2025) aufgelistet.

Die in der Planung vorgegebene Festigkeitsklasse muss auf der Baustelle so eingebaut werden. Die auf der Baustelle realisierte Betondruckfestigkeit unterliegt gemäß DIN 1045-2 (08.2023) einer Konformitätskontrolle. Im Rahmen von Druckfestigkeitskontrollen wird anhand einer begrenzten Anzahl von Proben, mit Hilfe stochastischer Verfahren überprüft, ob der betrachtete Beton mit ausreichend hoher Wahrscheinlichkeit die geforderte Festigkeitsklasse erfüllt (vgl. z. B. (DAfStb 2011)).

2.1.2.6 Größenparameter

In der Bemessung wird bei bestimmten Nachweisen ein Größenparameter, der die Rauheit in der Bruchzone beschreibt, benötigt. Dieser Größenparameter d_{dg} ist von der Betonsorte und deren Gesteinskörnungseigenschaften abhängig und kann nach DIN EN 1992-1-1 (09.2025) 8.2.1 (4) wie folgt bestimmt werden.

$$d_{dg} = 16\,mm + D_{lower} \leq 40\,mm \quad \text{für} \quad f_{ck} \leq 60\,N\,/\,mm^2 \tag{2.18}$$

$$d_{dg} = 16\,mm + D_{lower} \cdot \left(60\,/\,f_{ck}\right)^2 \leq 40\,mm \quad \text{für} \quad f_{ck} > 60\,N\,/\,mm^2 \tag{2.19}$$

Hierbei ist, wie in ▶ Abschn. 2.1.2.1 beschrieben, D_{lower} der kleinste zulässige Wert der oberen Siebgröße D in einer Gesteinskörnung für die gröbste Gesteinskörnungsfraktion im Beton, entsprechend der Festlegung von Beton nach DIN 1045-2 (08.2023). Dies würde man umgangssprachlich als repräsentatives Größtkorn bezeichnen. Betone mit Werten von $D_{lower} \leq 8\,mm$ dürfen nicht verwendet werden. Somit kann bei Normalbetonen d_{dg} nicht kleiner als 24 mm werden. Ein Größtkorn $D_{lower} \geq 24\,mm$ hat auch keinen weiteren Effekt mehr, da ab hier $d_{dg} = 40\,mm$ ist.

2.1.2.7 Zeitabhängige Verformungseigenschaften

Beton erfährt mit der Zeit durch Einwirkung der umgebenden Medien (Luft, Wasser) und durch den Einfluss der Belastung Formänderungen. Hierbei ist zwischen lastunabhängigen und lastabhängigen Verformungen zu unterscheiden:

— *Lastunabhängige* Verformungen:
  – **Schwinden**: Volumenverkleinerung beim Verdunsten des chemisch nicht gebundenen Wassers im Beton; Verkürzung des unbelasteten Betons infolge Austrocknens.
  – **Quellen**: Volumenvergrößerung des Betons durch Wasseraufnahme bei hoher Luftfeuchtigkeit oder Wasserlagerung; Ausdehnung infolge Wasseraufnahme.
— *Lastabhängige* Verformungen:
  – **Kriechen**: Zeitabhängige Vergrößerung der Verformungen unter dauernd wirkenden Lasten bzw. Spannungen; die Kriechzahl $\varphi(t)$ kennzeichnet den durch das Kriechen ausgelösten Verformungszuwachs (abhängig von der Feuchte der umgebenden Luft, Bauteilabmessungen, Zusammensetzung des Betons Erhärtungsgrad bei Belastungsbeginn sowie Dauer und Größe der Beanspruchung)
  – **Relaxation**: Zeitabhängige Abnahme einer anfänglich erzeugten Spannung bei konstanter Dehnung (konstant gehaltener Länge)

Bei Betonen sind im Regelfall das Kriechen und Schwinden von Bedeutung. So zeigt eine mit konstanter Druckspannung beanspruchte Betonprobe bei unveränderlichen Umgebungsbedingungen die in ◘ Abb. 2.8 wiedergegebene zeitliche Entwicklung

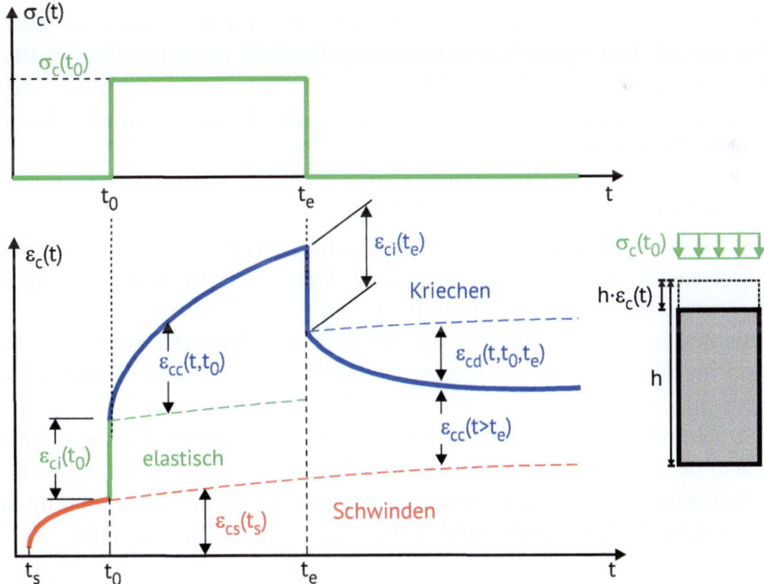

◘ **Abb. 2.8** Einfluss des Kriechens und Schwindens auf die Dehnungen in Anlehung an. (Zilch und Zehetmaier 2010)

der Dehnung. Die zum Zeitpunkt t aufgetretenen Betondehnungen können in den lastunabhängigen Anteil ε_{cs} aus Schwinden und die lastabhängigen Anteile ε_{el} aus elastischer Verformung und ε_{cc} aus Kriechen zerlegt werden.

2.1.3 Mechanische Beschreibung des Betonstahls

2.1.3.1 Allgemeines

Zur Aufnahme von Zugkräften werden die Stahlbetonbauteile mit Stahl bewehrt. Dies wurde früher auch als armieren bezeichnet. Hierzu werden spezielle, für diesen Zweck hergestellte, Betonstähle verwendet. Im Weiteren wird nur auf die heutigen Betonstähle eingegangen, welche seit circa 20 Jahren in Deutschland nahezu ausschließlich verbaut werden. Im Bestand sind jedoch oft auch ältere Betonstähle mit teilweise sehr unterschiedlichen Eigenschaften vorhanden. Ein Überblick über die älteren Betonstähle ist in (Schnell et al. 2016) enthalten. Für Betonstähle liegt derzeit noch keine harmonisierte Produktnorm[3] vor. Aus diesem Grund wird in Deutschland für den Betonstahl die nationale Produktnorm DIN 488 verwendet.

Neben diesen Betonstählen stehen auch andere Bewehrungsarten zur Verfügung. So können die Bauteile auch mit Faserverbundwerkstoffen (CFK; GFK; Basalt) oder Edelstahl bewehrt werden. Hierfür sind jedoch ein Ver- und Anwendbarkeitsnachweise (z. B. bauaufsichtliche Zulassungen) erforderlich und mitunter gelten in der Bemessung dann besondere Regelungen.

Neben der „schlaff" eingelegten Bewehrung werden bei größeren Spannweiten die Biegezugzonen zusätzlich durch spezielle Spannstähle vorgespannt. Dadurch bleibt der Beton bis zum Erreichen der Vorspannkraft in einem ungerissenen Zustand, was sich positiv auf die Gebrauchstauglichkeit und Dauerhaftigkeit auswirkt. Für dieses Vorspannen werden spezielle Spannstähle mit der zwei bis vierfachen Festigkeit verwendet. Der Spannbeton und der Spannstahl werden in diesem Buch nicht behandelt. Bei Interesse sei für die Theorie auf (Zilch und Zehetmaier 2010) sowie (Rombach 2010) verwiesen. Zahlreiche Berechnungsbeispiele sind in (Roßner und Graubner 2012) enthalten.

2.1.3.2 Mechanische Eigenschaften

Die Ermittlung der Zugfestigkeit und des Dehnungsverhaltens von Stählen erfolgt über Zugversuche. Hieraus kann, wie in ◘ Abb. 2.9 dargestellt, eine Spannungs-Dehnungs-Linie experimentell ermittelt werden.

Für die Beschreibung des Verhaltens des Betonstahls bei der Bemessung von Bauteilen sind im Wesentlichen die folgenden mechanischen Eigenschaften des Betonstahls relevant:

- Die Streckgrenze f_{yk}, auch Fließgrenze genannt, charakterisiert die Spannung, ab welchem der Betonstahl sich plastisch verformt (y = yielding strength).
- Die Zugfestigkeit f_{tk}, auch Bruchgrenze genannt, beschreibt die maximale Spannung, welche der Betonstahl aufnehmen kann (t = tensile strength).

---

3   Mit der (DIN EN 10080 08.2005) liegt zwar eine Europäische Norm vor, aufgrund von formellen Einwänden wurde diese jedoch im Dezember 2006 aus der Liste der harmonisierten Normen gestrichen. Es existieren jedoch Bestrebungen wieder eine neue harmonisierten Betonstahlnorm zu schaffen.

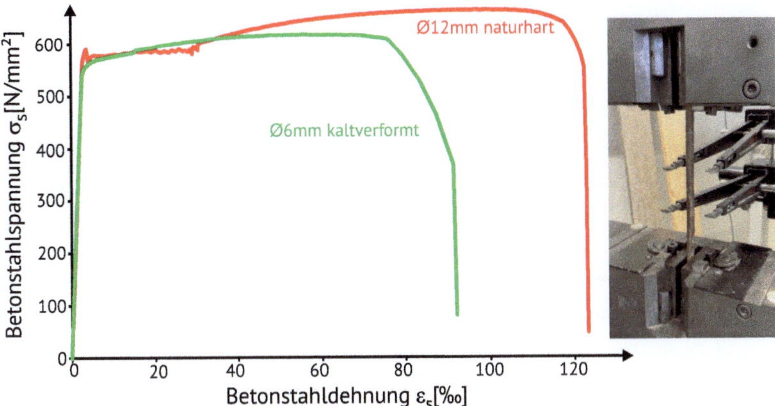

Abb. 2.9   Zugversuch zu Ermittlung der Spannungs-Dehnungs-Linie von Betonstahl

— Dehnung bei Höchstlast (ε_{uk}), welche die zugehörige Dehnung zur Bruchgrenze beschreibt (u = ultimate limit state).

— Der E-Modul E_s, welcher die Steigung der Spannungs-Dehnungs-Linie im elastischen Bereich beschreibt.

Die heutigen Betonstähle werden entweder kalt (kaltverformt) oder warm gewalzt (naturhart) hergestellt. Dieser Herstellvorgang hat, wie ■ Abb. 2.9 zeigt, einen Einfluss auf die Form der Spannungs-Dehnungs-Linie. Warmgewalzte Stähle weißen eine ausgeprägte, eindeutige Fließgrenze mit einem nahezu horizontalen Ast auf. Die kaltverformten Stähle haben einen kontinuierlichen Übergang zwischen elastischem und plastischem Bereich. Da in der Planung vorab nicht bekannt ist, woher der Stahl bezogen wird, müssen jedoch für beide Stahlsorten einheitliche Größen vorliegen. Dazu werden beide Spannungs-Dehnungs-Linien entsprechend der ■ Abb. 2.10 abstrahiert. Da bei kaltverformten Stählen keine ausgeprägte Streckgrenze vorliegt wird hier die Streckgrenze als 0,2 % Dehngrenze festgelegt.

Die Betonstähle werden für die Planung entsprechend ihrer Streckgrenze und Duktilitätsklasse normativ unterteilt. Die Duktilitätsklasse beschreibt die Dehnfähigkeit des Stahls zwischen Streckgrenze und Zugfestigkeit. In der DIN EN 1992-1-1 (09.2025) werden drei Duktilitätsklassen mit den Anforderungen nach ■ Tab. 2.2 unterschieden. In Deutschland werden jedoch nur die Duktilitätsklassen A und B über die DIN 488-1 (08.2009) geregelt. Für die Duktilitätsklasse C existiert somit keine Bauproduktnorm und es muss eine bauaufsichtliche Zulassung hierfür vorliegen.

In Europa werden Betonstähle mit den Streckgrenzen zwischen 400 bis 700 N/mm² verwendet. Die DIN EN 1992-1-1 (09.2025) unterscheidet hierbei sechs Betonstahlfestigkeitsklassen. In Deutschland sollte jedoch gemäß der DIN EN 1992-1-1/NA1 (E) (08.2025) nur Betonstähle mit der Streckgrenze von 500 N/mm² nach DIN 488 verwendet werden. Somit stehen in Deutschland entweder der normalduktile Stahl B500A oder der hochduktil Stahl B500B zur Verfügung.

❗ Bei kleinerem Durchmesser bis Ø 14 mm werden im Hochbau bei Bauwerken, welche nicht in Erdbebengebieten liegen, meist aus Kostengründen Betonstähle B500A verwendet. Im Brückenbau müssen jedoch immer B500B Betonstähle verwendet werden.

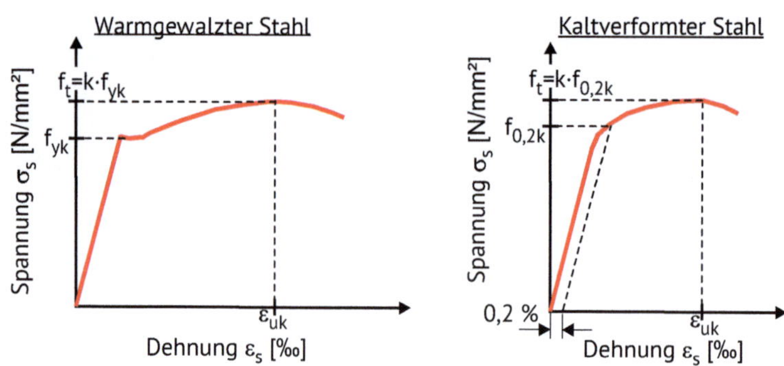

◘ **Abb. 2.10**   Bezeichnungen des Spannungs-Dehnungs-Diagramms für typischen Betonstahl

◘ **Tab. 2.2**   Duktilitätsklassen für Betonstähle nach DIN EN 1992-1-1 (09.2025)

Anforderung	Duktilitätsklasse		
	A (normalduktil)	**B (hochduktil)**	**C (Erdbeben)**
f_{tk}/f_{yk}	≥1,05	≥1,08	≥1,15 < 1,35
ε_{uk} [%]	≥2,5	≥5,0	≥7,5

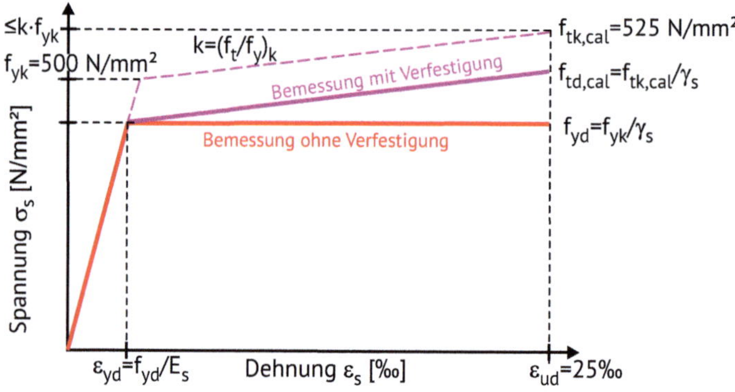

◘ **Abb. 2.11**   Rechnerische Spannungs-Dehnungs-Linie des Betonstahls für die Bemessung (für Zug und Druck)

❗ Mit der DIN EN 1992-1-1 (09.2025) hat die Duktilitätsklasse der Bewehrung auch Einfluss auf die Querkraftnachweise und auf einige Konstruktionsregeln. Aus diesem Grund muss frühzeitig geklärt werden, welcher Duktilitätsklasse verwendet werden soll, und ob diese verfügbar ist.

In der Bemessung wird das im Vorherigen beschriebene Verhalten noch etwas weiter vereinfacht und es darf somit die Spannungs-Dehnungs-Linie nach ◘ Abb. 2.11 verwendet werden. Gemäß der DIN EN 1992-1-1/NA1 (E) (08.2025) NCCI zu 5.2.4 (2) wird die maximale Dehnung einheitlich für die Duktilitätsklassen A und B auf $\varepsilon_{ud} = 0,025$ (25 ‰) begrenzt.

Diese in ◧ Abb. 2.11 dargestellte Spannungs-Dehnungs-Linie hat einen elastischen Ast bis zur Streckgrenze, welche über den E-Modul E_s und die Streckgrenze f_{yk} bzw. f_{yd} charakterisiert wird. Hierbei dürfen im Regelfall die folgenden Werte verwendet werden:

$$E_s = 200\,000\ N\,/\,mm^2 \tag{2.20}$$

$$f_{yd} = \frac{f_{yk}}{\gamma_s} = \frac{500}{1,15} = 435\ N\,/\,mm^2 \tag{2.21}$$

Im Weiteren folgt der plastische Ast. Hier darf entweder:

a) vereinfacht ein horizontaler Ast angenommen werden, bei welchem die Dehnungen nicht geprüft werden müssen. Die Dehnungsgrenze ε_{ud} = 0,025 (25 ‰) sollte jedoch auch bei Annahme des horizontalen Astes der Spannungs-Dehnungs-Linie eingehalten werden.

b) oder ein ansteigender oberer Ast mit einer Dehnungsgrenze ε_{ud} = 0,025 (25 ‰). Für Betonstahl B500A und B500B darf für $f_{tk,\,cal}$ = 525 N/mm^2 (rechnerische Zugfestigkeit bei ε_{ud} = 0,025) angenommen werden.

Neben der Spannungs-Dehnungs-Linie weisen die Betonstähle noch weitere Eigenschaften auf. Für die Dichte des Betonstahls darf ein Mittelwert von 7850 kg/m^3 angesetzt werden. Die geometrischen Anforderungen werden im nachfolgenden Abschnitt besprochen.

2.1.3.3 Geometrische Eigenschaften

Der Betonstahl wird in Form von Stäben mit näherungsweisem rundem Querschnitt gewalzt. Diese Stäbe dienen dann als Ausgangsbasis für Matten oder Stabstähle (vgl. ▶ Abschn. 2.1.3.4). Die Stäbe sind heutzutage, wie ◧ Abb. 2.12 zeigt, gerippt und werden über den jeweiligen Nenndurchmesser ϕ beschrieben. Aufgrund der Rippen ist der Außendurchmesser ϕ_A circa 15 % größer (ϕ_A = 1,15 · ϕ). Die Rippen haben im Wesentlichen die Funktion der Verbundsicherung und es wird in Abhängigkeit des Durchmessers ein Mindestwert für die sogenannte bezogene Rippenfläche f_R in der DIN EN 1992-1-1/NA1 (E) (08.2025) gefordert. Details zum Verbund und der Wir-

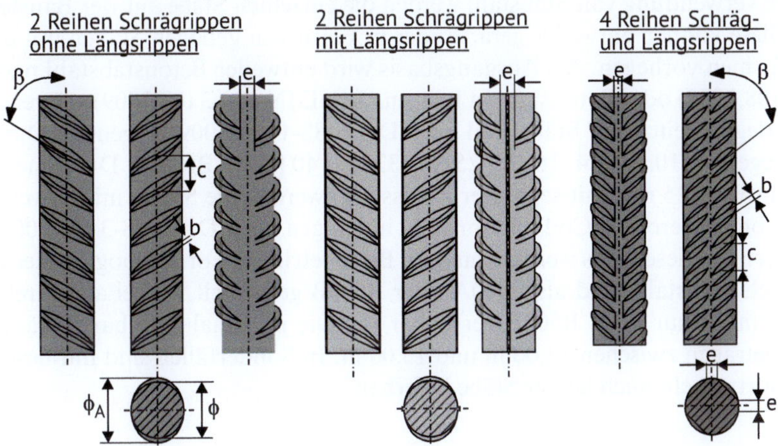

◧ **Abb. 2.12** Rippenanordnung bei Betonstahl B500

kung der Rippen werden im ▶ Abschn. 4.5.3 erläutert. Neben der Verbundsicherung dienen die Rippen auch zur Kennzeichnung des Herstellwerks. Näheres findet sich z. B. in (Kämpfe 2020) oder in (Institut für Stahlbetonbewehrung 2019).

Die Bemessung darf auf Grundlage, der über den Nenndurchmesser ermittelten Nennquerschnittsfläche der Bewehrung erfolgen:

$$A_s = \phi^2 \cdot \frac{\pi}{4} \tag{2.22}$$

Bei der Bemessung sollten im Hochbau nur Stäbe mit Durchmessern $\geq 6\ mm$ als statisch wirksam angesetzt werden. Im Brückenbau sollte nur Stäbe $\geq 10\ mm$ als statisch wirksam angesetzt werden. Die in Deutschland verwendeten Betonstahldurchmesser sind in ▶ Abb. 10.19 mit ihren Querschnittsflächen und Gewichten angegeben.

Bei flächig verlegter Bewehrung kann der Bewehrungsgehalt pro Meter über den Durchmesser ϕ und den Stababstand s beschrieben werden:

$$a_s = \frac{\phi^2 \cdot \dfrac{\pi}{4}}{s} \tag{2.23}$$

Für übliche Stababstände ist in ▶ Abb. 10.21 der Querschnitt der Flächenbewehrung tabellarisch aufgelistet.

2.1.3.4 Betonstahlsorten

2.1.3.4.1 Allgemeines

Für die Bemessung nach DIN EN 1992-1-1 (09.2025) in Verbindung mit der DIN EN 1992-1-1/NA1 (E) (08.2025) müssen Betonstähle nach DIN 488-1 (08.2009) verwendet werden. Hierbei wird zwischen den Lieferzuständen als Betonstabstahl nach DIN 488-2 (08.2009), Betonstahl in Ringen nach DIN 488-3 (08.2009) und Betonstahlmatten nach DIN 488-4 (08.2009) unterschieden. Für die Bemessung ist im Wesentlichen eine Unterscheidung zwischen Matten und Stabstahl zu treffen.

2.1.3.4.2 Stabstahl

Bei der Verwendung von Stabstahl werden die einzelnen Stäbe auf der Baustelle verlegt. Diese können entweder gerade oder in Form von gebogen Stäben mit diversen Biegeformen vorliegen. Als Ausgangsbasis wird entweder Betonstabstahl nach DIN 488-2 (08.2009) oder Betonstahl in Ringen nach DIN 488-3 (08.2009) verwendet. Bei der Verlegung einzelner Stäbe sind nach DIN 488-1 (08.2009) folgenden Durchmesser geregelt: 6, 10, 12, 14, 16, 20, 25, 28, 32 und 40 [mm]. Bis zum Durchmesser von 16 mm (bis Ø 25 mm mit separater Zulassung) werden die Stähle mittlerweile oft in Form von aufgerollten Coils (Betonstahl in Ringen nach DIN 488-3 (08.2009)) endlos gefertigt. Diese Coils werden dann im Biegebetrieb in Form gebogen oder geradegerichtet. Stabstahl wird als B500A oder B500B gehandelt, wobei ab Durchmesser 14 mm meist nur noch B500B verfügbar ist. Die maximal lieferbaren Längen der Stäbe betragen zwischen 12,00 m und 15,00 m. In Sonderfällen sind mit besonderen Transportmitteln auch länger Stäbe lieferbar.

2.1.3.4.3 Betonstahlmatten

Betonstahlmatten sind eine werksmäßig vorgefertigte flächige Bewehrung. Sie sind die vorzugsweise genutzte Bewehrung für flächige Bauteile im Hochbau. Betonstahlmatten bestehen aus zwei rechtwinklig zueinander verlaufenden Längs- und Querstäben, die an allen Kreuzungsstellen mittels automatischer Maschinen werksmäßig durch elektrisches Widerstandspunktschweißen verbunden werden.

❗ Betonstahlmatten dürfen im Brückenbau nicht verwendet werden, da diese meist Duktilitätsklasse A besitzen und die Schweißpunkte zu einer Reduktion der Ermüdungsfestigkeit führen.

Bei den Betonstahlmatten unterscheidet man zwischen zwei Typen: Lagermatten und Listenmatten. In den meisten Fällen werden Lagermatten aufgrund deren schnelleren Verfügbarkeit verwendet.

- Lagermatten werden nach einem fest vorgegebenen Typenprogramm in Längen von 6,0 m bei einer Breite von 2,30–2,35 m mit Stahlquerschnitten von 1,88 cm^2/m bis zu 6,36 cm^2/m hergestellt.
- Listenmatten sind Betonstahlmatten, deren Aufbau vom Konstrukteur gewählt wird und so an besonderen Bewehrungsaufgaben angepasst werden kann.

Betonstahlmatten können Stäbe von 4 bis 14 mm aufweisen, wobei nur Durchmesser ab 6 mm statisch angesetzt werden dürfen. Matten werden als B500A oder B500B gehandelt. Hierbei sind insbesondere bei Lagermatten die B500B Stähle selten und haben deshalb oft lange Lieferzeiten.

Lagermatten werden in zwei Grundsysteme bezüglich ihrer Stabstahlanordnung eingeteilt:
- Die Q-Matte weist in jede Richtung den gleichen Bewehrungsquerschnitt auf, und ist somit für einen zweiachsigen Lastabtrag geeignet.
- Die R-Matte weist in die Längsrichtung den angegebenen Bewehrungsquerschnitt auf und in die Querrichtung nur 20 % davon. Sie ist somit nur für einen einachsigen Lastabtrag geeignet.

Jede Lagermatte hat eine festgelegte Bezeichnung. Diese besteht aus einem Buchstaben für die Stabanordnung, dem Bewehrungsquerschnitt sowie der Duktilitätsklasse. So steht die Bezeichnung Q335A für eine Q-Matte mit 335 mm^2/m Stahlquerschnitt und einen normalduktilen Bewehrungsstahl. Eine Übersicht über das derzeitige Lagermattenprogramm enthält ▶ Abb. 10.20.

Praxistipp

Bei der Verwendung der Lagermatten des Typs R kommt es häufiger zu einer Verwechslung der Richtungen bei der Erstellung der Zeichnungen und/oder auf der Baustelle. Dies hat zur Folge, dass dann nur 20 % der erforderlichen Bewehrung vorhanden sind. Aus diesem Grund sollten Betonstahlmatten des Typs R immer nur mit besonderer Qualitätssicherung verwendet werden.

2.2 Schnittgrößenermittlung

2.2.1 Allgemeines

Der Stahlbetonbau hat einige Besonderheiten bei der Schnittgrößenermittlung, welche sich im Wesentlich auf die Idealisierung des Tragwerkes und auf die Berechnungsverfahren zur Schnittgrößenermittlung bei statisch unbestimmten und stabilitätsgefährdeten Bauteilen beziehen. Diese Besonderheiten werden nachfolgend kurz vorgestellt.

2.2.2 Grundlagen zur Schnittgrößenermittlung

2.2.2.1 Allgemeines

Bei der Schnittgrößenermittlung muss immer sichergestellt sein, dass die Gleichgewichtsbedingungen erfüllt sind. Der Gleichgewichtszustand wird meist am nicht verformten Tragwerk nachgewiesen. Führen die Verformungen zu einem wesentlichen Anstieg der Schnittgrößen, muss das Gleichgewicht am verformten Tragwerk nachgewiesen werden. Dies ist vor allem bei durch äußere Drucknormalkräfte beanspruchten Bauteile, wie z. B. den Stützen, der Fall. Die Berechnung am verformten System wird deshalb bei der Stützenbemessung in ▶ Abschn. 6.4 näher erläutert.

2.2.2.2 Imperfektionen

Eine Herstellung von ideal geraden Bauteilen ist in der Praxis nicht möglich. So haben Bauteile aufgrund des Herstellungsprozesses und aufgrund von nicht explizit berücksichtigten Lasten Abweichungen von der rechnerisch angenommen Lage. Diese Imperfektionen müssen bei der Berechnung berücksichtigt werden, falls diese relevant sind. Im Regelfall werden diese nur bei stabilitätsgefährdeten Bauteilen und Aussteifungssystemen in Form von Ersatzimperfektionen berücksichtigt. Die Ersatzimperfektionen sind in der DIN EN 1992-1-1 (09.2025) 7.2.1 geregelt und werden in ▶ Abschn. 6.4 für die Stützberechnung näher erläutert.

Die Ersatzimperfektionen gelten jedoch nur, wenn das Bauwerk fachgerecht mit geringen Maßabweichungen und Toleranzen hergestellt wurde. Bei der Einhaltung der Toleranzklasse 1 nach der DIN 1045-3 (08.2023)[4] ist das Sicherheitsniveau der DIN EN 1992-1-1 (09.2025) eingehalten, da die Abweichungen in den Abmessungen in den Teilsicherheiten bzw. in den Imperfektionen berücksichtigt wurden.

2.2.2.3 Idealisierungen und Vereinfachungen
2.2.2.3.1 Effektive Stützweiten

Bei der Wahl des statischen Systems sind die Schnittgrößen der einzelnen Bauteile maßgebend abhängig von den Auflagerbedingungen und den damit verbundenen Stützweiten. Die effektive Stützweite l_{eff} eines Bauteils (Balken, Platte) kann in Anlehnung an DIN EN 1992-1-1 (09.2025) 7.2.3 (5) wie folgt bestimmt werden:

---

4 Die DIN 1045-3 ist die Ausführungsnorm für Betonbauteile und stellt eine konsolidierte Fassungen der europäischen Norm (DIN EN 13670 11.2013) mit allen zusätzlichen nationalen Anwendungsregeln dar.

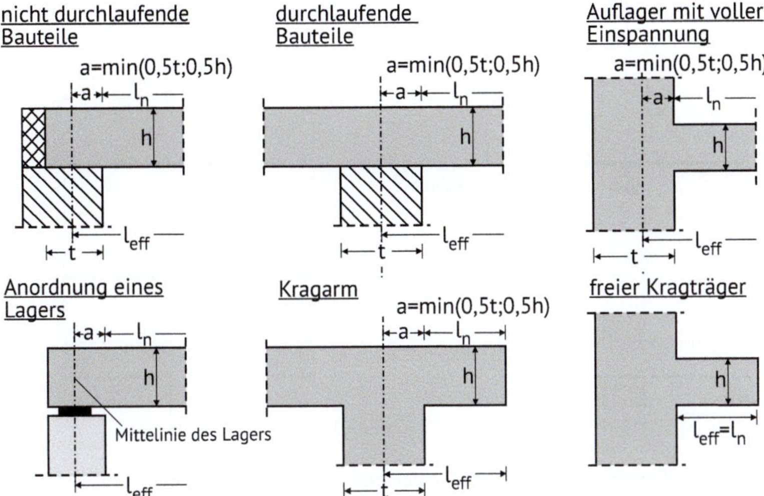

◘ Abb. 2.13 Effektive Stützweite l_{eff} für verschiedene Auflagerbedingungen

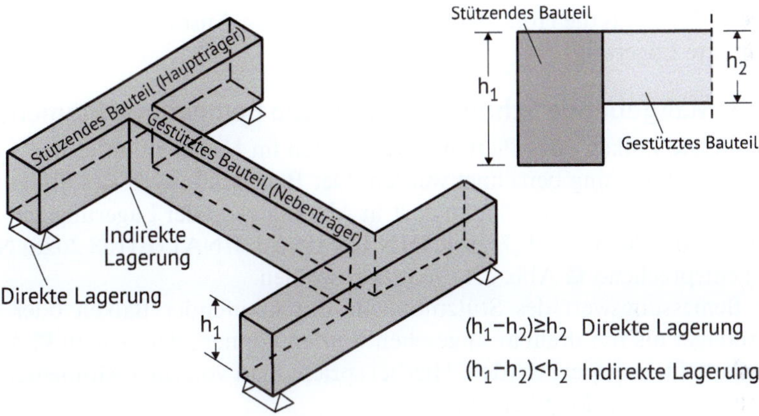

◘ Abb. 2.14 Unterscheidung zwischen direkter und indirekter Lagerung

$$l_{eff} = l_n + a_1 + a_2 \tag{2.24}$$

Hierbei ist l_n der lichte Abstand zwischen den Auflagervorderkanten. Die Parameter a_1 und a_2 beschreiben den jeweiligen Abstand zwischen den Auflagervorderkanten und der rechnerischen Auflagerlinien des betrachteten Feldes. Die Werte für a_1 und a_2 sind von den Auflager- und Einspannbedingungen des Bauteils abhängig und können gemäß ◘ Abb. 2.13 festgelegt werden.

2.2.2.3.2 Direkte und indirekte Lagerung

Neben der Stützweit ist bei der Berechnung auch die Lagersituation von Relevanz. Hier wird zwischen einer direkten und einer indirekten Lagerung gemäß ◘ Abb. 2.14 unterschieden.

Bei einer direkten Lagerung wird die Auflagerkraft des gestützten Bauteils durch Druckspannungen am unteren Querschnittsrand des Bauteils aufgenommen. Bei

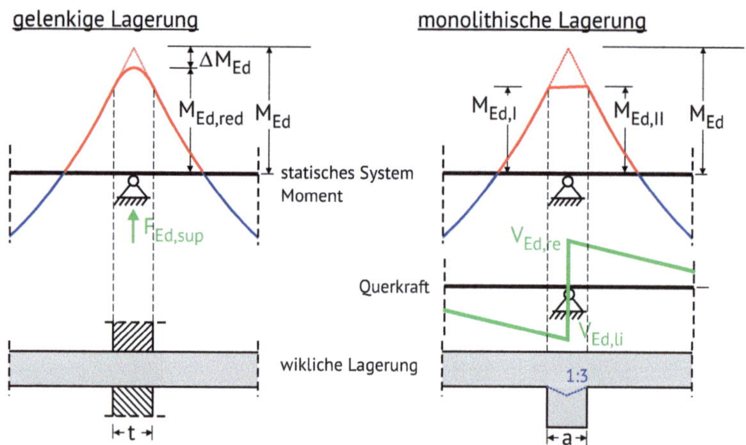

◌ Abb. 2.15   Möglichkeit zur Reduktion der Bemessungsmoment bei Durchlaufträgern

monolithischer Verbindung darf die direkte Lagerung angenommen werden, wenn der Abstand der Unterkante des gestützten Bauteils zur Unterkante des stützenden Bauteils größer ist als die Höhe des gestützten Bauteils. Ansonsten handelt es sich um eine indirekte Lagerung.

2.2.2.3.3 Maßgebende Schnittgrößen für die Bemessung: Momente

Durchlaufende Balken oder Plattenbalken dürfen im Hochbau unter der Annahme frei drehbarer Lagerung berechnet werden. Der Bemessungswert des Stützmoments durchlaufender Balken oder Platten darf in Abhängigkeit der Lagerung gemäß DIN EN 1992-1-1 (09.2025) 7.2.3 (7) bzw. DIN EN 1992-1-1/NA1 (E) (08.2025) NCCI zu 7.2.3 (7) entsprechend ◌ Abb. 2.15 reduziert werden.

Der Bemessungswert des Stützmoments durchlaufender Balken oder Platten, deren Auflager als frei drehbar angesehen werden können, darf wie in ◌ Abb. 2.15 links dargestellt, reduziert werden. Hierbei spricht man von einer Momentenausrundung, welche sich wie folgt berechnen lässt:

$$M_{Ed}^{'} = M_{Ed} - \Delta M_{Ed} \tag{2.25}$$

$$\Delta M_{Ed} = F_{Ed,sup} \cdot \frac{t}{8} \tag{2.26}$$

Hierbei ist $F_{Ed,sup}$ der Bemessungswert der Auflagerreaktion und t die Auflagertiefe gemäß ◌ Abb. 2.15. Wenn der Balken oder die Platte mit dem Auflager monolithisch verbunden ist, darf wie in ◌ Abb. 2.15 rechts dargestellt, das Moment am Auflagerrand, gemäß Gl. (2.27) bzw. (2.28) angesetzt, werden.

$$\left| M_I \right| = \left| M_{Ed} \right| - \left| V_{Ed,li} \right| \cdot \frac{a}{2} \tag{2.27}$$

$$\left| M_{II} \right| = \left| M_{Ed} \right| - \left| V_{Ed,re} \right| \cdot \frac{a}{2} \tag{2.28}$$

Hierbei ist $V_{Ed,\,li}$ die Bemessungsquerkraft links von der Unterstützung und $V_{Ed,\,re}$ die Bemessungsquerkraft rechts von der Unterstützung. Das Maß a stellt die Breite der Lagerung dar. Das Moment am Auflagerrand sollte jedoch mindestens das 0,65-Fache des Volleinspannmoments betragen. Bei indirekter Lagerung ist eine Reduktion im Allgemeinen nur zulässig, wenn das stützende Bauteil eine Vergrößerung der statischen Nutzhöhe des gestützten Bauteils mit einer Neigung von mindestens 1:3 zulässt (vgl. auch ◘ Abb. 2.15).

2.2.2.3.4 Maßgebende Schnittgrößen für die Bemessung: Querkräfte

Die maßgebenden Schnittgrößen für die Querkraftbemessung werden in ▶ Kap. 3 bei der Querkraftbemessung erläutert.

2.2.3 Verfahren zur Ermittlung der Schnittgrößen

Bei statisch unbestimmten Tragwerken sind die Schnittgrößen abhängig von der Steifigkeit. Die Steifigkeiten bei Stahlbetonbauteilen ändert sich jedoch aufgrund der Rissbildung und eines Fließens der Bewehrung. Aus diesem Grund werden in der DIN EN 1992-1-1 (09.2025) folgende Methoden zur Schnittgrößenermittlung unterschieden:

- **Linear-elastische Berechnung**
- Linear-elastische Berechnung mit Umlagerung
- *Verfahren nach der Plastizitätstheorie*
- *Nichtlineare Berechnung*

Im Regelfall und auch im Rahmen dieses Buches wird die Linear-elastische Berechnung verwendet. Für die Schnittgrößenermittlung gemäß der Linear-elastischen Berechnung gelten unter anderem folgende Ansätze:

- Es gilt die Elastizitätstheorie. Die Grundlage der Berechnungen sind die Steifigkeiten der ungerissenen Querschnitte (Zustand I) und der Mittelwert des Elastizitätsmoduls. Eine verminderte Steifigkeit darf in der Berechnung der Bauteilbereiche berücksichtigt werden, in denen unter der maßgebenden Lastkombination Rissbildung zu erwarten ist.
- Für die statischen Systeme gelten die Stützweiten gemäß ▶ Abschn. 2.2.2.3.
- Bei durchlaufenden Platten oder Balken erfolgt die Berechnung in der Regel unter Annahme einer frei drehbaren Lagerung an den Innenstützungen.

Die anderen Berechnungsverfahren berücksichtigen das nichtlineare Verhalten von Stahlbeton. Hierbei sei noch die häufiger vorkommende linear-elastischen Berechnung mit Umlagerung erwähnt. Bei diesem Verfahren wird zunächst die Schnittgrößenermittlung mit dem linear-elastischen Verfahren ermittelt. Die Auswirkungen der durch die Rissbildung veränderten Steifigkeitsverhältnisse ($EI^{I} > EI^{II}$) auf die Stützmomente (z. B. bei Durchlaufträgern) werden durch begrenzte Momentenumlagerungen berücksichtigt. Dies entspricht dann meist auch dem tatsächlichen Tragverhalten. Die Umlagerung $(1 - \delta)$ darf bei Stützmomenten von Durchlaufträgern bis zu maximal 30 % erfolgen. Die sich daraus ergebenden Schnittgrößen müssen mit den einwirkenden Lasten im Gleichgewicht stehen. Dies bedeutet, dass bei einer Reduzierung der Stützmomente die zugehörigen Feldmomente entspre-

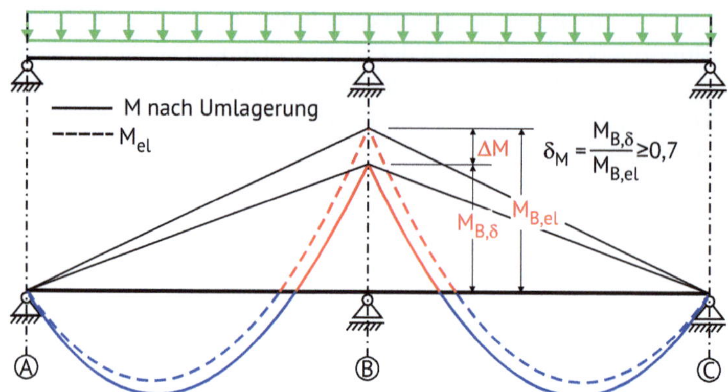

Abb. 2.16   Möglichkeit zur Momentenumlagerung für das Stützmoment eines Zweifeldträgers

chend den Gleichgewichtsbedingungen vergrößert, werden müssen, wie dies
Abb. 2.16 zeigt.

> **Praxistipp**
>
> Durch eine Lastfallweise unterschiedliche Umlagerung erreicht man das wirtschaft-
> lichste Ergebnis, wenn nur die für die Stützmomente maßgebenden Lastfälle von der
> Stütze zum Feld umgelagert werden. Die Schnittgrößen der für die Feldmomente
> maßgebenden Lastfälle bleiben unverändert. Bei Systemen mit großen Verkehrslast-
> anteilen werden dadurch die Unterschiede zwischen der maximalen und minimalen
> Momentenlinie verringert.

Gemäß der DIN EN 1992-1-1 (09.2025) 7.3.2 (3) in Verbindung mit der DIN EN
1992-1-1/NA1 (E) (08.2025) NCCI zu 7.2.2 (3) (NA.6) dürfen für durchlaufende Balken oder Platten die Biegemomente ohne besonderen Nachweis der Rotationsfähig-
keit umgelagert werden, falls:

- diese vorwiegend auf Biegung beansprucht sind,
- das Stützweitenverhältnis benachbarter Felder mit annähernd gleicher Steifigkeit
  0,5 bis 2,0 beträgt,
- die Umlagerung darf nicht größer als in Gl. (2.29) sein.

$$\delta_M \geq \frac{1}{1+0{,}7 \cdot \varepsilon_{cu} \cdot \dfrac{E_s}{f_{yd}}} + \frac{x_u}{d} \approx 0{,}47 + \frac{x_u}{d} \geq \begin{cases} 0{,}8 & \text{für} \quad \text{B500A} \\ 0{,}7 & \text{für} \quad \text{B500B} \end{cases} \tag{2.29}$$

Bei Balken ist, falls die Umlagerung größer als Gl. (2.30) ist, die Druckzone durch
Bügel zu umschließen, um eine ausreichende Verformungsfähigkeit zu gewährleisten.

$$\delta_M \geq \begin{cases} 0,64 + 0,8 \cdot \dfrac{x_u}{d} & \text{für} \quad f_{ck} \leq 50 \; N/mm^2 \\[2mm] 0,72 + 0,8 \cdot \dfrac{x_u}{d} & \text{für} \quad f_{ck} > 50 \; N/mm^2 \end{cases} \tag{2.30}$$

Allerdings hat eine Umlagerung neben dem erhöhten Rechenaufwand auch größere Verformungen und eine verstärkte Rissbildung zur Folge. Weiteres zur Umlagerung findet sich im Teil 2[5] dieser Buchreihe.

Die Verfahren auf der Grundlage der Plastizitätstheorie und die nichtlinearen Verfahren werden in der Praxis eher selten verwendet. Im Brückenbau sind diese auch nur für Unterbauten (Widerlager und Pfeiler) zulässig. Aus diesem Grund wird hier nicht weiter darauf eingegangen. Bei Interesse sei bezüglich der Plastizitätstheorie auf (Finckh 2025) sowie auf den Teil 2 dieser Buchreihe (Finckh 2026) und für die nichtlineare Verfahren auf (Keuser und Meinhardt 2018) und (Quast 2007) verwiesen.

2.3 Gleichgewicht am Querschnitt

2.3.1 Allgemeines

Das Grundprinzip der statischen Berechnungen im Bauwesen ist das Gleichgewicht der Kräfte, welches immer gewährleistet sein muss, da ansonsten das System in Bewegung geraten würde, was im Bauwesen meist zu einem Einsturz führen würde. Dieses Gleichgewicht muss auch zwischen den äußeren und inneren Kräften erfüllt sein. Über die inneren Kräfte können dann die Materialien nachgewiesen werden. Im Stahlbetonbau wird zusätzlich über diese inneren Kräfte auch die Bewehrung ermittelt. Dieser Prozess wird auch als Bemessung bezeichnet.

Bevor der Prozess der Bemessung und somit die Ermittlung der Bewehrung begonnen werden kann, sollten zunächst die Grundlagen zur Kraftermittlung bei vorgegebener Bewehrung und Querschnitt bekannt sein. Diese Grundlagen werden im Weiteren erläutert, wobei als kurze Wiederholung der technischen Mechanik zunächst das Gleichgewicht am ungerissenen Querschnitt ohne Bewehrung hergeleitet wird, da dies insbesondere bei den Konstruktionsregeln in Abschn. 5.1 von weiterer Bedeutung ist.

2.3.2 Gleichgewicht am ungerissenen Querschnitt

In ◼ Abb. 2.17 ist ein Querschnitt unter Biegemomentenbeanspruchung dargestellt. Unter der Annahme des Ebenbleibens der Querschnitte nach Bernoulli ergibt sich eine lineare Dehnungsverteilung (auch Dehnungsebene genannt). Setzt man dann ein linear elastisches Materialverhalten voraus, erhält man nach dem Hookeschen Gesetz auch eine lineare Spannungsverteilung.

---

5 Finckh (2026) ▶ Abschn. 8.2.

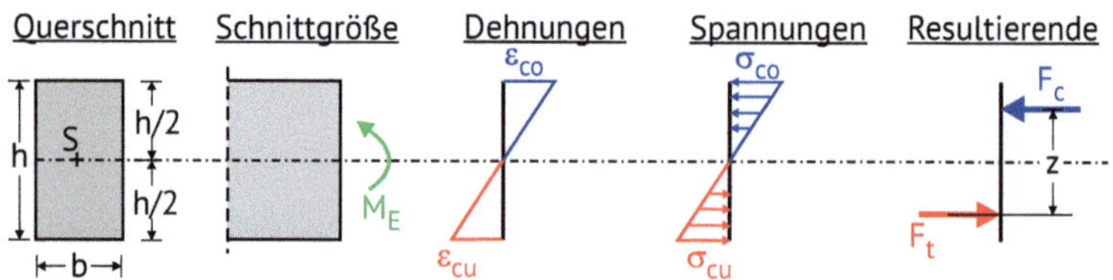

Abb. 2.17   Spannungen und Dehnungen am ungerissenen Querschnitt ohne Bewehrung

Aus diesen Spannungen lassen sich dann Kraftresultierende für die Druck- und Zugzone bilden. Damit kann über das Gleichgewicht am Querschnitt die Spannungen gebildet werden. Die erste Gleichgewichtsbedingung ist die Summe der horizontalen Kräfte:

$$\Sigma H = 0 \Rightarrow F_c = F_t \tag{2.31}$$

Die zweite Gleichgewichtsbedingung ist, dass die Summe der Momente sich zu null ergeben muss. Sucht man sich im Querschnitt als Drehpunkt die obere Druckspannungsresultierende, so ergibt sich nach **Abb. 2.17** folgender Zusammenhang:

$$\Sigma M = 0 \Rightarrow M_E = F_t \cdot z \tag{2.32}$$

Die Zugspannungsresultierende erhält man dadurch, dass man die Zugspannung über den Querschnitt integriert. Bei dem dreiecksförmigen Verlauf ist dies die maximale Spannung mal der Höhe des Dreiecks ($h/2$) multipliziert mit 1/2 und der Breite des Querschnitts. Der Angriffspunkt der Resultierenden ist bei einer Dreiecksverteilung 1/3 von der maximalen Spannung entfernt. Somit ergibt sich die folgende Gleichung für das einwirkende Moment. Der Term $b \cdot h^2/6$ entspricht dabei dem bekannten Widerstandsmoment eines Rechteckquerschnitts.

$$M_E = \left(\sigma_{cu} \cdot \frac{b \cdot h}{2} \cdot \frac{1}{2} \right) \cdot \left(2 \cdot \frac{2}{3} \cdot \frac{h}{2} \right) = \sigma_{cu} \cdot \frac{b \cdot h}{4} \cdot \frac{2 \cdot h}{3} = \sigma_{cu} \cdot \frac{b \cdot h^2}{6} \tag{2.33}$$

Erweitert man den Term um den Abstand zwischen maximaler Spannung und Schwerpunkt ($z_u = h/2$), so erhält man das Flächenträgheitsmoment und die aus der technischen Mechanik bekannte Gleichung zur Ermittlung der maximalen Spannungen.

$$M_E = \sigma_{cu} \cdot \frac{b \cdot h^2}{6} \cdot \frac{h}{2} \cdot \frac{2}{h} = \sigma_{cu} \cdot \frac{b \cdot h^3}{12} \cdot \frac{2}{h} = \sigma_{cu} \cdot \frac{I_y}{z_u} \tag{2.34}$$

$$\sigma_{cu} = \frac{M_E}{I_y} \cdot z_u \tag{2.35}$$

Der Beton versagt auf Zug, sobald die Zugfestigkeit des Betons überschritten wird. Dies ist auch der Zeitpunkt, wenn ein Stahlbetonquerschnitt die ersten Risse erhält und vom Zustand I (ungerissen) in den Zustand II (gerissen) übergeht. Das Biegemoment, bei welchem die ersten Risse auftreten, bezeichnet man als Rissmoment. Dieses erhält man über das Gleichsetzten von maximaler Zugspannung zu der mittleren Zugfestigkeit des Betons:

$$\sigma_{cu} = f_{ctm} \Rightarrow M_{cr} = f_{ctm} \cdot \frac{I_y}{z_u} \tag{2.36}$$

Das Rissmoment ist insbesondere für die Konstruktionsregeln und für die Nachweise im Grenzzustand der Gebrauchstauglichkeit von entscheidender Bedeutung.

2.3.3 Gleichgewicht am gerissenen Querschnitt

2.3.3.1 Allgemeines

Da der Stahlbeton ein inhomogener, unelastischer Baustoff ist, sind für die Berechnung der inneren Kräfte und der Bemessung auf Biegung einige vereinfachenden Annahmen erforderlich:

- Die Querschnitte bleiben bei der Verformung des Bauteils eben und verzerren sich nicht. (Hypothese von Bernoulli). →Die Dehnungen sind somit proportional dem Abstand von der Dehnungsnulllinie.
- Es besteht die Hypothese des starren Verbundes zwischen Stahl und Beton. →Die Dehnungen von Stahl und Beton sind bei gleichem Abstand von der Nulllinie gleich groß.
- Die Betonzugfestigkeit wird bei der Bemessung nicht mit angesetzt und der Querschnitt befindet sich im Zustand II. →Die Zugkräfte werden somit allein vom Stahl aufgenommen.
- Es bestehen feste Zuordnungen zwischen Spannungen und Dehnungen bei Stahl und Beton, die durch Stoffgesetze vorgegeben sind. → Die Werkstoffgesetze bzw. Spannungs-Dehnungs-Linien für Stahl und Beton nach den ▶ Abschn. 2.1.3.2 und 2.1.2.4.3 müssen benutzt werden.
- Die einwirkenden Schnittgrößen müssen mit den aufnehmbaren Schnittgrößen im Gleichgewicht stehen. → Im Bemessungsquerschnitt gilt somit: $\Sigma H = 0$; $\Sigma M = 0$ (bei der Betrachtung von Biegung mit oder ohne Längskraft oder Längskraft allein).

Diese Annahmen sind nochmal in ◘ Abb. 2.18 zusammengefasst. Dort ist ersichtlich, dass diese Annahmen dazu führen, dass alle Zugspannungen durch die Bewehrung aufgenommen werden müssen.

Die Zugresultierende ergibt sich somit über die Multiplikation der Querschnittfläche des Betonstahls A_{s1} mit der Spannung σ_{sd}, welche man über die Dehnung und die Spannungs-Dehnungs-Line erhält. Wird, auf der sicheren Seite liegend, die Verfestigung des Betonstahls vernachlässigt, so erhält man:

$$F_{sd} = A_{s1} \cdot E_s \cdot \varepsilon_s \leq A_{s1} \cdot f_{yd} \tag{2.37}$$

In ◘ Abb. 2.18 wird der Abstand des Schwerpunktes der Bewehrungslage vom oberen gedrückten Bauteilrand als statische Nutzhöhe d bezeichnet. Der Abstand vom

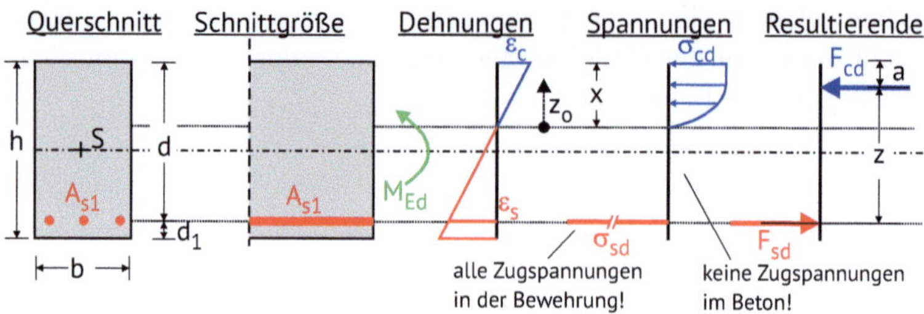

Abb. 2.18 Dehnungs- und Spannungsverteilung für einen Rechteckquerschnitt im gerissenen Zustand

unteren gezogenen Rand wird als d_1 bezeichnet. Die Ermittlung, wie weit die Bewehrung vom Bauteilrand entfernt ist, hängt von den Umweltbedingungen, dem Bewehrungsdurchmesser sowie der konstruktiven Durchbildung ab und wird in ► Abschn. 4.2 genauer betrachtet. Bei mehreren Bewehrungslagen, die übereinander liegen, wird im Regelfall näherungsweise der Schwerpunkt der Bewehrungslagen verwendet.

> **Praxistipp**
>
> Für den Hochbau (Innenraum) ist ein Maß von $d_1 \approx 5\ cm$ ein guter Anhaltswert. Im Ingenieurbau sind meist größere Abstände von $d_1 \approx 9\ cm$ erforderlich.

In **Abb.** 2.18 erkennt man ebenfalls, dass der Dehnungsnullpunkt aufgrund des Zugausfalls und den unterschiedlichen Spannungs-Dehnungs-Linien nicht mehr mit dem Schwerpunkt übereinstimmt. Der Bereich, wo der Querschnitt unter Druckspannung steht, wird als Druckzone bezeichnet, welche über die Druckzonenhöhe x beschrieben wird. Die Druckzonenhöhe erhält man aus dem Dreisatz an der Dehnungsverteilung (bzw. der Dehnungsebene):

$$x = \frac{\varepsilon_c}{\varepsilon_c + \varepsilon_s} \cdot d \tag{2.38}$$

Integriert man nun alle Druckspannungen, welche sich aus der Spannungs-Dehnungs-Linie und der Dehnung ergeben, so erhält man die Druckresultierende F_{cd}, welche den Abstand a vom oberen Querschnittsrand hat.

$$F_{cd} = b \cdot \int_0^x \sigma_{cd}\left(z_o\right) \cdot dz_o \tag{2.39}$$

$$a = x - \frac{b \cdot \int_0^x \sigma_{cd}\left(z_o\right) \cdot z_0 \cdot dz_o}{F_{cd}} \tag{2.40}$$

Nun kann man über die beiden Gleichgewichtsbedingungen die Kräfte berechnen.

$$\Sigma H = 0 \Rightarrow F_{cd} = F_{sd} \tag{2.41}$$

$$\Sigma M = 0 \Rightarrow M_{Ed} = F_{sd} \cdot z = F_{sd} \cdot (d - a) \tag{2.42}$$

Die Herausforderung besteht nun jedoch darin die Spannungs-Dehnungs-Linien mit ihren Dehnungskriterien ausreichend zu berücksichtigen. Insbesondere dürfen die Grenzdehnungen nicht überschritten werden. So dürfen bei dem Beton die Druckstauchungen von $\varepsilon_c \leq \varepsilon_{cu} = 3{,}5\text{‰}$ nicht überschritten werden, da es sonst zu einem Druckversagen kommen würde. Beim Stahl darf die Dehnung von $\varepsilon_s \leq \varepsilon_{ud} = 25\text{‰}$ nicht überschritten werden, um ein Zugversagen zu vermeiden.

Diese Herausforderung wird in den nachfolgenden Abschnitten zunächst mit einem vereinfachten Ansatz für die Druckzone und dann exakt mit dem Parabel-Recteck-Diagramm als Spannungs-Dehnungs-Linien gelöst.

2.3.3.2 Biegung mit vereinfachter Annahme des Spannungsblocks
2.3.3.2.1 Berechnungsansatz

Aufgrund der komplexeren Berechnungen mit dem Parabel-Recteck-Diagramm ist in der DIN EN 1992-1-1 (09.2025) 8.1.2 (2) eine weitere mögliche Vereinfachung enthalten. Hier werden die Spannungen in der Druckzone zu einem konstanten Spannungsblock zusammengefasst, welcher die Ausdehnung von 80 % der Druckzonenhöhe hat. Als Grenzdehnung ist hierbei immer die Dehnungsgrenze ε_{cu} zu verwenden. Der Ansatz des Spannungsblocks ist in ▫ Abb. 2.19 dargestellt.

Der Spannungsblock darf nur bei im Querschnitt liegender Nulllinie angewendet werden. Er eignet sich besonders für die Bemessung mit Handrechnung und von Querschnitten mit nicht rechteckig begrenzter Betondruckzone sowie bei der schiefen Biegung.

Der Ansatz liegt für Druckzonen, deren Breite zum Rand mit der maximalen Druckdehnung zunimmt, auf der sicheren Seite. Falls die Druckzonenbreite zum Rand mit der maximalen Dehnung hin jedoch abnimmt, wie dies z. B. bei Kreisquerschnitten der Fall ist, muss f_{cd} zusätzlich pauschal um 10 % abgemindert werden. Für die Berechnung gilt nun weiterhin Gl. (2.41). Das Momentengleichgewicht kann jedoch wie folgt vereinfacht werden.

$$\Sigma M = 0 \Rightarrow M_{Ed} = F_{sd} \cdot z = F_{sd} \cdot \left(d - \frac{0{,}8 \cdot x}{2} \right) \tag{2.43}$$

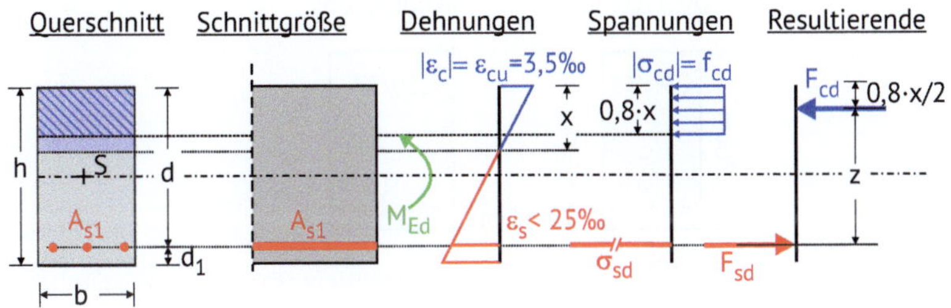

▫ **Abb. 2.19** Vereinfachter Ansatz des Spannungsblocks für die Biegebemessung

Das Vorgehen zur Berechnung soll an einigen Beispielen verdeutlicht werden. Es wird empfohlen den Spannungsblock nur für Normalbetone bis einschließlich C50/60 anzuwenden.

2.3.3.2.2 Berechnungsbeispiel 1

Für den in ▪ Abb. 2.20 abgebildeten Querschnitt aus dem Beton mit der Festigkeit C30/37 soll die maximale Momententragfähigkeit bestimmt werden.

Zunächst wird der Bewehrungsquerschnitt ermittelt.

$$A_s = n \cdot \phi^2 \cdot \frac{\pi}{4} = 3 \cdot 12^2 \cdot \frac{\pi}{4} = 339 \, mm^2$$

Im ersten Ansatz wird davon ausgegangen, dass ein Zugversagen des Querschnitts maßgebend wird. Dadurch ergibt sich die Zugkraft in der Bewehrung und die Zugdehnung von $\varepsilon_s = 25‰$.

$$F_{sd} = A_s \cdot f_{yd} = 339 \cdot \frac{500}{1,15} = 147\,400 \, N = 147,4 \, kN$$

Über das horizontale Gleichgewicht ergibt sich die Betondruckkraft:

$$F_{cd} = F_{sd} = 147,4 \, kN$$

Mit dieser Kraft kann nun über die Betondruckfestigkeit die erforderliche Druckzonenhöhe zurückgerechnet werden:

$$f_{cd} = \eta_{cc} \cdot k_{tc} \cdot \frac{f_{ck}}{\gamma_C} = 1 \cdot 0,85 \cdot \frac{30}{1,5} = 17 \, N \, / \, mm^2$$

$$F_{cd} = b \cdot 0,8 \cdot x_{erf} \cdot f_{cd} = 300 \cdot 0,8 \cdot x \cdot 17 = 147\,400 \, N$$

$$\Rightarrow x_{erf} = \frac{147400}{300 \cdot 0,8 \cdot 17} = 36,1 \, mm = 3,61 \, cm$$

Damit der Spannungsblock auf der sicheren Seite liegt, muss jedoch für den Hebelarm die Druckzonenhöhe mit der Betonstauchung $\varepsilon_c = \varepsilon_{cu} = 3,5‰$ bestimmt werden. Mit $d = h - d_1 = 70 - 5 = 65 \, cm$ ergibt sich die Druckzonenhöhe zu:

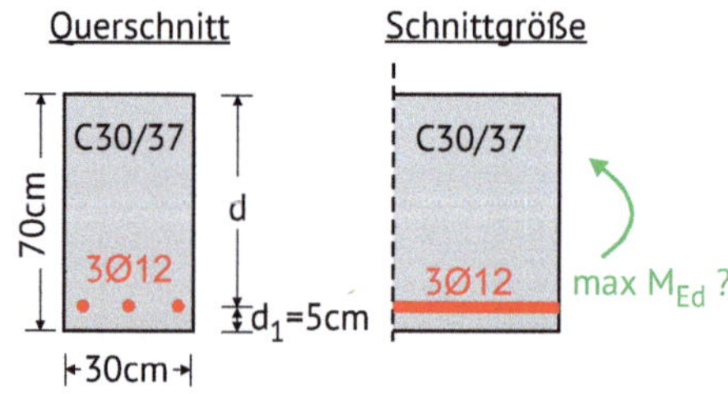

▪ **Abb. 2.20**   Berechnungsbeispiel 1: Querschnitt an dem die Momententragfähigkeit bestimmt werden soll

$$x = \frac{\varepsilon_c}{\varepsilon_c + \varepsilon_s} \cdot d = \frac{3,5}{3,5 + 25} \cdot 65 = 7,98\,cm$$

Da diese Druckzonenhöhe größer als die erforderliche Druckzonenhöhe ist, kommt es nicht zum Druckversagen und die Annahme war korrekt. Damit kann nun die maximale Tragfähigkeit des Querschnitts bestimmt werden:

$$\max M_{Ed} = M_{Rd} = F_{sd} \cdot z = F_{sd} \cdot \left(d - \frac{0,8 \cdot x}{2} \right)$$

$$M_{Rd} = 147 \cdot \left(0,65 - \frac{0,8 \cdot 0,0798}{2} \right) = 90,86\,kNm$$

2.3.3.2.3 Berechnungsbeispiel 2

Für den in ▣ Abb. 2.21 abgebildeten Querschnitt aus dem Beton mit der Festigkeitsklasse C20/25 soll die maximale Momententragfähigkeit bestimmt werden.

Zunächst wird, wie im vorherigen Beispiel der Bewehrungsquerschnitt ermittelt.

$$A_s = n \cdot \phi^2 \cdot \frac{\pi}{4} = 3 \cdot 32^2 \cdot \frac{\pi}{4} = 2413\,mm^2$$

Im ersten Ansatz wird davon ausgegangen, dass ein Zugversagen des Querschnitts maßgebend wird. Dadurch ergibt sich die Zugkraft in der Bewehrung und die Zugdehnung von $\varepsilon_s = 25‰$.

$$F_{sd} = A_s \cdot f_{yd} = 2412 \cdot \frac{500}{1,15} = 1049\,000\,N = 1049\,kN$$

Über das horizontale Gleichgewicht ergibt sich die Betondruckkraft:

$$F_{cd} = F_{sd} = 1049\,kN$$

Mit dieser kann nun über die Betondruckfestigkeit die Druckzonenhöhe zurückgerechnet werden:

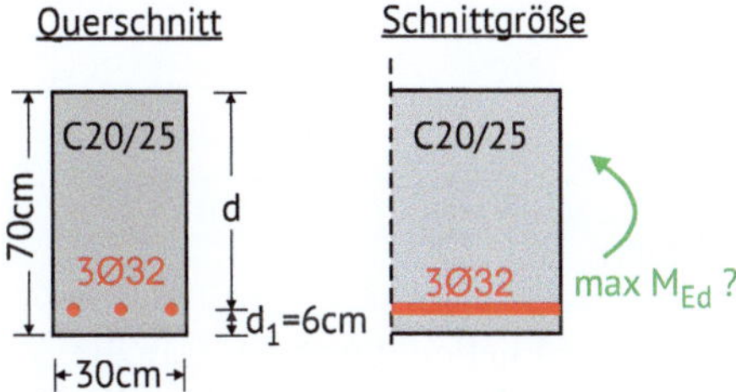

▣ **Abb. 2.21** Berechnungsbeispiel 2: Querschnitt an dem die Momententragfähigkeit bestimmt werden soll

$$f_{cd} = \eta_{cc} \cdot k_{tc} \cdot \frac{f_{ck}}{\gamma_C} = 1 \cdot 0,85 \cdot \frac{20}{1,5} = 11,33 \, N \, / \, mm^2$$

$$F_{cd} = b \cdot 0,8 \cdot x \cdot f_{cd} = 300 \cdot 0,8 \cdot x \cdot 11,33 = 1049\,000 \, N$$

$$\Rightarrow x = \frac{1049\,000}{300 \cdot 0,8 \cdot 11,33} = 386 mm = 38,6 \, cm$$

Nun wird noch überprüft, ob die Grenzdehnung des Betons eingehalten ist. Diese kann wie nachfolgend durchgeführt über den Dreisatz der Dehnung mit $d = h - d_1 = 70 - 6 = 64 \, cm$ und $x = 38,6 cm$ zurückgerechnet werden:

$$x = \frac{\varepsilon_c}{\varepsilon_c + \varepsilon_s} \cdot d \Rightarrow \varepsilon_c = \frac{x}{d} \cdot \left(\varepsilon_c + \varepsilon_s \right)$$

$$\varepsilon_c = \frac{38,6}{64} \cdot \left(\varepsilon_c + 25 \right) = 0,556 \varepsilon_c + 13,9$$

$$\Rightarrow \varepsilon_c = \frac{13,9}{1 - 0,556} = 9,4\text{‰}$$

Da die Betonstauchungen deutlich größer als die zulässigen 3,5 ‰ sind, kommt es zum Druckversagen und die Annahme war nicht korrekt. Somit muss die Annahme bezüglich der Dehnungen angepasst werden. Es wird nun angenommen, dass die Betondruckzone maßgebend wird, und hier eine Stauchung von 3,5 ‰ herrscht. Damit muss das horizontale Gleichgewicht neu aufgestellt werden:

$$F_{cd} = b \cdot \lambda \cdot x \cdot \eta \cdot f_{cd} = F_{sd}$$

$$b \cdot 0,8 \cdot \frac{\varepsilon_c}{\varepsilon_c + \varepsilon_s} \cdot d \cdot f_{cd} = E_s \cdot \varepsilon_s \cdot A_s \leq A_s \cdot f_{yd}$$

Zunächst wird angenommen das Betonstahl fließt und somit ergibt sich:

$$300 \cdot 0,8 \cdot \frac{3,5}{3,5 + \varepsilon_s} \cdot 640 \cdot 11,33 = 1049\,000$$

$$\frac{6\,091\,008}{3,5 + \varepsilon_s} = 1049\,000$$

$$5,80 = \left(3,5 + \varepsilon_s \right)$$

$$2,3\text{‰} = \varepsilon_s > \varepsilon_{yd} = \frac{435}{200000} = 2,175\text{‰}$$

Da die Dehnung größer als die Fließdehnung ist, war die Annahme, dass der Stahl fließt, somit korrekt. Über die Dehnungen kann nun die Druckzonenhöhe und die Betonstahlkraft bestimmt werden:

$$x = \frac{3,5}{3,5 + 2,3} \cdot 64 = 0,603 \cdot 64 = 38,6\,cm$$

$$F_{sd} = A_{s1} \cdot f_{yd} = 1049\,kN$$

Damit kann nun die maximale Tragfähigkeit des Querschnitts berechnet werden:

$$\max M_{Ed} = M_{Rd} = F_{sd} \cdot z = F_{sd} \cdot \left(d - \frac{0,8 \cdot x}{2} \right)$$

$$M_{Rd} = 1049 \cdot \left(0,64 - \frac{0,8 \cdot 0,386}{2} \right) = 509\,kNm$$

2.3.3.3 Biegung mit Parabel-Rechteck Diagramm

2.3.3.3.1 Berechnungsansatz

Genauer als der Spannungsblock ist eine Berechnung mit Parabel-Reckteck-Diagramm als Spannungs-Dehnungs-Linie. Der Zusammenhang und die Formelzeichen sind an einem Rechteckquerschnitt in ◘ Abb. 2.22 dargestellt.

Die Betondruckkraft kann für einen Rechteckquerschnitt in Abhängigkeit des Völligkeitsbeiwerts α_R mit der Gl. (2.44) ermittelt werden. Aufgrund der abschnittsweisen Definition des Parabel-Rechteck-Diagramms ist eine Fallunterscheidung bei der Ermittlung des Völligkeitsbeiwerts an dem Übergang zwischen reiner Parabel und Parabel-Rechteck in Gl. (2.45) erforderlich.

$$F_{cd} = b \cdot \alpha_R \cdot x \cdot f_{cd} \tag{2.44}$$

$$\alpha_R = \begin{cases} \dfrac{\varepsilon_c}{2} - \dfrac{\varepsilon_c^2}{12} & \text{für } \varepsilon_c \leq 2\text{‰} \\[2ex] 1 - \dfrac{2}{3 \cdot \varepsilon_c} & \text{für } 2\text{‰} \leq \varepsilon_c \leq 3,5\text{‰} \end{cases} \tag{2.45}$$

Bei einer vollständig ausgenutzten Betondruckzone mit $\varepsilon_c = 3,5$‰ ergibt sich $\alpha_R = 0,81$.

Der Abstand der resultierenden Betondruckkraft vom oberen Bauteilrand kann über die Druckzonenhöhe x (vgl. Gl. (2.38)) und den Höhenbeiwert k_a nach Gl.

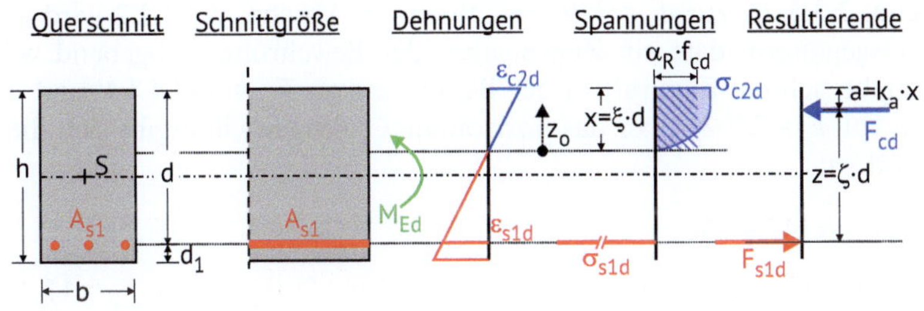

◘ **Abb. 2.22** Rechteckquerschnitt beansprucht durch reine Biegung unter Annahme des Parabel-Rechteck-Diagramms

(2.47) bestimmt werden. Auch hier ist aufgrund des Parabel-Rechteck-Diagramms eine Fallunterscheidung erforderlich.

$$a = k_a \cdot x \tag{2.46}$$

$$k_a = \begin{cases} \dfrac{8 - \varepsilon_c}{24 - 4 \cdot \varepsilon_c} & \text{für } \varepsilon_c \leq 2\text{‰} \\[2ex] \dfrac{3 \cdot \varepsilon_c^2 - 4 \cdot \varepsilon_c + 2}{6 \cdot \varepsilon_c^2 - 4 \cdot \varepsilon_c} & \text{für } 2\text{‰} \leq \varepsilon_c \leq 3,5\text{‰} \end{cases} \tag{2.47}$$

Bei einer vollständig ausgenutzten Betondruckzone mit $\varepsilon_c = 3,5$‰ ergibt sich $k_a = 0,416$.

Neben den Betondruckkräften muss auch die Stahlzugkraft, unter Zuhilfenahme der Spannungs-Dehnungs-Linie des Stahls, berechnet werden. Wird auf der sicheren Seite liegen die Verfestigung des Betonstahls vernachlässigt so erhält man:

$$F_{s1d} = A_{s1} \cdot \sigma_{s1d} = A_{s1} \cdot \varepsilon_{s1} \cdot E_s \leq f_{yd} \cdot A_{s1} \tag{2.48}$$

Falls eine Verfestigung des Betonstahls berücksichtigt werden soll, kann die Spannung mit folgender Gleichung ermittelt werden:

$$\sigma_{s1d} = \begin{cases} \varepsilon_{s1} \cdot E_s & \text{für } \varepsilon_{s1} \leq f_{yd} / E_s \\[2ex] f_{yd} + \dfrac{\varepsilon_{s1} - f_{yd} / E_s}{25\text{‰} - f_{yd} / E_s} \cdot \left(f_{td} - f_{yd} \right) & \text{für } f_{yd} / E_s \leq \varepsilon_c \leq 25\text{‰} \end{cases} \tag{2.49}$$

Über die beiden Gleichgewichtsbedingungen können dann wieder die Kräfte berechnet werden.

$$\Sigma H = 0 \Rightarrow F_{cd} = F_{s1d} \tag{2.50}$$

$$\Sigma M = 0 \Rightarrow M_{Ed} = F_{s1d} \cdot z = F_{s1d} \cdot \left(d - a \right) \tag{2.51}$$

2.3.3.3.2 Berechnungsbeispiel 1

Für den in ◻ Abb. 2.20 abgebildeten Querschnitt aus dem Beton der Festigkeit C30/37 soll nun die maximale Momententragfähigkeit mit dem Parabel-Rechteck-Diagramm bestimmt werden. Der Bewehrungsquerschnitt ergibt sich gemäß ▶ Abschn. 2.3.3.2.2 zu: $A_s = 339 \; mm^2$. Wie in ▶ Abschn. 2.3.3.2.2 wird auch hier davon ausgegangen, dass ein Zugversagen der Bewehrung maßgebend wird. Dadurch ergibt sich die Zugkraft in der Bewehrung zu $F_{sd} = 147,4 \; kN$ und die Zugdehnung von $\varepsilon_s = 25$‰. Über das horizontale Gleichgewicht ergibt sich die Betondruckkraft zu:

$$F_{cd} = F_{sd} = 147,4 \, kN$$

Mit dieser Beziehung kann nun über die Betondruckfestigkeit von $f_{cd} = 17 \; N/mm^2$ die Druckstauchung berechnet werden.

$$F_{cd} = b \cdot \alpha_R \cdot x \cdot f_{cd} = b \cdot \alpha_R \cdot \frac{\varepsilon_c}{\varepsilon_c + \varepsilon_s} \cdot d \cdot f_{cd}$$

Der Beiwert α_R ist abhängig von der Betonstauchung. Es wird geschätzt, dass die Betonstauchung kleiner als 2 ‰ ist. Somit können alle Werte in die Gleichung eingesetzt werden:

$$F_{cd} = b \cdot \left(\frac{\varepsilon_c}{2} - \frac{\varepsilon_c^2}{12} \right) \cdot \frac{\varepsilon_c}{\varepsilon_c + \varepsilon_s} \cdot d \cdot f_{cd}$$

$$F_{cd} = 300 \cdot \left(\frac{\varepsilon_c}{2} - \frac{\varepsilon_c^2}{12} \right) \cdot \frac{\varepsilon_c}{\varepsilon_c + 25} \cdot 650 \cdot 17 = 147400 \, N$$

Über eine Zielwertsuche in einem Tabellenkalkulationsprogramm ergibt sich $\varepsilon_c = 1{,}857‰$. Die Annahme war somit zutreffend und die Druckzonenhöhe kann bestimmt werden:

$$x = \frac{\varepsilon_c}{\varepsilon_c + \varepsilon_s} \cdot d = \frac{1{,}857}{1{,}857 + 25} \cdot 65 = 4{,}5 \, cm$$

Mit der Druckzonenhöhe kann nun der Angriffspunkt der Betondruckkraft bestimmt werden.

$$k_a = \frac{8 - \varepsilon_c}{24 - 4 \cdot \varepsilon_c} = \frac{8 - 1{,}857}{24 - 4 \cdot 1{,}857} = 0{,}371$$

$$a = k_a \cdot x = 0{,}371 \cdot 0{,}045 = 0{,}0167 \, m$$

Damit kann nun die maximale Tragfähigkeit des Querschnitts bestimmt werden:

$$\max M_{Ed} = M_{Rd} = F_{sd} \cdot z = F_{sd} \cdot (d - a)$$

$$M_{Rd} = 147 \cdot (0{,}65 - 0{,}0167) = 93{,}0 \, kNm$$

Man erkennt, dass man eine leicht höhere Tragfähigkeit erhält als beim Spannungsblock. Der Rechenaufwand ist jedoch deutlich höher.

2.3.3.3.3 Berechnungsbeispiel 2

Für den in ◘ Abb. 2.21 abgebildeten Querschnitt aus dem Beton der Festigkeit C20/25 soll nun auch mit dem Parabel-Rechteck-Diagramm die maximale Momententragfähigkeit bestimmt werden. Aufgrund der Ergebnisse aus ▶ Abschn. 2.3.3.2.3 wird von einem Betondruckversagen und somit von einer Betonrandstauchung von $\varepsilon_c = 3{,}5‰$ ausgegangen. Das horizontale Kräftegleichgewicht lautet unter der Annahme, dass der Betonstahl nicht fließt:

$$F_{cd} = b \cdot \alpha_R \cdot x \cdot f_{cd} = F_{s1d} = A_{s1} \cdot \varepsilon_{s1} \cdot E_s$$

Setzt man nun für den Völligkeitsbeiwert α_R die Beziehung für $\varepsilon_c > 2‰$ ein und löst die Druckzonenhöhe über die Dehnungsbeschreibung auf erhält man:

$$b \cdot \left(1 - \frac{2}{3 \cdot \varepsilon_c}\right) \cdot \frac{\varepsilon_c}{\varepsilon_c + \varepsilon_{s1}} \cdot d \cdot f_{cd} = A_{s1} \cdot \varepsilon_{s1} \cdot E_s$$

Setz man nun die Werte aus ▶ Abschn. 2.3.3.2.3 und $\varepsilon_c = 3,5‰$ ein, so erhält man eine Gleichung mit der über einen Gleichungslöser die Stahldehnung ε_s bestimmt werden kann.

$$300 \cdot 0,81 \cdot \frac{3,5‰}{3,5‰ + \varepsilon_{s1}} \cdot 640 \cdot 11,33 = 2412 \cdot \varepsilon_{s1} \cdot 200000 \Rightarrow \varepsilon_s = 2,23‰$$

Da die Dehnung $\varepsilon_s = 2,23‰$ größer als $f_{yd}/E_s = 435/200 = 2,175‰$ ist, fließt der Stahl und die vorherige Annahme bezüglich des horizontalen Kräftegleichgewicht war nicht korrekt. Diese muss deshalb wie folgt lauten:

$$b \cdot \left(1 - \frac{2}{3 \cdot \varepsilon_c}\right) \cdot \frac{\varepsilon_c}{\varepsilon_c + \varepsilon_{s1}} \cdot d \cdot f_{cd} = f_{yd} \cdot E_s$$

$$300 \cdot 0,81 \cdot \frac{3,5‰}{3,5‰ + \varepsilon_{s1}} \cdot 640 \cdot 11,33 = 435 \cdot 200000 \Rightarrow \varepsilon_s = 2,38‰$$

Mit der Dehnung von $\varepsilon_s = 2,38‰$ kann nun die Druckzonenhöhe bestimmt werden:

$$x = \frac{\varepsilon_c}{\varepsilon_c + \varepsilon_s} \cdot d = \frac{3,5}{3,5 + 2,38} \cdot 64 = 38,1 cm$$

Mit der Druckzonenhöhe wird jetzt der Angriffspunkt der Betondruckkraft berechnet:

$$a = k_a \cdot x = 0,416 \cdot 0,381 = 0,158$$

Damit wird die maximale Tragfähigkeit des Querschnitts ermittelt:

$$F_{sd} = A_s \cdot f_{yd} = 2412 \cdot \frac{500}{1,15} = 1049\,000\,N = 1049\,kN$$

$$\max M_{Ed} = M_{Rd} = F_{sd} \cdot z = F_{sd} \cdot (d - a)$$

$$M_{Rd} = 1049 \cdot (0,64 - 0,158) = 505,6\,kNm$$

Man erkennt, dass man hier eine ähnliche Tragfähigkeit wie beim Spannungsblock erhält.

2.3.3.3.4 Berechnungsbeispiel 3

Der Querschnitt in ▣ Abb. 2.21 ist mit einem Moment von $M_{Ed} = 250\,kNm$ belastet. Für diesen Zustand sollen die Dehnungen ermittelt werden. Zur Berechnung ist ein zweifach iteratives Vorgehen erforderlich. Zunächst wird ein innerer Hebelarm geschätzt.

$$\text{Annahme}: z = 0,5\,m$$

Mit dieser Annahme lässt sich nun die Zugkraft in der Bewehrung und die Dehnung ermitteln:

$$M_{Ed} = M_{Rd} = F_{sd} \cdot z \Rightarrow F_{sd} = \frac{M_{Ed}}{z} = \frac{250}{0,5} = 500\,kN$$

$$\varepsilon_{s1} = \frac{F_{s1d}}{A_{s1} \cdot E_s} = \frac{500\,000}{2412 \cdot 200\,000} = 1,04\,‰$$

Nun kann über das horizontale Gleichgewicht unter der Annahme von $\varepsilon_c < 2‰$ die Betonstahlstauchung ermittelt werden:

$$F_{cd} = b \cdot \alpha_R \cdot x \cdot f_{cd} = F_{s1d}$$

$$b \cdot \left(\frac{\varepsilon_c}{2} - \frac{\varepsilon_c^2}{12} \right) \cdot \frac{\varepsilon_c}{\varepsilon_c + \varepsilon_{s1}} \cdot d \cdot f_{cd} = F_{s1d}$$

$$300 \cdot \left(\frac{\varepsilon_c}{2} - \frac{\varepsilon_c^2}{12} \right) \cdot \frac{\varepsilon_c}{\varepsilon_c + 1,04} \cdot 640 \cdot 11,33 = 500 \Rightarrow \varepsilon_c = 1,10\,‰$$

Mit der Dehnung von $\varepsilon_c = 1,10‰$ kann nun die Druckzonenhöhe bestimmt werden:

$$x = \frac{\varepsilon_c}{\varepsilon_c + \varepsilon_s} \cdot d = \frac{1,10}{1,10 + 1,04} \cdot 64 = 32,8\,cm$$

Anhand der Druckzonenhöhe lässt sich nun der Angriffspunkt der Betondruckkraft ermitteln.

$$a = k_a \cdot x = \frac{8 - \varepsilon_c}{24 - 4 \cdot \varepsilon_c} \cdot x = \frac{8 - 1,10}{24 - 4 \cdot 1,10} \cdot 0,328 = 0,115\,m$$

Damit kann das innere Moment des Querschnitts bestimmt werden:

$$M_{Rd} = F_{sd} \cdot (d - x) = 500 \cdot (0,64 - 0,115) = 262\,kNm$$

Da das innere Moment noch nicht dem äußeren Moment von $M_{Ed} = 250\,kNm$ entspricht, muss eine weitere Iteration mit einem kleineren Hebelarm erfolgen.

In der nächsten Iteration wird der innere Hebelarm wie folgt geschätzt:

$$z = d - x = 0,64 - 0,115 = 0,525\,m$$

Damit erhält man dann mit dem gleichen Rechengang wie bei der ersten Iteration:

$$F_{sd} = \frac{M_{Ed}}{z} = \frac{250}{0,525} = 476\,kN \Rightarrow \varepsilon_{s1} = 0,99\text{‰}$$

$$300 \cdot \left(\frac{\varepsilon_c}{2} - \frac{\varepsilon_c^2}{12} \right) \cdot \frac{\varepsilon_c}{\varepsilon_c + 0,99} \cdot 640 \cdot 11,33 = 476 \Rightarrow \varepsilon_c = 1,03\text{‰}$$

$$x = \frac{1,03}{1,03 + 0,99} \cdot 64 = 32,7\,cm$$

$$a = \frac{8 - 1,03}{24 - 4 \cdot 1,03} \cdot 0,327 = 0,115\,m$$

$$M_{Rd} = F_{sd} \cdot (d - x) = 476 \cdot (0,64 - 0,115) = 250\,kNm$$

Da nun somit das äußere Moment von M_{Ed} = 250 kNm dem inneren Moment entspricht, herrschen bei dieser Einwirkung die Randdehnungen ε_c = 1,03‰ und ε_{s1} = 0,99‰ am Querschnitt.

2.3.3.4 Berücksichtigung von Normalkräften

In Bauteilen kann es vorkommen, dass neben der reinen Biegung auch zusätzlich eine äußere Normalkraft als Schnittgröße auftritt. Bei Bauteilen die überwiegend auf Biegung beansprucht sind, lassen sich die im Vorherigen vorgestellten Beziehung einfach erweitern. Dies gilt jedoch nur, wenn die Spannungsnulllinie sich noch innerhalb des Querschnitts befindet, was bedeutet, dass die Exzentrizität entsprechend groß sein muss:

$$e = \left| \frac{M}{N} \right| > \frac{d}{6} \tag{2.52}$$

Falls sich die Spannungsnulllinie innerhalb des Querschnitts ist, ergeben sich mit Normalkraft die Kraftbeziehungen, welche in ◘ Abb. 2.23 dargestellt sind.

Damit alle Beziehungen aus dem ▶ Abschn. 2.3.3.3 verwenden werden können, müssen die äußeren Schnittgrößen auf die Achse der Zugkraftresultierenden und somit der Stahlbewehrung umgerechnet werden. Die Normalkraft bleibt durch die Umrechnung gleich. Bildet man das Momentengleichgewicht um die Stahlachse so ergibt sich dieses über den Abstand der Bewehrung zur Schwerachse des Querschnitts z_{s1} zu Gl. (2.54).

$$N_{Eds} = N_{Ed} \tag{2.53}$$

$$M_{Eds} = M_{Ed} - N_{Ed} \cdot z_{s1} \tag{2.54}$$

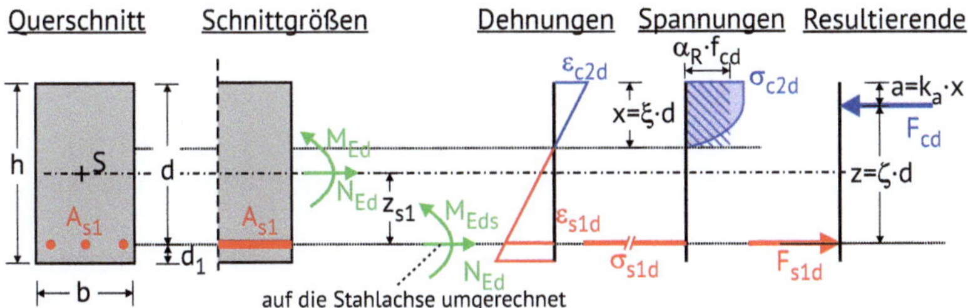

◘ Abb. 2.23 Kraftbeziehung am gerissenen Querschnitt bei Biegung und Normalkraft

Mit der Umrechnung der Kräfte auf die Stahlachse können nun über die beiden Gleichgewichtsbedingungen die inneren Kräfte mit den beiden nachfolgenden Gleichungen berechnet werden.

$$\Sigma H = 0 \Rightarrow F_{cd} = F_{sd} - N_{Ed} \tag{2.55}$$

$$\Sigma M = 0 \Rightarrow M_{Eds} = F_{cd} \cdot z = \left(F_{sd} - N_{Ed} \right) \cdot z \tag{2.56}$$

Alle weiteren Gleichungen können unverändert aus ▶ Abschn. 2.3.3.3 übernommen werden.

2.4 Bemessung von Querschnitten

2.4.1 Allgemeines

Der Betonquerschnitt und die Betonstahlmenge eines Biegebauteils sind so zu bestimmen (dimensionieren), dass die äußeren Schnittgrößen aufgenommen werden können. Die Druckkraft muss vom Beton aufnehmbar sein und für die Zugkraft muss ausreichend Bewehrung vorhanden sein. Für die Bemessungsaufgabe sind folgende Grundlagen erforderlich:

- Die Abmessungen sind vorgegeben oder werden „sinnvoll" angenommen. Überschlagsformeln zur Ermittlung der erforderlichen Abmessungen finden sich z. B. in (Rybicki und Prietz 2021).
- Die Baustoffe sind vorgegeben oder werden „sinnvoll" angenommen. In den meisten Fällen wird ein Betonstahl B500 verwendet und die Anforderungen an die Betonfestigkeit ergeben sich häufig aus den Umweltbedingungen (Expositionsklasse; vgl. auch ▶ Abschn. 4.1.3).
- Die einwirkenden Schnittgrößen sind mit den bekannten Rechenverfahren der Baustatik in Form der vorgegebenen bzw. selbst ermittelten Belastung an einem statischen System berechnet.
- Die für die Biegebemessung maßgebenden Schnittgrößen im Grenzzustand der Tragfähigkeit (M_{Ed}, N_{Ed}) sind mit den Teilsicherheitsbeiwerten der Einwirkungsseite versehen.

Die Aufgabe der Bemessung ist es nun, bei bekannten Festigkeiten und Geometrien, die Menge der Betonstahlbewehrung zu ermitteln. In ▶ Abschn. 2.3 wurden die beiden unbekannten Größen der Dehnungsverteilung ε_s und ε_c über zwei Gleichgewichtsbedingungen eindeutig gelöst. Führt man nun als weitere unbekannte die Querschnittsfläche des Betonstahls ein, ergeben sich drei Unbekannte, für deren Lösung jedoch nur zwei Gleichungen (z. B. Gl. (2.55) und (2.56)) zur Verfügung stehen. Somit ist eine eindeutige Lösung nur noch über die Einführung weiterer Zwangsbedingungen möglich.

Geht man nun davon aus, dass es im Grenzzustand der Tragfähigkeit entweder zu einem Druckversagen oder zu einem Zugversagen der Bewehrung kommt, kann somit postuliert werden, dass entweder die maximale Betonstauchung ($\varepsilon_c = 3{,}5\,\%_0$) oder die maximale Zugdehnung ($\varepsilon_s = 25\,\%_0$) erreicht werden. Damit reduziert sich das Bemessungsproblem wieder auf zwei Unbekannte, die mit den zwei Gleichungen gelöst werden können. Man muss jedoch gegebenenfalls beide Versagensszenarien untersuchen.

Nachfolgend werden mehre Möglichkeiten zur Lösung des Bemessungsproblems vorgestellt. Alle diese Lösungen haben Vor- und Nachteile und sind für bestimmte Probleme in der Anwendung sinnvoll.

2.4.2 Biegung mit vereinfachter Annahme des Spannungsblocks

2.4.2.1 Allgemeines

Die in ▶ Abschn. 2.3.3.2 vorgestellte Berechnung am Spannungsblock setzt grundsätzlich eine vollständig ausgenutzte Druckzone mit $\varepsilon_c = \varepsilon_{cu} = 3{,}5\%_0$ voraus und kann somit direkt in der Bemessung verwendet werden. Dabei ergibt sich die Druckzonenhöhe über die Lösung einer quadratischen Gleichung direkt die aus dem Momentengleichgewicht. Mit der Druckzonenhöhe kann die Betondruckkraft ermittelt werden. Über das Gleichgewicht der horizontalen Kräfte erfolgt dann die Ermittlung der Biegebewehrung.

> **Praxistipp**
>
> Die Bemessung mit dem Spannungsblock hat den Vorteil, dass diese ohne verschachtelte Iterationen auskommt und somit für eine Handrechnung gut geeignet ist. Insbesondere bei Bauteilen mit nicht rechteckiger Druckzone, wie z. B. Kreisquerschnitte oder bei schiefer Biegung ist der Spannungsblock das einzige Verfahren, was mit einer Handrechnung noch unter vertretbarem Aufwand ausführbar ist. Der Nachteil des Verfahrens besteht jedoch darin, dass es aufgrund der zahlreichen Vereinfachungen zu etwas unwirtschaftlicheren Ergebnissen führt.

Das Vorgehen der Bemessung mit dem Spannungsblock wird nachfolgend mit einem Beispiel erläutert.

2.4.2.2 Beispielbemessung

Der in ◾ Abb. 2.24 dargestellte Querschnitt aus C25/30 soll für das einwirkende Moment von $M_{Ed} = 306\,kNm$ bemessen werden.

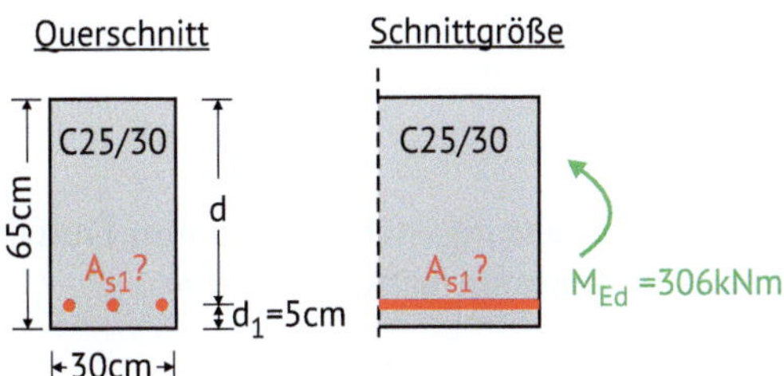

Abb. 2.24   Beispielbemessung: Abmessungen und Belastung des zu bemessenden Querschnitts

Die statische Nutzhöhe des Querschnitts und die Betondruckfestigkeit sind für die Bemessung eine wichtige Eingangsgröße und ergeben sich gemäß ☐ Abb. 2.24 zu:

$$d = h - d_1 = 65 - 5 = 60\,cm$$

$$f_{cd} = \eta_{cc} \cdot k_{tc} \cdot \frac{f_{ck}}{\gamma_C} = 1 \cdot 0{,}85 \cdot \frac{25}{1{,}5} = 14{,}17\,\frac{N}{mm^2}$$

Gemäß ▶ Abschn. 2.3.3.2 kann die Betondruckkraft unter Ansatz des Spannungsblock unter der Annahme von $\varepsilon_c = 3{,}5‰$ wie folgt bestimmt werden:

$$F_{cd} = b \cdot \lambda \cdot x \cdot \eta \cdot f_{cd}$$

Das innere Moment kann dann nach ☐ Abb. 2.19 mit folgender Gleichung ermittelt werden:

$$M_{Rd} = F_{cd} \cdot z = F_{cd} \cdot \left(d - \frac{\lambda \cdot x}{2} \right)$$

Setzt man nun die Druckkraft in die Formel zur Bestimmung des inneren Momentes ein und setzt dies dem einwirkenden Moment gleich, kann die Druckzonenhöhe x bestimmt werden:

$$b \cdot \lambda \cdot x \cdot \eta \cdot f_{cd} \cdot \left(d - \frac{\lambda \cdot x}{2} \right) = M_{Ed}$$

$$300 \cdot 0{,}8 \cdot x \cdot 1 \cdot 14{,}17 \cdot \left(600 - \frac{0{,}8 \cdot x}{2} \right) = 306 \cdot 10^6$$

Mit einer Zielwertsuche erhält man dann $x = 169\,mm$. Damit ergibt sich die Betondruckkraft zu:

$$F_{cd} = b \cdot \lambda \cdot x \cdot \eta \cdot f_{cd} = 300 \cdot 0{,}8 \cdot 169 \cdot 1 \cdot 14{,}167 = 574{,}6 \cdot 10^3\,N$$

Die Bewehrungsmenge folgt aus dem horizontalen Gleichgewicht zu:

$$F_{cd} = F_{sd} = A_{s1} \cdot f_{yd} = 574{,}6 \cdot 10^3\,N$$

$$A_{s1} = \frac{F_{sd}}{f_{yd}} = \frac{574,6 \cdot 10^3}{500 \,/\, 1,15} = 1320\,mm^2 = 13,2\,cm^2$$

Es können somit z. B. drei Bewehrungsstäbe mit 25 mm Durchmesser gewählt werden. Diese hätte folgende Bewehrungsmenge zur Folge:

$$\Rightarrow 3\varnothing 25 \Rightarrow 3 \cdot \frac{2,5^2}{4} \cdot \pi = 14,7\,cm^2$$

2.4.3 Biegung mit Parabel-Rechteck Diagramm

2.4.3.1 Allgemeines

Ein deutlich genaueres Ergebnis erhält man über eine Bemessung mit dem Parabel-Rechteck-Diagramm. Bei dieser Bemessung ist jedoch eine geschlossene Lösung, wegen der abschnittsweisen Definition der Spannungs-Dehnungs-Linien von Beton und Bewehrung, im allgemeinen Fall nicht mehr möglich. Aus diesem Grund müssen die Dehnungen am Querschnitt iterativ über die Vorgaben von Randdehnungen bzw. Druckzonenhöhe ermittelt werden.

Eine händische Berechnung wird in dem nachfolgenden Beispiel zwar durchgeführt ist aber üblicherweise in der Praxis zu aufwändig. Für einfache Fälle, wie Rechteckquerschnitte unter einachsiger Biegung, kann diese Berechnung auch gut in Tabellenkalkulationsprogrammen programmiert werden. Komplexere Probleme werden dann üblicherweise mit einer softwarebasierten Bemessung auf Basis von einer nummerischen und iterativen Ermittlung der Dehnungen durchgeführt. Hinweise zur Programmierung enthält z. B. (Busjaeger und Quast 1990) sowie (Quast 2007).

2.4.3.2 Beispielbemessung

Der bereits mit dem Spannungsblock bemessene und in ◼ Abb. 2.24 dargestellte Querschnitt aus C25/30 soll nun ebenfalls mit dem Parabel-Rechteck Diagramm für das einwirkende Moment von $M_{Ed} = 306\,kNm$ bemessen werden. Zunächst werden folgende Annahmen für die **erste Iteration** getroffen:

- Druckzone voll ausgenutzt: $\varepsilon_c = 3,5\text{‰}$
- Druckzonenhöhe: $x = 17\,cm$ (Ähnlich wie beim Spannungsblock)

Mit der Druckstauchung von $\varepsilon_c = 3,5\text{‰}$ ergeben sich die Beiwerte für das Parabel-Rechteck Diagramm zu $\alpha_R = 0,81$ und $k_a = 0,416$. Die Druckkraft kann direkt mit den Gleichungen aus ▶ Abschn. 2.3.3.3.1 berechnet werden:

$$F_{cd} = b \cdot \alpha_R \cdot x \cdot f_{cd} = 300 \cdot 0,81 \cdot 170 \cdot 14,167 = 585,4 \cdot 10^3\,N$$

Mit der Betondruckkraft kann nun das Moment der inneren Kräfte bestimmt werden:

$$M_{Rd} = F_{cd} \cdot z = F_{cd} \cdot \left(d - k_a \cdot x \right)$$

$$M_{Rd} = 585,4 \cdot (0,60 - 0,416 \cdot 0,17) = 309,8\,kNm > M_{Ed} = 306\,kNm$$

Da das Moment der inneren Kräfte größer als das einwirkende Moment ist, war die angenommene Druckzonenhöhe zu groß. Für die **zweite Iteration** werden folgende Annahmen getroffen:

- Druckzone voll ausgenutzt: $\varepsilon_c = 3,5‰$
- Druckzonenhöhe: $x = 306/309,8 \cdot 17 = 16,79\ cm$

Die Druckkraft ergibt sich somit zu:

$$F_{cd} = 300 \cdot 0,81 \cdot 167,9 \cdot 14,167 = 578 \cdot 10^3\,N$$

Das Moment der inneren Kräfte kann damit bestimmt werden:

$$M_{Rd} = F_{cd} \cdot z = F_{cd} \cdot (d - k_a \cdot x)$$

$$M_{Rd} = 578 \cdot (0,60 - 0,416 \cdot 0,1679) = 306,4\,kNm \approx M_{Ed} = 306\,kNm$$

Da das Moment der inneren Kräfte gleich dem einwirkenden Moment ist, war die angenommene Druckzonenhöhe zutreffend. Über die Dehnungsebene kann nun die Betonstahldehnung bestimmt werden:

$$x = \frac{\varepsilon_c}{\varepsilon_c + \varepsilon_s} \cdot d$$

$$\Rightarrow \varepsilon_s = \varepsilon_c \cdot \frac{d}{x} - \varepsilon_c = 3,5 \cdot \frac{60}{16,79} - 3,5 = 9‰$$

Da die Dehnung kleiner als die Grenzdehnung von 25‰ ist, war die Annahme bezüglich der voll ausgenutzten maßgebenden Druckzonen zutreffend. Über die Dehnung kann die Spannung ermittelt werden. Da die Fließgrenze überschritten ist, wird die Spannung mit folgender Gleichung ermittelt:

$$\sigma_{s1d} = f_{yd} + \frac{\varepsilon_{s1} - f_{yd} / E_s}{25‰ - f_{yd} / E_s} \cdot (f_{td} - f_{yd})$$

$$\sigma_{s1d} = \frac{500}{1,15} + \frac{9 - 2,175}{25 - 2,175} \cdot \left(\frac{525}{1,15} - \frac{500}{1,15}\right) = 441,3\,N / mm^2$$

Die Bewehrungsmenge ergibt sich damit über das horizontale Gleichgewicht zu:

$$F_{cd} = F_{sd} = A_{s1} \cdot \sigma_{s1d} = 578 \cdot 10^3\,N$$

$$A_{s1} = \frac{F_{sd}}{\sigma_{s1d}} = \frac{578 \cdot 10^3}{441,3} = 1309\,mm^2 = 13,1\,cm^2$$

Es ergibt sich somit hier nahezu die gleiche Bewehrung wie beim Spannungsblock.

2.4.4 Bemessungshilfsmittel

2.4.4.1 Grundlage und dimensionslose Bemessungstafeln

Es stehen zahlreiche Bemessungshilfsmittel zur Verfügung. Für die Bemessung bei überwiegend auf Biegung beanspruchten Querschnitten haben sich im Wesentlichen das allgemeine Bemessungsdiagramm sowie die dimensionslosen Bemessungstafeln in der Praxis durchgesetzt. Beide Verfahren beruhen auf einer dimensionslosen Darstellung, damit die Tabellen auf alle Betonfestigkeiten, Bauteilhöhen und -breiten angewendet werden können. Die dimensionslose Darstellung kann über das Momentgleichgewicht am Querschnitt (Gl. (2.57)) erläutert werden.

$$M_{Eds} = F_{cd} \cdot z \tag{2.57}$$

Setzt man nun die aus ▶ Abschn. 2.3.3.3.1 bekannten Beziehungen für die Betondruckkraft und den inneren Hebelarm ein erhält man:

$$M_{Eds} = b \cdot \alpha_R \cdot x \cdot f_{cd} \cdot (d - k_a \cdot x) \tag{2.58}$$

Nun kann die gesamte Gleichung durch den Term $b \cdot d^2 \cdot f_{cd}$ (Bauteilbreite, statische Nutzhöhe, Betonfestigkeiten) geteilt werden und man erhält die Lösung für das bezogene Moment μ_{Eds}.

$$\mu_{Eds} = \frac{M_{Eds}}{b \cdot d^2 \cdot f_{cd}} = \alpha_R \cdot \frac{x}{d} \cdot \left(1 - k_a \cdot \frac{x}{d}\right) \tag{2.59}$$

Führt man nun die bezogene Druckzonenhöhe $\xi = x/d$ ein, ergibt sich die folgende quadratische Gleichung:

$$\mu_{Eds} = \alpha_R \cdot \xi \cdot (1 - k_a \cdot \xi) \tag{2.60}$$

Mit der Gl. (2.61) kann nun der bezogene innere Hebelarm ζ eingeführt werden und das bezogene Moment μ_{Eds} lässt sich auf die einfache Beziehung in Gl. (2.62) zurückführen.

$$z = (d - k_a \cdot x) \Rightarrow \zeta = \frac{z}{d} = (1 - k_a \cdot \xi) \tag{2.61}$$

$$\mu_{Eds} = \alpha_R \cdot \xi \cdot \zeta \tag{2.62}$$

Betrachtet man sich nun nochmal die Gl. (2.57), so kann die Betondruckkraft über die bezogenen Größen wie folgt ausgedrückt werden:

$$F_{cd} = \frac{M_{Eds}}{z} = \frac{\mu_{Eds}}{z} \cdot b \cdot d^2 \cdot f_{cd} = \frac{\mu_{Eds}}{\zeta} \cdot b \cdot d \cdot f_{cd} \qquad (2.63)$$

Über die Einführung des mechanischen Bewehrungsgrades $\omega_1 = \mu_{Eds}/\zeta$ erhält man:

$$F_{cd} = \omega_1 \cdot b \cdot d \cdot f_{cd} \qquad (2.64)$$

Über das horizontale Gleichgewicht am Querschnitt kann nun eine Gleichung zur Bestimmung der Betonstahlmenge in Abhängigkeit der Betonstahlspannung angegeben werden:

$$F_{sd} = A_{s1} \cdot \sigma_{s1d} = F_{cd} + N_{Ed} \qquad (2.65)$$

$$A_{s1} = \frac{1}{\sigma_{s1d}} \left(F_{cd} + N_{Ed} \right) \qquad (2.66)$$

Setzt man nun die Gl. (2.64) ein, so ergibt sich eine Gleichung zur Ermittlung der Bewehrung in Abhängigkeit des mechanischen Bewehrungsgrades ω_1 sowie die Stahlspannung σ_{s1d}.

$$A_{s1} = \frac{1}{\sigma_{s1d}} \left(\omega_1 \cdot b \cdot d \cdot f_{cd} + N_{Ed} \right) \qquad (2.67)$$

Der mechanische Bewehrungsgrad ω_1 sowie die Stahlspannung σ_{s1d} werden in den tabellarischen dimensionslosen Bemessungstafeln in Abhängigkeit von μ_{Eds} in der ▶ Abb. 10.1 angegeben. Damit ist eine sehr schnelle Lösung der Bemessungsaufgabe möglich (vgl. auch ▶ Abschn. 2.4.5.2).

2.4.4.2 Allgemeines Bemessungsdiagramm

Aus der Gl. (2.59) ist ersichtlich, dass für ein bezogenes Moment μ_{Eds}, aufgrund der dimensionslosen Darstellung, die ermittelte Dehnungsverteilung unabhängig von den Abmessungen des Rechteckquerschnittes sowie der Spannungs-Dehnungs-Linie der Bewehrung oder der Betonfestigkeit ist. Diese Gl. (2.59) kann somit dazu genutzt werden, das Ergebnis der Bemessung in Diagrammform für den Eingangsparameter μ_{Eds} darzustellen. Ein solches Bemessungsdiagramm, wie es in ◘ Abb. 2.25 dargestellt ist, kann durch eine systematische Variation der Dehnung erstellt werden. In (Quast 2007) wird auch ein Vorgehen für eine solche Programmierung beschrieben.

Ein Vorteil des allgemeinen Bemessungsdiagramms ist, dass nicht unmittelbar die erforderlichen Bewehrungsmengen, sondern lediglich der sich einstellende Dehnungszustand sowie die Kenngrößen ξ und ζ zur Beschreibung der Betondruckzone und des Hebelarms abgelesen werden. Die Ermittlung der Stahlspannungen erfolgt erst im Nachgang über die Stahldehnungen und die Spannungs-Dehnungs-Linien der Bewehrung. Dieser etwas erhöhte Aufwand ermöglicht es jedoch auch andere Stahlsorten und Teilsicherheiten zu berücksichtigen, was insbesondere im Bestand hilfreich sein kann.

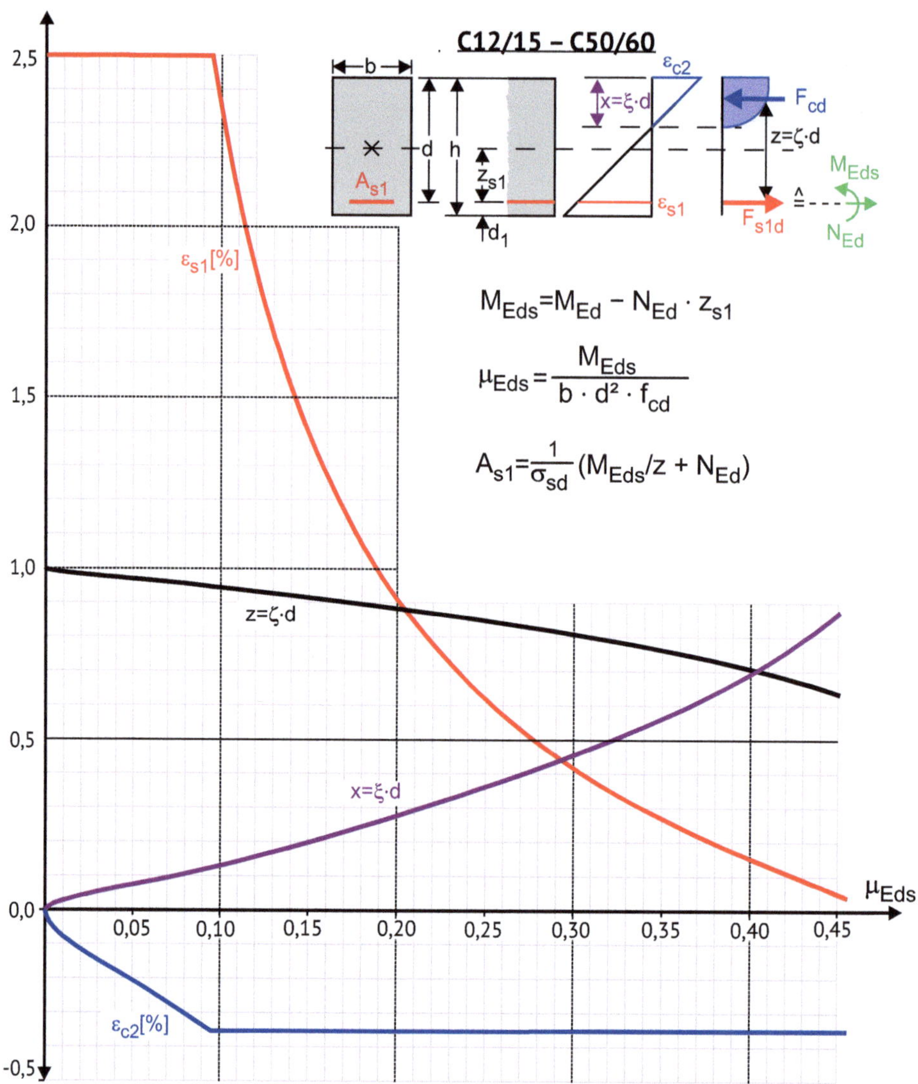

◘ Abb. 2.25 Allgemeines Bemessungsdiagramm für Normalbeton und Querschnitte mit rechteckiger Druckzone

2.4.4.3 Beispielbemessung

Der bereits bekannte Querschnitt in ◘ Abb. 2.24 soll nun mit den Bemessungstabellen aus ▶ Kap. 10 ▶ Abb. 10.1 für das einwirkende Moment von $M_{Ed}=306\,kNm$ bemessen werden. Dazu wird zunächst das bezogene Moment bestimmt:

$$\mu_{Eds}=\frac{M_{Eds}}{b\cdot d^2\cdot f_{cd}}=\frac{0,306}{0,3\cdot 0,6^2\cdot 14,167}=0,200$$

Über die Tabellen aus ▶ Kap. 10 ▶ Abb. 10.1 kann nun der mechanische Bewehrungsgrad $\omega_1=0,2263$ und die Stahlspannung $\sigma_{s1d}=441,3\ N/mm^2$ abgelesen werden.

$$A_{s1} = \frac{1}{\sigma_{s1d}}\left(\omega_1 \cdot b \cdot d \cdot f_{cd}\right) = \frac{1}{441,3}\left(0,2263 \cdot 0,3 \cdot 0,6 \cdot 14,167\right)$$

$$A_{s1} = 1,307 \cdot 10^{-3}\, m^2 = 13,1 cm^2$$

Es ergibt sich somit hier die gleiche Bewehrung wie bei dem iterativen Verfahren mit dem Parabel-Reckteck-Diagramm.

2.4.5 Näherungsbeziehung

2.4.5.1 Ermittlung der Näherungsbeziehung

Unter der Voraussetzung einer rechteckigen Druckzone kann bei überwiegend auf Biegung beanspruchten Querschnitten der innere Hebelarm unter der Annahme einer voll ausgenutzten Druckzone abgeschätzt werden. Betrachtet man die Gl. (2.60) zur Bestimmung des bezogenen inneren Momentes so kann diese Gleichung in eine quadratische Gleichung überführt werden:

$$k_a \cdot \xi^2 \cdot \alpha_R - \alpha_R \cdot \xi + \mu_{Eds} = 0 \tag{2.68}$$

Als Lösung dieser quadratischen Gl. (2.68) erhält man nun eine Beziehung für die bezogene Druckzonenhöhe $\xi = x/d$ in Abhängigkeit des bezogenen Momentes μ_{Eds} und der Kenngrößen α_R, k_a des Parabel-Rechteck-Diagramms.

$$\xi = \frac{1}{2 \cdot k_a} \cdot \left(1 - \sqrt{1 - 4 \cdot \frac{k_a}{\alpha_R} \cdot \mu_{Eds}}\right) \tag{2.69}$$

Bei einer vollständig ausgenutzten Betondruckzone mit ε_c = 3,5‰ ergibt sich $k_a = 0,416 \approx 0,4$ und $\alpha_R = 0,810 \approx 0,8$ und die Gleichung kann wie folgt vereinfacht werden.

$$\xi = 1,25 \cdot \left(1 - \sqrt{1 - 2 \cdot \mu_{Eds}}\right) \tag{2.70}$$

Mit der Beziehung aus Gl. (2.70) kann nun eine vereinfachte Ermittlung des bezogenen inneren Hebelarms ζ in Abhängigkeit des bezogenen Momentes μ_{Eds} angeben werden.

$$\zeta = 1 - 0,4 \cdot \xi = 0,5 \cdot \left(1 + \sqrt{1 - 2 \cdot \mu_{Eds}}\right) \tag{2.71}$$

Mit dem bezogenen inneren Hebelarm ist es nun möglich die innere Zugkraft zu ermitteln. Die Bewehrung kann dann über die Zugkraft bemessen werden, wie es das nachfolgende Beispiel zeigt.

2.4.5.2 Beispielbemessung

Der bereits bekannte Querschnitt in ■ Abb. 2.24 soll nun mit der Näherungsbeziehung für das einwirkende Moment von M_{Ed} = 306 kNm bemessen werden. Dazu wird zunächst das bezogene Moment bestimmt:

$$\mu_{Eds} = \frac{M_{Eds}}{b \cdot d^2 \cdot f_{cd}} = \frac{0,306}{0,3 \cdot 0,6^2 \cdot 14,167} = 0,200$$

Damit kann der innere Hebelarm bestimmt werden:

$$\zeta = 0,5 \cdot \left(1 + \sqrt{1 - 2 \cdot \mu_{Eds}}\right) = 0,5 \cdot \left(1 + \sqrt{1 - 2 \cdot 0,2}\right) = 0,887$$

$$z = \zeta \cdot d = 0,887 \cdot 0,6 = 0,53$$

Die Stahlzugkraft ergibt sich über das Moment und dem Hebelarm zu:

$$F_{sd} = \frac{M_{Eds}}{z} = \frac{0,306}{0,53} = 575 \cdot 10^3 \, N$$

Über die Stahlzugkraft kann dann der Bewehrungsquerschnitt ermittelt werden:

$$A_{s1} = \frac{F_{sd}}{f_{yd}} = \frac{575 \cdot 10^3}{500 / 1,15} = 1321 \, mm^2 = 13,2 \, cm^2$$

Es ergibt sich somit hier auch nahezu die gleiche Bewehrung wie bei den anderen Berechnungsmethoden.

2.5 Druckbewehrung

2.5.1 Hintergrund

Bei einer zunehmenden Beanspruchung des Querschnitts, zum Beispiel durch ein größer werdendes Moment M_{Ed} und gleichbleibenden Querschnittsabmessungen, steigt die aufzunehmende Betondruckkraft an. Dadurch verschiebt sich die Nulllinie, da die erhöhte Druckkraft eine größere Fläche benötigt. Somit ergibt sich eine Vergrößerung der Druckzone. Da die maximale Dehnung des Betons mit $\varepsilon_{cu2} = 3,5‰$ begrenzt ist und die Dehnungen eben bleiben müssen sinkt die Stahldehnung ab. Bei sehr großer Beanspruchung wird diese dann kleiner als die Streckgrenze von $\varepsilon_{yd} = 2,175‰$. Dies hat zum einen zur Folge, dass der Stahl nicht mehr wirtschaftlich ausgenutzt wird und zum anderen steigt die Gefahr eines schlagartigen Versagens der Betondruckzone, da das duktile Versagen in Form eines Fließens des Betonstahls nicht mehr sattfindet.

Um dies zu vermeiden, sollte die Druckzonenhöhe begrenzt werden. Damit wird auf die Forderung eingegangen, Stahlbetonquerschnitte so zu bemessen, dass diese sich unter Beanspruchung duktil verhalten. Duktilität bedeutet, dass Bauteile ausreichendes Verformungsvermögen besitzen, ohne dabei an Tragfähigkeit zu verlieren.

Die Höhe der Druckzone sollte im allgemeinen Fall über die Fließbedingung des Betonstahls wie folgt begrenzt werden:

$$\xi_{lim} = x / d = \frac{\varepsilon_{cu2}}{\varepsilon_{cu2} + \varepsilon_{yd}} = \frac{3,5‰}{3,5‰ + 2,175‰} = 0,617 \tag{2.72}$$

Dieser allgemeine Fall sollte immer eingehalten werden. Bei statisch unbestimmten Systemen ergibt sich ein robustes Verhalten jedoch nur, wenn sich die Schnittgrößen innerhalb des statisch unbestimmten Systems in nicht geschädigte Bereiche umlagern können, da die Tragkapazität des Restquerschnitts nach Beginn des Biegedruckversagens grundsätzlich reduziert wird. Aus diesem Grund sollte bei statisch unbestimmten Systemen eine schärfere Begrenzung erfolgen. Die Begrenzung kann aus der zulässigen Schnittgrößenumlagerung nach Gl. (2.30) wie folgt abgeleitet werden:

$$\delta_M = 0,64 + 0,8 \cdot \frac{x_u}{d} = 1 \Rightarrow \frac{x_u}{d} = 0,45 \tag{2.73}$$

Somit sollte bei statisch unbestimmten Systemen die Druckzone nach Gl. (2.74) begrenzt werden:

$$\xi_{\lim} = x/d = 0,45 \text{ bei statisch unbestimmten Systemen} \tag{2.74}$$

Falls eine geeignete konstruktive Maßnahme, wie einw enge Bügelumschnürung der Betondruckzone, vorgesehen wird, darf jedoch wieder der allgemeine Fall mit ξ_{lim} = 0,617 angewendet werden. Als ausreichende Umschnürungsbewehrung kann gemäß (DAfStb 2020) eine Bügelbewehrung von Ø 10/15 angesehen werden.

Für den weiteren äußerst seltenen Fall, dass bei zweiachsig gespannten Deckensysteme die Schnittgrößen nach Plastizitätstheorie (Bruchlinientheorie) bestimmt wurden, gibt es noch eine weitere Verschärfung zu ξ_{lim} = x/d = 0,25, welche für die Praxis im Regelfall jedoch kaum relevant ist.

Können die einwirkenden Schnittgrößen bei vorgegebenem Querschnitt und unter Berücksichtigung dieser Grenzen nicht aufgenommen werden, so kann mit der Zulage einer Druckbewehrung die Tragfähigkeit der Druckzone vergrößert werden.

❗ Da der Betonstahl deutlich teurer ist als der Beton, ist es meist wirtschaftlicher die Querschnittsabmessungen zu vergrößern oder die Betonfestigkeit zu erhöhen, statt eine Druckbewehrung vorzusehen.

2.5.2 Erweiterung der Gleichgewichtsbedingungen

2.5.2.1 Kraftbeziehungen

Die Betondruckzone kann durch Druckbewehrung entlastet werden. Dadurch wird in der Bemessung die erforderliche Druckzonenhöhe reduziert. Eine in der Druckzone angeordnete Bewehrung hat, bei der gleichen Dehnung wie der unmittelbar umgebende Beton, aber eine deutlich größere Spannung als der Beton, da der E-Modul des Stahls meist um den Faktor 6 bis 7 größer ist als der des Betons. Die Kraftbeziehungen an einem Querschnitt mit Druckbewehrung sind in ▪ Abb. 2.26 dargestellt. Die Druckbewehrung hat hierbei den Abstand d_2 vom oberen Querschnittsrand und erhält immer den Index 2.

Das Gleichgewicht zwischen inneren und äußeren Schnittgrößen kann gemäß ▪ Abb. 2.26 mit der Bezugsachse um die Zugbewehrung wie folgt angepasst werden:

$$N_{Ed} = N_{Rd} = F_{s1d} - F_{cd} - F_{s2d} \tag{2.75}$$

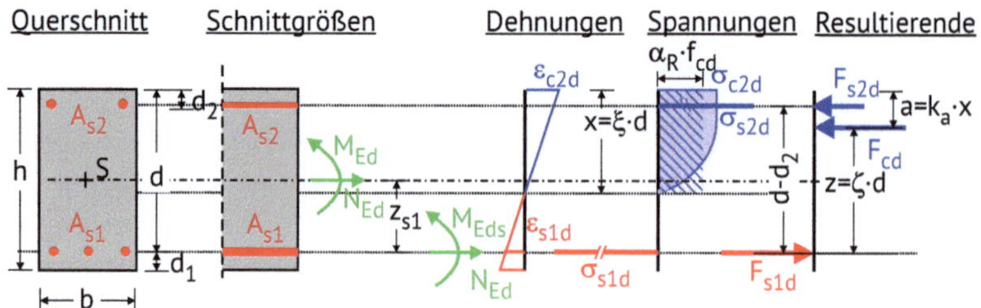

Abb. 2.26   Spannungen, Dehnungen und Kräfte an einem Querschnitt mit Druckbewehrung

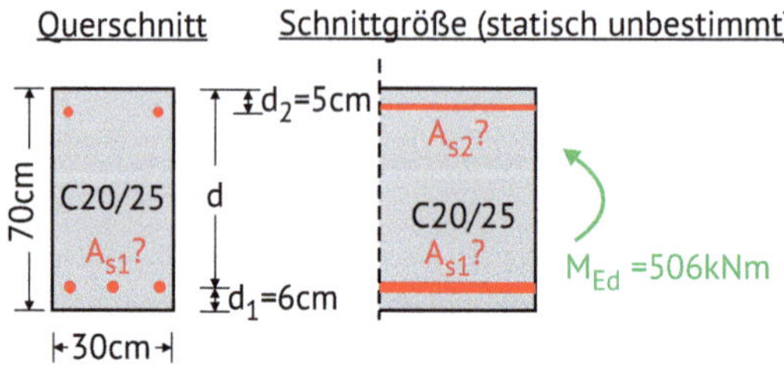

Abb. 2.27   Bemessungsbeispiel: Für ein statisch unbestimmtes System zu bemessender Querschnitt

$$M_{Eds} = M_{Rds} = F_{sd2} \cdot \left(d - d_2 \right) + F_{cd} \cdot \left(d - a \right) \tag{2.76}$$

Die Dehnung der Druckbewehrung kann über die Dehnungsebene bestimmt werden:

$$\varepsilon_{s2} = \varepsilon_c \cdot \frac{x - d_2}{x} \tag{2.77}$$

Die Spannung der Druckbewehrung kann dann mit Gl. (2.49) berechnet werden.

2.5.2.2 Bemessungsbeispiel

Der aus dem Beispiel in ▶ Abschn. 2.3.3.3.3 bekannte Querschnitt, welcher in ▣ Abb. 2.27 dargestellt ist, soll für das einwirkende Moment von $M_{Ed} = 506kNm$ in einem statisch unbestimmten System bemessen werden. Der Abstand der Druckbewehrung vom oberen Querschnittsrand soll $d_2 = 5cm$ betragen.

Aus ▶ Abschn. 2.3.3.3.3 ist bekannt, dass der Querschnitt ohne Druckbewehrung eine unter der Einwirkung von $M_{Ed} = 506kNm$ eine Druckzone von $x = 38{,}1cm$ hat. Damit würde man folgende bezogen Betondruckzonenhöhe erhalten:

$$\xi = x / d = 38{,}1 / 64 = 0{,}595$$

Somit ist die bezogene Betondruckzonenhöhe größer als der Grenzwert für statisch unbestimmte Systeme und die Druckzonenhöhe muss wie folgt begrenzt werden:

$$\xi'_{\text{lim}} = x / d = 0{,}45 \Rightarrow x = 0{,}45 \cdot d = 0{,}45 \cdot 64\,cm = 28{,}8\,cm$$

Unter der Voraussetzung, dass die Druckstauchung am oberen Rand weiterhin $\varepsilon_c = 3,5‰$ beträgt ergibt sich die maximale Betondruckkraft zu:

$$F_{cd} = b \cdot \alpha_R \cdot x \cdot f_{cd} = 300 \cdot 0,81 \cdot 288 \cdot 11,33 = 793152\, N$$

Mit der Druckzonenhöhe können die restlichen Dehnungen bestimmt werden:

$$\varepsilon_{s1} = \varepsilon_c \cdot \frac{d}{x} - \varepsilon_c = 3,5 \cdot \frac{64}{28,8} - 3,5 = 4,27‰$$

$$\varepsilon_{s2} = \varepsilon_c \cdot \frac{x - d_2}{x} = 3,5 \cdot \frac{28,8 - 5}{28,8} = 2,89‰$$

Die erforderliche Kraft in der Druckbewehrung ergibt sich aus der folgenden Beziehung:

$$M_{Ed} = F_{sd2} \cdot (d - d_2) + F_{cd} \cdot (d - a)$$

$$F_{sd2} = \frac{M_{Ed} - F_{cd} \cdot (d - k_a \cdot x)}{(d - d_2)}$$

$$F_{sd2} = \frac{506 - 793,2 \cdot (0,64 - 0,416 \cdot 0,288)}{(0,64 - 0,05)} = 158,3\, kN$$

Die erforderliche Querschnittsfläche der Druckbewehrung kann damit über die Kraft und die Dehnung berechnet werden:

$$\sigma_{s2d} = f_{yd} + \frac{\varepsilon_{s2} - \dfrac{f_{yd}}{E_s}}{25‰ - \dfrac{f_{yd}}{E_s}} \cdot (f_{td} - f_{yd})$$

$$\sigma_{s2d} = \frac{500}{1,15} + \frac{2,89 - 2,175}{25 - 2,175} \cdot \left(\frac{525}{1,15} - \frac{500}{1,15} \right) = 435,5\, N/mm^2$$

$$A_{s2} = \frac{F_{sd2}}{\sigma_{s2d}} = \frac{158300}{435,5} = 363,5\, mm^2 = 3,6\, cm^2$$

Es können z. B. zwei Bewehrungsstäbe mit 16 mm Durchmesser gewählt werden. Diese hätte folgende Bewehrungsmenge zur Folge:

$$\Rightarrow 2\varnothing16 \Rightarrow 2 \cdot \frac{1,6^2}{4} \cdot \pi = 4,02\, cm^2$$

Die Zugkraft ergibt sich über das horizontale Gleichgewicht zu:

$$F_{sd} = F_{cd} + F_{sd2} = 793,2 + 158,3 = 951,5\, kNm$$

Mit der Dehnung kann die Spannung und die Zugbewehrungsmenge ermittelt werden:

$$\sigma_{s1d} = \frac{500}{1,15} + \frac{4,27 - 2,175}{25 - 2,175} \cdot \left(\frac{525}{1,15} - \frac{500}{1,15} \right) = 436,6 \, N / mm^2$$

$$A_{s1} = \frac{F_{sd1}}{\sigma_{s1d}} = \frac{951500}{436,6} = 2179 \, mm^2 = 21,8 \, cm^2$$

Es können z. B. drei Bewehrungsstäbe mit 32 mm Durchmesser gewählt werden. Diese hätte folgende Bewehrungsmenge zur Folge:

$$\Rightarrow 3 \varnothing 32 \Rightarrow 3 \cdot \frac{3,2^2}{4} \cdot \pi = 24,1 \, cm^2$$

2.5.3 Bemessungshilfsmittel

2.5.3.1 Grundlagen

Auch für Querschnitte mit Druckbewehrung existieren entsprechende Hilfsmittel. Für $\xi_{lim} = 0,45$ sind in ▶ Abb. 10.3 und für $\xi_{lim} = 0,617$ in ▶ Abb. 10.2 Bemessungstafeln in Abhängigkeit von μ_{Eds} angegeben. Hier kann dann der mechanische Bewehrungsgrad ω_1 sowie die Stahlspannung σ_{s1d} der Zugbewehrung und der mechanische Bewehrungsgrad ω_2 sowie die Stahlspannung σ_{s2d} der Druckbewehrung abgelesen werden. Diese Ergebnisse sind jedoch zusätzlich von den Bewehrungslagen abhängig, was mit dem Verhältnis d_2/d beschrieben wird.

2.5.3.2 Bemessungsbeispiel

Das Beispiel aus ▶ Abschn. 2.5.2.2 wird nun mit den Bemessungstabellen aus ▶ Kap. 10 ▶ Abb. 10.3 für $\xi = 0,45$ bestimmt. Zunächst wird das bezogene Moment bestimmt:

$$\mu_{Eds} = \frac{M_{Eds}}{b \cdot d^2 \cdot f_{cd}} = \frac{0,506}{0,3 \cdot 0,64^2 \cdot 11,33} = 0,363$$

Für die Tabellen aus ▶ Kap. 10 ▶ Abb. 10.3 wird noch das Verhältnis $d_2/d = 5/64 = 0,078$ benötigt. Auf der sicheren Seite liegend wird deshalb die $d_2/d = 0,1$ verwendet und es ergibt sich:

- Für die Zugbewehrung: $\omega_1 = 0,438$ und $\sigma_{s1d} = 436,8 \, N/mm^2$
- Für die Druckbewehrung: $\omega_2 = 0,074$ und $\sigma_{s2d} = 435 \, N/mm^2$

Damit kann nun die Bewehrung ermittelt werden:

$$A_{s1} = \frac{1}{\sigma_{s1d}} (\omega_1 \cdot b \cdot d \cdot f_{cd}) = \frac{1}{436,8} (0,438 \cdot 0,3 \cdot 0,64 \cdot 11,3)$$

$$A_{s1} = 2,18 \cdot 10^{-3} \, m^2 = 21,8 \, cm^2$$

$$A_{s2} = \frac{1}{\sigma_{s2d}}(\omega_2 \cdot b \cdot d \cdot f_{cd}) = \frac{1}{435}(0{,}074 \cdot 0{,}3 \cdot 0{,}64 \cdot 11{,}3)$$

$$A_{s2} = 3{,}68 \cdot 10^{-4}\, m^2 = 3{,}7\, cm^2$$

Das Ergebnis entspricht somit fast exakt dem Ergebnis aus dem Beispiel in ▶ Abschn. 2.5.2.2.

2.6 Besonderheiten bei Plattenbalkenquerschnitten

2.6.1 Tragverhalten

Als Plattenbalken werden profilierte Querschnitte bezeichnet, welche aus einer Platte und einem Steg zusammengesetzt werden (T-förmiger Querschnitt). Bei einem solchen Querschnitt ist es von Vorteil, wenn sich die Druckzone auf der Plattenseite befindet. Damit ist eine werkstoffgerechte wirtschaftliche Formgebung gegeben, da aufgrund des reduzierten Querschnitts in der Zugzone ein deutlich verringertes Eigengewicht gegenüber einem Rechteckquerschnitt vorhanden ist.

Die Platte wirkt als Druckgurt, der Balken als Steg und die im Steg unten liegende Bewehrung als Zuggurt. Damit Druck- und Zuggurt schubfest miteinander verbunden sind, erhalten Platte und Steg Schubbewehrung (vgl. ▶ Abschn. 3.4). Aus Verträglichkeitsbedingungen erfahren die seitlichen Teile der Platte, welche sich im Anschluss zum Balkensteg befinden, die gleichen Längsverformungen. Diese Längsverformungen nehmen in der Platte mit wachsendem Abstand vom Steg ab, sodass bei sehr breiten Platten die äußeren Bereiche nicht mehr als Druckgurt mitwirken.

Eine wesentliche Grundlage der Bemessung ist die Voraussetzung vom Ebenbleiben der Querschnitte. Diese Voraussetzung trifft beim Plattenbalken nicht mehr uneingeschränkt zu, da wie in ◘ Abb. 2.28 zu erkennen ist, die Spannungen und Dehnungen beim Plattenbalkenquerschnitt nicht mehr nur proportional zum Nulllinienabstand sind.

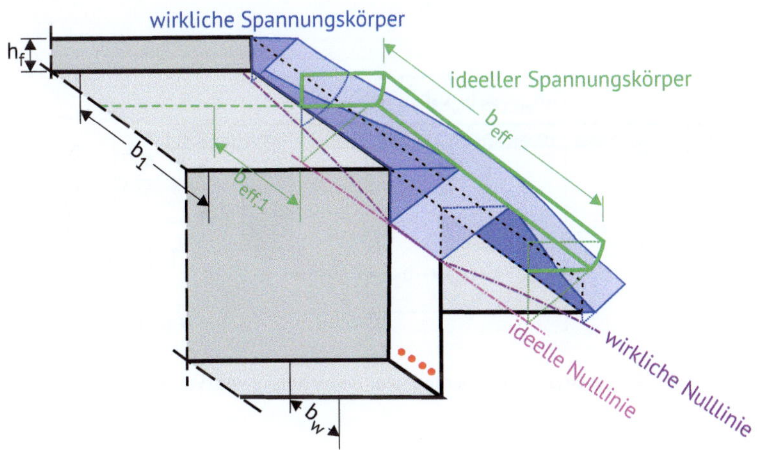

◘ **Abb. 2.28** Ungefähre Verteilung der Längsdruckspannung σ_c und Idealisierung in Anlehnung an. (Brendel 1960)

Um jedoch weiterhin die technische Biegelehre anwenden zu können, hat man zur Vereinfachung die mitwirkende Breite b_{eff} eingeführt. Dies ist ebenfalls in ◻ Abb. 2.28 eingezeichnet.

❗ Für Hohlkastenquerschnitte können die Beziehungen des Plattenbalken ebenfalls verwendet werden. Hier sind dann die mitwirkenden Plattenbreiten für jeden Steg des Kastens sowohl für den Zug- wie auch den Druckgurt zu ermitteln.

2.6.2 Mitwirkende Plattenbreite

Die mitwirkende Plattenbreite b_{eff} ist die Ersatzbreite, die unter Annahme einer konstanten Spannung $\max\sigma_c$ in der Gurtplatte zu der gleichen Druckkraft führt, wie die tatsächliche Spannungsverteilung σ_c. Die Betondruckkraft in der Platte bleibt unverändert und der Flächeninhalt der wirklichen Spannungsfläche ist gleich dem des Rechtecks. Gemäß DIN EN 1992-1-1 (09.2025) 7.2.3 (3) darf die mitwirkende Plattenbreite b_{eff} für Plattenbalken für Biegebeanspruchung infolge gleichmäßig verteilter Einwirkungen wie folgt angenommen werden:

$$b_{eff} = \sum b_{eff,i} + b_w \leq b \tag{2.78}$$

$$b_{eff,i} = 0{,}2 \cdot b_i + 0{,}1 \cdot l_0 \leq \begin{cases} 0{,}2 \cdot l_0 \\ b_i \end{cases} \tag{2.79}$$

In den Gleichungen ist b_i die tatsächlich vorhandene Gurtbreite und b_w die Stegbreite nach ◻ Abb. 2.29. Bei Platten, die im Stegbereich Vouten aufweisen, darf die Stegbreite b_w bei der Ermittlung der mitwirkenden Plattenbreite nach ◻ Abb. 2.29 um die unter einem Winkel von 45° ermittelte Breite b_v vergrößert werden.

Die wirksame Stützweite l_0 in Gl. (2.78) entspricht dem Abstand der Momentennullpunkte und kann bei näherungsweise gleichen Steifigkeitsverhältnissen der Einzelfelder vereinfacht gemäß DIN EN 1992-1-1 nach ◻ Abb. 2.30 angenommen werden.

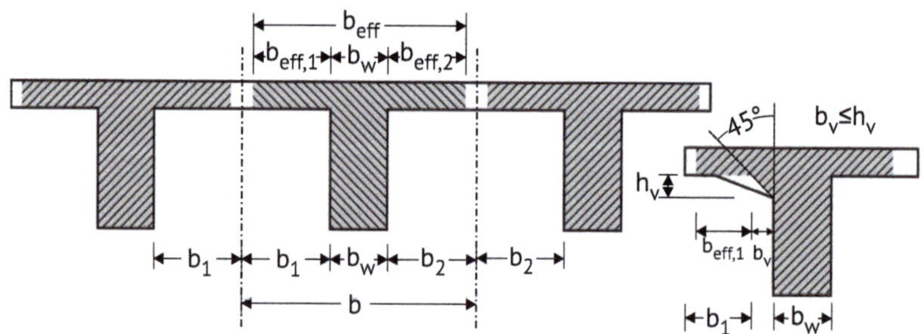

◻ **Abb. 2.29**   Mitwirkende Breite – Bezeichnungen, Anrechnung von Vouten

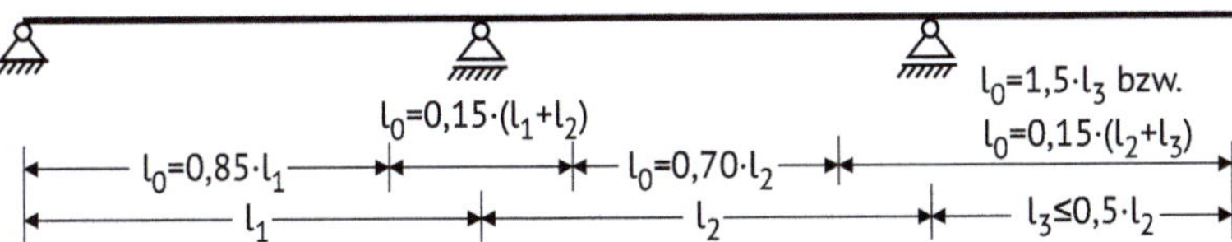

◘ **Abb. 2.30** Angenäherte wirksame Stützweiten l_0 zur Berechnung der mitwirkenden Plattenbreite

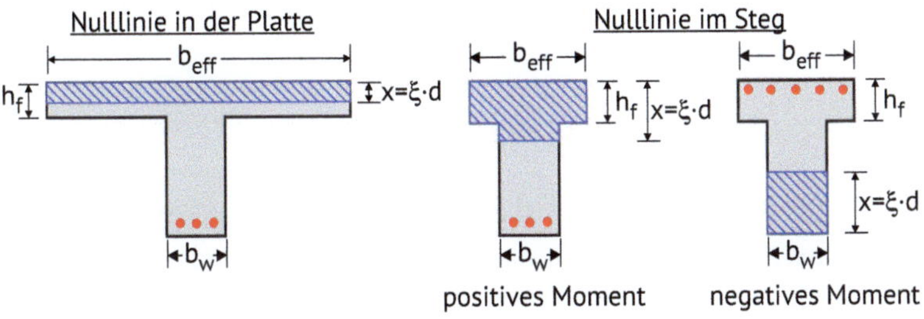

◘ **Abb. 2.31** Klassifizierung von Plattenbalken

❗ Es ergeben sich nach ◘ Abb. 2.30 bei einem Durchlaufträger unterschiedliche mitwirkende Plattenbreiten für das Feld- und das Stützmoment. Da die Schnittgrößenermittlung in einem statisch unbestimmten System von der Steifigkeit abhängt, hat dies auch eine Auswirkung auf die Schnittgrößen. Dieser Effekt darf im Hochbau im Allgemeinen vernachlässigt werden. Im Brückenbau sollte dies jedoch berücksichtigt werden.

Eine Beispielrechnung zur mitwirkenden Plattenbreite und der Bemessung eines Plattenbalken ist im Beispiel in ▶ Abschn. 3.4.4 enthalten.

2.6.3 Bemessung

2.6.3.1 Klassifizierung

Bei der Bemessung bzw. der Berechnung der inneren Kräfte müssen gemäß ◘ Abb. 2.31 drei Fälle bezüglich der Berechnung unterschieden werden:

1. Die Nulllinie liegt in der druckbeanspruchten Platte: Hier kann eine Bemessung wie für einen Rechteckquerschnitt erfolgen. Da der Beton auf Zug für die Berechnung der Druckzone nicht relevant ist, kann hier als Breite des Rechteckquerschnitts $b = b_{eff}$ verwendet werden.
2. Die Nulllinie liegt im Steg und die Platte ist unter Druckbeanspruchung: Hier ist die Druckzone sowohl in der Platte wie auch im Steg. Aufgrund der nicht rechteckigen Druckzone ist hier eine komplexere Berechnung erforderlich (vgl. ▶ Abschn. 2.6.3.2).
3. Die Platte steht unter Zug. Dieser Fall tritt z. B. in Stützmomentenbereichen bei Unterzügen auf. Hier liegt die Druckzone vollständig im Steg. Die Bemessung kann somit als Rechteckquerschnitt mit $b = b_w$ erfolgen.

> **Praxistipp**
>
> Bei den Fällen 1 und 2 ist es zweckmäßig zunächst eine Berechnung unter der Annahme durchzuführen, dass die Nulllinie in der Platte liegt. Damit kann die Berechnung als Rechteckquerschnitt mit $b = b_{eff}$ erfolgen. Im Anschluss erfolgt eine Überprüfung, ob die Druckzone wirklich vollständig in der Platte liegt ($x < h_f$). Falls dies erfüllt ist, kann mit der Bemessung als Rechteckquerschnitt fortgefahren werde. Falls dies nicht erfüllt ist, muss mit dem Verfahren nach ▶ Abschn. 2.6.3.2 weiter gemacht werden.

2.6.3.2 Nulllinie im Steg
2.6.3.2.1 Exakte Bemessung und zulässige Dehnungsverteilung

Für eine analytische Berechnung kann zum Beispiel die Druckzone in Teilflächen mit konstanter Breite aufgeteilt werden, wie dies in ▣ Abb. 2.32 dargestellt ist.

Die Teilflächen, welche den Beton nicht mehr treffen, müssen dann als Kraft abgezogen werden. Für die abgezogenen Flächen müssen dann der Völligkeitsbeiwert α_R und Höhenbeiwert k_a des Parabel-Reckteck-Diagramms über die Dehnung an deren oberen Rand bestimmt werden. Die Gleichgewichtsbedingungen können hierfür wie folgt angegeben werden:

$$N_{Ed} = N_{Rd} = F_{s1d} - F_{cd,(1)} + F_{cd,(2)} \tag{2.80}$$

$$M_{Eds} = M_{Rds} = F_{cd,(1)} \cdot \left(d - k_{a,(1)} \cdot x\right) - F_{cd,(2)} \cdot \left(d - h_f - k_{a,(2)} \cdot x\right) \tag{2.81}$$

$$F_{cd,(1)} = \alpha_{R,(1)} \cdot b_{eff} \cdot x \cdot f_{cd} \tag{2.82}$$

$$F_{cd,(2)} = \alpha_{R,(2)} \cdot \left(b_{eff} - b_w\right) \cdot \left(x - h_f\right) \cdot f_{cd} \tag{2.83}$$

Bei Plattenbalken, wo die neutrale Achse des Querschnitts im Steg liegt, würde der Ansatz der Randdehnung von ε_{cu2} = 3,5‰ die Tragfähigkeit des Druckgurtes möglicherweise überschätzen. Das Parabel-Rechteck-Diagramm, das häufig zur Beschreibung des Materialverhaltens bei Biegung verwendet wird, ist stark vereinfacht. Es stellt den realen, abfallenden Bereich der Spannungs-Dehnungs-Kurve nicht dar, sondern ersetzt ihn durch eine waagerechte Linie. Dadurch wird das tatsächliche Ver-

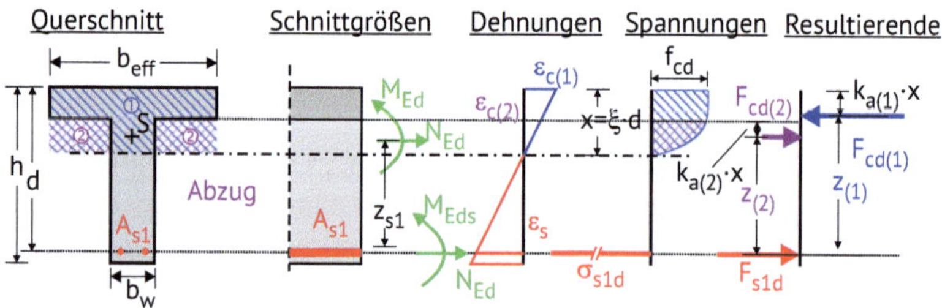

▣ **Abb. 2.32** Aufteilung der Druckzone von Plattenbalken in Teilflächen: Subtraktionsverfahren

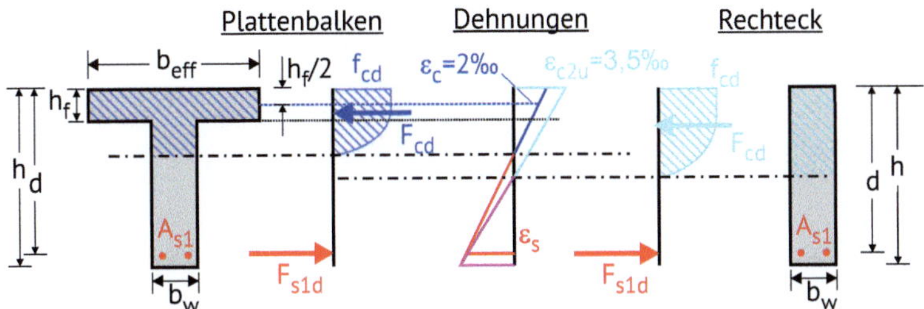

Abb. 2.33 Zulässige Dehnungsverteilungen bei Plattenbalken mit vollständig überdrückter Druckplatte

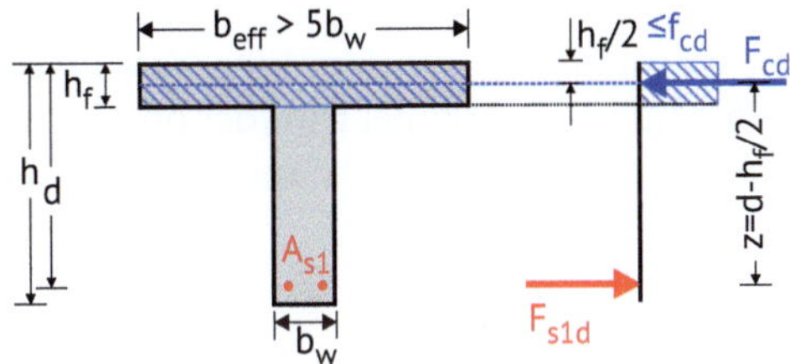

Abb. 2.34 Kraftverteilung bei einem schlanken Plattenbalken

halten des Materials nur näherungsweise abgebildet. Demzufolge wird die Betontragfähigkeit bei großen Dehnungen zu hoch angesetzt. Für Rechteckquerschnitte, welche eine gute Umlagerungsmöglichkeit zu geringen beanspruchten Bereichen aufweisen, ist dieser Ansatz zutreffend. Bei überdrückten Gurten fehlt diese Umlagerungsmöglichkeiten und die zulässigen Gurtdehnungen müssen im Mittel auf $\varepsilon_{cu} = 2‰$ begrenzt werden. Bei Bauteilen mit dünnen Druckgurten kann dies zu einer deutlichen Reduktion der zulässigen Dehnung am stärker gedrückten Rand führen, wie dies **Abb. 2.33** zeigt.

2.6.3.2.2 Näherungslösung für stark profilierte Querschnitte

Bei stark profilierten Plattenbalken ($b_{eff}/b_w \geq 5$) kann der Anteil der Druckspannungen im Steg vernachlässigt werden. Gleichzeitig kann die Resultierende der Druckspannungen im Gurt in der Plattenmitte angesetzt werden. Dieser Zusammenhang ist in **Abb. 2.34** dargestellt.

Die erforderliche Bewehrung ergibt sich damit aus der folgenden Gleichung:

$$A_{s1} = \frac{1}{\sigma_{s1d}} \cdot \left(\frac{M_{Eds}}{d - h_f / 2} + N_{Ed} \right) \tag{2.84}$$

Unter der Annahme, dass die Druckspannungen über die Plattendicke konstant verteilt sind, kann der Nachweis, dass die Tragfähigkeit der Betondruckzone eingehalten ist, wie folgt durchgeführt werden:

$$\sigma_{cd} = \frac{F_{cd}}{b_{eff} \cdot h_f} = \frac{M_{Eds}}{\left(d - h_f / 2 \right) \cdot b_{eff} \cdot h_f} \leq f_{cd} \tag{2.85}$$

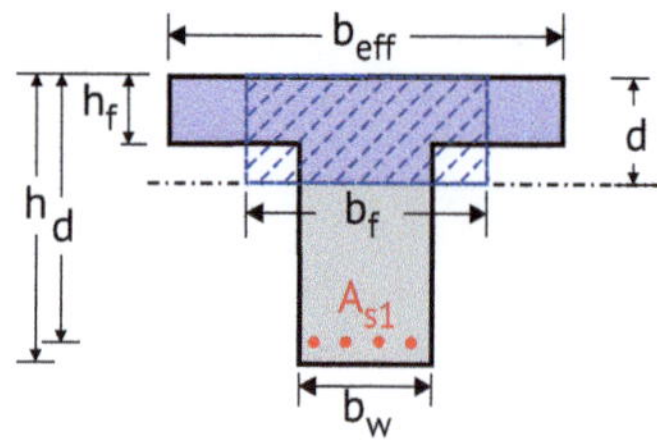

◘ Abb. 2.35   Näherungsverfahren bei gedrungen Plattenbalken

2.6.3.2.3 Näherungslösung für gedrungene Querschnitte

Bei gedrungenen Querschnitten kann die Mitwirkung des Stegs an der Aufnahme der Betondruckkraft nicht vernachlässigt werden. Eine Vereinfachung gemäß (DAfStb 2018) ist in ◘ Abb. 2.35 dargestellt. Hierbei wird der oberhalb der Nulllinie liegende Querschnitt der Druckzone in ein Rechteck mit der folgenden Ersatzbreite umgerechnet:

$$b_f = \lambda_v \cdot b_{eff} \tag{2.86}$$

Der Hebelarm der inneren Kräfte wird dabei etwas zu klein eingeschätzt, was leicht auf der sicheren Seite liegt. Der Beiwert λ_v kann aus ◘ Tab. 2.3 in Abhängigkeit von der Form des Plattenbalkenquerschnittes (h_f/d, b_{eff}/b_w) und der Lage der Nulllinie ($\xi = x/d$) abgelesen werden. Da die Nulllinie jedoch noch nicht bekannt ist, ist ein iteratives Vorgehen erforderlich:

1. Zunächst wird die Lage der Nulllinie über ($\xi = x/d$) geschätzt.
2. Mit diesem Schätzwert wird dann aus ◘ Tab. 2.3 der Beiwert λ_v abgelesen und $b_f = \lambda_v \cdot b_{eff}$ bestimmt.
3. Mit dem bezogenen Moment $\mu_{Eds} = M_{Eds}/(b_f \cdot d^2 \cdot f_{cd})$ wird über das allgemeine Bemessungsdiagramm in ◘ Abb. 2.25 oder über die Bemessungstabellen in ► Kap. 10 ► Abb. 10.1 die Lage der Nulllinie über ($\xi = x/d$) abgelesen.
4. Falls die geschätzte Lage der Nulllinie mit der ermittelten Lage der Nulllinie übereinstimmt, ist die Berechnung ideal erfüllt. Ist der anfangs geschätzte Wert kleiner als der ermittelte Wert, liegt die Berechnung nicht auf der sicheren Seite und ist mit einem neuen ξ-Wert zu wiederholen.

2.6.3.2.4 Bemessungshilfsmittel

Werden die Gleichgewichtsbedingungen in dimensionslose Form gebracht, können die Zusammenhänge zwischen μ_{Eds} und ζ in Abhängigkeit des Verhältnisses der Plattenstärke zur statischen Nutzhöhe (h_f/d) und dem Verhältnis (b_{eff}/b_w) in Form von ω Tabellen angegeben werden. Solche Tabellen sind in ► Abschn. 10.1.3 enthalten.

2.6.3.2.5 Beispiel

Der in ◘ Abb. 2.36 dargestellte gedrungene Plattenbalkenquerschnitt soll bemessen werden.

Der Bemessungswert der Betondruckfestigkeit beträgt:

■ **Tab. 2.3** Beiwerte zur Bestimmung der Ersatzbreite einer rechteckigen Druckzone für gedrungene Plattenbalken

h_f/d										b_{eff}/b_w						
0,5	0,45	0,40	0,35	0,25	0,25	0,20	0,15	0,10	0,05	1,5	2,0	2,5	3,0	3,5	4,0	5,0
$\xi = x/d$										λ_v						
0,50	0,45	0,4	0,35	0,30	0,25	0,20	0,15	0,10	0,05	1,00	1,00	1,00	1,00	1,00	1,00	1,00
	0,50	0,44	0,39	0,33	0,28	0,22	0,17	0,11	0,06	0,99	0,99	0,99	0,99	0,99	0,99	0,98
		0,50	0,44	0,38	0,31	0,25	0,19	0,13	0,06	0,97	0,96	0,95	0,95	0,95	0,94	0,94
			0,50	0,43	0,36	0,29	0,21	0,14	0,07	0,95	0,92	0,90	0,89	0,89	0,88	0,87
				0,50	0,42	0,33	0,25	0,17	0,08	0,91	0,87	0,84	0,82	0,81	0,80	0,79
					0,50	0,40	0,30	0,20	0,10	0,87	0,81	0,77	0,75	0,73	0,71	0,70
						0,50	0,38	0,25	0,13	0,83	0,75	0,70	0,66	0,64	0,62	0,60
							0,50	0,33	0,17	0,79	0,69	0,62	0,58	0,55	0,53	0,50
								0,50	0,25	0,75	0,62	0,55	0,50	0,46	0,44	0,40
									0,50	0,71	0,56	0,47	0,42	0,37	0,34	0,30

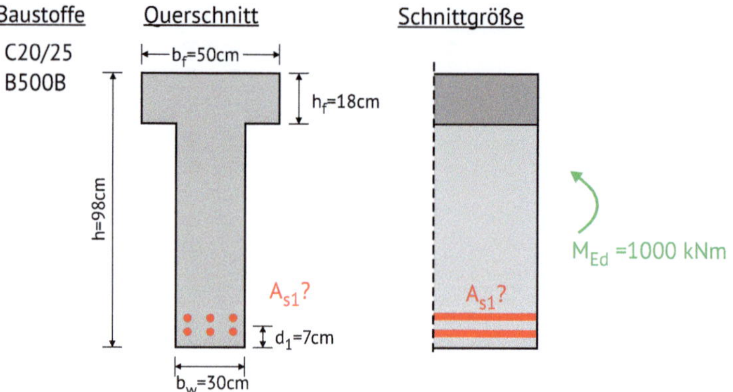

❏ **Abb. 2.36**   Angabe zum Beispiel, Biegebemessung gedrungener Plattenbalkenquerschnitt

$$f_{cd} = \eta_{cc} \cdot k_{tc} \cdot \frac{f_{ck}}{\gamma_C} = 1 \cdot 0,85 \cdot \frac{20}{1,5} = 11,33\,N\,/\,mm^2$$

Die statische Nutzhöhe des Trägers kann wie folgt ermittelt werden:

$$d = h - d_1 = 98 - 7 = 91\,cm$$

Damit ergibt sich der Wert h_f/d = 18/91 = 0,20 und b_{eff}/b_w = 50/25 = 2. Als nächstes wird die Druckzonenhöhe geschätzt. Als erste Schätzung kann z. B. $\xi = x/d = 0,25$ verwendet werden. Nun sind alle Eingangsgrößen für ❏ Tab. 2.3 vorhanden und der Wert λ_v = 0,96 kann abgelesen werden. Die Ersatzbreite ergibt sich damit zu:

$$b_f = \lambda_v \cdot b_{eff} = 0,96 \cdot 50 = 48\,cm$$

Das bezogene Moment kann damit berechnet werden:

$$\mu_{Eds} = \frac{M_{Eds}}{b_f \cdot d^2 \cdot f_{cd}} = \frac{1,000}{0,48 \cdot 0,91^2 \cdot 11,33} = 0,222$$

Über die Tabelle aus ▶ Abb. 10.1 kann nun das $\xi = x/d = 0,315$ abgelesen werden. Da der Wert größer ist, muss eine neue Schätzung für die bezogene Druckzonenhöhe durchgeführt werden. Mit der Schätzung $\xi = x/d = 0,4$ ergibt sich λ_v = 0,81 und die Ersatzbreite zu:

$$b_f = \lambda_v \cdot b_{eff} = 0,81 \cdot 50 = 40,5\,cm$$

$$\mu_{Eds} = \frac{M_{Eds}}{b_f \cdot d^2 \cdot f_{cd}} = \frac{1,000}{0,405 \cdot 0,91^2 \cdot 11,33} = 0,260$$

Über die Tabelle aus ▶ Abb. 10.1 kann die bezogene Druckzonenhöhe von $\xi = x/d = 0,387$ abgelesen werden. Da diese leicht kleiner als die Schätzung ist, liegt das Ergebnis auf den sicheren Seiten. Eine weitere Iteration ist aufgrund der Ablesegenauigkeiten der Tabellen nicht sinnvoll. Somit wird für $\mu_{Eds} = 0{,}263$ der mechanische Bewehrungsgrad $\omega_1 = 0{,}3091$ und die Stahlspannung $\sigma_{s1d} = 438{,}1\ N/mm^2$ aus der Tabelle aus ▶ Abb. 10.1 abgelesen. Die erforderlich Biegebewehrung ergibt sich damit zu:

$$A_{s1} = \frac{1}{\sigma_{s1d}}\left(\omega_1 \cdot b_f \cdot d \cdot f_{cd}\right) = \frac{1}{438{,}1}\left(0{,}309 \cdot 0{,}405 \cdot 0{,}91 \cdot 11{,}33\right)$$

$$A_{s1} = 2{,}95 \cdot 10^{-3}\ m^2 = 29{,}5\ cm^2$$

Es können z. B. sechs Bewehrungsstäbe mit 25 mm Durchmesser gewählt werden, was folgender Bewehrungsmenge entspricht:

$$\Rightarrow 6\,\varnothing 25 \Rightarrow 6 \cdot \frac{2{,}5^2}{4} \cdot \pi = 29{,}5\ cm^2$$

2.7 Schiefe Biegung

2.7.1 Allgemeines

Neben der bisher betrachteten einaxialen (ebenen) Biegung können auch Biegebeanspruchungen um zwei Achsen auftreten. Diese sogenannte schiefe Biegung tritt, wie ◘ Abb. 2.37 zeigt, zum einen bei symmetrischen Querschnitten mit Belastung in zwei Richtungen auf. Zum anderen tritt diese nahezu immer bei unsymmetrischen Querschnitten auf, da die dort gedrehten Hauptachsen im Regelfall nicht parallel zur Belastung stehen.

🛈 Bei unsymmetrischen Querschnitten tritt nahezu immer schiefe Biegung auf. Aufgrund der komplexen Bemessung sollten in der Praxis deshalb symmetrische Querschnitte gewählt werden.

In beiden Fällen ist dann die Dehnungsnulllinie nicht mehr parallel zu einer der lokalen Koordinatenachsen des Querschnitts, was dann als schiefe Biegung bezeichnet wird. Für diese schiefe Biegung ist bei Stahlbetonbauteilen aufgrund des nichtlinearen Materialverhalten eine getrennte Ermittlung der Spannung für jede Momentenrichtung mit nachfolgender Überlagerung, wie dies ◘ Abb. 2.38 zeigt, nicht möglich, da dies zu einer Überbeanspruchung der Druckzone führen würde.

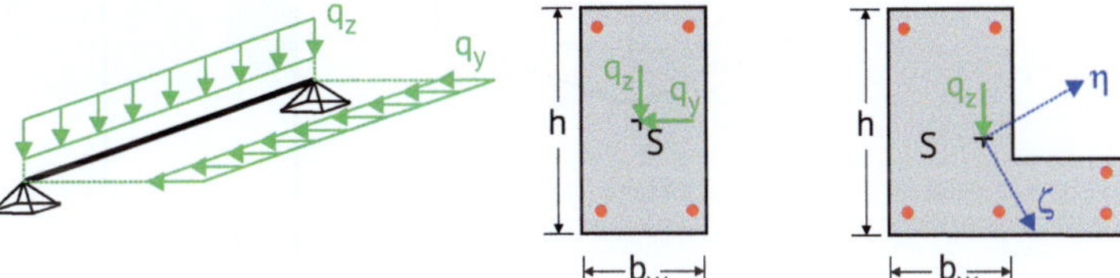

◘ **Abb. 2.37** Baustatische Fälle, bei denen schiefe Biegung auftritt

Des Weiteren ist der in ◨ Abb. 2.38 dargestellte Spannungsnulldurchgang geknickt. Der Spannungsnulldurchgang muss jedoch nach dem Bernoulli Hypothese auf einer Linie liegen, sodass sich eine Dehnungsebene ergibt. Somit muss sich ein Dehnungs- und Spannungsbild mit einem Verlauf gemäß ◨ Abb. 2.39 einstellen.

Die Ermittlung der Kräfte bzw. die Bemessung von solchen Querschnitten, welche durch zweiachsige Biegung beansprucht werden, ist wesentlich schwieriger, da die Nulllinienlage und die Neigung der Nulllinie zu den Hauptachsen des Querschnittes zunächst unbekannt sind. Es ist somit meist eine iterative Berechnung des Dehnungszustandes erforderlich. Erschwerend kommt noch hinzu, dass die Lage sowie die Neigung der Nulllinien von der Wahl der Bewehrung abhängen. So zeigt ◨ Abb. 2.40 zwei Spannungsbilder eines Plattenbalkens, welche die gleiche Belastung haben, jedoch eine andere Bewehrungswahl getroffen wurde. Man erkennt, dass sich die Größe, die Lage und die Neigung der Druckzone erheblich unterscheiden.

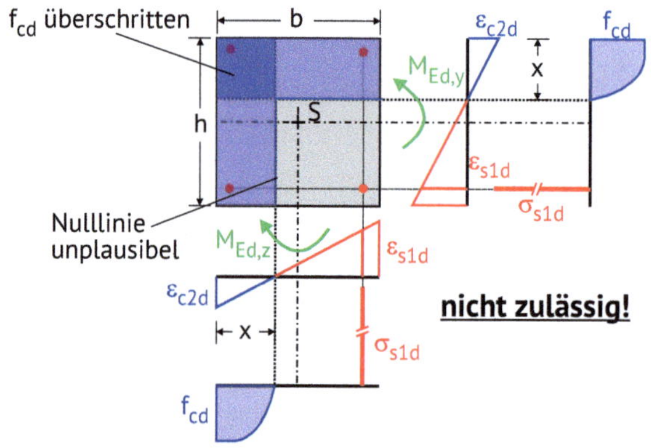

◨ **Abb. 2.38**   Nicht zulässige Überlegung zur Bemessung von schiefer Biegung

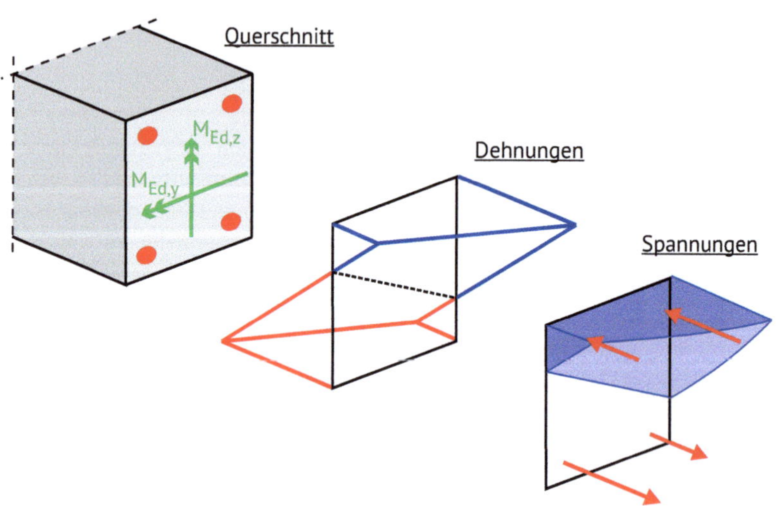

◨ **Abb. 2.39**   Dehnungs- und Spannungsbild bei einer schiefen Biegung

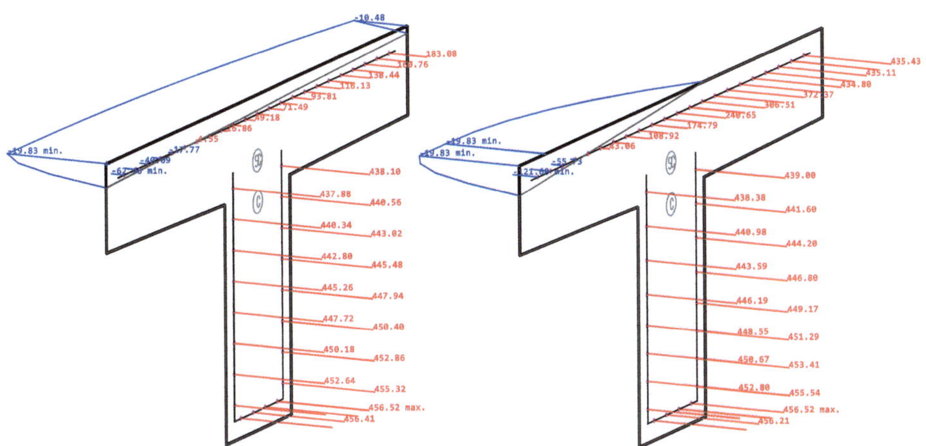

Abb. 2.40 Unterschiedliche Spannungsverteilung bei gleicher Beanspruchung und unterschiedlicher Bewehrungswahl

Eine genaue Berechnung ist im Regelfall nur mit nummerischer Integration unter Zuhilfenahme von EDV-Programmen möglich, wie dies z. B. in (Busjaeger und Quast 1990) detailliert beschrieben ist. Es sei jedoch darauf hingewiesen, dass auch bei einer solchen EDV-Bemessung Vorgaben bezüglich der Bewehrungsanordnung gemacht werden müssen, da, wie ■ Abb. 2.40 zeigt, sonst keine eindeutige Lösung vorhanden ist.

2.7.2 Berechnung mit dem Spannungsblock

Um das Vorgehen bei einer Berechnung besser zu verdeutlichen, wird die bereits in ▶ Abschn. 2.3.3.2 erläuterte Berechnung mit dem Spannungsblock, für schiefe Biegung erweitert. Es werden hier zum einfacheren Verständnis nur Rechteckquerschnitte betrachtet. Bei einem nicht rechteckigen Querschnitt ist das Vorgehen ähnlich, die erste Abschätzung der Nulllinie ist hier jedoch etwas komplexer. Hinweise hierzu finden sich. z. B. in (Leonhardt und Mönnig 1984).

Bei einer Berechnung mit schiefer Biegung muss nachgewiesen werden, dass die Gleichgewichtsbedingungen $\Sigma H = 0$; $\Sigma M_y = 0$; $\Sigma M_z = 0$ erfüllt sind. Diese drei Gleichgewichtsbedingungen können jedoch wieder auf zwei reduziert werden, wenn alle Berechnungen auf der Kraftebene durchgeführt werden, welche senkrecht zum resultierenden Momentenvektor ist:

$$M_{Ed} = \sqrt{M_{y,Ed}^2 + M_{z,Ed}^2} \tag{2.87}$$

Damit kann die vereinfachte Berechnung ähnlich wie in ▶ Abschn. 2.3.3.2 am Spannungsblock mit einer nicht rechteckigen Druckzone durchgeführt werden. Dies ist in ■ Abb. 2.41 schematisch dargestellt. Da die Druckzonenbreite zum Rand mit der maximalen Dehnung hin abnimmt, muss f_{cd}, wie in ▶ Abschn. 2.3.3.2 erwähnt, hier zusätzlich pauschal um 10 % abgemindert werden.

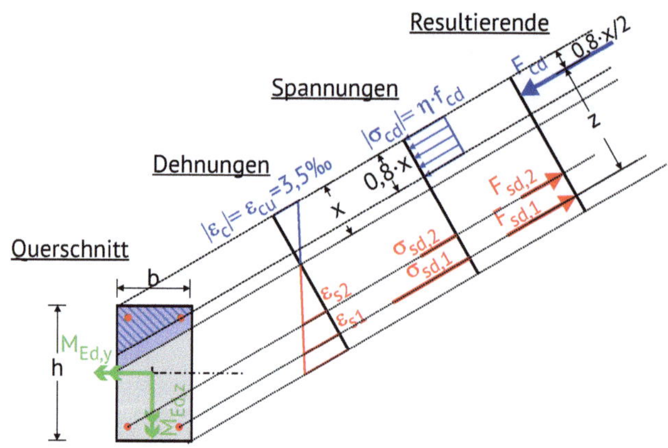

Abb. 2.41 Gleichgewicht am Querschnitt bei schiefer Biegung bei einer vereinfachten Annahme eines Spannungsblocks

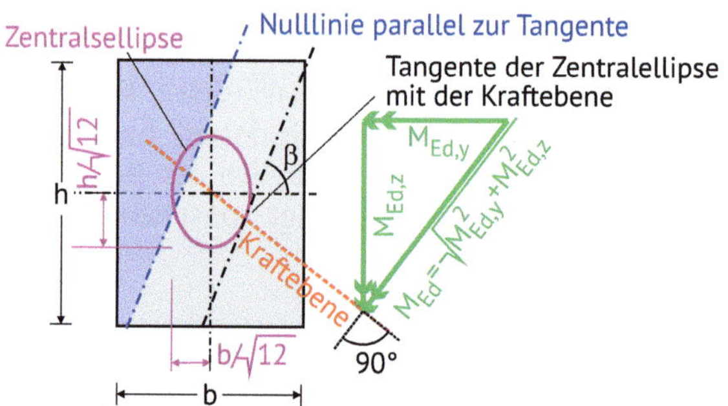

Abb. 2.42 Vorgehen zur Ermittlung der Neigung der Nulllinie

Bevor mit der Berechnung gestartet wird, muss jedoch eine erste Annahme der Richtung der Nulllinie erfolgen. Bei einem rechteckigen Querschnitt kann, wie in Abb. 2.42 schematisch dargestellt, nach der Ermittlung der Kraftebene, die Trägheitsellipse (Zentralellipse), deren Halbmesser $h/\sqrt{12}$ und $b/\sqrt{12}$ sind, konstruiert werden. Die Tangente im Schnittpunkt dieser Ellipse mit der Kraftebene gibt dann die die Richtung der Nulllinie an, wobei sich der Winkel zwischen Tangente und y-Achse wie folgt berechnet:

$$\tan\beta = \frac{M_\zeta \cdot I_\eta}{M_\eta \cdot I_\zeta} = \frac{M_z \cdot b \cdot h \cdot h^2 / 12}{M_y \cdot b \cdot h \cdot b^2 / 12} = \frac{M_z \cdot h^2}{M_y \cdot b^2} \tag{2.88}$$

Deckt sich die Kraftebene mit einer der Diagonalen des Rechteckes, dann entspricht die Richtung der anderen Diagonalen der Richtung der Nulllinie.

Mit der Neigung der Nulllinie kann nun die Lage der Nulllinie über das innere Kräftegleichgewicht an der Kraftebene ermittelt werden. Diese Konstruktion setzt annähernd gleichmäßige Verteilung der Bewehrung über den Querschnittsumfang voraus. Das Vorgehen wird anhand des Beispiels in ▶ Abschn. 2.7.4 verdeutlicht.

2.7.3 Näherungsbemessung über Interaktionsnachweis

Falls keine genauere Querschnittsbemessung für zweiachsige Biegung erfolgt, darf nach DIN EN 1992-1-1 (09.2025) 8.1.1 (8) ein vereinfachter Interaktionsnachweis angewendet werden. Dieser Interaktionsnachweis in Gl. (2.89) basiert auf den Ausnutzungsgraden der Momententragfähigkeiten in jeder Belastungsrichtung. Je nach Querschnittsform und Normalkraft erfolgt eine lineare bis quadratische Interpolation.

$$\left(\frac{|M_{Edz}|}{M_{Rdz,N}}\right)^{\alpha_N} + \left(\frac{|M_{Edy}|}{M_{Rdy,N}}\right)^{\alpha_N} \leq 1,0 \tag{2.89}$$

Dabei ist:

$M_{Edz/y}$ – Das einwirkende Bemessungsmoment um die entsprechende Achse

$M_{Rdz/y,\,N}$ – Der Momentenwiderstand in der entsprechenden Richtung für die gegebene Normaldruckkraft

α_N – Der Exponent α_N ergibt sich für runde und elliptische Querschnitte zu $\alpha_N = 2$. Für rechteckige Querschnitte kann dieser gemäß ◘ Tab. 2.4 abgelesen werden.

N_{Ed} – Der Bemessungswert der einwirkenden Normalkraft

$N_{Rd,\,0}$ – Bemessungswert der zentrischen Normalkrafttragfähigkeit ohne Begleitmomente

$N_{Rd} = A_c \cdot f_{cd} + A_s \cdot f_{yd}$

A_c – Die Betonquerschnittsfläche

A_s – Die Fläche der Längsbewehrung.

Im Allgemeinen führt dieses Verfahren jedoch zu stark konservativen Werten. Eine Anwendung auf Querschnitte mit Zugnormalkräften ist nicht vorgesehen.

2.7.4 Beispiel

2.7.4.1 Angabe

Der in ◘ Abb. 2.43 dargestellte Einfeldträger ist in zwei Richtungen belastet. Der Rechteckquerschnitt besteht aus einem Beton mit der Festigkeit C30/37 und soll mit einem Betonstahl B500 für die maximalen Beanspruchungen bemessen werden. Der Achsabstand der Bewehrungsachse vom Bauteilrand soll $d_1 = 5cm$ betragen.

◘ **Tab. 2.4** Exponent α_N für rechteckige Querschnitte, Zwischenwerte dürfen interpoliert werden

$|N_{Ed}|/N_{Rd}$	0,1	0,7	1,0
α_N	1,0	1,5	2,0

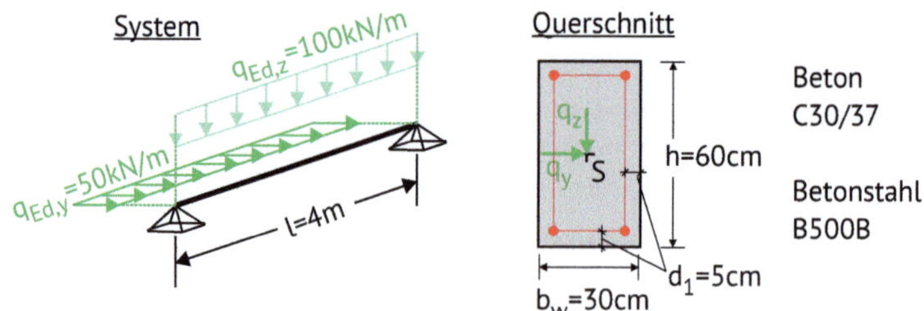

Abb. 2.43 System – Bemessung schiefe Biegung

Die maximalen Momente ergeben sich in Trägermitte zu:

$$M_{Edy} = \frac{q_{Edz} \cdot l^2}{8} = \frac{100 \cdot 4^2}{8} = 200\,kNm$$

$$M_{Edt} = \frac{q_{Edy} \cdot l^2}{8} = \frac{50 \cdot 4^2}{8} = 100\,kNm$$

Die maximalen Querkräfte am Auflager betragen:

$$V_{Edz} = \frac{p_{zd} \cdot l}{2} = \frac{100 \cdot 4}{2} = 200\,kN$$

$$V_{Edy} = \frac{p_{yd} \cdot l}{2} = \frac{50 \cdot 4}{2} = 100\,kN$$

2.7.4.2 Bemessung mit dem Spannungsblock

Zur Bemessung sollte zunächst die Neigung der Spannungsnulllinie abgeschätzt werden. Hierzu wird die Spannungsnulllinie zunächst aus dem Zustand I ermittelt:

$$\tan\beta = \frac{M_z \cdot h^2}{M_y \cdot b^2} = \frac{100 \cdot 0,6^2}{200 \cdot 0,3^2} = 2$$

$$\Rightarrow \beta = 63,4°$$

Die Lage der Nulllinie lässt sich nun grafisch über die Trägheitsellipse ermitteln, wie dies in **Abb.** 2.44 dargestellt ist. Die Abmessungen der Trägheitsellipse ergeben sich wie folgt:

$$y_1 = \frac{b}{\sqrt{12}} = \frac{0,3}{\sqrt{12}} = 0,087\,m = 8,7\,cm$$

$$z_1 = \frac{h}{\sqrt{12}} = \frac{0,6}{\sqrt{12}} = 0,173\,m = 17,3\,cm$$

Das Bemessungsmoment für die schiefe Biegung ergibt sich aus dem Momentenvektor:

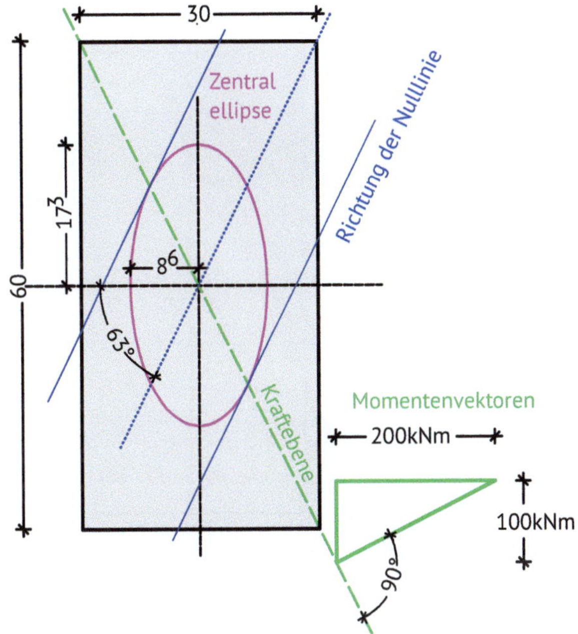

   Konstruktion der Nulllinie über Trägheitsellipse

$$M_{Ed} = \sqrt{M_{Edy}^2 + M_{Edz}^2} = \sqrt{200^2 + 100^2} = 224\,kNm$$

Die Bemessung erfolgt zunächst unter der Annahme, dass der äußerste Bewehrungsstab eine Dehnung von $\varepsilon_s = 5\‰$ hat und die Dehnung des Betons an der Randfaser bei $\varepsilon_{c2} = 3{,}5\‰$ liegt. Damit ergibt sich folgendes Dehnungsbild nach Abb. 2.45.

Über das Gleichgewicht am Querschnitt lässt sich nun der Querschnitt bemessen. Das äußere Moment muss gleich dem inneren Moment sein. Das innere Moment ergibt sich um den Drehpunkt der Betondruckkraft aus dem Spannungsblock zu:

$$M_{Ed} = M_{Rd} = A_{s1} \cdot z_{s1} \cdot \sigma_{s1} + A_{s2} \cdot z_{s2} \cdot \sigma_{s2} + A_{s3} \cdot z_{s3} \cdot \sigma_{s3}$$

Aus der Abb. 2.45 folgen die Hebelarme für die Bewehrungsstäbe bezüglich der Lage der Betondruckkraft. Die Lage der Betondruckkraft wurde in Abb. 2.45 entsprechend den Randbedingungen des Spannungsblocks gemäß ▶ Abschn. 2.3.3.2.1 ermittelt.

$$z_{s1} = 19{,}3 - \frac{15{,}4}{2} + 23{,}2 + 2{,}2 + 2{,}2 = 39\,cm$$

$$z_{s2} = 19{,}3 - \frac{15{,}4}{2} + 23{,}2 + 2{,}2 = 36{,}8\,cm$$

$$z_{s3} = 19{,}3 - \frac{15{,}4}{2} + 23{,}2 = 34{,}6\,cm$$

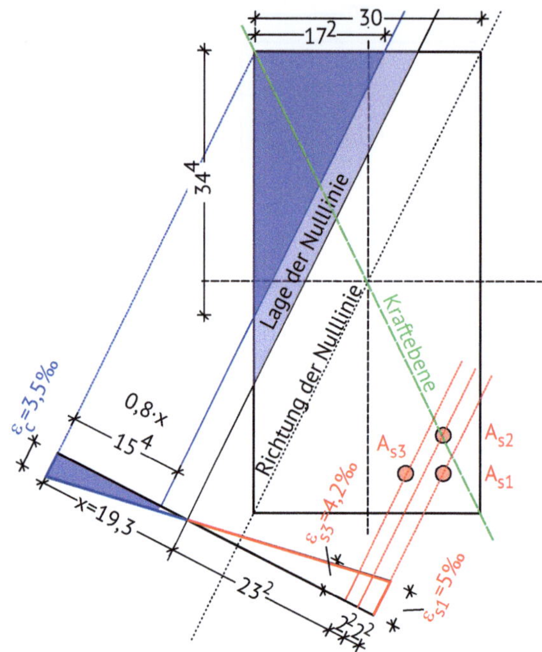

◘ Abb. 2.45   Erste Annahme bezüglich des Dehnungsbildes

Unter der Annahme, dass alle Bewehrungsstränge die gleiche Bewehrung erhalten sollen, folgt:

$$A_{s1} = A_{s2} = A_{s3} = \frac{A_{s,tot}}{3}$$

Da bei allen Bewehrungssträngen die Fließdehnung von ε_{syd} = 435/200 = 2,175‰ überschritten ist kann bei jedem Strang vereinfacht die Streckgrenze des Stahls angesetzt werden:

$$\sigma_{s1} = \sigma_{s2} = \sigma_{s3} = f_{yd} = 435 \, N / mm^2$$

Das innere Moment ergibt sich somit zu:

$$M_{Ed} = M_{Rd} = \frac{A_{s,tot}}{3} \cdot 435 \cdot \left(0,39 + 0,368 + 0,346\right)$$

$$0,224 \, MNm = A_{s,tot} \cdot 160,08 \, MN / m$$

Daraus folgen die erforderliche Bewehrung und die Zugkraft der Bewehrung:

$$\Rightarrow A_{s,tot} = \frac{0,224}{160,1} = 1,4 \cdot 10^{-3} \, m^2 = 14 \, cm^2$$

$$\Rightarrow F_s = 14 \, cm^2 \cdot 43,5 \, \frac{kN}{cm^2} = 609 \, kN$$

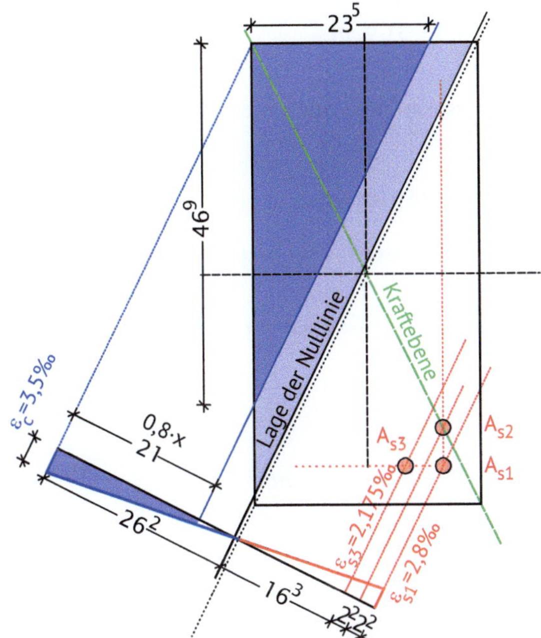

Abb. 2.46 Zweite Annahme bezüglich des Dehnungsbildes

Die Betondruckkraft muss mit der Zugkraft der Bewehrung im Gleichgewicht stehen und darf die zulässige Betondruckkraft, welche sich aus dem Spannungsblock ergibt, nicht überschreiten. Eine Abminderung der Druckkraft um 10 % muss erfolgen, da die Druckzonenbreite zum Querschnittrand abnimmt.

$$\Rightarrow F_{cdR} = A_{xc} \cdot f'_{cd} = 0,344 \cdot \frac{0,172}{2} \cdot 17 \cdot 0,9 = 0,453\,MN = 453\,kN$$

$$\Rightarrow F_{cdR} \ngeq F_s$$

Der Nachweis ist somit nicht erfüllt und es würde zu einem Betondruckversagen kommen. Somit muss im nächsten Schritt die Dehnung in der Bewehrung verringert werden, um die Druckzone zu vergrößern.

Im Folgenden wird deshalb die Dehnung der Bewehrung so abgeschätzt, dass der innerste Betonstahl gerade zu fließen beginnt. Damit ergeben sich die Dehnung nach **Abb. 2.46**.

Die Berechnung erfolgt nun analog der vorherigen Berechnung. Zunächst werden die Hebelarme ermittelt.

$$z_{s1} = 26,2 - \frac{21,2}{2} + 16,3 + 2,2 + 2,2 = 36,3\,cm$$

$$z_{s2} = 26,2 - \frac{21,2}{2} + 16,3 + 2,2 = 34,1\,cm$$

$$z_{s3} = 26,2 - \frac{21,2}{2} + 16,3 = 31,9\,cm$$

Da gemäß der Dehnungsannahme auch hier alle Betonstähle fließen ergibt sich die Spannung zu:

$$\sigma_{s1} = \sigma_{s2} = \sigma_{s3} = f_{yd} = 435\,N\,/\,mm^2$$

Über das Moment kann die Bewehrung bestimmt werden:

$$M_{Ed} = M_{Rd} = \frac{A_{s,tot}}{3} \cdot 435 \cdot \left(0,363 + 0,341 + 0,319\right)$$

$$0,224\,MNm = A_{s,tot} \cdot 148,3\,MN\,/\,m$$

$$\Rightarrow A_{s,tot} = \frac{0,224}{0,1483} = 1,5 \cdot 10^{-3}\,m^2 = 15\,cm^2$$

Die Zugkraft ergibt sich mit dieser Bewehrung zu:

$$F_{sd} = 15\,cm^2 \cdot 43,5\,\frac{kN}{cm^2} = 653\,kN$$

Der innere Hebelarm ergibt sich zu:

$$z = \frac{M_{Ed}}{F_{sd}} = \frac{224}{653} = 0,34\,m$$

Über die Druckzonenfläche kann die Betondruckkraft nachgewiesen werden.

$$\Rightarrow F_{cd} = A_{xc} \cdot f_{cd}' = 0,469 \cdot \frac{0,235}{2} \cdot 17 \cdot 0,9 = 0,843\,MN = 843\,kN$$

$$\Rightarrow F_{cd} > F_{sd}$$

Damit ist der Nachweis erfüllt, es wäre jedoch eine weitere Optimierung möglich bis $F_{cd} = F_{sd}$.

2.7.4.3 Bemessung über Interaktionsnachweis

Exemplarisch soll hier auch noch die Anwendung des Interaktionsnachweises gezeigt werden. Hierzu wird die Bewehrung des Querschnitts wie in ◙ Abb. 2.47 geschätzt.

Mit der Bewehrung können die mechanischen Bewehrungsgrade aus jeder Richtung zurückgerechnet werden. Aus den Tabellen aus Abb. ▶ 10.1 können damit folgende bezogene Momente „rückwärts" abgelesen werden.

$$\omega_{1,y} = \frac{A_{s1,y} \cdot f_{yd}}{b_w \cdot d_z \cdot f_{cd}} = \frac{3 \cdot \frac{28^2}{4} \cdot \pi \cdot 435}{300 \cdot 550 \cdot 17} = 0,29 \Rightarrow \mu_{Eds,y} = 0,245$$

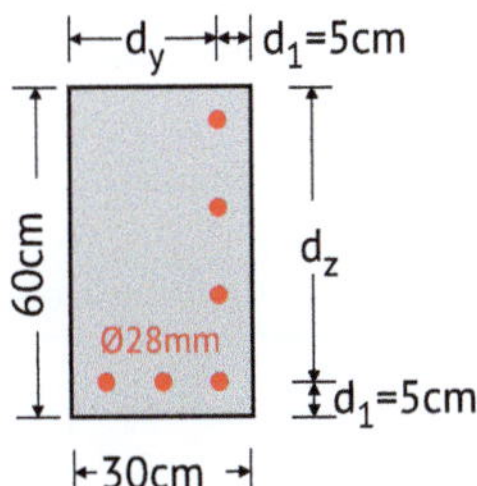

■ **Abb. 2.47** Bewehrungswahl für den Interaktionsnachweis

$$\omega_{1,z} = \frac{A_{s1,y} \cdot f_{yd}}{h \cdot d_y \cdot f_{cd}} = \frac{4 \cdot \dfrac{28^2}{4} \cdot \pi \cdot 435}{600 \cdot 250 \cdot 17} = 0,42 \Rightarrow \mu_{Eds,z} = 0,325$$

Und so der Momentenwiderstand bestimmt werden:

$$M_{Rdy,N} = \mu_{Eds,y} \cdot b \cdot d_z^2 \cdot f_{cd} = 0,245 \cdot 0,3 \cdot 0,55^2 \cdot 17 = 0,378 MNm$$

$$M_{Rdz,N} = \mu_{Eds,z} \cdot h \cdot d_y^2 \cdot f_{cd} = 0,325 \cdot 0,6 \cdot 0,25^2 \cdot 17 = 0,207 MNm$$

Damit kann nun der Interaktionsnachweis geführt werden. Aufgrund der fehlenden Drucknormalkraft wird $\alpha_N = 1,0$ eingesetzt.

$$\left(\frac{|M_{Edz}|}{M_{Rdz,N}}\right)^{\alpha_N} + \left(\frac{|M_{Edy}|}{M_{Rdy,N}}\right)^{\alpha_N} \leq 1,0$$

$$\left(\frac{100}{207}\right)^1 + \left(\frac{200}{378}\right)^1 = 1,0 \leq 1,0$$

Man erkennt, dass der Nachweis knapp erfüllt ist. Jedoch ist die Bewehrungsmenge im Vergleich zu der Bemessung mit dem Spannungsblock deutlich größer. Daraus ist ersichtlich, dass der Nachweis im Regelfall sehr unwirtschaftlich ist.

2.8 Bemessung für überwiegend Längskraft

2.8.1 Allgemeines

In den vorherigen Abschnitten wurde die Bemessung für Querschnitt mit überwiegend Biegung mit Längskraft behandelt. Die Dehnungen waren dabei immer in einem Bereich, wo die eine Querschnittsseite unter Zug (z. B. Unterseite) steht und die andere unter Druck (z. B. Oberseite). Wenn beide Querschnittsseiten unter Druckdehnung stehen, wird der Querschnitt hauptsächlich durch eine Drucknormalkraft beansprucht. Befinden sich hingegen beide Querschnittsseiten unter Zugdehnung, liegt überwiegend eine Zugnormalkraft vor. Für beide Fälle sind die im vorherigen vorgestellten Bemessungshilfsmittel nicht anwendbar.

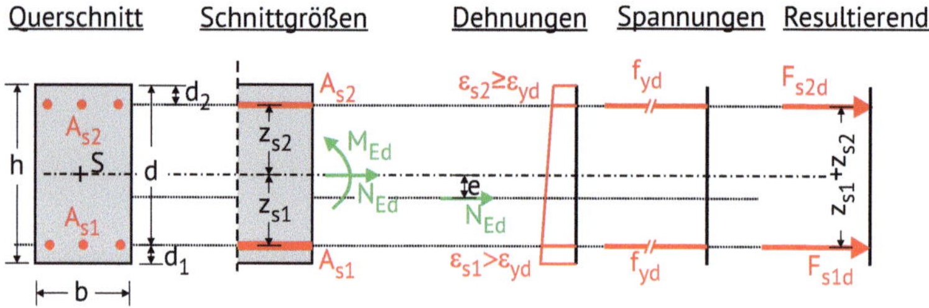

Abb. 2.48 Bemessungsüberlegung für überwiegen Zugnormalkräfte

2.8.2 Drucknormalkräfte

Überwiegend Drucknormalkräfte kommen z. B. bei Stützen vor, welche in ▶ Kap. 6 behandelt werden. Bei überwiegend Drucknormalkräften kann neben einer Iterativen Betrachtung eine Bemessung mit dem $\nu_{Ed} - \mu_{Ed}$ Verfahren erfolgen, welches in ▶ Abschn. 6.2 erläutert wird.

2.8.3 Zugnormalkräfte

Überwiegend Zugnormalkräfte sind äußerst selten, kommen jedoch z. B. bei Bauteilen mit großen Stegöffnungen vor. Eine Bemessung kann auch hier mit dem $\nu_{Ed} - \mu_{Ed}$ Verfahren erfolgen, was jedoch den Nachteil hat, dass immer eine bestimmte Bewehrungsverteilung gewählt werden muss.

Als Alternative dazu kann auch eine Bemessung über die Ausmitte der Zugkräfte erfolgen. Dieses Prinzip ist in ■ Abb. 2.48 dargestellt.

Die Bewehrungsmenge der beiden Lagen kann hierbei wie folgt ermittelt werden:

$$A_{s1} = \frac{N_{Ed}}{f_{yd}} \cdot \frac{z_{s1} + e}{z_{s1} + z_{s2}} \tag{2.90}$$

$$A_{s2} = \frac{N_{Ed}}{f_{yd}} \cdot \frac{z_{s1} - e}{z_{s1} + z_{s2}} \tag{2.91}$$

Dabei ist:

N_{Ed} – Bemessungswert der einwirkenden Zugnormalkraft (Auf den Schwerpunkt bezogen)

e – Ausmitte der Normalkraft $e = M_{Ed}/N_{Ed}$

z_{s1} – Abstand der unteren Lage zum Schwerpunkt

z_{s2} – Abstand der oberen Lage zum Schwerpunkt

f_{yd} – Bemessungswert der Fließgrenze des Betonstahls

Literatur

Bazant ZP, Kim J-K (1984) Size effect in shear failure of longitudinally reinforced beams. ACI Journal 81:456–468

Brendel G (1960) Die „mitwirkende Plattenbreite" nach Theorie und Versuch. Beton- und Stahlbetonbau 55:177–185

Busjaeger D, Quast U (1990) Programmgesteuerte Berechnung beliebiger Massivbauquerschnitte unter zweiachsiger Biegung mit Längskraft (Programm MASQUE); DAfStb Heft 415. Beuth, Berlin

DAfStb (Hrsg) (2011) Erläuterungen zu den Normen DIN EN 206-1, DIN 1045-2, DIN 1045-3, DIN 1045-4 und DIN EN 12620, 2. überarbeitete Auflage 2011; DAfStb Heft 526. Beuth Verlag, Berlin

DAfStb (Hrsg) (2018) Bemessung nach DIN EN 1992 in den Grenzzuständen der Tragfähigkeit und der Gebrauchstauglichkeit; DAfStb Heft 630. Beuth, Berlin

DAfStb (Hrsg) (2020) Erläuterungen zu DIN EN 1992-1-1 und DIN EN 1992-1-1/NA; DAfStb Heft 600. Beuth Verlag, Berlin

DIN 1045-2 (08.2023) Tragwerke aus Beton, Stahlbeton und Spannbeton – Teil 2: Beton, Berlin

DIN 1045-3 (08.2023) Tragwerke aus Beton, Stahlbeton und Spannbeton – Teil 3: Bauausführung, Berlin

DIN 488-1 (08.2009) Betonstahl – Teil 1: Stahlsorten, Eigenschaften, Kennzeichnung

DIN 488-2 (08.2009) Betonstahl – Betonstabstahl, Berlin

DIN 488-3 (08.2009) Betonstahl – Betonstahl in Ringen, Bewehrungsdraht

DIN 488-4 (08.2009) Betonstahl – Betonstahlmatten

DIN EN 10080 (08.2005) Stahl für die Bewehrung von Beton – Schweißgeeigneter Betonstahl – Allgemeines; Deutsche Fassung EN 10080:2005, Berlin

DIN EN 12390-1 (09.2021) Prüfung von Festbeton – Teil 1: Form, Maße und andere Anforderungen für Probekörper und Formen

DIN EN 12390-13 (09.2021) Prüfung von Festbeton – Teil 13: Bestimmung des Elastizitätsmoduls unter Druckbelastung (Sekantenmodul);

DIN EN 12390-3 (10.2019) Prüfung von Festbeton – Teil 3: Druckfestigkeit von Probekörpern

DIN EN 12390-5 (10.2019) Prüfung von Festbeton – Teil 5: Biegezugfestigkeit von Probekörpern

DIN EN 12390-6 (05.2024) Prüfung von Festbeton – Teil 6: Spaltzugfestigkeit von Probekörpern; Deutsche Fassung EN 12390-6:2023, Berlin

DIN EN 13670 (11.2013) Ausführung von Tragwerken aus Beton; Deutsche Fassung EN 13670:2009

DIN EN 1990 (10.2021) Eurocode: Grundlagen der Tragwerksplanung; Deutsche Fassung EN 1990:2002 + A1:2005 + A1:2005/AC:2010

DIN EN 1992-1-1 (09.2025) Eurocode 2: Bemessung und Konstruktion von Stahlbeton- und Spannbetontragwerken – Teil 1-1: Allgemeine Regeln und Regeln für Hochbauten, Brücken und Ingenieurbauwerke; Deutsche Fassung EN 1992-1-1:2023, Berlin

DIN EN 1992-1-1/NA1 (E) (08.2025) Entwurf, Nationaler Anhang 1 zu DIN EN 1992-1-1:2025-MM – Eurocode 2 – Bemessung und Konstruktion von Stahlbeton- und Spannbetontragwerken – Teil 1-1: Allgemeine Regeln und Regeln für Hochbauten, Brücken und Ingenieurbauwerke, Berlin

DIN EN 206 (06.2021) Beton – Festlegung, Eigenschaften, Herstellung und Konformität; Deutsche Fassung EN 206:2013+A2:2021

Finckh W (2025) Mit Stabwerkmodellen zur Bewehrungsführung; Detailnachweise im Stahlbetonbau. Springer Vieweg, Wiesbaden

Finckh W (2026) Stahlbetonkonstruktion 2; Von der Bauteilberechnung über die Bemessung zur Bauwerksplanung. Springer Vieweg, Wiesbaden

Grübel P, Weigler H, Sieghart P (2001) Beton. Ernst und Sohn

Heilmann H, Hilfsdorf H, Finsterwalder K (1969) Festigkeit und Verformung unter Zugbeanspruchung. Ernst und Sohn, Berlin

Institut für Stahlbetonbewehrung (2019) Bewehren von Stahlbetontragwerken; Nach DIN EN 1992-1-1 mit Nationalem Anhang. Ernst & Sohn, Berlin

Kämpfe H (2020) Bewehrungstechnik; Grundlagen – Praxis – Beispiele – Wirtschaftlichkeit. Springer Vieweg, Wiesbaden, Heidelberg

Keuser M, Meinhardt M (2018) Nichtlineare Berechnung von Stahlbetontragwerken mithilfe der Finite-Elemente-Methode. In: Bergmeister K, Fingerloos F, Wörner J-D (Hrsg) Beton Kalender 2018. Ernst & Sohn, Berlin, S 303–354

Leonhardt F, Mönnig E (1984) Vorlesungen über Massivbau; Teil 1: Grundlagen zur Bemessung im Stahlbetonbau. Springer, Berlin

Müller H, Reinhardt H-W (2009) Beton. In: Bergmeister K, Fingerloos F, Wörner J-D (Hrsg) Beton Kalender 2009. Ernst und Sohn, Berlin, S 3–149

Quast U (2007) Nichtlineare Statik im Stahlbetonbau. Bauwerk, Berlin

Reineck K-H, Kuchma D, Fitik B (2012) Erweiterte Datenbank zur Überprüfung der Querkraftbemessung für Konstruktionsbauteile mit und ohne Bügel; DAfStb Heft 597. Beuth, Berlin

Rombach GA (2010) Spannbetonbau. Ernst & Sohn, Berlin

Roßner W, Graubner C-A (2012) Spannbetonbauwerke; Bemessungsbeispiele nach Eurocode 2. Ernst & Sohn, Berlin

Rüsch H, Sell R, Rasch C, Grasser E, Hummel A, Wesche K, Flatten H (1968) Festigkeit und Verformung von unbewehrtem Beton unter konstanter Dauerlast; DAfStb Heft 198. Ernst & Sohn

Rüsch H, Sell R, Rackwitz R (1969) Statistische Analyse der Betonfestigkeit; DAfStb Heft 206. Ernst & Sohn

Rybicki R, Prietz FU (2021) Faustformeln und Faustwerte für Tragwerke im Hochbau; Geschossbauten, Konstruktionen, Hallen. Reguvis, Köln

Schnell J, Zilch K, Dunkelberg D, Weber M (2016) Sachstandbericht Bauen im Bestand – Teil I: Mechanische Kennwerte historischer Betone, Betonstähle und Spannstähle für die Nachrechnung von bestehenden Bauwerken; DAfStb-Heft 616. Beuth Verlag, Berlin

Spaethe G (1992) Die Sicherheit tragender Baukonstruktionen. Springer Vienna, Vienna

Zilch K, Zehetmaier G (2010) Bemessung im konstruktiven Betonbau; Nach DIN 1045-1 (Fassung 2008) und EN 1992-1-1 (Eurocode 2). Springer, Berlin, Heidelberg

Grundlagen der Querkraftbemessung

Inhaltsverzeichnis

© Der/die Autor(en), exklusiv lizenziert an Springer Fachmedien Wiesbaden GmbH, ein Teil von Springer Nature 2026
W. Finckh, *Stahlbetonkonstruktion 1*, erfolgreich studieren,
https://doi.org/10.1007/978-3-658-50727-5_3

Zusammenfassung

Bei nahezu allen biegebeanspruchten Bauteilen tritt neben dem Biegemoment als Schnittgröße auch eine Querkraft auf. In diesem Kapitel werden zunächst in ▶ Abschn. 3.1 die mechanischen Grundlagen sowie das Unterscheidungs- und Sicherheitskonzept der Berechnungsvorschrift vorgestellt. Im nachfolgenden ▶ Abschn. 3.2 wird dann das Tragverhalten und das Bemessungskonzept von Bauteilen ohne Querkraftbewehrung erläutert und mit einem Bemessungsbeispiel verdeutlicht. Die Bauteile mit Querkraftbewehrung werden in ▶ Abschn. 3.3 umfangreich besprochen. Hier werden ebenfalls die Hintergründe des Bemessungskonzeptes erläutert und die Bemessung anhand eines Beispiels verdeutlicht.

Bei Bauteilen mit gegliederten Querschnitten, wie z. B. Plattenbalken oder Hohlkästen, müssen die Druck- und Zugkräfte aus den Flanschen in die Stege eingeleitet werden. Hier tritt eine besondere Form der Schubbeanspruchung auf, welche ebenfalls mit sehr ähnlich Modellen wie bei der Querkraft betrachtet werden kann. Diese Modelle werden in ▶ Abschn. 3.4 erläutert und ebenfalls anhand eines Beispiels verdeutlicht.

Lernziele

Nach dem Lesen dieses Kapitels:
- Kennen Sie die Hintergründe der Querkraftbemessung im Stahlbetonbau.
- Können Sie ein Bauteil mit und ohne Querkraftbewehrung bemessen.
- Wissen Sie, wie bei gegliederten Querschnitten vorzugehen ist und können auch Druck- und Zuggurtanschlüsse bemessen.

3.1 Grundlagen

3.1.1 Querkraft im Stahlbetonbau

Bei einem Bauteil mit einem veränderlichen Moment resultiert als Schnittgröße auch immer eine Querkraft. Diese Querkraft verändert das Spannungsbild in einem Bauteil. Nach den Grundsätzen der Technischen Mechanik (vgl. z. B. (Sudret 2022)) ist es möglich, unter Anwendung der Bernoulli-Hypothese und bei Annahme eines linear-elastischen Materialverhaltens, die Normalspannungen aus den Biegemomenten und Normalkräften sowie die Schubspannungen aus den Querkräften zu berechnen:

$$\sigma_{x,Rand} = \frac{N}{A} \pm \frac{M}{W} \tag{3.1}$$

$$\tau_{xz} = \tau_{zx} = \frac{V \cdot S}{I \cdot b} \tag{3.2}$$

Das im Vorherigen angenommene linear elastischen Materialverhalten ist im Stahlbetonbau nur so lange zutreffend, wie die Betonzugfestigkeit nicht überschritten wird. Sobald die Zugspannungen größer sind als die Zugfestigkeit des Betons, tritt eine Rissbildung auf, und der Beton fällt auf Zug aus. Damit verändert sich die Spannungsverteilung deutlich.

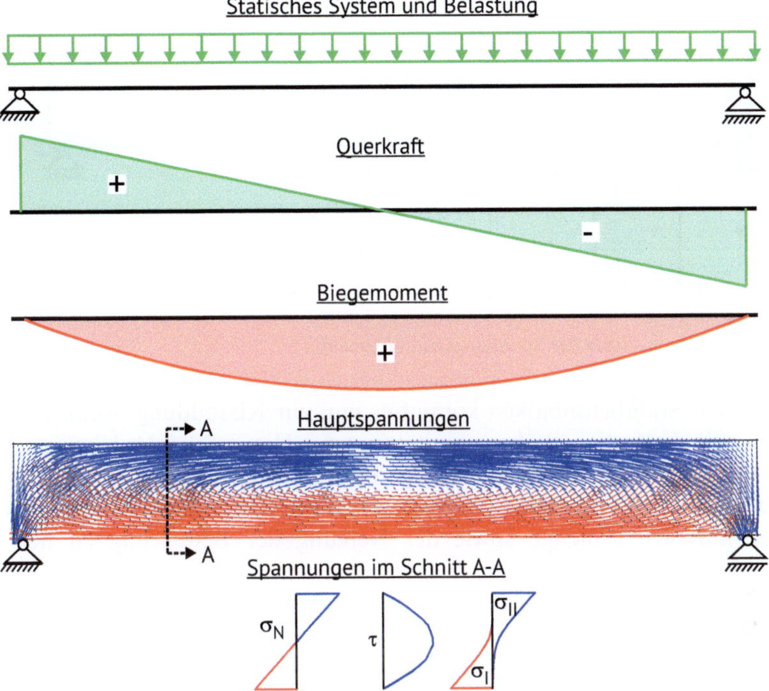

Abb. 3.1   Normal-, Schub- und Hauptspannungen an einem Einfeldträger

Im Bereich von Querkräften wirken jedoch nicht nur die Normalspannungen, sondern zusätzlich auch die Schubspannungen. Um herauszufinden, ob die Betonzugfestigkeit überschritten wird, ist die alleinige Analyse der Normalspannungen somit nicht ausreichend. Spannungen, die für die Analyse des gerissenen Zustands deutlich besser geeignet sind, sind die sogenannten Hauptspannungen.

In **Abb.** 3.1 sind für einen Einfeldträger mit konstanter Last die Hauptspannungen mit ihrer Richtung sowie der Vergleich zu den Normal und Schubspannungen dargestellt.

Diese Hauptspannungen σ_I, σ_{II} können aus den Normalspannungen σ_x und den Schubspannungen τ_{xz} wie folgt berechnet werden:

$$\sigma_I = \frac{\sigma_x}{2} + \frac{1}{2} \cdot \sqrt{\sigma_x^2 + 4 \cdot \tau_{xz}^2} \tag{3.3}$$

$$\sigma_{II} = \frac{\sigma_x}{2} - \frac{1}{2} \cdot \sqrt{\sigma_x^2 + 4 \cdot \tau_{xz}^2} \tag{3.4}$$

$$\tan 2\varphi = \frac{2 \cdot \tau}{\sigma_x} \tag{3.5}$$

Analysiert man die Gleichungen stellt man fest, dass die Schubspannungen eine Drehung der Hauptachsen verursachen, wie dies auch **Abb.** 3.2 zeigt.

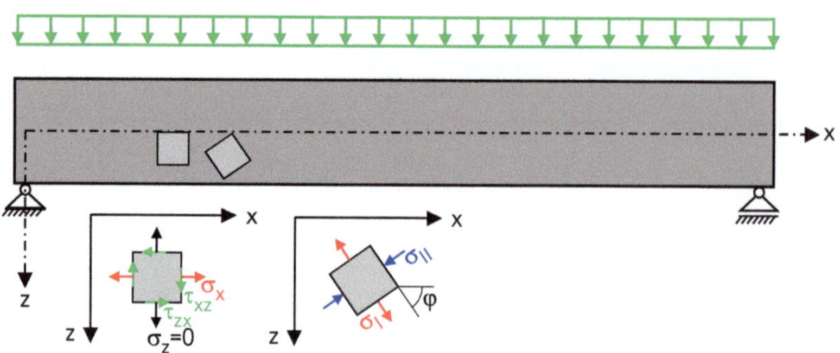

Abb. 3.2   Betrachtungen der Spannungen am Element

Bei einem Stahlbetonbalken kommt es nun zur Rissbildung, wenn eine Hauptspannung die Zugfestigkeit überschreitet ($\sigma_I > f_{ct}$). Hier erfolgt der Übergang von Zustand I (ungerissen) in den Zustand II (gerissen) und die Spannungsverteilung verändert sich erheblich. Wie diese Spanungsverteilung sich verändert, hängt maßgeblich von der Bewehrungsmenge sowie der Neigung der Bewehrung zu den Hauptspannungen ab.

Aufgrund des maßgeblichen Einflusses der Bewehrungsmenge und der Richtung der Bewehrung erfolgt bei den Nachweisen auf Querkraft immer eine Unterscheidung zwischen Bauteilen mit und Bauteilen ohne Querkraftbewehrung.

3.1.2 Mittlere Schubspannung

Mit der DIN EN 1992-1-1 (09.2025) in Verbindung mit dem Nationalen Anhang DIN EN 1992-1-1/NA1 (E) (08.2025) wurde die Nachweisgröße beim Querkraftnachweis angepasst. Die Querkraftwiderstände von stabförmigen Bauteilen sowie die Querkraftwiderstände senkrecht zur Ebene von plattenförmigen Bauteilen werden anhand der mittleren Schubspannungen[1] angegeben. Diese Widerstände müssen größer als die einwirkenden mittleren Schubspannungen sein. In Bauteilbereichen ohne geometrische Diskontinuitäten wird die mittlere Schubspannung über den Querschnitt τ_{Ed} nach Gl. (3.6) für Balken und nach Gl. (3.7) für Platten bestimmt.

$$\tau_{Ed} = \frac{V_{Ed}}{b_w \cdot z} \tag{3.6}$$

$$\tau_{Ed} = \frac{v_{Ed}}{z} \tag{3.7}$$

---

1   Von 2001 bis 2025 wurde der Querkraftnachweis auf Kraftebene geführt. Nun kehrt man wieder auf einen Nachweis auf Spannungsebene zurück, ähnlich wie dies in den alten Bemessungsvorschriften bis 2001 war.

Dabei ist:

V_{Ed} – Der Bemessungswert der Querkraft am Nachweisschnitt in stabförmigen Bauteilen

v_{Ed} – Der Bemessungswert der Querkraft je Längeneinheit der Breite in plattenförmigen Bauteilen

b_w – Die Querschnittsbreite von stabförmigen Bauteilen. Die Breite b_w bei Querschnitten mit veränderlicher Breite wird in ▶ Abschn. 3.3.3.3 definiert.

z – Der Hebelarm für die Schubspannungsberechnung, definiert als $z = 0{,}9 \cdot d$. Hierbei bezieht sich d auf den Schwerpunkt der Zugbewehrung.

Das Konzept mit den mittleren Schubspannungen hat den Vorteil einer besseren Vergleichbarkeit zwischen Bauteilen mit anderen Abmessungen und man kann damit somit schneller beurteilen, ob ein Bauteil für ein Querkraftversagen kritisch ist oder nicht.

Die Bemessung darf gemäß DIN EN 1992-1-1/NA1 (E) (08.2025) sowohl auf Basis des Nennwerts (d_{nom}) als auch auf Basis des Bemessungswerts (d_d) der statischen Nutzhöhe erfolgen. Der Nennwert der statischen Nutzhöhe d_{nom} ergibt sich wie, in ▶ Abschn. 4.1 beschrieben, über die Betondeckungen und die Bewehrungslage mit deren Durchmessern.

$$d_d = d_{nom} - \Delta d \tag{3.8}$$

Dabei ist:

d_{nom} – Nennwert der statischen Nutzhöhe

Δd – Abweichungswert der statischen Nutzhöhe mit:

$\Delta d = 15mm$ – bei Betonstahl und Spanngliedern

$\Delta d = 5mm$ – bei Spannstahl im sofortigen Verbund

Beim Bemessungswert d_d wird somit zusätzlich eine Sicherheit bezüglich der Lage mit einbezogen und die statische Nutzhöhe leicht verringert, wie dies ◩ Abb. 3.3 zeigt. Die Werte für Δd sollen im Weißdruck des Nationalen Anhangs ab einer statischen Nutzhöhe von 400mm um bis zu 35mm erhöht werden.

❗ Die Nachweise sind bauteilbezogen entweder mit d_{nom} oder d_d durchgängig zu führen.

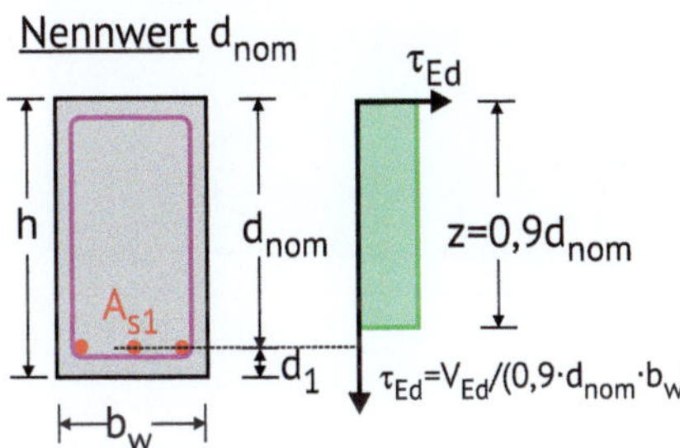

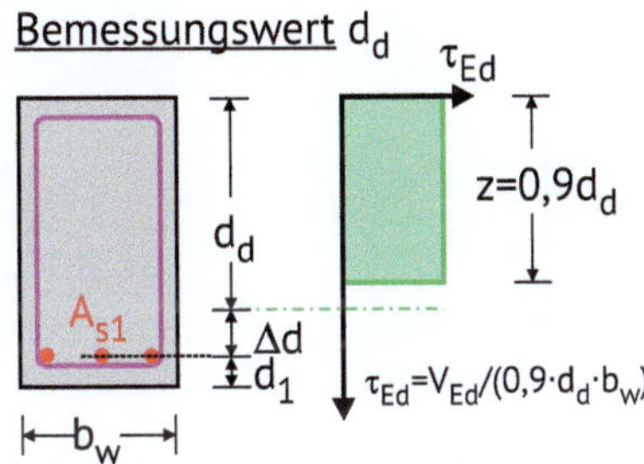

◩ **Abb. 3.3** Unterschied zwischen d_d und d_{nom}

Praxistipp

Ein wirtschaftlicher Vorteil bei der Nachweisführung mit d_d ist nur bei Bauteilen ohne Querkraftbewehrung vorhanden, welcher jedoch erst bei dickeren Bauteilen zum Tragen kommt. Solche Bauteile sind üblicherweise Fundamente oder Bodenplatten. Aus diesem Grund wird in diesem Teil der Buchreihe Stahlbetonkonstruktion ausschließlich das Konzept mit d_{nom} in den Beispielen angewendet.

3.2 Bauteile ohne Querkraftbewehrung

3.2.1 Tragmechanismus

Beim Querkraftversagen von Bauteilen ohne Querkraftbewehrung handelt es sich um ein spröderes Versagen, welches wenig bis keine Vorankündigung zeigt. In ◘ Abb. 3.4 ist die Lasterverformungskurve sowie das optisch gemessene Rissbild von einem Querkraftversuch ohne Querkraftbewehrung dargestellt.

Bei der in ◘ Abb. 3.4 dargestellten Kraft-Verformungs-Kurve erkennt man einen ersten Knickpunkt, an welchem sich die ersten Biegerisse bilden. Der Knickpunkt stellt somit den Übergang vom Zustand I zum Zustand II dar. Der Querkraftriss, welcher in ◘ Abb. 3.4 als schräger Riss zwischen Auflager und Last erkennbar ist, tritt erst zu einem viel späteren Zeitpunkt auf, und zwar ganz kurz vor dem Bruch bei circa 98 % der Bruchlast. Eine Ankündigung des Bruches ist damit nahezu nicht vorhanden und es kommt zum schlagartigen Versagen.

Für die Berechnung der Querkrafttragfähigkeit von Bauteilen ohne Querkraftbewehrung sind zahlreiche Ansätze vorhanden, welche sich in Bogen-Zugband-Modelle, Kamm- bzw. Zahnmodelle, Fachwerk- bzw. Spannungsfeldmodelle mit Zugstreben, weitere mehrteilige Modelle sowie rein empirische Modelle unterteilen lassen. Derzeit sind in nahezu allen Bemessungsvorschriften die letztgenannten empirischen Modelle enthalten. Im Allgemeinen werden in diesen Modellen für die Querkrafttragfähigkeit verschiedene Anteile zur Kraftübertragung addiert. Die folgenden Querkrafttraganteile, welche nach dem Reißen des Betons auftreten, wurden

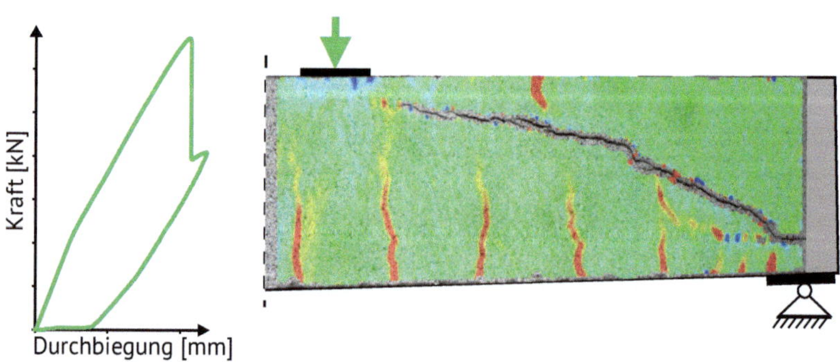

◘ **Abb. 3.4**   Ergebnisse eines Querkraftversuches ohne Querkraftbewehrung. (Versuch durchgeführt im Rahmen von (Zilch et al. 2012))

in verschiedenen Arbeiten identifiziert und sind zum Beispiel von (Zilch und Zehetmaier 2010) und (Muttoni und Fernández Ruiz 2010) zusammengefasst:

- Querkraftanteil der Druckzone
- Rissreibung bzw. Rissverzahnung
- Dübelwirkung der Längsbewehrung

Die Bemessungsformeln der DIN EN 1992-1-1 (09.2025) basieren auf der Critical Shear Crack Theory (CSCT) für die Schubbeanspruchung und haben denselben Hintergrund wie die Bemessungsvorschriften für die Durchstanzbeanspruchung. Auf eine detaillierte Beschreibung des theoretischen Modells wird hier verzichtet. Dieses wird z. B. in (Cavagnis et al. 2018) und (Cavagnis et al. 2020) beschrieben. Die Zuverlässigkeit des Modells wurde in (Muttoni et al. 2023) mit der Datenbank von (Reineck und Dunkelberg 2017) verglichen und es wurden daran die nachfolgenden Teilsicherheitsbeiwert γ_V abgeleitet.

3.2.2 Sicherheitskonzept

Mit der DIN EN 1992-1-1 (09.2025) in Verbindung mit dem Nationalen Anhang DIN EN 1992-1-1/NA1 (E) (08.2025) wird das Sicherheitskonzept bei Querkraft verändert. Bei Bauteilen ohne Querkraftbewehrung wird für Querkraft- und Durchstanzwiderstand ohne Querkraftbewehrung der Teilsicherheitsbeiwert γ_V eingeführt. Da beobachtet wurde, dass die Varianz erheblich von der statischen Nutzhöhe abhängt, wurden in der DIN EN 1992-1-1/NA1 (E) (08.2025) zwei unterschiedliche Möglichkeiten implementiert.

$$\gamma_V = \begin{cases} 1,4 & \text{für die Bemessung mit } d_{nom} \\ 1,3 & \text{für die Bemessung mit } d_d \end{cases} \tag{3.9}$$

Im Allgemeinen sollte der Teilsicherheitsbeiwert von $\gamma_V = 1,4$ verwendet werden. Falls jedoch bereits bei der statischen Nutzhöhe ein Sicherheitselement berücksichtigt wurde und somit der Bemessungswert d_d der statischen Nutzhöhe verwendet wird, darf der Teilsicherheitsbeiwert auf 1,3 reduziert werden.

3.2.3 Bemessungsansatz

In jedem Querschnitt des Bauteils, in dem die einwirkende Schubspannung τ_{Ed} kleiner als der Schubspannungswiderstand $\tau_{Rdc,\,min}$ oder $\tau_{Rd,\,c}$ ist, wird rechnerisch keine Querkraftbewehrung erforderlich. Ohne Querkraftbewehrung (Schubbewehrung) können dann Platten ausgeführt werden. Bei Balken ($b/h \leq 5$) ist jedoch stets eine Mindestquerkraftbewehrung (vgl. ▶ Abschn. 5.1.3) einzulegen. Aus diesem Grund macht es Sinn, bei Balken gleich die Nachweise für Bauteile mit Querkraftbewehrung zu führen.

Nach DIN EN 1992-1-1 (09.2025) 8.2.1 (4)[2] wird der Mindestschubspannungswiderstand $\tau_{Rdc.min}$ für biegebewehrter Bauteile wie folgt berechnet:

$$\tau_{Rdc,min} = \frac{11}{\gamma_V} \cdot \sqrt{\frac{f_{ck}}{f_{yd}} \cdot \frac{d_{dg}}{d}} \tag{3.10}$$

Dabei ist:

γ_V – Teilsicherheitsbeiwert für die Querkraftbemessung (siehe ▶ Abschn. 3.2.2)

f_{ck} – Charakteristischer Wert der Betondruckfestigkeit

f_{yd} – Der Bemessungswert der Streckgrenze, der zur Bemessung der Biegebewehrung verwendet wurde.

d_{dg} – Der Größenparameter nach ▶ Abschn. 2.1.2.6

$d_{dg} = 16mm + D_{lower} \leq 40mm$ für $f_{ck} \leq 60 \, N \, / \, mm^2$

d – Die statische Nutzhöhe der Biegebewehrung (Entweder d_{nom} oder d_d)

Für vorgespannte Bauteile sind bei f_{yd} und d Sonderregelungen in der der DIN EN 1992-1-1 (09.2025) 8.2.1 (4) und 8.2.2 (6) enthalten. Gemäß (Muttoni et al. 2023) könnte auch statt f_{yd} die Stahlspannung σ_{sd} der Biegezugbewehrung an der jeweiligen Nachweisstelle verwendet werden, was jedoch den Nachweis im Neubau unnötig verkompliziert.

Falls $\tau_{Ed} \leq \tau_{Rdc,min}$ ist der Nachweis erfüllt. Falls der Nachweis nicht erfüllt ist, kann noch ein Nachweis mit dem Bemessungswert des Schubspannungswiderstand nach Gl. (3.11) erfolgen.

$$\tau_{Ed} \leq \tau_{Rd,c} = \frac{0,66}{\gamma_V} \cdot \left(100 \cdot \rho_l \cdot f_{ck} \cdot \frac{d_{dg}}{d} \right)^{\frac{1}{3}} \geq \tau_{Rdc,min} \tag{3.11}$$

In der Gl. (3.11) ist ρ_l der geometrischer Längsbewehrungsgrad, welcher in Abhängigkeit der wirksamen Fläche der Zugbewehrung A_{sl} wie folgt berechnet wird:

$$\rho_l = A_{sl} / \left(b_w \cdot d \right) \tag{3.12}$$

Bei der Ermittlung des geometrischen Bewehrungsgrades für die Gl. (3.10) darf nur die Bewehrung auf der Zugseite berücksichtigt werden, welche mindestens mit der statischen Nutzhöhe d über den betrachteten Nachweisquerschnitt hinausgeführt und verankert wird. Dies ist in ▣ Abb. 3.5 verdeutlicht. Bei der Ermittlung des geometrischen Bewehrungsgrades darf auch die Fläche von Spannglieder (A_p) berücksichtig werden, wenn die Spannglieder im Verbund liegen. Der geometrische Bewehrungsgrad ermittelt sich dann mit der statischen Nutzhöhe der Bewehrung d_s und der Spannglieder d_p wie folgt:

---

2   Im 1. Amendment zur DIN EN 1992-1-1 (09.2025) soll in der Gl. (3.10) der Faktor 11 durch den Faktor 8,8 ersetzt werden. Im Weißdruck des Deutschen NA wird dies vorweggenommen.

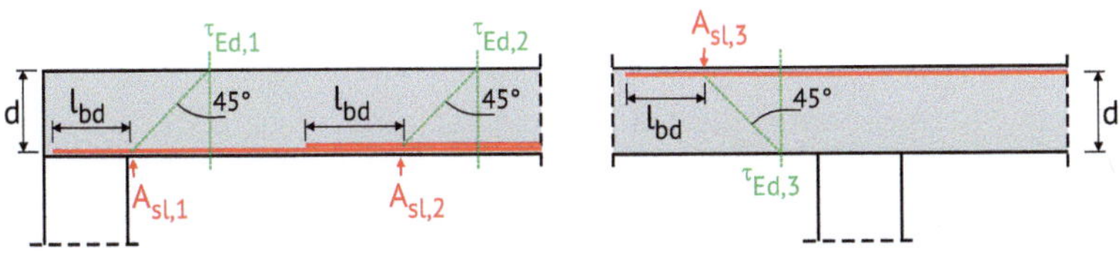

🔹 **Abb. 3.5**   Definition von der Längsbewehrung A_{sl}

$$\rho_l = \frac{d_s \cdot A_s + d_p \cdot A_p}{b_w \cdot d^2} \tag{3.13}$$

Ein Bauteil kann ohne rechnerisch erforderliche Querkraftbewehrung ausgeführt werden, wenn $\tau_{Ed} \leq \tau_{Rd,c}$ erfüllt ist. Weitere Nachweise für die Querkrafttragfähigkeit sind dann nicht erforderlich. Falls wie in 🔹 Abb. 3.5 eine direkte Lagerung vorhanden ist, darf für diesen Nachweis bei einer gleichmäßig verteilten Last der Bemessungswert der einwirkenden Querkraft im Abstand d von der Auflagervorderkante ermittelt werden. Eine direkte Lagerung liegt vor, wenn das Bauteil direkt auf einer Stütze oder Wand aufliegt (vgl. auch ▶ Abschn. 2.2.2.3).

Praxistipp

Beim Querkraftnachweis für Bauteile ohne Querkraftbewehrung hat der Größenparameter einen erheblichen Einfluss. Der Wert D_{lower} sollte somit möglichst realitätsnah getroffen werden. Bei einem zu kleinen Wert erhält man zu geringe Tragfähigkeiten, bei einem zu großen Wert zusammen mit einer engen Bewehrung ist die Ausführbarkeit gefährdet. Ein guter Kompromiss ist die Wahl von $D_{lower} = 16\ mm$.

3.2.4 Einfluss von Normalkräften

Bei Vorliegen von Normalkräften N_{Ed}, die im Nachweisschnitt einwirken, sollte dies über eine Veränderung der statischen Nutzhöhe d wie folgt berücksichtigt werden.

$$\tau_{Ed} \leq \tau_{Rd,c} = \frac{0{,}66}{\gamma_V} \cdot \left(100 \cdot \rho_l \cdot f_{ck} \cdot \frac{d_{dg}}{k_{vp} \cdot d} \right)^{\frac{1}{3}} \geq \tau_{Rdc,min} \tag{3.14}$$

Der Koeffizient k_{vp} wird dabei nach Gl. (3.15) bestimmt.

$$k_{vp} = 1 + \frac{N_{Ed}}{|V_{Ed}|} \cdot \frac{d}{3 \cdot a_{cs}} \geq 0{,}1 \tag{3.15}$$

Dabei ist:

a_{cs} – Wirksame Schubspannweite am Nachweisschnitt

$\quad a_{cs} = |M_{Ed}/N_{Ed}| \geq d$

N_{Ed} – Normalkraft (Druck negativ; Zug positiv)

V_{Ed} – Querkraft am Nachweisschnitt

Für Drucknormalkräfte aus Vorspannung ist in der DIN EN 1992-1-1 (09.2025) 8.2.2 (5) noch ein weiterer alternativer Ansatz vorhanden, welcher im Rahmen dieses Buches nicht verwendet wird.

3.2.5 Momentenquerkraftinteraktion

Bei Stahlbetonbauteilen werden die Nachweise für Biegung und Querkraft im Regelfall unabhängig voneinander geführt. Jedoch bewirkt die Querkraft immer eine Erhöhung der Zugkraft der Biegezugbewehrung. Dies wird im ▶ Abschn. 3.3.4.5 anschaulich an dem Querkraftfachwerkmodell gezeigt. Meist erfolgt der Nachweis über die Berücksichtigung eines Versatzmaßes a_p um das die Zugkraftlinie der Biegebewehrung in Richtung des Momentennullpunktes verschoben werden muss (vgl. auch ▶ Abschn. 5.2). Alternativ kann auch die Zugkraft in der Bewehrung um den Betrag ΔF_{sd} erhöht werden. Da für Bauteile ohne Querkraftbewehrung kein mechanisch begründetes Modell vorliegt, kann in Anlehnung an DIN EN 1992-1-1 (09.2025) auf der sicheren Seite folgende Abschätzung bezüglich des Versatzmaßes getroffen werden.

$$a_l = d \Rightarrow \Delta F_{sd} = 1/0{,}9 \cdot V_{Ed} \tag{3.16}$$

3.2.6 Beispiel Zweifeldplatte

3.2.6.1 Angabe

Die in ◨ Abb. 3.6 dargestellte einachsig gespannte Deckenplatte in einer Tiefgarage soll bemessen werden.

Die Bemessungswerte der Einwirkungen ergeben sich über die Plattenstärke von 30 cm und mit den Teilsicherheitsbewerten zu:

$$p_{Ed} = g_d = \gamma_g \cdot \left(h \cdot b \cdot \gamma_B + g_{k2} \right) = 1{,}35 \cdot \left(0{,}2 \cdot 0{,}6 \cdot 25 + 120 \right) = 166\,kN\,/\,m$$

$$q_d = \gamma_q \cdot q_k = 1{,}5 \cdot 10 = 15{,}0\,kN\,/\,m^2$$

Die Betondeckung ergibt sich bei XC3 (vgl. auch ▶ Abschn. 4.2) zu:

$$c_{nom} = \Delta c_{dev} + c_{min} = 1{,}0 + 2{,}0 = 3{,}0\,cm$$

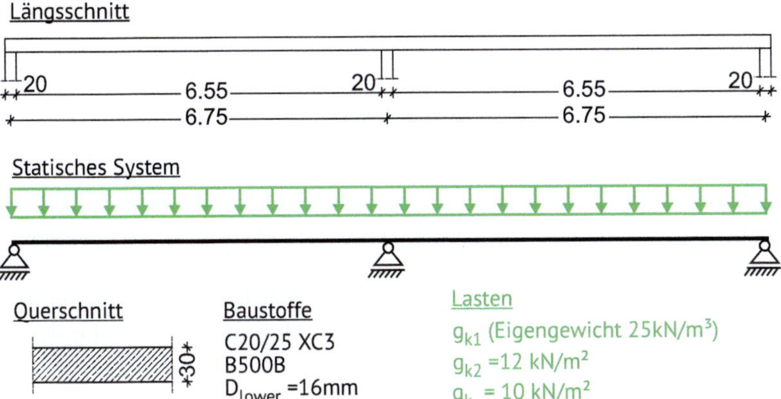

Abb. 3.6 Angabe Bemessungsbeispiel Querkraftbemessung für Bauteile ohne Querkraftbewehrung

Über die Annahme einer außenliegenden Querbewehrung von $\phi_q = 10\ mm$ und einer Längsbewehrung von $\phi_l = 20\ mm$ ergibt sich die folgende statische Nutzhöhe:

$$d = h - c_{nom} - \phi_q - \frac{\phi_l}{2} = 30 - 3 - 1 - \frac{2,0}{2} = 25\,cm$$

3.2.6.2 Biegebemessung und Festlegung der Biegebewehrung
3.2.6.2.1 Bemessung Stützmoment

Über der Stütze ergibt sich am Zweifeldträger gemäß den Tabellen aus ▶ Abb. 10.27 folgendes Moment:

$$m_{B,Ed} = -0,125 \cdot (26,3 + 15) \cdot 6,75^2 = -235,2\,kNm\,/\,m$$

Die Auflagerkraft der Mittelstütze kann wie folgt bestimmt werden:

$$B_{Ed} = 1,25 \cdot (26,3 + 15) \cdot 6,75 = 348,5\,kN\,/\,m$$

Damit kann das Moment gemäß ▶ Abschn. 2.2.2.3 ausgerundet werden:

$$m_{B,Ed,red} = m_{B,Ed} - \Delta m_{Ed} = m_{B,Ed} - F_{Ed,sup} \cdot \frac{t}{8}$$

$$m_{B,Ed,red} = -235,2\,kNm\,/\,m + 348,5 \cdot \frac{0,2}{8} = -226,5\,kNm\,/\,m$$

Für die Biegebemessung wird der Bemessungswert der Betondruckfestigkeit des C20/25 benötigt:

$$f_{cd} = \eta_{cc} \cdot k_{tc} \cdot \frac{f_{ck}}{\gamma_C} = 1 \cdot 0,85 \cdot \frac{20}{1,5} = 11,33\,N\,/\,mm^2$$

Das dimensionslose Moment als Eingangswert für die Bemessungstafeln ergibt sich damit zu:

$$\mu_{Eds} = \frac{m_{Eds}}{b \cdot d^2 \cdot f_{cd}} = \frac{0,2265}{1,0 \cdot 0,25^2 \cdot 11,33} = 0,320$$

Da es sich um ein statisch unbestimmtes System handelt, bei welchem die Druckzone nicht umbügelt ist, und $\mu_{Eds} \geq 0,3$ ist muss eine Druckbewehrung vorgesehen werden, damit die bezogene Druckzonenhöhe nicht größer als $\xi = x/d = 0,45$ wird (vgl. ▶ Abschn. 2.5.1). Für die Anwendung der Tabellen mit Druckbewehrung für $\xi = x/d = 0,45$ in ▶ Abb. 10.3 wird noch das Verhältnis des Randabstandes zur statischen Nutzhöhe benötigt:

$$\frac{d_2}{d} = \frac{c_{nom} + \phi_q + \dfrac{\phi_l}{2}}{d} = \frac{3,0 + 1 + \dfrac{2,0}{2}}{25,0} = 0,20$$

Damit können die mechanischen Bewehrungsgrade über die Tabellen aus ▶ Abb. 10.3 zu $\omega_1 = 0,394$ und $\omega_2 = 0,030$ bestimmt werden. Die Zugbewehrung ergibt sich zu:

$$a_{s1} = \frac{1}{\sigma_{sd}} \cdot \omega_1 \cdot b \cdot d \cdot f_{cd} = \frac{1}{435,7} \cdot 0,394 \cdot 1,0 \cdot 0,25 \cdot 11,33$$

$$a_{s1} = 2,6 \cdot 10^{-3}\, m^2 = 26\, cm^2 \,/\, m$$

Es werden Ø20 alle 10 cm gewählt. Damit erhält man die vorhandene Bewehrung von $a_{s,\,vorh} = 2,0^2/4 \cdot \pi \cdot 1/0,10 = 31,4\, cm^2/m$. Die Druckbewehrung ergibt sich zu:

$$a_{s2} = \frac{1}{\sigma_{sd2}} \cdot \omega_2 \cdot b \cdot d \cdot f_{cd} = \frac{1}{388,9} \cdot 0,030 \cdot 1,0 \cdot 0,25 \cdot 11,33 = 2,2 \cdot 10^{-4}\, m^2 = 2,2\, cm^2 \,/\, m$$

Es werden Ø14 alle 20 cm gewählt. Damit erhält man die vorhandene Bewehrung von $a_{s,\,vorh} = 1,4^2/4 \cdot \pi \cdot 1/0,20 = 7,5\ cm^2/m$.

3.2.6.2.2 Bemessung Feldmoment

Im Feld ergibt sich am Zweifeldträger das folgende maximale Moment aus den Tabellen ▶ Abb. 10.27:

$$m_1 = \left(0,07 \cdot 26,3 + 0,09 \cdot 15\right) \cdot 6,75^2 = 145,3\, kNm \,/\, m$$

Das dimensionslose Moment als Eingangswert für die Tafeln aus ▶ Abb. 10.1 berechnet sich zu:

$$\mu_{Eds} = \frac{m_{Eds}}{b \cdot d^2 \cdot f_{cd}} = \frac{0,1453}{1,0 \cdot 0,25^2 \cdot 11,33} = 0,205$$

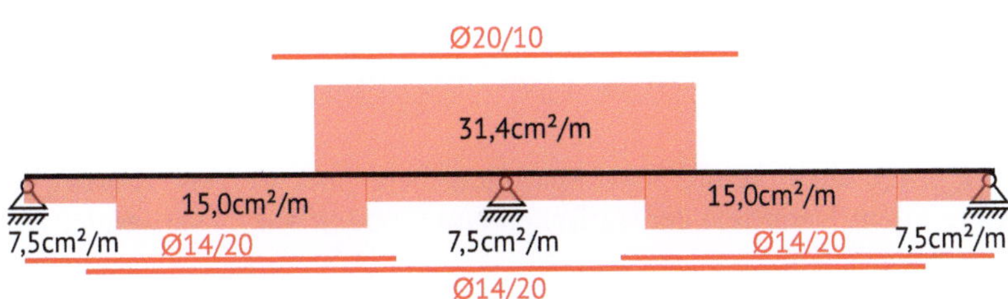

◘ **Abb. 3.7** Verlauf der Biegebewehrung beim Bemessungsbeispiel Querkraftbemessung für Bauteile ohne Querkraftbewehrung

Damit kann der mechanische Bewehrungsgrad über die Tafeln aus ▶ Abb. 10.1 zu $\omega = 0{,}230$ bestimmt werden und die Biegebewehrung ergibt sich zu:

$$a_{s1} = \frac{1}{\sigma_{sd}} \cdot \omega \cdot b \cdot d \cdot f_{cd} = \frac{1}{441{,}0} \cdot 0{,}230 \cdot 1{,}0 \cdot 0{,}25 \cdot 11{,}33$$

$$a_{s1} = 14{,}7 \cdot 10^{-4}\, m^2 = 14{,}7\, cm^2 \,/\, m$$

Es werden Ø14 alle 10 cm gewählt. Damit erhält man die vorhandene Bewehrung von $a_{s,vorh} = 1{,}4^2/4 \cdot \pi \cdot 1/0{,}10 = 15{,}0\ cm^2/m$.

3.2.6.2.3 Festlegung der Biegebewehrung

Da 50 % der Bewehrung bei Platten (vgl. ▶ Abschn. 5.5) bis zum Auflager geführt werden müssen, wird die Bewehrungsführung in ◘ Abb. 3.7 gewählt.

3.2.6.3 Querkraftnachweis

3.2.6.3.1 Ermittlung der Eingangsgrößen

Die Querkraft im Bereich der Innenstütze und an den beiden Endauflagern ergibt sich zu:

$$\left|v_{Ed,B,links}\right| = \left|v_{Ed,B,rechts}\right| = 0{,}625 \cdot \left(26{,}3 + 15\right) \cdot 6{,}75 = 174{,}2\, kN \,/\, m$$

$$\left|v_{Ed,A}\right| = \left|v_{Ed,C}\right| = \left(0{,}375 \cdot 26{,}3 + 0{,}438 \cdot 15\right) \cdot 6{,}75 = 110{,}9\, kN \,/\, m$$

Der Größenparameter ergibt sich nach ▶ Abschn. 2.1.2.6 zu:

$$d_{dg} = 16\, mm + D_{lower} = 16 + 16 = 32\, mm \leq 40\, mm$$

3.2.6.3.2 Bemessung im Bereich der Innenstütze

Es wird vermutet, dass keine Querkraftbewehrung benötigt wird. Aus diesem Grund wird zunächst der Nachweis ohne Querkraftbewehrung geführt. Hierfür darf gemäß DIN EN 1992-1-1 (09.2025) 8.2.2 (1) bei Gleichlasten und direkter Lagerung der Bemessungswert der Querkraft im Abstand d (statische Nutzhöhe) vom Auflagerrand bestimmt werden:

$$v_{Ed} = v_{Ed,B} - \left(d + \frac{t}{2} \right) \cdot p_{Ed} = 174,2 - \left(0,25 + \frac{0,2}{2} \right) \cdot (26,3 + 15) = 159,7 \, kN \, / \, m$$

Damit kann die einwirkende Schubspannung berechnet werden. Hierbei wird das Konzept mit dem Nennwert der statischen Nutzhöhe ($d = d_{nom}$) verwendet:

$$\tau_{Ed} = \frac{v_{Ed}}{z} = \frac{v_{Ed}}{0,9 \cdot d} = \frac{0,1597}{0,9 \cdot 0,25} = 0,710 \, MN \, / \, m^2$$

Der Mindestschubspannungswiderstand $\tau_{Rdc.\,min}$ für biegebewehrter Bauteile kann wie folgt berechnet werden:

$$\tau_{Rdc,\,min} = \frac{11}{\gamma_V} \cdot \sqrt{\frac{f_{ck}}{f_{yd}} \cdot \frac{d_{dg}}{d}} = \frac{11}{1,4} \cdot \sqrt{\frac{20}{435} \cdot \frac{32}{250}} = 0,603 \, MN \, / \, m^2$$

Da die einwirkende Schubspannung größer ist, muss ein genauerer Nachweis erfolgen. Hier ergibt sich der Bemessungswert des Schubspannungswiderstandes wie folgt:

$$\tau_{Rd,c} = \frac{0,66}{\gamma_V} \cdot \left(100 \cdot \rho_l \cdot f_{ck} \cdot \frac{d_{dg}}{d} \right)^{\frac{1}{3}}$$

Dazu wird noch der geometrische Bewehrungsgrad benötigt:

$$\rho_l = \frac{A_{sl}}{b_w \cdot d} = \frac{31,4 cm^2}{100 cm \cdot 25 cm} = 1,4 \%$$

Damit kann nun der Bemessungswert des Schubspannungswiderstandes berechnet werden:

$$\tau_{Rd,c} = \frac{0,66}{1,4} \cdot \left(1,4 \cdot 20 \cdot \frac{32}{250} \right)^{\frac{1}{3}} = 0,721 \, MN \, / \, m^2$$

Der Nachweis der Querkrafttragfähigkeit kann damit geführt werden:

$$\tau_{Ed} = 0,710 \, MN \, / \, m^2 < \tau_{Rd,c} = 0,721 \, MN \, / \, m^2$$

Es ist somit keine Querkraftbewehrung erforderlich.

3.2.6.3.3 Bemessung am Endauflager

Auch hier darf der Bemessungswert der Querkraft im Abstand d (statische Nutzhöhe) vom Auflagerrand bestimmt werden:

$$v_{Ed} = v_{Ed,\mathrm{A}} - \left(d + \frac{t}{2}\right) \cdot p_{Ed} = 110{,}9 - \left(0{,}25 + \frac{0{,}2}{2}\right) \cdot (26{,}3 + 15) = 96{,}4\,kN$$

Damit kann die einwirkende Schubspannung berechnet werden. Hierbei wird das Konzept mit dem Nennwert der statischen Nutzhöhe verwendet:

$$\tau_{Ed} = \frac{v_{Ed}}{z} = \frac{v_{Ed}}{0{,}9 \cdot d} = \frac{0{,}0964}{0{,}9 \cdot 0{,}25} = 0{,}428\,MN\,/\,m^2$$

Da bereits der Mindestschubspannungswiderstand $\tau_{Rdc.\,min}$ des Querschnitts größer als die einwirkende Schubspannung ist, muss kein genauerer Nachweis erfolgen und der Nachweis ohne Querkraftbewehrung ist erfüllt.

$$\tau_{Ed} = 0{,}428\,MN\,/\,m^2 < \tau_{Rdc,min} = 0{,}603\,MN\,/\,m^2$$

3.3 Bauteile mit Querkraftbewehrung

3.3.1 Allgemeines

Falls die Querkrafttragfähigkeit ohne Querkraftbewehrung nicht nachgewiesen werden kann, muss eine Querkraftbewehrung vorgesehen werden, welche die schräg verlaufenden Hauptzugspannungen, die in ◘ Abb. 3.1 dargestellt sind, aufnehmen soll. Da, wie in ▶ Abschn. 3.2.1 gezeigt, dass Versagen von Bauteilen ohne Querkraftbewehrung äußerst spröde ist, muss bei Balken immer eine Mindestquerkraftbewehrung vorgesehen werden, welche die Querkraftrisslast aufnehmen kann (vgl. ▶ Abschn. 5.1.3). Bei Platten können sich, aufgrund der Breite, bei einem lokalen Versagen auch alternative Lastpfade ausbilden und es kann auf diese Mindestquerkraftbewehrung verzichtet werden.

> **❗** Bei Balken ist immer eine Querkraftbewehrung vorzusehen, bei Platten ist diese nur erforderlich, wenn der Nachweis ohne Querkraftbewehrung nicht erfüllt ist.

Es gibt mehrere Arten von Querkraftbewehrung, die je nach Anforderungen und Konstruktionsbedingungen eingesetzt werden können. Alle diese Bewehrungen verlaufen in einem Winkel zu Bauteilachse und verbinden im Steg die Zug- und Druckzone des Bauteils miteinander. Die Konstruktionsregeln der Querkraftbewehrung werden detailliert in ▶ Abschn. 5.4.2 für Balken und im ▶ Abschn. 5.5.2 für Platten besprochen. Für die Bemessung werden im Wesentlichen die nachfolgenden Arten der Querkraftbewehrung unterschieden, welche auch in ◘ Abb. 3.8 dargestellt sind:
1. Lotrechte Bügel: Die häufigste Form der Querkraftbewehrung sind Bügel, welche im 90°-Winkel die Bauteilachse kreuzen und so Zug- und Druckzone miteinander verbinden. Die Bügel werden meist in einem regelmäßigen Abstand s_w über die Bauteillänge verlegt. Bügel sind meist zweischnittig, wie ◘ Abb. 3.8 zeigt, können jedoch auch mehrschnittig ausgebildet werden.

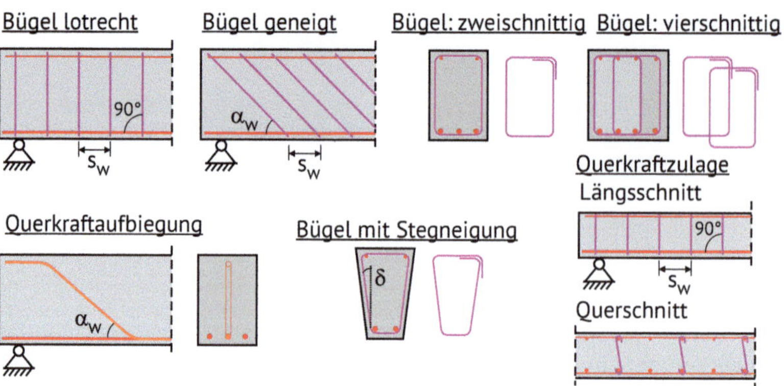

Abb. 3.8 Unterschiedliche Arten der Querkraftbewehrung

2. Geneigte Bügel: Die Bügel dürfen auch um den Winkel 45 ° $\leq \alpha_w \leq$ 90° geneigt zur Bauteilachse eingebaut werden. Dies erlaubt eine bessere Abdeckung der schrägen Hauptzugspannungen und ist somit statisch effektiver als lotrechte Bügel. Allerdings sind diese baupraktisch unbeliebt, da sie deutlich schwerer einzubauen sind und es zu einer Verwechselung bezüglich der Richtung des Winkels α_w kommen kann. Diese Verwechselung wäre dann für die Tragfähigkeit ein großes Problem. Des Weiteren wird das Verdichten des Betons aufgrund der oben und unten nicht deckungsgleichen Bügel erschwert.

3. Querkraftaufbiegungen: Bei einer über die Bauteillänge abnehmenden Biegemomentenbelastung kann ein Teil der statisch nicht mehr erforderlichen Biegezugbewehrung mit dem Winkel α_w in die Druckzone geführt werden. Diese hochgebogen Bewehrung wird auch als Querkraftaufbiegung bezeichnet und muss in der Druckzone verankert werden. Bei Balken müssen jedoch immer Bügel vorhanden sein und die Aufbiegungen dürfen nicht mehr als 50 % der Querkraft abtragen. Dadurch soll ein Aufspalten der Druckzone verhindert werden.

4. Querkraftzulagen: Bei Ortbetonplatten wird die erforderliche Querkraftbewehrung häufig als Querkraftzulage in Form von S-Haken oder Leitern ausgebildet, da diese im Vergleich zu Bügeln deutlich einfacher zu verlegen sind. Bei Balken müssen jedoch immer Bügel vorhanden sein und die Querkraftzulagen dürfen nicht mehr als 50 % der Querkraft abtragen.

Die Querkraftbewehrung wird meist als Querschnittsfläche je Längeneinheit mit $a_{sw} = A_{sw}/s_w$ angegeben. Dabei ist s_w der Abstand der einzelnen Bewehrungselemente in Balkenlängsrichtung und A_{sw} ist der Bewehrungsquerschnitt der Bewehrungselemente, welche die Bauteilachse im Querschnitt im Steg kreuzen. Falls die Querkraftbewehrung z. B. aufgrund einer verändernden Breite im Querschnitt geneigt ist, muss die für den Querkraftnachweis anrechenbare Bewehrung A_{sw} mit $\cos\delta$ multipliziert werden.

3.3.2 Tragverhalten

Zum besseren Verständnis des Tragverhaltens, ist es immer wertvoll sich die Bauteile unter der Versagenslast im Versuch zu betrachten. Beim Querkraftversagen können in Anlehnung an (Kordina und Blume 1985) folgende Versagenszustände bzw. Brüche unterschieden werden, welche auch in ◘ Abb. 3.9 dargestellt sind:

— **Scherbruch**: Ein Scherbruch tritt bei kleinen Schubschlankheiten ($a/d \leq 1{,}5$) (Balken mit auflagernahen Einzellasten) auf. Hierbei bildet sich ein Querkraftriss zwischen der Lasteinleitung und dem Auflager aus. Der Balken versagt bei weiterer Laststeigerung entweder durch ein Absprengen der Druckzone oder einem Versagen der Verankerung der Bewehrung.

— **Schubdruckbruch**: Bei Schubschlankheiten $a/d \geq 1{,}5$ kann ein Schubdruckbruch erfolgen. Bei diesem Bruch verlängert sich im Regelfall ein Biegeriss bis in die Biegedruckzone. Wenn keine Querkraftbewehrung vorhanden ist, verdreht sich der Balken leicht, bis es entweder zu einem Versagen der Biegedruckzone oder zur Bildung eines Sekundärrisses in der Druckzone kommt. Bei Bauteilen mit Querkraftbewehrung kommt es, nachdem sich der Biegeriss bis in die Druckzone verlängert hat, zu einer Aktivierung der Querkraftbewehrung. Nach dem Fließen dieser kommt es wieder zu einer Verdrehung des Balkens und zu einem Versagen der Druckzone.

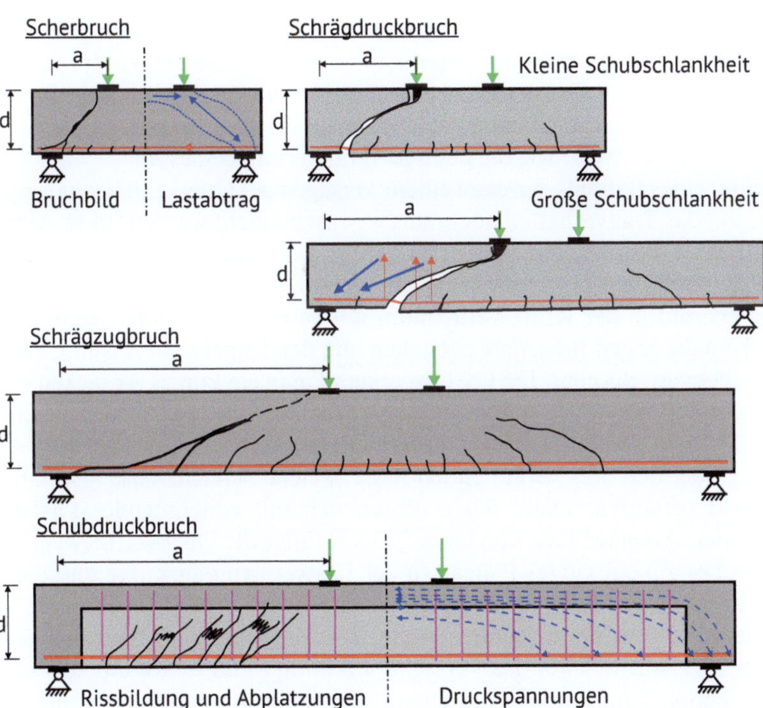

◘ **Abb. 3.9** Die verschiedenen Querkraftbrucharten auf Grundlage von. (Kordina und Blume 1985)

- **Schrägzugbruch**: Der Schrägzugbruch, welcher im Regelfall bei Schubschlankheit $a/d \geq 3{,}0$ auftritt, wird bei Bauteilen ohne Querkraftbewehrung durch das Versagen der Dübelwirkung der Längsbewehrung eingeleitet. Daraufhin bilden sich Sekundärrisse, wodurch die Rissverzahnung sich weiter in die Biegedruckzone verlagern muss. Diese Reduzierung der Druckzone führt dann zum Versagen. Bei einer schwachen Verbügelung wird die Ausbildung der Sekundärrisse verhindert, bis es zu einem Versagen der Bügel auf Zug kommt.
- **Schrägdruckbruch**: Der Schrägdruckbruch kann bei hohen Querkraftbewehrungsgraden unabhängig vom a/d-Verhältnis besonders bei dünnen Stegen entstehen. Das Versagen tritt ohne Fließen der Querkraftbewehrung durch die Überschreitung der Druckfestigkeit der geneigten Betonzähne ein, was durch Betonabplatzungen an den Stegoberflächen bemerkbar wird.

Neben diesen Versagensarten kann es bei Querkraftaufbiegungen der Längsbewehrung noch zu einem Aufspalten des Steges kommen, wie es zum Beispiel bei den Versuchen von (Bach und Graf 1911) aufgetreten ist, wenn nicht zusätzlich Bügel angeordnet sind, welche die Zugzone umschließen.

Des Weiteren kann es bei ungenügender Verankerung der Längs- und Querkraftbewehrung zu einem schlagartigen Verbundbruch gefolgt vom Bauteilversagen kommen. Bei Neubauten werden diese beiden Brucharten durch die Konstruktionsregeln in der DIN EN 1992-1-1 (09.2025) abgedeckt (vgl. auch ▶ Kap. 5). In ähnlicher Weise existieren jedoch schon frühere Konstruktionsregeln. Seit der Einführung der Bestimmungen des Deutschen Ausschusses für Eisenbeton DAfEb (1932) im Jahre 1932 wurde das Aufspalten des Steges bei Querkraftaufbiegungen durch zusätzliche Bügel ausgeschlossen. Seit der Einführung DIN 1045 (12.1978) wurde durch die Bewehrungsrichtlinien (vgl. (Rehm et al. 1979)) die Verankerung der Stäbe an den Auflagern in ähnlicher Weise wie die heutige Verankerung bemessen.

Anhand eines Bauteils, wo es zu einem Versagen der Querkraftbewehrung gekommen ist, soll das Tragverhalten nochmals veranschaulicht werden. In ◘ Abb. 3.10 ist die Kraft-Verformungskurve sowie das optisch gemessene Rissbild von einem Querkraftversuch mit Querkraftbewehrung dargestellt.

Man erkennt in der Kraft-Verformungskurve in ◘ Abb. 3.10 den ersten Knick, bei welchem die ersten Biegerisse entstehen und der Träger vom Zustand I in den Zustand II übergeht. Bei circa 125 kN Last erkennt man ein kurzes Absacken der Kurve. Dies ist der Zeitpunkt, wo sich die ersten Querkraftrisse ausgebildet haben und die inneren Betonstahlbügel aktiviert wurden. Diese Querkraftrisse, sind in ◘ Abb. 3.10 die schräg über den Steg verlaufenden Risse, welche bereichsweise fast parallel zum Bauteilrand verlaufen. Diese Risse öffnen sich mit zunehmender Laststeigerung immer weiter. Ab einer Last von circa 230 kN fängt die Querkraftbewehrung an zu fließen und es gib ein kurzes Plateau in der Lastverformungskurve und die Traglast ist erreicht. Danach reißen die Bügel sukzessive durch und es kommt zum Versagen des Bauteils. An dem Versuch erkennt man, dass ein Bauteil mit Querkraftbewehrung ein Rissbild erhält, welches das Versagen ankündigt und es kommt sogar zu einem leichten Fließplateau. Bauteile mit Querkraftbewehrung haben somit meist ein Ankündigungsverhalten und auch ein duktileres Verhalten als Bauteile ohne Querkraftbewehrung.

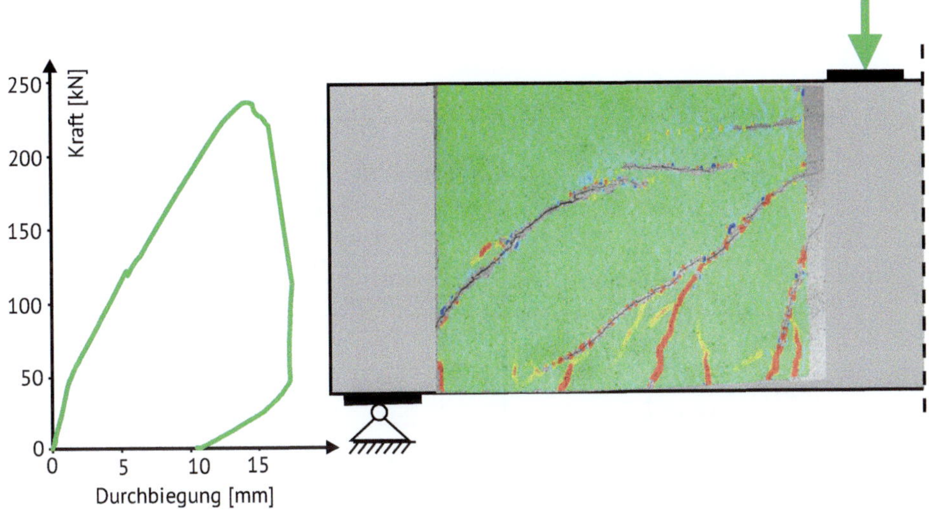

Abb. 3.10 Ergebnisse eines Querkraftversuches mit Querkraftbewehrung. (Versuch durchgeführt im Rahmen von (Zilch et al. 2012))

3.3.3 Tragmodell

3.3.3.1 Fachwerkanalogie

Für Bauteile mit konventioneller Querkraftbewehrung haben sich zur Beschreibung der Querkrafttragfähigkeit Spannungsfelder und Stabwerkmodelle, welche sich lediglich in Bezug auf die Idealisierung unterscheiden, durchgesetzt. In den Bemessungsnormen wurde dazu ein Fachwerkmodell nach und nach immer weiter erweitert und verbessert. Die ersten Überlegungen hierzu gehen auf (Mörsch 1908) zurück, welcher für die Querkraftabtragung ein diskretes Fachwerkmodell mit einer Druckstrebenneigung von 45° entwickelt hat, wie es in ▫ Abb. 3.11 dargestellt ist. In diesem Fachwerkmodell übernehmen die diagonalen Druckstreben und die vertikalen Zugstreben die vertikalen Einzellasten und somit die Querkraft. Aufgrund der Neigung der Druckstrebe ergibt sich eine horizontale Kraft in den Ober- und Untergurten.

Anhand der ▫ Abb. 3.11 erkennt man, dass die Gurtkräfte (Biegedruck und Biegezugkraft) aus dem Fachwerk leicht von den Kräften abweichen, welche anhand der Technischen Biegelehre bestimmt wurden. In ▫ Abb. 3.11 ist der Zugkraftverlauf immer leicht nach außen gezackt und es herrscht im Fachwerk im Mittel eine höhere Zugkraft, wobei der Maximalwert nicht überschritten wird. An dieser Stelle erkennt man gut, welchen Effekt die Querkraft auf die Gurtkraft hat. Dieser Effekt stellt im Wesentlichen die Interaktion zwischen Moment und Querkraft dar. Die Zugkraft erhält aufgrund der Querkraft somit bereichsweise einen Kraftzuwachs ΔF_s bzw. wird um das sogenannte Versatzmaß a_l nach außen versetzt.

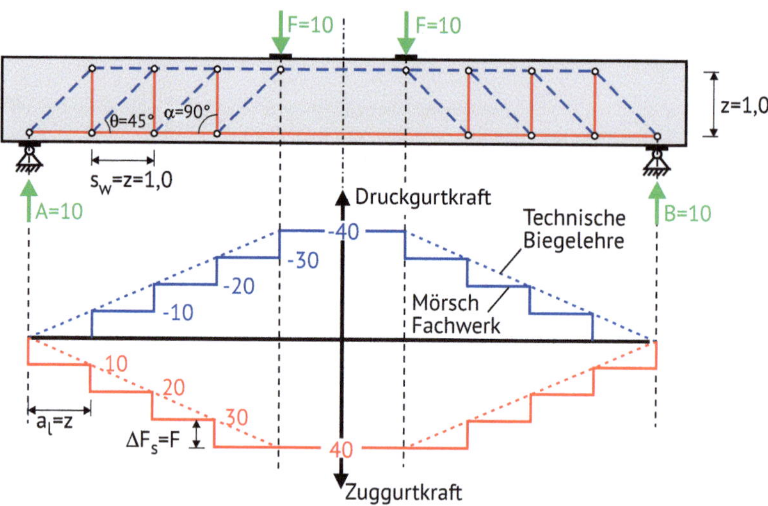

◘ Abb. 3.11   Fachwerkmodell für Querkraft nach. (Mörsch 1908)

Das in ◘ Abb. 3.11 dargestellte statisch bestimmte Fachwerk ist allerdings bezüglich des Tragmechanismus nicht zufriedenstellend, da auch Schubrisse entstehen können, die nicht die vertikalen Zugstreben kreuzen. Aus diesem Grund muss eine Verfeinerung erfolgen und mehre Bügel mit einem kleineren Abstand angeordnet werden. Würde man dann ein Fachwerk mit mehreren Bügeln erstellen, so würde ein hochgradig statisch unbestimmtes Netzfachwerk entstehen. Diese Netzfachwerke können gelöst werden in dem man diese in mehrere statisch bestimmte Fachwerk zerlegt und diesen immer einen Teil der Querkraft zuweist.

Diese Überlagerung, der vielen gegeneinander versetzter Fachwerke, führt zu einem Spannungsfeldmodell, welches in ◘ Abb. 3.12 dargestellt ist.

Bei dem Spannungsfeldmodell werden die Druck- und Zugstreben über die Längsrichtung zu Spannungsfeldern verschmiert.[3] Im Bereich der Krafteinleitungsbereiche entstehen fächerartige Spannungsfelder, welche die dortigen Spannungskonzentrationen abbilden. Zwischen diesen Bereichen bilden sich parallele Zug- und Druckspannungsfelder aus. Dadurch wird der abgetreppte Verlauf der Gurtkräfte aus ◘ Abb. 3.11 zu einem kontinuierlichen Verlauf in ◘ Abb. 3.12. Die Spannungsfelder werden in Abhängigkeit der Druckfeldneigung θ in Abschnitte der Länge c unterteilt. Verändert man nun die Druckfeldneigung θ bzw. den Druckstrebenwinkel θ verändert sich auch die Länge des Bereichs c. Bei einem flacheren Winkel wird der Bereich größer und es wirken somit mehr Bügel mit.

Wenn die Abschnitte der Spannungsfelder wieder zu ihrer Resultierenden aufsummiert werden, wird ersichtlich, dass die Darstellung in Form von Spannungsfeldern für diesen Bereich mit dem statisch bestimmten Gelenkfachwerk gleichwertig ist. Die Berechnung erfolgt deshalb nachfolgen an einem einfachen Gelenkfachwerk.

---

3   Dies bedeutet, dass die Strebenkräfte auf die Steg- bzw. Bauteilbreite und auf die Strebenbreite verteilt werden. Somit erhält man Spannungen.

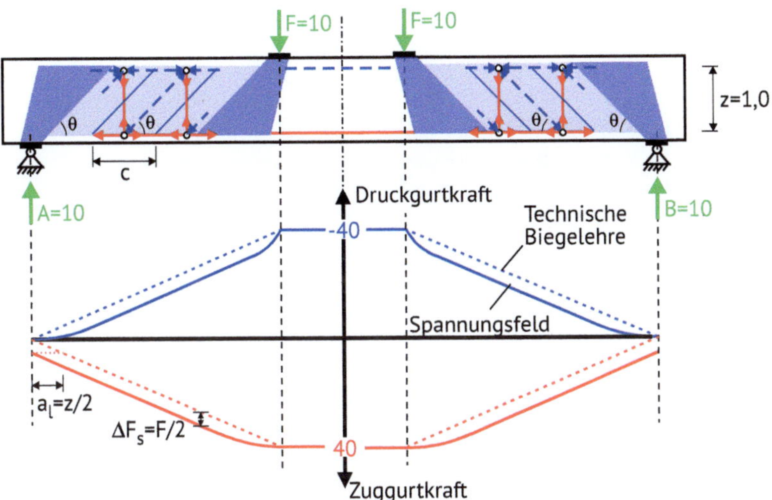

Abb. 3.12   Spannungsfeld zur Beschreibung des Querkraftabtrages

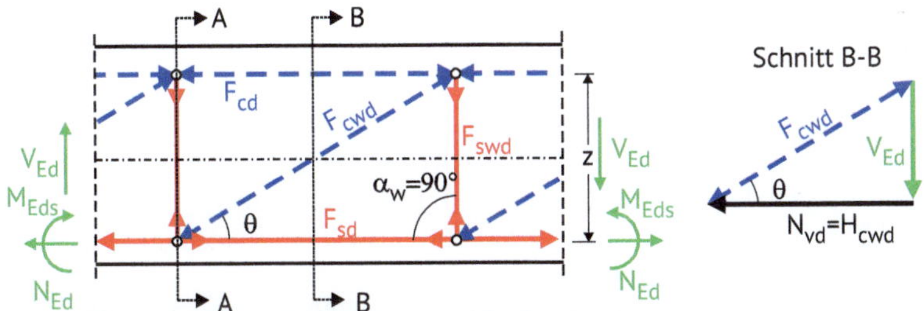

Abb. 3.13   Detailbetrachtung zur Ermittlung der Strebenkräfte

Auch in ■ Abb. 3.12 zeigt sich, dass die Zuggurtkräfte nach der technischen Biegetheorie durch die Abtragung der Querkraft über schräge Druckfelder ansteigen, während die Druckgurtkräfte abnehmen. Jedoch werden beim Spannungsfeld die Gurtkräfte realistischer beschrieben und es ergibt sich das Versatzmaß a_l bei dem Druckstrebenwinkel $\theta = 45°$ zu $a_l = z/2$.

3.3.3.2   Berechnung der Strebenkräfte

Mit den Überlegungen aus dem vorherigen Abschnitt können nun die Strebenkräfte ermittelt werden. Vereinfachend wir nachfolgend immer von lotrechter Querkraftbewehrung und somit von $\alpha_w = 90°$ ausgegangen. Die gleichen Überlegungen lassen sich jedoch auch mit geneigten Bügeln und somit mit geneigten Zugstreben durchführen.

Bertachtet man nun das Fachwerk an einem Zwischenelement mit 90°-Bügeln, wie es in ■ Abb. 3.13 dargestellt ist, so kann man über verschiedene Schnitte an dem Fachwerk die Kräfte bestimmen.

Über den Schnitt A-A in ■ Abb. 3.13 lässt sich die Zugkraft der vertikalen Zugstrebe F_{swd} bestimmen. Diese ergibt sich nun über die Summe der vertikalen Kräfte zu der einwirkenden Querkraft V_{Ed}.

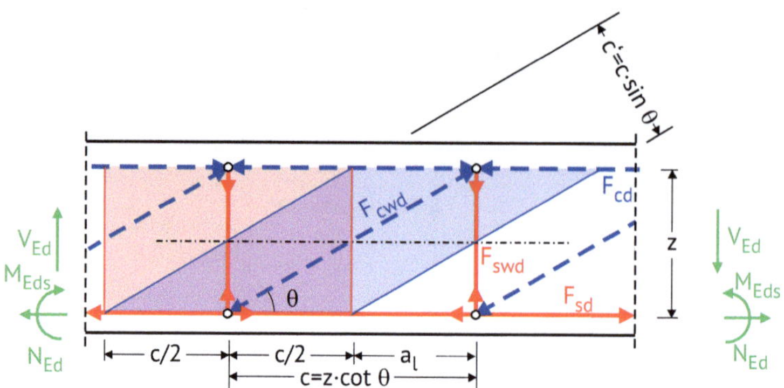

Abb. 3.14 Einführung des Spannungsfeldes in der Detailbetrachtung

$$\Sigma V = 0 : F_{swd} = V_{Ed} \tag{3.17}$$

Betrachtet man nun den zweiten Schnitt B-B so kann mithilfe der Summe der vertikalen Kräfte die Druckstrebenkraft F_{cwd} über die Querkraft V_{Ed} und den Druckstrebenwinkel θ berechnet werden:

$$\Sigma V = 0 : \left| F_{cwd} \right| \cdot \sin\theta = V_{Ed} \Rightarrow \left| F_{cwd} \right| = \frac{V_{Ed}}{\sin\theta} \tag{3.18}$$

Wenn wir nun wieder das Spannungsfeld mit der Länge $c = z \cdot \cot\theta$ gemäß **Abb. 3.12** einführen, ergibt sich die **Abb. 3.14**. Damit können nun die Spannungen in den Streben berechnet werden.

Die Spannung der Druckstrebe ergibt sich gemäß **Abb. 3.14** über die Druckstrebenkraft dividiert durch die Fläche der Druckstrebe, welche sich aus der Stegbreite und der Druckstrebenbreite c' bestimmen lässt. Die Spannung der Druckstrebe kann somit wie folgt berechnet werden:

$$\sigma_{cwd} = \frac{F_{cwd}}{b_w \cdot c'} = \frac{V_{Ed}}{b_w \cdot \sin\theta \cdot c \cdot \sin\theta} = \frac{V_{Ed}}{b_w \cdot z \cdot \sin^2\theta \cdot \left(\cot\theta\right)} \tag{3.19}$$

Bei der Zugspannung erfolgt dies auf ähnlich Weise. Um die Spannung aus der Zugstrebe zu erhalten, wird die Kraft in der Zugstrebe durch den Bewehrungsquerschnitt und durch die Breite des Spannungsfeldes geteilt.

$$\sigma_{swd} = \frac{F_{swd}}{a_{sw} \cdot c} = \frac{V_{Ed}}{a_{sw} \cdot z \cdot \cot\theta} \tag{3.20}$$

Mit den Gl. (3.19) und (3.20) hat man nun die Spannungen in den beiden Streben in Abhängigkeit der einwirkenden Querkraft. Bei einer ideal wirtschaftlichen Bemessung soll die Einwirkung genau dem Widerstand entsprechen. Der maximale Widerstand der Druckstrebe ist erreicht, wenn die Druckspannung die Betondruckstrebenfestigkeit $\sigma_{cd,max} = \nu \cdot f_{cd}$ erreicht. Stellt man nun die Gl. (3.19) nach der einwirkenden

Querkraft um und definiert, dass die einwirkenden Querkraft gleich groß wie der Widerstand ist, so erhält man mit $\sigma_{cwd} = \sigma_{cd,max}$ eine Gleichung für die Druckstrebentragfähigkeit:

$$V_{Ed} = V_{Rd,max} = \sigma_{cd,max} \cdot b_w \cdot z \cdot \sin^2 \theta \cdot (\cot \theta) = \frac{v \cdot f_{cd} \cdot b_w \cdot z}{(\cot \theta + \tan \theta)} \tag{3.21}$$

Mit einer weiteren Umformung auf die Schubspannungen erhält man folgende Gl. (3.22).

$$\tau_{Ed} = \frac{V_{Ed}}{b_w \cdot z} = \frac{v \cdot f_{cd}}{(\cot \theta + \tan \theta)} \tag{3.22}$$

Durch die Umstellung auf die Betondruckspannung der Druckstrebe erhält man die Nachweisgleichung (3.23) nach der DIN EN 1992-1-1 (09.2025) 8.2.3 (5):

$$\sigma_{cd} = \tau_{Ed} \cdot (\cot \theta + \tan \theta) \leq v \cdot f_{cd} \tag{3.23}$$

Bei der Zugstrebe kann analog vorgegangen werden und unter der Annahme, dass die maximale Spannung der Zugstrebe gleich der Fließgrenze der Bewehrung entspricht ($\sigma_{swd} = f_{ywd}$), ergibt sich die Gleichung für die Zugstrebentragfähigkeit, mit welcher bei einer Bemessung die Menge der Bügelbewehrung bestimmt werden kann:

$$V_{Ed} = V_{Rd,sy} = f_{ywd} \cdot a_{sw} \cdot z \cdot \cot \theta = f_{ywd} \cdot \frac{A_{sw}}{s_w} \cdot z \cdot \cot \theta \tag{3.24}$$

Mit einer Umformung auf die Schubspannung erhält man die nachfolgende Gl. (3.25).

$$\tau_{Ed} = \frac{V_{Ed}}{b_w \cdot z} = \tau_{Rd,sy} = f_{ywd} \cdot \frac{A_{sw}}{b_w \cdot s_w} \cdot \cot \theta \tag{3.25}$$

Mit der Einführung des Querkraftbewehrungsgrades von $\rho_w = A_{sw}/(b_w \cdot s_w)$ ergibt sich die Nachweisgleichung nach (3.26) der DIN EN 1992-1-1 (09.2025) 8.2.3 (5) zu:

$$\tau_{Rd,sy} = \rho_w \cdot f_{ywd} \cdot \cot \theta \tag{3.26}$$

Gemäß ◘ Abb. 3.13 erzeugt die geneigte Druckstrebe eine in Bauteillängsrichtung wirkende Kraft:

$$H_{wd} = H_{cwd} = |F_{cwd}| \cdot \cos \theta = V_{Ed} \cdot \cot \theta \tag{3.27}$$

Da der Angriffspunkt der Horizontalkraft in der Mitte der Schubzone liegt, welche im Abstand z/2 von den Gurten entfernt ist, muss H_{wd} jeweils zur Hälfte durch entgegengesetzt orientierte Horizontalkräfte in Druck und Zuggurt aufgenommen werden. Die Zuggurtkraft F_{sd} wird damit gesteigert, die Druckgurtkraft F_{cd} verkleinert:

$$F_{sd} = \left(\frac{M_{Eds}}{z} + N_{Ed} \right) + \frac{V_{Ed}}{2} \cdot \left(\cot \theta \right) \tag{3.28}$$

$$F_{cd} = -\frac{M_{Eds}}{z} + \frac{V_{Ed}}{2} \cdot \left(\cot \theta \right) \tag{3.29}$$

Aus den Gl. (3.28) und (3.29) ist ersichtlich, dass die Zugkraft der Biegezugbewehrung und die Kraft in der Druckzone stets aus der kombinierten Beanspruchung aus Moment, Normalkraft und Querkraft bestimmt werden. Der Einfluss der Querkraft auf das Ergebnis der Biegebemessung kann auch über das Versatzmaß a_l berücksichtigt werden (vgl. auch ▶ Abschn. 5.2).

3.3.3.3 Festigkeit und Breite der Druckstrebe

Beim Nachweis der Betondruckstrebe ist die Besonderheiten zu beachten, dass diese möglicherweise über ein bereits mit Querkraftrissen versehenes Bauteil verläuft. Aus diesem Grund darf hier nicht immer die volle einachsige Betondruckfestigkeit verwendet werden. Die Abminderung der Betondruckfestigkeit aufgrund der Risse im Stahlbetonbau erfolgt über den Faktor ν. Dieser Faktor ist abhängig von der Neigung der Risse zur Druckstrebe wie dies ◨ Abb. 3.15 zeigt.

Beim vereinfachten Nachweis nach DIN EN 1992-1-1 (09.2025) 8.2.3 (4) geht man auf der sicheren Seite von einem beliebigen ungünstigen Rissbild aus und es wird $\nu = 0{,}5$ gewählt. Dies hat den Vorteil einer beliebigen Wahl des Druckstrebenneigungswinkels, da die Druckstrebe nicht parallel zu den Rissen verlaufen muss. Bestimmte obere und unter Grenzwerte des Druckstrebenneigungswinkels sind jedoch auch hier einzuhalten, wie ▶ Abschn. 3.3.3.4 erläutert.

Beim genaueren Nachweis nach DIN EN 1992-1-1 (09.2025) 8.2.3 (7) wird die Abminderung der Druckstrebenfestigkeit mit der Bauteillängsdehnung und dem Druckstrebenneigungswinkel über die Gl. (3.30) verknüpft.

$$\nu = \frac{1}{1{,}0 + 110 \cdot \left(\varepsilon_x + \left(\varepsilon_x + 0{,}001 \right) \cdot \cot^2 \theta \right)} \le 1{,}0 \tag{3.30}$$

Die schräge Druckstrebe verbindet den Zug- und Druckgurt miteinander. Für den Nachweis ist die größte Spannung in der Druckstrebe maßgebend und es muss daher im Nachweis die kleinste Breite b_w lotrecht zur Verbindungslinie zwischen den Angriffspunkten der Druck- und Zugspannungsresultierenden des betrachteten Quer-

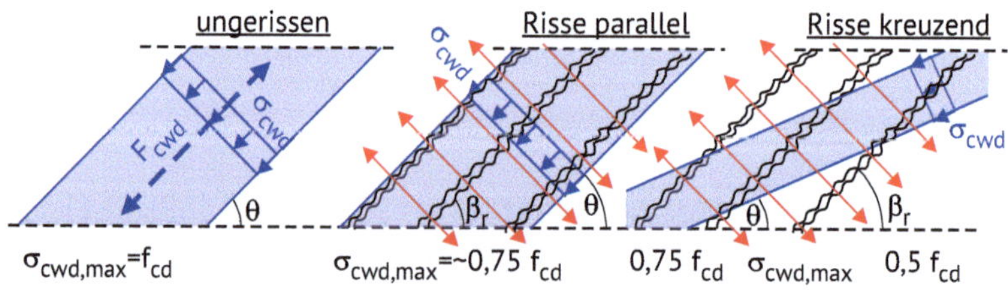

◨ **Abb. 3.15** Bemessungswerte der effektiven Betondruckfestigkeit der Druckstreben beim Querkraftnachweis

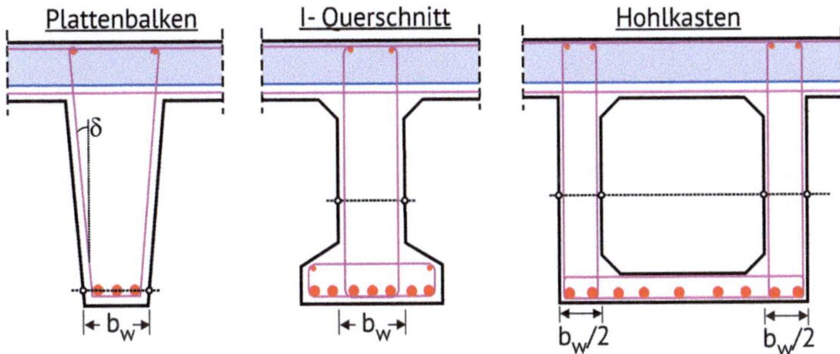

◨ Abb. 3.16   Anrechenbare Stegbreite beim Querkraftnachweis

schnitts verwendet werden. Dies ist in ◨ Abb. 3.16 für verschiedene Querschnitt dargestellt. Falls Leitungen oder in Hüllrohren verlegte Spannglieder im Steg vorhanden sind, müssen diese von der Stegbreite b_w abgezogen werden.

> **Praxistipp**
>
> Bei der Querkraftbemessung von Kreisquerschnitten, welche z. B. bei lateral belasteten Pfählen oft vorkommen, sind bezüglich der anrechenbaren Stegbreite und der Hebelarme einige Besonderheiten zu beachten. Ein gutes praktikables Bemessungskonzept wird in (Mark et al. 2008) vorgestellt. Dieses muss jedoch mit den Regeln nach DIN EN 1992-1-1 (09.2025) 8.2.3 (9) abgeglichen werden.

3.3.3.4 Wahl des Druckstebenwinkels

Die Bemessung bzw. die Kräfte im Fachwerk sind maßgeblich von der Neigung der Druckstreben abhängig. Das Fachwerk von (Mörsch 1908) basiert auf einem Druckstrebenwinkel zu $\theta = 45°$ bzw. $\cot\theta = 1{,}0$. Bei Versuchen hat man jedoch festgesellt, dass der Ansatz von einem 45° Winkel in vielen Fällen bei der Bemessung der Bügel stark auf der sicheren Seite liegt. In Deutschland hat man dies in den Bemessungsnormen von 1972 und 1988 damit kompensiert, dass bei geringer bis mittlerer Ausnutzung der schrägen Betondruckstrebe nur ein bestimmter Teil der Querkraft über die Bügel übertragen werden muss.

Mit dem Beginn des europäischen Harmonisierungsprozesses der Baunormen hat man das Konzept eines starren Druckstrebenwinkels verworfen und sich in Anlehnung an den statischen Grenzwertsatz der Plastizitätstheorie[4] zu einer weitgehenden freien Wahl des Winkels entschlossen. So wird bei einem steilen Winkel die Zugstrebe und bei einem flachen Winkel die Druckstrebe höher ausgelastet. Da im Stahlbetonbau die Plastizität jedoch gewisse Grenzen hat, werden obere und untere Grenzwerte bezüglich der Wahl des Druckstrebenwinkels definiert.

---

4   Erläuterung siehe z. B. Finckh (2025).

Beim vereinfachten Nachweis der DIN EN 1992-1-1 (09.2025) 8.2.3 (4) wird vorgeschlagen den Druckstrebenwinkel zwischen $45° \geq \theta \geq 22{,}5°$ bzw. $1{,}0 \leq \cot\theta \leq 2{,}5$ frei zu wählen. Bei Bügeln mit geringer Duktilität und bei Bauteilen mit Normalkraft gibt es noch einige Sonderregelungen.

Beim genaueren Nachweis nach DIN EN 1992-1-1 (09.2025) 8.2.3 (7) wird die Abminderung der Druckstrebenfestigkeit mit der Bauteillängsdehnung ε_x und dem Druckstrebenneigungswinkel über die Gl. (3.30) verknüpft. Die Bauteillängsdehnung ε_x stellt hierbei die mittlere Dehnung im Biegegurt unter Zug- und Druckbeanspruchung in Bauteillängsrichtung dar. Diese entsteht aufgrund von Vorspannung, Normalkraft und dem Gurtkraftzuwachs aus dem Fachwerkmodell

In ◘ Abb. 3.17 sind die im Vorherigen erläuterten Ansätze den alten Normenansätzen gegenübergestellt. Auf der horizontalen Achse ist die einwirkenden Schubspannung antragen, welche sich aus der einwirkenden Querkraft ergibt. Auf der vertikalen Achse ist die Spannung angetragen, welcher über die Zugstrebe und somit über die Bügelbewehrung aufgenommen werden muss.

Man erkennt, dass der vereinfachte Nachweis nach DIN EN 1992-1-1 (09.2025) 8.2.3 (4) gerade bei Bauteilen mit geringer Schubspannung, wie diese häufig im Hochbau vorkommen, noch zufriedenstellende Ergebnisse liefert. Bei hohen Schubspannungen, wie sie z. B. bei Hohlkastenbrücken vorkommen ist es jedoch ratsam den genaueren Nachweis nach DIN EN 1992-1-1 (09.2025) 8.2.3 (7) zu verwenden. Man muss jedoch erwähnen, dass die im Diagramm angenommene Bauteillängs-

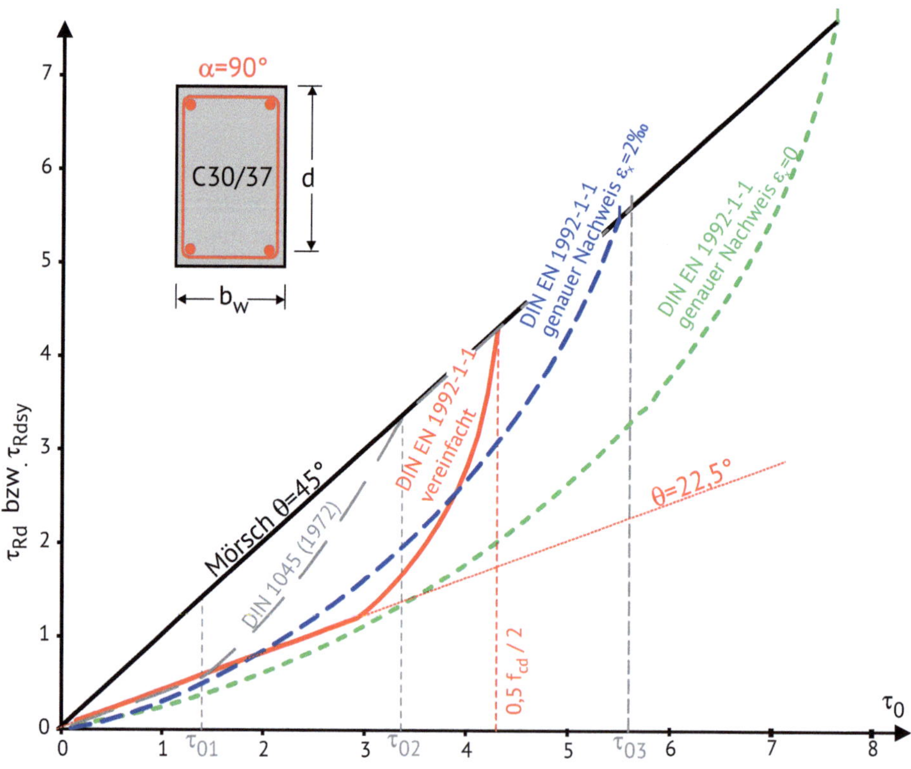

◘ **Abb. 3.17** Vergleich der verschiedenen Ansätze für die Druckstrebenneigung

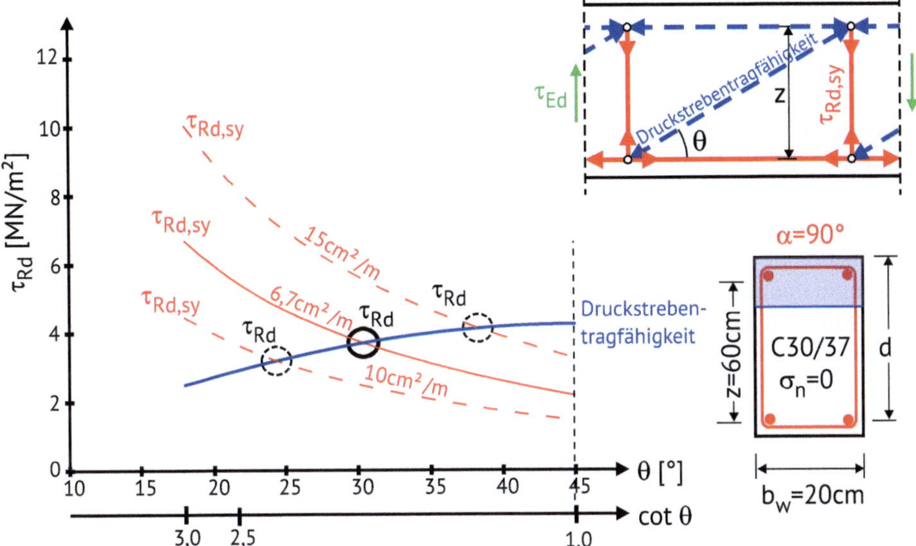

■ **Abb. 3.18** Zug- und Druckstrebentragfähigkeit in Abhängigkeit des Druckstrebenwinkels

dehnung ε_x von $\varepsilon_x = 0$ den günstigsten Fall darstellt, welcher im Regelfall nicht erreichbar ist. Deutlich wahrscheinlicher bei Stahlbeton ist eine Dehnung von $\varepsilon_x = 2‰$, welche ebenfalls eingezeichnet ist.

Wie im Vorherigen bereits erläutert erfolgt der Querkraftnachweis bei Bauteilen mit Querkraftbewehrung über die Zug- und Druckstrebentragfähigkeit. Sowohl die Zug- wie auch die Druckstrebentragfähigkeit muss kleiner als die einwirkende Querkraft sein. Die Gleichungen für diese Tragfähigkeiten hängen beide vom Druckstrebenwinkel ab, welcher in gewissen Grenzen frei wählbar ist. Je flacher dieser Winkel ist, desto größer ist die Zugstrebentragfähigkeit und desto kleiner ist die Druckstrebentragfähigkeit. Dieser Zusammenhang ist in ■ Abb. 3.18 für ein Bauteil ohne Normalkraft verdeutlicht. Hier ergibt sich die Tragfähigkeit des Querschnitts aus dem Schnittpunkt der Zug- und Druckstrebentragfähigkeit.

Der in ■ Abb. 3.18 markierte Druckstrebenwinkel, bei welchem ein gleichzeitiges Fließen der Querkraftbewehrung und Versagen des Druckfelds erfolgt, lässt sich auch direkt berechnen:

$$\cot\theta = \sqrt{\frac{\nu \cdot f_{cd}}{\rho_w \cdot f_{ywd}} - 1} \tag{3.31}$$

Hierfür muss allerdings schon der Querkraftbewehrungsgrad ρ_w bekannt sein. Dieser ergibt sich aber erst aus der Bemessung.

3.3.3.5 Besonderheit bei schiefer Querkraft

Das im Vorherigen vorgestellte Nachweiskonzept zur Querkraftbemessung basiert auf einem ebenen Fachwerk, bei welchem die Querkräfte nur parallel zu einer Hauptachse wirken. In einigen Fällen tritt jedoch auch eine Biegung um zwei Achsen (vgl. auch ▶ Abschn. 2.7) und damit auch eine zweiachsige Querkraftbeanspruchung auf.

Der resultierende Querkraftvektor liegt auf einer Wirkungslinie, die nicht mehr parallel zu einer der beiden Querschnittshauptachsen verläuft.

Wegen des nichtlinearen Verhaltens des Stahlbetons führt eine getrennte Querkraftbemessung für die Komponenten $V_{Ed,y}$ und $V_{Ed,z}$ mit anschließender Überlagerung nicht immer zu einer sicheren Bemessung. Vielmehr wird sich bei schiefer Biegung anstelle des ebenen ein räumliches Fachwerk mit schiefen Druckstreben einstellen. Ein Bemessungskonzepte hierfür wird in (Mark et al. 2008) vorgestellt. Das Konzept basiert noch auf den Querkräften der ersten Eurocode Generation. Da sich aber bei der Umstellung auf Schubspannungen nur um eine Umformulierung handelt kann das Bemessungskonzept von (Mark et al. 2008) auch weiter verwendet werden. Für das Konzept muss zunächst die Größe der resultierenden einwirkenden Querkraft bestimmt werden:

$$V_{Ed} = \sqrt{V_{Edy}^2 + V_{Edz}^2} \tag{3.32}$$

Nachfolgend muss die Neigung α_V der Querkraft in Bezug auf Ecken des Querschnitts ermittelt werden:

$$\alpha_V = \left| \frac{V_{Edy}}{V_{Edz}} \right| \cdot \frac{h}{b} \tag{3.33}$$

Mit dieser Neigung α_V werden dann die Abminderungsfaktoren für Zug-(a_t) und Druckstrebentragfähigkeit (a_c) ermittelt:

$$\frac{1}{2} < \frac{1}{a_t} = \frac{1}{1 + \left(\dfrac{2}{\sqrt{(b/h)^2 + 1}} - 1 \right) \cdot \sqrt{\alpha_V}} \leq 1,0 \tag{3.34}$$

$$0,6 < \frac{1}{a_c} = \frac{1}{1 + \dfrac{2}{3} \cdot \sqrt{\alpha_V}} \leq 1,0 \tag{3.35}$$

Der Nachweis der Querkraft erfolgt dann analog zu der einachsigen Bemessung über die Zug- und Druckstrebentragfähigkeit unter Berücksichtigung dieser Abminderungsfaktoren und dem Druckstrebenwinkel des vereinfachten Ansatzes der DIN EN 1992-1-1 (09.2025) 8.2.3 (4).

$$V_{Rd,max} = \frac{1}{a_c} \cdot \frac{f_{cd} \cdot \nu \cdot b \cdot z}{(\cot\theta + \tan\theta)} \geq V_{Ed} \tag{3.36}$$

$$V_{Rd,sy} = \frac{1}{a_t} \cdot f_{ywd} \cdot \frac{A_{sw}}{s} \cdot z \cdot \cot\theta \geq V_{Ed} \tag{3.37}$$

Hierbei ist darauf zu achten, dass der Hebelarm der inneren Kräfte aus der Bemessung der schiefen Biegung entnommen wird.

3.3.4 **Bemessungsansatz**

3.3.4.1 **Ermittlung der Einwirkung**

Bei direkter Lagerung (vgl. ▶ Abschn. 2.2.2.3) bildet sich wie in ◘ Abb. 3.19 dargestellt ein konzentriertes fächerförmiges Druckspannungsfeld am Auflager aus. Die im Bereich dieses Druckspannungsfeldes angreifenden Gleichstreckenlasten werden direkt in das Auflager eingeleitet und brauchen daher sowohl bei dem Nachweis der Querkrafttragfähigkeit für Bauteile ohne Querkraftbewehrung wie auch bei der Bemessung der Querkraftbewehrung nicht berücksichtigt werden.

Allerdings führen die Lasten im Bereich dieses Druckspannungsfeldes zu einer weiteren Belastung der Druckstrebe und müssen deshalb bei dem Nachweis der Druckstrebentragfähigkeit berücksichtigt werden.

> **Wissensbox**
>
> Bezüglich der maßgebenden einwirkenden Querkraft für den Querkraftnachweises gilt gemäß DIN EN 1992-1-1/NA1 (E) (08.2025) 8.2.3 (2) NCCI:
> - Bei direkter und indirekter Auflagerung und gleichmäßig verteilter Belastung darf die Bemessungsquerkraft für die Ermittlung der Querkraftbewehrung im Abstand d vom Auflagerrand nachgewiesen werden. Die erforderliche Querkraftbewehrung ist jedoch bis zum Auflager weiterzuführen.
> - Der Nachweis der Druckstrebe ($\tau_{Rd,max}$) muss unmittelbar am Auflagerrand geführt werden

An den jeweiligen Nachweisstellen werden die Schubspannungen nach ▶ Abschn. 3.1.2 bestimmt. Allerdings setzt gemäß DIN EN 1992-1-1/NA1 (E) (08.2025) 8.2.3 (3) NCCI die dortige Annahme von $z = 0{,}9 \cdot d$ voraus, dass die Querkraftbewehrung in der Druckzone verankert ist. Von einer ausreichenden Verankerung darf ausgegangen werden, wenn für z kein größerer Wert als nach Gl. (3.38) angesetzt wird.

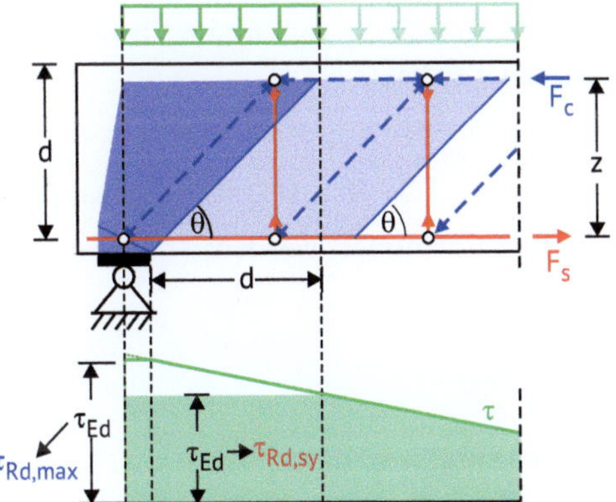

◘ **Abb. 3.19** Bemessungsschnitt für Gleichstreckenlast bei direkter Lagerung in Anlehnung an. (Reineck 2005)

$$z = \min \begin{cases} \max\left\{ d - c_{v,l} - 30mm; d - 2 \cdot c_{v,l} \right\} \\ 0{,}9 \cdot d \end{cases} \qquad (3.38)$$

Dabei ist $c_{v,\,l}$ das Verlegemaß der Längsbewehrung in der Betondruckzone (siehe auch ▶ Abschn. 4.2).

Für Platten und linienförmige Bauteile darf auf die zusätzliche Begrenzung von z nach Gl. (3.38) verzichtet werden, wenn die Randbedingungen nach ▶ Abschn. 5.5.2 eingehalten sind.

3.3.4.2 Vereinfachter Nachweis

Die Querkraftbemessung biegebewehrter Bauteile mit Querkraftbewehrung erfolgt auf der Grundlage eines Fachwerkmodells mit variabler Druckstrebenneigung. Die Neigung der Druckstreben darf gemäß DIN EN 1992-1-1 (09.2025) 8.2.3 (4) innerhalb der folgenden Grenzen für Normalbeton gewählt werden:

$$1{,}0 \leq \cot\theta \leq \cot\theta_{\min} \qquad (3.39)$$

Dabei sollte $\cot\theta_{\min}$ für Querkraftbewehrung der Duktilitätsklasse B oder C wie folgt beschränkt werden:

- $\cot\theta_{\min} = 2{,}5$ bei Stahlbetonbauteilen ohne Normalkraft
- $\cot\theta_{\min} = 3{,}0$ bei Bauteilen, die durch eine erhebliche Normaldruckkraft beansprucht werden (mittlere Normaldruckspannung $|N_{Ed}/A_c| \geq 3 \, N/mm^2$ und die bezogene Druckzonenhöhe ist kleiner als $\xi = 0{,}25$.
- $\cot\theta_{\min} = 2{,}5 - 0{,}1 \cdot N_{Ed}/|V_{Ed}| \geq 1{,}0\,0$ bei Bauteilen unter Normalzugkraft

🛈 Bei Querkraftbewehrung der Duktilitätsklasse A muss $\cot\theta_{\min}$ um 20 % reduziert werden. Ggf. wird diese Einschränkung im Weißdruck des Deutschen NA aufgehoben.

Ist rechnerisch Querkraftbewehrung erforderlich, ist die Zug- und die Druckstrebe nachzuweisen. Hierbei wird über den Nachweis der Zugstrebe meist die erforderlichen Querkraftbewehrung A_{sw} ermittelt.

Für den häufigsten Fall, nämlich Bauteile aus Normalbeton mit lotrechter Querkraftbewehrung ($\alpha = 90°$), kann die Spannung im Druckfeld in allen Querschnitten mit Gl. (3.40) nachgewiesen werden:

$$\sigma_{cd} = \tau_{Ed} \cdot \left(\cot\theta + \tan\theta \right) \leq v \cdot f_{cd} \qquad (3.40)$$

Alternativ kann dies auch umformuliert werden:

$$\tau_{Ed} \leq \tau_{Rd,max} = \frac{v \cdot f_{cd}}{\tan\theta + \cot\theta} \qquad (3.41)$$

Der Nachweis der Zugstrebe ergibt sich zu:

$$\tau_{Ed} \leq \tau_{Rd,sy} = \rho_w \cdot f_{ywd} \cdot \cot\theta \qquad (3.42)$$

Dabei ist der Querkraftbewehrungsgrad ρ_w definiert als:

$$\rho_w = \frac{A_{sw}}{b_w \cdot s_w} \tag{3.43}$$

Nach einer Umformulierung kann der Querkraftbewehrungsgrad direkt ermittelt werden:

$$\rho_w = \frac{A_{sw}}{b_w \cdot s_w} = \frac{\tau_{Ed}}{f_{ywd} \cdot \cot\theta} \tag{3.44}$$

Beim vereinfachten Nachweis gilt:
- Wahl des Druckstrebenwinkel in den Grenzen der Gl. (3.39).
- Faktor $\nu = 0{,}5$

❶ Die Wahl des Druckstrebenwinkels kann über die Länge des Bauteils variieren. Er muss jedoch im jeweiligen Nachweisschnitt für den Nachweis der Zug- und der Druckstrebe derselbe sein!

3.3.4.3 Genauer Nachweis

Beim genaueren Nachweis nach DIN EN 1992-1-1 (09.2025) 8.2.3 (7) werden die Gl. (3.40), (3.41), (3.42), (3.43) und (3.44) ebenfalls verwendet. Allerdings gibt es für den Winkel $\cot\theta_{min}$ keine Einschränkungen mehr und der Faktor ν der Druckstrebenfestigkeit wird in Abhängigkeit des gewählten Druckstrebenwinkels $\cot\theta$ und der Längsdehnung ε_x wie folgt bestimmt:

$$\nu = \frac{1}{1{,}0 + 110 \cdot \left(\varepsilon_x + \left(\varepsilon_x + 0{,}001\right) \cdot \cot^2\theta\right)} \leq 1{,}0 \tag{3.45}$$

Die Längsdehnung ε_x stellt die mittlere Dehnung der unteren und oberen Gurte dar. Diese soll an jedem Bemessungsquerschnitt ermittelt werden. Allerdings muss der Bemessungsquerschnitt mindestens $0{,}5 \cdot z \cdot \cot\theta$ vom Auflagerrand oder einer konzentrierten Last entfernt sein. Die Dehnungen dürfen vereinfacht mit den Gl. (3.46), (3.47), (3.48) und (3.49) berechnet werden.

$$\varepsilon_x = \frac{\varepsilon_{xt} + \varepsilon_{xc}}{2} \geq 0 \tag{3.46}$$

$$\varepsilon_{xt} = \frac{F_{td}}{A_{st} \cdot E_s} \tag{3.47}$$

$$\varepsilon_{xc} = \frac{-F_{cd}}{A_{cc} \cdot E_c} \quad \text{für druckbeanspruchte Biegedruckgurte} \tag{3.48}$$

$$\varepsilon_{xc} = \frac{|F_{cd}|}{A_{sc} \cdot E_s} \text{ für zugbeanspruchte Biegedruckgurte} \tag{3.49}$$

Dabei ist:

F_{td} – Kraft im Biegezuggurt nach Gl. (3.50)

F_{cd} – Kraft im Biegedruckgurt nach Gl. (3.51). Positive Werte von F_{cd} beziehen sich auf den Druck im Druckgurt

A_{st} – Flächen der Längsbewehrung im Biegezuggurt

A_{cc} – Fläche des Biegedruckgurts

A_{sc} – Flächen der Längsbewehrung im Biegedruckgurt

Die Kräfte in den Gurten können wie folgt berechnet werden:

$$F_{td} = \frac{M_{Ed}}{z} + \frac{N_{Vd} + N_{Ed}}{2} \tag{3.50}$$

$$F_{cd} = \frac{M_{Ed}}{z} - \frac{N_{Vd} + N_{Ed}}{2} \tag{3.51}$$

$$N_{Vd} = |V_{Ed}| \cdot \cot\theta \tag{3.52}$$

Im Fall direkter Auflagerung über einem Zwischenauflager eines Durchlaufträgers oder im Bereich konzentrierter Lasten darf F_{td} begrenzt werden auf:

$$F_{td} = \frac{M_{Ed,max}}{z} + \frac{N_{Ed}}{2} \tag{3.53}$$

Dabei ist $M_{Ed,max}$ das maximale Moment entlang des Bauteils.

Die Vereinfachung $z = 0{,}9 \cdot d$ für den inneren Hebelarm in der Querkraftbemessung darf auch bei der Ermittlung der Dehnung verwendet werden. Diese sollte aber nicht in Bereichen mit hohem Druck für den Nachweis des Biegedruckgurtes verwendet werden (z. B. wenn der innere Hebelarm z erheblich kleiner ist als $0{,}9 \cdot d$).

3.3.4.4 Bauteilen mit geneigter Querkraftbewehrung

Bei Bauteilen mit geneigter Querkraftbewehrung ($45° \le \alpha_w < 90°$) und bei positivem Neigungswinkel der Querkraftbewehrung α_w nach ◨ Abb. 3.20 müssen die Gleichungen aus ▶ Abschn. 3.3.4.2 angepasst werden. Winkel $\alpha_w > 90°$ sollten vermieden werden.

Der Druckstrebenwinkel darf beim vereinfachten Nachweis wie folgt gewählt werden:

$$\tan\frac{\alpha_w}{2} \le \cot\theta \le \cot\theta_{\min} \tag{3.54}$$

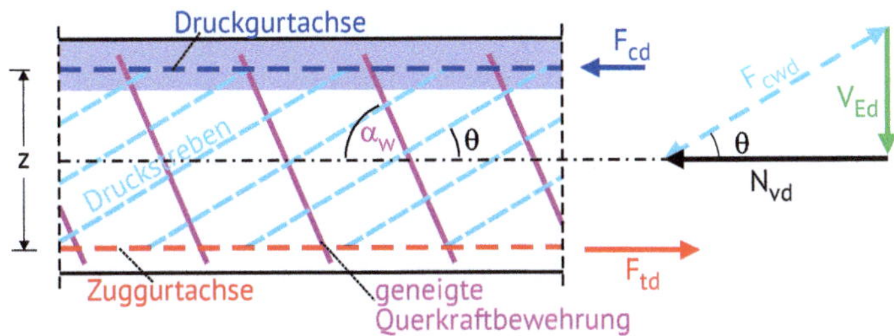

Abb. 3.20 Fachwerkmodell und Bezeichnungen für Bauteile mit geneigter Querkraftbewehrung

Hierbei ist $\cot\theta_{min}$ nach ▶ Abschn. 3.3.4.2 zu wählen. Die Spannung im Druckfeld ist in allen Querschnitten wie folgt nachzuweisen:

$$\sigma_{cd} = \tau_{Ed} \cdot \frac{1+\cot^2\theta}{\cot\theta + \cot\alpha_w} \leq v \cdot f_{cd} \tag{3.55}$$

Alternativ kann dies auch wie folgt umformuliert werden:

$$\tau_{Ed} \leq \tau_{Rd,max} = \frac{v \cdot f_{cd} \cdot (\cot\theta + \cot\alpha_w)}{1+\cot^2\theta} \tag{3.56}$$

Der Nachweis der Zugstrebe ergibt sich zu:

$$\tau_{Ed} \leq \tau_{Rd,sy} = \rho_w \cdot f_{ywd} \cdot (\cot\theta + \cot\alpha_w) \cdot \sin\alpha_w \tag{3.57}$$

Alternativ kann dies auch umformuliert werden und der Querkraftbewehrungsgrad direkt ermittelt werden:

$$\rho_w = \frac{A_{sw}}{b_w \cdot s_w} = \frac{\tau_{Ed}}{f_{ywd} \cdot (\cot\theta + \cot\alpha_w) \cdot \sin\alpha_w} \tag{3.58}$$

Falls der genaue Nachweis nach ▶ Abschn. 3.3.4.3 erfolgt, ist die Normalkraft aus der Querkraft wie folgt zu verwenden:

$$N_{Vd} = |V_{Ed}| \cdot (\cot\theta - \cot\alpha) \tag{3.59}$$

Gemäß Gl. (3.41) ergeben sich für geneigte Querkraftbewehrungen höhere Druckstrebentragfähigkeiten als für lotrechte Bewehrungen. Werden Querkraftbewehrungen mit unterschiedlichen Winkeln α zur Schwerachse verwendet, darf $\tau_{Rd,max}$ je Bewehrungsneigung anteilig ausgenutzt werden. Nach der Aufteilung der einwirkenden Schubspannung τ_{Ed} auf die beiden Querkraftbewehrungen mit den Winkeln α_1 und α_2 muss folgende Interaktionsgleichung eingehalten werden:

$$\left(\frac{\tau_{Ed,\alpha 1}}{\tau_{Rd,max,\alpha 1}}\right) + \left(\frac{\tau_{Ed,\alpha 2}}{\tau_{Rd,max,\alpha 2}}\right) \leq 1,0 \tag{3.60}$$

3.3.4.5 Momentenquerkraftinteraktion

Die zusätzliche Zugkraft ΔF_{td} in der Längsbewehrung infolge der Querkraft V_{Ed} darf wie folgt bestimmt werden:

$$\Delta F_{td} = 0{,}5 \cdot V_{Ed} \cdot \left(\cot\theta - \cot\alpha\right) \tag{3.61}$$

Die Zugkraft $M_{Ed}/z + \Delta F_{td}$ braucht jedoch nicht größer als $M_{Ed,\,max}/z$ angesetzt zu werden. Hierbei ist $M_{Ed,\,max}$ das maximale Moment in Bauteillängsrichtung.

Alternativ darf die zusätzliche Zugkraft ΔF_{td} auch dadurch berücksichtigt werden, indem der Verlauf des Biegemoments um das Versatzmaß a_l verschoben wird. Dieses Versatzmaß ergibt sich zu:

$$a_l = \frac{z}{2} \cdot \left(\cot\theta - \cot\alpha\right) \tag{3.62}$$

3.3.5 Beispiel Rechteckbalken

3.3.5.1 Angabe

Der in ◻ Abb. 3.21 dargestellte Stahlbetonbalken der Festigkeitsklasse C30/37 in einer offenen Lagerhalle soll bemessen werden.

Die Bemessungswerte der Einwirkungen ergeben sich über die Querschnittsfläche und den Teilsicherheitsbewerte zu:

$$p_{Ed} = g_d = \gamma_g \cdot \left(h \cdot b \cdot \gamma_B + g_{k2}\right) = 1{,}35 \cdot \left(0{,}2 \cdot 0{,}6 \cdot 25 + 120\right) = 166\,kN\,/\,m$$

Als Betondeckung ergibt sich bei XC3 (vgl. auch ▶ Abschn. 4.2):

$$c_{nom} = \Delta c_{dev} + c_{min} = 1{,}5 + 2{,}0 = 3{,}5\,cm$$

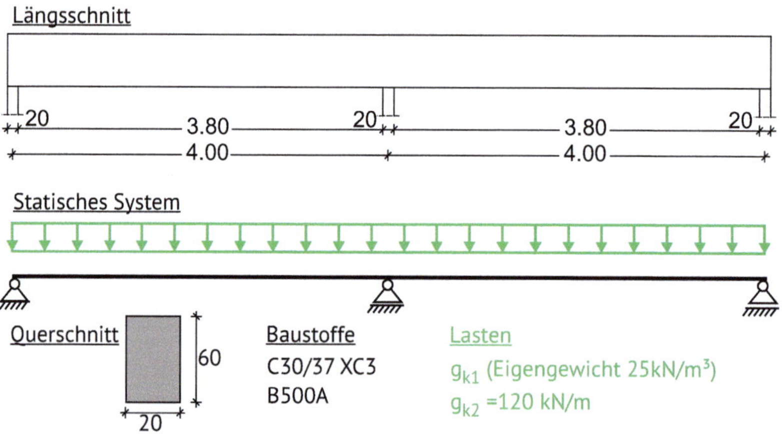

◻ **Abb. 3.21**   Bemessungsbeispiel mit Querkraftbewehrung: zu bemessender Stahlbetonbalken

Über die Annahme eines Bügeldurchmessers von $\phi_w = 10\ mm$ und einer Längsbewehrung von $\phi_l = 28\ mm$ ergibt sich die folgende statische Nutzhöhe:

$$d = h - c_{nom} - \phi_w - \frac{\phi_l}{2} = 60 - 3,5 - 1 - \frac{2,8}{2} = 54,1\,cm$$

3.3.5.2 Biegebemessung und Festlegung der Biegebewehrung
3.3.5.2.1 Bemessung Stützmoment

Im Bereich der Stütze ergibt sich gemäß den Tabellen aus ▶ Abb. 10.27 folgendes Stützmoment:

$$M_{B,Ed} = -0,125 \cdot 166 \cdot 4^2 = -332\,kNm$$

Die Auflagerkraft der Mittelstütze ergibt sich zu:

$$B_{Ed} = 1,25 \cdot 166 \cdot 4 = 830\,kN$$

Damit kann das Moment gemäß ▶ Abschn. 2.2.2.3 ausgerundet werden:

$$M_{B,Ed,red} = M_{B,Ed} - \Delta M_{Ed} = M_{B,Ed} - F_{Ed,sup} \cdot \frac{t}{8}$$

$$M_{B,Ed,red} = -332kNm/m + 830 \cdot \frac{0,2}{8} = -301,25\,kNm$$

Für die Biegebemessung wird der Bemessungswert der Betondruckfestigkeit des C30/37 benötigt:

$$f_{cd} = \eta_{cc} \cdot k_{tc} \cdot \frac{f_{ck}}{\gamma_C} = 1 \cdot 0,85 \cdot \frac{30}{1,5} = 17,0\,N/mm^2$$

Das dimensionslose Moment als Eingangswert für die Bemessungstafeln ergibt sich damit zu:

$$\mu_{Eds} = \frac{M_{Eds}}{b \cdot d^2 \cdot f_{cd}} = \frac{0,30125}{0,2 \cdot 0,541^2 \cdot 17} = 0,30$$

Bei dem System handelt es sich um ein statisch unbestimmtes System, bei welchem gemäß den Tabellen aus ▶ Abb. 10.1 die bezogene Druckzonenhöhe $\xi = x/d = 0,46$ beträgt. Bei statisch unbestimmten Systemen sollte die bezogene Druckzonenhöhe nicht größer als $\xi = x/d = 0,45$ sein, falls keine ausreichende Umschnürung der Druckzone erfolgt. Für eine ausreichende Umschnürung wären hier gemäß (DAfStb 2020) (vgl. auch ▶ Abschn. 2.5.1) eine Bügelbewehrung von Ø 10/15 erforderlich. Da es noch nicht klar ist, ob so viel Querkraftbewehrung benötig wird, ist es einfacher hier eine Druckbewehrung vorzusehen. Insbesondere da eine untere Bewehrung aus der Bemessung der Feldmomente vorhanden sein wird. Für die Anwendung der Ta-

3

bellen mit Druckbewehrung für $\xi = x/d = 0,45$ in ▶ Abb. 10.3 wird noch das Verhältnis Randabstandes zu statischen Nutzhöhe benötigt:

$$\frac{d_2}{d} = \frac{c_{nom} + \phi_q + \frac{\phi_l}{2}}{d} = \frac{5,9}{54,1} = \frac{3,5 + 1 + \frac{2,8}{2}}{54,1} = 0,11$$

Damit können die mechanischen Bewehrungsgrade über die Tabellen aus ▶ Abb. 10.3 zu $\omega_1 = 0,372$ und $\omega_2 = 0,004$ bestimmt werden und die Zugbewehrung ergibt sich damit zu:

$$A_{s1} = \frac{1}{\sigma_{sd}} \cdot \omega_1 \cdot b \cdot d \cdot f_{cd} = \frac{1}{435,7} \cdot 0,369 \cdot 0,2 \cdot 0,541 \cdot 17 =$$

$$A_{s1} = 1,55 \cdot 10^{-3} \, m^2 = 15,5 \, cm^2$$

Es werden 2Ø28 + 1Ø20 gewählt. Damit ist eine Bewehrung von $A_{s1, vorh} = 2 \cdot 2,8^2/4 \cdot \pi + 2^2/4 \cdot \pi = 15,5 cm^2$ vorhanden.

Die Druckbewehrung berechnet sich zu:

$$A_{s2} = \frac{1}{\sigma_{sd2}} \cdot \omega_2 \cdot b \cdot d \cdot f_{cd} = \frac{1}{435,7} \cdot 0,004 \cdot 0,2 \cdot 0,541 \cdot 17 = 0,2 \cdot 10^{-4} \, m^2 = 0,2 \, cm^2$$

Es werden 2Ø20 gewählt und es ergibt sich die vorhandene Bewehrung von $A_{s2, vorh} = 2 \cdot 2^2/4 = 6,3 \, cm^2$.

3.3.5.2.2 Bemessung Feldmoment

Im Feld ergibt sich das folgende maximale Moment nach den Tabellen aus ▶ Abb. 10.27

$$M_1 = 0,07 \cdot 166 \cdot 4^2 = 186 \, kNm$$

Das dimensionslose Moment als Eingangswert für die Tafeln aus ▶ Abb. 10.1 kann damit wie folgt berechnet werden:

$$\mu_{Eds} = \frac{M_{Eds}}{b \cdot d^2 \cdot f_{cd}} = \frac{0,186}{0,2 \cdot 0,541^2 \cdot 17} = 0,19$$

Damit kann der mechanische Bewehrungsgrad über die Tafeln aus ▶ Abb. 10.1 zu $\omega = 0,2134$ bestimmt werden und die Biegebewehrung ergibt sich zu:

$$A_{s1} = \frac{1}{\sigma_{sd}} \cdot \omega \cdot b \cdot d \cdot f_{cd} = \frac{1}{442} \cdot 0,2134 \cdot 0,2 \cdot 0,541 \cdot 17 = 9,2 \cdot 10^{-4} \, m^2 = 8,9 \, cm^2$$

Es werden 3Ø20 gewählt. Damit ergibt sich die vorhandene Bewehrung von $A_{s1, vorh} = 3 \cdot 2^2/4 = 9,4 \, cm^2$

3.3.5.3 Festlegung der Biegebewehrung

Es wird die Bewehrungsführung in Abb. 3.22 gewählt. Ein Bewehrungsstab Ø20 wird dabei von der Feldbewehrung in die Stützmomentenbewehrung unter 45° hochgeführt.

3.3.5.4 Querkraftnachweis

3.3.5.4.1 Ermittlung der Schnittgrößen und Bereichseinteilung für die Querkraftbemessung

Die Querkraft im Bereich der Innenstütze und an den beiden Endauflagerergibt sich zu:

$$\left|V_{Ed,B,links}\right| = \left|V_{Ed,B,rechts}\right| = 0{,}625 \cdot 166 \cdot 4{,}0 = 415\,kN$$

$$\left|V_{Ed,A}\right| = \left|V_{Ed,C}\right| = 0{,}375 \cdot 166 \cdot 4{,}0 = 249\,kN$$

Die Schnittgrößen sind in Abb. 3.23 dargestellt. Aufgrund der Schnittgrößen werden mehre Bereiche für die Querkraftbemessung festgelegt.

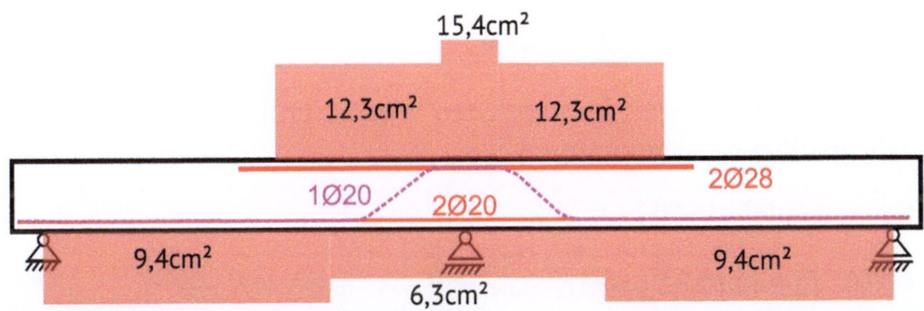

Abb. 3.22 Bemessungsbeispiel mit Querkraftbewehrung: Verlauf der Biegebewehrung

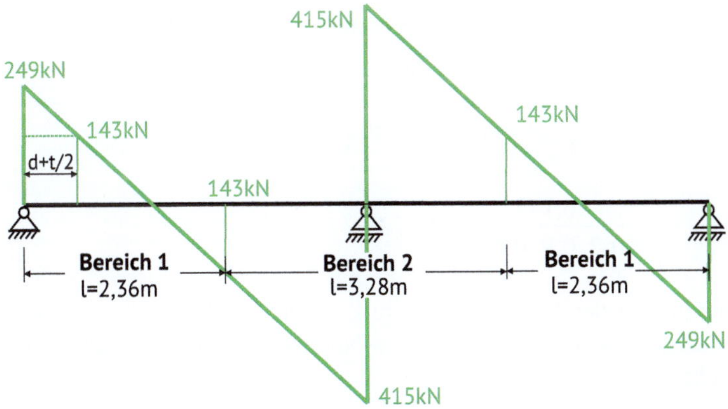

Abb. 3.23 Bemessungsbeispiel mit Querkraftbewehrung: Querkräfte und Bereichseinteilung für die Querkraftbemessung

3.3.5.4.2 Bemessung Bereich 1

Da es sich um einen Balken handelt, bei welchen gemäß den Konstruktionsregeln immer eine Mindestquerkraftbewehrung vorzusehen ist, ist ein Nachweis ohne Querkraftbewehrung hier entbehrlich und es wird gleich der Nachweis mit Querkraftbewehrung durchgeführt. Vereinfacht wird die Bemessung mit dem inneren Hebealarm von $z = 0,9 \cdot d = 0,9 \cdot 0,541 = 0,457$ m duchgeführt. Im Bereich 1 sollen lotrechte Bügel verwendet werden ($\alpha = 90°$). Für den Nachweis der Druckstrebe darf bei direkter Lagerung die Querkraft im Abstand vom Auflagerand bestimmt werden:

$$V_{Ed,1} = V_{Ed,A} - p_{Ed} \cdot \frac{t}{2} = 249 - 166 \cdot \frac{0,2}{2} = 232,4\,kN$$

$$\tau_{Ed,1} = \frac{V_{Ed,1}}{b_w \cdot z} = \frac{V_{Ed,1}}{b_w \cdot 0,9d} = \frac{0,2324}{0,2 \cdot 0,9 \cdot 0,541} = 2,39\,MN\,/\,m^2$$

Es wird der vereinfachte Nachweis geführt. Gemäß ▶ Abschn. 3.3.4.2 darf der Druckstrebenwinkel in bestimmten Grenzen frei gewählt werden. Da bei dem Bauteil keine Normalkraft vorhanden ist und der Betonstahl mit der Duktilitätsklasse A verwendet werden soll, ergeben sich folgende Grenzen:

$$1,0 \leq \cot\theta \leq \cot\theta_{min} = 2,5 \cdot 0,8 = 2,0$$

Zunächst wird geprüft, ob mit dem flachsten Winkel (größtes $\cot\theta$) der Nachweis der Druckstrebe geführt werden kann:

$$\sigma_{cd} = \tau_{Ed,1} \cdot \left(\cot\theta + \tan\theta\right) \leq v \cdot f_{cd}$$

$$\sigma_{cd} = 2,39 \cdot \left(2,0 + 1/2\right) = 5,98\,MN\,/\,m^2 \leq 0,5 \cdot 17 = 8,5\,MN\,/\,m^2$$

Der Nachweis ist somit erfüllt und es kann mit diesem Winkel auch die Querkraftbewehrung ermittelt werden. Falls der Nachweis nicht erfüllt wäre, müsste ein steiler Winkel (kleineres $\cot\theta$) gewählt werden.

Für die Ermittlung der Querkraftbewehrung darf bei direkter Lagerung die Beanspruchung im Abstand d vom Auflagerrand ermittelt werden:

$$V_{ED,2} = V_{Ed,A} - p_{Ed} \cdot \left(\frac{t}{2} + d\right) = 249 - 166 \cdot \left(\frac{0,2}{2} + 0,541\right) = 143\,kN$$

$$\tau_{Ed,2} = \frac{V_{Ed,2}}{b_w \cdot z} = \frac{0,143}{0,2 \cdot 0,9 \cdot 0,541} = 1,47\,MN\,/\,m^2$$

Bei der Ermittlung der Querkraftbewehrung wird, auf der sicheren Seite[5] liegend, der gleiche Druckstrebenwinkel wie beim Nachweis der Druckstrebe verwendet und es ergibt sich:

---

5   Es wäre auch möglich, dass man im Abstand d vom Auflagerrand nochmals Druckstrebenwinkel ermittelt. Dann müsste jedoch auch im Abstand d vom Auflagerrand nochmals der Nachweis der Druckstrebe erfolgen.

$$\rho_w = \frac{A_{sw}}{b_w \cdot s_w} = \frac{\tau_{Ed}}{f_{ywd} \cdot \cot\theta} = \frac{1,4}{435 \cdot 2} = 1,61 \cdot 10^{-3}$$

Der Mindestquerkraftbewehrungsgrad ergibt sich gemäß ▶ Abschn. 5.1.3 zu:

$$\rho_{min} = 0,08 \cdot \frac{\sqrt{f_{ck}}}{f_{yk}} = 0,08 \cdot \frac{\sqrt{30}}{500} = 8,8 \cdot 10^{-4}$$

Die Mindestquerkraftbewehrung ist somit nicht maßgebend. Damit ergibt sich als Querkraftbewehrung:

$$a_{sw} = \frac{A_{sw}}{s_w} = \rho_w \cdot b_w = 1,6 \cdot 10^{-3} \cdot 0,2 = 3,2 \cdot 10^{-4}\,\frac{m^2}{m} = 3,2\,\frac{cm^2}{m}$$

Es werden 2-schnittige Bügel Ø10/30 gewählt. Damit ist folgende Bügelbewehrung vorhanden:

$$a_{sw,vorh} = \frac{A_{sw}}{s_w} = \frac{2 \cdot \frac{1^2}{4} \cdot \pi}{0,3m} = 5,2\,\frac{cm^2}{m} > 3,2\,\frac{cm^2}{m}$$

3.3.5.4.3 Bemessung Bereich 2 ohne Anrechnung der Aufbiegung

Im Bereich 2 werden in großen Teilen lotrechte Bügel ($\alpha_w = 90°$) verwendet. Nur in einem kleinen Teil ist auch eine schräge Aufbiegung geplant. Für den Nachweis der Druckstrebe darf bei direkter Lagerung die Querkraft im Abstand vom Auflagerand bestimmt werden:

$$V_{Ed,1} = V_{Ed,B} - p_{Ed} \cdot \frac{t}{2} = 415 - 166 \cdot \frac{0,2}{2} = 398,4\,kN$$

$$\tau_{Ed,1} = \frac{V_{Ed,1}}{b_w \cdot z} = \frac{0,3984}{0,2 \cdot 0,9 \cdot 0,541} = 4,09\,MN\,/\,m^2$$

Der flachste Druckstrebenwinkel ergibt sich wie im vorherigen Abschnitt aufgrund der Duktilitätsklasse A zu:

$$1,0 \leq \cot\theta \leq \cot\theta_{min} = 2,5 \cdot 0,8 = 2,0$$

Zunächst wird geprüft, ob mit dem flachsten Winkel (größtes cotθ) der Nachweis der Druckstrebe geführt werden kann:

$$\sigma_{cd} = \tau_{Ed,1} \cdot \left(\cot\theta + \tan\theta\right) \leq v \cdot f_{cd}$$

$$\sigma_{cd} = 4,09 \cdot \left(2,0 + 1/2\right) = 10,23\,MN\,/\,m^2 \nleq 0,5 \cdot 17,0 = 8,5\,MN\,/\,m^2$$

Der Nachweis ist somit nicht erfüllt und es muss ein flacherer Winkel gewählt werden. Mit $\cot\theta = 1{,}32$ ergibt sich:

$$\sigma_{cd} = 4{,}09\cdot\left(1{,}32 + 1/1{,}32\right) = 8{,}50\,MN/m^2 \le 8{,}5\,MN/m^2$$

Für die Ermittlung der Querkraftbewehrung darf bei direkter Lagerung die Beanspruchung im Abstand d vom Auflagerrand berechnet werden:

$$V_{Ed,red2} = V_{Ed,A} - p_{Ed}\cdot\left(\frac{t}{2} + d\right) = 415 - 166\cdot\left(\frac{0{,}2}{2} + 0{,}541\right) = 308{,}6\,kN$$

$$\tau_{Ed,2} = \frac{V_{Ed,2}}{b_w\cdot z} = \frac{0{,}3086}{0{,}2\cdot 0{,}9\cdot 0{,}541} = 3{,}17\,MN/m^2$$

Bei der Ermittlung der Querkraftbewehrung wird, auf der sicheren Seite liegendend, der gleiche Druckstrebenwinkel wie beim Nachweis der Druckstrebe verwendet und es ergibt sich:

$$\rho_w = \frac{A_{sw}}{b_w\cdot s_w} = \frac{\tau_{Ed}}{f_{ywd}\cdot\cot\theta} = \frac{3{,}17}{435\cdot 1{,}32} = 5{,}5\cdot 10^{-3}$$

$$a_{sw} = \frac{A_{sw}}{s_w} = \rho_w\cdot b_w = 5{,}5\cdot 10^{-3}\cdot 0{,}2 = 11\cdot 10^{-4}\,\frac{m^2}{m} = 11\,\frac{cm^2}{m}$$

Es werden 2-schnittige Bügel Ø10/10 gewählt. Damit ergibt sich folgende vorhandene Bügelbewehrung:

$$a_{sw,vorh} = \frac{A_{sw}}{s_w} = \frac{2\cdot\dfrac{1^2}{4}\cdot\pi}{0{,}10m} = 15{,}7\,\frac{cm^2}{m} > 11{,}0\,\frac{cm^2}{m}$$

3.3.5.4.4 Bemessung Bereich 2 mit Anrechnung der Aufbiegung

Die Bemessung unter der Anrechnung der Aufbiegung erfolgt mit dem gleichen Druckstrebenwinkel wie im vorherigen Abschnitt. Zunächst wird die vorhandene Bewehrung der Aufbiegung ermittelt. Es ist eine Aufbiegung 1Ø20 unter 45° vorhanden, welche somit folgende Einflusslänge hat:

$$s_w = h - d_1 - d_2 = 60 - 2\cdot 5{,}9 = 48{,}2\,cm$$

Die vorhandene Bewehrung der Aufbiegung ergibt sich somit zu:

$$\rho_{w,45} = \frac{A_{sw}}{b_w\cdot s_w} = \frac{\dfrac{2^2}{4}\cdot\pi}{20\cdot 48{,}2} = 3{,}26\cdot 10^{-3}$$

Damit kann die Zugstrebentragfähigkeit der Aufbiegung berechnet werden:

$$\tau_{Rd,sy,45} = \rho_{w,45} \cdot f_{ywd} \cdot \left(\cot\theta + \cot\alpha_w\right) \cdot \sin\alpha_w$$

$$\tau_{Rd,sy,45} = 3,26 \cdot 10^{-3} \cdot 435 \cdot \left(1,32 + \cot 45°\right) \cdot \sin 45°$$

$$\tau_{Rd,sy,45} = 3,26 \cdot 10^{-3} \cdot 435 \cdot \left(1,32 + 1\right) \cdot 0,707 = 2,3\, MN\,/\,m^2$$

Es kann somit eine einwirkenden Schubspannung von 2,3 MN/m^2 von der Aufbiegung aufgenommen werden. Die restliche einwirkende Querkraft muss durch lotrechte Bügel aufgenommen werden. Die erforderliche zusätzliche lotrechte Bügelbewehrung ergibt sich zu:

$$\rho_{w,90} = \frac{\tau_{Ed} - \tau_{Rd,sy,45}}{f_{ywd} \cdot \cot\theta} = \frac{3,17 - 2,3}{435 \cdot 1,32} = 1,5 \cdot 10^{-3}$$

Gemäß DIN EN 1992-1-1/NA1 (E) (08.2025) 12.3.1 (1) muss jedoch mindestens 50 % der Querkraft über Bügel aufgenommen werden. Für diesen Fall ergibt sich die erforderliche zusätzlich lotrechte Bügelbewehrung zu:

$$\rho_{w,90} = \frac{\tau_{Ed}/2}{f_{ywd} \cdot \cot\theta} = \frac{3,17/2}{435 \cdot 1,32} = 2,76 \cdot 10^{-3}$$

$$a_{sw} = \rho_{w,90} \cdot b_w = 2,76 \cdot 10^{-3} \cdot 0,2 = 5,5 \cdot 10^{-4}\, \frac{m^2}{m} = 5,5\, \frac{cm^2}{m}$$

Dies wird hier maßgebend und es werden 2-schnittige Bügel Ø10/25 gewählt:

$$a_{sw,vorh} = \frac{A_{sw}}{s_w} = \frac{2 \cdot \frac{1^2}{4} \cdot \pi}{0,25m} = 6,3\, \frac{cm^2}{m} > 5,6\, \frac{cm^2}{m}$$

Nun muss noch der Nachweis der Druckstrebe erfolgen. Für die schräge Bewehrung ergibt sich folgende Druckstrebentragfähigkeit:

$$\tau_{Rd,max,45} = \frac{\nu \cdot f_{cd} \cdot \left(\cot\theta + \cot\alpha_w\right)}{1 + \cot^2\theta} = \frac{0,4 \cdot 17 \cdot \left(1,32 + 1,0\right)}{1 + 1,32^2} = 5,75\, MN\,/\,m^2$$

Für die lotrechte Bewehrung ergibt sich folgende Druckstrebentragfähigkeit:

$$\tau_{Rd,max} = \frac{\nu \cdot f_{cd}}{\tan\theta + \cot\theta} = \frac{0,5 \cdot 17}{1/1,32 + 1,32} = 4,09\, MN\,/\,m^2$$

Da 50 % der Querkraft von den Bügeln übernommen werden müssen kann der Interaktionsnachweis wie folgt geführt werden:

$$\left(\frac{\tau_{Ed,45°}}{\tau_{Rd,max,45°}}\right)+\left(\frac{\tau_{Ed,90°}}{\tau_{Rd,max,90°}}\right)\leq 1,0$$

$$\left(\frac{3,17/2}{5,75}\right)+\left(\frac{3,17/2}{4,09}\right)=0,28+0,39=0,67\leq 1,0$$

Es wäre hier somit möglich gewesen ein größeres $\cot\theta$ zu wählen.

3.3.5.4.5 Bewehrungsdarstellung

Die gewählte Bügelbewehrung ist in ◘ Abb. 3.24 dargestellt. Man erkennt, dass möglicherweise eine weitere Optimierung vor der Aufbiegung möglich wäre.

3.3.6 Beispiel genauer Nachweis

3.3.6.1 Angabe

Der in ◘ Abb. 3.25 dargestellte Querschnitt eines Balkens soll auf Querkraft bemessen werden.

Aufgrund des C25/30 beträgt der Bemessungswert der Betondruckfestigkeit:

$$f_{cd}=\eta_{cc}\cdot k_{tc}\cdot\frac{f_{ck}}{\gamma_{C}}=1\cdot 0,85\cdot\frac{25}{1,5}=14,2\,N/mm^2$$

Für die Berechnung wird gemäß ▶ Abschn. 3.1.2 folgender innerer Hebelarm angenommen und damit die einwirkende Schubspannung berechnet:

$$z=0,9\cdot d=0,9\cdot(0,6-0,05)=0,495$$

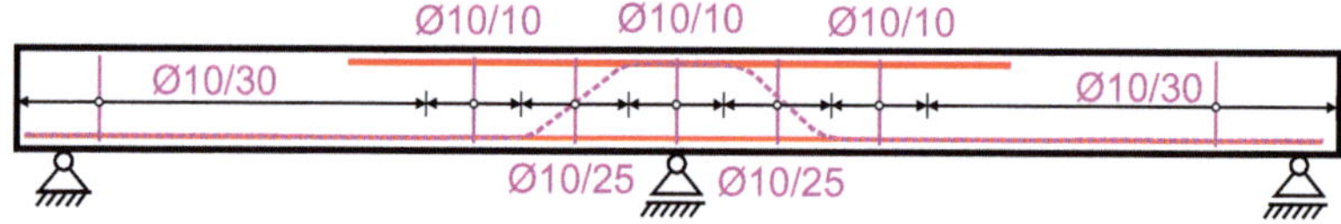

◘ **Abb. 3.24** Gewählte Bügelbewehrung des Bemessungsbeispiels mit Querkraftbewehrung

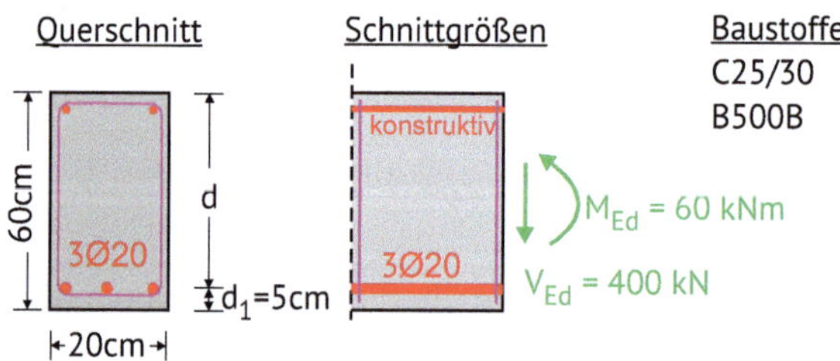

◘ **Abb. 3.25** Angaben zum Bemessungsbeispiel zum genauen Querkraftnachweis mit Querkraftbewehrung

$$\tau_{Ed} = \frac{V_{Ed}}{b_w \cdot z} = \frac{0,400}{0,2 \cdot 0,495} = 4,04 \, MN \, / \, m^2$$

3.3.6.2 Vereinfachter Nachweis

Zunächst wird überprüft, ob der vereinfachte Nachweis funktioniert. Hierbei ergibt sich der flachste Druckstrebenwinkel zu:

$$1,0 \leq \cot\theta \leq \cot\theta_{\min} = 2,5$$

Zunächst wird geprüft, ob mit dem flachsten Winkel (größtes cotθ) der Nachweis der Druckstrebe geführt werden kann:

$$\sigma_{cd} = \tau_{Ed,1} \cdot (\cot\theta + \tan\theta) \leq v \cdot f_{cd}$$

$$\sigma_{cd} = 4,04 \cdot (2,5 + 1/2,5) = 11,7 \, MN \, / \, m^2 \nleq 0,5 \cdot 14,2 = 7,1 \, MN \, / \, m^2$$

Der Nachweis ist somit mit flachstem Winkle nicht zu erfüllen. Nun wird geprüft, ob dieser mit dem steilsten Winkel zu führen (kleinstes cotθ) ist.

$$\sigma_{cd} = 4,04 \cdot (1 + 1/1,0) = 8,08 \, MN \, / \, m^2 \nleq 0,5 \cdot 14,2 = 7,1 \, MN \, / \, m^2$$

Auch dieser Nachweis ist nicht erfüllt. Aus diesem Grund wird nachfolgend der genauere Nachweis geführt.

3.3.6.3 Genauer Nachweis

Für den genaueren Nachweis werden die Längsdehnungen benötigt. Da die Längsdehnungen bereits vom Druckstebenwinkel abhängen muss dieser zunächst geschätzt werden.

$$1.\text{Annahme}: \cot\theta = 1,4$$

Zunächst wird die Zugnormalkraft aus der Querkraft berechnet:

$$N_{Vd} = |V_{Ed}| \cdot \cot\theta = 400 \cdot 1,4 = 560 \, kN$$

Damit kann die Kraft im Zuggurt berechnet werden.

$$F_{td} = \frac{M_{Ed}}{z} + \frac{N_{Vd} + N_{Ed}}{2} = \frac{60}{0,495} + \frac{560 + 0}{2} = 401 \, kN$$

Im Zuggurt sind 3Ø20 mm vorhanden, was der Bewehrungsfläche von $A_{st} = 9,42 \cdot 10^{-4} m^2$ erntspricht. Damit kann nun die Spannung bestimmt werden:

$$\sigma_{xt} = \frac{F_{td}}{A_{st} \cdot E_s} = \frac{0,401}{9,42 \cdot 10^{-4}} = 425,6 \, MN \, / \, m^2$$

Da der Wert kleiner als die Fließgrenze von $f_{yd} = 435\ MN/m^2$ ist, kann die Kraft durch die vorhandene Bewehrung aufgenommen werden und die Dehnung beträgt:

$$\varepsilon_{xt} = \frac{F_{td}}{A_{st} \cdot E_s} = \frac{0,401}{9,42 \cdot 10^{-4} \cdot 200000} = 2,13 \cdot 10^{-3}$$

Die Kraft im Druckgurt kann ähnlich wie beim Zuggurt berechnet werden:

$$F_{cd} = \frac{M_{Ed}}{z} - \frac{N_{Vd} + N_{Ed}}{2} = \frac{60}{0,495} - \frac{560}{2} = -159\,kN$$

Aufgrund des negativen Vorzeichens herrscht im Druckgurt eine Zugkraft und es wird eine Längsbewehrung benötigt. Die erforderliche Bewehrung im Druckgurt ergibt sich damit wie folgt:

$$A_{sc} = \frac{F_{cd}}{f_{yd}} = \frac{0,159}{435} = 3,65 \cdot 10^{-4}\,m^2 = 3,65\,cm^2$$

Es werden 2Ø16 gewählt, was $A_{sc} = 4,02 \cdot 10^{-4} m^2$ entspricht. Für den zugbeansprucht Biegedruckgurt ergibt sich die Dehnung wie folgt:

$$\varepsilon_{xc} = \frac{|F_{cd}|}{A_{sc} \cdot E_s} = \frac{0,159}{4,02 \cdot 10^{-4} \cdot 200000} = 1,98 \cdot 10^{-3}$$

Damit kann die Gesamtlängsdehnung bestimmt werden:

$$\varepsilon_x = \frac{\varepsilon_{xt} + \varepsilon_{xc}}{2} = \frac{1,98 + 2,13}{2} \cdot 10^{-3} = 2,06 \cdot 10^{-3}$$

Somit sind alle Werte bekannt, um den Abminderungsfaktor für die Betondruckstrebe zu berechnen:

$$v = \frac{1}{1,0 + 110 \cdot \left(\varepsilon_x + \left(\varepsilon_x + 0,001 \right) \cdot \cot^2 \theta \right)} \leq 1,0$$

$$v = \frac{1}{1,0 + 110 \cdot \left(0,00206 + \left(0,00206 + 0,001 \right) \cdot 1,4^2 \right)} = 0,53 \leq 1,0$$

Zunächst wird geprüft, ob der Nachweis der Druckstrebe erfüllt ist:

$$\sigma_{cd} = \tau_{Ed,1} \cdot \left(\cot \theta + \tan \theta \right) \leq v \cdot f_{cd}$$

$$\sigma_{cd} = 4,04 \cdot \left(1,4 + 1/1,4 \right) = 8,54\,MN/m^2 \nleq 0,53 \cdot 14,2 = 7,5\,MN/m^2$$

Da dieser nicht erfüllt ist, muss eine neue Annahme bezüglich des Druckstrebenwinkels getroffen werden.

2.Annahme : $\cot\theta = 1,2$

Die Berechnung erfolgt analog der Vorherigen:

$$N_{Vd} = |V_{Ed}| \cdot \cot\theta = 400 \cdot 1,2 = 480\,kN$$

$$F_{td} = \frac{M_{Ed}}{z} + \frac{N_{Vd} + N_{Ed}}{2} = \frac{60}{0,495} + \frac{480 + 0}{2} = 361\,kN$$

$$\varepsilon_{xt} = \frac{F_{td}}{A_{st} \cdot E_s} = \frac{0,361}{9,42 \cdot 10^{-4} \cdot 200000} = 1,92 \cdot 10^{-3}$$

$$F_{cd} = \frac{M_{Ed}}{z} - \frac{N_{Vd} + N_{Ed}}{2} = \frac{60}{0,495} - \frac{480}{2} = -119\,kN$$

$$\varepsilon_{xc} = \frac{|F_{cd}|}{A_{sc} \cdot E_s} = \frac{0,119}{4,02 \cdot 10^{-4} \cdot 200000} = 1,48 \cdot 10^{-3}$$

Damit kann die Gesamtlängsdehnung bestimmt werden:

$$\varepsilon_x = \frac{\varepsilon_{xt} + \varepsilon_{xc}}{2} = \frac{1,48 + 1,92}{2} \cdot 10^{-3} = 1,70 \cdot 10^{-3}$$

Damit liegen sämtliche erforderlichen Werte zur Berechnung des Abminderungsfaktors für die Betondruckstrebe vor:

$$v = \frac{1}{1,0 + 110 \cdot \left(0,0017 + (0,0017 + 0,001) \cdot 1,2^2\right)} = 0,62 \le 1,0$$

Zunächst erfolgt eine Überprüfung, ob der Nachweis für die Druckstrebe erbracht wird:

$$\sigma_{cd} = \tau_{Ed,1} \cdot (\cot\theta + \tan\theta) \le v \cdot f_{cd}$$

$$\sigma_{cd} = 4,04 \cdot (1,2 + 1/1,2) = 8,2\,MN\,/\,m^2 \le 0,62 \cdot 14,2 = 8,8\,MN\,/\,m^2$$

Da der Nachweis erfüllt ist, kann nun die Zugstrebe bemessen werden:

$$\rho_w = \frac{A_{sw}}{b_w \cdot s_w} = \frac{\tau_{Ed}}{f_{ywd} \cdot \cot\theta} = \frac{4,04}{435 \cdot 1,20} = 7,7 \cdot 10^{-3}$$

$$a_{sw} = \frac{A_{sw}}{s_w} = \rho_w \cdot b_w = 7,7 \cdot 10^{-3} \cdot 0,2 = 15 \cdot 10^{-4}\,\frac{m^2}{m} = 15\,\frac{cm^2}{m}$$

Es kann somit eine Querkraftbewehrung von 2-schnittge Bügeln Ø10/10 gewählt werden. Dies entspricht $A_{sw}/s_w = 15,7\,cm^2/m$.

3.3.7 Beispiel schiefe Beanspruchung

3.3.7.1 Allgemeines

Das Beispiel aus ▶ Abschn. 2.7.3 wird hier fortgesetzt. Es sollen Bügel mit der Duktilitätsklasse A verwendet werden. Der innere Hebelarm für die nachfolgende Querkraftbemessung kann aus ▶ Abschn. 2.7.3 wie folgt ermittelt werden:

$$M_{Ed} = \sqrt{M_{Edy}^2 + M_{Edz}^2} = \sqrt{100^2 + 200^2} = 224\,kNm$$

$$F_{s,ges} = \frac{M_{Ed}}{z}\,\Delta z = \frac{M_{Ed}}{F_{s,ges}} = \frac{224kNm}{653kN} = 0,34\,m$$

Die Bemessung auf schiefe Querkraft erfolgt gemäß ▶ Abschn. 3.3.3.5. In der Berechnung wird von einer Auflagertiefe von 30 cm ausgegangen (Auflagerrand 15 cm vom Auflager entfernt). Zunächst wird der Querkraftvektor bestimmt:

$$V_{Ed} = \sqrt{V_{Edy}^2 + V_{Edz}^2} = \sqrt{100^2 + 200^2} = 224\,kN$$

3.3.7.2 Eingangswerte für die schiefe Biegung

Für die Bemessung auf schiefe Querkraft wird gemäß (Mark et al. 2008) die Neigung der Querkraft in Bezug auf Ecken des Querschnitts benötigt:

$$\alpha_V = \left|\frac{V_{Edy}}{V_{Edz}}\right| \cdot \frac{h}{b} = \left|\frac{100}{200}\right| \cdot \frac{0,6}{0,3} = 1$$

Damit kann nach (Mark et al. 2008) der Abminderungsfaktor für die Zugstrebentragfähigkeit berechnet werden:

$$\frac{1}{2} < \frac{1}{a_t} = \frac{1}{1 + \left(\dfrac{2}{\sqrt{(b/h)^2 + 1}} - 1\right) \cdot \sqrt{\alpha_V}} \leq 1,0$$

$$\frac{1}{2} < \frac{1}{a_t} = \frac{1}{1 + \left(\dfrac{2}{\sqrt{(0,3/0,6)^2 + 1}} - 1\right) \cdot \sqrt{1}} = 0,56 \leq 1,0$$

Sowie der Abminderungsfaktor für die Druckstrebentragfähigkeit:

$$0,6 < \frac{1}{a_c} = \frac{1}{1 + \dfrac{2}{3} \cdot \sqrt{\alpha_V}} = \frac{1}{1 + \dfrac{2}{3} \cdot \sqrt{1}} = 0,6 \leq 1,0$$

3.3.7.3 **Nachweis Druckstrebe**

Da bei dem Bauteil keine Normalkraft vorhanden ist und der Betonstahl der Duktilitätsklasse A verwendet werden soll, ergeben sich folgende Grenzen:

$$1,0 \leq \cot\theta \leq \cot\theta_{min} = 2,5 \cdot 0,8 = 2,0$$

Zunächst wird geprüft, ob mit dem flachsten Winkel (größtes $\cot\theta$) der Nachweis der Druckstrebe geführt werden kann. Für den Nachweis der Druckstrebe muss die Querkraft am Auflagerrand verwendet werden:

$$V_{zd,red} = 200kN - (0,15) \cdot 100 = 185\,kN$$

$$V_{yd,red} = 100kN - (0,15) \cdot 50 = 92,5\,kN$$

$$V_{Ed,red} = \sqrt{185^2 + 92,5^2} = 207\,kN$$

Gemäß (Mark et al. 2008) kann die Querkrafttragfähigkeit der Druckstrebe wie folgt bestimmt werden:

$$V_{Rd,max} = \frac{1}{a_c} \cdot \frac{f_{cd} \cdot v \cdot b \cdot z}{\cot\theta + \tan\theta} \geq V_{Ed}$$

$$V_{Rd,max} = 0,6 \cdot \frac{17 \cdot 0,5 \cdot 0,3 \cdot 0,34}{2,0 + \dfrac{1}{2,0}} = 0,208\,MN = 208\,kN$$

Somit ist der Nachweis gerade erfüllt und $\cot\theta = 2,0$ kann für die Ermittlung der Bewehrung genutzt werden.

3.3.7.4 **Ermittlung der Querkraftbewehrung**

Die maßgebende Querkraft für diesen Nachweis ergibt sich mit $d = d_y = 0,25\,m$ zu:

$$V_{zd,red} = 200kN - (0,25 + 0,15) \cdot 100 = 160\,kN$$

$$V_{yd,red} = 100kN - (0,25 + 0,15) \cdot 50 = 80\,kN$$

$$V_{Ed,red} = \sqrt{160^2 + 80^2} = 179\,kN$$

Gemäß (Mark et al. 2008) kann die Querkrafttragfähigkeit der Zugstrebe wie folgt bestimmt werden.

$$V_{Rd,sy} = \frac{1}{a_t} \cdot f_{ywd} \cdot \frac{A_{sw}}{s} \cdot z \cdot \cot\theta \geq V_{Ed,red}$$

$$V_{Rd,sy} = 0,56 \cdot 435 \cdot \frac{A_{sw}}{s} \cdot 0,34 \cdot 2,0 = 165,6 \cdot \frac{A_{sw}}{s} \geq 0,179$$

Über eine Umformung erhält man die Querkraftbewehrung:

$$\Rightarrow \frac{A_{sw}}{s_w} = \frac{0,179}{165,6} = 11\cdot 10^{-4}\,\frac{m^2}{m} = 11\,\frac{cm^2}{m}$$

Es kann somit eine Querkraftbewehrung von 2-schnittge Bügeln Ø10/12,5 gewählt werden. Dies entspricht $A_{sw}/s_w = 12,6\ cm^2/m$.

3.4 Druck und Zug-Gurt Anschluss

3.4.1 Allgemeines

Im Stahlbetonbau werden häufig gegliederte Querschnitte verwendet, welche aus mehreren Teilen zusammengesetzt sind. Die am häufigsten vorkommenden gegliederten Querschnitte sind Plattenbalken, I-Querschnitte und Hohlkästen, wie diese in ◘ Abb. 3.26 dargestellt sind.

Bei diesen gegliederten Querschnitten sind meist die Zug- oder Druckkräfte in den Platten bzw. in den Gurten. In den meisten baupraktischen Fällen verändern sich die Biegemomenten über die Länge des Bauteils. Diese Änderung des Biegemomentes hat auch eine Veränderung der Druck- und Zugkräfte im Querschnitt und somit auch im Gurt zur Folge. Aufgrund dieser Veränderung kommt es zu Schubspannungen im Übergang von Balkensteg und Gurt, welche nachgewiesen werden müssen. Der Nachweis dieser Anschlussstelle wird als Gurtanschluss bezeichnet und weist aufgrund der ähnlichen Schubbeanspruchung wie bei querkraftbeanspruchten Stegen zahlreiche Gemeinsamkeiten auf.

3.4.2 Tragmechanismus

In ◘ Abb. 3.27 sind die Hauptspannungstrajektorien im Auflagerbereich eines Plattenbalkens dargestellt. In der Platte breiten sich die Drucktrajektorien vom Auflager aus. Je weiter man zur Bauteilmitte kommt, desto mehr verlaufen die Drucktrajektorien in der Platte parallel zur Bauteillängsachse. Dieses Verhalten konnte man schon bei der mitwirkenden Plattenbreite in ▶ Abschn. 2.6.2 beobachten. Man

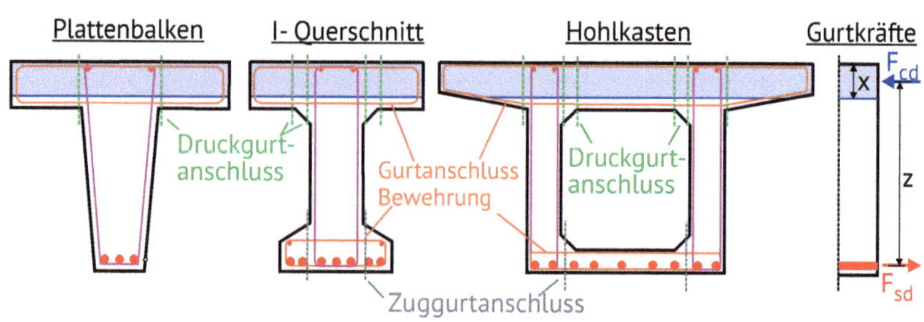

◘ **Abb. 3.26** Beispiele für Gurtanschlüsse

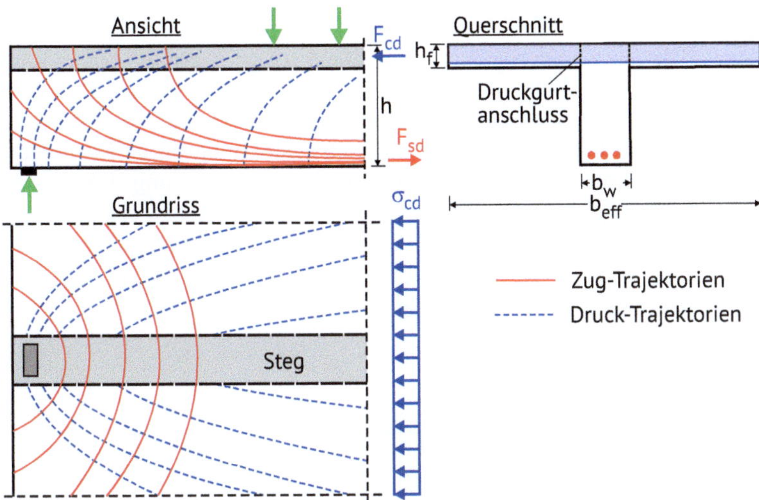

◻ Abb. 3.27 Hauptspannungstrajektorien am Auflagerbereich eines frei drehbar gelagerten Platten-balkens in Anlehnung an. (Leonhardt und Mönnig 1984)

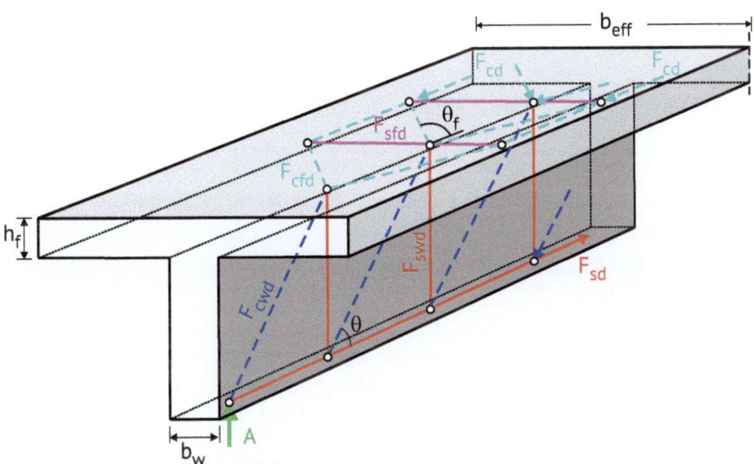

◻ Abb. 3.28 Räumliches Fachwerkmodell zur Beschreibung des Druckgurtanschlusses in Anlehnung an. (Bachmann 1978)

erkennt in ◻ Abb. 3.27 auch die Zugtrajektorien in der Platte, welche über eine Gurt-anschlussbewehrung abgedeckt werden müssen.

Im Allgemeinen haben die Schubspannungen im Gurtanschnitt nach der Elastizi-tätstheorie bei gleichbleibendem Querschnitt den gleichen Verlauf wie die Querkraft. Bei Gleichlastbeanspruchung treten damit am Auflager hohe Schubspannungs-spitzen auf, die sich experimentell, aufgrund des plastischen Verhaltens des Stahl-betons, aber nicht vollständig ausbilden.

Der Fluss der inneren Kräfte lässt sich wieder anschaulich durch ein Fachwerk-modell beschreiben, wie dies in ◻ Abb. 3.28 dargestellt ist. Das bereits aus dem ▶ Abschn. 3.3.3 bekannte Fachwerkmodell für den Steg wird nun durch ein horizontales Fachwerk im Gurt ergänzt. Hierbei werden die Zugstreben senkrecht zur Trägerachse angeordnet.

Das plastische Verhalten des Stahlbetons wird hierbei über die Festlegung einer betrachteten Länge Δx berücksichtigt, welche bei Gleichlast die Hälfte des Abstandes zwischen Momentennullpunkt und betragsmäßig größten Moment darstellt.

Dieses Fachwerkmodell bildet auch die Basis der Bemessung. Die in der Bemessung verwendeten Widerstände für die Zug- und Druckstreben ergeben sich auf die gleiche Weise wie in ▸ Abschn. 3.3.3, jedoch mit dem Unterschied, dass statt der Stegbreite die Gurtdicke bzw. Plattendicke ($b_w = h_f$) und statt des inneren Hebelarms die betrachtete Länge ($z = \Delta x$) zu verwenden ist.

3.4.3 Bemessungsmodell

Für eine Bemessung des Gurtanschlusses muss zunächst die einwirkende Schubkraft V_{Ed} ermittelt werden, welche sich zu $V_{Ed} = \Delta F_d$ ergibt. Die Längskraftdifferenz ΔF_d bezieht sich auf die Kraftänderung eines einseitigen Gurtabschnittes über die Länge Δx. Dabei stellt Δx die betrachtete Länge dar, welche sich maximal aus der Hälfte des Abstandes zwischen Momentennullpunkt und betragsmäßig größten Moment ergibt, wie dies ◘ Abb. 3.29 anhand eines Zweifeldträgers zeigt. Bei Einzellasten darf jedoch höchstens der Abstand zwischen den Einzellasten verwendet werden.

> ❶ Für die Ermittlung der Länge Δx muss stets die Momentengrenzlinie (Min-Max) aus dem Grenzzustand der Tragfähigkeit verwendet.

Nach der Ermittlung der Länge Δx gemäß ◘ Abb. 3.29, muss an jeder Stelle die Gurtkraft berechnet werden:

$$F_{cd}\left(x = x_i\right) = \frac{M_{Eds}\left(x = x_i\right)}{z} \qquad F_{cd}\left(x = x_{i+1}\right) = \frac{M_{Eds}\left(x = x_{i+1}\right)}{z} \tag{3.63}$$

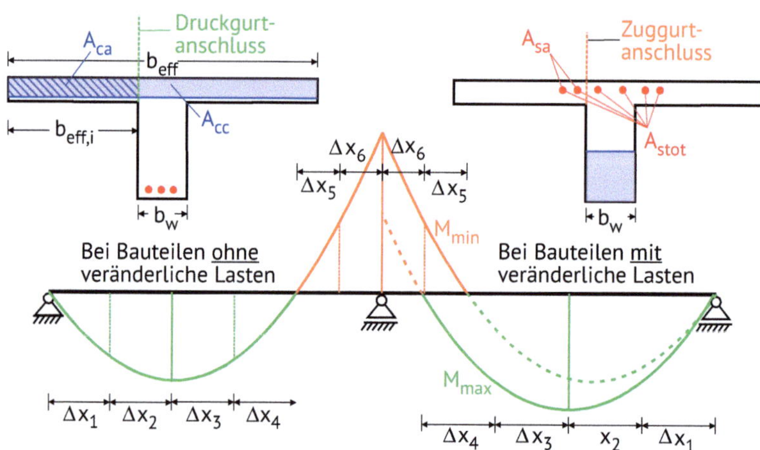

◘ **Abb. 3.29** Vorgehen zur Ermittlung der Länge Δx und Definition der anzuschließenden Fläche bei Zug- und Druckgurt

$$F_{sd}\left(x=x_i\right)=\frac{M_{Eds}\left(x=x_i\right)}{z}+N_{Ed} \qquad F_{sd}\left(x=x_{i+1}\right)=\frac{M_{Eds}\left(x=x_{i+1}\right)}{z}+N_{Ed} \qquad (3.64)$$

Für Druckgurte ergibt sich dann die Längskraftdifferenz ΔF_d für eine Gurtanschnitt gemäß ◙ Abb. 3.29 zu Gl. (3.65). Bei Gurten mit konstanter Höhe kann hierbei $A_{ca}/A_{cc}=b_{eff,i}/b_{eff}$ gesetzt werden.

$$\Delta F_d=\left|F_{cd}\left(x=x_i\right)-F_{cd}\left(x=x_{i+1}\right)\right|\cdot\frac{A_{ca}}{A_{cc}} \qquad (3.65)$$

Die Längskraftdifferenz ΔF_d kann für Zuggurte gemäß ◙ Abb. 3.29 mit Gl. (3.66) berechnet werden:

$$\Delta F_d=\left|F_{sd}\left(x=x_i\right)-F_{sd}\left(x=x_{i+1}\right)\right|\cdot\frac{A_{sa}}{A_{s,tot}} \qquad (3.66)$$

Die Bemessung erfolgt gemäß DIN EN 1992-1-1 (09.2025) 8.2.5 auf Basis von Schubspannungen. Die einwirkende Schubspannung ergibt sich mit den Formelzeichen aus ◙ Abb. 3.30 über die Schubkraft dividiert durch die Fläche:

$$\tau_{Ed}=\frac{\Delta F_d}{h_f\cdot\Delta x} \qquad (3.67)$$

Es muss nun ähnlich wie bei der Querkraft nachgewiesen werden, dass die Zugsstrebetragfähigkeiten und die Druckstrebentragfähigkeiten in dem Fachwerkmodell mit dem Druckstrebenwinkel θ_f nicht überschritten werden. Dazu muss zunächst der Druckstrebenwinkel θ_f bestimmt werden. Der Druckstrebenwinkel θ_f darf gemäß DIN EN 1992-1-1 (09.2025) 8.2.5 (3) bzw. DIN EN 1992-1-1/NA1 (E) (08.2025) 8.2.5 (3) NCCI nach den folgenden Gleichung ermittelt werden:

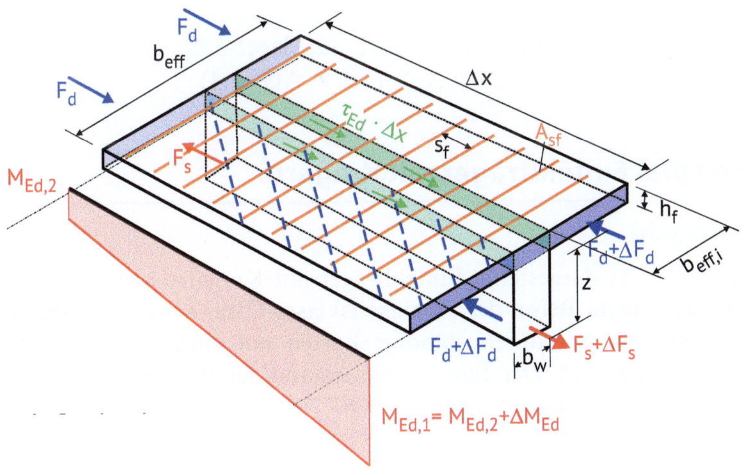

◙ **Abb. 3.30** Formelzeichen und Bemessungsmodell für den Gurtanschluss

$$1 \leq \cot \theta_f \leq 2,0 \text{ in Druckgurten} \tag{3.68}$$

$$1 \leq \cot \theta_f \leq 1,25 \text{ in Zuggurten} \tag{3.69}$$

Vereinfachend kann in Zuggurten $\cot\theta_f = 1,0$ und in Druckgurten $\cot\theta_f = 1,2$ verwendet werden. Im Allgemeinen wird beim Gurtanschluss immer von einer lotrecht zur Fuge angeordnete Anschlussbewehrung ($\alpha = 90°$) ausgegangen.

Der Nachweis der Druckstrebentragfähigkeit kann wie folgt geführt werden:

$$\sigma_{cd} = \tau_{Ed} \cdot \left(\cot \theta_f + \tan \theta_f \right) \leq \nu \cdot f_{cd} \tag{3.70}$$

Dabei sollte der Abminderungsfaktor der Festigkeit $\nu = 0,5$ verwendet werden. Die Gurtbewehrung kann bei $\alpha = 90°$ wie folgt ermittelt werden:

$$a_{sf} = \frac{A_{sf}}{s_f} = \frac{\tau_{Ed} \cdot h_f}{f_{yd} \cdot \cot \theta_f} \tag{3.71}$$

Im Gurt tritt bei Flächenlasten oft auch eine Biegung in Plattenquerrichtung auf, was als Querbiegung bezeichnet wird. Diese Querbiegung interagiert mit den Spannungen aus dem Gurtanschluss. Vereinfacht kann mit diesem Phänomen wie folgt umgegangen werden:

- Wenn die Bewehrung ausschließlich in der Zugzone aufgrund von Querbiegung angeordnet wird, sollte die Fläche des Stahls die größere Fläche der für die Biegung und der für Schub erforderlichen Flächen sein.
- Wenn die Querbewehrung sowohl an der oberen als auch an der unteren Gurtoberfläche vorgesehen wird (z. B. Bügel mit zwei Schenkeln), sollte die Fläche jedes Schenkels die größere Fläche der für Biegung und der für Schub erforderlichen Flächen sein.
- Wenn Querkraftbewehrung in der Gurtplatte erforderlich wird, darf der Nachweis der Druckstreben in beiden Beanspruchungsrichtungen des Gurtes (Scheibe und Platte) vereinfachend mit linearer Interaktion geführt werden.

Beim Zuggurtanschluss sollte die im Gurt ausgelagerte Längszugbewehrung hinter der Druckstrebe verankert werden (vgl. auch ▸ Abb. 5.4).

3.4.4 Beispiel Einfeldträger mit Kragarm

3.4.4.1 Angabe

Der in ▫ Abb. 3.31 dargestellte Einfeldträger mit Kragarm soll bemessen werden. Der Träger aus einem Beton der Festigkeitsklasse C30/37 hat einen Plattenbalkenquerschnitt und ist nur durch ständige Lasten mit einem Bemessungswert von $g_{Ed} = 100 \, kN/m$ belastet. Der Bewehrungsabstand der Biegebewehrung vom Rand darf mit $d_1 = d_2 = 7 cm$ angenommen werden.

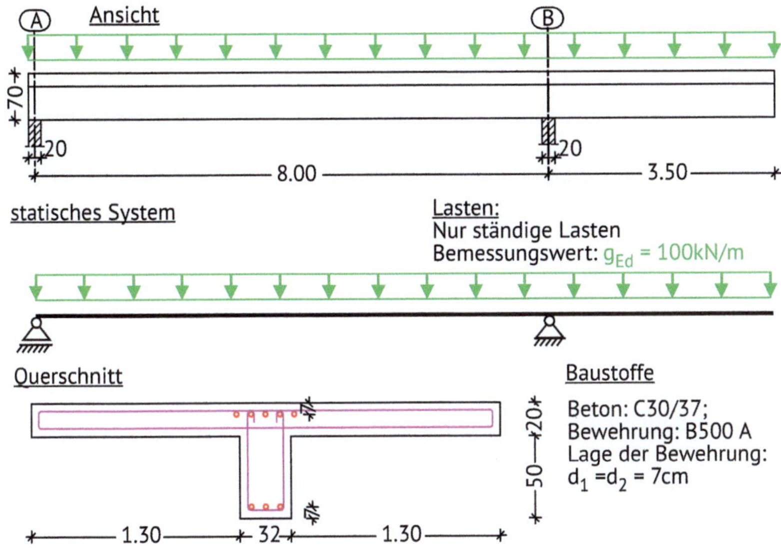

Abb. 3.31 Zu bemessender Einfeldträger mit Kragarm

3.4.4.2 Schnittgrößen

Bei dem System handelt es sich um ein statisch bestimmtes System und alle Kräfte können direkt über die Gleichgewichtsbedingungen ermittelt werden. Die Auflagerkraft an der Achse B ergibt sich über das Momentengleichgewicht um den Punkt A:

$$\Sigma M_A \Rightarrow B_V = \frac{\frac{(l_1 + l_k)^2}{2} \cdot g_{Ed}}{l_1} = \frac{\frac{(8+3,5)^2}{2} \cdot 100}{8} = 826,6\,kN$$

Aus der Summe der vertikalen Kräfte kann dann die Auflagerkraft an der Achse A berechnet werden:

$$\Sigma V \Rightarrow A_V = (l_1 + l_k) \cdot g_{Ed} - B_V = (8+3,5) \cdot 100 - 826,6 = 323,4\,kN$$

Der Querkraftnulldurchgang ist bei:

$$A_V - g_{Ed} \cdot x_{V=0} = 0 \Rightarrow x_{V=0} = \frac{A_V}{g_{Ed}} = \frac{323,4}{100} = 3,234\,m$$

Das Stützmoment ergibt sich über den Kragarm zu:

$$M_B = \frac{l_k^2}{2} \cdot g_{Ed} = -\frac{3,5^2}{2} \cdot 100 = -612,5\,kNm$$

Das maximale Feldmoment befindet sich am Nulldurchgang der Querkraft:

$$M_1 = A_V \cdot x_{V=0} - \frac{x_{V=0}^2}{2} \cdot g_{Ed} = 323,4 \cdot 3,234 - \frac{3,234^2}{2} \cdot 100 = 522,9\,kNm$$

Der Momentennulldurchgang kann, wie folgt berechnet werden:

$$A_V \cdot x_{M=0} - \frac{x_{M=0}^2}{2} \cdot g_{Ed} = 0$$

$$\Rightarrow x_{M=0} = \frac{A_V}{g_{Ed}} \cdot 2 = \frac{323,4}{100} \cdot 2 = 6,468\,m$$

Der Schnittgrößenverlauf ist in ◘ Abb. 3.32 dargestellt.

3.4.4.3 Ermittlung der mitwirkenden Plattenbreiten

Im Feld ergibt sich die mitwirkende Plattenbreite (vgl. ▶ Abschn. 2.6.2) unter der Annahme von $l_0 = 0,85 \cdot l_1$ zu:

$$b_{eff,i} = 0,2 \cdot b_i + 0,1 \cdot l_0 \leq \begin{cases} 0,2 \cdot l_0 \\ b_i \end{cases}$$

$$b_{eff,1} = 0,2 \cdot 1,3 + 0,1 \cdot 0,85 \cdot 8 = 0,94\,m \leq \begin{cases} 0,2 \cdot 0,85 \cdot 8 = 1,36\,m \\ 1,3\,m \end{cases}$$

$$\Rightarrow b_{eff} = 2 \cdot b_{eff,i} + b_w = 2 \cdot 0,94 + 0,32 = 2,2\,m$$

Die mitwirkende Plattenbreite im Zugbereich ist für die weitere Berechnung nicht von Relevanz und wird deshalb hier nicht berechnet.

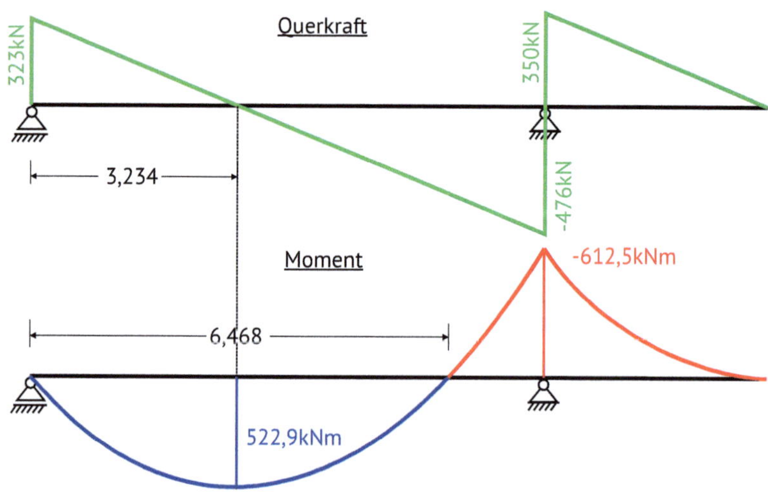

◘ **Abb. 3.32** Schnittgrößenverlauf Beispiel Einfeldträger mit Kragarm

3.4.4.4 **Biegebemessung**

3.4.4.4.1 **Bemessung Stützmoment**

Das Moment kann gemäß ► Abschn. 2.2.2.3 ausgerundet werden:

$$M_{B,Ed,red} = M_{B,Ed} - \Delta M_{Ed} = M_{B,Ed} - F_{Ed,sup} \cdot \frac{t}{8}$$

$$M_{B,Ed,red} = -612,5 + 826,6 \cdot \frac{0,2}{8} = -591,8\,kNm$$

Für die Biegebemessung wird der Bemessungswert der Betondruckfestigkeit des C30/37 benötigt:

$$f_{cd} = \eta_{cc} \cdot k_{tc} \cdot \frac{f_{ck}}{\gamma_C} = 1 \cdot 0,85 \cdot \frac{30}{1,5} = 17,0\,N\,/\,mm^2$$

Das dimensionslose Moment ergibt sich unter der Annahme das die Druckzone vollständig im Steg liegt mit der statischen Nutzhöhe $d = h - d_1 = 70 - 7 = 63\,cm$ zu:

$$\mu_{Eds} = \frac{M_{Eds}}{b \cdot d^2 \cdot f_{cd}} = \frac{0,5918}{0,32 \cdot 0,63^2 \cdot 17} = 0,274$$

Damit kann über den mechanischen Bewehrungsgrad über die Tabellen aus ► Abb. 10.1 zu $\omega_1 = 0,33$ die Zugbewehrung berechnet werden:

$$A_{s1} = \frac{1}{\sigma_{sd}} \cdot \omega_1 \cdot b \cdot d \cdot f_{cd} = \frac{1}{437,5} \cdot 0,33 \cdot 0,32 \cdot 0,63 \cdot 17 =$$

$$A_{s1} = 2,6 \cdot 10^{-3}\,m^2 = 26\,cm^2$$

Es werden 5Ø28 gewählt und es ergibt sich somit die vorhandene Bewehrung von $A_{s1,\,vorh} = 5 \cdot 2,8^2/4 \cdot \pi = 30,5\,cm^2$.

3.4.4.4.2 **Bemessung Feldmoment**

Das dimensionslose Moment als Eingangswert für die Tafeln aus ► Abb. 10.1 kann mit dem maximalen Feldmoment und der mitwirkenden Plattenbreite wie folgt bestimmt werden:

$$\mu_{Eds} = \frac{M_{Eds}}{b \cdot d^2 \cdot f_{cd}} = \frac{0,523}{2,2 \cdot 0,63^2 \cdot 17} = 0,035$$

Die Druckzonenhöhe kann aus der Tafel ► Abb. 10.1 bestimmt werden:

$$\xi = \frac{x}{d} = 0,0605 \Rightarrow x = \xi \cdot d = 0,0605 \cdot 63 = 3,8\,cm$$

Die Druckzone liegt somit vollständig in der Platte und der mechanische Bewehrungsgrad kann über die Tafeln aus ▶ Abb. 10.1 zu $\omega = 0,036$ bestimmt werden. Die Biegebewehrung im Feld ergibt sich damit zu:

$$A_{s1} = \frac{1}{\sigma_{sd}} \cdot \omega \cdot b \cdot d \cdot f_{cd} = \frac{1}{457} \cdot 0,036 \cdot 2,2 \cdot 0,63 \cdot 17 = 1,84 \cdot 10^{-3} \, m^2 = 18,4 \, cm^2$$

Es werden 3Ø28 gewählt. Damit ergibt sich die vorhandene Bewehrung von $A_{s1, vorh} = 3 \cdot 2,8^2/4 = 18,5 \, cm^2$. Die Betondruckkraft kann über den inneren Hebelarm aus der Tafeln ▶ Abb. 10.1 bestimmt werden:

$$\zeta = \frac{z}{d} = 0,980 \Rightarrow z = \zeta \cdot d = 0,976 \cdot 63 = 61,5 \, cm$$

$$F_{cd}\left(x = 3,234\right) = \frac{M}{z} = \frac{0,523}{0,615} = 850 \, kN$$

3.4.4.5 **Querkraftbemessung**

Vereinfacht wird nur die Querkraftbemessung an der Stelle der maximalen Beanspruchung geführt. Da es sich um einen Balken handelt, bei welchem gemäß den Konstruktionsregeln immer eine Mindestquerkraftbewehrung vorzusehen ist, ist ein Nachweis ohne Querkraftbewehrung hier entbehrlich und es wird der Nachweis mit Querkraftbewehrung durchgeführt. Vereinfacht wird die Bemessung mit dem inneren Hebealarm von $z = 0,9 \cdot d = 0,9 \cdot 63 \, cm = 56,7 \, cm$ durchgeführt. Es sollen lotrechte Bügel verwendet werden ($\alpha = 90°$). Für den Nachweis der Druckstrebe darf bei direkter Lagerung die Querkraft am Auflagerand bestimmt werden:

$$V_{Ed,1} = V_{Ed,B,links} - p_{Ed} \cdot \frac{t}{2} = 476 - 100 \cdot \frac{0,2}{2} = 466 \, kN$$

$$\tau_{Ed,1} = \frac{V_{Ed,1}}{b_w \cdot z} = \frac{0,466}{0,32 \cdot 0,567} = 2,57 \, MN \, / \, m^2$$

Es wird der vereinfachte Nachweis geführt. Gemäß ▶ Abschn. 3.3.4.2 darf der Druckstrebenwinkel in bestimmten Grenzen frei gewählt werden. Da bei diesem Bauteil keine Normalkraft vorhanden ist und der Betonstahl mit der Duktilitätsklasse A verwendet werden soll, ergeben sich folgende Grenzen:

$$1,0 \leq \cot\theta \leq \cot\theta_{min} = 2,5 \cdot 0,8 = 2,0$$

Zunächst wird geprüft, ob mit dem flachsten Winkel (größtes $\cot\theta$) der Nachweis der Druckstrebe geführt werden kann:

$$\sigma_{cd} = \tau_{Ed,1} \cdot \left(\cot\theta + \tan\theta\right) \leq \nu \cdot f_{cd}$$

$$\sigma_{cd} = 2,57 \cdot \left(2,0 + 1/2,0\right) = 6,425 \, MN \, / \, m^2 \leq 0,5 \cdot 17 = 8,5 \, MN \, / \, m^2$$

Der Nachweis ist somit erfüllt und es kann mit diesem Winkel auch die Querkraftbewehrung ermittelt werden. Falls der Nachweis nicht erfüllt wäre, müsste ein steilerer Winkel (kleineres $\cot\theta$) gewählt werden.

Für die Ermittlung der Querkraftbewehrung darf bei direkter Lagerung die Beanspruchung im Abstand d vom Auflagerrand ermittelt werden:

$$V_{Ed,2} = V_{Ed,B,links} - p_{Ed} \cdot \left(\frac{t}{2} + d \right) = 476 - 100 \cdot \left(\frac{0,2}{2} + 0,63 \right) = 403\, kN$$

$$\tau_{Ed,2} = \frac{V_{Ed,2}}{b_w \cdot z} = \frac{0,403}{0,32 \cdot 0,567} = 2,22\, MN\,/\,m^2$$

Bei der Ermittlung der Querkraftbewehrung wird der gleiche Druckstrebenwinkel wie beim Nachweis der Druckstrebe verwendet und es ergibt sich:

$$\rho_w = \frac{A_{sw}}{b_w \cdot s_w} = \frac{\tau_{Ed}}{f_{ywd} \cdot \cot\theta} = \frac{2,22}{435 \cdot 2} = 2,55 \cdot 10^{-3}$$

Die Mindestquerkraftbewehrung ergibt sich gemäß ▶ Abschn. 5.1.3 zu:

$$\rho_{min} = 1,6 \cdot 0,08 \cdot \frac{\sqrt{f_{ck}}}{f_{yk}} = 0,128 \cdot \frac{\sqrt{30}}{500} = 1,4 \cdot 10^{-3}$$

Die Mindestquerkraftbewehrung ist somit nicht maßgebend. Damit ergibt sich folgende Querkraftbewehrung:

$$a_{sw} = \frac{A_{sw}}{s_w} = \rho_w \cdot b_w = 2,55 \cdot 10^{-3} \cdot 0,32 = 8,2 \cdot 10^{-4}\, \frac{m^2}{m} = 8,2\, \frac{cm^2}{m}$$

Es werden 2-schnittige Bügel Ø10/15 gewählt mit folgender vorhandenen Bügelbewehrung:

$$a_{sw,vorh} = \frac{A_{sw}}{s_w} = \frac{2 \cdot \frac{1^2}{4} \cdot \pi}{0,15m} = 10,4\, \frac{cm^2}{m} > 8,2\, \frac{cm^2}{m}$$

3.4.4.6 Druckgurtanschluss

Die für einen Nachweisbereich zu betrachtende Länge Δx ergibt sich bei Gleichlasten zur Hälfte des Abstandes zwischen Momentennullpunkt und Momentenhöchstwert. Diese Länge ergibt sich hier gemäß ◘ Abb. 3.32 zu:

$$\Delta x = \frac{3,234}{2} = 1,617\, m$$

An der Stelle x = 0 stellt sich folgendes Moment und somit folgende Betondruckkraft ein:

$$M\left(x=0\right)=0\,kNm \Rightarrow F_{cd}\left(x=0\right)=0\,kN$$

Für den ersten Abschnitt wird nun noch das Moment $x = \Delta x = 1,617m$ benötigt. Dieses kann wie folgt berechnet werden:

$$M\left(x=1,617\right)=A_V\cdot x-\frac{x^2}{2}\cdot g_{Ed}=323,4\cdot1,617-\frac{1,617^2}{2}\cdot100=393,8\,kNm$$

Über das dimensionslose Moment kann mit der Tafel aus ▶ Abb. 10.1 der innere Hebelarm bestimmt werden:

$$\mu_{Eds}=\frac{M_{Eds}}{b\cdot d^2\cdot f_{cd}}=\frac{0,394}{2,2\cdot0,63^2\cdot17}=0,0265$$

$$\zeta=\frac{z}{d}=0,980 \Rightarrow z=\zeta\cdot d=0,980\cdot63=61,7\,cm$$

Damit erhält man die Betondruckkraft im Gurt an dieser Stelle:

$$F_{cd}\left(x=1,617\right)=\frac{M}{z}=\frac{393,8}{0,617}=638\,kN$$

Die Längskraftdifferenz ΔF_d kann dann über die Differenzen der Gurtkräfte und der anzuschließenden Gurtfläche berechnet werden:

$$\Delta F_d=\left|F_{cd}\left(x=x_i\right)-F_{cd}\left(x=x_{i+1}\right)\right|\cdot\frac{A_{ca}}{A_{cc}}=\left|0-638\right|\cdot\frac{b_{eff,i}}{b_{eff}}=638\cdot\frac{0,94}{2,2}=272\,kN$$

Die einwirkende Schubspannung für den Nachweis des Gurtanschluss darf damit wie folgt bestimmt werden:

$$\tau_{Ed}=\frac{\Delta F_d}{h_f\cdot\Delta x}=\frac{0,272}{0,2\cdot1,617}=0,84\,MN/m^2$$

Der Nachweis wird vereinfacht mit dem Druckstrebenwinkel $\cot\theta_f=1,2$ geführt. Der Nachweis der Druckstrebe wird damit wie folgt geführt:

$$\sigma_{cd}=\tau_{Ed}\cdot\left(\cot\theta_f+\tan\theta_f\right)\leq v\cdot f_{cd}$$

$$\sigma_{cd}=0,84\cdot\left(1,2+1/1,2\right)=1,71\,MN/m^2\leq0,5\cdot17=8,5\,MN/m^2$$

Die Gurtanschlussbewehrung ergibt sich für den ersten Abschnitt zu:

$$a_{sf} = \frac{A_{sf}}{s_f} = \frac{\tau_{Ed} \cdot h_f}{f_{ywd} \cdot \cot \theta_f} = \frac{0,84 \cdot 0,2}{435 \cdot 1,2} = 3,2 \cdot 10^{-4} \, m^2 = 3,2 \, cm^2 \, / \, m$$

Für den nächsten Abschnitt ergibt sich die folgende Längskraftdifferenz ΔF_d:

$$\Delta F_d = \left| F_{cd}\left(x = 1{,}617\right) - F_{cd}\left(x = 3{,}234\right) \right| \cdot \frac{A_{ca}}{A_{cc}} = \left| 638 - 850 \right| \cdot \frac{b_{eff,i}}{b_{eff}} = 638 \cdot \frac{0{,}94}{2{,}2} = 90 \, kN$$

Da diese Kraft kleiner ist als, die im vorherigen Abschnitt, wird kein weiterer Nachweis geführt und die gleiche Bewehrung über das ganze Feld verlegt. Aufgrund der Symmetrie in der Momentenkurve bezüglich M_{max} ist kein weiterer Nachweis für den Druckgurtanschluss erforderlich. Die Mindestgurtbewehrung ergibt sich gemäß ▶ Abschn. 5.4.2 zu:

$$\rho_w = \frac{A_{sw}}{s \cdot b_w \cdot \sin \alpha} \geq \rho_{min} = 0,08 \cdot \frac{\sqrt{f_{ck}}}{f_{yk}}$$

$$\frac{A_{sw}}{s_w} \geq 0,08 \cdot \frac{\sqrt{f_{ck}}}{f_{yk}} \cdot h_f \cdot \sin \alpha$$

$$\frac{A_{sw}}{s_w} \geq 0,08 \cdot \frac{\sqrt{30}}{500} \cdot 0,2 \cdot \sin 90° = 1,8 \cdot 10^{-4} \, m^2 \, / \, m = 1,8 \, cm^2 \, / \, m$$

Die Mindestgurtbewehrung ist somit nicht maßgebend. Es werden zwei Stäbe 2Ø8/30 gewählt, wobei je ein Stab auf der Plattenoberseite und einer auf der Plattenunterseite liegen soll. Damit ergibt sich folgende vorhandene Bügelbewehrung:

$$a_{sw,vorh} = \frac{A_{sw}}{s_w} = \frac{2 \cdot \frac{0{,}8^2}{4} \cdot \pi}{0{,}30 \, m} = 3{,}35 \, \frac{cm^2}{m} > 3{,}2 \, \frac{cm^2}{m}$$

3.4.4.7 Zuggurtanschluss

Die für einen Nachweisbereich zu betrachtende Länge Δx ergibt sich bei Gleichlasten zur Hälfte des Abstandes zwischen Momentennullpunkt und Momentenhöchstwert und ergibt sich gemäß ◘ Abb. 3.32 zu:

$$\Delta x_1 = \frac{8 - 6{,}468}{2} = 0{,}766 \, m$$

Für den Kragarm ergibt sich $\Delta x_k = 3{,}5/2 = 1{,}75 \, m$. An alle den entsprechenden Stellen müssen nun die Momente und Zugkräfte berechnet werden. Am Momentennullpunkt erhält man:

$$M\left(x = 6,468\right) = 0\,kNm \Rightarrow F_{sd}\left(x = 0\right) = 0\,kN$$

An der nächsten Stelle im Feld ergibt sich:

$$M\left(x = 7,234\right) = A_V \cdot x - \frac{x^2}{2} \cdot g_{Ed} = 323,4 \cdot 7,234 - \frac{7,234^2}{2} \cdot 100 = -277\,kNm$$

$$\mu_{Eds} = \frac{M_{Eds}}{b \cdot d^2 \cdot f_{cd}} = \frac{0,277}{0,32 \cdot 0,63^2 \cdot 17} = 0,128 \Rightarrow \omega_1 = 0,138$$

$$A_{s1} = \frac{1}{\sigma_{sd}} \cdot \omega_1 \cdot b \cdot d \cdot f_{cd} = \frac{1}{449} \cdot 0,138 \cdot 0,32 \cdot 0,63 \cdot 17 = 1,05 \cdot 10^{-3}\,m^2$$

$$\Rightarrow F_{sd}\left(x = 7,234\right) = 1,05 \cdot 10^{-3}\,m^2 \cdot 449\,\frac{MN}{m^2} = 471\,kN$$

Das Moment über der Stütze wurde bereits in ▶ Abschn. 3.4.4.4.1 ermittelt und die Zugkraft kann aus der Bemessung zurückgerechnet werden:

$$M(x = 8) = -591,8\,kNm \Rightarrow F_{sd}(x = 8m) = 26cm^2 \cdot 43,75kN/cm^2 = 1137,5\,kN$$

An der nächsten Stelle in der Mitte des Kragarms ergibt sich:

$$M\left(x = 9,75\right) = \frac{1,75^2}{2} \cdot 100 = -153\,kNm$$

$$\mu_{Eds} = \frac{M_{Eds}}{b \cdot d^2 \cdot f_{cd}} = \frac{0,153}{0,32 \cdot 0,63^2 \cdot 17} = 0,07 \Rightarrow \omega_1 = 0,073$$

$$A_{s1} = \frac{1}{\sigma_{sd}} \cdot \omega_1 \cdot b \cdot d \cdot f_{cd} = \frac{1}{457} \cdot 0,073 \cdot 0,32 \cdot 0,63 \cdot 17 = 5,47 \cdot 10^{-4}\,m^2$$

$$\Rightarrow F_{sd}\left(x = 9,75\right) = 5,47 \cdot 10^{-4}\,m^2 \cdot 457\,MN/m^2 = 250\,kN$$

Von den in ▶ Abschn. 3.4.4.4.1 gewählten 5Ø28 soll jeweils 1 Stab je Seite ausgelagert werden. Die Längskraftdifferenz ΔF_d und die einwirkende Schubspannung v_{Ed} werden dann für die verschieden Abschnitte wie folgt berechnet.

$$\Delta F_{d,1} = \left|F_{sd}\left(x = 6,468\right) - F_{sd}\left(x = 7,234\right)\right| \cdot \frac{A_{sa}}{A_{s,tot}} = \left|0 - 471\right| \cdot \frac{1 \cdot 6,16cm^2}{5 \cdot 6,16cm^2} = 94,2\,kN$$

$$\tau_{Ed,1} = \frac{\Delta F_d}{h_f \cdot \Delta x} = \frac{0,0942}{0,2 \cdot 0,766} = 0,61\,MN/m^2$$

$$\Delta F_{d,2} = \left|F_{sd}\left(x = 7,234\right) - F_{sd}\left(x = 8\right)\right| \cdot \frac{A_{sa}}{A_{s,tot}} = \left|471 - 1138\right| \cdot \frac{1}{5} = 133,4\,kN$$

$$\tau_{Ed,2} = \frac{\Delta F_d}{h_f \cdot \Delta x} = \frac{0,1334}{0,2 \cdot 0,766} = 0,87 \, MN \, / \, m^2$$

$$\Delta F_{d,3} = \left| F_{sd}(x=8) - F_{sd}(x=9,25) \right| \cdot \frac{A_{sa}}{A_{s,tot}} = \left| 1138 - 250 \right| \cdot \frac{1}{5} = 178 \, kN$$

$$\tau_{Ed,3} = \frac{\Delta F_d}{h_f \cdot \Delta x} = \frac{0,178}{0,2 \cdot 1,75} = 0,51 \, MN \, / \, m^2$$

$$\Delta F_{d,4} = \left| F_{sd}(x=9,25) - F_{sd}(x=11,5) \right| \cdot \frac{A_{sa}}{A_{s,tot}} = \left| 250 - 0 \right| \cdot \frac{1}{5} = 50 \, kN$$

$$\tau_{Ed,4} = \frac{\Delta F_d}{h_f \cdot \Delta x} = \frac{0,05}{0,2 \cdot 1,617} = 0,14 \, MN \, / \, m^2$$

Der Nachweis wird vereinfacht nur mit der maximalen Einwirkung $v_{Ed,2} = 0,87 \, MN/m^2$ und dem Druckstrebenwinkel $\cot\theta_f = 1,0 \Rightarrow \theta_f = 45°$ geführt. Der Nachweis der Druckstrebe ergibt sich damit wie folgt:

$$\sigma_{cd} = \tau_{Ed} \cdot \left(\cot\theta_f + \tan\theta_f \right) \le v \cdot f_{cd}$$

$$\sigma_{cd} = 0,87 \cdot \left(1,0 + 1/1,0 \right) = 1,74 \, MN \, / \, m^2 \le 0,5 \cdot 17 = 8,5 \, MN \, / \, m^2$$

Die Gurtanschlussbewehrung ergibt sich für den ersten Abschnitt zu:

$$a_{sf} = \frac{A_{sf}}{s_f} = \frac{\tau \cdot h_f}{f_{ywd} \cdot \cot\theta_f} = \frac{0,87 \cdot 0,2}{435 \cdot 1,1} = 3,2 \cdot 10^{-4} \, m^2 = 3,6 \, cm^2 \, / \, m$$

Die Mindestgurtbewehrung ist nicht maßgebend und Es werden zwei Stäbe 2Ø8/20 gewählt, wobei je ein Stab auf der Plattenoberseite und einer auf der Plattenunterseite liegen soll. Damit ergibt sich folgende vorhandene Bügelbewehrung:

$$a_{sw,vorh} = \frac{A_{sw}}{s_w} = \frac{2 \cdot \dfrac{0,8^2}{4} \cdot \pi}{0,20m} = 5 \, \frac{cm^2}{m} > 3,6 \, \frac{cm^2}{m}$$

Literatur

Bach C, Graf O (1911) Versuche mit Eisenbeton-Balken zur Ermittlung der Widerstandsfähigkeit verschiedener Bewehrung gegen Schubkräfte. Zweiter Teil. Ernst und Sohn, Berlin

Bachmann H (1978) Längsschub und Querbiegung in Druckplatten von Betonträgern. Beton- und Stahlbetonbau 73:57–63

Cavagnis F, Fernández Ruiz M, Muttoni A (2018) An analysis of the shear-transfer actions in reinforced concrete members without transverse reinforcement based on refined experimental measurements. Structural Concrete 19:49–64. https://doi.org/10.1002/suco.201700145

Cavagnis F, Simões JT, Ruiz MF, Muttoni A (2020) Shear Strength of Members without Transverse Reinforcement Based on Development of Critical Shear Crack. ACI Structural Journal 117. https://doi.org/10.14359/51718012

DAfEb (1932) Bestimmungen des Deutschen Ausschusses für Eisenbeton – Teil A: Bestimmungen für Ausführung von Bauwerken aus Eisenbeton

DAfStb (Hrsg) (2020) Erläuterungen zu DIN EN 1992-1-1 und DIN EN 1992-1-1/NA; DAfStb Heft 600. Beuth Verlag, Berlin

DIN 1045 (12.1978) Beton- und Stahlbetonbau – Bemessung und Ausführung, Berlin

DIN EN 1992-1-1 (09.2025) Eurocode 2: Bemessung und Konstruktion von Stahlbeton- und Spannbetontragwerken – Teil 1-1: Allgemeine Regeln und Regeln für Hochbauten, Brücken und Ingenieurbauwerke; Deutsche Fassung EN 1992-1-1:2023, Berlin

DIN EN 1992-1-1/NA1 (E) (08.2025) Entwurf, Nationaler Anhang 1 zu DIN EN 1992-1-1:2025-MM – Eurocode 2 – Bemessung und Konstruktion von Stahlbeton- und Spannbetontragwerken – Teil 1-1: Allgemeine Regeln und Regeln für Hochbauten, Brücken und Ingenieurbauwerke, Berlin

Finckh W (2025) Mit Stabwerkmodellen zur Bewehrungsführung; Detailnachweise im Stahlbetonbau. Springer Vieweg, Wiesbaden

Kordina K, Blume F (1985) Empirische Zusammenhänge zur Ermittlung der Schubtragfähigkeit stabförmiger Stahlbetonelemente. Ernst und Sohn, Berlin

Leonhardt F, Mönnig E (1984) Vorlesungen über Massivbau; Teil 1: Grundlagen zur Bemessung im Stahlbetonbau. Springer, Berlin

Mark P, Stangenberg F, Bender M, Birtel V, Zedler T (2008) Sonderaspekte zur Schubbemessung nach DIN 1045-1 und EC 2. In: Bergmeister K, Wörner J-D (Hrsg) Beton Kalender 2008. Wiley-VCH Verlag GmbH, Berlin, S 223–274

Mörsch E (1908) Der Eisenbetonbau – seine Theorie und Anwendung. Verlag Konrad Wittwer, Stuttgart

Muttoni A, Fernández Ruiz M (2010) Shear in slabs and beams: should they be treated in the same way? In: Fédération Internationale du Béton (Hrsg) Shear and punching shear in RC and FRC elements, S 105–128

Muttoni A, Ruiz MF, Cavagnis F, Simões JT (2023) Background document to clauses 8.2.1 and 8.2.2: Shear in members without shear reinforcement Background Document for FprEN 1992-1-1, CEN/TC 250/SC 2 N2087, Brüssel, S 298–310

Rehm G, Eligehausen R, Neubert B (1979) Erläuterung der Bewehrungsrichtlinien. Ernst und Sohn, Berlin

Reineck K-H (2005) Modellierung der D-Bereiche von Fertigteilen. In: Bergmeister K, Wörner JD (Hrsg) Beton Kalender 2005. Ernst & Sohn, Berlin, S 243–296

Reineck K-H, Dunkelberg D (2017) ACI-DAfStb databases 2015 with shear tests for evaluating relationships for the shear design of structural concrete members without and with stirrups; DAfStb Heft 617. Beuth, Berlin

Sudret B (2022) Baustatik; Eine Einführung. Springer Vieweg, Wiesbaden, Heidelberg

Zilch K, Zehetmaier G (2010) Bemessung im konstruktiven Betonbau; Nach DIN 1045-1 (Fassung 2008) und EN 1992-1-1 (Eurocode 2). Springer, Berlin, Heidelberg

Zilch K, Niedermeier R, Finckh W (2012) Praxisgerechte Bemessungsansätze für das wirtschaftliche Verstärken von Betonbauteilen mit geklebter Bewehrung – Querkrafttragfähigkeit; DAfStb Heft 594. Beuth, Berlin

Grundlagen der baulichen Durchbildung

Inhaltsverzeichnis

© Der/die Autor(en), exklusiv lizenziert an Springer Fachmedien Wiesbaden GmbH, ein Teil von
Springer Nature 2026
W. Finckh, *Stahlbetonkonstruktion 1*, erfolgreich studieren,
https://doi.org/10.1007/978-3-658-50727-5_4

Zusammenfassung

In diesem Kapitel werden die allgemein gültigen Grundlagen zur Bewehrungsführung behandelt. Dazu wird zunächst in den ▶ Abschn. 4.1 und 4.2 erläutert, wie man Anhand der Dauerhaftigkeitsanforderung die Betondeckung und die Bewehrungslage bestimmen kann. Weitere allgemeine Grundlagen zur Bewehrungsführung sind die minimalen Stababstände und die zulässigen Biegemaße, welche in ▶ Abschn. 4.3 und 4.4 vorgestellt werden.

Einer der wesentlichen Hintergründe für eine gute Bewehrungsführung ist die Wirkungsweise des Verbundes zwischen Beton und Betonstahl, welcher in ▶ Abschn. 4.5 erläutert wird. Mithilfe der Verbundfestigkeit können Verankerungslängen und Übergreifungslängen von gestoßenen Stäben ermittelt werden. Dies wird in ▶ Abschn. 4.6 und 4.8 erläutert und in ▶ Abschn. 4.7 und 4.9 anhand von Beispielen veranschaulicht.

Lernziele

Nach dem Lesen dieses Kapitels:

- Wissen Sie, wie die Betondeckung und die statische Nutzhöhe ermittelt wird.
- Kennen Sie die minimalen Stababstände und die zulässigen Biegemaße für den Betonstahl.
- Können Sie die Verbundfestigkeit und die Verankerungslängen der Bewehrung bestimmen.
- Ist es Ihnen möglich, die Übergreifungslängen von gestoßen Stäben zu ermitteln.

4.1 Anforderrungen an die Dauerhaftigkeit

4.1.1 Grundlagen

Aufgrund der meist langen Nutzungsdauern von Baukonstruktionen müssen diese dauerhaft sein und während dieser Zeit den Belastungen standhalten, denen sie ausgesetzt ist. Wenn eine Baukonstruktion keine ausreichende Dauerhaftigkeit besitzt, kann dies zu verschiedenen Problemen führen:

- **Sicherheitsrisiken**: Falls die Dauerhaftigkeit nicht gewährleistet ist, kann eine Verringerung der Querschnittsflächen (Korrosion; Betonabplatzung) beziehungsweise eine Reduktion der Materialfestigkeit zu einer Beeinträchtigung der Tragfähigkeit führen. Bei fortschreitender Schädigung kann es im Extremfall bis zum Versagen des Bauteils kommen.
- **Hohe Wartungskosten**: Wenn eine Konstruktion nicht ausreichen dauerhaft ist, führen Sanierungen und Instandsetzungen zu hohen laufenden Kosten während der Nutzung, was langfristig eine erhebliche finanzielle Belastung darstellt und die Erstellungskosten übersteigen kann.
- **Verschwendung von Ressourcen**: Eine nicht dauerhafte Konstruktion muss in vielen Fällen aufgrund der Sicherheitsrisiken ersetzt werden. Dies kann dazu führen, dass Ressourcen wie Materialien, Energie und Arbeitszeit verschwendet wurden.

Daher ist es wichtig, dass eine Baukonstruktion so konzipiert und gebaut wird, dass diese dauerhaft den Belastungen standhält, denen sie während ihrer Lebensdauer ausgesetzt ist. Im Stahlbetonbau kann die Schädigung im Wesentlichen in die Korrosion des Betonstahls und den Betongangriff unterteilt werden. Zur Sicherstellung der Dauerhaftigkeit muss deshalb zum einen der Betonstahl vor Korrosion geschützt werden und zum anderen eine geeignete Zusammensetzung des Betons verwendet werden.

Der Beton soll die Schutzwirkung des Stahls übernehmen und diesen vor Korrosion schützen. Aufgrund des alkalischen Milieus mit pH-Werten von etwa 12,5 bis 13,5 wird auf der Stahloberfläche ein mikroskopisch dünner Überzug aus Oxidationsprodukten, die Passivschicht, gebildet, welche eine Korrosion des Stahls verhindert.

Die Zerstörung dieser Passivschicht und damit des Korrosionsschutzes des Bewehrungsstahls, findet statt, wenn der Beton bis an die Bewehrung carbonatisiert oder Chloride die Stahloberfläche erreichen. Hierbei können die wesentlichen korrosionsfördernden Einflüsse wie folgt identifiziert werden:

- Häufige Feuchtigkeitswechsel (wechselndes Austrocknen und Durchfeuchten)
- „aggressive Umgebung" (Salze, Chemikalien)
- Rissbildung (in Verbindung mit Wasser und Sauerstoff)

Weiterführende Erläuterungen und Hintergründe zum Korrosionsprozess im Stahlbeton finden sich zum Beispiel in (Koenders et al. 2025). Die wesentlichen Einflüsse auf die Größe der Schutzwirkung des Betons haben die:

- Betonzusammensetzung: Je dichter und alkalischer der Beton ist, desto größer ist die Schutzwirkung. Beides ist stark abhängig von der Betonrezeptur.
- Dicke und Dichte der Betondeckung: Die Carbonatisierung des Betons, wodurch die Korrosionsschutzwirkung verloren geht, beginnt von der Betonoberfläche. Die Dauer, bis die Carbonatisierungfront den Betonstahl erreicht, hängt wesentlich von der Dichtigkeit des Betongefüges (Diffusionswiderstand) und der Dicke der Schicht ab. Da die Carbonatisierungstiefe in etwa proportional zur Wurzel der Carbonatisierungsdauer ist, kann eine ausreichend dicke und dichte Betondeckung den Stahl dauerhaft schützen.
- Rissbreiten: Durch große Risse, welche bis zum Betonstahl reichen, können Sauerstoff, Feuchtigkeit sowie Chloride direkt zur Bewehrung gelangen und den Korrosionsprozess erheblich beschleunigen.

Wissensbox

In der Bemessung eines neuen Bauteils wird in der DIN EN 1992-1-1 (09.2025) in Verbindung mit der DIN EN 1992-1-1/NA1 (E) (08.2025) die Dauerhaftigkeit über folgende Elemente sichergestellt:
- Die Mindestbetondeckung (vgl. ▶ Abschn. 4.2)
- Die Mindestbetonfestigkeitsklasse (vgl. ▶ Abschn. 4.1.3)
- Die Rissbreitenbeschränkung (vgl. ▶ Abschn. 8.4.3)

Alle diese drei Elemente werden jeweils in Abhängigkeit der zu erwartenden Umwelteinflüssen, welche über die Expositionsklassen in ▶ Abschn. 4.1.2 beschrieben werden, festgelegt.

Bei Einhaltung dieser Regeln wird davon ausgegangen, dass für die Dauer von 50 Jahren eine ausreichende Dauerhaftigkeit und auch der Schutz vor Bewehrungskorrosion gewährleistet sind. Dieses Konzept ist im Rahmen von Normvorgaben äußerst zweckmäßig. Es liefert jedoch keine Aussaggen, bei der Veränderung der Umwelteinwirkungen oder nicht erfüllten Anforderungen (z. B. zu kleine Betondeckungen, falsche Betonmischung). Hier kann eine sogenannte Lebensdauerbemessung, wie dies in (Gehlen et al. 2021) beschrieben wird, weiterhelfen.

Alternativ zu diesem gerade beschrieben Konzept sieht die DIN EN 1992-1-1 (09.2025) das Konzept der Expositionswiderstandsklassen vor. Hier wird die erforderliche Betondeckung aus der Gegenüberstellung der einwirkenden Exposition mit dem Expositionswiderstand des individuellen Betons ermittelt. In der DIN EN 1992-1-1/NA1 (E) (08.2025) wurde dieses Konzept jedoch noch nicht umgesetzt. Es ist geplant in Deutschland das Konzept für ausgewählte Fälle[1] mit der DAfStb-Richtlinie „Dauerhaftigkeit von Betonbauwerken nach dem System der Expositionswiderstandsklassen (ERC-Richtlinie)" zusätzlich als weitere Alternative umzusetzen.

4.1.2 Expositionsklassen

Um die Maßnahmen zur Sicherstellung der Dauerhaftigkeit auf die jeweiligen Randbedingungen abzustimmen, werden die Umwelteinflüsse in Expositionsklassen eingeteilt. Die Expositionsklassen unterscheiden zwischen Einwirkungen, die Korrosion der Bewehrung verursachen und solchen, die das Betongefüge angreifen. Die Kennzeichnung erfolgt durch den Großbuchstaben X (engl. eXposure classes) und einen weiteren Buchstaben bzw. die Zahl 0. Einen Überblick über die Systematik findet sich in ◘ Tab. 4.1.

◘ **Tab. 4.1** Systematik und Bezeichnungen der Expositionsklassen

Beschreibung des Angriffsrisiko		Expositionsklasse (X)
Kein Angriffsrisiko		X0 (zero risk)
Bewehrungskorrosion	Karbonatisierung	XC (carbonation)
	Chloride aus Tausalz	XD (deicing)
	Chloride aus Meerwasser	XS (seawater)
Betonangriff	Frost	XF (frost)
	Chemisch	XA (acid)
	Verschleiß	XM (mechanical abrasion)
	Alkali-Kieselsäure	W

---

1 Das Konzept soll zunächst die im üblichen Hochbau vorherrschenden Expositionsklassen XC1 bis XC4, XF1, XA1 und XS1/XD1 erfassen.

In der ◘ Tab. 4.2 sind die Expositionsklassen der DIN EN 1992-1-1 (09.2025) in Verbindung mit der DIN EN 1992-1-1/NA1 (E) (08.2025) aufgelistet. Diese sind überstimmend mit der DIN 1045-2 (08.2023).

Weitere Einordnungen von Expositionsklassen sind oft auch in bauwerkspezifischen Vorschriften enthalten. So enthalten z. B. die DIN 11622-2 (09.2015) oder auch die DIN V 1202 (08.2004) explizite Vorgaben für die jeweiligen Bauteile.

Bei relevanter mechanischer Beanspruchung der Betonoberfläche ist die zusätzliche Eingruppierung in die Expositionsklassen XM1 bis XM3 erforderlich. Zur Verhinderung einer Betonkorrosion infolge Alkali-Kieselsäure-Reaktion ist zusätzlich die Eingruppierung in die Expositionsklassen W0 bis WS erforderlich. Beides hat jedoch meist keine Auswirkung auf die Mindestfestigkeitsklasse und die Betondeckung.

4.1.3 Mindestfestigkeitsklasse

Die Durchlässigkeit (Permeabilität) des Betons ist ein maßgebender Faktor für die Dauerhaftigkeit. Dies wird insbesondere durch den w/z-Wert und den Mindestzementgehalt beeinflusst. Da der w/z-Wert mit der Betondruckfestigkeit korreliert wird eine Mindestfestigkeitsklasse in Abhängigkeit der Expositionsklasse bestimmt, welche ebenfalls in der ◘ Tab. 4.2 enthalten ist. Durch die Zugabe von Luftporenbildnern (LP) lässt sich die Mindestfestigkeitsklasse teilweise reduzieren.

◘ **Tab. 4.2** Expositionsklassen und Mindestbetonfestigkeitsklassen

Klasse	Beschreibung der Umgebung	Beispiele für die Zuordnung von Expositionsklassen	min C
1. Kein Korrosions- oder Angriffsrisiko			
X0	Für Beton ohne Bewehrung;	Unbewehrte Betonbauteile ohne jede Bewehrung.	C12/15
2. Korrosion, ausgelöst durch Karbonatisierung			
XC1	Trocken	Bauteile in Innenräumen mit üblicher Luftfeuchte (einschließlich Küche, Bad und Waschküche in Wohngebäuden).	C16/20
XC2	Nass oder dauerhaft hohe Luftfeuchte, selten trocken.	Langzeitig wasserbenetzte Oberflächen; vielfach bei Gründungen	C16/20
XC3	Mäßige Feuchte	Bauteile, zu denen die Außenluft häufig oder ständig Zugang hat, z. B. offene Hallen, Innenraume mit hoher Luftfeuchtigkeit z. B. in gewerblichen Küchen, Bädern, Waschereien, in Feuchträumen von Hallenbädern und in Viehställen	C20/25

◼ Tab. 4.2 (Fortsetzung)

Klasse	Beschreibung der Umgebung	Beispiele für die Zuordnung von Expositions- klassen	min C
XC4	Wechselnd nass und trocken	Betonoberflächen, die wiederkehrendem Wasserkontakt ausgesetzt sind (z. B. Beton im Außenbereich, der nicht vor Regen geschützt ist, wie Wände und Fassaden).	C25/30
3. Bewehrungskorrosion, ausgelöst durch Chloride, ausgenommen Meerwasser			
XD1	Mäßige Feuchte	Betonoberflächen, die chloridhaltigem Sprüh- nebel ausgesetzt sind	C30/37
XD2	Nass, selten tro- cken	Schwimmbäder; Betonbauteile, die chlorid- haltigen Industrieabwässern ausgesetzt sind.	C35/45
XD3	Wechselnd nass und trocken	Teile von Brücken, die chloridhaltigem Spritz- wasser ausgesetzt sind; Fahrbahndecken; Parkdecks	C35/45
4. Bewehrungskorrosion, ausgelöst durch Chloride aus Meerwasser			
XS1	Salzhaltige Luft, kein unmittel- barer Kontakt mit Meerwasser	Bauwerke in Küstennähe oder an der Küste	C30/37
XS2	Unter Wasser	Teile von Meeresbauwerken und Bauwerke in Meerwassser	C35/45
XS3	Tidebereiche, Spritzwasser- und Sprühnebel- bereiche	Teile von Meeresbauwerken und Bauwerken, die sich zeitweise oder dauerhaft direkt ober- halb von Meerwasser befinden. Kaimauern in Hafenanlagen.	C35/45
5. Betonangriff durch Frost mit und ohne Taumittel			
XF1	Mäßige Wasser- sättigung ohne Taumittel	Vertikale Betonoberflächen, die Regen und Frost ausgesetzt sind.	C25/30
XF2	Mäßige Wasser- sättigung mit Taumitteln	Vertikale Betonoberflächen von Straßenbau- werken, die Frost und taumittelhaltigem Sprühnebel ausgesetzt sind.	C25/30LPC35/45
XF3	Hohe Wasser- sättigung ohne Taumittel	Horizontale Betonoberflächen, die Regen und Frost ausgesetzt sind.	C25/30LPC35/45
XF4	Hohe Wasser- sättigung mit Taumittel oder Meerwasser	Straßen und Brückenüberbauten, die Tau- mitteln und Frost ausgesetzt sind; Betonober- flächen, die direktem taumittelhaltigem Sprühnebel und Frost ausgesetzt sind; Spritz- wasserbereich von Meeresbauwerken, die Frost ausgesetzt sind. Räumerlaufbahnen von Kläranlagen	C30/37LP

(Fortsetzung)

4

Tab. 4.2 (Fortsetzung)

Klasse	Beschreibung der Umgebung	Beispiele für die Zuordnung von Expositionsklassen	min C
6. Betonangriff durch chemischen Angriff der Umgebung			
XA1	Chemisch schwach angreifende Umgebung	Behälter von Kläranlagen, Güllebehälter	C25/30
XA2	Chemisch mäßig angreifende Umgebung und Meeresbauwerke	Bauteile in Kontakt mit Meerwasser, Bauteile in angreifenden Böden	C35/45
XA3	Chemisch stark angreifende Umgebnung	Industrieabwasseranlagen mit chemisch angreifenden Abwässern; Futtertische der Landwirtschaft; Kühltürme mit Rauchgasableitung	C35/45

Da die Festigkeitsklasse einen erheblichen Einfluss auf die Bemessung hat, sollte diese vorab mit der Expositionsklasse abgeglichen werden.

4.2 Betondeckung

4.2.1 Grundlagen

Als Betondeckung wird, wie in Abb. 4.1 ersichtlich, der Abstand zwischen der äußeren Oberfläche der Bewehrung und der nächstgelegenen Betonoberfläche bezeichnet.

Gemäß DIN EN 1992-1-1 (09.2025) 6.5.1 ergibt sich das Nennmaß der Betondeckung c_{nom} aus der Mindestbetondeckung c_{min} zuzüglich des Vorhaltemaßes Δc_{dev}:

$$c_{nom} = c_{\min} + \Delta c_{dev} \tag{4.1}$$

Des Weiteren gibt es in der DIN EN 1992-1-1/NA1 (E) (08.2025) noch den Begriff des Verlegemaßes c_v der Bewehrung, welche häufig die Angabe im Bewehrungsplan ist, damit c_{nom} für jedes Bewehrungselement eingehalten wird. Bei der Festlegung der statischen Nutzhöhe ist das Verlegemaß c_v zu verwenden.

$$d = h - c_v - \frac{\phi_l}{2} \tag{4.2}$$

Das Verlegemaß c_v stellt somit den direkten Abstand des Stabes zur Bauteiloberfläche dar. Falls es sich nicht um die erste Bewehrungslage handelt, muss in c_v die zweite Lage berücksichtigt werden. Am Beispiel der Abb. 4.1 würde sich das Verlegemaß wie folgt ergeben: $c_v = \max\{c_{nom,\,l}; c_{nom,\,w} + \phi_w\}$.

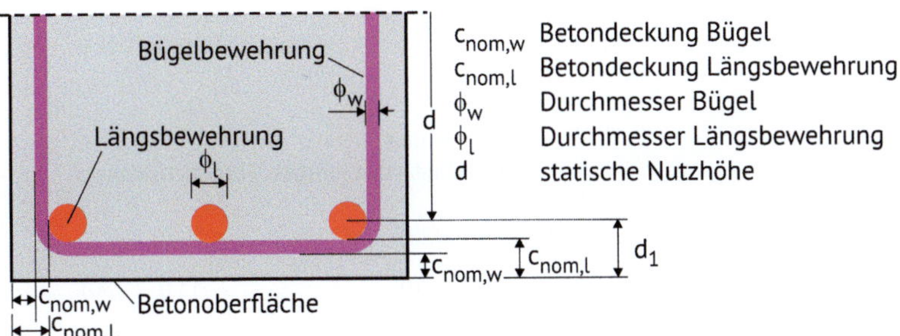

Abb. 4.1 Definition der Betondeckung am Beispiel eines Balkens

Tab. 4.3 Mindestbetondeckung $c_{min,b}$ für Betonstahl

Bewehrungsart	$c_{min,b}$
Einzelstäbe	Stabdurchmesser
Stabbündel	Vergleichsdurchmesser $\phi_b = \sqrt{4/\pi \cdot A_s}$

Falls die festgelegte maximale Korngröße der Gesteinskörnung $D_{upper} > 32\,mm$ beträgt, sollte die Mindestbetondeckung $c_{min,b}$ um 5 mm vergrößert werden.

Der Mindestwert der Betondeckung c_{min} soll den Korrosionsschutz, die Übertragung der Verbundkräfte zwischen Beton und Bewehrung sowie den Brandschutz sicherstellen. Die Betondeckung ist somit abhängig von den Umgebungsbedingungen des Bauteiles, der Betonfestigkeitsklasse sowie dem Durchmesser der Bewehrung.

Die Betondeckung ist ausführungstechnisch unvermeidlichen Schwankungen unterworfen. Daher muss die erforderliche Betondeckung c_{min} um die zu erwartenden Schwankungen aus Maßungenauigkeiten und Verlegeungenauigkeiten vergrößert werden.

4.2.2 Mindestbetondeckung

In der DIN EN 1992-1-1 (09.2025) 6.5.2.1 ergibt sich der Mindestwert c_{min} wie folgt:

$$c_{min} = \max \begin{Bmatrix} c_{min,b} \\ c_{min,dur} + \Sigma\Delta c \\ 10\,mm \end{Bmatrix} \tag{4.3}$$

Dabei ist:

$c_{min,b}$ – Mindestbetondeckung aus der Verbundanforderung siehe **Tab. 4.3**

$c_{min,dur}$ – Mindestbetondeckung, die aufgrund der Umgebungsbedingungen erforderlich ist, siehe **Tab. 4.4**

□ Tab. 4.4 Mindestbetondeckung $c_{min,\,dur}$ – Anforderungen an die Dauerhaftigkeit von Betonstahl in [mm]

Expositionsklasse	$c_{min,\,dur}$ in mm (mit Mindestbetondruck-Festigkeitsklasse)	
XC1	10 (C16/20)	
XC2	20 (C16/20)	15 (C25/30)
XC3	20 (C20/25)	15 (C30/37)
XC4	25 (C25/30)	20 (C35/45)
XD1, XS1	40 (C30/37)	35 (C40/50)
XD2, XS2, XD3, XS3	40 (C35/45)	35 (C45/55)

□ Tab. 4.5 Verringerungen und Erhöhungen Δc der Mindestbetondeckung

Grund	Wert
geplanten Nutzungsdauer von 100 Jahren	$\Delta c_{min,\,100} = +10mm$
geplanten Nutzungsdauer von weniger als 30 Jahren (außer für XC1)	$\Delta c_{min,\,30} = -5mm$
Bei Spanngliedern im sofortigen oder mit nachträglichem Verbund	$\Delta c_{min,\,p} = +10mm$
Bauteilen mit Expositionsklassen XC2 bis XC4 unter flächigen und dauerhaft instandgehaltenen Oberflächenschutzsystemen (OS)	$\Delta c_{dur,\,red1} = -5mm$
Verschleißwiderstand durch eine Opferbetonschicht $\Delta c_{dur,\,abr}$ mit einer Betondruckfestigkeitsklasse $\geq$ C30/37 hergestellt werden (geplante Nutzungsdauer 50 Jahre):	für XM1: $\Delta c_{dur,\,abr} = +5mm$ für XM2: $\Delta c_{dur,\,abr} = +10mm$ für XM3: $\Delta c_{dur,\,abr} = +15mm$

$\Sigma\Delta c$ – Die Summe der folgenden anwendbaren Verringerungen und Erhöhungen nach □ Tab. 4.5

Zur Sicherstellung des Verbundes des Betonstahls muss die Mindestbetondeckung aus der Verbundanforderung $c_{min,\,b}$ größer oder gleich dem jeweiligen Stabdurchmesser ϕ sein. ($c_{min,\,b} \geq \phi$). Dies ist nochmal in □ Tab. 4.3 aufgelistet.

Die Mindestbetondeckung aus der Dauerhaftigkeitsanforderung $c_{min,\,dur}$ ergibt sich in Abhängigkeit der Expositionsklasse und der Betondruckfestigkeitsklasse nach □ Tab. 4.4.

Die DIN EN 1992-1-1 (09.2025) sieht einige Verringerungen und Erhöhungen der Mindestbetondeckung aus Dauerhaftigkeit für spezielle Fälle vor. Die DIN EN 1992-1-1/NA1 (E) (08.2025) präzisiert für Deutschland die Verringerungen und Erhöhungen gemäß ◘ Tab. 4.5.

Alternativ zur größeren Betondeckung durch eine Opferbetonschicht kann der Verschleißwiderstand der Betondeckung über die Betonzusammensetzung und eine Oberflächenbearbeitung (Hartkorneinstreuung) erreicht werden.

Eine Kombination von $\Delta c_{min, 30}$ mit $\Delta c_{dur, red1}$ ist zulässig, wobei die Mindestbetondeckung $c_{min, dur} \geq 10mm$ einzuhalten ist.

Wird Ortbeton gegen andere Betonbauteile betoniert (aus Fertigteilen oder erhärtetem Ortbeton), ist die Mindestbetondeckung der Bewehrung für die Dauerhaftigkeit nicht erforderlich, sofern die Betonfestigkeit mindestens C25/30 beträgt und die Verbundfuge rau ist.

> ❶ Im Bereich von Innenräumen wird bei Unterzügen, Flachdecken und Stützen meist die Betondeckung aufgrund der Verbundanforderung $c_{min, b}$ maßgebend. Im Bereich von Außenbauteilen wird jedoch häufig die Betondeckung aufgrund der Dauerhaftigkeitsanforderung $c_{min, dur}$ maßgebend.

4.2.3 Vorhaltemaß

Das Vorhaltemaß Δc_{dev} zur Berücksichtigung von unplanmäßigen Abweichungen (Tolleranzen) und Fertigungsgenauigkeiten wird in der DIN EN 1992-1-1/NA1 (E) (08.2025) gemäß ◘ Tab. 4.6 festgelegt.

> ❶ Im Allgemeinen gilt für Dauerhaftigkeitsanforderungen $(c_{min, dur})$ $\Delta c_{dev} = 15$ mm (außer für XC1: $\Delta c_{dev} = 10$ mm) und für Verbundanforderungen $(c_{min, b})$ $\Delta c_{dev} = 10$ mm

4.2.4 Weitere Hinweise

Die Betondeckung muss gegebenenfalls noch aufgrund der Feuerwiderstandsdauer (konstruktiver Brandschutz) erhöht werden. Hierbei ergeben sich bei sehr hohen Anforderungen an die Feuerwiderstandsdauer weitere Forderungen aus der DIN EN DIN EN 1992-1-2 (11.2025) bzw. DIN EN 1992-1-2/NA (E) (11.2025).

Im Brückenbau und im Tunnelbau werden die Betondeckungen als Vereinfachung häufig unabhängig von der Expositionsklasse in den jeweiligen Vorschriften angegeben.

Damit die Bewehrung ihre planmäßige Lage auch während des Betonierens nicht verliert, muss die Bewehrung auf der Baustelle über Abstandhalter aus Beton, Faserzement oder Kunststoff, wie beispielhaft in ◘ Abb. 4.2 dargestellt, in der Lage gesichert werden.

Kleinere Betondeckungen als der erforderliche Nennwert erhöhen das Korrosionsrisiko der Bewehrung und gefährden damit die Dauerhaftigkeit. Umgekehrt reduzieren gegenüber der planmäßigen Lage zu große Betondeckungen die statische Nutz-

Tab. 4.6 Vorhaltemaß der Betondeckung Δc_{dev}	
Anwendungsfall	Δc_{dev}
Im Allgemeinen: Dauerhaftigkeit mit $c_{min,dur}$ in allen Expositionsklassen (außer XC1) bei Bauausführung in Toleranzklasse 1 nach DIN 1045-3 (08.2023)	$\geq 15\,mm$
In Expositionsklasse XC1	$\geq 10\,mm$
Für die Verbundbedingung mit $c_{min,b}$	$\geq 10\,mm$
Bei entsprechender Qualitätskontrolle bei Planung, Entwurf, Herstellung und Bauausführung. Die genauen Anforderungen sind im DBV-Merkblatt „Betondeckung und Bewehrung" (DBV 12.2015) geregelt.	$\geq 10\,mm$
Bei Fertigteilen mit einer werksmäßigen und ständig überwachten Herstellung mit einer Überprüfung der Mindestbetondeckung am fertigen Bauteil Fertigteile mit zu geringer Mindestbetondeckung sind auszusondern. (Messung und Auswertung nach DBV-Merkblatt „Betondeckung und Bewehrung" (DBV 12.2015))	$\geq 5\,mm$
In Beton, der gegen raue oder sehr raue Betonoberflächen betoniert wird (z. B. in Verbundfugen).	$\geq 0\,mm$
In Beton, der gegen unebene Oberflächen betoniert wird (z. B. profilierte Schalungen, ausgeprägte Texturen im Sichtbeton, Baugrubenwände)	$\geq 20\,mm$ und $\geq$ Unebenheit
Beim Betonieren auf oder gegen vorbereiteten Baugrund (z. B. mit unebener Sauberkeitsschicht).	$\geq 35\,mm$
Beim Betonieren unmittelbar gegen oder auf den Baugrund.	$\geq 65\,mm$
Bei nachträglich eingemörtelten Bewehrungsanschlüssen.	$\geq 5\,mm$

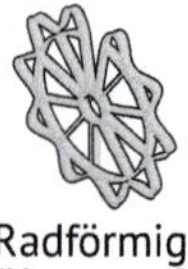
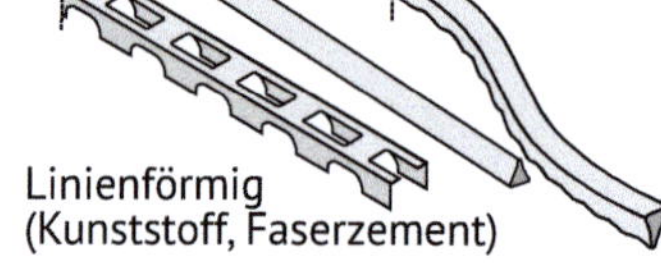

Abb. 4.2 Abstandhalter zur Lagesicherung der Bewehrung in der Schalung

höhe und vermindern damit die Tragfähigkeit und erhöhen das Risiko einer Betonabplatzung. Eine zulässige Abweichung der Betondeckung nach oben ist in Deutschland über die DIN 1045-3 (08.2023) nicht geregelt. In der DIN EN 13670 (11.2013) werden hier für dünne Bauteile ($h \leq 15cm$) $\Delta c_{plus} = 10mm$, für mitteldicke Bauteile ($h = 40cm$) $\Delta c_{plus} = 15mm$ und für dicke Bauteile ($h \geq 250cm$) $\Delta c_{plus} = 20mm$ empfohlen.

4.3 Bewehrungsabstände

Die Abstände zwischen einzelnen Bewehrungsstäben müssen so groß sein, dass das Einbringen des Betons gewährleistet sowie der Verbund sichergestellt wird. Der lichte Abstand c_s (horizontal und vertikal) zwischen parallelen Einzelstäben oder in Lagen paralleler Stäbe darf in der Regel gemäß DIN EN 1992-1-1 (09.2025) 11.2 (2) nicht geringer als die Werte nach Gl. (4.4) sein.

$$c_s \geq \max\left\{\phi; 20mm; D_{upper} + 5mm\right\} \tag{4.4}$$

Dabei ist:

ϕ – Stabdurchmesser des Bewehrungsstahls. Gemäß DIN EN 1992-1-1/NA1 (E) (08.2025) sollte bei geripptem Betonstahl der reale Außendurchmesser ϕ_a berücksichtigt werden.

D_{upper} – Größter zulässiger Wert der oberen Siebgröße D für die gröbste Gesteinskörnungsfraktion im Beton (Umgangssprachlich Größtkorn).

Die Werte nach Gl. (4.4) gelten nicht für nachträglich eingemörtelte Betonstahlstäbe. Hier sind extra Regelungen in der DIN EN 1992-1-1 (09.2025) 11.4.8 enthalten.

Bei einer üblichen Gesteinskörnung des Betons von $D_{upper} = 32mm$ ergibt sich ein lichter Abstand c_s von 40 mm.

Bei mehrlagiger Bewehrung müssen die Stäbe direkt übereinander angeordnet werden. Der Abstand der einzelnen Lagen kann über Stabstücke mit dem entsprechenden Durchmesser sichergestellt werden. Zusätzlich sollten, wie ◘ Abb. 4.3 gezeigt Rüttelgassen zum Verdichten des Frischbetons eingeplant werden.

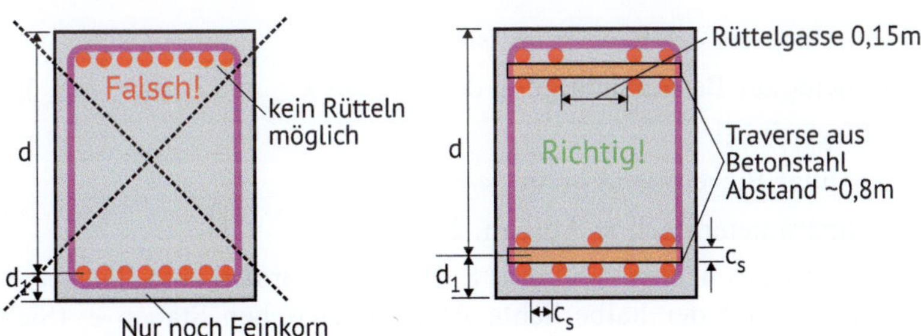

◘ **Abb. 4.3** Anordnung der Längsbewehrung

4.4 Biegen von Betonstählen

In vielen Fällen, wie z. B. bei Bügeln, werden gebogene Stäbe benötigt. Diese gebogenen Stäbe werden in den meisten Fällen in sogenannten Biegebetrieben werksmäßig kalt (ohne eine Erwärmung) gebogen. Hierdurch werden die Stäbe plastisch verformt. Dabei müssen Anrisse an der Krümmungsaußenseite des Stabes, die durch hohe plastische Dehnungen bei zu kleinen Biegerollendurchmessern ausgelöst werden können, über die Einhaltung eines Mindestbiegerollendurchmesser $\phi_{mand,min}$ vermieden werden:

$$\phi_{mand,min} = \begin{cases} 4 \cdot \phi \text{ für } \phi \le 16\text{mm} \\ 7 \cdot \phi \text{ für } \phi > 16\text{mm} \end{cases} \tag{4.5}$$

Gekrümmte, zugbeanspruchte Bewehrungsstäben, wie z. B. Querkraftaufbiegungen oder Rahmeneckbewehrungen rufen Umlenkpressungen und Querzugrkräfte hervor, welche den Beton schädigen können. Hier darf ein Nachweis innerhalb des Biegebereichs entfallen bei:

- Bügeln und Bügelschenkeln
- Standard-Haken- und -Winkelhakenverankerungen

In Fällen, wo eine echte Kraftumlenkung stattfindet, muss nach DIN EN 1992-1-1 (09.2025) 11.3 (4) nachgewiesen werden, dass die Stahlspannung kleiner ist als nach Gl. (4.6).

$$\sigma_{sd} \le 0,65 \cdot f_{cd} \cdot \frac{\phi_{mand}}{\phi} + \frac{\sqrt{f_{ck}}}{\gamma_C} \cdot \left(\frac{d_{dg}}{\phi}\right)^{\frac{1}{3}} \cdot \left(\frac{c_d}{\phi} + \frac{1}{2}\right) \cdot \left(k_{bend} + 0,7 \cdot \frac{\phi_{mand}}{\phi}\right) \tag{4.6}$$

Dabei ist:

ϕ – Nenndurchmesser des Bewehrungsstahls

k_{bend} – Parameter zur Berücksichtigung des Winkels $k_{bend} = 32 \cdot (45\,° / \alpha_{bend})$

α_{bend} – Umbiegewinkel

ϕ_{mand} – Gewählter Biegerollendurchmesser

d_{dg} – Größenparameter nach ▶ Abschn. 2.1.2.6

c_d – Mindestwert des lichten Abstands c_x zu einem parallel zum Biegebereich verlaufenden Rand und der halbe lichte Abstand zwischen Stäben c_s (Siehe auch ▶ Abschn. 4.6.1)

Um eine Größenordnung für die erforderlichen Biegerollendurchmesser zu erhalten sind für die maximale Stahlspannung $\sigma_{sd} = f_{yd} = 435\ N/mm^2$ Werte für ϕ_{mand} in Abhängigkeit der Eingangsgrößen in ▣ Tab. 4.7 angegeben. Hierbei wurde der häufig vor-

□ **Tab. 4.7** Minimale Biegerollendurchmesser ϕ_{mand}/ϕ bei Zugkraftumlenkungen für $\alpha_{bend} = 90°$ und $\sigma_{sd} = f_{yd} = 435\ N/mm^2$

Beton	C25/30				C50/60			
d_{dg}[mm]	16	40	16	40	16	40	16	40
ϕ[mm]	12		25		12		25	
c_d [mm]	ϕ_{mand}/ϕ							
20	25	20	-	-	12	9	-	-
30	18	13	33	29	8	7	16	14
40	13	8	29	25	5	4	14	12
50	10	4	26	21	4	4	13	10
60	6	4	23	18	4	4	11	8
80	4	4	18	13	4	4	8	7
100	4	4	15	9	4	4	7	7

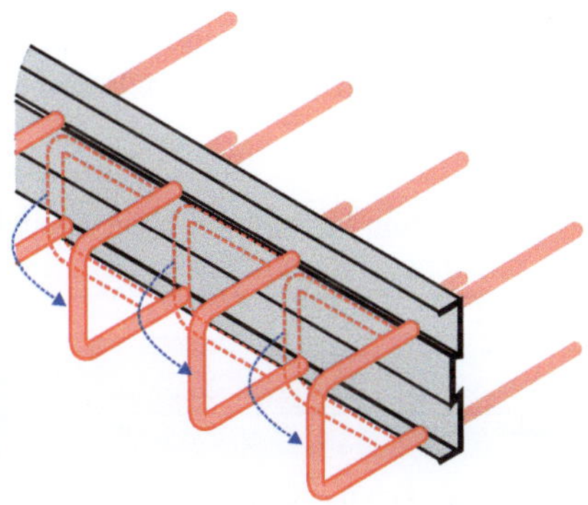

□ **Abb. 4.4** Rückbiegenanschlüsse

kommende Umbiegewinkel von 90° verwendet. Für größere Winkel (z. B. 180°) vergrößern sich die Werte und für kleinere Winkel (z. B. 45°) verringern sich die Werte.

Gemäß DIN EN 1992-1-1 (09.2025) 11.3 (5) lassen sich die Spannungen nach Gl. (4.6) noch erhöhen falls Querstäbe innerhalb des Biegebereichs vorhanden sind.

Die beim Biegen erzeugten plastischen Verformungen führen zu einer Verfestigung und Versprödung der Bewehrung. Aus diesem Grund kann ein mehrmaliges Hin- und Zurückbiegen erhebliche Schädigungen und zu einem spröden Bruch führen. Unter bestimmten Randbedingungen (vgl. (DBV 01.2011)) ist ein einmaliges Rückbiegen auf der Baustelle möglich. Hierfür werden in der Praxis sogenannte Rückbiegenanschlüsse, wie in □ Abb. 4.4 beispielhaft dargestellt, bei Durchmesser bis $\phi = 12mm$ verwendet.

4.5 **Verbund von Bewehrung**

4.5.1 **Grundlagen**

Der Verbund zwischen Stahl und Beton ist einer der wesentlichen Bestandteile der Bauweise Stahlbeton und stellt die Kraftübertragung zwischen Stahl und Beton sicher. Über die Rissbildung im Stahlbetonbau wird der einbetonierte Bewehrungsstahl aktiviert und gibt über die Verbundwirkung die Kräfte sukzessive wieder an den Beton ab. Der Verbund beeinflusst in Abhängigkeit seiner Qualität somit maßgeblich die Rissbildung, die Rissbreite wie auch die Rissabstände und somit das Verformungsverhalten von Stahlbetontragwerken, wie in ◘ Abb. 4.5 gezeigt. Des Weiteren ist der Verbund auch für die Einleitung der Zugkräfte in den Beton entscheidend.

Jede Änderung der Beanspruchung in der Kraft der Bewehrung muss somit durch Verbundkraftübertragung in den Beton erfolgen. Die Verbundwirkung lässt sich Anhand von sogenannten Herausziehversuchen, wie diese in ◘ Abb. 4.6 dargestellt sind, experimentell ermitteln.

Die experimentell ermittelte gesamte Verbundwirkung lässt sich in drei verschiedenen Verbundarten unterscheiden: *Haftverbund, Reibungsverbund* und *Scherverbund*. Diese wirken je nach Belastungszustand und Oberflächenbeschaffenheit des

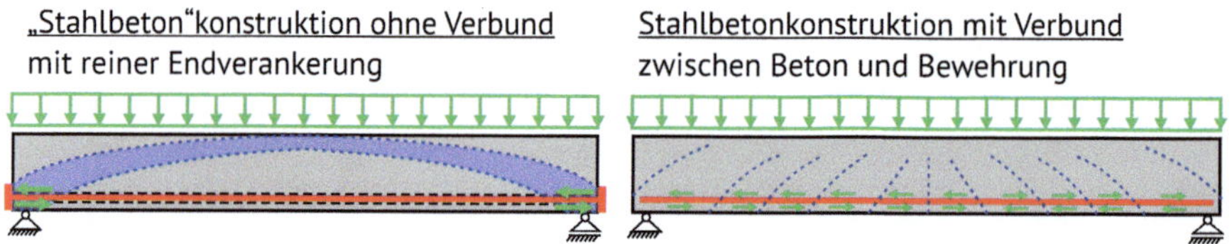

◘ **Abb. 4.5**   Stahlbeton ohne und mit Verbund

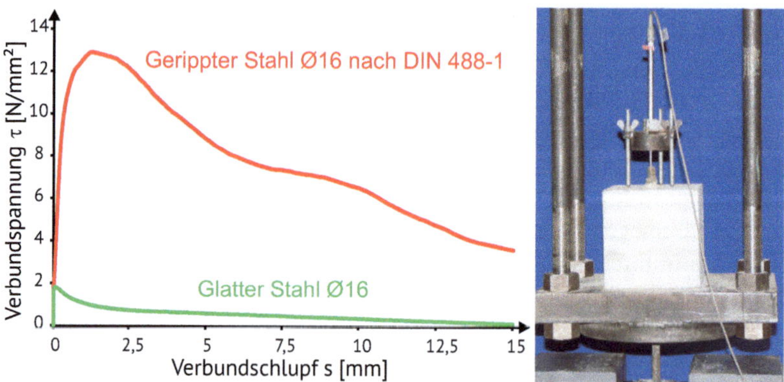

◘ **Abb. 4.6**   Verbundspannungs-Schlupf-Beziehung aus einem Verbundversuche

Bewehrungsstabes gleichzeitig oder aufeinanderfolgend. Besonders beim Reibungsverbund spielt die Beschaffenheit der Oberfläche des Bewehrungsstabes eine entscheidende Rolle.

Haftverbund: Zwischen dem Stahl und dem Zementstein entsteht aufgrund von Adhäsion und Kapillarkräften eine sogenannte Klebewirkung. Diese Klebewirkung ist von der Oberflächenrauigkeit und Sauberkeit der Stahloberfläche abhängig. Allerdings wird dieser Verbundanteil normativ im Regelfall nicht herangezogen, da dieser schon bei sehr geringen Relativverschiebungen zerstört wird. *(Verbundanteil ist gering)*.

Scherverbund: Hier entsteht die Verbundwirkung durch die mechanische Verzahnung des profilierten (Stahlrippen) Bewehrungsstabes mit dem Beton. Die Herstellung der planmäßigen Stahlrippen erfolgt durch Aufwalzen quer zur Stabachse im Werk. Die Verbundwirkung entsteht durch das Abstützen der Stahlzugkräfte über die Rippen der Stäbe auf die Betonkonsolen. Dabei wird die Wirksamkeit des Scherverbundes hauptsächlich durch das Schervermögen des Betonmörtels im Bereich der Rippen beeinflusst. *(wesentlicher Verbundanteil)*.

Reibverbund: Der Reibverbund wird erst dann aktiviert, wenn gleichzeitig zur Relativbewegung zwischen Stahl und Beton eine Querpressung wirkt. Diese Querpressung kann infolge einer äußeren Last oder durch Quell- und Schwindvorgänge entstehen. Der entscheidende Unterschied zum Haftverbund ist, dass der Reibverbund erst bei einer Verschiebung und nach dem Abscheren der Betonkonsolen aktiviert wird. *(mit der Verbundlänge immer weiter steigender Anteil)*.

4.5.2 Prinzip der Kraftübertragung

Durch die mechanische Verzahnung wird bei gerippten Bewehrungsstählen die Verbundkraft vom Stahl auf „Betonkonsolen" übertragen, wie dies ◘ Abb. 4.7 zeigt.

Aus ◘ Abb. 4.7 ist ersichtlich, dass aufgrund der schrägen Betondruckstrebe Zugspannungen entstehen. Die so im Beton entstehenden Querzugbeanspruchungen, können wie ◘ Abb. 4.8 zeigt, zu einem Aufspalten des Betons und im extremen Fall zu einem Abplatzen der Betondeckung führen. Um dies zu verhindern, muss wie in ► Abschn. 4.2 bereits beschrieben, eine ausreichend große Betondeckung $c_{min} \geq \phi$ vorgesehen werden.

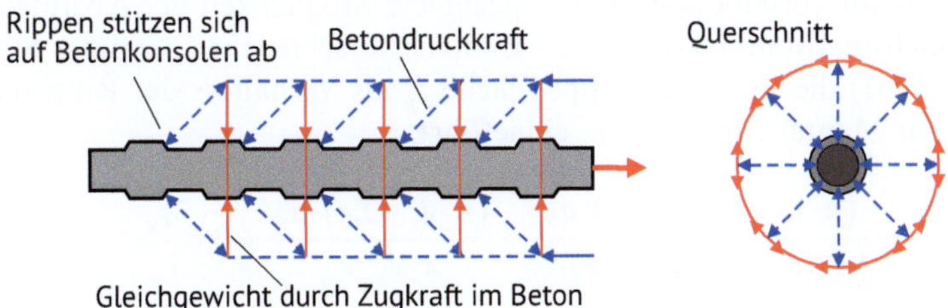

◘ **Abb. 4.7** Prinzip der Verbundkraftübertragung

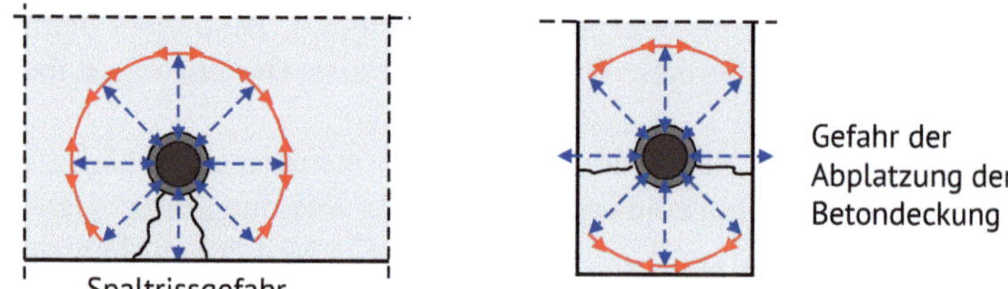

Abb. 4.8 Mögliche Folgen bei zu hohen Querzugbeanspruchungen

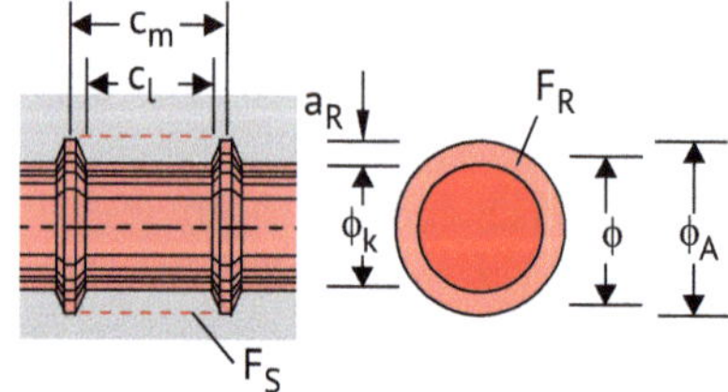

Abb. 4.9 Definition der bezogenen Rippenfläche f_R (schematisch für $\Sigma e = 0$), in Anlehnung an. (Zilch und Zehetmaier 2010)

4.5.3 Einflussfaktoren auf die Verbundfestigkeit

Die Verbundfestigkeit ist von mehreren Einflussfaktoren abhängig. Die entscheidenden Faktoren für den Grundwert der Verbundfestigkeit sind hierbei:

- Betonfestigkeit
- Oberflächenbeschaffenheit der Betonstähle
- Lage und Richtung der Stäbe beim Betoniervorgang

Einfluss der Betonfestigkeit: Mit der Bildung von weiteren Rissen bei Erreichen der Betonzugfestigkeit wird die Zerstörung des Verbunds eingeleitet und beschleunigt. Je höher die Betonfestigkeit, desto höher die Betonzugfestigkeit und desto höher ist auch die Verbundfestigkeit.

Oberflächenbeschaffenheit der Betonstähle: Durch die Profilierung des Bewehrungsstahls wird die Verbundfestigkeit wirksam verbessert, da sie den Betondruckstreben im Verbundbereich eine geeignete Möglichkeit der Abstützung bietet. Als Vergleichsmaßstab des Verbundverhaltens verschiedener gerippter Stäbe wurde in (Rehm 1961) die bezogene Rippenfläche f_R als Verhältnis der Rippenaufstandsfläche F_R zur Mantelscherfläche F_S eingeführt:

$$f_R = \frac{F_R}{F_s} = \frac{\left(\pi \cdot (\phi_k + a_R) - \Sigma e\right) \cdot a_R}{\left(\pi \cdot (\phi_k + 2 \cdot a_R) - \Sigma e\right) \cdot c_l} \approx \frac{(\pi \cdot \phi_s - \Sigma e) \cdot a_R}{\pi \cdot \phi_s \cdot c_m} \approx 0,6 \frac{a_R}{c_m} \tag{4.7}$$

Dabei ist gemäß **■** Abb. 4.9 ϕ_k der Kerndurchmesser des Stabes und ϕ_s der Nenndurchmesser des Stabes. Der Abstand der Rippen in Stabumfangsrichtung ist mit e, der lichte Abstand der Rippen in Stablängsrichtung mit c_l und der mittlere Abstand der Rippen in Stablängsrichtung mit c_m bezeichnet.

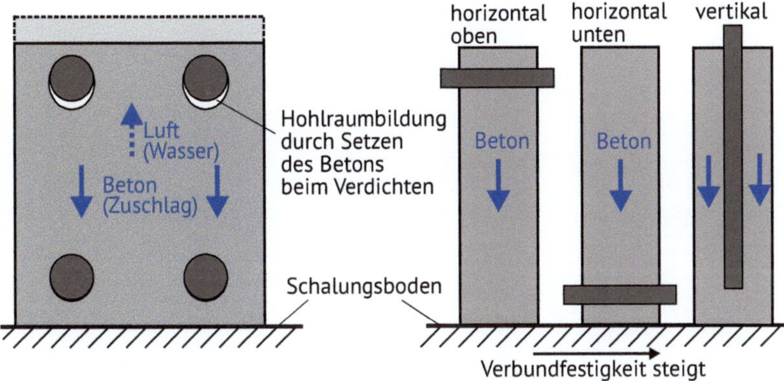

Abb. 4.10 Einfluss der Lage und Richtung der Stäbe beim Betoniervorgangs auf die Verbundfestigkeit

In der DIN EN 1992-1-1 (09.2025) Anhang C sind Mindestwerte für die bezogene Rippenfläche in Abhängigkeit des Durchmesser angegeben. Bewehrungsstähle nach DIN 488-1 (08.2009) erfüllen diese Anforderungen.

Lage und Richtung der Stäbe beim Betoniervorgang: Einen weiteren wesentlichen Einfluss auf die Güte des Verbunds haben Lage und Richtung der Bewehrungsstäbe beim Betoniervorgang. Die Sedimentation des Frischbetons führt je nach Abstand des eingebauten Stabs vom Schalungsboden zu Hohlräumen oder zu stark porenhaltigem Beton unter horizontal liegenden Bewehrungsstäben. Dieser Hohlraum und die Porenbildung führt zu einer Verminderung der Verbundfestigkeit und die Ringszug nach **Abb. 4.7** ist nicht mehr voll wirksam. Die **Abb. 4.10** zeigt die Tendenz zunehmender Verbundfestigkeit in Abhängigkeit von Lage und Richtung der Bewehrungsstäbe. Es wird deshalb normativ zwischen gutem und mäßigen Verbundbedingungen unterschieden.

Neben den gerade vorgestellten Einflussfaktoren gibt es noch bauteilspezifische Einflussfaktoren, welche jedoch in der DIN EN 1992-1-1 (09.2025) über eine Modifikation der Verankerungslänge bzw. über eine Anpassung der Eingangsgrößen erfolgt.

4.6 Verankerungen von Bewehrung

4.6.1 Verankerung gerader Stäbe

4.6.1.1 Allgemeines

Um die Zug- oder Druckkraft des Betonstahls zu verankern, müssen die Betonstähle über eine ausreichende Verankerungslänge ihre Kraft über die entlang des Umfangs des Stabes wirkenden Verbundspannungen abgeben. Dieser Zusammenhang ist in **Abb. 4.11** dargestellt.

Um das Prinzip der Ermittlung der Verankerungslänge zu demonstrieren, wird hier vereinfachend von einer konstanten Verbundspannungen ausgegangen. Die Ver-

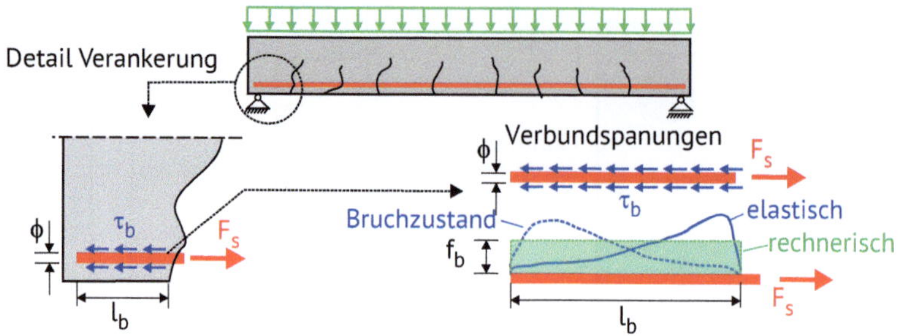

Abb. 4.11   Zusammenhang der Verbundspannungen und der Verbundlängen

ankerungslänge stellt damit die gerade Stablänge dar, die erforderlich ist, die Kraft bei Annahme einer über die Verankerungslänge und den Stabumfang konstanten Verbundspannung f_b zu übertragen. Die zu verankernde Kraft im Betonstahl kann in Abhängigkeit der Betonstahlspannung σ_s wie folgt beschrieben werden:

$$F_s = A_s \cdot \sigma_s = \frac{\pi \cdot \phi^2}{4} \cdot \sigma_s \tag{4.8}$$

Diese Kraft muss über die Verbundwirkung auf der Länge l_b übertragen werden. Die Kraft im Beton, kann unter der Annahme, dass eine konstante Verbundspannung f_{bd} vorliegt, mit Gl. (4.9) beschrieben werden:

$$F_b = \text{Verbundfläche} \times \text{Verbundspannung} = \pi \cdot \phi \cdot l_b \cdot f_b \tag{4.9}$$

Über das Kräftegleichgewicht $F_b = F_s$ ergibt sich:

$$\pi \cdot \phi \cdot l_b \cdot f_b = \frac{\pi \cdot \phi^2}{4} \cdot \sigma_{sd} \tag{4.10}$$

$$l_b = \frac{\phi}{4} \cdot \frac{\sigma_s}{f_b} \tag{4.11}$$

Mit der DIN EN 1992-1-1 (09.2025) werden die Verbundspannungen allerdings nun nicht mehr als konstant angenommen sondern werden abhängig von der Stahlspannung bzw. der Länge des Verankerungsbereich angenommen. Dies zeigt die Abb. 4.12 für verschiedene Durchmesser.

Die Abb. 4.12 dient nur zur Verdeutlichung der Verbundspannungen wird aber für die späterer Berechnung der Verankerungslänge nicht herangezogen. Für die Bemessung der Verankerungslänge nach DIN EN 1992-1-1 (09.2025) wurden diese Verbundspannungen direkt in recht komplexere Gleichungen integriert.

4.6.1.2 Berechnung der Verankerungslänge

Der Bemessungswert der Verankerungslänge l_{bd} wird gemäß DIN EN 1992-1-1 (09.2025) 11.4.2 über die Gl. (4.12) berechnet. Dabei darf nach DIN EN 1992-1-1/NA1 (E) (08.2025) der Mindestwert der Verankerungslänge 10ϕ bei direkter Lagerung auf $6,7\phi$ reduziert werden.

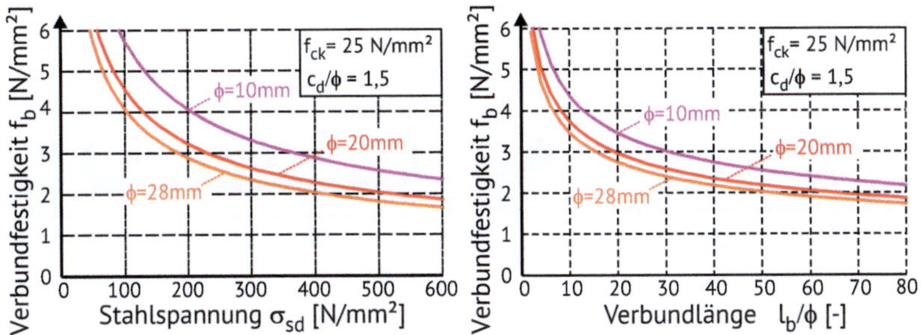

Abb. 4.12 Verbundfestigkeiten in Abhängigkeit von der maximalen Stahlspannung (links) und Verbundfestigkeiten in Abhängigkeit der Verankerungslängen

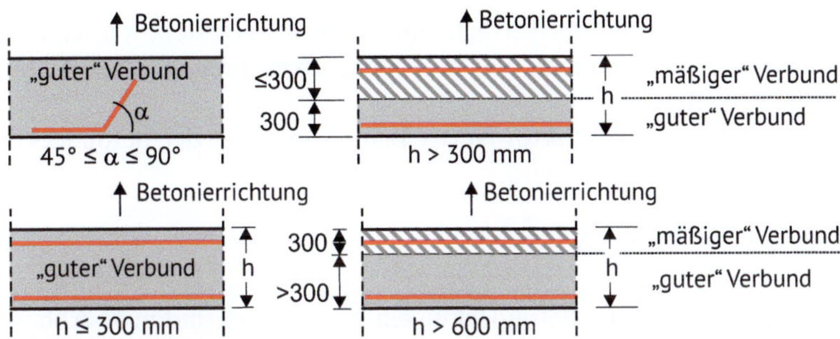

Abb. 4.13 Verbundbedingungen

$$l_{bd} = k_{lb} \cdot k_{cp} \cdot \phi \cdot \left(\frac{\sigma_{sd}}{435}\right)^{\frac{3}{2}} \cdot \left(\frac{25}{f_{ck}}\right)^{\frac{1}{2}} \cdot \left(\frac{\phi}{20}\right)^{\frac{1}{3}} \cdot \left(\frac{1,5\phi}{c_d}\right)^{\frac{1}{2}} \geq 10\phi \tag{4.12}$$

Dabei ist:

k_{lb} = **50** – für ständige und vorübergehende Bemessungssituationen (GZT)

k_{lb} = **35** – für außergewöhnliche Bemessungssituationen

k_{cp} = **1,0** – für Stäbe in guten Verbundbedingungen (vgl. auch **Abb. 4.13)

k_{cp} = **1,2** – für mäßige Verbundbedingungen (vgl. auch **Abb. 4.13)

k_{cp} = **1,4** – für alle Stäbe die in Bentonitschlämme[2] eingebaut werden

σ_{sd} – Bemessungswert der Spannungen im Betonstahl in N/mm^2

f_{ck} – Charakteristischer Wert der Betondruckfestigkeit in N/mm^2

ϕ – Stabdurchmesser in mm

c_d – Eingangswert für die Betondeckung des Stabes nach Gl. (4.13) in mm.

Ob in einem Bauteil guter oder mäßiger Verbund herrscht, kann **Abb. 4.13 entnommen werden. Für Bauteile, die im Gleitbauverfahren oder im Spritzbetonver-

---

2 Bentonitschlämme ist vor allem bei der Betonage von Schlitzwänden (Spezialtiefbau) vorhanden.

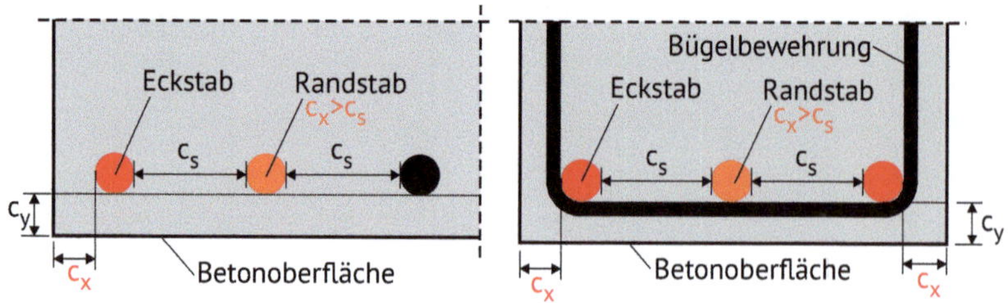

◘ Abb. 4.14   Betondeckungswerte für die Verankerung von Stäben

fahren hergestellt werden, gelten immer mäßige Verbundbedingungen. Gemäß DIN EN 1992-1-1/NA1 (E) (08.2025) 11.4.2 (4) NCI darf guter Verbund auch für liegend gefertigte stabförmige Bauteile angenommen werden, wenn diese mit einem Außenrüttler verdichtet oder mit selbstverdichtendem Beton hergestellt werden und die äußeren Querschnittsabmessungen 500 mm nicht überschreiten. Dies ist häufig bei Fertigteilen der Fall.

Ein wesentlicher Einflussfaktor ist der Bemessungswert der Betondeckung, welcher über Gl. (4.13) bestimmt wird.

$$c_d = \min\left\{0,5 \cdot c_s; c_x; c_y; 3,75 \cdot \phi\right\} \tag{4.13}$$

Die Eingangsgrößen für die Betondeckungen c_s, c_x und c_y sind in ◘ Abb. 4.14 dargestellt.

Der Einfluss von Querbewehrung und Querdruck wird ebenfalls über eine Modifikation des Bemessungswertes c_d der Betondeckung berücksichtigt. Dies wird in ▶ Abschn. 4.6.1.3 beschreiben.

Für eine schnelle Festlegung der Verankerungslänge können auf der sicheren Seite liegend die Werte in ◘ Tab. 4.8 verwendet werden, wenn der Bemessungswert der Betondeckung $c_d \geq 1,5\phi$ ist. Alle weiteren Regelungen führen im Normalfall zu einer Verringerung der erforderlichen Verankerungslänge. Die ◘ Tab. 4.8 ist eine direkte Auswertung der Gl. (4.12).

Praxistipp

Bei abweichenden Betonstahlspannungen können die Werte nach ◘ Tab. 4.8 mit $(\sigma_{sd}/435)^{3/2}$ und bei abweichender Betondeckung mit $(1,5\phi/c_d)^{1/2}$ multipliziert werden.

Für gerade Stäbe, welche für Druckkräfte verankert werden, darf der berechnete Bemessungswert der Verankerungslänge l_{bd} um 15ϕ reduziert werden, falls der Abstand zwischen dem Stabende und der freien Oberfläche bei Messung parallel zur Stabachse mindestens 5ϕ beträgt. Der Bemessungswert der Verankerungsläng darf jedoch nicht kleiner als 10ϕ sein.

Bei Betonstählen mit großem Durchmesser von $\phi > 32\ mm$ muss eine Quer- und Umschnürungsbewehrung im Verankerungsbereich nach DIN EN 1992-1-1 (09.2025) 11.4.2 (7) vorgesehen werden.

Tab. 4.8 Verankerungslängen von geraden Stäben bezogen auf den Durchmesser l_{bd}/ϕ

ϕ [mm]	l_{bd}/ϕ f_{ck} [N/mm²]								
	12	20	25	30	35	40	45	50	60
≤ 8	53	41	37	34	31	29	27	26	24
10	57	44	40	36	34	31	30	28	26
12	61	47	42	38	36	33	31	30	27
14	64	50	44	41	38	35	33	31	29
16	67	52	46	42	39	37	35	33	30
20	72	56	50	46	42	40	37	35	32
25	78	60	54	49	46	43	40	38	35
28	81	63	56	51	47	44	42	40	36
32	84	65	58	53	49	46	44	41	38

$\sigma_{sd} = f_{yd} = 435 \ N/mm^2$ und gute Verbundbedingungen sowie $c_d \geq 1{,}5\phi$
Bei Stäben unter mäßigen Verbundbedingungen sind die Werte mit 1,2 zu multiplizieren

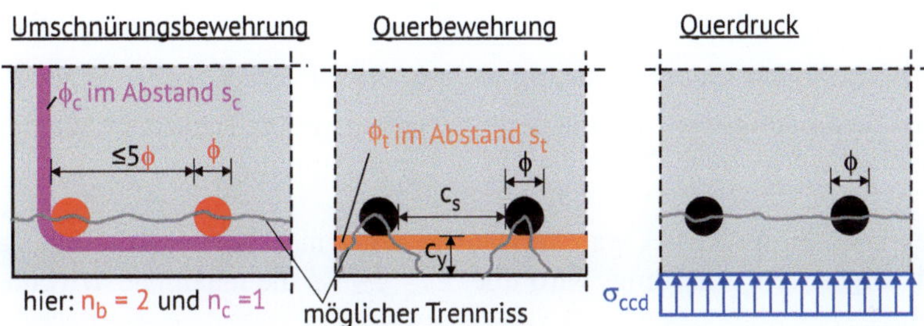

Abb. 4.15 Definition von Fällen, in denen der Bemessungswert der Verankerungslänge aufgrund von Umschnürungs- oder Querbewehrung reduziert werden darf

4.6.1.3 Einfluss von Querbewehrung und Querdruck

Querbewehrung und Querdruck wirken sich auf die Verankerung positiv aus und dürfen gemäß DIN EN 1992-1-1 (09.2025) 11.4.2 (5) über eine Modifikation des Bemessungswertes der Betondeckung c_d berücksichtigt werden. Dieser modifizierte Wert für c_d kann dann in Gl. (4.12) eingesetzt werden bzw. in der **Tab. 4.8** berücksichtigt werden. In der Norm wird, wie in **Abb. 4.15** gezeigt, zwischen Umschnürungsbewehrung, Querbewehrung und Querdruck unterschieden. Eine Umschnürungsbewehrung darf nicht weiter als 5ϕ zum zu verankernden Stab entfernt liegen.

Der modifizierte Wert für c_d kann nach Gl. (4.14) bestimmt werden:

$$c_{d,conf} = \min\left\{c_x; c_y + 25\frac{\phi_t^2}{s_t}; \frac{c_s}{2}; 3,75\phi\right\} + \Delta c_d \leq 6\phi \tag{4.14}$$

$$\Delta c_d = \left(70 \rho_{conf} + \frac{12\sigma_{ccd}}{\sqrt{f_{ck}}} \right) \cdot \phi \qquad (4.15)$$

$$\rho_{conf} = \frac{n_c \cdot \pi \cdot \phi_c^2}{4 \cdot n_b \cdot \phi \cdot s_c} \qquad (4.16)$$

Dabei ist:

ρ_{conf} – Der Umschnürungsbewehrungsgrad bezogen auf den Durchmesser des zu verankernden oder zu stoßenden Stabs nach Gl. (4.16)

ϕ_c – Der Durchmesser der Umschnürungsbewehrung

n_c – Die Anzahl der Schenkel der Umschnürungsbewehrung, welche die mögliche Trennrissfläche kreuzen (vgl. auch ◘ Abb. 4.15)

n_b – Die Anzahl der verankerten Stäbe oder der Paare von gestoßenen Stäben in der möglichen Trennrissfläche (vgl. auch ◘ Abb. 4.15)

s_c – Der Abstand der Umschnürungsbewehrung entlang des zu verankernden Stabes

ϕ_t – Der Durchmesser der Querbewehrung zwischen dem zu verankernden Stab und der freien Oberfläche

s_t – Der Abstand der Querbewehrung entlang des zu verankernden Stabes

σ_{ccd} – Der Bemessungswert der mittleren Druckspannung senkrecht zur möglichen Trennrissfläche (vgl. auch ◘ Abb. 4.15). (Druckspannung positiv)

Eine Begrenzung der Druckspannung sowie des Umschnürungsbewehrungsgrades ist nicht vorgesehen. Allerdings wird über $c_{d,\,conf} \leq 6\phi$ die maximale Wirkung per se begrenzt.

Bei Querzugspannungen ist $\sigma_{ccd} = 0$. Eine weitere Abminderung ist in der DIN EN 1992-1-1 (09.2025) nicht vorgesehen. Die Querzugspannungen sollten jedoch durch Bewehrung aufgenommen werden.

4.6.2 **Verankerung von Stäben mit Winkelhaken und Haken**

Haken an den Stabenden können vor allem bei Zugsbeanspruchung im Betonstahl einen günstigen Einfluss auf die Verankerung haben. Bei Druckbewehrung ist dieser günstige Einfluss geringer und nur vorhanden, falls genügend Abstand zur freien Oberfläche vorhanden ist.

Gemäß DIN EN 1992-1-1 (09.2025) 11.4.4 darf bei Stäben, welche Standard-Winkelhaken oder Standard-Haken nach ◘ Abb. 4.16 besitzen, der Bemessungswert der Verankerungslänge l_{bd} unter **Zugsbeanspruchung** um 15ϕ reduziert werden. Alternativ oder bei anderen Haken darf bei der Bemessung die nach Gl. (4.12) berechnet Verankerungslänge auf die gesamten Verankerungslänge $l_{bd,\,tot}$ angewendet werden. Diese gesamte Verankerungslänge $l_{bd,\,tot}$ wird dann entlang der Achse des Stabs, wie

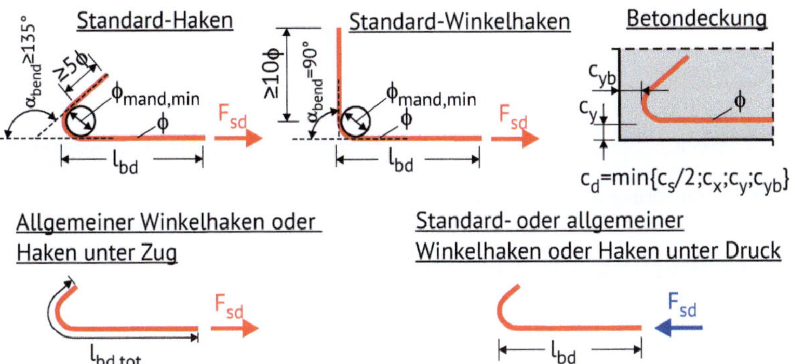

Abb. 4.16 Verankerung mit standardmäßigen Haken und Winkelhaken unter Zug

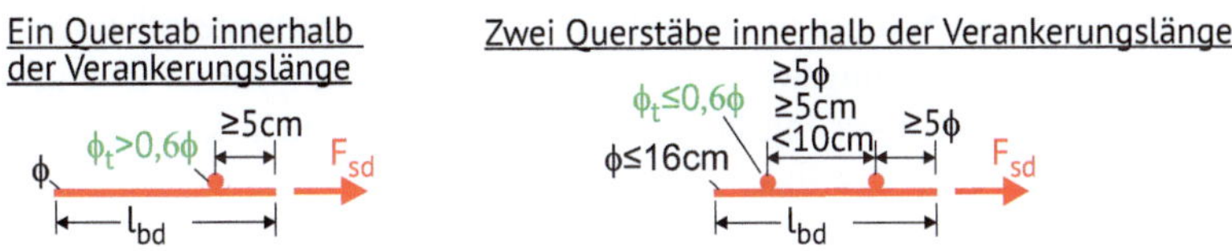

Abb. 4.17 Verankerungsarten mit angeschweißter Querbewehrung bei $\phi_t > 0,6\phi$ (links) und $\phi_t \leq 0,6\phi$ (rechts)

in **Abb. 4.16** festgelegt, gemessen. Die gerade Vorlänge (Abstand zwischen Beginn der Verankerungslänge und Beginn der Krümmung) sollte 10ϕ bzw. $6,7\phi$ nicht unterschreiten.

Unter **Druckbeanspruchung** darf im Allgemeinen nur der erste gerade Abschnitt als zur Verankerung beitragend angesehen werden. Im Falle, dass alle senkrecht zum Stab liegenden freien Oberflächen einem Abstand $\geq 3,5\phi$ haben, darf der Bemessungswert der Verankerungslänge l_{bd} um 15ϕ reduziert werden. Der Mindestwert der geraden Verankerungslänge l_{bd} beträgt 10ϕ.

4.6.3 Verankerung von Stäben mit angeschweißter Querbewehrung

Angeschweißte Querbewehrung ist z. B. bei Mattenbewehrung vorhanden und hat ebenfalls einen günstigen Einfluss auf die Verankerung. Nach DIN EN 1992-1-1 (09.2025) 11.4.4 darf der Bemessungswert der Verankerungslänge l_{bd} von Stäben mit angeschweißter Querbewehrung unter Zug und Druck um 15ϕ reduziert werden, darf jedoch nicht kleiner als 5ϕ sein. Hierbei müssen die Bedingungen nach **Abb. 4.17** eingehalten werden. Bei einer angeschweißten Querbewehrung $\phi_t > 0,6\phi$ ist ein Querstab innerhalb der Verankerungslänge ausreichend bei $\phi_t \leq 0,6\phi$ müssen zwei Querstäbe angeordnet werden.

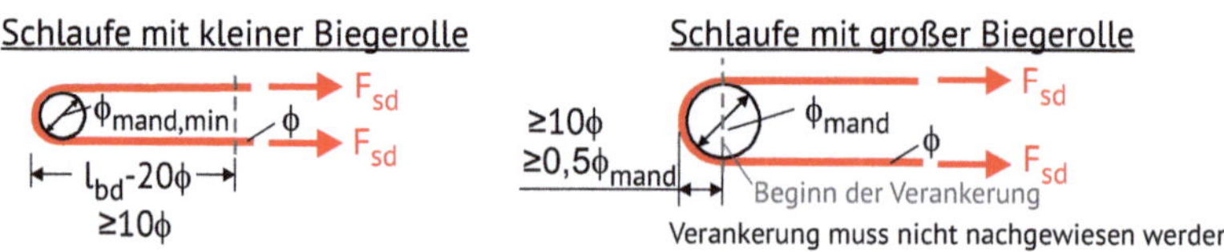

■ **Abb. 4.18**   Verankerung mit Steckbügelschlaufen

4.6.4 Verankerung von Steckbügelschlaufen

Steckbügelschlaufen, wie sie in ■ Abb. 4.18 dargestellt sind, sind bei Zugbeanspruchung eine äußerste effiziente Verankerung. Falls mit Gl. (4.6) die Stahlspannung nachgewiesen wird und somit ein großer Biegerollendurchmesser vorliegt, darf die Verankerung automatisch als ausreichend angesehen werden. Dieser Fall ist in ■ Abb. 4.18 rechts dargestellt.

Alternativ darf, bei Schlaufen mit lediglich dem Mindestbiegerollendurchmesser nach Gl. (4.5), der Bemessungswert der Verankerungslänge l_{bd} unter Zug um 20ϕ reduziert werden. Die Verankerungslänge sollte jedoch hier nicht kleiner als 10ϕ sein. Dieser Fall ist in ■ Abb. 4.18 links dargestellt.

4.6.5 Querbewehrung im Verankerungsbereich

Im Verankerungsbereich ist eine Querbewehrung anzuordnen. Dies gilt als erfüllt, wenn die erforderliche Bügelbewehrung (Balken, Stützen) oder Querbewehrung (Platte, Wand) gemäß der konstruktiven Durchbildung einzelner Bauteile eingelegt wird oder andere geeignete konstruktive Maßnahmen vorhanden sind, die ein Spalten des Betons verhindern.

Bei Betonstählen mit großem Durchmesser von $\phi > 32mm$ muss eine Quer- und Umschnürungsbewehrung im Verankerungsbereich nach DIN EN 1992-1-1 (09.2025) 11.4.2 (7) wie folgt vorgesehen werden:
- Querbewehrung: $A_{st} \geq 0,20 \cdot \phi^2 \cdot n_1$ und
- Umschnürungsbewehrung: $A_{sc} \geq 0,20 \cdot \phi^2 \cdot n_2$

Dabei ist n_1 die Anzahl von Lagen mit Stäben, die an demselben Punkt im Bauteil verankert sind und n_2 die Anzahl von Stäben, die in jeder Lage verankert sind.

Die zusätzliche Quer- und Umschnürungsbewehrung sollte gleichmäßig in der Verankerungszone verteilt sein und die Abstände der Stäbe sollten 5ϕ nicht überschreiten.

4.7 Beispiel Verankerung

4.7.1 Angabe

Die Endverankerung des in ■ Abb. 4.19 darstellten Trägers soll nachfolgende untersucht werden.

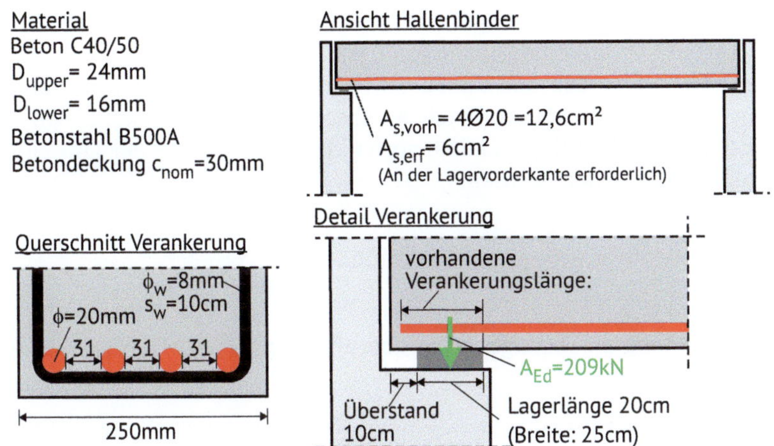

Abb. 4.19 Angabe Bemessungsbeispiel Verankerung

4.7.2 Lösung mit geraden Stäben

Für die Verankerung müssen zunächst die Betondeckungen der zu verankernden Stäbe ermittelt werden, was aus dem Querschnitt aus **Abb. 4.19** bestimmt werden kann. Danach ergibt sich:

$$c_d = \min\left\{0,5c_s; c_x; c_y; 3,75\phi\right\} = \min\left\{0,5 \cdot 31; 8+30; 8+30; 3,75 \cdot 20\right\}$$

$$c_d = \min\left\{15,5; 38; 38; 75\right\} = 15,5\,mm$$

Zunächst muss die vorhandene Verankerungslänge ermittelt werden, welche sich von der Lagervorderkante bis zum Trägerende abzüglich der Betondeckung ergibt:

$$l_{b,vorh} = 30cm - c_{nom} = 27cm$$

Die Stahlspannung im Betonstahl ergibt sich zu:

$$\sigma_{sd} = f_{yd} \cdot \frac{A_{s,erf}}{A_{s,vorh}} = 435 \cdot \frac{6}{12,6} = 207\,N/mm^2$$

Damit kann der Bemessungswert der Verankerungslänge gemäß ▶ Abschn. 4.6.1.2 berechnet werden:

$$l_{bd} = k_{lb} \cdot k_{cp} \cdot \phi \cdot \left(\frac{\sigma_{sd}}{435}\right)^{\frac{3}{2}} \cdot \left(\frac{25}{f_{ck}}\right)^{\frac{1}{2}} \cdot \left(\frac{\phi}{20}\right)^{\frac{1}{3}} \cdot \left(\frac{1,5\phi}{c_d}\right)^{\frac{1}{2}} \geq 6,7\phi$$

$$l_{bd} = 50 \cdot 1,0 \cdot 20 \cdot \left(\frac{207}{435}\right)^{\frac{3}{2}} \cdot \left(\frac{25}{40}\right)^{\frac{1}{2}} \cdot \left(\frac{20}{20}\right)^{\frac{1}{3}} \cdot \left(\frac{1,5 \cdot 20}{15,5}\right)^{\frac{1}{2}} = 361\,mm \geq 134\,mm$$

Da die vorhandene Verankerungslänge von $l_{b,vorh} = 27\,cm$ kleiner ist als der Bemessungswert der Verankerungslänge von $l_{bd} = 36,1\,cm$, ist der Nachweis nicht erfüllt. Aus diesem Grund werden nun die günstig wirkenden Effekte der Umschnürungsbewehrung und des Querdrucks nach ▶ Abschn. 4.6.1.3 angesetzt. Am Auflager sind gemäß ◘ Abb. 4.19 Bügel Ø 8/10 vorhanden. Damit kann der Umschnürungsbewehrungsgrad berechnet werden.

$$\rho_{conf} = \frac{n_c \cdot \pi \cdot \phi_c^2}{4 \cdot n_b \cdot \phi \cdot s_c} = \frac{2 \cdot \pi \cdot 8^2}{4 \cdot 4 \cdot 20 \cdot 100} = 0,0126$$

Die Druckspannung am Auflager kann über die Lagergröße A_{Lag} und Auflagerkraft A_{Ed} wie folgt bestimmt werden:

$$\sigma_{ccd} = \frac{A_{Ed}}{A_{Lag}} = \frac{0,209\,MN}{0,2m \cdot 0,25m} = 4,18\,MN\,/\,m^2$$

Anschließend kann der Parameter Δc_d gemäß Gl. (4.15) folgendermaßen berechnet werden:

$$\Delta c_d = \left(70\rho_{conf} + \frac{12\sigma_{ccd}}{\sqrt{f_{ck}}} \right) \cdot \phi = \left(70 \cdot 0,0126 + \frac{12 \cdot 4,2}{\sqrt{40}} \right) \cdot 20 = 177\,mm$$

Als nächstes wird der Faktor $c_{d,conf}$ zur Berücksichtigung der Effekte aus Bügelbewehrung und Auflagerdruck ermittelt:

$$c_{d,conf} = \min\left\{ c_x; c_y + 25\frac{\phi_t^2}{s_t}; \frac{c_s}{2}; 3,75\phi \right\} + \Delta c_d \leq 6\phi$$

$$c_{d,conf} = \min\left\{ 38; 38 + 25\frac{0^2}{0}; \frac{31}{2}; 75 \right\} + 177 = 192,5mm \leq 6 \cdot 20 = 120\,mm$$

Zuletzt wird $c_{d,conf} = 120\,mm$ für c_d in die Gl. (4.12) zur Berechnung der Verankerungslänge eingesetzt:

$$l_{bd} = k_{lb} \cdot k_{cp} \cdot \phi \cdot \left(\frac{\sigma_{sd}}{435} \right)^{\frac{3}{2}} \cdot \left(\frac{25}{f_{ck}} \right)^{\frac{1}{2}} \cdot \left(\frac{\phi}{20} \right)^{\frac{1}{3}} \cdot \left(\frac{1,5\phi}{c_d} \right)^{\frac{1}{2}} \geq 6,7\phi$$

$$l_{bd} = 50 \cdot 1,0 \cdot 20 \cdot \left(\frac{207}{435} \right)^{1,5} \cdot \left(\frac{25}{40} \right)^{0,5} \cdot \left(\frac{20}{20} \right)^{\frac{1}{3}} \cdot \left(\frac{1,5 \cdot 20}{120} \right)^{0,5} = 130\,mm \geq 134\,mm$$

Somit kann der Nachweis geführt werden:

$$l_{b,vorh} = 27\,cm \geq l_{bd} = 13,4\,cm$$

4.7.3 Lösung mit Endhaken

Alternativ wird hier die Lösung mit einem Endhaken untersucht. Aufgrund des relativ großen minimalen Biegerollendurchmesser von $\phi_{mand,\,min} = 7 \cdot \phi = 7 \cdot 20 = 140\,mm$ und dem engen Bewehrungsabstand ist die Lösung hier konstruktiv nur bedingt zu empfehlen.

Bei der Verwendung von Haken- und Winkelhakenverankerungen darf der Bemessungswert der Verankerungslänge um 15ϕ reduziert werden. Somit wäre l_{bd} dann:

$$l_{bd} = 361 - 15 \cdot 20 = 61\,mm < 6,7 \cdot 20 = 134\,mm$$

Der Nachweis der Verankerung lautet somit wie folgt:

$$l_{b,vorh} = 27\,cm \geq l_{bd} = 13,4\,cm$$

4.8 Bewehrungsstöße und Übergreifungen

4.8.1 Allgemeines

Stöße von Bewehrungsstäben oder Matten sind aufgrund von Lieferlängen, Verlegbarkeit, Bauabschnitten und Bautoleranzen nahezu immer erforderlich. Stöße können entweder als direkter Stoß (mechanische Verbindungen oder Schweißstöße) oder als indirekter Stöße in Form eines Übergreifungsstoßes ausgeführt werden.

Direkte Stöße von Bewehrungsstäben mit mechanische Verbindungsmittel (Muffenverbindungen) oder Schweißverbindungen sind gegenüber Übergreifungsstößen deutlich kostenintensiver, bieten allerdings erhebliche Vorteile bei beengten Platzverhältnissen. Mechanische Verbindungsmittel benötigen eine Zulassung, in der alle Einzelheiten der Verwendung beschrieben sind. Einen Überblick über die verschiedenen mechanischen Verbindungsmittel enthält (Sippel 2020). Schweißverbindungen müssen nach DIN EN ISO 17660-1 (12.2006) ausgeführt werden. In der DIN EN ISO 17660-1 (12.2006) sind die Schweißnahtlängen, Schweißnahtdicken sowie die Schweißverfahren geregelt. Schweißverbindungen dürfen im Regelfall nur bei vorwiegend ruhenden Lasten verwendet werden und müssen durch einen zertifizierten Betrieb ausgeführt werden.

Indirekte Stöße in Form der Übergreifungsstöße sind die häufigste verwendete kraftschlüssige Verbindung und werden in den nachfolgenden Abschnitten behandelt.

4.8.2 Übergreifungsstöße

Die einfachste und am häufigsten verwendete kraftschlüssige Verbindung zweier Bewehrungsstäbe wird durch einfaches Nebeneinanderlegen erreicht. Die Kräfte in der Bewehrung werden durch Verbundwirkung wie in ◘ Abb. 4.20 dargestellt, übertragen. Diese Art des Bewehrungsstoßes nennt man Übergreifungsstoß.

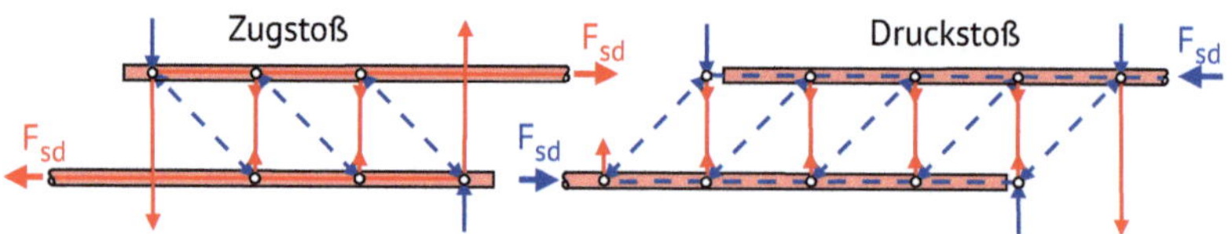

■ Abb. 4.20   Wirkungsweise eines Übergreifungsstoßes

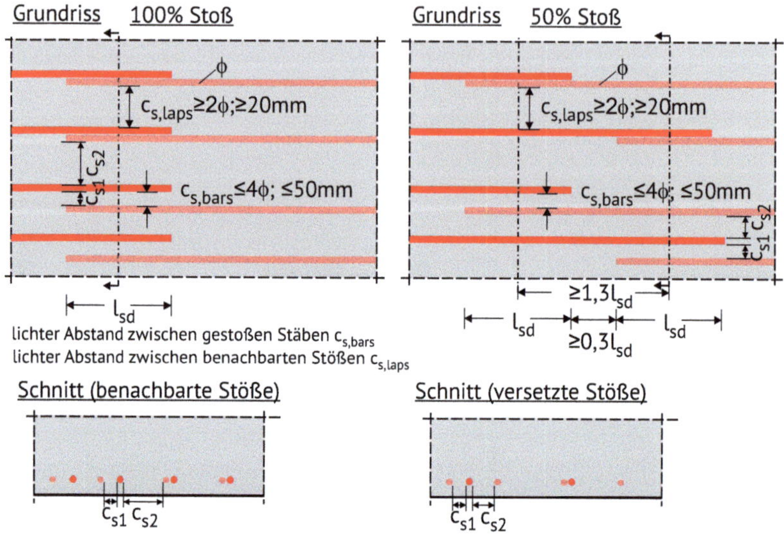

■ Abb. 4.21   Stoßanordnungen und Definition des lichten Abstands c_s in Übergreifungsstößen

Bei der Anordnung von Übergreifung sind im Allgemeinen folgende Randbedingungen zu beachten:

— Alle Stäbe unter Druck dürfen in einem Querschnitt gestoßen und die Übergreifungslänge darf für σ_{sd} bemessen werden.

— Außerhalb von Fließgelenken dürfen Zugstöße mit bis zu 100 % der Stäbe in jedem Querschnitt gestoßen werden und die Übergreifungslänge darf für σ_{sd} bemessen werden.

— Wenn Zugstöße im Bereich von Fließgelenken angeordnet sind, darf deren Übergreifungslänge für σ_{sd} bemessen werden, wenn eine Umschnürungsbewehrung angeordnet wird. Alternativ zur Umschnürungsbewehrung kann auch ein versetzter Stoß ausgeführt werden. Diese Stöße müssen einen Längsversatz aufweisen, sodass die Fläche der gestoßenen Stäbe ≤ 35 % der Gesamtquerschnittsfläche der Bewehrung in stabförmigen Bauteilen (Balken und Stützen) oder ≤ 50 % in flächenförmigen Bauteilen (Platten, Wände und Schalen) ist. Falls der Längsversatz von Stößen gewählt wird, sollte der Abstand zwischen benachbarten Stößen mindestens $0{,}3 \cdot l_{sd}$ betragen (vgl. auch ■ Abb. 4.21).

— Stöße sollten parallel zur Bauteilaußenfläche und im Querschnitt symmetrisch ausgebildet werden.

— Für die Ausbildung der Stöße gelten die Ausführungen wie bei den Verankerungsarten.

— Für die lichten Stababstände und den Längsversatz sind die Werte ■ Abb. 4.21 einzuhalten.

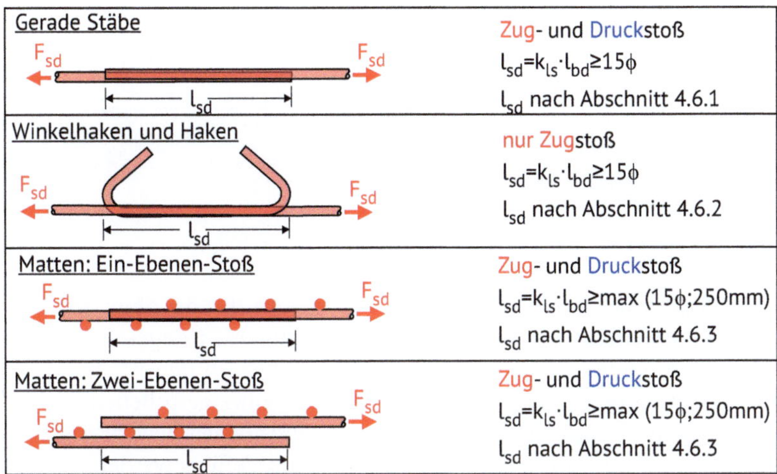

Abb. 4.22 Stoßarten und Bemessungswerte der Übergreifungslängen

Die erforderliche Übergreifungslänge ergibt sich gemäß DIN EN 1992-1-1 (09.2025) 11.5.2 nach ☐ Abb. 4.22. Hierbei bestimmt sich der Bemessungswert der Übergreifungslänge l_{sd} über die Verankerungslänge l_{bd} wie folgt:

$$l_{sd} = k_{ls} \cdot l_{bd} \geq 15\phi \tag{4.17}$$

Dabei ist:

l_{bd} – Bemessungswert der Verankerungslänge nach ▶ Abschn. 4.6.1. Dabei ist für die Berechnung der Betondeckung c_d der lichte Abstand $c_s = c_{s1} + c_{s2}$ nach ☐ Abb. 4.21 zu verwenden.

$k_{ls} = 1{,}2$ – für alle Zugstöße

$k_{ls} = 1{,}0$ – für Druckstöße mit geraden Stäben

Bei der Ermittlung des Bemessungswert der Verankerungslänge dürfen für Haken auch die Modifikation nach ▶ Abschn. 4.6.2 angewendet werden. Für Matten dürfen zusätzlich die Modifikationen nach ▶ Abschn. 4.6.3 angewendet werden.

Gestoßene Stäbe sollten möglichst dicht aneinander liegen und sich in der Regel berühren. Überschreitet der lichte Abstand 50 mm oder 4ϕ, ist die Übergreifungslänge um den Achsabstand zu erhöhen und es muss ausreichende Querbewehrung gegen entstehende Querzugkräfte vorgesehen werden.

Um Querbewehrung für kürzere Übergreifungslängen nach ▶ Abschn. 4.6.1.3 zu nutzen, sind mindestens fünf Stäbe gemäß ☐ Abb. 4.23 (rechts) über die gesamte Länge, oder alternativ drei Stäbe für $0{,}3 \cdot l_{sd}$ an beiden Stoßenden gemäß ☐ Abb. 4.23 (links) erforderlich. Die Mindest-Umschnürungsbewehrung nach ▶ Abschn. 4.6.1.3 muss so ausgelegt sein, dass $c_{d,conf}$ nach Gl. (4.14) mindestens 3ϕ beträgt.

Im Bereich von Übergreifungsstößen ist eine Querbewehrung vorzusehen. Wenn der Durchmesser der gestoßenen Stäbe $\phi < 20\,mm$ ist oder der Anteil gestoßener Stäbe in jedem Querschnitt höchstens 25 % beträgt, dann darf die aus anderen Grün-

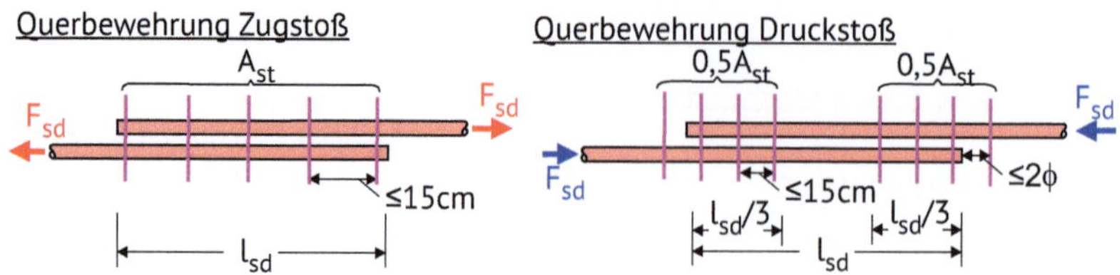

◘ Abb. 4.23   Verteilung der Querbewehrung im Zug- und Druckstoß

den vorhandene Querbewehrung oder die Bügelbewehrung ohne jeden weiteren Nachweis als ausreichend zur Aufnahme der Querzugkräfte angesehen werden.

Wenn der Durchmesser der gestoßenen Stäbe $\phi \geq 20$ *mm* ist, muss die Querbewehrung A_{st} mindesten die Querschnittsfläche A_s eines gestoßenen Stabes haben. Der Querstab sollte orthogonal zur Richtung der gestoßenen Bewehrung angeordnet werden. Die Anordnung solle gemäß ◘ Abb. 4.23 ausgeführt werden.

Wenn bei gestoßenen Stäben $\phi \geq 20$ *mm* mehr als 50 % der Bewehrung an einem Punkt gestoßen sind und der Abstand zwischen benachbarten Stößen im Querschnitt $\leq 10\phi$ beträgt, ist A_{st} als Umschnürungsbewehrung aus Bügeln oder Steckbügelschlaufen mit Verankerung im Querschnitt auszubilden. In flächenartigen Bauteilen muss die Querbewehrung nur bügelartig ausgebildet werden, wenn der Abstand zwischen benachbarten Stößen im Querschnitt $\leq 5\phi$ ist. Sie darf jedoch auch gerade sein, wenn die Übergreifungslänge um 30 % erhöht wird. Wenn der Abstand der Stoßmitten benachbarter Stöße mit geraden Stabenden in Längsrichtung etwa $0,5 \cdot l_{sd}$ beträgt, ist ein bügelartiges Umfassen der Längsbewehrung nicht notwendig.

> **Praxistipp**
>
> Um die Randbedingungen bezüglich der Querbewehrung in Bereichen von Übergreifungsstößen gewährleisten zu können, wird im Regelfall die statisch erforderliche Hauptbewehrung bei Platten nicht in die erste Lage gelegt, sondern oberhalb der Plattenquerbewehrung in der zweiten Lage angeordnet.

Bei Druckstößen sollte immer mindestens ein Quer- oder Umschnürungsstab innerhalb eines Abstands von höchstens 50 mm oder 2ϕ von jedem Stoßende angeordnet werden, wobei ϕ der Durchmesser des kleineren gestoßenen Stabs ist. Diese Stäbe oder Bügel dürfen auf die erforderlichen Querbewehrungsstäbe angerechnet werden.

4.8.3   Stöße mit Steckbügelschlaufen

Die Übertragung von Zugkräften zwischen Betonstahlstäben kann auch mit übergreifenden Steckbügeln erfolgen (siehe ◘ Abb. 4.24). Diese dürfen einfach oder mehrfach gestoßen werden. Beide Schenkel jedes Steckbügels müssen außerhalb der Verbindung für die jeweils größere Bemessungszugkraft T_1 oder T_2 verankert sein, auch wenn einer der Werte Null ist. Die Bemessungszugkräfte sind gleich ($T_1 = T_2$), wenn nur Zug übertragen wird. Bei zusätzlichen Normalkräften oder Biegemomenten unterscheidet sich T_1 von T_2.

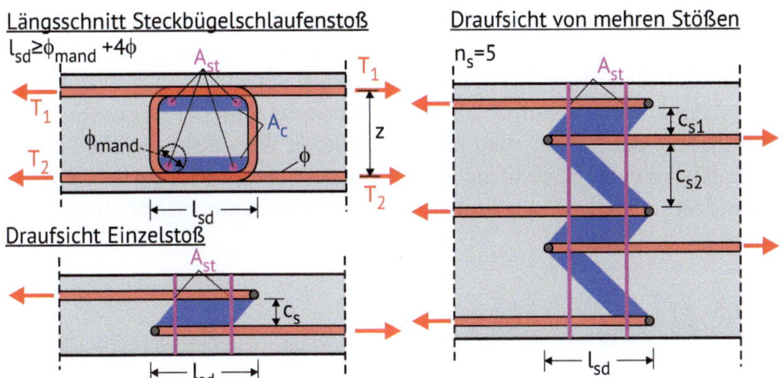

Abb. 4.24 Stöße mit Steckbügelschlaufen

Die Bemessung der Tragfähigkeit eines einzelnen Übergreifungsstoßes gemäß ☐ Abb. 4.24 sollte auf Grundlage der Bruchfestigkeit des Betons im Bereich zwischen den beiden Schlaufen erfolgen. Für $c_s \leq 0{,}5 \cdot l_{sd}$ kann dieser Nachweis als erfüllt angesehen werden, wenn die größere der beiden Bemessungszugkräfte T_1 und T_2 kleiner ist als $T_{Rd,c}$ nach Gl. (4.18) (max$\{T_1; T_2\} \leq T_{Rd,c}$).

$$T_{Rd,c} = 0{,}2 \cdot f_{cd} \cdot A_c \cdot \left(\frac{d_{dg}}{l_{sd}}\right)^{\frac{1}{3}} \cdot \left(\sqrt{k_{st} + \left(\frac{c_s}{l_{sd}}\right)^2} - \frac{c_s}{l_{sd}}\right) \tag{4.18}$$

$$A_c = \left(\phi_{mand} + \phi\right) \cdot \left[l_{sd} - 0{,}21 \cdot \left(\phi_{mand} + \phi\right)\right] \tag{4.19}$$

$$k_{st} = \begin{cases} 1 & \text{für } \omega \geq 0{,}5 \\ 4\omega\left(1-\omega\right) & \text{für } \omega < 0{,}5 \end{cases} \tag{4.20}$$

$$\omega = \frac{A_{st} \cdot f_{yd}}{0{,}85 \cdot \left(d_{dg} / l_{sd}\right)^{1/3} \cdot f_{cd} \cdot A_c} \tag{4.21}$$

Dabei ist:

A_c – Gesamte wirksame Betonfläche in den gekrümmten Abschnitten der übergreifenden Steckbügel nach Gl. (4.19)

l_{sd} – Übergreifungslänge nach ☐ Abb. 4.24

d_{dg} – Größenparameter nach ▶ Abschn. 2.1.2.6

c_s – Lichter Abstand von Steckbügeln

k_{st} – Widerstandsbeiwert der Umschnürungsbewehrung nach Gl. (4.20)

A_{st} – Gesamtfläche der vollständig verankerten Umschnürungsbewehrung, die innerhalb von A_c angeordnet ist

Wenn mehrere Steckbügel vorhanden sind, wird der Widerstand gemäß Gl. (4.18) unter Verwendung eines mittleren Netto-Abstands $c_s = 0{,}5 \cdot (c_{s1} + c_{s2})$ berechnet und mit $(n_s - 1)$ multipliziert, wobei n_s die Gesamtzahl der Steckbügel darstellt. Mehrere Übergreifungen können ebenfalls als eine Gruppe einzelner Übergreifungen betrachtet werden, wobei der Wert c_s dem jeweils kleineren Wert aus c_{s1} und c_{s2} entspricht.

Um das Risiko eines Sprödbruchs zu verringern, ist es erforderlich, innerhalb von A_c eine Mindestmenge an Umschnürungsbewehrung in einer doppelt symmetrischen Anordnung einzubauen:

$$A_{st} = 0{,}5 \cdot \sqrt{f_{ck}} \cdot \frac{A_c}{f_{yk}} \tag{4.22}$$

4.9 Beispiel Übergreifungslänge

4.9.1 Angabe

Für die in ◼ Abb. 4.25 dargestellte Stützwand soll die Übergreifung an der Arbeitsfuge bestimmt werden.

4.9.2 Eingangswerte

Zunächst wird die vorhandene Bewehrungsmenge berechnet:

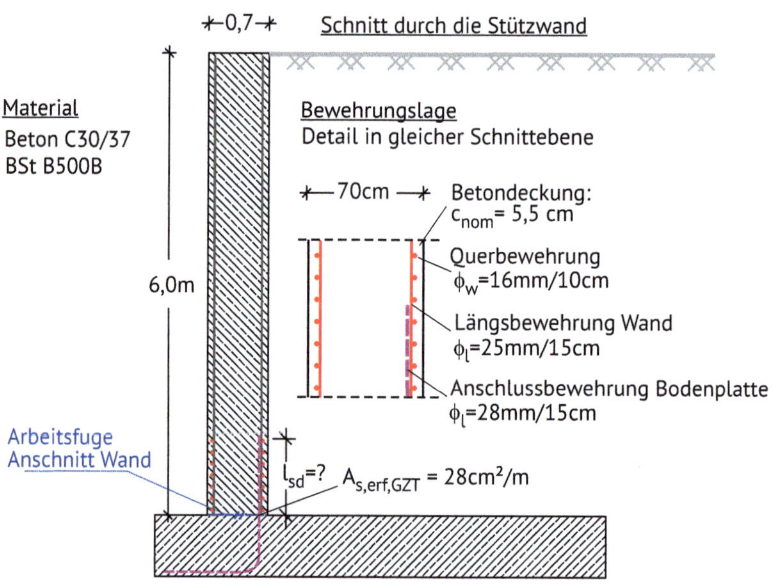

◼ **Abb. 4.25**   Stützwand mit der zu bemessenden Übergreifung

$$A_{s,vorh,Bodenplatte} = \frac{\phi 28}{15} = \frac{6,16\,cm^2}{0,15\,m} = 41,1\,\frac{cm^2}{m}$$

$$A_{s,vorh,Wand} = \frac{\phi 25}{15} = \frac{4,91\,cm^2}{0,15\,m} = 32,7\,\frac{cm^2}{m}$$

Für die Übergreifung müssen zunächst die Betondeckungen der zu verankernden Stäbe ermittelt werden, welche aus den Angaben aus ◻ Abb. 4.19 bestimmt werden kann. Danach ergibt sich:

$$c_d = \min\{0,5c_s; c_x; c_y; 3,75\phi\} = \min\{0,5 \cdot (150 - 28 - 25); \infty; 16 + 55; 3,75 \cdot 25\}$$

$$c_d = \min\{48,5; \infty; 71; 93,8\} = 48,5\,mm$$

4.9.3 Ermittlung der Übergreifung des Stabes mit Ø 25

Die Stahlspannung im Betonstahl ergibt sich zu:

$$\sigma_{sd} = f_{yd} \cdot \frac{A_{s,erf}}{A_{s,vorh}} = 435 \cdot \frac{28}{32,7} = 372,5\,N\,/\,mm^2$$

Als erstes wird der Bemessungswert der Verankerungslänge gemäß ▶ Abschn. 4.6.1.2 benötigt:

$$l_{bd} = k_{lb} \cdot k_{cp} \cdot \phi \cdot \left(\frac{\sigma_{sd}}{435}\right)^{\frac{3}{2}} \cdot \left(\frac{25}{f_{ck}}\right)^{\frac{1}{2}} \cdot \left(\frac{\phi}{20}\right)^{\frac{1}{3}} \cdot \left(\frac{1,5\phi}{c_d}\right)^{\frac{1}{2}}$$

$$l_{bd} = 50 \cdot 1,0 \cdot 25 \cdot \left(\frac{372,5}{435}\right)^{\frac{3}{2}} \cdot \left(\frac{25}{30}\right)^{\frac{1}{2}} \cdot \left(\frac{25}{20}\right)^{\frac{1}{3}} \cdot \left(\frac{1,5 \cdot 25}{48,5}\right)^{\frac{1}{2}} = 856,5\,mm$$

Damit kann die Übergreifungslänge nach Gl. (4.17) berechnet werden:

$$l_{sd} = k_{ls} \cdot l_{bd} \geq 15\phi$$

$$l_{sd} = 1,2 \cdot 856,5 = 1028\,mm \geq 15 \cdot 25 = 375\,mm$$

4.9.4 Ermittlung der Übergreifung des Stabes mit Ø 28

Die Stahlspannung im Betonstahl ergibt sich zu:

$$\sigma_{sd} = f_{yd} \cdot \frac{A_{s,erf}}{A_{s,vorh}} = 435 \cdot \frac{28}{41,1} = 296,4\,N\,/\,mm^2$$

Als Erstes wird der Bemessungswert der Verankerungslänge gemäß ▶ Abschn. 4.6.1.2 benötigt:

$$l_{bd} = k_{lb} \cdot k_{cp} \cdot \phi \cdot \left(\frac{\sigma_{sd}}{435}\right)^{\frac{3}{2}} \cdot \left(\frac{25}{f_{ck}}\right)^{\frac{1}{2}} \cdot \left(\frac{\phi}{20}\right)^{\frac{1}{3}} \cdot \left(\frac{1,5\phi}{c_d}\right)^{\frac{1}{2}}$$

$$l_{bd} = 50 \cdot 1,0 \cdot 28 \cdot \left(\frac{296,4}{435}\right)^{\frac{3}{2}} \cdot \left(\frac{25}{30}\right)^{\frac{1}{2}} \cdot \left(\frac{28}{20}\right)^{\frac{1}{3}} \cdot \left(\frac{1,5 \cdot 28}{48,5}\right)^{\frac{1}{2}} = 748,3\,mm$$

Damit kann die Übergreifungslänge nach Gl. (4.17) berechnet werden:

$$l_{sd} = k_{ls} \cdot l_{bd} \geq 15\phi$$

$$l_{sd} = 1,2 \cdot 748 = 898\,mm \geq 15 \cdot 28 = 420\,mm$$

4.9.5 Nachweis der Übergreifung

Die Übergreifungslänge muss größer sein als

$$l_{s,vorh} \geq \max \begin{cases} l_{sd,28} = 898\,mm \\ l_{sd,25} = 1028\,mm \end{cases} = 1028\,mm = 103\,cm$$

Es wird somit eine Übergreifungslänge von 105 cm gewählt.

Literatur

Deutscher Beton- und Bautechnik-Verein E.V. (01.2011) Rückbiegen von Betonstahl und Anforderungen an Verwahrkästen nach Eurocode 2

Deutscher Beton- und Bautechnik-Verein E.V. (12.2015) DBV-Merkblatt „Betondeckung und Bewehrung – Sicherung der Betondeckung beim Entwerfen, Herstellen und Einbauen der Bewehrung sowie des Betons nach Eurocode 2"

DIN 1045-2 (08.2023) Tragwerke aus Beton, Stahlbeton und Spannbeton – Teil 2: Beton, Berlin

DIN 1045-3 (08.2023) Tragwerke aus Beton, Stahlbeton und Spannbeton – Teil 3: Bauausführung, Berlin

DIN 11622-2 (09.2015) Gärfuttersilos, Güllebehälter, Behälter in Biogasanlagen, Fahrsilos – Teil 2: Gärfuttersilos, Güllebehälter und Behälter in Biogasanlagen aus Beton

DIN 488-1 (08.2009) Betonstahl – Teil 1: Stahlsorten, Eigenschaften, Kennzeichnung

DIN EN 13670 (11.2013) Ausführung von Tragwerken aus Beton; Deutsche Fassung EN 13670:2009

DIN EN 1992-1-1 (09.2025) Eurocode 2: Bemessung und Konstruktion von Stahlbeton- und Spannbetontragwerken – Teil 1-1: Allgemeine Regeln und Regeln für Hochbauten, Brücken und Ingenieurbauwerke; Deutsche Fassung EN 1992-1-1:2023, Berlin

DIN EN 1992-1-1/NA1 (E) (08.2025) Entwurf, Nationaler Anhang 1 zu DIN EN 1992-1-1:2025-MM – Eurocode 2 – Bemessung und Konstruktion von Stahlbeton- und Spannbetontragwerken – Teil 1-1: Allgemeine Regeln und Regeln für Hochbauten, Brücken und Ingenieurbauwerke, Berlin

DIN EN 1992-1-2 (11.2025) Eurocode 2: Bemessung und Konstruktion von Stahlbeton- und Spannbetontragwerken – Teil 1-2: Tragwerksbemessung für den Brandfall; Deutsche Fassung EN 1992-1-2:2023, Berlin

DIN EN 1992-1-2/NA (E) (11.2025) Entwurf, Nationaler Anhang 1 zu DIN EN 1992-1-2:2025-11 – Eurocode 2 – Bemessung und Konstruktion von Stahlbeton- und Spannbetontragwerken – Teil 1-2: Tragwerksbemessung für den Brandfall, Berlin

DIN EN ISO 17660-1 (12.2006) Schweißen – Schweißen von Betonstahl – Teil 1: Tragende Schweißverbindungen (ISO 17660-1:2006); Deutsche Fassung EN ISO 17660-1:2006, Berlin

DIN V 1202 (08.2004) Rohrleitungen und Schachtbauwerke aus Beton, Stahlfaserbeton und Stahlbeton für die Ableitung von Abwasser – Entwurf, Nachweis der Tragfähigkeit und Gebrauchstauglichkeit, Bauausführung

Gehlen C, Mayer TF, Thiel C, Fischer C (2021) Lebensdauerbemessung. In: Bergmeister K, Fingerloos F, Wörner J-D (Hrsg) Beton Kalender 2021. Ernst & Sohn, Berlin, S 1–57

Koenders E, Weise K, Mayer M, Morina N (2025) Werkstoffe im Bauwesen; Einführung für Bauingenieure und Architekten. Springer Vieweg, Wiesbaden

Rehm G (1961) Über die Grundlagen des Verbundes zwischen Stahl und Beton. Ernst & Sohn, Berlin

Sippel T (2020) Verankerungs- und Bewehrungstechnik. In: Bergmeister K, Fingerloos F, Wörner J-D (Hrsg) Beton Kalender 2020. Ernst & Sohn, Berlin, S 410–472

Zilch K, Zehetmaier G (2010) Bemessung im konstruktiven Betonbau; Nach DIN 1045-1 (Fassung 2008) und EN 1992-1-1 (Eurocode 2). Springer, Berlin, Heidelberg

Bewehrungsführung bei Balken und Platten

Inhaltsverzeichnis

© Der/die Autor(en), exklusiv lizenziert an Springer Fachmedien Wiesbaden GmbH, ein Teil von Springer Nature 2026
W. Finckh, *Stahlbetonkonstruktion 1*, erfolgreich studieren,
https://doi.org/10.1007/978-3-658-50727-5_5

In diesem Kapitel werden aufbauend auf den allgemeine Bewehrungsregeln aus ▶ Kap. 4 die speziellen Regeln für Balken und Platten erläutert. Dazu werden zunächst die Regelungen bezüglich der Mindestbewehrung in ▶ Abschn. 5.1 vorgestellt. Für die Konstruktion der Bewehrung eines Biegebauteils ist es entscheidend, dass alle auftretenden Zugkräfte über eine ausreichend verankerte Bewehrung abgedeckt werden. Das erforderliche Vorgehen dazu wird in ▶ Abschn. 5.2 und 5.3 erläutert. Neben diesen Grundregeln existieren bei Balken und Platten noch die in ▶ Abschn. 5.4 und 5.5 vorgestellten weiteren Konstruktionsregeln, welche insbesondere die Querkraftbewehrung betreffen. Das Kapitel schließt in ▶ Abschn. 5.6 mit einem umfangreichen Konstruktionsbeispiel ab, bei welchem alle Bewehrungsregeln nochmals verdeutlicht werden.

Lernziele

Nach dem Lesen dieses Kapitels:
- Können Sie die Mindestbewehrung für Biegung und Querkraft bestimmen.
- Können Sie mit einer vorliegenden Biege- und Querkraftbemessung die Bewehrung eines Balkens und einer Platter vollständig durchkonstruieren.

5.1 Mindestbewehrung

5.1.1 Überwiegend biegebeanspruchte Bauteile

Um auszuschließen, dass mit dem Auftreten des ersten Risses ein schlagartiges Versagen auftritt, müssen überwiegend biegebeanspruchte Bauteile eine Mindestbewehrung aufweisen. Diese Mindestbewehrung muss in der Lage sein, die bei Rissbildung freiwerdende Zugkraft aufzunehmen und damit ein Versagen, ohne eine Vorankündigung zu verhindern. Die Mindestbewehrung in überwiegend biegebeanspruchten Bauteilen ist daher für das Rissmoment M_{cr} (vgl. auch ▶ Abschn. 2.3.2) auszulegen.

In Bauteilen, die auf Biegung mit oder ohne Normalkraft mit einer Normaldruckkraft $N_{Ed,min}$ kleiner als $0{,}5A_c \cdot f_{cd}$ beansprucht werden, muss gemäß DIN EN 1992-1-1 (09.2025) 12.2 (2) eine Mindestbewehrung vorgesehen werden, sodass gilt:

$$M_{R,\min}\left(N_{Ed,\min}\right) \geq M_{cr}\left(N_{Ed,\min}\right) \tag{5.1}$$

Dabei ist:

$M_{R,min}(N_{Ed,min})$ – Momentenwiderstand des Querschnitts mit $A_{s,min}$ beansprucht mit einer Spannung von f_{yk} und Vorliegen einer Normalkraft $N_{Ed,min}$;
$N_{Ed,min}$ – Normalkraft im GZT, welche zur geringsten Druckbeanspruchung im Bauteil führt.

$M_{cr}(N_{Ed,min})$ – Rissmoment des Querschnitts bei Vorliegen von $N_{Ed,min}$. Das Rissmoment darf unter Annahme einer linearen Verteilung von Normalspannungen über den Querschnitt berechnet werden, wobei die größte Zugspannung als die Zugfestigkeit des Betons f_{ctm} angesetzt wird. Der Einfluss der Bewehrung darf vernachlässigt werden.

Vereinfachend kann somit bei reiner Biegemomentbeanspruchung die Mindestbewehrung wie folgt ermittelt werden:

$$M_{cr} = f_{ctm} \cdot \frac{I_I}{z_{I,c1}} \tag{5.2}$$

$$A_{s,\min} = \frac{M_{cr}}{z_{II} \cdot f_{yk}} \tag{5.3}$$

Dabei ist:

f_{ctm} – Mittelwert der Zugfestigkeit des Betons

f_{yk} – Charakteristische Streckgrenze für den Betonstahl

z_{II} – Hebelarm der inneren Kräfte nach Rissbildung (Zustand II) darf vereinfacht zu $0{,}9 \cdot d$ angenommen werden.

I_I – Flächenträgheitsmoment vor der Rissbildung (Zustand I)

$z_{I,c1}$ – Abstand der Schwerachsen bis zum gezogenen Rand im Zustand I

Mit dieser Mindestbewehrung, welche auch Robustheitsbewehrung genannt wird, kann ein duktiles Bauteilverhalten sichergestellt werden. Bezüglich der Anordnung der Mindestbewehrung finden sich detaillierte Regelungen in ▶ Abschn. 5.4 und 5.5 Allgemein gilt:

- Die Mindestlängsbewehrung muss in den Querschnittsteilen, in denen Zug auftreten darf, eingelegt werden.
- Die Mindestbewehrung ist gleichmäßig über die Breite, sowie anteilmäßig über die Höhe der Zugzone zu verteilen.
- Am Endauflager und am Innenauflager muss die Mindestbewehrung mit der Mindestverankerungslänge verankert werden. Stöße in der Mindestbewehrung sind für deren volle Zugkraft auszubilden.

Bei Bauteilen, bei denen Sprödbruchversagen infolge von Zugspannungen ausgeschlossen ist, wie z. B. Bauteile unter Druck, und bei Bauteilen ohne tragende Funktion, darf auf die Mindestbewehrung nach diesem Abschnitt verzichtet werden. Somit darf auch bei Gründungsbauteilen und erddruckbelasteten Wänden aus Stahlbeton auf die Mindestbewehrung verzichtet werden, wenn das duktile Bauteilverhalten durch Umlagerung des Sohldrucks bzw. des Erddrucks sichergestellt werden kann. Dies ist in der Regel bei Gründungsbauteilen zu erwarten, wenn die Schnittgrößen für äußere Lasten linear elastisch ermittelt sowie die Grenzzustände der Tragfähigkeit und der Gebrauchstauglichkeit nachgewiesen werden.

5.1.2 Bauteile mit reiner Zugkraft

In Bauteilen mit reiner Zugkraft darf $A_{s,min}$ wie folgt berechnet werden:

$$A_{s,\min} = \frac{A_c \cdot f_{ctm}}{f_{yk}} \tag{5.4}$$

5.1.3 Mindestquerkraftbewehrung

In Balken und Platten, die Querkraft- oder Torsionsbewehrung erfordern, muss ein Mindestquerkraftbewehrungsgrad gemäß DIN EN 1992-1-1 (09.2025) 12.2 (4) vorhanden sein, um das Querkrafttragmodell sicherzustellen. Dabei darf der folgende Mindestquerkraftbewehrungsgrad $\rho_{w,min}$ nicht unterschritten werden:

$$\rho_{w,\mathrm{min}} = \frac{A_{sw,\mathrm{min}}}{s \cdot b_w \cdot \sin\alpha} \geq 0,08 \cdot \frac{\sqrt{f_{ck}}}{f_{yk}} \tag{5.5}$$

Dabei ist:

$A_{sw,\,min}$ – Querschnittsfläche der Mindestquerkraftbewehrung innerhalb des Abstands s

s – Abstand der Querkraftbewehrung, gemessen entlang der Bauteillängsachse

b_w – Maßgebende Stegbreite

α – Neigungswinkel der Querkraftbewehrung

Für gegliederte Querschnitte muss die Mindestbewehrung nach Gl. (5.5) gemäß DIN EN 1992-1-1/NA1 (E) (08.2025) 12.2 (4) NCCI um 60 % erhöht werden. Für Bauteile mit Querkraftbewehrung der der Duktilitätsklasse B darf der Wert nach Gl. (5.5) um 10 % abgemindert werden.

5.2 Zugkraftdeckung

Über die in ▶ Abschn. 2.4 vorgestellte Biegebemessung ist es möglich die erforderliche Biegebewehrung an jeder Stelle des Bauteils zu bestimmen. Dies erfolgt in der Praxis heute meist mittels EDV-Berechnungen. Als Ergebnis erhält man eine umhüllende erforderliche Biegebewehrungsdeckungslinie, welche meist affin zur Momentenumhüllenden ist. Bei großen erforderlichen Bewehrungsmengen und langen Bauteilen ist es aus wirtschaftlichen Gesichtspunkten erforderlich die Bewehrungsmenge entsprechend dem Verlauf der Zuggurtkraft abzustufen. Dies wird auch als Staffelung der Bewehrung bezeichnet.

Über den Nachweis der Zugkraftdeckung soll nun sicherstellt werden, dass die eingelegte Bewehrung die auftretenden Zugkräfte an jeder Stelle im Bauteil aufnehmen kann. Dabei ist neben der Zugkraft aus dem Moment und der Normalkraft $(M_{Ed}/z + N_{Ed})$ auch der Zugkraftzuwachs aus der Querkraft entsprechend ▶ Abschn. 3.2.3 sowie 3.3.4.4 zu berücksichtigen. Letzteres wird meist über ein Verschieben der Zugkraftlinie aus $(M_{Ed}/z + N_{Ed})$ um das Versatzmaß a_l in Richtung abnehmender Zugkraft berücksichtigt. Im Rahmen dieses Nachweises ist folgendes Vorgehen zu wählen:

1. Aufzeichnen der erforderlichen Bewehrungslinie aus $(M_{Ed}/z + N_{Ed})$
2. Verschiebung dieser erforderlichen Bewehrungsline um das Versatzmaß:

$$a_l = \begin{cases} z/2 \cdot (\cot\theta - \cot\alpha) & \text{für Bauteil mit Querkraftbewehrung} \\ 1,0 \cdot d & \text{für Bauteil ohne Querkraftbewehrung} \end{cases}$$

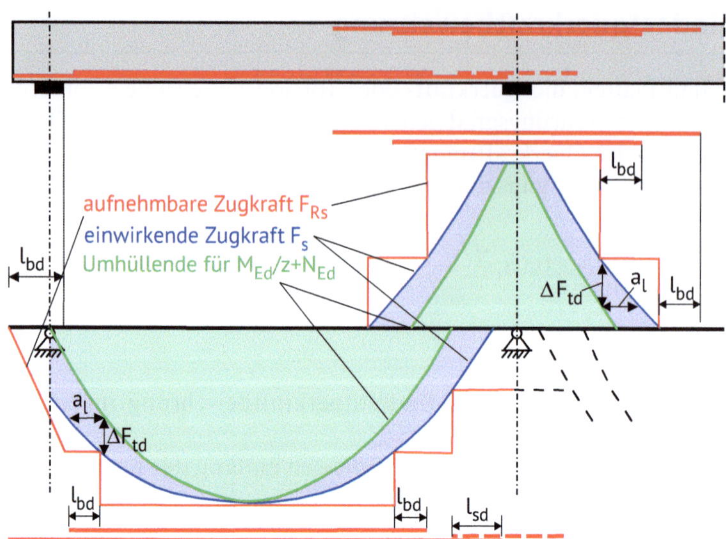

☐ Abb. 5.1   Zugkraftdeckungslinie und Verankerungslängen bei biegebeanspruchten Bauteilen

3. Bestimmung der erforderlichen Länge der Längsbewehrung durch Aufzeichnen der Zugkraftdeckungslinie.
4. Verlängerung der Stabenden um die an dieser Stelle nötige Verankerungslänge l_{bd}.

Dieses Vorgehen ist in ☐ Abb. 5.1 verdeutlicht. Bei der Abstufung der Bewehrung ist zusätzlich darauf zu achten, dass die Mindestbewehrung nach ▶ Abschn. 5.1 nicht unterschritten wird und dass ein Anteil von 25 % der Feldbewehrung bei Balken und 50 % bei Platten bis an die Auflager geführt und dort verankert wird.

❶ Die Konstruktion der Zugkraftdeckung veranschaulicht die Gegenüberstellung des Widerstandes und Einwirkung. Sie stellt eine zentrale Aufgabe der Tragwerksplanung dar und kann nicht vollständig durch EDV-Programme ersetzt werden.

5.3 Verankerung am Auflager

5.3.1 Verankerung der Feldbewehrung an einem Endauflager

Die Feldbewehrung ist immer am Endauflager zu verankern. Der Verankerungsnachweis muss mit der Kraft in der Bewehrung am Endauflager geführt werden.

Am Endauflager eines Trägers mit Gleichstreckenlast entsteht, wie bereits in ▶ Abschn. 3.3.4.1 eine spezielle Situation,[1] wie sie ☐ Abb. 5.2 (links) gemäß den Überlegungen von (Reineck 2005) verdeutlicht ist.

---

1   Nähere Erläuterungen finden sich auch in Finckh (2025) ▶ Abschn. 6.2.1.

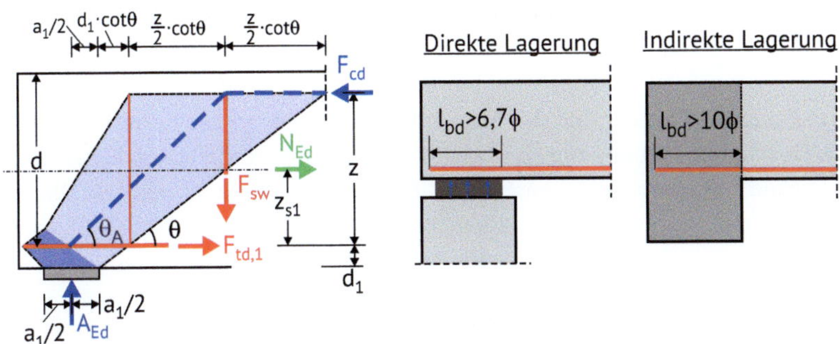

Abb. 5.2 Spannungs- und Kraftsituation am Endauflager eines Balkens (links) und (rechts) und Mindestwerte für Verankerungslängen für direkte und indirekte Auflagerung

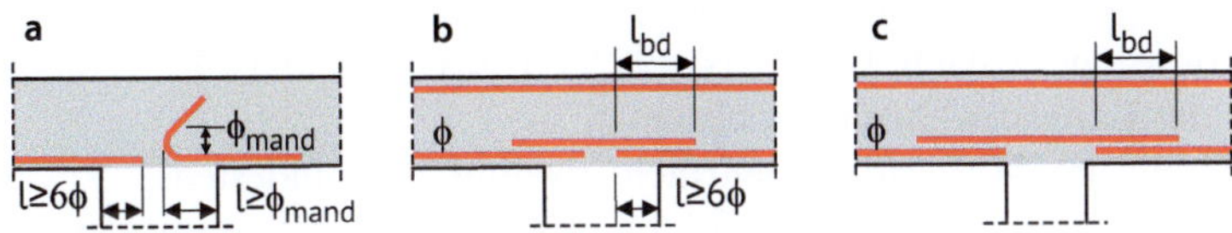

Abb. 5.3 Verankerung am Zwischenauflagern: a) mit Haken b) gestoßene Stäbe im Stützenbereich c) gestoßene Stäbe außerhalb der Stütze

Aus dieser Geometrie in ■ Abb. 5.2 ergibt sich gemäß (Reineck 2005) der Winkel der Druckspannungsresultierenden am Auflager zu Gl. (5.6) und die zu verankernde Kraft $F_{td,1}$ ergibt sich nach Gl. (5.7).

$$\cot \theta_a = \frac{1}{2} \cdot \frac{a_1}{z} + \left(\frac{d_1}{z} + \frac{1}{2} \right) \cdot \cot \theta \tag{5.6}$$

$$F_{td,1} = A_{Ed} \cdot \cot \theta_a + N_{Ed} \cdot \left(1 - \frac{z_{s1}}{z} \right) \tag{5.7}$$

Neben diesem Verankerungsnachweis sind auch die Mindestverankerungslängen nach ■ Abb. 5.2 (rechts) einzuhalten. Dies gilt insbesondere für die Mindestbewehrung und den Bewehrungsanteil, welcher bis zum Auflager geführt werden muss (25 % bei Balken, 50 % bei Platten).

5.3.2 Verankerung an Zwischenauflagern

Bei durchlaufenden Bauteilen muss die untenliegende Bewehrung ebenfalls Anteilig (25 % bei Balken, 50 % bei Platten) mit einer Länge von mindestens 6ϕ bis hinter den Auflagerrand geführt werden, wie dies ■ Abb. 5.3a) zeigt. Es ist zu empfehlen, dass zur Aufnahme positiver Momente infolge außergewöhnlicher Beanspruchungen die Bewehrung jedoch durchlaufend verlegt wird. Dies soll dazu dienen, dass ein Ausfall einer Stütze, z. B. durch Brand, Explosion oder Anprall nicht zum progressiven Kollaps des gesamten Gebäudes führt. Diese durchlaufende Bewehrung über der

Zwischenstütze wird meist durch gestoßene Stäbe nach ▫ Abb. 5.3b) und c) ausgeführt.

❗ Ein Gebäude sollte im Sinne der Nachhaltigkeit immer so konstruiert werden, dass auch eine später Umnutzung möglich ist. Die dafür erforderlichen Umbaumaßnamen werden durch robust konstruierte Bauteile, welche z. B. eine durchgehende untere Bewehrungslage besitzen, erheblich erleichtert.

5.4   Bewehrungsregeln für Balken

5.4.1   Längsbewehrung

Neben den Regelungen aus den vorherigen Abschnitten sind bei Balken noch weitere Konstruktionsregeln nach DIN EN 1992-1-1/NA1 (E) (08.2025) Tabelle NA. 8 bezüglich der Längsbewehrung zu beachten:

- Wie bereits im Vorherigen mehrfach erwähnt ist mindestens 25 % der Feldbewehrung bis zum Auflager zu führen und dort mindestens mit der Mindestverankerungslänge zu verankern.
- Die untere Mindestbewehrung an Zwischenauflagern zur Berücksichtigung unvorhergesehener Auswirkungen, die zu positiven Momenten am Auflager führen, z. B. unvorhergesehene Setzung oder Lastumkehr infolge von Explosion muss 25 % der Feldbewehrung betragen. In der Regel ist es ausreichend, an Zwischenauflagern von durchlaufenden Bauteilen die erforderliche Bewehrung mindestens um das Maß 6ϕ bis hinter den Auflagerrand zu führen.

Bezüglich der oberen Bewehrungslage, welche das negative Biegemoment (Stützmoment) abdecken soll gibt es jedoch auch noch zusätzlich Forderungen. So soll bei durchlaufenden Plattenbalken im Stützmomtenbereich ein erheblicher Anteil der Zugbewehrung (circa 40–60 %), in die Platte ausgelagert werden, um ein gleichmäßiges Rissbild in der Platte zu gewährleisten und eine Bewehrungskonzentration im Steg zu vermeiden. Damit wird auch die Herstellung erleichtert. Die erforderliche Zugbewehrung sollte dabei gemäß (DAfStb 2020) im Bereich der halben mitwirkenden Plattenbreite angeordnet werden, wie dies ▫ Abb. 5.4 zeigt. Hierbei ist jedoch beim Nachweis der Zugkraftdeckung darauf zu achten, dass bei der in der Gurtplatte ausgelagerten Zugbewehrung das Versatzmaß a_l jeweils, um den Abstand der einzelnen Stäbe vom Steganschnitt zu erhöhen ist, wie dies ebenfalls in ▫ Abb. 5.4 dargestellt ist.

Zusätzlich muss der maximale Biegebewehrungsgrad begrenzt werden, um zum einen das spröde Bauteilverhalten überbewehrter Querschnitte auszuschließen und um zum anderen die Herstellbarkeit zu gewährleisten. Die Summe der Querschnittsfläche der Zug- und Druckbewehrung darf bei Balken $A_{s,\,max} = 0{,}08 \cdot A_c$ nicht überschreiten. Dies gilt auch im Bereich von Übergreifungsstößen.

Die Längsbewehrung wird im aus statischen Gründen am unteren Querschnittsrand konzentriert. Dies hat jedoch bei hohen Stegen zur Folge, dass oberhalb der Bewehrung breite Sammelrisse entstehen, die wirkungsvoll durch Stegbewehrung vermieden werden können, wie dies ▫ Abb. 5.5 zeigt.

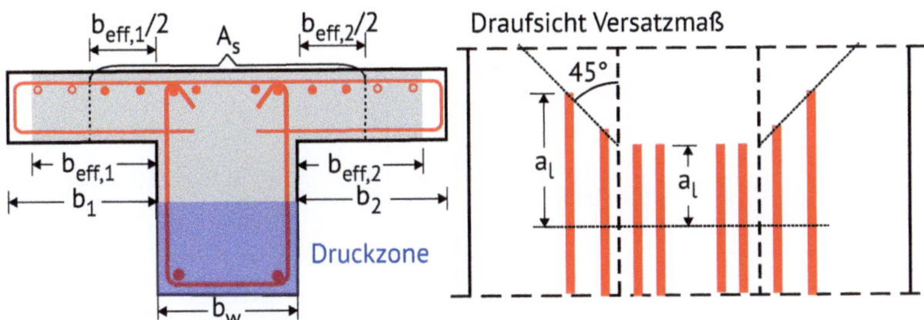

Abb. 5.4 Anordnung der Stützmomentenbewehrung bei Plattenbalkenquerschnitten

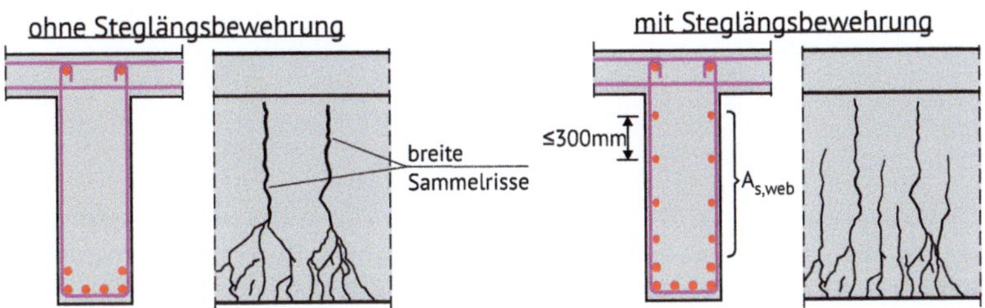

Abb. 5.5 Konstruktive Stegbewehrung zur Vermeidung breiter Sammelrisse in Anlehnung an. (Zilch und Zehetmaier 2010)

Aus diesem Grund ist gemäß DIN EN 1992-1-1/NA1 (E) (08.2025) in Balken mit einem Unterzug $h \geq 600$ *mm* eine Mindestoberflächenbewehrung zur Vermeidung grober Risse im GZG vorzusehen. Diese ergibt sich nach Gl. (5.8).

$$A_{s,web} = 0,2 \cdot \frac{f_{ctm}}{f_{yk}} \cdot b_w \cdot \left(d - x - 150\,mm \right) \tag{5.8}$$

Dabei ist x die Druckzonenhöhe. Der Stababstand soll dabei 300 mm nicht überschreiten.

5.4.2 Querkraftbewehrung

Bei Balken ist stets eine Querkraftbewehrung mit $\rho_{w,min}$ nach ▶ Abschn. 5.1.3 vorzusehen.

Die Mindestquerkraftbewehrung ist auch beim Gurtanschluss gemäß ▶ Abschn. 3.4 vorzusehen.

Die Querkraftbewehrung muss in der Regel mit der Schwerachse des Bauteils einen Winkel von 45° bis 90° bilden und darf aus einer Kombination folgender Bewehrungen (■ Abb. 5.6) existieren:

— Bügel, die die Längszugbewehrung und Druckzone umfassen
— aufgebogene Stäbe (Schrägaufbiegungen, Querkraftaufbiegungen)

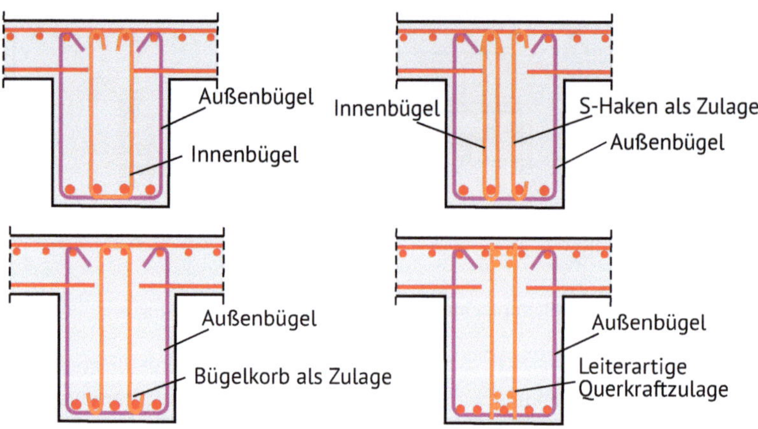

Abb. 5.6 Beispiele für Querkraftbewehrung

— Querkraftzulagen in Form von Körben, Leitern usw. die ohne Umschließung der Längsbewehrung verlegt sind aber ausreichend im Zug- und Druckbereich verankert sind.

Mindestens 50 % der aufzunehmenden Querkraft muss jedoch durch Bügel abgedeckt sein, da z. B. Schrägaufbiegungen im Krümmungsbereich Umlenkpressungen und Querzugspannungen erzeugen, welche durch umschließende Bügel aufgenommen werden müssen.

Die Querkraftbewehrung muss die Zugbewehrung umfassen oder muss an einem Ende in der Zugzone und am anderen Ende in der Druckzone wirksam verankert sein. Bügel und Querkraftbewehrung sollten gemäß DIN EN 1992-1-1 (09.2025) 12.3.3 (4) üblicherweise mittels Winkelhaken, Haken, Köpfen oder angeschweißter Querbewehrung verankert werden. Innerhalb eines Hakens oder Winkelhakens ist in der Regel ein Querstab einzulegen. Die Verankerung sollte gemäß **Abb. 5.7** erfolgen.

Bei Plattenbalken werden meist die Bügel mittels durchgehender Stäbe nach **Abb. 5.7** geschlossen. Diese Verbindung zwischen Bügeln und Querbewehrung wird allerdings im Wesentlichen durch die Zugfestigkeit des Betons gewährleistet. Die schiefen Stegdruckstreben stützen sich auf den Bügelecken, jedoch auch auf der im Bereich des Steges liegenden Längsbewehrung ab. Dabei kann es bei hoher Querkraftbelastung zum Absprengen des Betons (z. B. im Bereich von Stützmomenten) kommen. Zur Vermeidung dieses Bruches sollte gemäß (DAfStb 2020) die Druckstrebe auf $\nu = 0,5$ begrenzt werden, was bei dem vereinfachten Nachweis immer der Fall ist.

Die Verankerung muss in der Druckzone zwischen dem Schwerpunkt der Druckzonenfläche und dem Druckrand erfolgen; dies gilt im Allgemeinen als erfüllt, wenn die Querkraftbewehrung über die ganze Querschnittshöhe reicht.

Die Querkraftbemessung basiert gemäß ▶ Abschn. 3.3.3 auf einem Spannungsfeld. Um dieses kontinuierliche Zugspannungsfeld sicherzustellen und Schäden aus Druckspannungskonzentrationen an den Bügeln zu vermeiden, müssen bestimmte Bügelabstände vorgesehen werden. Da die Einschnürung auch in Breitenrichtung

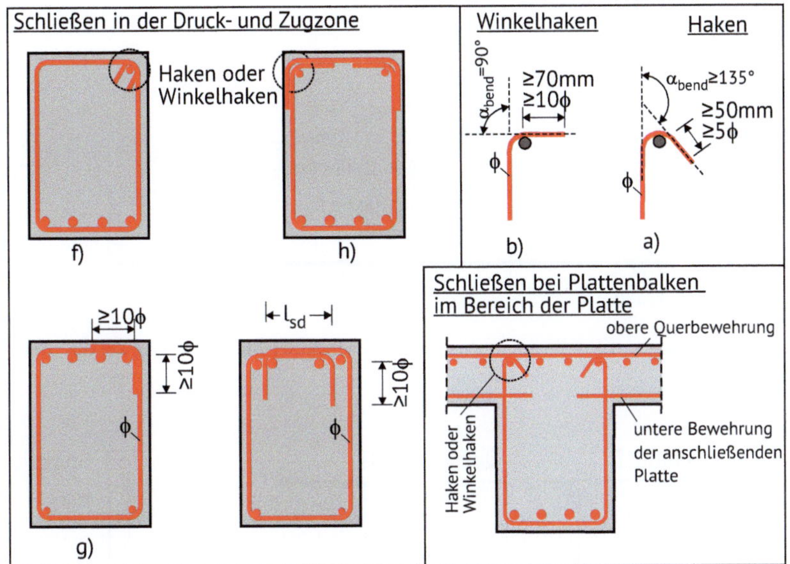

Abb. 5.7 Verankerung und Schließen von Bügeln

stattfindet, müssen die Abstände der Bügelschenkel quer zur Bauteilachse ebenfalls begrenzt werden. Bei breiten Balken sind deshalb mehrere Bügel nebeneinander anzuordnen.

Die maximalen Längsabstände der Querkraftbewehrung ergeben sich gemäß der DIN EN 1992-1-1 (09.2025) in Verbindung mit der DIN EN 1992-1-1/NA1 (E) (08.2025) nach Gl. (5.9) für Bügel und für aufgebogene Stäbe nach Gl. (5.10).

$$s_{l,\max} = 0{,}75 \cdot d \cdot (1 + \cot \alpha) \leq 300\,mm \quad \text{für Bügel} \tag{5.9}$$

$$s_{bu,\max} = 0{,}6 \cdot d \cdot (1 + \cot \alpha) \leq 300\,mm \quad \text{für Aufbiegungen} \tag{5.10}$$

Der größte Querabstand der Schubschenkel der Querkraftbewehrung ergibt sich nach Gl. (5.11)

$$s_{tr,\max} = 0{,}75 \cdot d \leq 600\,mm \tag{5.11}$$

Die Querkraftbewehrung kann wie die Zugbewehrung entlang des Bauteils entsprechend der Querkraftbeanspruchung abgestuft werden. Generell muss an jeder Stelle die Querkrafttragfähigkeit durch $\tau_{Ed} \leq \tau_{Rd}$ sichergestellt sein. Gemäß DIN EN 1992-1-1 (09.2025) 8.2.3 (2) darf in Bereichen ohne Diskontinuitäten[2] im Verlauf von τ_{Ed} (z. B. bei einer Gleichstreckenlast auf der Bauteiloberseite) die Querkraftbewehrung in jedem Längenabschnitt ($l = z \cdot \cot \theta$) mit dem kleinsten Wert von τ_{Ed} in diesem Abschnitt bestimmt werden. Dies entspricht einem Einschneiden der

---

2 Diskontinuitäten sind z. B. Bereiche, wo Einzellasten eingeleitet werden oder Querschnittveränderung wie Höhensprünge oder Stegöffnungen vorhanden sind. Die Diskontinuitäten werden in Finckh (2025) ausführlich behandelt.

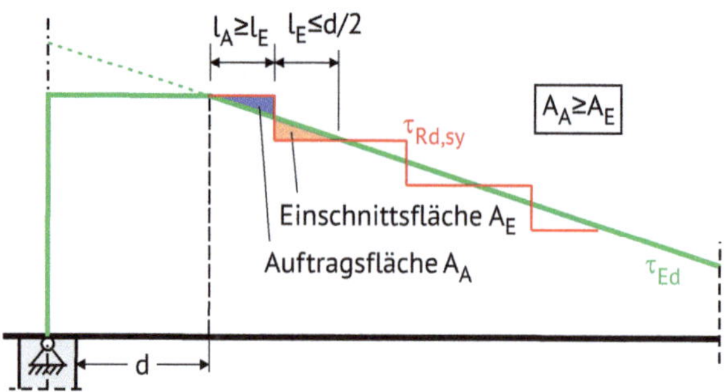

☐ Abb. 5.8 Zulässiges Einschneiden der Querkraftdeckungslinie bei Tragwerken des üblichen Hochbaus

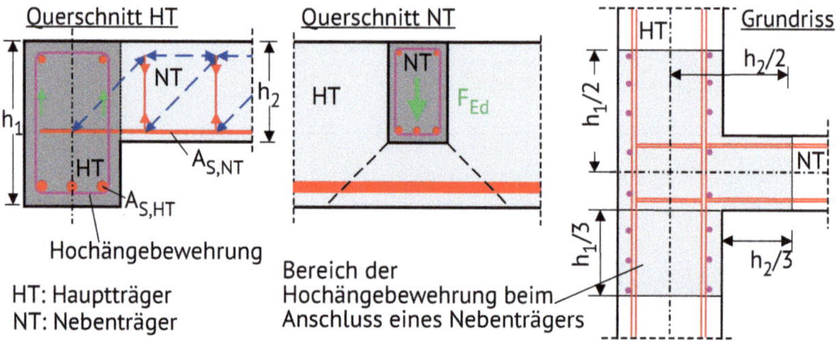

☐ Abb. 5.9 Hochhängebewehrung beim Anschluss eines Nebenträgers

kontinuierlichen Querkraftlinie über eine Länge von $z \cdot \cot \theta$ ohne einen entsprechenden Flächenausgleich.

Üblicherweise wird zur Ermittlung der Querkraftdeckung jedoch folgendes, weiter auf der sicheren Seite liegendes, Vorgehen gemäß ☐ Abb. 5.8 durchgeführt:

1. Bestimmung der erforderlichen Querkraftbewehrung über die Balkenlänge.
2. Bei der Verteilung der Querkraftbewehrung darf die Linie der aufzunehmenden Schubspannung τ_{Ed} eingeschnitten werden. Dabei sollte sichergestellt werden, dass die Auftragsfläche gleich der Einschnittsfläche entspricht.

5.4.3 Hochhängebewehrung

Bei einer an der Bauteilunterseite abgehängten Last ist in der Regel zusätzlich zur Querkraftbewehrung eine Hochhängebewehrung erforderlich, welche die Last im oberen Querschnittsbereich verankert. Dies ist auch bei einer indirekten Auflagerung eines Nebenträgers auf einen Hauptträger der Fall. Die Auflagerkraft des Nebenträgers muss dann in die Druckzone über zusätzliche Bügelbewehrung hochgehängt werden. Die Hochhängebewehrung muss aus Bügeln bestehen, welche die Hauptbewehrung des unterstützenden Bauteils umfassen. Einige dieser Bügel dürfen außerhalb des unmittelbaren Kreuzungsbereichs beider Bauteile, gemäß ☐ Abb. 5.9, angeordnet werden.

◘ Tab. 5.1 Mindestachsabstand $s_{l,min}$ von geschlossen Bügeln

Bügel Durchmesser ϕ_w	Bügelschlösser nicht versetzt		Bügelschlösser versetzt	
	$D_{upper} = 16mm$	$D_{upper} = 32mm$	$D_{upper} = 16mm$	$D_{upper} = 32mm$
8	38	55	34	51
10	43	60	37	54
12	48	65	41	58
14	52	69	44	61
16	57	74	48	65

Wenn die Hochhängebewehrung nach ◘ Abb. 5.9 ausgelagert wird, dann sollte eine über die Höhe verteilte Horizontalbewehrung im Auslagerungsbereich angeordnet werden, deren Gesamtquerschnittsfläche dem Gesamtquerschnitt dieser Bügel entspricht.

Bei sehr breiten stützenden Trägern oder bei stützenden Platten sollte, die in diesen Trägern oder Platten angeordnete Hochhängebewehrung, nicht über eine Breite angeordnet werden, die größer als die Nutzhöhe des gestützten Trägers ist.

5.4.4 Maximale Bewehrungsmengen

Die DIN EN 1992-1-1 (09.2025) sieht keine fest definierten Maximalmengen für Längs- oder Bügelbewehrung vor. Jedoch sollten zur Sicherstellung einer Betonierbarkeit bestimmte Grenzen nicht überschritten werden.

Ein Anhaltswert für die maximale Längsbewehrung als Summe aus Druck und Zugbewehrung stellt $A_{s,max} = 0{,}08 \cdot A_c$ dar. Dieser sollte auch im Bereich von Übergreifungen nicht überschritten werden.

Häufig werden Bügel zu eng verlegt, da die Bügelschlösser nicht ausreichend berücksichtigt werden. In ◘ Tab. 5.1 sind in Anlehnung an DBV (DBV 11.2023) Mindestachsabstände $s_{l,min}$ für geschlossene Bügel angegeben.

5.5 Bewehrungsregeln für Platten

5.5.1 Längsbewehrung

Bei Platten gelten auch die Bewehrungsregeln für die Längsbewehrung der Balken aus ▶ Abschn. 5.4.1. Zusätzlich sind jedoch einige weitere Reglungen zu beachten. So muss bei Platten mindestens 50 % der erforderlichen Feldbewehrung am Auflager verankert werden. Da Platten neben der Haupttragwirkung auch eine Querrichtung haben, müssen hier mindestens die aus der Querdehnungen entstehenden Spannungen durch Bewehrung abgedeckt werden. Da die Querdehnzahl von Beton $\nu = 0{,}2$ beträgt muss bei Platten eine Querbewehrung vorgesehen werden, die mindestens 20 % der Hauptbewehrung entspricht.

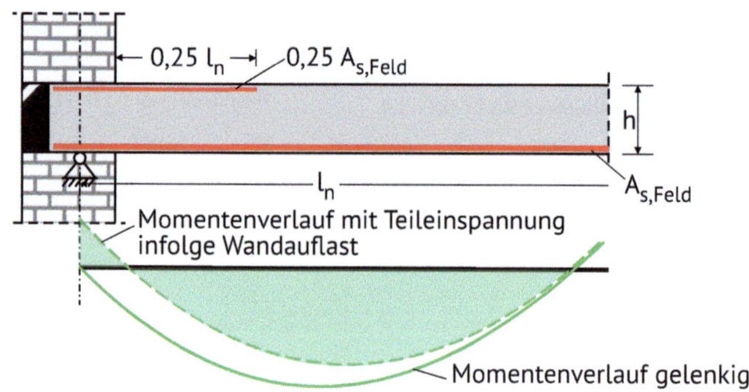

◘ Abb. 5.10 Konstruktive Mindesteinspannbewehrung zur Abdeckung rechnerisch nicht berücksichtigter Teileinspannungen

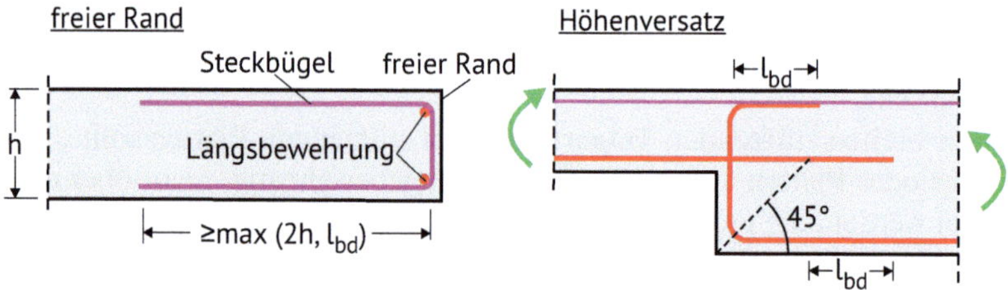

◘ Abb. 5.11 Bewehrung am freien Rand und bei einem Höhenversatz

Wird an Endauflagern im Rahmen der Schnittgrößenermittlung eine gelenkige Auslagerung angenommen, sollten die Auswirkungen von damit vernachlässigten teilweisen Einspannungen durch eine auf der Bauteiloberseite angeordnete konstruktive Einspannbewehrung abgedeckt werden. Die Einspannbewehrung sollte mindestens 25 % der Bewehrung des benachbarten Feldmomentes betragen. Diese Bewehrung muss, vom Auflagerrand gemessen, mindestens über die 0,25-fache Länge des Endfeldes eingelegt werden (◘ Abb. 5.10).

❶ Eine statische Berechnung basiert oft auf zahlreichen Idealisierungen. Der echte Kraftfluss wird sich jedoch nur an die postulierten Idealisierungen halten, wenn dies z. B. durch Bauteilfugen entsprechend konstruiert ist. In den meisten Fällen ist dies jedoch nicht möglich und es ist dann eine konstruktive Bewehrung, wie z. B. die Mindesteinspannbewehrung, einzulegen.

Aufgrund des flächigen Bauteils sind auch Regelungen bezüglich der Stababstände erforderlich. Der Abstand zwischen den Stäben darf in der Regel nicht größer als $s_{slab,max}$ sein:

$$s_{slab,\max} : 150\,mm \leq 2h \leq 250\,mm \tag{5.12}$$

An freien ungestützten Ränder sollte Rand- und Einfassbewehrung nach ◘ Abb. 5.11 vorgesehen werden. Bei Fundamenten kann jedoch darauf verzichtet werden. Als Empfehlung für zusätzliche Randbewehrung zur Aufnahme möglicher Randlasten und Temperatur- und Schwindspannungen werden in (Leonhardt und

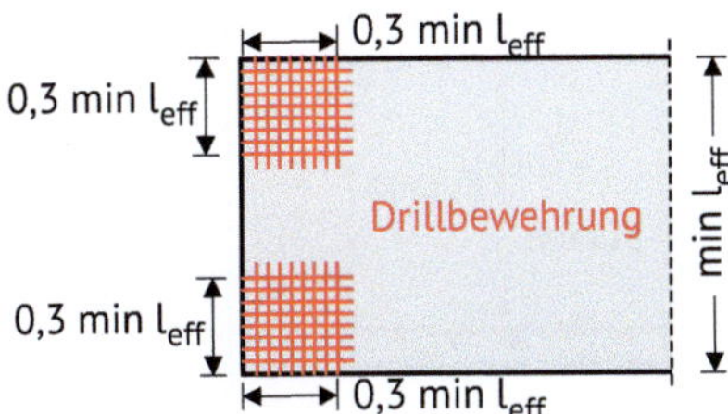

◘ Abb. 5.12 Drillbewehrung in den Ecken der Platte

Mönnig 1977) folgende Werte angegeben, wobei im Zwischenbereich interpoliert werden kann:

- $a_{s,R} \geq 1{,}25\ cm^2/m$ für h ≤ 300 mm
- $a_{s,R} \geq 3{,}5\ cm^2/m$ für h ≥ 800 mm

Bei Platten mit Höhenversatz auf der Zugseite sollte die Zugbewehrung wie in ◘ Abb. 5.11 baulich durchgebildet werden.

Wenn durch bauliche Durchbildung das Abheben der Platte an einer Ecke verhindert wird, ist in der Regel eine entsprechende Drillbewehrung gemäß ◘ Abb. 5.12 anzuordnen.

5.5.2 Querkraftbewehrung

Die Plattendicke sollten üblicherweise so dimensioniert werden, dass eine Querkraftbewehrung entfallen kann. Sollte eine Querkraftbewehrung dennoch aufgrund der Bemessung erforderlich sein, muss die Plattendicke mindestens 160 mm bei aufgebogenen Stäben und 200 mm bei Querkraftbewehrung mit Bügeln betragen. Hierbei sind für die bauliche Durchbildung einige Besonderheiten zu beachten.

Eine Mindestquerkraftbewehrung ist in den Bereichen einzubauen, wo rechnerisch eine Querkraftbewehrung erforderlich ist.

Die maximalen Längsabstände der Querkraftbewehrung ergeben sich gemäß der DIN EN 1992-1-1 (09.2025) in Verbindung mit der DIN EN 1992-1-1/NA1 (E) (08.2025) für Querkraftbewehrungselemente/Bügel nach Gl. (5.13) und für aufgebogene Stäbe nach Gl. (5.14). Für dicke Platten mit $d \geq 0{,}8m$ dürfen die maximalen Abstände auf $0{,}5d \leq 600mm$ vergrößert werden.

$$s_{l,\max} = 0{,}75 \cdot d \cdot (1 + \cot \alpha) \leq 300\,mm \quad \text{für Bügel} \tag{5.13}$$

$$s_{bu,\max} = 1{,}0 \cdot d \cdot (1 + \cot \alpha) \leq 300\,mm \quad \text{für Aufbiegungen} \tag{5.14}$$

Der größte Querabstand der Schubschenkel der Querkraftbewehrung ergibt sich nach Gl. (5.15).

$$s_{tr,\max} = 1{,}5 \cdot d \tag{5.15}$$

In Platten mit $|\tau_{Ed}| \leq 0{,}12 f_{cd}$ für 90° und $|\tau_{Ed}| \leq 0{,}24 f_{cd}$ für 45° Bewehrungsneigung darf die Querkraftbewehrung vollständig aus aufgebogenen Stäben, Gitterträgern oder

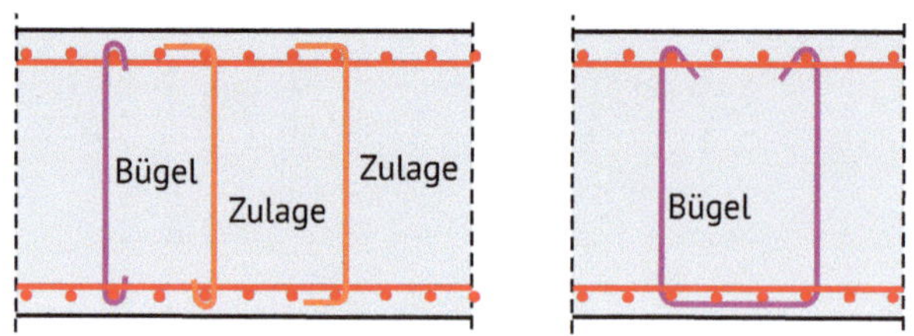

Abb. 5.13 Ein- und zweischnittige Bügel als Querkraftbewehrung und -zulagen in Platten

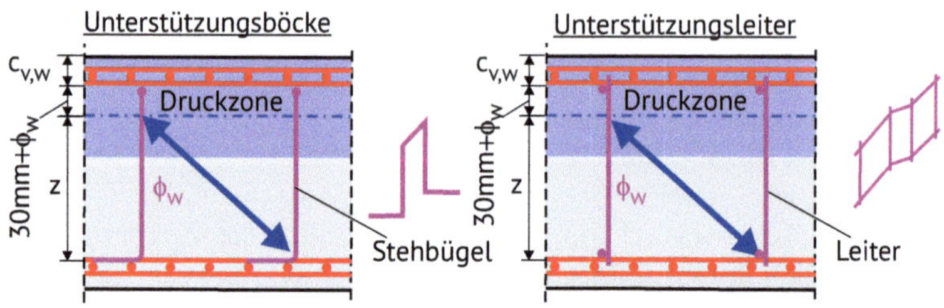

Abb. 5.14 Unterstützungen als Querkraftzulagen in Anlehnung an. (DAfStb 2020)

Querkraftzulagen bestehen. Gemäß (DAfStb 2020) darf die Querkraftbewehrungen in Platten wie in ▫ Abb. 5.13 dargestellt, auch als ein- oder zweischnittige Bügel mit Haken verankert werden. Es wird dabei davon ausgegangen, dass die Querkraftbewehrung die Zuggurtbewehrung umschließt, und dass eine Querbewehrung vorhanden ist, die die Querzugkräfte aus der Spreizung der Druckstrebe aufnehmen kann. Bügel mit 90°-Winkelhaken gelten jedoch als Querkraftzulage.

Der Durchmesser der Querkraftzulagen ϕ_w darf einen Höchstwert nach Gl. (5.16) nicht überschreiten.

$$\phi_{w,\max} = k_{\phi w} \cdot \sqrt{d/200} \tag{5.16}$$

Dabei ist:

d – statische Nutzhöhe in mm

$k_{\phi w} = 10$ – für einschnittige Bügelschenkel und offene Bügel

$k_{\phi w} = 11$ – für geschlossene Bügel oder Stäbe mit ähnlicher Verankerung

$k_{\phi w} = 16$ – für aufgebogene Stäbe und Kopfstäbe

Bei plattenartigen Bauteilen mit $h \geq 500\ mm$ dürfen die Querkraftzulagen gemäß (DAfStb 2020) wie Unterstützungen ausgebildet werden, wobei diese auf der Zugseite mindestens in eine Bewehrungslage einbinden sollen und in der Druckzone an der Bewehrungslage mit einem horizontalen Schenkel enden können (▫ Abb. 5.14).

> **Praxistipp**
>
> Sollte Querkraftbewehrung bei Platten erforderlich sein, kann diese im Ingenieurbau häufig durch konstruktiv sowieso nötige Unterstützungsböcke abgedeckt werden. Im Hochbau bieten sogenannte Gitterträger (vgl. z. B. Teil 2 (Finckh 2026) ▶ Abschn. 5.2.2) eine einfache baustellengerechte Möglichkeit Querkraftbewehrung auszubilden. Bei der Verwendung von Elementendecken (Teilfertigteilbauweise) sind diese Gitterträger im Regelfall bereits in den Fertigteilen vorhanden.

5.6 Konstruktionsbeispiel Balken

5.6.1 Angabe

Für den in ◘ Abb. 5.15 dargestellten Unterzug aus einem Beton mit der Festigkeitsklasse C30/37 liegt ein EDV-Bemessungseregbniss[3] vor. Nun soll auf Basis dieser Berechnung der Unterzug konstruktiv richtig durchgebildet werden und die Bewerhung geplant werden.

Anhand der nachfolgenden Auszüge aus der statischen Berechnung soll die Bewehrungsführung mit den Bewehrungsregeln nach Norm festgelegt werden. In ◘ Abb. 5.16 sind die Querschnittwerte der Berechnung aufgelistet.

Demnach ergibt sich das Eigengewicht zu $g_{k1} = 25 \cdot 0{,}64 = 16 \ kN/m$.

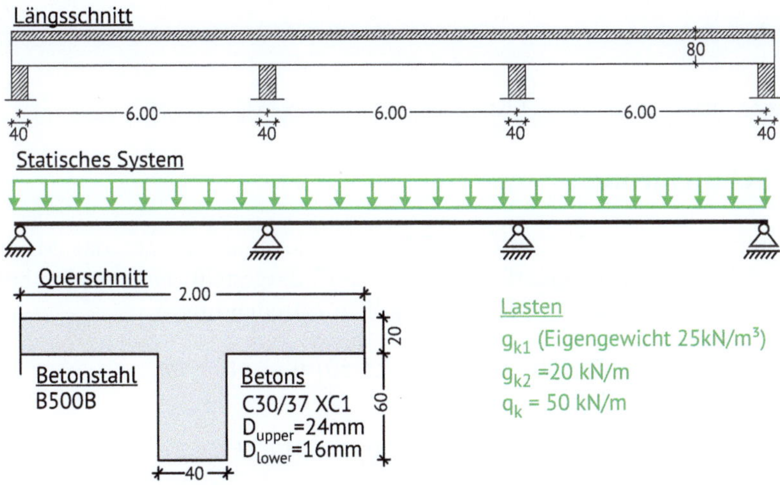

◘ **Abb. 5.15** Angabe Konstruktionsbeispiel Unterzug

---

3   Die Berechnung wurde mit den Programmen der SOFiSTiK AG (2025) durchgeführt. Eine solche Berechnung ist jedoch mit nahezu jedem Programm auf dem Markt möglich.

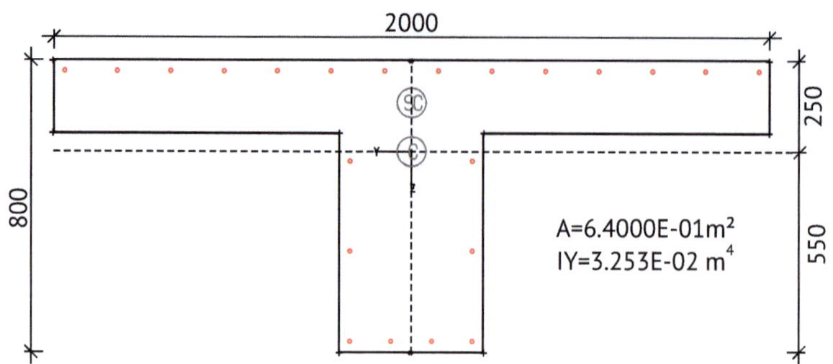

Abb. 5.16   Angabe Konstruktionsbeispiel Querschnittswerte

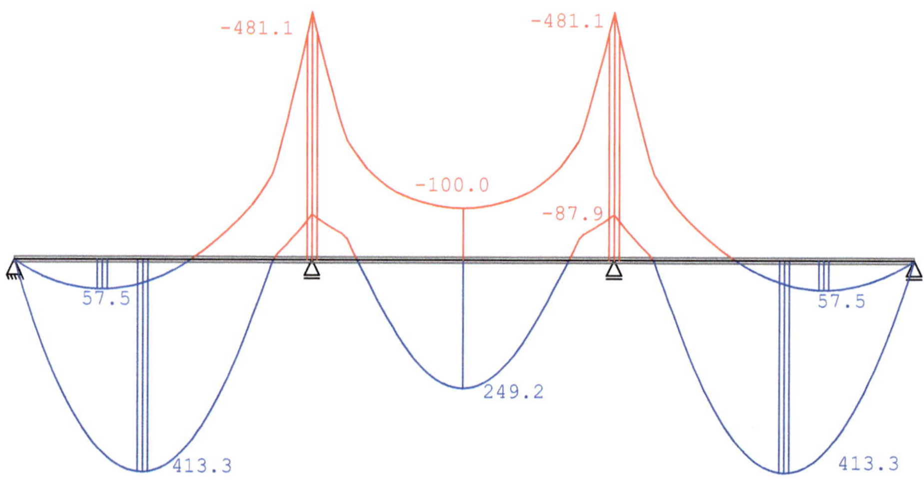

Abb. 5.17   Konstruktionsbeispiel: Minimales und maximales Moment

5.6.2 Schnittgrößen

Die Schnittgrößen wurden mittels EDV berechnet und sind für das Moment in ■ Abb. 5.17 und für die Querkraft ■ Abb. 5.18 dargestellt. Nun wird anhand des Feldmomentes überprüft, ob die Schnittgrößen zutreffend sind:

$$M_{Ed,1,\mathrm{max}} = \left(0,08\cdot1,35\cdot\left(20+16\right)+0,101\cdot1,5\cdot50\right)\cdot6^2 = 413\,kNm$$

$$A_{Ed,\mathrm{max}} = \left(0,4\cdot1,35\cdot\left(20+16\right)+0,45\cdot1,5\cdot50\right)\cdot6 = 319,2\,kN$$

Falls eine Momentlinie manuell erstellt werden sollte, würde sich diese für das maximale Feldmoment wie folgt ergeben:

$$M_{Ed,1}\left(x\right) = A_{Ed}\cdot x - p_{Ed}\cdot\frac{x^2}{2} = 319,2\cdot x - 123,6\cdot\frac{x^2}{2}$$

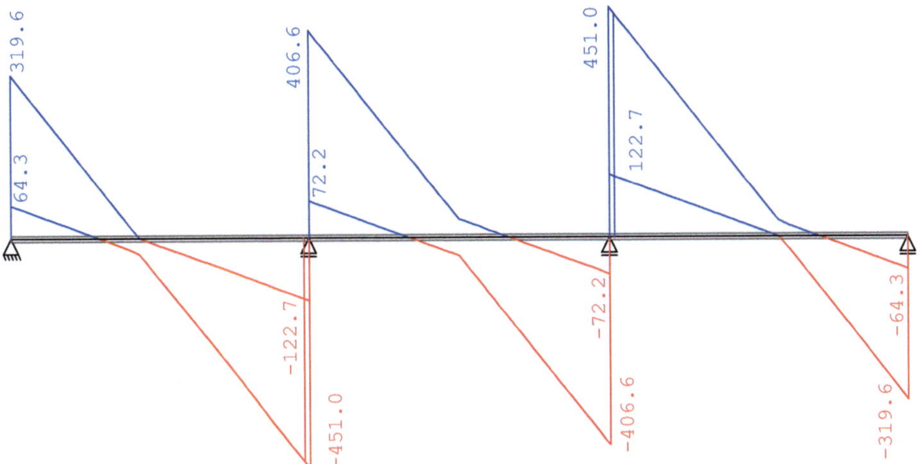

Abb. 5.18 Konstruktionsbeispiel: Minimale und maximale Querkraft

5.6.3 Bewehrungsmenge

5.6.3.1 Ermittlung der statischen Nutzhöhe

Unter der Annahme eines Bügels $\phi_w = 12\,mm$ und einer Längsbewehrung $\phi_l = 25\,mm$ ergibt sich aufgrund der Dauerhaftigkeit und der Verbundwirkung folgender Längsbewehrungsabstand:

$$d_1 = \max \begin{cases} \Delta c + c_{min,dur} + \phi_w + \dfrac{\phi_l}{2} = 10 + 10 + 12 + \dfrac{25}{2} = 44,5\,mm \\[2mm] \Delta c + c_{min,b} + \dfrac{\phi_l}{2} = 10 + 25 + \dfrac{25}{2} = 47,5\,mm \end{cases} \approx 5\,cm$$

Somit ergibt sich die statische Nutzhöhe zu:

$$d = h - d_1 = 80 - 5 = 75\,cm$$

5.6.3.2 Biegebewehrung

Das Ergebniss der Biegebemessung ist in **⬛** Abb. 5.19 grafisch dargestellt. Auch hier wird der Wert Anhand des ersten Feldes überprüft. Im Feld ergibt sich die mitwirkende Plattenbreite (vgl. ▶ Abschn. 2.6.2) unter der Annahme von $l_0 = 0,85 \cdot l_1$ zu:

$$b_{eff,i} = 0,2 \cdot b_i + 0,1 \cdot l_0 \leq \begin{cases} 0,2 \cdot l_0 \\ b_i \end{cases}$$

$$b_{eff,1} = 0,2 \cdot 0,8 + 0,1 \cdot 0,85 \cdot 6 = 0,67\,m \leq \begin{cases} 0,2 \cdot 0,85 \cdot 6 = 1,02\,m \\ 0,8\,m \end{cases}$$

$$\Rightarrow b_{eff} = 2 \cdot b_{eff,i} + b_w = 2 \cdot 0,67 + 0,4 = 1,74\,m$$

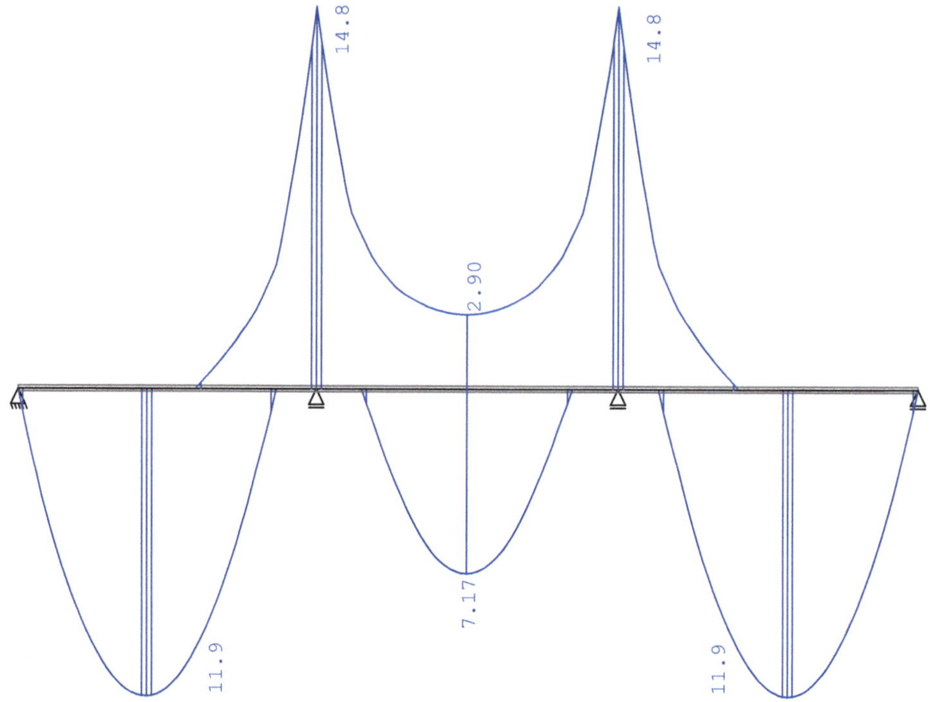

Abb. 5.19   Konstruktionsbeispiel: Ergebnis Biegebemessung

Die mitwirkende Plattenbreite im Zugbereich ist für die weitere Berechnung nicht von Relevanz und wird deshalb hier nicht berechnet. Für die Biegebemessung wird der Bemessungswert der Betondruckfestigkeit des C30/37 benötigt:

$$f_{cd} = \eta_{cc} \cdot k_{tc} \cdot \frac{f_{ck}}{\gamma_C} = 1 \cdot 0,85 \cdot \frac{30}{1,5} = 17,0 \, N / mm^2$$

Das dimensionslose Moment ergibt sich unter der Annahme das die Druckzone vollständig in der Platte liegt mit der statischen Nutzhöhe zu:

$$\mu_{Eds} = \frac{M_{Eds}}{b \cdot d^2 \cdot f_{cd}} = \frac{0,413}{1,74 \cdot 0,75^2 \cdot 17} = 0,025$$

Damit kann über den mechanische Bewehrungsgrad über die Tabellen aus Abb. ▶ 10.1 zu $\omega_1 = 0,025$ die Zugbewehrung berechnet werden:

$$A_{s1} = \frac{1}{\sigma_{sd}} \cdot \omega_1 \cdot b \cdot d \cdot f_{cd} = \frac{1}{456,5} \cdot 0,025 \cdot 1,74 \cdot 0,75 \cdot 17 = 1,2 \cdot 10^{-3} \, m^2 = 12 \, cm^2$$

An ▪ Abb. 5.19 erkennt man, dass dieser Wert im Feld vorhanden nahzu exakt vorhanden ist. Man erkennt jedoch auch, dass im Stützmomentenbereich keine Momentenausrundung vorgenommen worden ist.

5.6.3.3 Querkraftbewehrung

Ebenfalls wird die Querkraftbemessung aus ◨ Abb. 5.20 am Auflager am Feld 1 überprüft.

Dazu wird die Auflagerkraft verwendet um den Größtwert zu überprüfen.

$$\tau_{Ed,1} = \frac{V_{Ed}}{b_w \cdot z} = \frac{0,319}{0,4 \cdot 0,9 \cdot 0,75} = 1,18\,MN\,/\,m^2$$

Es wird der vereinfachte Nachweis geführt. Auf der sicheren Seite wird $\cot\theta = 1,0$ gewählt. Damit ergibt sich der Nachweis der Druckstrebe:

$$\sigma_{cd} = \tau_{Ed,1} \cdot \left(\cot\theta + \tan\theta\right) \le v \cdot f_{cd}$$

$$\sigma_{cd} = 1,18 \cdot \left(1,0 + 1\,/\,1,0\right) = 1,77\,MN\,/\,m^2 \le 0,5 \cdot 17 = 8,5\,MN\,/\,m^2$$

Der Nachweis ist somit erfüllt und es kann die Querkraftbewehrung ermittelt werden:

$$\rho_w = \frac{A_{sw}}{b_w \cdot s_w} = \frac{\tau_{Ed}}{f_{ywd} \cdot \cot\theta} = \frac{1,18}{435 \cdot 1,0} = 2,71 \cdot 10^{-3}$$

$$a_{sw} = \frac{A_{sw}}{s_w} = \rho_w \cdot b_w = 27,1 \cdot 10^{-3} \cdot 0,4 = 10,8 \cdot 10^{-4}\,\frac{m^2}{m} = 10,8\,\frac{cm^2}{m}$$

Man erkennt, dass der Wert annäherungsweise mit ◨ Abb. 5.20 zusammenpasst. Ebenfalls ist aber ersichtlich, dass die Querkraftbewehrung unabhängig von möglichen Abminderungen bestimmt wurde. So wurde der Bemessungschnitt direkt am Auflager gewählt, obwohl man die Querkraftbewehrung im Absstand d vom Auflagerrand ermitteln dürfte. Dies wird jedoch bei der Bewehrungswahl in ▶ Abschn. 5.6.7 berücksichtigt.

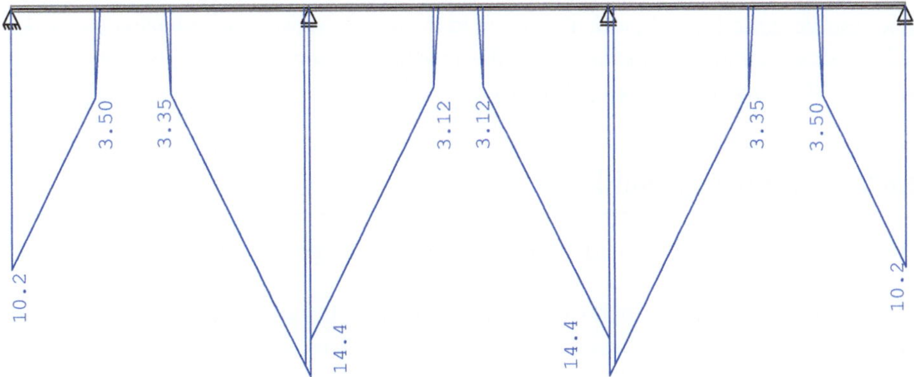

◨ **Abb. 5.20** Konstruktionsbeispiel: Ergebnis Querkraftbemessung mit $\cot\theta = 1,0$

5.6.4 **Ermittlung der Mindestlängsbewehrung**

5.6.4.1 **Längsbewehrung Feldbereich**

Gemäß ▶ Abschn. 5.1.1 ist eine Mindestbewehrung zur Abdeckung der Risskraft aus der mittleren Zugfestigkeit einzulegen. Diese Bewehrung muss im Feld zwischen den Auflagern überall vorhanden sein. Das Rissmoment kann über die Querschnittswerte aus ◘ Abb. 5.16 wie folgt berechnet werden:

$$M_{cr,u} = f_{ctm} \cdot W_{c,u} = f_{ctm} \cdot \frac{I_c}{z_u^I} = 2,9 \cdot \frac{3,253 \cdot 10^{-2}}{0,55} = 0,171\,MNm$$

Die Mindestbewehrung kann nun vereinfacht wie folgt berechnet werden:

$$A_{s,u} = \frac{M_{cr,u}}{z_u^{II} \cdot f_{yk}} = \frac{M_{cr,u}}{0,9 \cdot d \cdot f_{yk}} = \frac{0,171}{0,9 \cdot 0,75 \cdot 500} = 5,1 \cdot 10^{-4}\,m^2 = 5,1\,cm^2$$

5.6.4.2 **Längsbewehrung Stützmoment**

Auch im Stützmomentenbereich ist eine Mindestbewehrung vorzusehen. Diese Bewehrung muss im Stützmomentenbereich an den Stellen vorhanden sein, wo negative Momente auftreten können. Das Rissmoment kann über die Querschnittswerte aus ◘ Abb. 5.16 wie folgt berechnet werden:

$$M_{cr,o} = f_{ctm} \cdot W_{c,o} = f_{ctm} \cdot \frac{I_c}{z_o^I} = 2,9 \cdot \frac{3,253 \cdot 10^{-2}}{0,25} = 0,377\,MNm$$

Die Mindestbewehrung kann nun vereinfacht wie folgt berechnet werden:

$$A_{s,o} = \frac{M_{cr,u}}{z_o^{II} \cdot f_{yk}} = \frac{M_{cr,u}}{0,9 \cdot d \cdot f_{yk}} = \frac{0,377}{0,9 \cdot 0,75 \cdot 500} = 11 \cdot 10^{-4}\,m^2 = 11\,cm^2$$

5.6.4.3 **Resultierende Längsbewehrung**

Die resultierende Längsbewehrung ist in ◘ Abb. 5.21 dargestellt. Hierbei wurde beachtet, dass gemäß ▶ Abschn. 5.4.1 die Feldbewehrung von 25 %, was 3 cm^2 entspricht, über das Auflager zu führen ist.

5.6.5 **Bewehrungswahl**

Aufgrund der Ergebnisse wird die in ◘ Abb. 5.22 dargestellte Bewehrungswahl getroffen.

Im Weiteren müssen noch die genauen Längen über die Zugkraftdeckung, Verankerungen und Übergreifungslängen ermittelt werden.

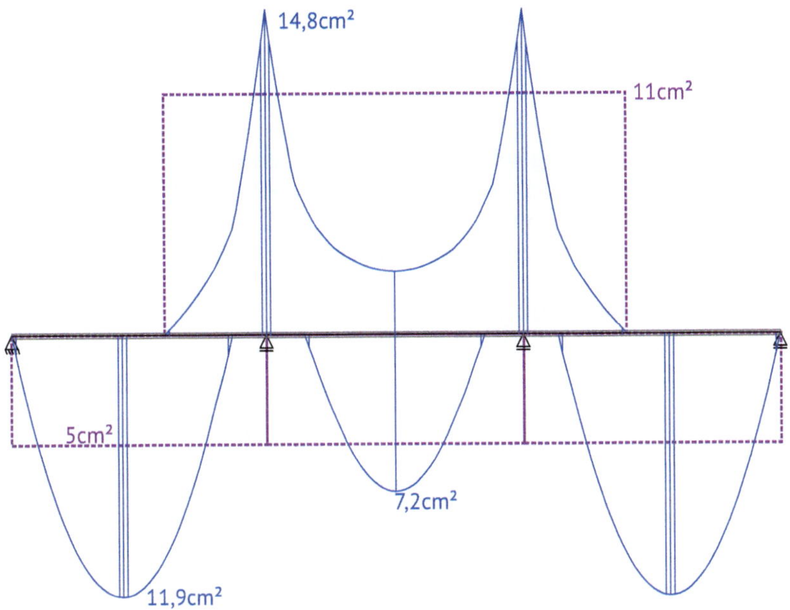

Abb. 5.21 Konstruktionsbeispiel: Resultierende Längsbewehrung

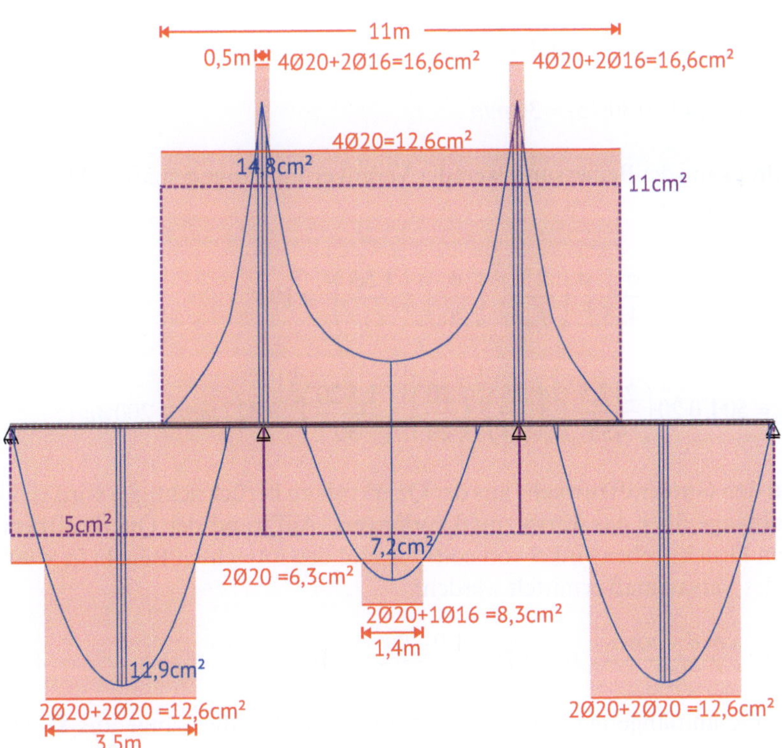

Abb. 5.22 Konstruktionsbeispiel: Bewehrungswahl

5.6.6   Zugkraftdeckung: Verankerung und Übergreifungen

5.6.6.1   Feldbewehrung Randfeld 1 und 3

5.6.6.1.1 Allgemeines

Die erforderliche Bewehrung soll über eine Grundbewehrung 2Ø20 sowie über eine Zulagebewehrung von 2Ø20 abgedeckt werden. Zunächst wird die Länge der Zulagebewehrung bestimmt und dann die Verankerung der Grundbewehrung berechnet. Im Feld liegt die Bewehrung unten, wo guter Verbund herrscht.

5.6.6.1.2 Zulagebewehrung

Die Zulagebewehrung soll an der Stelle verankert werden, wo diese nicht mehr benötigt wird. Um die Länge des Stabes zu bestimmen, wird zunächst die Verankerungslänge bestimmt. Die Stahlspannung ergibt sich zu:

$$\sigma_{sd} = f_{yd} \cdot \frac{A_{s,erf}}{A_{s,vorh}} = 435 \cdot \frac{2 \cdot 3,14}{4 \cdot 3,14} = 217,5 \; N \, / \, mm^2$$

Für die Verankerung müssen die Betondeckungen der zu verankernden Stäbe ermittelt werden. Mit $c_{nom} = 20 \; mm$ und $\phi_w = 10 \; mm$ ergibt sich:

- Seitliche Betondeckung: $c_x = 20 + 10 = 30 \; mm$
- Untere Betondeckung: $c_y = 20 + 10 = 30 \; mm$
- Stababstand: $c_s = (400 - 2 \cdot 30 - 4 \cdot 20)/3 = 86 \; mm$

$$c_d = \min\{0, 5c_s ; c_x ; c_y ; 3,75\phi\}$$

$$c_d = \min\{43;30;30;75\} = 30 \; mm$$

Damit kann der Bemessungswert der Verankerungslänge gemäß ▶ Abschn. 4.6.1.2 berechnet werden:

$$l_{bd} = k_{lb} \cdot k_{cp} \cdot \phi \cdot \left(\frac{\sigma_{sd}}{435}\right)^{\frac{3}{2}} \cdot \left(\frac{25}{f_{ck}}\right)^{\frac{1}{2}} \cdot \left(\frac{\phi}{20}\right)^{\frac{1}{3}} \cdot \left(\frac{1,5\phi}{c_d}\right)^{\frac{1}{2}} \geq 10\phi$$

$$l_{bd} = 50 \cdot 1,0 \cdot 20 \cdot \left(\frac{217,5}{435}\right)^{\frac{3}{2}} \cdot \left(\frac{25}{30}\right)^{\frac{1}{2}} \cdot \left(\frac{20}{20}\right)^{\frac{1}{3}} \cdot \left(\frac{1,5 \cdot 20}{30}\right)^{\frac{1}{2}} = 327 \; mm \geq 200 \; mm$$

Um den Gurtkraftzuwachs aus der Querkraft zu berücksichtigen wird vereinfacht die Stablänge über das Versatzmaß verlängert. Aufgrund der Querkraftbemessung mit dem Druckstrebenwinkel von $\cot\theta = 1$ und den lotrechten Bügeln ($\alpha = 90°$) kann folgendes Versatzmaß ermittelt werden:

$$a_l = z \cdot \frac{\cot\theta - \cot\alpha}{2} = 0,9 \cdot 0,75m \cdot \frac{1,0 - 0}{2} = 0,34m$$

Die Gesamtlänge der Zulagestäbe ergibt sich über die Länge aus ▪ Abb. 5.22 somit zu:

$$l_{zulage} = l_{Abb.5.22} + 2 \cdot \left(a_l + l_{bd} \right)$$

$$l_{zulage} = 3,5m + 2 \cdot \left(0,34m + 0,33m \right) = 4,84m$$

5.6.6.1.3 Grundbewehrung

Die Verankerung am Endauflager wird nach ▶ Abschn. 5.3.1 nachgewiesen. Es muss mindestens das 0,25-Fache der maximalen Feldbewehrung bis über das Auflager geführt werden. Hier ergibt sich die zu verankernde Zugkraft mit der Querkraft nach ◻ Abb. 5.18. Die Abmessung des unteren Druckknotens wird entsprechend der gewählten Verankerungslänge wie folgt gewählt:

$$l_{b,vorh} = t - c_{nom} = 40\,cm - 2\,cm = 38\,cm \Rightarrow l_{b,gewählt} = 36\,cm = a_1$$

Damit kann nach ▶ Abschn. 5.3.1 die zu verankernde Kraft berechnet werden:

$$\cot \theta_a = \frac{1}{2} \cdot \frac{a_1}{z} + \left(\frac{d_1}{z} + \frac{1}{2} \right) \cdot \cot \theta = \frac{1}{2} \cdot \frac{0,36}{0,9 \cdot 0,75} + \left(\frac{0,05}{0,9 \cdot 0,75} + \frac{1}{2} \right) \cdot 1 = 0,84$$

$$F_{td,1} = A_{Ed} \cdot \cot \theta_a + N_{Ed} \cdot \left(1 - \frac{z_{s1}}{z} \right) = 319 \cdot 0,84 = 268\,kN$$

Die erforderliche Verankerungslänge kann auf Grundlage der verankernden Kraft ermittelt werden:

$$\sigma_{sd} = \frac{F_{td,1}}{A_{s,vorh}} = \frac{0,268}{2 \cdot 3,14 \cdot 10^{-4}} = 426,5\,N\,/\,mm^2$$

$$l_{bd} = k_{lb} \cdot k_{cp} \cdot \phi \cdot \left(\frac{\sigma_{sd}}{435} \right)^{\frac{3}{2}} \left(\frac{25}{f_{ck}} \right)^{\frac{1}{2}} \cdot \left(\frac{\phi}{20} \right)^{\frac{1}{3}} \cdot \left(\frac{1,5\phi}{c_d} \right)^{\frac{1}{2}} \geq 6,7\phi$$

$$l_{bd} = 50 \cdot 1,0 \cdot 20 \cdot \left(\frac{426,5}{435} \right)^{\frac{3}{2}} \left(\frac{25}{30} \right)^{\frac{1}{2}} \cdot \left(\frac{20}{20} \right)^{\frac{1}{3}} \cdot \left(\frac{1,5 \cdot 20}{30} \right)^{\frac{1}{2}} = 886,2\,mm \geq 134\,mm$$

Da die vorhandene Verankerungslänge von $l_{b,\,vorh} = 36\,cm$ kleiner ist als der Bemessungswert der Verankerungslänge von $l_{bd} = 88,6\,cm$, ist der Nachweis nicht erfüllt. Aus diesem Grund werden nun die günstig wirkenden Effekte der Umschnürungsbewehrung und des Querdrucks nach ▶ Abschn. 4.6.1.3 angesetzt. Am Auflager werden Bügel Ø10/17,5 gewählt. Damit kann der Umschnürungsbewehrungsgrad berechnet werden.

$$\rho_{conf} = \frac{n_c \cdot \pi \cdot \phi_c^2}{4 \cdot n_b \cdot \phi \cdot s_c} = \frac{2 \cdot \pi \cdot 10^2}{4 \cdot 4 \cdot 20 \cdot 175} = 0,011$$

Die Druckspannung am Auflager kann über die Lagergröße A_{Lag} und Auflagerkraft A_{Ed} wie folgt bestimmt werden:

$$\sigma_{ccd} = \frac{A_{Ed}}{A_{Lag}} = \frac{0,319\,MN}{0,4m \cdot 0,4m} = 2,0\,MN\,/\,m^2$$

Anschließend kann der Parameter Δc_d gemäß Gl. ($\blacktriangleright$ 4.15) folgendermaßen berechnet werden:

$$\Delta c_d = \left(70 \cdot \rho_{conf} + \frac{12\sigma_{ccd}}{\sqrt{f_{ck}}} \right) \cdot \phi = \left(70 \cdot 0,011 + \frac{12 \cdot 2,0}{\sqrt{30}} \right) \cdot 20 = 103\,mm$$

Als nächstes wird der Faktor $c_{d,conf}$ zur Berücksichtigung der Effekte aus Bügelbewehrung und Auflagerdruck ermittelt:

$$c_{d,conf} = \min\left\{ c_x; c_y + 25\frac{\phi_t^2}{s_t}; \frac{c_s}{2}; 3,75\phi \right\} + \Delta c_d \le 6\phi$$

$$c_{d,conf} = \min\left\{ 30; 30 + 25\frac{0^2}{0}; \frac{300}{2}; 75 \right\} + 103 = 133\,mm \le 6 \cdot 20 = 120\,mm$$

Zuletzt wird $c_{d,conf}$ = 120mm statt c_d in die Gleichung zur Berechnung der Verankerungslänge eingesetzt:

$$l_{bd} = k_{lb} \cdot k_{cp} \cdot \phi \cdot \left(\frac{\sigma_{sd}}{435} \right)^{\frac{3}{2}} \cdot \left(\frac{25}{f_{ck}} \right)^{\frac{1}{2}} \cdot \left(\frac{\phi}{20} \right)^{\frac{1}{3}} \cdot \left(\frac{1,5\phi}{c_d} \right)^{\frac{1}{2}} \ge 6,7\phi$$

$$l_{bd} = 50 \cdot 1,0 \cdot 20 \cdot \left(\frac{426,5}{435} \right)^{\frac{3}{2}} \cdot \left(\frac{25}{30} \right)^{\frac{1}{2}} \cdot \left(\frac{20}{20} \right)^{\frac{1}{3}} \cdot \left(\frac{1,5 \cdot 20}{120} \right)^{\frac{1}{2}} = 443\,mm \ge 134\,mm$$

Da die Verankerungslänge immer noch nicht ausstreicht wird ein Standardhaken gewählt und der neue Bemessungswert der Verankerungslänge ergibt sich nach $\blacktriangleright$ Abschn. 4.6.2 zu:

$$l_{bd} = 443,1mm - 15\phi = 143 \ge 6,7\phi = 134\,mm$$

Der Verankerungsnachweis lautet dann:

$$l_{b,gew} = 36cm \ge l_{bd} = 13,4\,cm$$

Am Zwischenauflager müssen gemäß $\blacktriangleright$ Abschn. 5.4.1 mindestens das 0,25-Fache der maximalen Feldbewehrung bis über das Auflager geführt werden:

$$A_{S,erf,ZA} = 0,25 \cdot 11,9cm^2 = 3\,cm^2 \Rightarrow \text{Gewählt } 2\varnothing14$$

Um ein langes Eisen zu vermeiden, wird die Bewehrung gemäß $\blacktriangleright$ Abschn. 5.3.2 $\square$ Abb. 5.3b) gestoßen. Damit kann die Länge der Grundbewehrung bestimmt werden:

$$l_{grundb.F1} = l_{Abb.5.22} + l_{b,gew} + 6 \cdot \phi$$

$$l_{grundb.F1} = 5,6\,m + 0,36\,m + 6{\cdot}0,02\,m = 6,08\,m$$

Das Maß l_{bd} nach ◼ Abb. 5.3 berechnet sich zu:

$$\sigma_{sd,\phi20} = f_{yd} \cdot \frac{A_{s,erf}}{A_{s,vorh}} = 435 \cdot \frac{3}{2 \cdot 3,14} = 207,8\,N\,/\,mm^2$$

$$l_{bd,\phi20} = 50 \cdot 1,0 \cdot 20 \cdot \left(\frac{207,8}{435}\right)^{\frac{3}{2}} \cdot \left(\frac{25}{30}\right)^{\frac{1}{2}} \cdot \left(\frac{20}{20}\right)^{\frac{1}{3}} \cdot \left(\frac{1,5 \cdot 20}{30}\right)^{\frac{1}{2}} = 301\,mm \geq 200\,mm$$

$$l_{bd,\phi14} = 50 \cdot 1,0 \cdot 14 \cdot \left(\frac{435}{435}\right)^{\frac{3}{2}} \cdot \left(\frac{25}{30}\right)^{\frac{1}{2}} \cdot \left(\frac{14}{20}\right)^{\frac{1}{3}} \cdot \left(\frac{1,5 \cdot 14}{30}\right)^{\frac{1}{2}} = 475\,mm \geq 140\,mm$$

$$\Rightarrow l_{bd} = 475\,mm \approx 48\,cm$$

Die Länge des Stabes über dem Auflager ergibt sich zu:

$$l_{ZA} = a_2 + 2 \cdot \left(l_{bd} - 6 \cdot \phi\right) = 1,12\,m$$

$$l_{ZA} = 0,4\,m + 2 \cdot \left(0,48\,m - 6 \cdot 0,02\,m\right) = 1,12\,m$$

5.6.6.2 Feldbewehrung Innenfeld 2
5.6.6.2.1 Allgemeines

Die erforderliche Bewehrung soll über eine Grundbewehrung 2Ø20 sowie über eine Zulagebewehrung von 2Ø20 abgedeckt werden. Die Verhältnisse sind ähnlich wie im Randfeld und es werden nur noch die Nachweise geführt, welche sich zum Randfeld unterscheiden.

5.6.6.2.2 Zulagebewehrung

Die Zulagebewehrung soll an der Stelle verankert werden, wo diese nicht mehr benötigt wird. Um die Länge des Stabes zu bestimmen, wird zunächst die Verankerungslänge bestimmt:

$$\sigma_{sd} = f_{yd} \cdot \frac{A_{s,erf}}{A_{s,vorh}} = 435 \cdot \frac{2 \cdot 3,14}{2 \cdot 3,14 + 1 \cdot 2} = 330\,N\,/\,mm^2$$

Damit kann der Bemessungswert der Verankerungslänge gemäß ▶ Abschn. 4.6.1.2 berechnet werden:

$$l_{bd} = k_{lb} \cdot k_{cp} \cdot \phi \cdot \left(\frac{\sigma_{sd}}{435}\right)^{\frac{3}{2}} \cdot \left(\frac{25}{f_{ck}}\right)^{\frac{1}{2}} \cdot \left(\frac{\phi}{20}\right)^{\frac{1}{3}} \cdot \left(\frac{1,5\phi}{c_d}\right)^{\frac{1}{2}} \geq 10\phi$$

$$l_{bd} = 50 \cdot 1,0 \cdot 16 \cdot \left(\frac{330}{435}\right)^{\frac{3}{2}} \cdot \left(\frac{25}{30}\right)^{\frac{1}{2}} \cdot \left(\frac{16}{20}\right)^{\frac{1}{3}} \cdot \left(\frac{1,5 \cdot 16}{30}\right)^{\frac{1}{2}} = 400\,mm \geq 160\,mm$$

Die Gesamtlänge der Zulagestäbe ergibt sich über die Länge aus ◨ Abb. 5.22 somit zu:

$$l_{zulage} = l_{Abb.5.22} + 2\cdot\left(a_l + l_{bd}\right)$$

$$l_{zulage} = 1,4\,m + 2\cdot\left(0,34\,m + 0,40\,m\right) = 2,9\,m$$

5.6.6.2.3 Grundbewehrung

Damit kann die Länge der Grundbewehrung aufgrund des beidseitigen Innenauflagers wie folgt angegeben werden:

$$l_{grundb.F2} = l_{Feld,2} + 6\phi + 6\phi$$

$$l_{grundb.F2} = 5,6\,m + 6\cdot0,02\,m + 6\cdot0,02\,m = 5,84\,m$$

5.6.6.3 Stützmomentenbewehrung

5.6.6.3.1 Allgemeines

Die erforderliche Bewehrung soll über eine Grundbewehrung 4Ø20 sowie über eine Zulagebewehrung von 2Ø16 abgedeckt werden. Hier liegt die Bewehrung oben, wo mäßiger Verbund herrscht.

5.6.6.3.2 Zulagebewehrung

Die Zulagebewehrung soll an der Stelle verankert werden, wo diese nicht mehr benötigt wird. Um die Länge des Stabes zu bestimmen, wird zunächst die Verankerungslänge bestimmt. Die Stahlspannung ergibt sich zu:

$$\sigma_{sd} = f_{yd}\cdot\frac{A_{s,erf}}{A_{s,vorh}} = 435\cdot\frac{4\cdot3,14}{4\cdot3,14+2\cdot2} = 331\,N\,/\,mm^2$$

Damit kann der Bemessungswert der Verankerungslänge gemäß ▶ Abschn. 4.6.1.2 berechnet werden:

$$l_{bd} = k_{lb}\cdot k_{cp}\cdot\phi\cdot\left(\frac{\sigma_{sd}}{435}\right)^{\frac{3}{2}}\cdot\left(\frac{25}{f_{ck}}\right)^{\frac{1}{2}}\cdot\left(\frac{\phi}{20}\right)^{\frac{1}{3}}\cdot\left(\frac{1,5\phi}{c_d}\right)^{\frac{1}{2}} \geq 10\phi$$

$$l_{bd} = 50\cdot1,2\cdot16\cdot\left(\frac{331}{435}\right)^{\frac{3}{2}}\cdot\left(\frac{25}{30}\right)^{\frac{1}{2}}\cdot\left(\frac{16}{20}\right)^{\frac{1}{3}}\cdot\left(\frac{1,5\cdot16}{30}\right)^{\frac{1}{2}} = 518\,mm \geq 160\,mm$$

Um den Gurtkraftzuwachs aus der Querkraft zu berücksichtigen wird vereinfacht die Stablänge über das Versatzmaß verlängert. Aufgrund der Querkraftbemessung mit dem Druckstrebenwinkel von $\cot\theta = 1$ und den lotrechten Bügeln ($\alpha = 90°$) ergibt sich folgendes Versatzmaß:

$$a_l = z \cdot \frac{\cot\theta - \cot\alpha}{2} = 0,9 \cdot 0,75m \cdot \frac{1,0-0}{2} = 0,34m$$

Die Gesamtlänge der Zulagestäbe ergibt sich über die Länge aus ● Abb. 5.22 somit zu:

$$l_{zulage} = l_{Abb.5.22} + 2 \cdot \left(a_l + l_{bd} \right)$$

$$l_{zulage} = 0,5\,m + 2 \cdot \left(0,34\,m + 0,52\,m \right) = 2,32\,m$$

5.6.6.3.3 Grundbewehrung

Die Stahlspannung ergibt sich zu:

$$\sigma_{sd} = f_{yd} \cdot \frac{A_{s,erf}}{A_{s,vorh}} = 435 \cdot \frac{11}{4 \cdot 3,14} = 381\,N\,/\,mm^2$$

Damit kann der Bemessungswert der Verankerungslänge gemäß ▶ Abschn. 4.6.1.2 berechnet werden:

$$l_{bd} = k_{lb} \cdot k_{cp} \cdot \phi \cdot \left(\frac{\sigma_{sd}}{435} \right)^{\frac{3}{2}} \cdot \left(\frac{25}{f_{ck}} \right)^{\frac{1}{2}} \cdot \left(\frac{\phi}{20} \right)^{\frac{1}{3}} \cdot \left(\frac{1,5\phi}{c_d} \right)^{\frac{1}{2}} \geq 10\phi$$

$$l_{bd} = 50 \cdot 1,2 \cdot 20 \cdot \left(\frac{381}{435} \right)^{\frac{3}{2}} \cdot \left(\frac{25}{30} \right)^{\frac{1}{2}} \cdot \left(\frac{20}{20} \right)^{\frac{1}{3}} \cdot \left(\frac{1,5 \cdot 20}{30} \right)^{\frac{1}{2}} = 897\,mm \geq 200\,mm$$

Die Gesamtlänge der Stäbe ergibt sich über die Länge aus ● Abb. 5.22 somit zu:

$$l_{Grund} = l_{Abb.5.22} + 2 \cdot \left(a_l + l_{bd} \right)$$

$$l_{Grund} = 11m + 2 \cdot \left(0,34m + 0,897m \right) = 13,5\,m$$

Da der Stab mit 13,5 m nicht mehr transportiert werden kann, wird eine Übergreifung vorgesehen. Der Stoß soll circa in der Mitte angeordnet, werden, wo die Zugkraft am kleinsten ist. Somit ergibt sich:

$$l_{sd} = k_{ls} \cdot l_{bd} = 1,2 \cdot 897 = 1076\,mm \geq 15\phi = 300\,mm$$

Ein Stab hat somit die Länge von:

$$l_{Grund,1/2} = \frac{l_{Grund}}{2} + \frac{l_{sd}}{2}$$

$$l_{Grund,1/2} = \frac{13,4\,m}{2} + \frac{1,08\,m}{2} = 7,24\,m$$

5.6.7 Querkraftbewehrung

5.6.7.1 Ermittlung der Mindestquerkraftbewehrung

Die Mindestquerkraftbewehrung ergibt sich nach ▶ Abschn. 5.1.3. Da es sich um einen gegliederten Querschnitt handelt, muss die Mindestbewehrung um 60 % erhöht werden. Allerdings darf aufgrund des Betonstahl B500B der Wert um 10 % abgemindert werden. Und es ergibt sich:

$$\rho_{w,min} = \frac{A_{sw,min}}{s \cdot b_w \cdot \sin \alpha} \geq 1,6 \cdot 0,9 \cdot 0,08 \cdot \frac{\sqrt{f_{ck}}}{f_{yk}}$$

$$\frac{A_{sw}}{s_w} \geq 1,6 \cdot 0,9 \cdot 0,08 \cdot \frac{\sqrt{f_{ck}}}{f_{yk}} \cdot b_w \cdot \sin \alpha$$

$$\frac{A_{sw}}{s_w} \geq 0,1152 \cdot \frac{\sqrt{30}}{500} \cdot 0,4 \cdot \sin 90° = 5,0 \cdot 10^{-4} \, m^2 \, / \, m = 5,0 \, cm^2 \, / \, m$$

5.6.7.2 Ermittlung der Längs- und Querabstände der Bügel

Es ergeben sich nach ▶ Abschn. 5.4.2 folgende maximale Längsabstände und folgende maximale Querabstände der Bügelschenkel:

$$s_{l,max} = 0,75 \cdot d \cdot (1 + \cot \alpha) = 0,75 \cdot 750 \cdot (1 + 0) = 563 \, mm \leq 300 \, mm$$

$$s_{tr,max} = 0,75 \cdot d = 563 \, mm \leq 600 \, mm$$

Der Längsabstand darf somit 300 mm nicht unterschreiten. Da die Stegbreite nur 400 mm beträgt ist somit der Querabstand nicht relevant.

5.6.7.3 Querkraftdeckung

Die maßgebende Bügelbewehrung ergibt sich für eine Gleichlast an der Oberseite gemäß ▶ Abschn. 3.3.4.1 im Abstand d vom Auflagerrand. Somit kann die erforderliche Bügelbewehrung in ◻ Abb. 5.23 ermittelt werden.

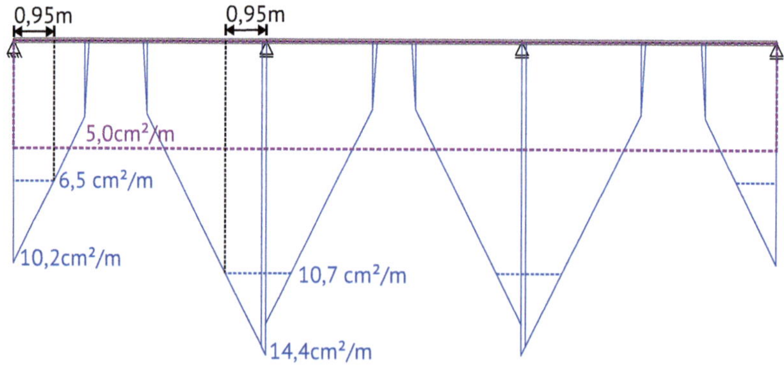

◻ **Abb. 5.23** Konstruktionsbeispiel: Erforderliche Querkraftbewehrung

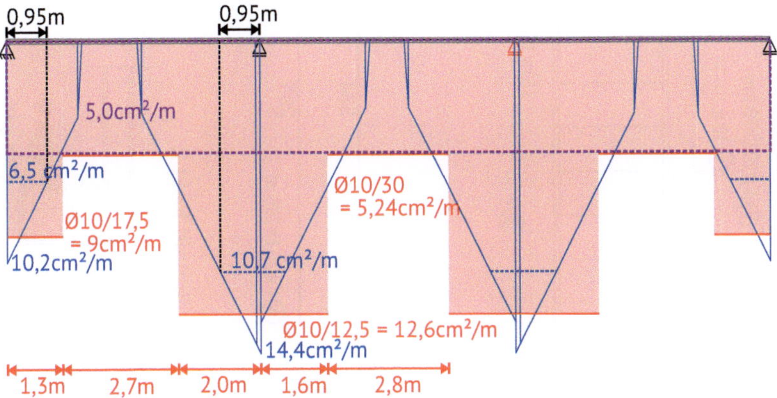

Abb. 5.24   Konstruktionsbeispiel: Querkraftbewehrungswahl

Gemäß ▶ Abschn. 5.4.2 darf bei einer Gleichlast an der Oberseite in jedem Längenabschnitt $l = \cot\theta \cdot z$ mit dem kleinsten Wert von τ_{Ed} bestimmt werden, was einem einschneiden der Querkraftlinie entspricht. Somit kann man die Querkraftbewehrungswahl gemäß ■ Abb. 5.24 treffen.

5.6.8   Bewehrungsskizze

Die Bewehrung ist in der ■ Abb. 5.25 und in der ■ Abb. 5.26 dargestellt.

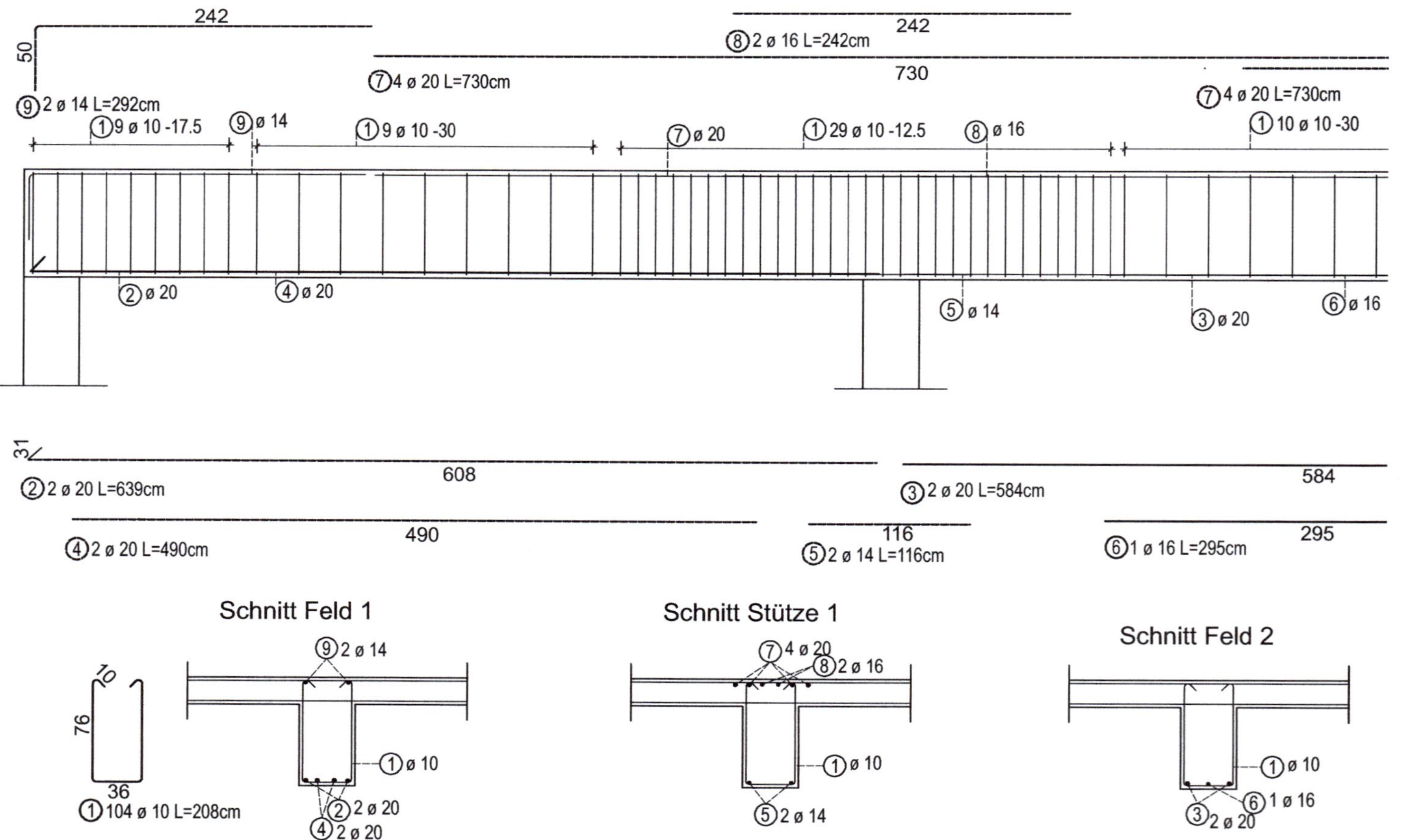

Abb. 5.25 Konstruktionsbeispiel: Bewehrung Teil 1

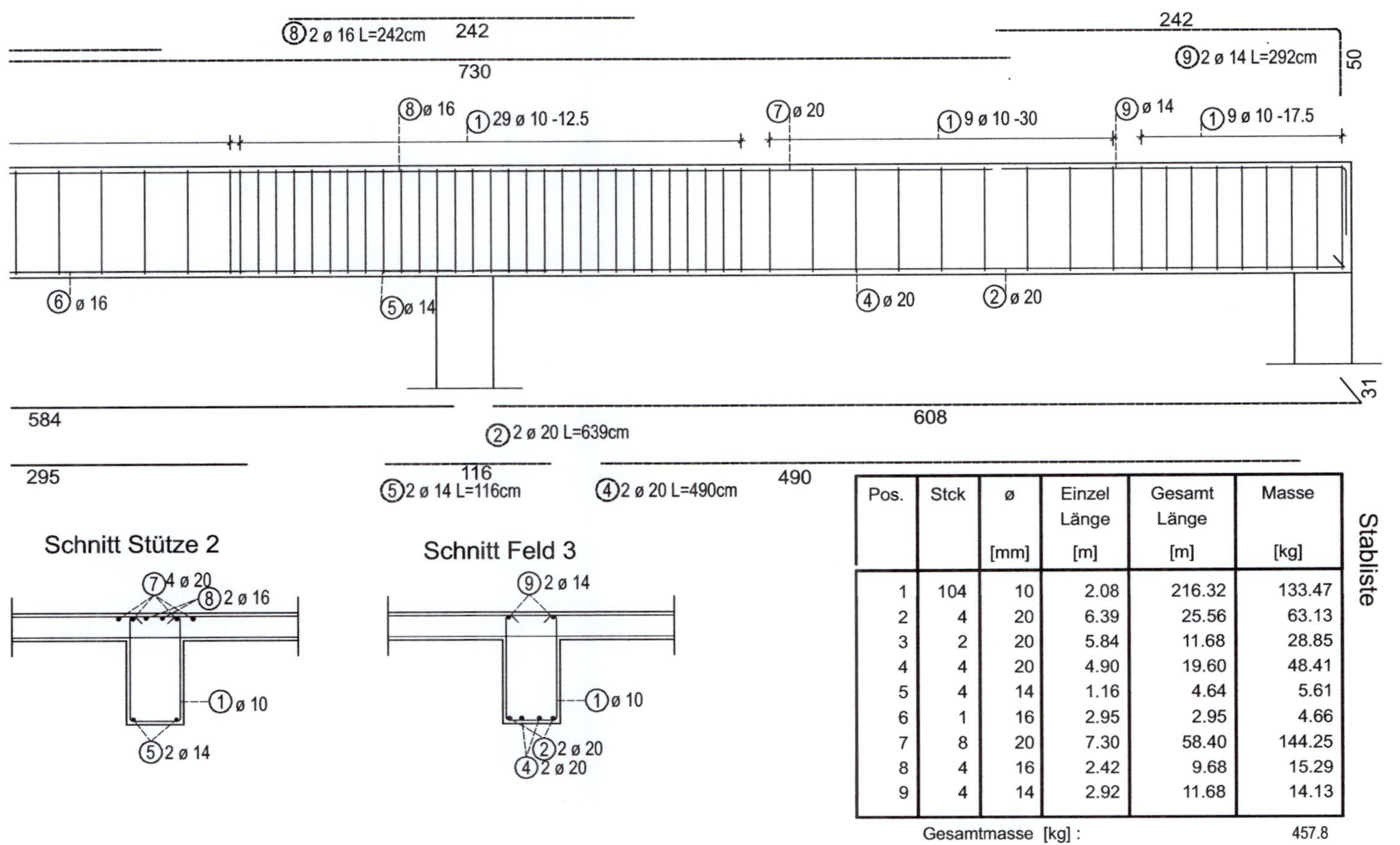

Stabliste

Pos.	Stck	ø [mm]	Einzel Länge [m]	Gesamt Länge [m]	Masse [kg]
1	104	10	2.08	216.32	133.47
2	4	20	6.39	25.56	63.13
3	2	20	5.84	11.68	28.85
4	4	20	4.90	19.60	48.41
5	4	14	1.16	4.64	5.61
6	1	16	2.95	2.95	4.66
7	8	20	7.30	58.40	144.25
8	4	16	2.42	9.68	15.29
9	4	14	2.92	11.68	14.13

Gesamtmasse [kg] : 457.8

Abb. 5.26 Konstruktionsbeispiel: Bewehrung Teil 2

Literatur

DAfStb (Hrsg) (2020) Erläuterungen zu DIN EN 1992-1-1 und DIN EN 1992-1-1/NA; DAfStb Heft 600. Beuth Verlag, Berlin

Deutscher Beton- und Bautechnik-Verein E.V. (11.2023) DBV-Merkblatt „Betonierbarkeit von Bauteilen"

DIN EN 1992-1-1 (09.2025) Eurocode 2: Bemessung und Konstruktion von Stahlbeton- und Spannbetontragwerken – Teil 1-1: Allgemeine Regeln und Regeln für Hochbauten, Brücken und Ingenieurbauwerke; Deutsche Fassung EN 1992-1-1:2023, Berlin

DIN EN 1992-1-1/NA1 (E) (08.2025) Entwurf, Nationaler Anhang 1 zu DIN EN 1992-1-1:2025-MM – Eurocode 2 – Bemessung und Konstruktion von Stahlbeton- und Spannbetontragwerken – Teil 1-1: Allgemeine Regeln und Regeln für Hochbauten, Brücken und Ingenieurbauwerke, Berlin

Finckh W (2025) Mit Stabwerkmodellen zur Bewehrungsführung; Detailnachweise im Stahlbetonbau. Springer Vieweg, Wiesbaden

Finckh W (2026) Stahlbetonkonstruktion 2; Von der Bauteilberechnung über die Bemessung zur Bauwerksplanung. Springer Vieweg, Wiesbaden

Leonhardt F, Mönnig E (1977) Vorlesungen über Massivbau; Dritter Teil: Grundlagen zum Bewehren im Stahlbetonbau. Springer, Berlin

Reineck K-H (2005) Modellierung der D-Bereiche von Fertigteilen. In: Bergmeister K, Wörner JD (Hrsg) Beton Kalender 2005. Ernst & Sohn, Berlin, S 243–296

SOFiSTiK AG (2025) Finite Elemente Methode Software für Bauingenieure. https://www.sofistik.de/produkte/statik-fem/sofistik-fem-pakete. Zugegriffen: 2025

Zilch K, Zehetmaier G (2010) Bemessung im konstruktiven Betonbau; Nach DIN 1045-1 (Fassung 2008) und EN 1992-1-1 (Eurocode 2). Springer, Berlin, Heidelberg

Stützenbemessung und Konstruktion

Inhaltsverzeichnis

© Der/die Autor(en), exklusiv lizenziert an Springer Fachmedien Wiesbaden GmbH, ein Teil von
Springer Nature 2026
W. Finckh, *Stahlbetonkonstruktion 1*, erfolgreich studieren,
https://doi.org/10.1007/978-3-658-50727-5_6

Zusammenfassung

In diesem Kapitel werden Stützen behandelt, die zu den häufig verwendeten Tragelementen im Stahlbetonbau zählen. Stützen sind stabförmige Tragglieder, die hauptsächlich auf Druck beansprucht werden. Zunächst wird in ▶ Abschn. 6.2 in Ergänzung zu ▶ Kap. 2 die Querschnittstragfähigkeit von Stahlbetonquerschnitten unter Druckkräften erläutert. Da das Tragverhalten von Stützen aufgrund ihrer hohen Drucknormalkraft oft durch die Stabilität beeinflusst wird, werden dann in ▶ Abschn. 6.3 und 6.4 die Grundlagen der Stabilität sowie der Theorie II. Ordnung und deren Anwendung im Stahlbetonbau vorgestellt.

Eine Lösung zur vereinfachten Stützenbemessung stellt das Verfahren mit Nennkrümmungen dar, welches in ▶ Abschn. 6.6 besprochen und mit den umfangreichen Bemessungsbeispielen in den ▶ Abschn. 6.8 und 6.9 verdeutlicht wird. In den Beispielen werden ebenfalls die ▶ Abschn. 6.7 dargestellten Konstruktionsregeln angewendet.

Aufbauend auf den vorherigen Abschnitten wird das Verfahren mit Nennkrümmungen für räumliche Systeme in ▶ Abschn. 6.10 und für Rahmenstützen in ▶ Abschn. 6.12 erweitert. Diese Erweiterungen werden dann in einem umfangreichen Beispiel in ▶ Abschn. 6.12 angewendet. Das Kapitel schließt mit der Knicklängenermittlung für weitere baupraktische relevante Systeme in ▶ Abschn. 6.13 ab.

Lernziele

Nach dem Lesen dieses Kapitels:
- Wissen Sie die Hintergründe des Knickproblems und der Theorie II. Ordnung.
- Können Sie eine Stahlbetonstütze mit dem Nennkrümmungsverfahren für beliebige Systeme und Belastungen bemessen.
- Beherrschen Sie die Schrittgrößen- und die Knicklängenermittlung an Rahmensystemen des üblichen Hochbaus, welche auch für andere Werkstoffe anwendbar sind.

6.1 Allgemeines

Stützen sind insbesondere im Hochbau weitverbreitete stabförmige Tragelemente, welche im Wesentlichen axial durch Drucknormalkräfte belastet werden. Aufgrund der guten Eigenschaften des Betons auf Druck werden Stütze sehr häufig aus Stahlbeton hergestellt. Hierbei werden die Stütze auf der Baustelle (Ortbeton) oder im Fertigteilwerk herstellt. Der Werkstoff Stahlbeton lässt eine sehr freie Form von Stützenquerschnitten zu, wobei meist Rechteck- oder Rundstützen zum Einsatz kommen. Neben der Anwendung im Hochbau werden Stützen auch im Brückenbau als Pfeiler verwendet.

6.2 Querschnittsbemessung für Normalkräfte mit kleiner Ausmitte

In ▶ Abschn. 2.4 wurde die Querschnittsbemessung für Bauteile mit überwiegend Biegung, dies bedeutet mit großen Ausmitten, durchgeführt. Bei Stützen liegt im Regelfall jedoch nur eine geringe Ausmitte vor und es muss ein modifiziertes Verfahren angewendet werden. Aufgrund des Zusammenwirkens von Biegemomenten und Normalkräften ergeben sich dann am „unteren Querschnittsrand" nur noch kleine Zugdehnungen oder Druckdehnungen. Für solche Bauteile, die durch wesentlichen Längsdruck beansprucht werden, ist eine symmetrische Bewehrung $A_{s1} = A_{s2}$ meist sinnvoll, auch weil es oft bei einer unsymmetrischen Bewehrung zu Fehlern bei der Ausführung kommt.

Für einen Querschnitt, dessen Bewehrungsmenge einschließlich deren Anordnung vorgegeben ist, können alle möglichen Kombinationen (N_{Rd}; M_{Rd}) ermittelt werden, indem alle zulässigen Dehnungsebenen durchlaufen und die jeweils resultierenden inneren Schnittgrößen berechnet werden.

So wurden Interaktionsdiagramme hergestellt, die den erforderlichen mechanischen Gesamtbewehrungsgrad ω_{tot} in Abhängigkeit von den zwei einwirkenden Schnittgrößen N_{Ed} und M_{Ed} zeigen. Solche Interaktionsdiagramme sind für verschiedene Bewehrungsanordnungen in ▶ Kap. 10 in ▶ Abb. 10.3, 10.4, 10.5, 10.6, 10.7, 10.8, 10.9, 10.10, 10.11, 10.12, 10.13, 10.14 und 10.15 abgedruckt. Diese Interaktionsdiagramme sind abhängig von den dimensionslosen Größen der Schnittgrößen N_{Ed} und M_{Ed} nach Gl. (6.1) und (6.2).

$$\mu_{Ed} = \frac{M_{Ed}}{b \cdot h^2 \cdot f_{cd}} \tag{6.1}$$

$$\nu_{Ed} = \frac{N_{Ed}}{b \cdot h \cdot f_{cd}} \tag{6.2}$$

Mit diesen dimensionslosen Größen lässt sich dann der mechanischen Bewehrungsgrad ω_{tot} ablesen und die Bewehrungsmenge bestimmen:

$$A_{s,tot} = \omega_{tot} \cdot b \cdot h \cdot \frac{f_{cd}}{f_{yd}} \tag{6.3}$$

Im Unterschied zu den Bemessungstabellen werden bei den Interaktionsdiagramme die dimensionslosen Größen mit dem Bezug auf h anstelle der statischen Nutzhöhe d verwendet. Des Weiteren ist der mechanische Bewehrungsgrad ω_{tot} nicht mehr auf σ_{sd} sondern, auf den Bemessungswert der Streckgrenze f_{yd} bezogen. Wegen der dimensionslosen Darstellung sind Interaktionsdiagramme mit beliebigen Abmessungen, allerdings nur bei vorgegebenen bezogenen Randabständen d_1/h der Bewehrungsstränge, anwendbar.

6.3   Beschreibung des allgemeinen Knickproblem

Als Grundlage soll zunächst die Beschreibung des allgemeinen Knickproblems wiederholt werden. Das Knicken eines Stabes kann über die (homogene) Knickdifferenzialgleichung beschrieben werden:

$$w^{IV} - \frac{N}{EI} \cdot w^{II} = 0 \tag{6.4}$$

$$w^{IV} - \mu^2 \cdot w^{II} = 0 \quad \text{mit} \quad \mu^2 = N / EI \tag{6.5}$$

Dabei ist:

N – Normalkraft

EI – Biegesteifigkeit

w^{IV} – Vierte Ableitung der Durchbiegung (Last)

w^{II} – Zweite Ableitung der Durchbiegung (Moment)

Der Anteil $N/EI \cdot w^{II}$ in Gl. (6.4) wird auch als geometrisch nichtlinearer Anteil bezeichnet. Ein geeigneter Ansatz zur Lösung der Differenzialgleichung lautet:

$$w(x) = A + B \cdot x + C \cdot \sin(\mu \cdot x) + D \cdot \cos(\mu \cdot x) \tag{6.6}$$

Diese Lösungen lässt sich wie folgt ableiten:

$$w^{I}(x) = B + \mu \cdot C \cdot \cos(\mu \cdot x) - \mu \cdot D \cdot \sin(\mu \cdot x) \tag{6.7}$$

$$w^{II}(x) = -\mu^2 \cdot C \cdot \sin(\mu \cdot x) - \mu^2 \cdot D \cdot \cos(\mu \cdot x) \tag{6.8}$$

Die Differenzialgleichung soll exemplarisch für die in ◘ Abb. 6.1 dargestellte beidseitig gelenkig gelagerte Stütze im Nachfolgenden gelöst werden.

Da an der beidseitig gelenkig gelagerten Stütze am Auflager weder eine Verformung noch ein Moment auftreten können, erhält man folgende Randbedingungen:

$$w(0) = 0 \; w^{II}(0) = 0 \; w(l) = 0 \; w^{II}(l) = 0 \tag{6.9}$$

Setz man nun die Randbedingungen für $x = 0$ in die Gleichungen ein, erhält man:

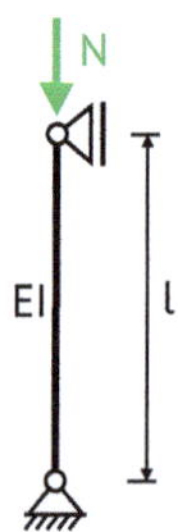

◘ Abb. 6.1   Beidseitig gelenkig gelagerte Stütze (Pendelstütze)

$$w^{II}(0) = -\mu^2 \cdot C \cdot \sin(\mu \cdot 0) - \mu^2 \cdot D \cdot \cos(\mu \cdot 0) = \mu^2 \cdot D = 0 \Rightarrow D = 0 \tag{6.10}$$

$$w(0) = A + B \cdot 0 + C \cdot \sin(\mu \cdot 0) + D \cdot \cos(\mu \cdot 0) = A + D = A = 0 \Rightarrow A = 0 \tag{6.11}$$

Auf Grundlage dieser Erkenntnisse können auch die Randbedingungen für $x = l$ angewendet werden:

$$w^{II}(l) = -\mu^2 \cdot C \cdot \sin(\mu \cdot l) = 0 \tag{6.12}$$

$$w^{II}(l) = C \cdot \sin(\mu \cdot l) = 0 \tag{6.13}$$

$$w(l) = B \cdot l + C \cdot \sin(\mu \cdot l) = 0 \tag{6.14}$$

Durch eine Differenzbildung der Gleichungen erhält man:

$$w(l) = B \cdot l = 0 \Rightarrow B = 0 \tag{6.15}$$

Es verbleibt daher noch eine einzige Bestimmungsgleichung, nämlich:

$$C \cdot \sin(\mu \cdot l) = 0 \tag{6.16}$$

Das Eigenwertproblem ist nur dann nichttrivial lösbar, wenn $C \neq 0$ ist, da anderenfalls sämtliche Konstanten in der allgemeinen Lösung verschwinden würden. Aus Gl. (6.16) folgt somit wegen $C \neq 0$ die Gl. (6.17).

$$\sin(\mu \cdot l) = 0 \tag{6.17}$$

Mit den Lösungen $\mu \cdot l = n \cdot \pi$ erhält man die gesuchten Eigenwerte:

$$\mu_n = \frac{n \cdot \pi}{l} \qquad (n = 1,2,3,\ldots) \tag{6.18}$$

Die zugehörigen Eigenlösungen (Eigenfunktionen) besitzen damit die folgende Gestalt:

$$w(x) = C \cdot \sin\left(\frac{n \cdot \pi}{l} \cdot x\right) \tag{6.19}$$

Für den ersten Eigenwerte erhält man damit:

$$w(x) = C \cdot \sin\left(\frac{\pi}{l} \cdot x\right) \tag{6.20}$$

$$w^{II}(x) = \frac{\pi^2}{l^2} \cdot w(x) \tag{6.21}$$

$$w^{IV}(x) = \frac{\pi^4}{l^4} \cdot w(x) \tag{6.22}$$

Setzt man die Gl. (6.21) und (6.22) in die Knickdifferenzialgleichung Gl. (6.4) ein, so folgt:

$$EI \cdot \frac{\pi^4}{l^4} \cdot w(x) + N \cdot \frac{\pi^2}{l^2} \cdot w(x) = 0 \tag{6.23}$$

Durch das Auflösen der Gleichung nach N ergibt sich die kritische Knicklast:

$$EI \cdot \frac{\pi^4}{l^4} \cdot w(x) + N \cdot \frac{\pi^2}{l^2} \cdot w(x) = 0 \tag{6.24}$$

$$N_{crit} = -\frac{\pi^2}{l^2} \cdot EI \tag{6.25}$$

Die im Vorherigen ermittelte kritische Knicklast gilt für die sogenannte Pendelstütze, welche den Eulerfall 2 darstellt. Die anderen Eulerfälle sind in ◨ Abb. 6.2 dargestellt.

Betrachtet man sich die Knickfiguren der Eulerfälle in ◨ Abb. 6.2 so fällt auf, dass der Abstand der Wendepunkte der Knicklinien mit steigender Knicklast abnimmt. Auf dieser Basis lässt sich mit der Überlegung in ◨ Abb. 6.3 eine Rückführung des betrachteten Systems auf das Grundsystem mit gleicher Knicklast erreichen. Diese einheitliche Behandlung kann durch die Einführung der Knicklänge, welche den Abstand der Momentennullpunkte bzw. die Wendepunkte der Knickfigur darstellt, erreicht werden.

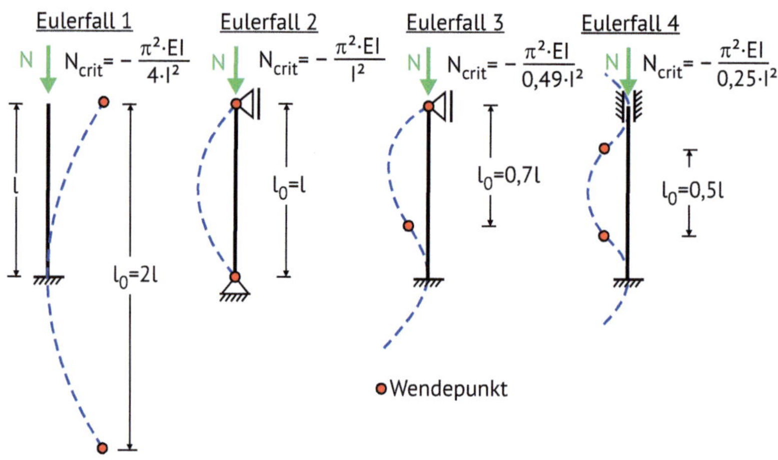

◨ **Abb. 6.2**   Knickfiguren und Knicklasten der Eulerfälle

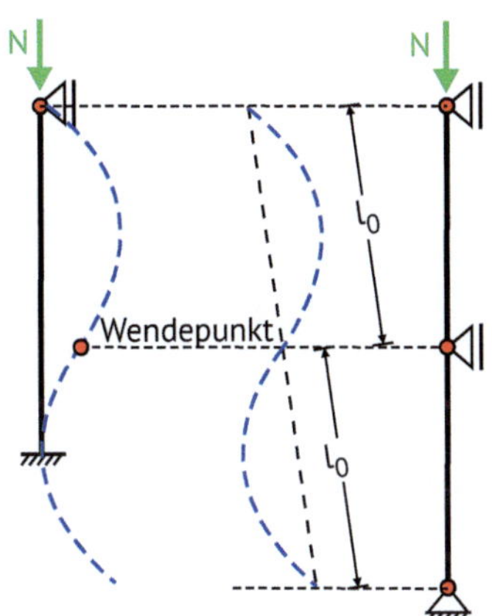

Abb. 6.3 Überlegung zur Rückführung eines anderen statischen Systems auf das Grundsystem mit gleicher Knicklast

Damit ergibt sich die Knicklast in Abhängigkeit der Knicklänge l_0 zu:

$$N_{crit} = -\frac{\pi^2}{l_0^2} \cdot EI \tag{6.26}$$

Diese Knicklast hängt linear von der Steifigkeit und quadratisch von der Knicklänge ab. Die Knickgefahr lässt sich somit, auch über eine dimensionslose Kenngröße beschreiben. Diese Kenngröße wird als Schlankheit bezeichnet, welche wie folgt hergeleitet werden kann:

$$\sigma_{crit} \cdot A = -\frac{\pi^2}{l_0^2} \cdot EI \tag{6.27}$$

$$\pi^2 \cdot \varepsilon_{crit} = -\frac{I}{l_0^2 \cdot A} \tag{6.28}$$

$$\frac{\pi^2}{\varepsilon_{crit}} = -\frac{l_0^2}{\dfrac{I}{A}} \tag{6.29}$$

$$\sqrt{-\frac{\pi^2}{\varepsilon_{crit}}} = \frac{l_0}{\sqrt{\dfrac{I}{A}}} \tag{6.30}$$

Die Schlankheit ergibt sich somit zu:

$$\lambda = \frac{l_0}{i} \tag{6.31}$$

Hierbei ist i der Trägheitsradius, der sich wie folgt ergibt:

$$i = \sqrt{\frac{I}{A}} \tag{6.32}$$

❶ Dies bedeutet, je größer die Schlankheit ist, desto größer ist die Knickgefahr bzw. der Einfluss des Knickens.

6.4 Theorie II. Ordnung

6.4.1 Grundlagen

Die homogene Lösung der Differenzialgleichung aus ▶ Abschn. 6.3 liefert die Knicklast, jedoch keine Aussage über zugehörige Verformungen sowie deren Abhängigkeit von anderen Verformungen und Lasten. Aus diesem Grund müssen weitere Überlegung angestellt werden, um ein stabilitätsgefährdetes Bauteil zu beschreiben.

Betrachtet man einen Einfeldträger unter Gleichlast mit und ohne Normalkraft, so erhält man aus dem Gleichgewicht die in ◘ Abb. 6.4 dargestellten Beziehungen. Hierbei ist zwischen dem unverformten und dem verformten System zu unterscheiden.

Aus ◘ Abb. 6.4 ist ersichtlich, dass bei einer reinen Momentbeanspruchung die Gleichgewichtsbetrachtung am unverformten System und am verformten System zum gleichen Ergebnis führt. Bei einer zusätzlichen Normalkraft wird jedoch am verformten System durch die Verformung und die Normalraft ein weiteres Moment erzeugt. Dieses Moment wird bei einer Zugbeanspruchung verkleinert und bei einer Druckbeanspruchung vergrößert. Somit liegt bei druckbeanspruchten Bauteilen (Stützen) eine Vernachlässigung der Verformungen auf der unsicheren Seite und es ist eine Betrachtung nach sogenannten Theorie II. Ordnung erforderlich, welche nachfolgend näher erläutert wird.

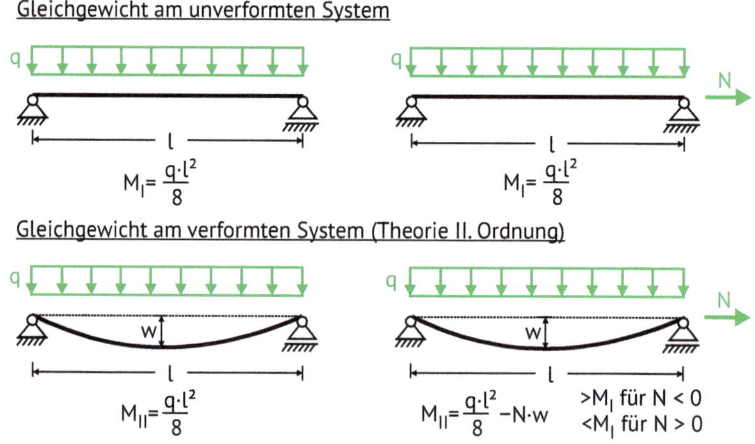

◘ **Abb. 6.4**   Gleichgewichtsbedingung am unverformten und verformten System

6.4.2 Theorie II. Ordnung Näherungsverfahren

Die hier nachfolgend dargestellten vereinfachten Beziehungen für die Theorie II. Ordnung beruht auf einer Lösung von Dischinger (1937), welche unter anderem im DAfStb Heft 250 (Kordina 1975) oder in (Franz et al. 1991) wiedergegeben ist.

Betrachtet man eine Pendelstütze mit einer Streckenquerlast und einer Drucknormalkraft, wie dies in Abb. 6.5 dargestellt ist, so kann man über die Flächenintegration der Krümmung ($1/r_0 = M_0/EI$) mit dem virtuellen Moment $\bar{M}$ die maximalen Verformungen in Stützenmitte bestimmen.

Die Verformung, aufgrund des durch die Streckenquerlast verursachten Momentes M_0, ergibt sich somit mit dem Völligkeitsbeiwert 5/48 der Parabel-Dreieckes-Integration[1] zu:

$$w_0 = \frac{M_0}{EI} \cdot \frac{5}{12} \cdot \frac{l}{4} \cdot l = M_0 \frac{l^2}{EI} \cdot \frac{5}{48} \tag{6.33}$$

Diese Verformung erzeugt jetzt, wie in Abb. 6.6 links dargestellt, ein Zusatzmoment ΔM_1, welches sich wie folgt ergibt:

$$\Delta M_1 = w_0 \cdot |N| = M_0 \cdot |N| \cdot \left(\frac{l^2}{EI} \cdot \frac{5}{48} \right) \tag{6.34}$$

Dieses Zusatzmoment ΔM_1 erzeugt wiederum eine Zusatzverformung Δw_1 die unter der Annahme eines parabelförmigen Zusatzmomentes wie folgt berechnet werden kann:

$$\Delta w_1 = \Delta M_1 \cdot \frac{l^2}{EI} \cdot \frac{5}{48} = M_0 \cdot |N| \cdot \left(\frac{l^2}{EI} \cdot \frac{5}{48} \right)^2 \tag{6.35}$$

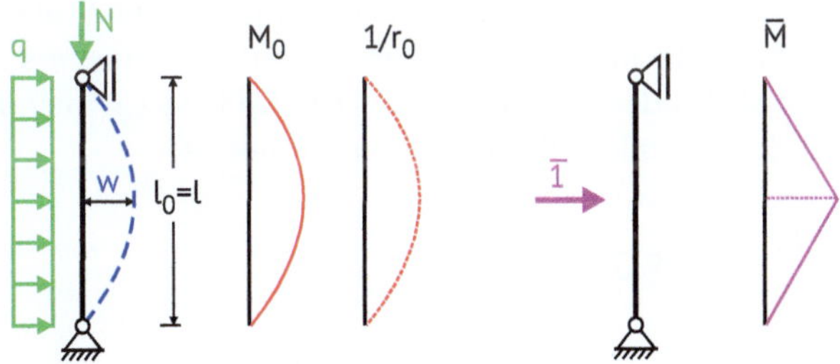

Abb. 6.5 Pendelstütze mit Moment und Normalkraft und die Pendelstütze unter dem virtuellen Moment in Stützenmitte

---

[1] Siehe auch ▶ Abb. 10.29.

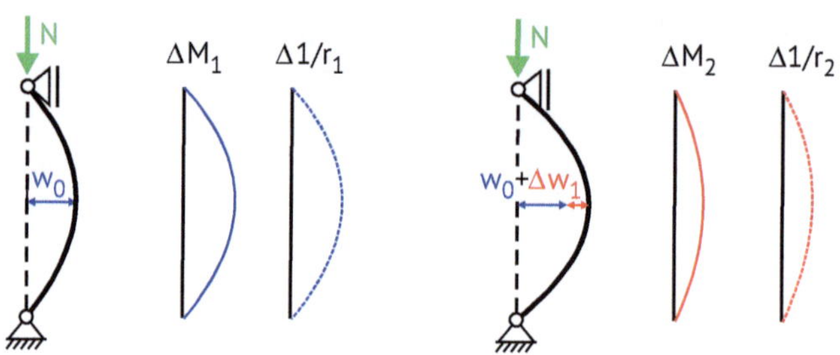

◘ Abb. 6.6 Zusatzmomente und Zusatzverformungen bei einer Pendelstütze mit Moment und Normalkraft

Die Zusatzverformung erzeugt wiederum ein Zusatzmoment ΔM_2, wie in ◘ Abb. 6.6 rechts dargestellt:

$$\Delta M_2 = |N| \cdot \Delta w_1 = M_0 \cdot \left(|N| \cdot \frac{l^2}{EI} \cdot \frac{5}{48} \right)^2 \tag{6.36}$$

Auch dieses Moment erzeugt wieder eine Verformung, welche wiederum ein weiteres Zusatzmoment verursacht. Dies lässt sich bis zum Grenzwert $i \to \infty$ fortführen. Es fällt jedoch auf, dass das erste Zusatzmoment linear vom Verformungsterm und dem Grundmoment abhängt und das zweite Zusatzmoment quadratisch hiervon abhängt. Somit kann eine geometrische Reihe gebildet werden, welche wie folgt gelöst werden kann:

$$M_{tot} = M_0 + \Delta M_1 + \Delta M_2 + \ldots = M_0 \cdot \sum_{i=0}^{\infty} \left(|N| \cdot \frac{l^2}{EI} \cdot \frac{5}{48} \right)^i$$

$$= M_0 \cdot \frac{1}{1 - |N| \cdot \dfrac{l^2}{EI} \cdot \dfrac{5}{48}} \tag{6.37}$$

Der Wert des Ergebnisses lässt sich überprüfen, wenn man sich einen ideal geraden Stab mit keinem äußeren Moment $M_0 = 0$ vorstellt (z. B. eine Stütze ohne äußerem Moment). Der Lösungsterm für M_{tot} ergibt dann das Ergebnis $M_{tot} = 0$, falls $|N| \cdot l^2/EI \cdot 5/48 < 1$ ist. Da der Term bei $|N| \cdot l^2/EI \cdot 5/48 = 1$ ein unendliches Ergebnis liefert, ist dies mit der Knicklast gleichzusetzen. Somit ist:

$$|N| = |N_{crit}| = \frac{EI}{l^2} \cdot \frac{48}{5} = 9,6 \cdot \frac{EI}{l^2} \tag{6.38}$$

Vergleich man dies mit dem exakten Ergebnis aus ► Abschn. 6.3 so stellt man circa eine Abweichung von 3 % fest.

$$|N_{crit}| = \pi^2 \frac{EI}{l^2} \approx 9,87 \frac{EI}{l^2} \tag{6.39}$$

Der Grund für die Abweichung ist der parabolische Ansatz von ΔM, welcher in Wirklichkeit eine höhere Ordnung hat. Für die baupraktisch Anwendung ist diese

Abweichung jedoch vernachlässigbar. Das vorgestellte Vorgehen stellt eine einfache baupraktisch Abschätzung der Momente nach Theorie II. Ordnung dar.

Der Nennerterm des resultierenden Momentes aus Theorie II. Ordnung lässt sich wie folgt interpretieren.

$$M_{tot} = M_0 \cdot \frac{1}{1 - |N| \cdot \dfrac{l^2}{EI} \cdot \dfrac{5}{48}} = M_0 \cdot \frac{1}{1 - \dfrac{|N|}{|N_{crit}|}} = M_0 \cdot \frac{1}{1 - v^*} \tag{6.40}$$

Dabei ist:

M_0 – Moment nach Theorie I. Ordnung

v^* – Kehrwert der Knicksicherheit. d. h. Verhältnis zwischen vorhandener Normalkraft und Knicklast ($v^* = |N|/|N_{crit}|$)

$v^* = 1{,}0$ – Knicklast erreicht, System instabil

$v^* < 1{,}0$ – stabiles System

Praxistipp

Das vorgestellte Verfahren bietet in der Praxis auch bei einer unbekannten Knicklänge eine einfache und schnelle Abschätzung, wie groß die Effekte nach Theorie II. Ordnung sind.

6.4.3 Herausforderungen im Stahlbetonbau

Aus dem vorherigen Abschnitt ist ersichtlich, dass die Auswirkungen aus der Theorie II. Ordnung maßgebend von der Verformung und somit von der Steifigkeit des Bauteils abhängen. Beim Stahlbeton ändert sich die Steifigkeit jedoch aufgrund der Rissbildung, wie dies ◘ Abb. 6.7 am Beispiel eines Einfeldträgers zeigt.

Durch die Rissbildung verringert sich die Steifigkeit,[2] da dann große Bereiche des Querschnitts, welche unter Zugdehnungen stehen, größtenteils für die Steifigkeit nicht mehr mitwirken. Mit abnehmender Steifigkeit nimmt die Krümmung zu. Da die Verformung die zweifache Integration der Krümmung darstellt, nimmt somit auch die Verformung und damit auch das Zusatzmoment aus Theorie II. Ordnung zu. Das nichtlineare Last-Verformungs-Verhalten führt also zur Abnahme der Steifigkeit mit zunehmender Last, was bei der Berechnung nach Theorie II. Ordnung berücksichtigt werden muss. Erschwerend kommt nun hinzu, dass eine einfache Integration wie im vorherigen Abschnitt nicht mehr möglich ist, da aufgrund der Rissbildung die Steifigkeit über die Bauteillänge veränderlich ist.

---

2   Vgl. Teil 2 Finckh (2026) ▶ Abschn. 7.2.2.

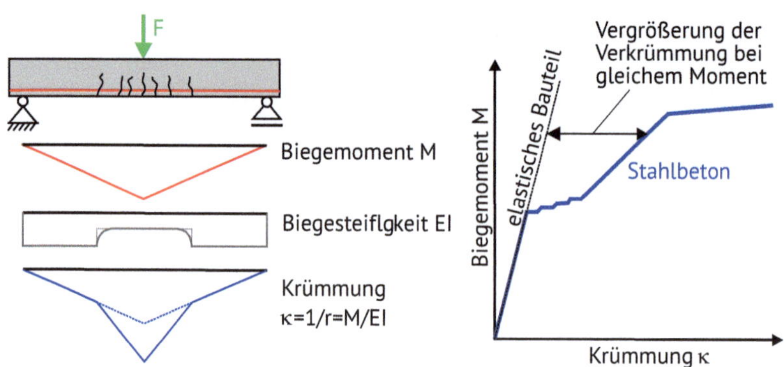

Abb. 6.7   Veränderung der Steifigkeit und der Krümmung im Stahlbeton

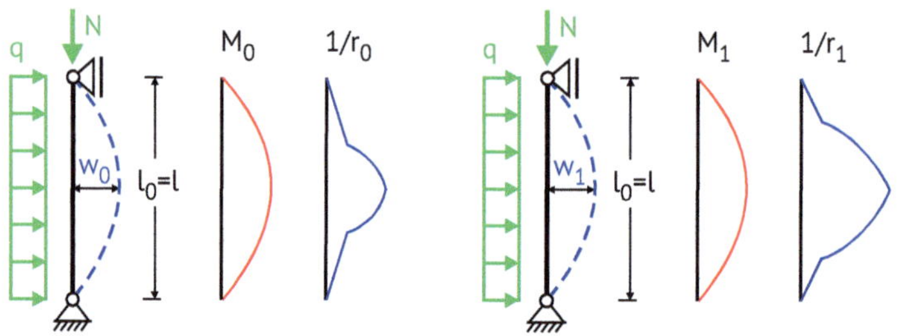

Abb. 6.8   Vorgehen bei der Schnittgrößenermittlung bei gerissenen Querschnitten

Das Vorgehen einer Bemessung kann wie folgt zusammengefasst werden:

1. Berechnung der Schnittgrößen nach Theorie I. Ordnung M_0.
2. Ermittlung der zugehörigen Verkrümmung $1/r_0$ aus M-1/r-Beziehung (Abb. 6.7) an ausreichend vielen Punkten des Stabes (vgl. Abb. 6.8 links).
3. Berechnung der zugehörigen Biegelinie durch numerische Integration.
4. Bestimmung der zugehörigen Schnittgrößen nach Theorie II. Ordnung.
5. Ermittlung der zugehörigen Verkrümmung $1/r_1$ und der Biegeline w_1 (vgl. Abb. 6.8 rechts).
6. Fortführung, bis eine Konvergenz erreicht ist.

Im Vergleich zur bisherigen Bemessung unter Theorie I. Ordnung, wo die Ermittlung der Schnittgrößen mit bekannter Momenten-Krümmungs-Beziehung erfolgte und aus dieser die erforderliche Bewehrung ermittelt wurde, ist bei der Theorie II. Ordnung ein anderes Vorgehen erforderlich, da die Schnittgrößen von der Krümmung abhängen, welche wiederum von der Bewehrungsmenge abhängt. Diese ist im Rahmen der Bemessung jedoch erst zu bestimmen.

! Bei der Theorie II. Ordnung ist somit die Bewehrung so zu bestimmen, dass die Tragfähigkeit nach Theorie II. Ordnung gerade erreicht wird, was meist ein iteratives Vorgehen erforderlich macht.

6.4.4　Grundlagen des Berechnungsansatz im Stahlbetonbau

Bei der Berechnung nach Theorie II. Ordnung muss immer von einer Basisverformung ausgegangen werden, welche sich aufgrund der Imperfektion gemäß ▶ Abschn. 2.2.2 ergibt. Im Bereich der Stützen ist die Imperfektion gemäß ◘ Abb. 6.9 immer durch eine Vorverformung in Abhängigkeit der Hälfte der Knicklänge zu berücksichtigen, da wie ◘ Abb. 6.9 zeigt dies zu einer knickaffinen Momentenbelastung führt.

$$e_i = \theta_i \cdot \frac{l_0}{2} = \frac{1}{200} \cdot \frac{l_0}{2} = \frac{l_0}{400} \tag{6.41}$$

Neben der Imperfektion kann auch ein Moment aus der Theorie I. Ordnung vorhanden sein, welches sich in Abhängigkeit der Normalkraft über eine Exzentrizität ausdrücken lässt ($e_0 = M_0/|N|$). Hierbei ist das Moment M_0 an der Stelle der zu erwartenden Ausknickung anzusetzen. (Bei der Pendelstütze in der Stützenmitte). Die Imperfektionen sind immer in der ungünstigsten Richtung anzusetzen, was bedeutet, dass diese in die gleiche Richtung, wie die Momentenexzentrizität e_0 aus Theorie I. Ordnung anzusetzen sind.

Wie in ◘ Abb. 6.10 dargestellt, ergibt sich aufgrund der Imperfektionen und der Momentenexzentrizität eine Basisverformung, welche aufgrund der Theorie II. Ordnung überlinear zunimmt. Mit steigender Normalkraft nähert sich die Verformung

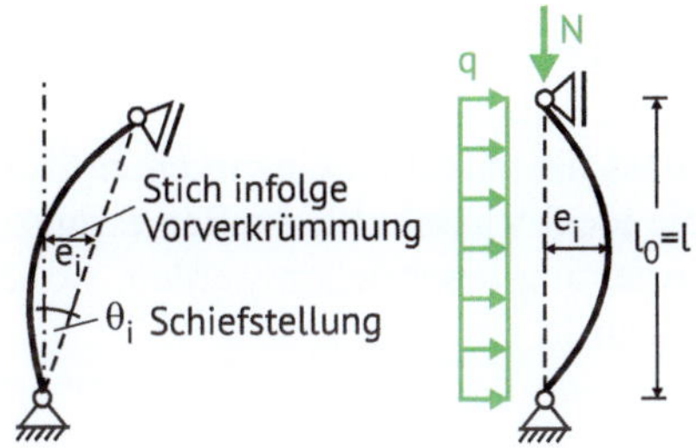

◘ **Abb. 6.9**　Berücksichtigung der Imperfektionen durch geometrische Ersatzimperfektionen

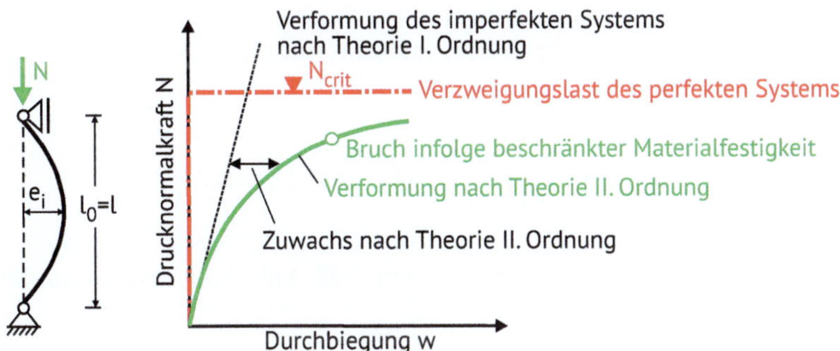

◘ **Abb. 6.10**　Grundprinzip der Berechnungsansatzes nach Theorie II. Ordnung

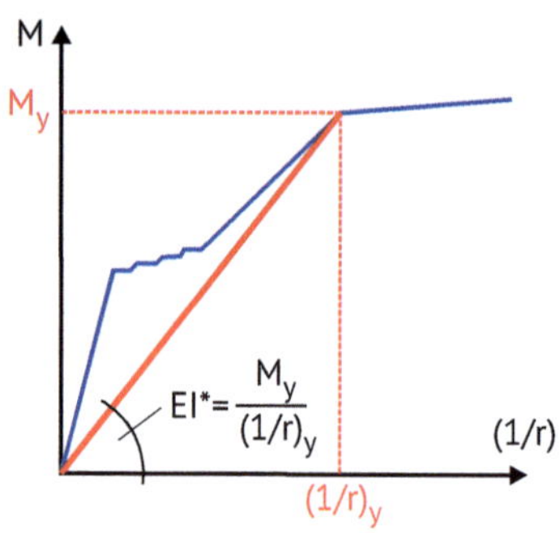

◘ Abb. 6.11   Vereinfachung der Momenten-Krümmungs-Beziehung

aufgrund des nichtlinearen Materialverhaltens des Stahlbetons asymptotisch der Verzweigungslast (ideelle Knicklast) an. Da dadurch aber das Moment immer weiter ansteigt, tritt bereits vor dem Erreichen der Knicklast ein Materialversagen ein.

Diese Berechnung ist, wie in ▶ Abschn. 6.4.3 beschrieben, von dem Momenten-Krümmungs-Verhalten des Stahlbetons abhängig. Da das genau Verhalten für eine Handrechnung nicht geeignet ist, wird im Folgenden eine lineare Vereinfachung nach ◘ Abb. 6.11 getroffen.

Bei dieser Vereinfachung der ungerissen Zustand I vernachlässigt und man linearisiert die Momenten-Krümmungs-Beziehung bis zum Fließmoment (Fließbeginn der Bewehrung). Damit erhält man die Ersatzsteifigkeit EI^* und es ist eine Berechnung analog zum elastischen Stab möglich. Die Vereinfachung führt zu einer Unterschätzung der Steifigkeit, was im Rahmen der Berechnung von Stützen nach Theorie II. Ordnung auf der sicheren Seite liegt.

Postuliert man nun, dass das maximal einwirkende Moment dem Fließmoment entspricht, erhält man die ideal wirtschaftliche Bemessung. Diese kann über die in Gl. (6.42) dargestellte Beziehung beschrieben werden, wobei das Ausgangsmoment zu $|N| \cdot (e_0 + e_i)$ bestimmt wurde.

$$M_{tot} = |N| \cdot \left(e_0 + e_i\right) \cdot \frac{1}{1 - |N| \cdot \dfrac{l^2}{EI^*} \dfrac{5}{48}} = M_y \tag{6.42}$$

Löst man nun die Gleichung nach dem Ausgangsmoment $|N| \cdot (e_0 + e_i)$ auf, erhält man folgende Gleichung:

$$|N| \cdot \left(e_0 + e_i\right) = M_y \cdot \left(1 - |N| \cdot \frac{l^2}{EI^*} \frac{5}{48}\right) = M_y - M_y \cdot |N| \frac{1}{EI^*} \cdot l^2 \cdot \frac{5}{48} \tag{6.43}$$

Durch das Einsetzen von $EI^* = M_y / (1/r)_y$ gemäß ◘ Abb. 6.11, erhält man folgenden Zusammenhang:

$$|N| \cdot \left(e_0 + e_i\right) = M_y - M_y \cdot \frac{\left(\dfrac{1}{r}\right)_y}{M_y} \cdot |N| \cdot l^2 \cdot \frac{5}{48} = M_y - \left(\frac{1}{r}\right)_y \cdot |N| \cdot l^2 \cdot \frac{5}{48} \tag{6.44}$$

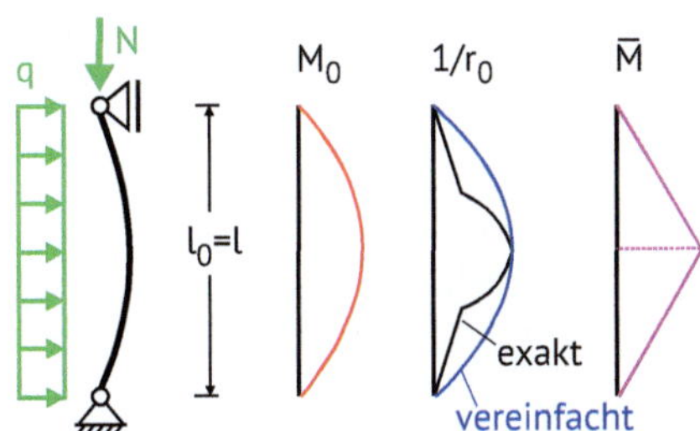

◼ Abb. 6.12 Näherungsweise Interpretation des Verfahrens der Theorie II. Ordnung im Stahlbetonbau

Stellt man wieder die Gleichung nach dem Moment um, so erhält man:

$$M_y = |N| \cdot (e_0 + e_i) + |N| \cdot \frac{5}{48} \cdot l^2 \cdot \left(\frac{1}{r}\right)_y = M_{tot} \tag{6.45}$$

$$M_{tot} = |N| \cdot \left(e_0 + e_i + \frac{5}{48} \cdot l^2 \cdot \left(\frac{1}{r}\right)_y \right) \tag{6.46}$$

Der letzte Term in der Klammer der Gl. (6.46) stellt dabei die Zusatzausmitte nach Theorie II. Ordnung dar:

$$e_2 = \frac{5}{48} \cdot l^2 \cdot \left(\frac{1}{r}\right)_y \tag{6.47}$$

Die hier vorgestellte Berechnung setzt auch die in ◼ Abb. 6.12 dargestellte Vereinfachung voraus, wodurch die Integration der Krümmung über die Parabel auf der sicheren Seite überschätz wird, wie dies auch die nachfolgende Gleichung zeigt:

$$e_2 = \int_l \bar{M} \cdot \frac{1}{r} \cdot dx = \frac{5}{12} \cdot \frac{l_0}{4} \cdot \left(\frac{1}{r}\right)_y \cdot l_0 = \frac{5}{\underbrace{48}_{\approx 1/10}} \cdot l_0^{\,2} \cdot \left(\frac{1}{r}\right)_y \tag{6.48}$$

Der Ausdruck zur Ausmitte nach Theorie II. Ordnung e_2 entspricht hierbei schon näherungsweise der Formulierung der DIN EN 1992-1-1/NA1 (E) (08.2025) NA.O.6.2 (3).

6.4.5 Anwendungsbereich der Theorie II. Ordnung

Gemäß DIN EN 1992-1-1 (09.2025) 7.4.1 (3) müssen die Auswirkungen nach Theorie II. Ordnung berücksichtigt werden, wenn diese mehr als 10 % betragen. Da diese Formulierung voraussetzt, dass man die Auswirkungen nach Theorie II. Ordnung bereits kennt, ist diese Formulierung meist wenig hilfreich. Im Nachfolgenden wird deshalb gezeigt, wie sich mit den bereits bekannten Beziehungen dies zu einer

Schlankheitsbegrenzung umformen lässt. Die Forderung nach DIN EN 1992-1-1 (09.2025) 7.4.1 (3) lässt sich wie folgt in einer Formel in Abhängigkeit des Momentes nach Theorie I-Ordnung ausdrücken:

$$M_{Ed,II} = M_{Ed,I} \cdot \frac{1}{1 - N_{Ed} / N_{crit}} \overset{!}{<} 1{,}1 \cdot M_{Ed,I} \tag{6.49}$$

Durch die Multiplikation mit $M_{Ed,I}$ erhält man:

$$1 - N_{Ed} / N_{crit} > \frac{1}{1{,}1} \tag{6.50}$$

Die Gleichung kann wie folgt umgestellt werden:

$$N_{Ed} / N_{crit} < 1 - \frac{1}{1{,}1} = 0{,}09 \tag{6.51}$$

Die Knicklast lässt sich gemäß ▶ Abschn. 6.3 mit Gl. (6.52) beschreiben:

$$N_{crit} = \frac{\pi^2 \cdot E_c I_c}{l_0{}^2} \tag{6.52}$$

Die Knicklänge kann gemäß ▶ Abschn. 6.3 über die Schlankheit und den Trägheitsradius ausgedrückt werden. Damit ergibt sich Gl. (6.54).

$$l_0 = \lambda \cdot i = \lambda \cdot \sqrt{\frac{I_c}{A_c}} \tag{6.53}$$

$$N_{crit} = \frac{\pi^2 \cdot E_c I_c}{l_0{}^2} = \frac{\pi^2 \cdot E_c \cdot I_c}{\lambda^2 \cdot \dfrac{I_c}{A_c}} = \frac{\pi^2 \cdot E_c A_c}{\lambda^2} \tag{6.54}$$

Um dimensionslose Größen zu erhalten, wird noch die bezogene Normalkraft (Normalkraftausnutzung auf Druck) eingeführt:

$$n = \frac{N_{Ed}}{A_c \cdot f_{cd}} \tag{6.55}$$

Über das Einsetzen der Gl. (6.54) und (6.55) in Gl. (6.51) bekommt man:

$$\frac{N_{Ed}}{N_{crit}} = \lambda^2 \cdot \frac{n \cdot A_c \cdot f_{cd}}{\pi^2 \cdot E_c \cdot A_c} = \lambda^2 \cdot \frac{f_{cd}}{E_c} \cdot \frac{n}{\pi^2} \overset{!}{<} 0{,}09 \tag{6.56}$$

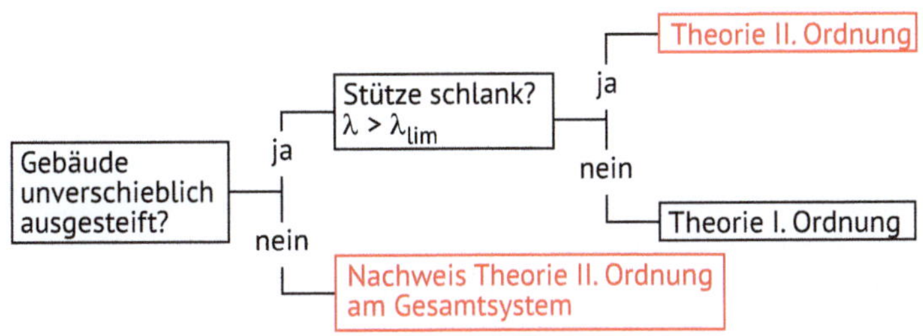

Abb. 6.13   Anwendungsbereich der Theorie II. Ordnung

Löst man diese Gleichung nach der Schlankheit auf, erhält man die Grenzschlankheit, welche jedoch leicht abhängig von der Betonfestigkeit ist. Hier wird auf der sicheren Seite eine Betonfestigkeitsklasse C20/25 angesetzt und man erhält damit:

$$\lambda < \sqrt{\frac{0,09}{n}\frac{E_c}{f_{cd}}} \approx \sqrt{\frac{0,09}{n}\frac{30000}{11,3}} \approx \frac{16}{\sqrt{n}} \tag{6.57}$$

Diese Überlegung liegt der Grenzschlankheit λ_{lim} nach DIN EN 1992-1-1/NA1 (E) (08.2025) NA.O.5 zugrunde, die nachfolgend wiedergeben ist.

$$\lambda = \frac{l_0}{i} \leq \lambda_{lim} = \max \begin{cases} 25 & \text{für } |n| \geq 0,41 \\ 16/\sqrt{n} & \text{für } |n| < 0,41 \end{cases} \tag{6.58}$$

Ist der Grenzwert λ_{lim} überschritten, so ist der Nachweis nach Theorie II. Ordnung z. B. mit dem Verfahren der Nennkrümmungen zu führen. Einen Überblick zum Anwendungsbereich der Theorie II. Ordnung gibt ■ Abb. 6.13. In ■ Abb. 6.13 wird zunächst abgefragt, ob ein Gebäude unverschieblich ausgesteift ist. Dies wird in Teil 2 (Finckh 2026) in ▶ Abschn. 4.6 betrachtet.

6.5 Berechnungsverfahren

Die Bemessung von Stützen ist ein komplexes Problem, welches durch eine Interaktion von folgenden Eigenschaften gekennzeichnet ist:
- Bemessungsproblem: Bewehrung ist gesucht.
- Materielle Nichtlinearität des Stahlbetonbaus:
  - Anderes Verhalten auf Zug als auf Druck
  - Rissbildung
  - Zeitabhängiges Verhalten (Kriechen)
  - Steifigkeitsveränderungen aufgrund der oben genannten Eigenschaften
- Die geometrische Nichtlinearität (Theorie II. Ordnung) ist abhängig von der Querschnittssteifigkeit.

Aus diesem Grund ist zur wirklichkeitsnahen Berechnung ein hoher Rechenaufwand mit zahlreichen Iterationen erforderlich, welche nur sinnvoll mit einer EDV-

Unterstützung durchgeführt werden können. Da diese EDV-Berechnungen nur schwer in jedem Schritt kontrollierbar sind, ist jedoch auch zusätzlich ein vereinfachtes Verfahren notwendig, um deren Ergebnisse zu evaluieren.

Zur Berechnung von stabilitätsgefährdeten Bauteilen stehen in der DIN EN 1992-1-1 (09.2025) in Verbindung mit der DIN EN 1992-1-1/NA1 (E) (08.2025) in Deutschland zwei Verfahren zur Verfügung:

— Allgemeines nichtlineares Verfahren nach DIN EN 1992-1-1 (09.2025) 7.4.3.3, welches in DIN EN 1992-1-1/NA1 (E) (08.2025) NA.F präzisiert wird:

   Dieses Verfahren ist nur für EDV-Berechnung geeignet und wird im Rahmen dieses Buches deshalb nicht betrachtet.

— Verfahren mit Nennkrümmungen (Modellstützenverfahren) nach DIN EN 1992-1-1 (09.2025) 7.4.3.2, welches in DIN EN 1992-1-1/NA1 (E) (08.2025) NA.0.5 präzisiert wird:

   Dieses Verfahren ist für die Bemessung ohne EDV geeignet. Es eignet sich besonders für Einzelstützen mit konstanter Normalkraft und einer definierten Knicklänge. Das Verfahren wird im nachfolgenden Abschnitt behandelt.

Ein Vergleich beider Verfahren ergibt, dass gerade bei geringen Exzentrizitäten (geringes Moment) und sehr schlanken Bauteilen die EDV-Berechnungen wirtschaftlicher, als die Handrechnung mit dem Verfahren der Nennkrümmungen sind.

6.6 Verfahren mit Nennkrümmungen

6.6.1 Grundprinzip

Das Verfahren mit Nennkrümmungen wird auch Modellstützenverfahren genannt und ist im Wesentlichen in der DIN EN 1992-1-1/NA1 (E) (08.2025) NA.0.5 geregelt. Dieses Modellstützenverfahren benutzt vereinfachte Ansätze für die Berechnung des verformungsbeeinflussten Grenzzustandes der Stützentragfähigkeit. Hierbei wird das Stützensystem in eine Modellstütze umgewandelt, wie dies ◘ Abb. 6.14 zeigt. Diese Modellstütze ist eine unten eingespannte Kragstütze mit der Länge von $l = l_0/2$. Dabei kann die Kragstütze mit Biegung und Längskraft belastet sein, wobei am Stützenfuß das maximale Moment auftritt.

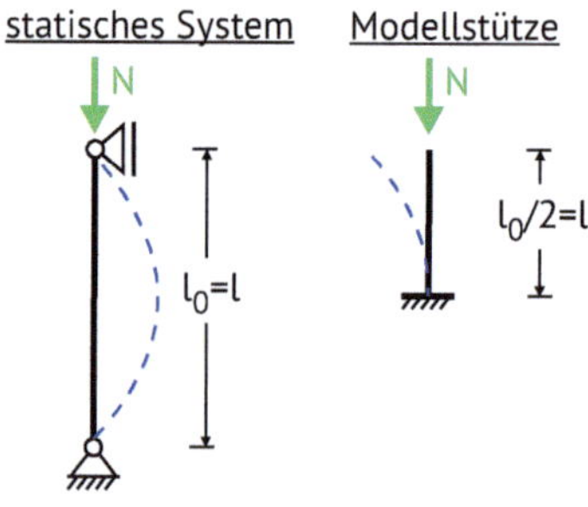

◘ **Abb. 6.14**   Prinzip des Modellstützenverfahrens

Wissensbox

Der wesentliche Vorteil des Modellstützenverfahrens ist, dass die Stützenberechnung nach Theorie II. Ordnung in eine Bemessung des am höchst beanspruchten Querschnittes, dem Einspannquerschnitt, überführt wird. In dem für schlanke Stützen meistens maßgebenden Zugbruchbereich können die Bemessungswerte der einzelnen Einwirkungen einschließlich der zusätzlichen Momente nach Theorie II. Ordnung unabhängig von der erforderlichen Bewehrung einzeln ermittelt und superponiert werden. Dies wird dadurch erreicht, dass die Stützenverformung nach Theorie II. Ordnung für alle Einwirkungen mit der Verkrümmung bei Erreichen des Fließzustandes im maßgebenden Querschnitt bestimmt wird. Beim Erreichen des Fließzustandes ist praktisch auch die größte Zug- oder Druckkraft in der Bewehrung erreicht und damit auch der größte Querschnittswiderstand.

6.6.2 Bestimmung der Momente

6.6.2.1 Allgemeines

Das Bemessungsmoment unter Berücksichtigung der Systemverformungen kann für eine Stütze wie folgt angegeben werden:

$$M_{Ed} = \max \begin{cases} M_{0Ed} + M_2 \\ M_{02} \\ \left| M_{01} - 0{,}5 \cdot M_2 - 2 \cdot \left| N_{Ed} \right| \cdot e_i \right| \end{cases} \tag{6.59}$$

Dabei ist:

M_{Ed} – Moment für die Stützenbemessung

M_2 – Nennmoment nach ach Theorie II. Ordnung

M_{0Ed} – Moment nach Theorie I. Ordnung, einschließlich der Auswirkungen von Imperfektionen

M_{01} – Moment nach Theorie I. Ordnung am Auflagern 1

M_{02} – Moment nach Theorie I. Ordnung am Auflagern 2

N_{Ed} – Normalkraft für die Stützenbemessung

e_i – ungewollte Ausmitte (Imperfektionen)
$$e_i = \theta_i \cdot l_0/2 = l_0/400$$

Bei den Auflagermomenten M_{01} und M_{02} sind die Imperfektionen ebenfalls zu berücksichtigen. Der maximale Wert von M_{Ed} hängt vom Verlauf von M_{0Ed} und M_2 entlang des Bauteils ab, wie dies ◘ Abb. 6.15 zeigt. Für M_2 kann der Momentenverlauf über die Knicklänge sinus- oder parabelförmig angenommen werden.

Die Bemessung der Stütze ist nach der Ermittlung der Schnittgrößen M_{Ed} und N_{Ed} z. B. über $\mu-\nu$- Interaktionsdiagramm gemäß ▶ Abschn. 6.2 durchzuführen.

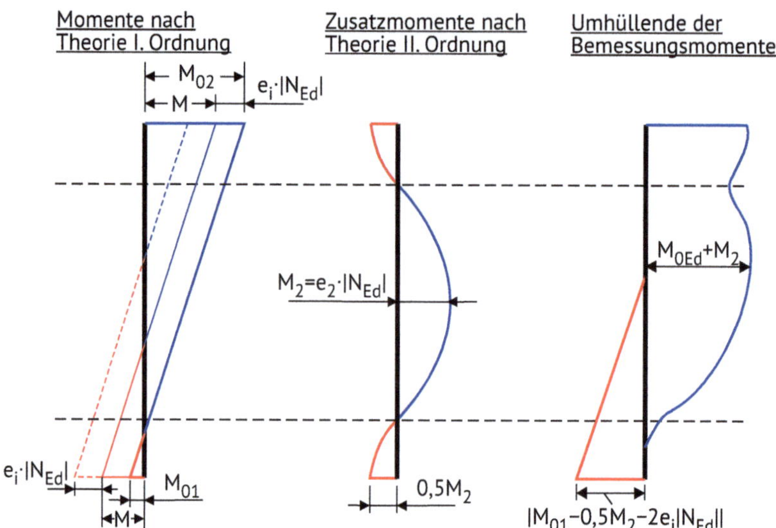

Abb. 6.15 Zusammensetzung der Momente nach Theorie I. Ordnung und Theorie II. Ordnung zu einer Hüllkurve der Momente bei einer ausgesteiften Stütze, in Anlehnung an DIN EN 1992-1-1/NA1 (E) (08.2025)

6.6.2.2 Moment nach Theorie I. Ordnung

Bei nicht ausgesteiften Einzeldruckgliedern sowie bei Druckgliedern in ausgesteiften Rahmensystemen, auf die erhebliche Querlasten wirken, entspricht M_{0Ed} dem betragsmäßig größten Moment nach Theorie I. Ordnung entlang der Bauteilhöhe.

Bei Druckgliedern in ausgesteiften Rahmensystemen, ohne wesentliche Querlasten auf dem Bauteil, kann das Moment nach der Theorie I. Ordnung aus den Randmomenten bestimmt werden. Hierbei ist das Moment nach Theorie I. Ordnung an der Stelle zu bestimmen, wo das Ausknicken der Stütze zu erwarten ist. Bei einer einseitig oben eingespannten Stütze, wie dies **Abb. 6.16** dargestellt, darf das Moment auf der Höhe von der 0,4-Fachen Stützenhöhe bestimmt werden, da dies nach der Knickfigur der Punkt der maximalen Auslenkung ist. Im Falle eines linearen Kopfmomentes entspricht dies somit 40 % des Kopfmomentes.

Bei einer beidseitig eingespannten Stütze kann, wie in **Abb. 6.17** dargestellt, sowohl ein Fuß- wie auch ein Kopfmoment auftreten. Hier tritt bei einer gleichen Einspannwirkung der oberen und unteren Stützenenden zwar die maximale Ausknickung in der Mitte auf, da jedoch in den seltensten baupraktischen Fällen eine gleiche Volleinspannung herrscht, wird auf der sicheren Seite hier ebenfalls das Moment auf 40 % der Stützenhöhe bestimmt. Da im Bereich der Stütze wie **Abb. 6.17** zeigt, möglicherweise ein Momentennulldurchgang stattfindet, sind dann 40 % des kleineren Kopf- oder Fußmomentes mit 60 % des größeren Fuß- oder Kopfmomentes vorzeichenrichtig zu addieren. Im Gesamten darf das Moment nach Theorie I. Ordnung für die Stützenbemessung jedoch nicht kleiner als 40 % des größeren Fuß oder Kopfmomentes sein.

Die Formulierung der DIN EN 1992-1-1/NA1 (E) (08.2025) zur Bestimmung der Lastausmitte nach Theorie I. Ordnung ist nachfolgend wiedergeben. Für Bauteile

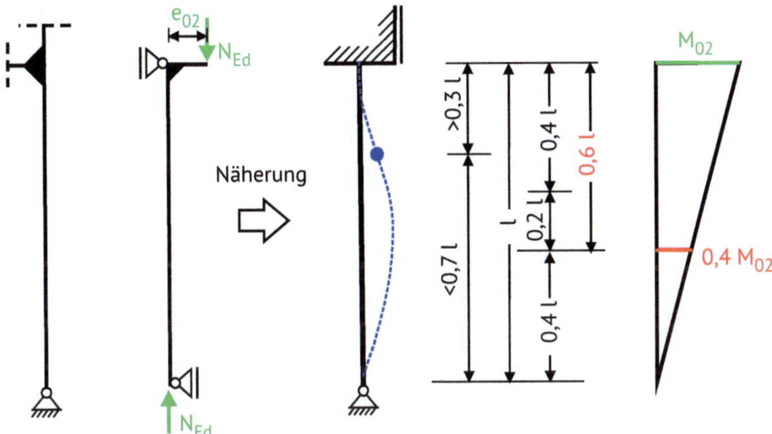

Abb. 6.16 Umrechnung der Momente aus Theorie I. Ordnung bei einer einseitig eingespannten Stütze mit Kopfmoment

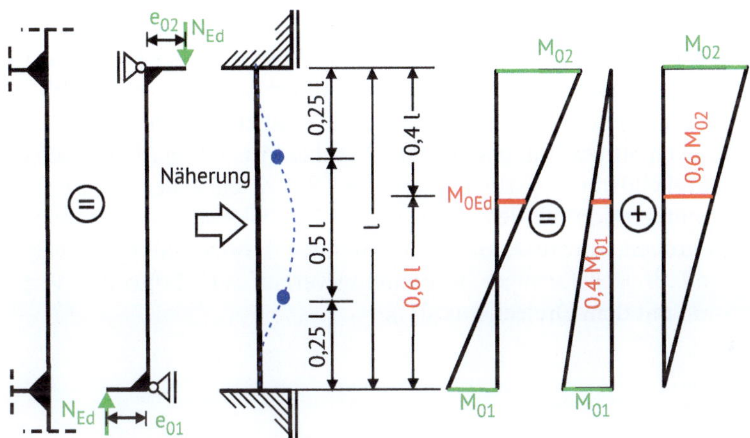

Abb. 6.17 Umrechnung der Lastausmitte aus Theorie I. Ordnung bei einer beidseitig eingespannten Stütze mit Kopf- und Fußmoment

ohne Querlasten zwischen den Stabenden dürfen unterschiedliche Endmomente M_{01} und M_{02} nach Theorie I. Ordnung durch ein äquivalentes Moment nach Theorie I. Ordnung ersetzt werden:

$$M_{0Ed} = C_m \cdot M_{02} \tag{6.60}$$

$$C_m = 0{,}6 + 0{,}4 \cdot r_m \geq 0{,}4 \tag{6.61}$$

$$r_m = \begin{cases} 1 & \text{für } |M_{02}| < 0{,}05 \cdot N_{Ed} \cdot h \\ M_{01}/M_{02} & \text{anderfalls} \end{cases} \tag{6.62}$$

Dabei ist C_m und M_{02} ein äquivalentes Moment, welches über die Stützenlänge konstant angenommen wird. Daher ist in diesem Fall $c_{1/r} = 8$ anzuwenden (vgl. ▶ Abschn. 6.6.2.3).

6.6.2.3 Momente nach Theorie II. Ordnung

Die Lastausmitte nach Theorie II. Ordnung wird an der unten eingespannten Krag-Modellstütze bestimmt. Unter der Wirkung von Längskräften und Momenten erhält diese Modellstütze eine einfach gekrümmte Verformungslinie und das Maximalmoment tritt am Fußpunkt auf. Das Zusatzmoment M_2 nach Theorie II. Ordnung wird aus der Größe der Kopfverschiebung e_2 der Modellstütze bestimmt. Die Größe dieser Kopfverschiebung e_2 wird über die Verformungsberechnung der Kragstütze gemäß ◻ Abb. 6.18 berechnet.

Gemäß ◻ Abb. 6.18 ist die Größe der Verformung e_2 vom Krümmungsverlauf ($1/r = M/EI$) über die gesamte Stablänge abhängig. Da dieser Krümmungsverlauf wie Abb. ◻ 6.18 zeigt neben dem Momentenverlauf auch davon anhängig ist, ob der Querschnitt gerissen ist (Zustand II) oder umgerissen ist (Zustand I) müssen hierzu einige Annahmen bezüglich des Verlaufes getroffen werden. Im Allgemeinen wird ein Krümmungsverlauf entsprechend den Randbedingungen der Last und der Bewehrungsführung getroffen. Hierbei wird immer der Krümmungsverlauf in Abhängigkeit der Fußpunktkrümmung, welche in ▶ Abschn. 6.6.3 bestimmt wird, definiert. Bei dem Krümmungsverlauf werden vereinfacht die in ◻ Abb. 6.19 dargestellten Grenzfälle unterschieden, welche wie folgt zu wählen sind:

- Bei schlanken Stützen mit entsprechend großen Ausmitten e_2 wird sich eine annähernd parabelförmige Verkrümmung der Stütze einstellen. (1/10 für die Verformungsintegration mit dem Dreieck aus $\overline{M}$). Dies stellt den Standardfall dar.
- Bei einer großen, am Stützenkopf angreifenden, Horizontalkraft H ergibt sich ein annähernd dreiecksförmiger Krümmungsverlauf. (1/12 für die Verformungsintegration mit dem Dreieck aus $\overline{M}$).

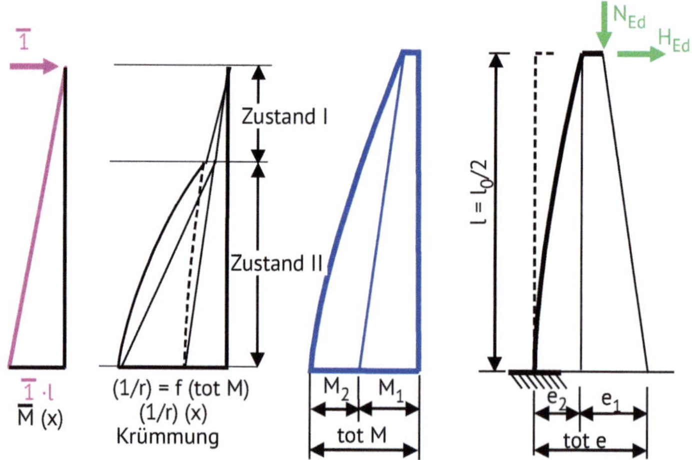

◻ **Abb. 6.18** Bestimmung der Lastausmitte nach Theorie II. Ordnung an der Modellstütze, in Anlehnung an. (Kordina und Quast 2001)

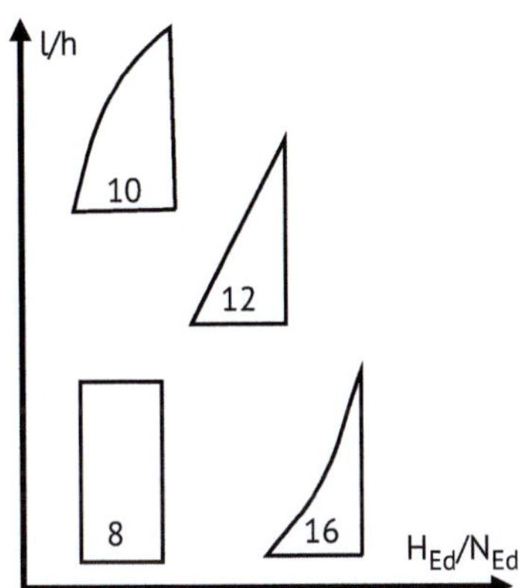

◘ Abb. 6.19 Unterschiedliche Krümmungsverläufe und zugehöriger Krümmungsbeiwert c, in Anlehnung an. (Kordina und Quast 2001)

- Bei geringerer Horizontalkraft H und größeren Stützenabmessungen ist ein annähernd konstanter Krümmungsverlauf zu erwarten. (1/8 für die Verformungsintegration mit dem Dreieck aus $\overline{M}$).
- Bei Stützen mit sehr geringer Normalkraft und großen Querlasten (z. B. aus Wind) kann der Krümmungsverlauf einer konvexen Parabel entsprechen. (1/16 für die Verformungsintegration mit dem Dreieck aus $\overline{M}$).

Im Allgemeinen wird der Krümmungsverlauf umso rechteckiger, je kleiner die H-Last und je kleiner die bezogene Zusatzausmitte e_2/h ist. Die Größe von e_2 erhält man im Allgemeinen für diese Grenzfälle durch Auswertung des folgenden Integrals:

$$e_2 = \int \overline{M}_{(x)} \cdot (1/r)_{(x)} \cdot dx \tag{6.63}$$

Hierin ist $\overline{M}_{(x)}$ das virtuelle Moment infolge der virtuellen Kraft $F = \overline{1}$ in Richtung der gesuchten Verschiebungsgröße. Für den parabelförmigen Krümmungsverlauf erhält man:

$$e_2 = \frac{5}{12} \cdot l \cdot \frac{1}{r} \cdot l = \frac{5}{12} \cdot \frac{l_0}{2} \cdot \frac{1}{r} \cdot \frac{l_0}{2} = \frac{5}{48} \cdot l_0^2 \cdot \frac{1}{r} \approx \frac{1}{10} \cdot l_0^2 \cdot \frac{1}{r} \tag{6.64}$$

Die Bestimmung Lastausmitte nach Theorie II. Ordnung erfolgt gemäß DIN EN 1992-1-1 wie nachfolgend wiedergeben. Das Nennmoment nach Theorie II. Ordnung M_2 lautet:

$$M_2 = |N_{Ed}| \cdot e_2 \tag{6.65}$$

Die Lastausmitte nach Theorie II. Ordnung e_2 bestimmt sich dabei wie folgt:

$$e_2 = k_1 \cdot \left(\frac{1}{r}\right) \cdot \frac{l_0^2}{c_{1/r}} \tag{6.66}$$

Dabei ist:

k_1 – Interpolierender Faktor für Druckglieder mit Schlankheiten $25 \leq \lambda \leq 35$

$(1/r)$ – Krümmung (vgl. ▶ Abschn. 6.6.3)

l_0 – Knicklänge (vgl. z. B. ◘ Abb. 6.2)

$c_{1/r}$ – Beiwert, der vom Krümmungsverlauf abhängt, siehe ◘ Abb. 6.19

Bei konstantem Querschnitt wird üblicherweise $c_{1/r} = 10$ verwendet. Bei ausgesteiften Druckgliedern darf $c_{1/r} = 8$ angenommen werden.

Um einen sprunghaften Übergang von der nachweisfreien Querschnittstragfähigkeit bei gedrungenen Stützen zu der geringeren Tragfähigkeit von schlanken Stützen herzustellen, wurde ein Korrekturfaktor k_1 eingeführt:

$$k_1 = \frac{\lambda}{10} - 2,5 \leq 1,0 \tag{6.67}$$

$k_1 = 1$ liegt immer auf der sicheren Seite.

6.6.3 Nennkrümmung

6.6.3.1 Allgemeines

Wie im vorherigen Abschnitt bereits beschrieben, hängt die Lastausmitte e_2 nach Theorie II. Ordnung maßgeblich von der Krümmung an der Einspannstelle der Modellstütze ab. Die Krümmung hängt wesentlich von dem Ausnutzungsgrad des Querschnitts ab. Da dies jedoch zu einer äußerst komplexen Berechnung führen würde, wird postuliert, dass der Querschnitt ideal wirtschaftlich bemessen ist und an der Stelle der größten Ausnutzung (Einspannstelle beim Modellstützenverfahren) der Querschnitt gerade im Fließen ist. Bei einer reinen Momentenbelastung kann damit die sogenannte Basiskrümmung vereinfacht nach ◘ Abb. 6.20 bestimmt werden.

Die Basiskrümmung $(1/r_0)$ erhält man, indem man vorgibt, dass sowohl die Zugbewehrung also auch die Druckbewehrung gerade im Fließen ist. Unter dieser Annahme kann die Krümmung berechnet werden:

$$\frac{1}{r_0} = \frac{2 \cdot \varepsilon_{yd}}{d - d'} = \frac{2 \cdot f_{yd} / E_s}{d - d'} \tag{6.68}$$

Dabei ist d die statische Nutzhöhe und d' die bis zum Schwerpunkt der Druckbewehrung gemessene Betondeckung.

Wenn die gesamte Bewehrung nicht an den gegenüberliegenden Seiten der Stütze konzentriert ist, sondern teilweise parallel zur Biegungsebene verteilt ist, muss der Wert $d - d'$ wie folgt ermittelt werden:

$$d - d' = 2 \cdot i_s \text{ für allgemeine Querschnitte} \tag{6.69}$$

$$d - d' = h / 2 + i_s \text{ für Rechteckquerschnitte} \tag{6.70}$$

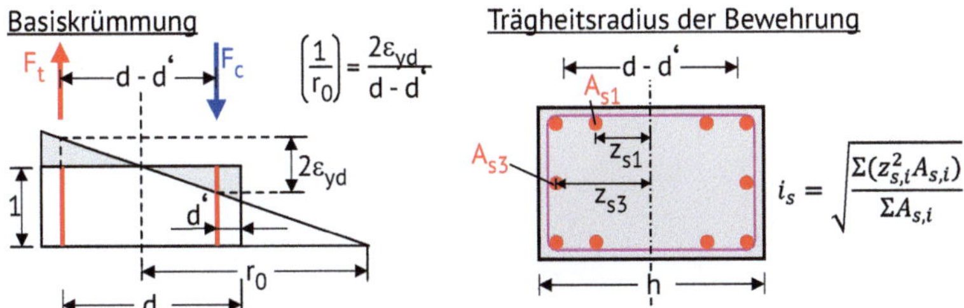

Abb. 6.20 Bestimmung der Basiskrümmung und des Trägheitsradius der Bewehrung

Dabei ist i_s der Trägheitsradius der gesamten Längsbewehrung bezüglich des Stützenmittelpunkts. Die Berechnung dieses Trägheitsradius ist in **Abb. 6.20** schematisch dargestellt.

Die Basiskrümmung wird dann aufgrund des Einflusses der Normalkraft und des Kriechens gegebenenfalls noch reduziert bzw. erhöht, was nachfolgend erläutert wird.

6.6.3.2 Einfluss der Normalkraft

Bei der Basiskrümmung wird von einer reinen Momentenbeanspruchung ausgegangen, was bei einer Stütze jedoch meist nicht der Fall ist. Oft sind erhebliche Drucknormalkräfte vorhanden, welche die Krümmung in der Regel reduziert. Diese Wirkung kann über das Momenten-Normalkraft-Interaktionsdiagramm, wie in **Abb. 6.21** dargestellt, bestimmt werden. Ein solches Momenten-Normalkraft-Interaktionsdiagramm stellen z. B. auch die μ–ν-Interaktionsdiagramme aus ▶ Abschn. 6.2 dar.

Am Punkt 1 ($|n| = |n_{bal}|$) in **Abb. 6.21** haben die Druck- und Zugdehnungen die gleiche Größe. Es herrscht somit ein ausgeglichener Dehnungszustand (englisch: balanced). An diesem Punkt, der circa bei 40 % der maximalen Drucknormalkraft liegt, ergibt sich die Basiskrümmung aus dem vorherigen ▶ Abschn. 6.6.3.1.

$$\left(\frac{1}{r}\right)_{y1} = \frac{2 \cdot \varepsilon_y}{z_{s1} + z_{s2}} \approx \frac{1}{r_0} \tag{6.71}$$

Am Punkt 2 ($|n| = |n_{ud}|$) in **Abb. 6.21** ist der Querschnitt maximal unter Druck ausgenutzt und es kann kein Moment aufgenommen werden. Somit steht der Querschnitt unter reiner Druckbeanspruchung und es ergibt sich somit gar keine Verkrümmung.

$$\left(\frac{1}{r}\right)_{y2} = 0 \tag{6.72}$$

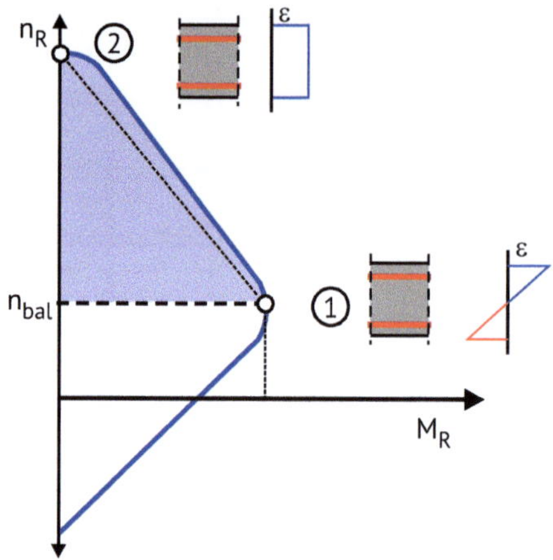

◘ **Abb. 6.21**   Momenten-Normalkraft-Interaktion. (Mit bezogenen Normalkräften)

Die Zwischenwerte zwischen ($|n_u| > |n| > |n_{bal}|$) können dann linear mit der folgenden Gleichung interpoliert werden.

$$\left(\frac{1}{r}\right)_y = \left(\frac{1}{r}\right)_{y2} + \frac{n_u - n}{n_u - n_{bal}} \left(\frac{1}{r}\right)_{y1} = \underbrace{\frac{n_u - n}{n_u - n_{bal}}}_{k_R} \cdot \frac{1}{r_0} = k_R \cdot \frac{1}{r_0} \tag{6.73}$$

In der DIN EN 1992-1-1 wird der Beiwert zur Berücksichtigung der Normalkraft mit dem Faktor k_R beschrieben.

Praxistipp

Der Faktor k_R muss immer kleiner oder gleich 1,0 sein. Die Annahme von $k_R = 1,0$ liegt auf der sicheren Seite und kann zu einer ersten Abschätzung der Bewehrung verwendet werden, da die maximale Normalkrafttragfähigkeit n_{ud} von der vorhandenen Bewehrung abhängig ist. Gerade bei Stützen mit hoher Normalkraft führt jedoch die Annahme von $k_R = 1,0$ zu stark unwirtschaftlichen Ergebnissen.

6.6.3.3 Einfluss des Kriechens

6.6.3.3.1 Allgemeines

Unter Kriechen versteht man, wie in ▶ Abschn. 2.1.2.5 bereits erwähnt, die zeitabhängige Zunahme der Verformungen unter Dauerlasten. Das Kriechen des Betons führt zu einer Vergrößerung der Druckstauchungen (Dehnungen ε_c) im Beton. Diese größeren Druckstauchungen führen auch zu einer Vergrößerung der Krümmungen. Deshalb sollte das Kriechen bei Stützen in der Bemessung berücksichtigt werden. Die Veränderung der Krümmung aufgrund des Kriechens an einem durch ein Moment belasteten Querschnitts zeigt ◘ Abb. 6.22.

In ◘ Abb. 6.22 stellt sich für den unbewehrten Querschnitt ein gleichmäßiges Verhalten ein. Bei dem bewehrten Querschnitt führt das Kriechen zusätzlich zu einer

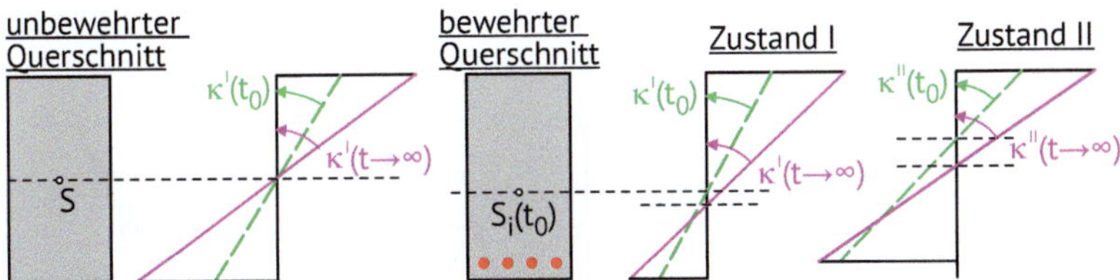

◨ Abb. 6.22 Einfluss des Kriechens auf die Krümmung, in Anlehnung an. (Zilch und Zehetmaier 2010)

Veränderung des Hebelarms. Falls eine Druckbewehrung vorhanden wäre, würde das Kriechen zusätzlich zu einer Umlagerung der Druckkraft vom Beton zur Bewehrung führen.

Das Betonkriechen sollte bei sehr schlanken Stützen unter großen Dauerlasten berücksichtigt werden. Der Nachweis nach Theorie II. Ordnung wird zum Zeitpunkt $t = t_{DL}$ unter Bemessungslasten im Grenzzustand der Tragfähigkeit (GZT) geführt. Die Kriechverformungen treten jedoch im Wesentlichen unter den quasi-ständigen Lasten auf. Aus diesem Grund wird eine effektive Kriechzahl $\varphi_{eff,b}$ aus dem Moment für den GZT bestimmt. Nach DIN EN 1992-1-1 (09.2025) 7.4.2 (2) ergibt sich die effektiven Kriechzahl zu:

$$\varphi_{eff,b} = \varphi\left(t_{DL}, t_0\right) \cdot M_{0Eqp} / M_{0Ed} \tag{6.74}$$

Dabei ist:

$\varphi(t_{DL}, t_0)$ – Endkriechzahl (siehe ▶ Abschn. 6.6.3.3.2)

M_{0Eqp} – Maximales Moment nach Theorie I. Ordnung infolge der quasi-ständigen Lastkombination (GZG), einschließlich der Auswirkung der Imperfektionen

M_{0Ed} – Maximales Moment nach Theorie I. Ordnung infolge der maßgebenden Lastkombination für den GZT

t_0 – Belastungsbeginn des Bauteils

t_{DL} – Geplante Nutzungsdauer des Bauteils

Als Näherung darf das Verhältnis zwischen den Momenten (M_{0Eqp}/M_{0Ed}) durch das Verhältnis der vertikalen Lasten in den quasi-ständigen und den Bemessungssituationen ersetzt werden.

Dieser Überlegung in Gl. (6.74) liegt die Betrachtung aus ◨ Abb. 6.23 zugrunde. Die hier angenommene Gesamtlast F_d beinhaltet einen Dauerlastanteil F_{perm}. Nach längerer Dauerlast tritt die Bemessungslast ein. Die Lastgeschichte kann dann vereinfacht in drei Abschnitte unterteilt werden:

- A → B: Aufbringen einer Dauerlast mit unmittelbarer Verformung
- B → C: konstante Dauerlast führt zu Kriechverformungen (mit Kriechzahl φ)
- C → D: Lasterhöhung auf die Bemessungslast mit zusätzlicher Verformung.

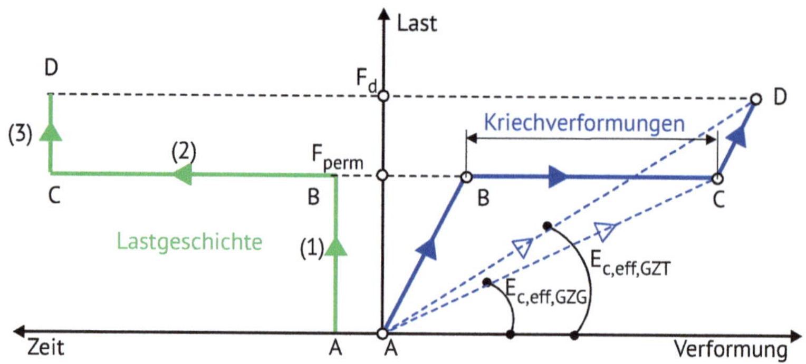

◘ Abb. 6.23 Lastgeschichte und Verformungen mit Kriechen, in Anlehnung an. (Fingerloos et al. 2016)

◘ Tab. 6.1 Methode zur Bestimmung der Kriechzahl nach DIN EN 1992-1-1 (09.2025) 5.1 (2)

Belastungsbeginn t_0 [Tage] für die Festigkeitsentwicklung			Trockene atmosphärische Bedingungen (RH = 50 %) h_n [mm]				Feuchte atmosphärische Bedingungen (RH = 80 %) h_n [mm]			
CS	CN	CR	100	200	500	1000	100	200	500	100
3	1	1	4,2	3,8	3,4	3,1	3,0	2,8	2,6	2,5
10	7	3	3,1	2,8	2,5	2,3	2,2	2,1	2,0	1,9
32	28	23	2,4	2,2	1,9	1,8	1,7	1,6	1,6	1,5
91	91	91	1,9	1,7	1,5	1,4	1,4	1,3	1,2	1,2
365	365	365	1,4	1,3	1,1	1,0	1,0	0,9	0,9	0,8
Korrekturexponent A			0,82	0,79	0,75	0,72	0,7	0,68	0,66	0,64

6.6.3.3.2 Exkurs Bestimmung der Endkriechzahl $\varphi(t_{DL}, t_0)$

Für die Berücksichtigung des Kriechens wird die Endkriechzahl benötigt. Hierbei muss die Nutzungsdauer t_{DL} des Bauwerks bekannt sein. Im Hochbau wird im Allgemeinen die Nutzungsdauer von 50 Jahren festgelegt.

Die Endkriechzahl ist zunächst unabhängig von der Belastung, falls die Dauerbelastung $|\sigma_{c,perm}| \leq 0,4 \cdot f_{cm}$ ist. Hier liegt dann ein sogenanntes lineares Kriechen vor. Dafür kann die Endkriechzahl $\varphi(t_{DL}, t_0)$ nach Gl. (6.75) mit ◘ Tab. 6.1 in Abhängigkeit der Betonfestigkeit, der Erhärtungsverhaltens des Zementes, des Zeitpunktes der Erstbelastung, der Luftfeuchte und wirksame Querschnittsdicke für 50 Jahre bestimmt werden.

$$\varphi\left(t_{DL}, t_0\right) = \left(\frac{35}{f_{ck}}\right)^{A} \cdot \varphi\left(50y, t_0\right) \tag{6.75}$$

Dabei ist $\varphi(50y, t_0)$ und der Exponent A nach ◘ Tab. 6.1 zu bestimmen. Für andere Nutzungsdauern ist der Wert nach DIN EN 1992-1-1 (09.2025) Anhang B.5 zu bestimmen. Diese Ermittlung wird in Teil 2 (Finckh 2026) ▶ Abschn. 7.2.3 erläutert.

❗ Das Kriechen ist in Wirklichkeit von zahlreichen weiteren Parametern, wie der Temperatur, der Lastgeschichte sowie der Betonrezeptur und den Aushärtebedingungen abhängig. Diese Parameter lassen sich jedoch in der Baupraxis kaum bestimmen. Aus diesem Grund ist eine übertriebene Genauigkeit zur Bestimmung der Kriechzahl, wie es z. B. mit den Gleichungen der DIN EN 1992-1-1 (09.2025) Anhang B.5 möglich wäre, unnötig. Eine schnelle Bestimmung der Endkriechzahl $\varphi(t_{DL}, t_0)$ mit der ◘ Tab. 6.1 ist somit trotz deren begrenzter Genauigkeit ausreichend.

In ◘ Tab. 6.1 bedeutet:

$\varphi(50y, t_0)$ – Endkriechzahl nach 50 Jahre Nutzungsdauer für $f_{ck} = 35 N/mm^2$

t_0 – Alter des Betons bei der ersten Lastbeanspruchung in Tagen. Im Hochbau meist Ausschalen der Decke (~ 7 Tage)

h_n – Wirksame Querschnittsdicke mit $h_n = 2 \cdot A_c/u$, wobei A_c die Betonquerschnittsfläche und u die Umfangslänge der dem Trocknen ausgesetzten Querschnittsflächen sind.

CS – Zement der Klasse S (CEM 32,5 N) (meist nicht Verfügbar)

CN – Zement der Klasse N (CEM 32,5 R, CEM 42,5 N)

CR – Zement der Klasse R (CEM 42,5 R, CEM 52,5 N und CEM 52,5 R)

Falls die Dauerlast größer als $0,4 \cdot f_{cm}$ ist muss von sogenanntem nichtlinearen Kriechen ausgegangen werden und die Endkriechzahl ist dann wie folgt zu modifizieren:

$$\varphi_\sigma\left(t, t_0\right) = \varphi\left(t, t_0\right) \cdot e^{1,5 \cdot (\sigma_c / f_{cm} - 0,4)} \tag{6.76}$$

6.6.3.3.3 Berücksichtigung bei der Stützenbemessung

Bei der Stützenbemessung wird das Kriechen über die Vergrößerung der Krümmung mit folgendem Faktor berücksichtigt:

$$k_\varphi = 1 + \beta \cdot \varphi_{eff,b} \geq 1,0 \tag{6.77}$$

Der Faktor β ergibt sich dabei in Abhängigkeit der Betonfestigkeit f_{ck} und der Schlankheit λ zu:

$$\beta = 0,35 + \frac{f_{ck}}{200} - \frac{\lambda}{150} \tag{6.78}$$

Die Gleichung für β erscheint zunächst paradox, da dieser Wert mit ansteigender Schlankheit (und damit scheinbar die Kriechauswirkung) abnimmt. Vergleichsrechnungen haben jedoch gezeigt, dass das Modellstützenverfahren für schlankere Stützen mit ca. $\lambda > 70$ auch bei Ansatz von $k_\varphi = 1$ im Vergleich zu einer „genaueren" Berechnung mit Berücksichtigung des Kriechens auf der sicheren Seite liegt. Dies ist unter anderem darauf zurückzuführen, dass der Faktor $k_r = 1$ bei einer bezogenen Normalkraft $n < n_{bal} = 0{,}4$ (bei großen Stützenschlankheiten die Regel) keine Reduktion der Krümmung mehr vorsieht, was sehr konservative Ergebnisse zur Folge hat.

6.6.3.4 Zusammenfassung des Bemessungsansatzes

Bei Bauteilen mit konstanten symmetrischen Querschnitten (einschließlich deren Bewehrung) darf die Krümmung wie folgt ermittelt werden:

$$\frac{1}{r} = k_r \cdot k_\varphi \cdot \frac{1}{r_0} \tag{6.79}$$

Dabei ist:

k_r – Beiwert in Abhängigkeit der Normalkraft nach Gl. (6.80)

k_φ – Beiwert zur Berücksichtigung des Kriechens nach Gl. (6.81)

$1/r_0$ – Basiskrümmung $1/r_0 = 2 \cdot \varepsilon_{yd}/(d - d)$

Der Beiwert k_r zur Beschreibung der Abhängigkeit von der Normalkraft ergibt sich zu:

$$k_r = \frac{n_u - n}{n_u - n_{bal}} \leq 1{,}0 \tag{6.80}$$

Dabei ist:

n – Bezogene Normalkraft

$\quad n = N_{Ed}/(A_c \cdot f_{cd})$

n_{bal} – Balance Point. Es darf $n_{bal} = 0{,}4$ verwendet werden.

n_u – Maximale bezogen Normalkrafttragfähigkeit

$\quad n_u = 1 + \omega$

ω – Mechanischer Bewehrungsgrad

$\quad \omega = (A_s \cdot f_{yd})/(A_c \cdot f_{cd})$

Die Auswirkungen des Kriechens darf mit dem folgenden Beiwert berücksichtigt werden:

$$k_\varphi = 1 + \beta \cdot \varphi_{eff,b} \geq 1{,}0 \tag{6.81}$$

Dabei ist:

$\varphi_{eff,b}$ – Effektive Kriechzahl (Gl. (6.82))

β – Modifizierungsfaktor $\beta = 0{,}35 + f_{ck}/200 - \lambda/150$

λ – Schlankheit

Die Dauer der Belastungen darf vereinfacht mittels einer effektiven Kriechzahl $\varphi_{eff,b}$ berücksichtigt werden. Zusammen mit der Bemessungslast ergibt diese eine Kriechverformung (Krümmung), die der quasi-ständigen Beanspruchung entspricht:

$$\varphi_{eff,b} = \varphi\left(t_{DL},t_0\right) \cdot M_{0Eqp} \, / \, M_{0Ed} \tag{6.82}$$

Dabei ist:

$\varphi(t_{DL}, t_0)$ – Endkriechzahl (siehe ▶ Abschn. 6.6.3.3.2)

M_{0Eqp} – Maximales Moment nach Theorie I. Ordnung infolge der quasi-ständigen Lastkombination (GZG), einschließlich der Auswirkung der Imperfektionen

M_{0Ed} – Maximales Moment nach Theorie I. Ordnung infolge der maßgebenden Lastkombination für den GZT

Die Kriechauswirkungen dürfen nach DIN EN 1992-1-1/NA1 (E) (08.2025) 7.4.2 (1) NCCI vernachlässigt werden ($\varphi_{eff,b} = 0$), wenn alle folgenden drei Bedingungen eingehalten werden:

$$\varphi\left(t_{DL},t_0\right) \le 2$$

$$\lambda \le 75$$

$$M_{0Ed} \, / \, N_{Ed} \ge h$$

Dabei ist M_{0Ed} das Moment nach Theorie I. Ordnung und h ist die Querschnittshöhe in der entsprechenden Richtung.

Kriechauswirkungen dürfen in der Regel auch vernachlässigt werden, wenn die Stützen an beiden Enden monolithisch mit lastabtragenden Bauteilen verbunden sind oder wenn bei verschieblichen Tragwerken die Schlankheit des Druckgliedes $\lambda < 50$ und gleichzeitig die bezogene Lastausmitte $M_{0Ed}/N_{Ed} \ge 2h$ ist.

6.6.4 Ablaufdiagramm

Zur Verdeutlichung des Bemessungsvorgehen enthält ◼ Abb. 6.24 ein Ablaufdiagramm.

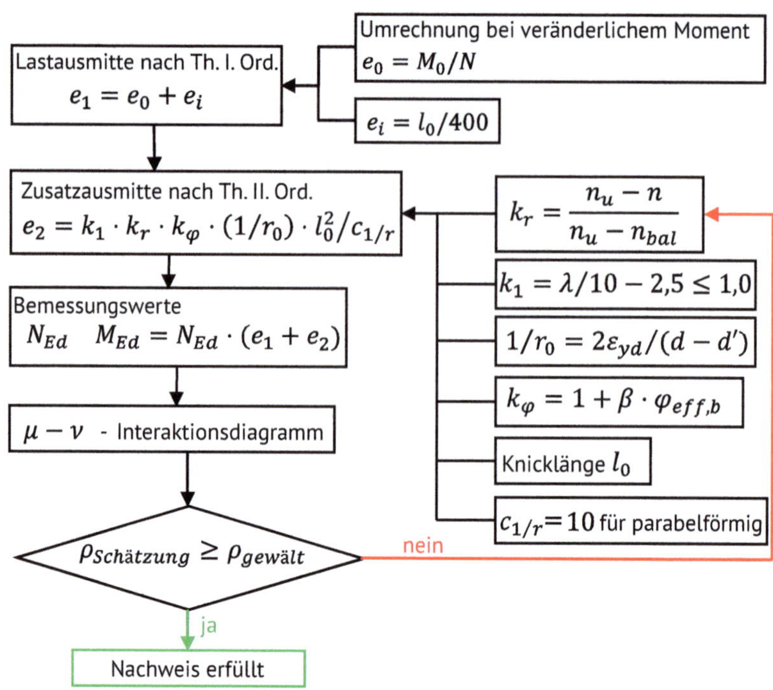

◘ Abb. 6.24 Ablaufdiagramm für das Modellstützenverfahren in Anlehnung an. (DAfStb 2018)

6.7 Konstruktionsregeln für Stützen

Für Stützen werden meist Vollquerschnitte mit kompakten Querschnittsformen, wie zum Beispiel Rund- oder Rechteckstützen verwendet. Gemäß DIN EN 1992-1-1 (09.2025) in Verbindung mit der DIN EN 1992-1-1/NA1 (E) (08.2025) darf bei Ortbetonstützen die kleinste Seitenlänge 20 cm nicht unterschreiten, damit im Querschnitt ausreichend Platz für den Betonierschlauch[3] bleibt.

Bezüglich der Stützenlängsbewehrung gibt es folgende Reglungen:

- Der Durchmesser der Längsbewehrung muss größer als 12 mm sein ($\phi_{l,min} = 12\ mm$).
- Der Abstand der Längsstäbe darf 30 cm nicht überschreiten.
- Bei Stützen mit polygonalen Querschnitten muss in jeder Ecke mindestens ein Stab liegen. In Stützen mit Kreisquerschnitt sollten mindestens 6 Stäbe angeordnet werden.
- Die Gesamtquerschnittsfläche der Längsbewehrung muss mindestens
  $A_{sl,min} = \max\ \{0{,}15 \cdot |N_{Ed}|/f_{yd}; 0{,}002 A_c\}$ für $f_{ck} < 70\ N/mm^2$ und
  $A_{s,min} = \max\ \{0{,}25 \cdot |N_{Ed}|/f_{yd}; 0{,}002 A_c\}$ für $f_{ck} \geq 70\ N/mm^2$ betragen.
- Die Gesamtquerschnittsfläche der Längsbewehrung darf nicht größer als $A_{sl,max} \leq 0{,}09 \cdot A_c$ sein. Dies gilt auch im Bereich von Übergreifungsstößen.

---

3 Ein Betonierschlauch ist notwendig, weil ein einfaches Herabfallen des Betons von oben zu einer Entmischung führen würde.

Die Querbewehrung von Stützen hat die Aufgabe das Ausknicken der Längsbewehrung zu verhindern. Des Weiteren werden durch die Querbewehrung auch die Querzugspannungen aufgenommen, welche durch den Längsdruck ausgelöst werden (vgl. auch ▶ Abb. 2.5). Bezüglich der Querbewehrung, welche meist in Form von Bügel- oder Wendelbewehrung ausgebildet wird, sind folgende Regelungen zu beachten:

- Querbewehrungen (Bügel) müssen alle Längsbewehrungsstäbe umschließen. Dabei darf kein Stab der Längsbewehrung innerhalb einer Druckzone weiter als 150 mm von einem gehaltenen Stab entfernt, sein. Falls dadurch zusätzliche Querbewehrung nur zur Rückhaltung eines weiteren Längsstabs erforderlich ist, darf der nachfolgende Höchstabstand verdoppelt werden.
- Der Durchmesser der Querbewehrung muss folgender Forderung genügen:

$$\phi_{sw} \geq \begin{cases} 6mm & \text{Allgemein} \\ 0,25\phi & \text{für } f_{ck} < 70\,N\,/\,mm^2 \\ 0,40\phi & \text{für } f_{ck} \geq 70\,N\,/\,mm^2 \end{cases}$$

Bei Verwendung von Stabbündeln mit $\phi_n > 28mm$ und bei Stäben mit $\phi > 32mm$ als Druckbewehrung muss der Mindeststabdurchmesser der Querbewehrung 12 mm betragen.

- Bügelabstände dürfen den kleinsten der folgenden Abstände nicht unterschreiten:

$$s_{max,col} \leq \begin{cases} 12\phi \\ \min(h;b) \\ 30cm \end{cases}$$

- Bügelabstände sind im Bereich unmittelbar unter oder über Platten oder Balken und bei Übergreifungsstößen der Längsbewehrung mit $\phi \geq 14mm$ mit dem Faktor 0,6 zu vermindern.
- Bügel sind in der Regel mit Haken (Biegung $\geq 135°$) zu schließen. Wird der Widerstand gegen Abplatzen der Betondeckung erhöht, darf die Querbewehrung aus Bügeln auch mit 90°-Winkelhaken geschlossen werden. Die Bügelschlösser sind entlang der Stütze zu versetzen. Mit einer der folgenden Maßnahmen kann eine Erhöhung des Widerstands gegen Abplatzen erreicht werden:
  - Vergrößerung des Mindestbügeldurchmessers um mindestens 2 mm
  - Halbierung der Bügelabstände
  - Vergrößerung der Winkelhakenlänge von 10ϕ auf $\geq 15\phi$
  - angeschweißte Querstäbe (Bügelmatten)

Die Bewehrungsregeln sind nochmals in ◼ Abb. 6.25 zusammengefasst.

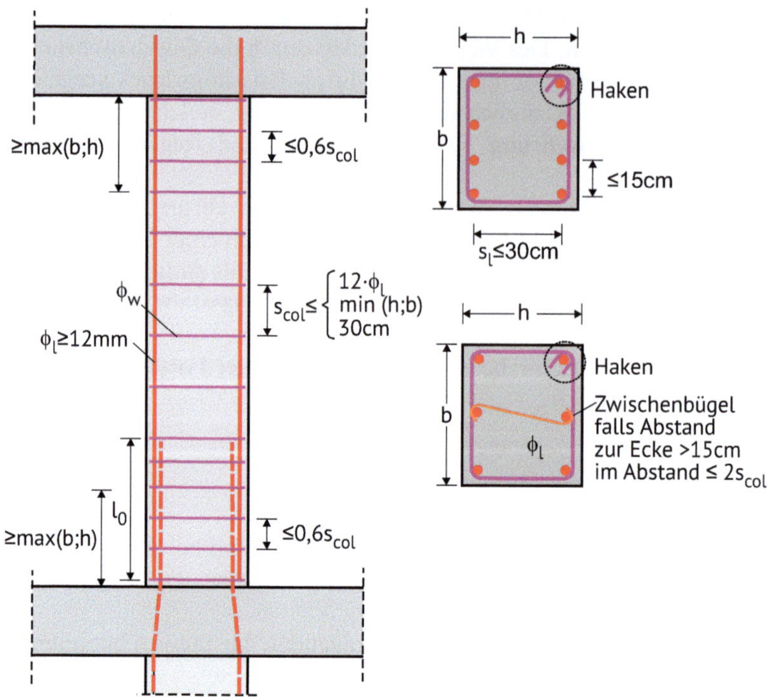

◻ Abb. 6.25   Bügelabstände und Anordnung der Bewehrungsstäbe in einer Stütze

6.8   Beispiel gedrungene Stütze

6.8.1   Äußere Lasten, Geometrie und Baustoffe

Die in ◻ Abb. 6.26 dargestellte Stütze soll bemessen werden. Die Stütze steht in einem ausreichend ausgesteiften Gebäude.

Die Stütze kann als Pendelstütze mit der Systemlänge von $l = 0{,}3/2 + 3{,}7 + 0{,}3/2 = 4\,m$ angenommen werden und die Schnittgrößen am Stützenfuß ergeben sich wie folgt:

$$N_{Ed} = 1{,}35 \cdot \left(675 + 0{,}5 \cdot 0{,}5 \cdot 25 \cdot 4 \right) + 1{,}5 \cdot 300 = 1395\,kN$$

$$M_{Ed} = 1{,}5 \cdot 180 = 270\,kNm$$

Der Bemessungswert der Betondruckfestigkeit beträgt:

$$f_{cd} = \eta_{cc} \cdot k_{tc} \cdot \frac{f_{ck}}{\gamma_C} = 1 \cdot 0{,}85 \cdot \frac{30}{1{,}5} = 17{,}0\,N\,/\,mm^2$$

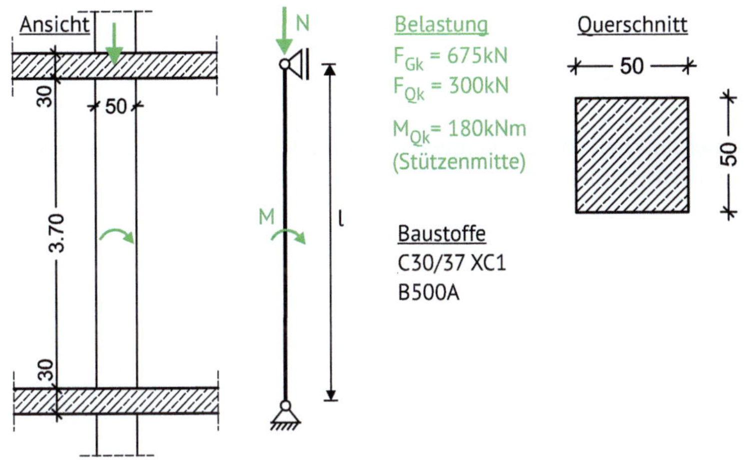

⊡ Abb. 6.26   Angabe Bemessungsbeispiel gedrungene Stütze

6.8.2 Überprüfung der Schlankheit

Zunächst wird überprüft, ob die Schlankheitskriterien eingehalten sind. Dazu wird der Trägheitsradius der Stütze benötigt:

$$i = \sqrt{\frac{I}{A}} = \sqrt{\frac{h^3 \cdot b / 12}{h \cdot b}} = \sqrt{\frac{h^2}{12}} = \frac{h}{\sqrt{12}} = \frac{0,5}{\sqrt{12}} = 0,144\,m$$

Ebenfalls wird die ideelle Knicklänge benötigt, welche im Falle der Pendelstütze genau der Stützenlänge entspricht:

$$l_0 = l = 4\,m$$

Damit lässt sich die Schlankheit bestimmen:

$$\lambda_{lim} = \frac{l_0}{i} = \frac{4}{0,144} = 27,8$$

Es soll überprüft werden, ob eine Bemessung nach Theorie II Ordnung erforderlich ist. Zu diesem Zweck wird geprüft, ob das Grenzkriterium gemäß ▶ Abschn. 6.4.5 eingehalten ist:

$$\lambda_{lim} = \max \begin{cases} 25 \\ 16 / \sqrt{n} \end{cases}$$

$$n = \frac{N_{Ed}}{A_c \cdot f_{cd}} = \frac{1,395}{0,5 \cdot 0,5 \cdot 17} = 0,328$$

$$\lambda_{lim} = \max \begin{cases} 25 \\ 16 / \sqrt{0,328} = 27,9 \end{cases} = 27,9$$

Die Grenzschlankheit ist somit eingehalten und es ist keine Bemessung nach Theorie II. Ordnung erforderlich.

6.8.3 Bemessung

Da keine Bemessung nach Theorie II. Ordnung erforderlich ist, darf die Imperfektion in der Bemessung vernachlässigt werden. Damit ergibt sich das Bemessungsmoment zu:

$$M_{Ed} = 270 \, kNm$$

Für die Ermittlung der Bewehrung wird zunächst der Abstand der Bewehrung vom Bauteilrand benötigt. Mit der Annahme eines Bügels Ø8 mm und einer Längsbewehrung Ø14 mm ergibt sich:

$$d_1 = c_{nom} + \phi_{sw} + \frac{\phi_l}{2} = 0,02 + 0,008 + \frac{0,014}{2} = 0,035$$

Die Bemessung soll über die $\mu - \nu$ Nomogramme erfolgen. Zur Wahl des richtigen Nomogramms muss das nachfolgende Verhältnis aus Bauteilhöhe zum Randabstand der Bewehrung bestimmt werden.

$$\frac{d_1}{h} = \frac{0,035}{0,5} = 0,07$$

Aus baupraktischen Gründen ist im Allgemeinen eine an allen Seiten gleiche Bewehrung zu bevorzugen, da es hier nicht zu Verwechselungen kommen kann. Des Weiteren können zahlreiche Konstruktionsregeln ebenfalls bereits durch eine an allen Seiten gleiche Bewehrung erfüllt werden. Aus diesem Grund wird auf der sicheren Seite liegen das Nomogramm in ▶ Abb. 10.9 für die Bemessung verwendet. Herzu wird noch das bezogenen Momentes und die bezogenen Normalkraft benötigt:

$$\mu_{Ed} = \frac{M_{Ed}}{f_{cd} \cdot b \cdot h^2} = \frac{0,270}{17 \cdot 0,5^3} = 0,13$$

$$\upsilon_{Ed} = \frac{N_{Ed}}{f_{cd} \cdot b \cdot h} = \frac{-1,395}{17 \cdot 0,5^2} = -0,33$$

Aus dem Nomogramm in ▶ Abb. 10.9 kann nun der mechanische Bewehrungsgrad bestimmt werden:

$$\omega_{s,tot} = 0,1$$

Damit lässt sich die erforderliche Bewehrung bestimmen und eine Bewehrungswahl treffen:

$$A_{s,tot} = \omega_{s,tot} \cdot \frac{b \cdot h}{\dfrac{f_{yd}}{f_{cd}}} = 0,1 \cdot \frac{50\,cm \cdot 50\,cm}{25,6} = 9,8\,cm^2$$

Es werden 8Ø14 gewählt. Dies entspricht 12,3 cm².

6.8.4 Konstruktive Durchbildung

Folgende Konstruktionsregeln sind nach ▶ Abschn. 6.7 bei der Bewehrungsführung der Stütze zu beachten:

- **Längsbewehrung**
- Mindestdurchmesser: $\phi_{min} = 12\,mm < 14\,mm$
- Mindestbewehrung:

$$A_{s,min} = 0,15 \cdot N_{Ed} / f_{yd} = 0,15 \cdot 1395 / 43,5 = 4,8\,cm^2 < 12,3\,cm^2$$

- Stababstand: $s_l \leq 300\,mm$

- **Querbewehrung (Bügel)**
- Mindestdurchmesser $\phi_{w,min} = \max(0,25 \cdot \phi_{min}; 6mm) < 8\,mm$
- Bügelform: Geschlossene Bügel mit Haken (135°)
- (Bügelabstände):

$$s_{max,col} \geq \min \begin{cases} 12 \cdot \phi_{l,min} = 168\,mm \\ h = 500\,mm \\ 300\,mm \end{cases}$$

- Verringerung der Bügelabstände auf $0,6\,s_{cl,max}$ im Bereich $h = 50\,cm$ unterhalb und oberhalb der Platte
- Sicherung der mittigen Längsstäbe nach über Bügel mit $s_{ccol} \leq 2\,s_{max,col} = 33,6\,cm$

6.8.5 Bewehrung

Die Bewehrung ist in ◼ Abb. 6.27 dargestellt. Zur Verhinderung des Ausknickens der mittleren Längseisen wurde hier ein Rautenbügel gewählt. Es wäre aber auch eine Ausbildung mit zwei S-Haken möglich gewesen.

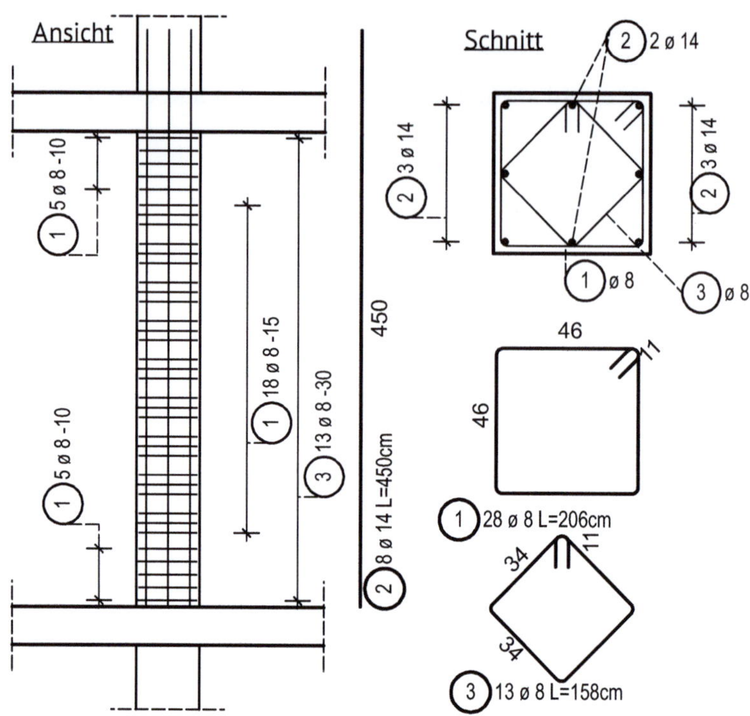

■ **Abb. 6.27**   Bewehrungsführung des Bemessungsbeispiels der gedrungenen Stütze

6.9 Beispiel schlanke Stütze

6.9.1 Äußere Lasten, Geometrie und Baustoffe

Die in ■ Abb. 6.28 dargestellte Stütze, welche sich in einem ausgesteiften Gebäude befindet, soll für Innenräume bemessen werden. Der Belastungsbeginn, welcher sich maßgeblich aus dem Ausschalen der Decke ergibt, wird mit 28 Tagen angenommen.

Die Stütze kann als Pendelstütze mit der Systemlänge von 4 m angenommen werden und die maßgebenden Schnittgrößen ergeben sich wie folgt:

$$N_{Ed} = 1,35 \cdot \left(687,5 + 0,4^2 / 4 \cdot \pi \cdot 25 \cdot 4\right) + 1,5 \cdot 300 = 1395 \, kN$$

$$M_{Ed,1} = 1,5 \cdot 180 = 270 \, kNm$$

Der Bemessungswert der Betondruckfestigkeit beträgt:

$$f_{cd} = \eta_{cc} \cdot k_{tc} \cdot \frac{f_{ck}}{\gamma_C} = 1 \cdot 0,85 \cdot \frac{30}{1,5} = 17,0 \, N / mm^2$$

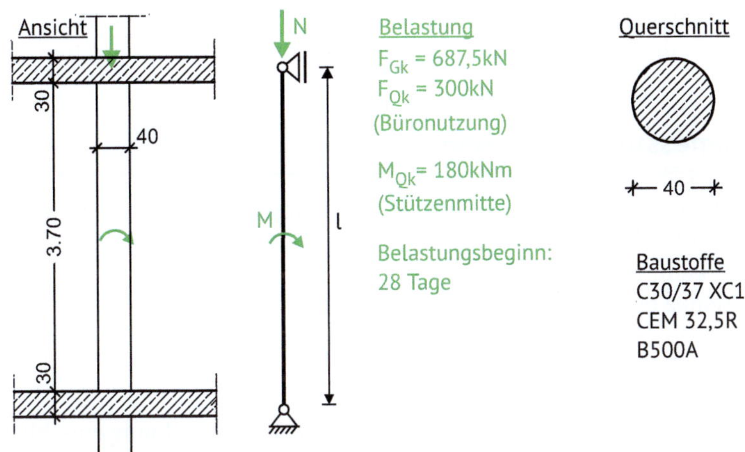

Abb. 6.28 Angabe Bemessungsbeispiel schlanke Stütze

6.9.2 Überprüfung der Schlankheit

Zunächst wird überprüft, ob die Schlankheitskriterien eingehalten sind. Dazu wird der Trägheitsradius der Stütze benötigt:

$$i = \sqrt{\frac{I}{A}} = \sqrt{\frac{h^4 \cdot \pi / 64}{h^2 \cdot \pi / 4}} = \sqrt{\frac{h^2}{16}} = \frac{h}{4} = \frac{0,4}{4} = 0,1m$$

Ebenfalls wird die ideelle Knicklänge benötigt, welche sich wie folgt ergibt:

$$l_0 = l = 4m$$

Damit lässt sich die Schlankheit bestimmen:

$$\lambda = \frac{l_0}{i} = \frac{4}{0,1} = 40$$

Es soll überprüft werden, ob eine Bemessung nach Theorie II Ordnung erforderlich ist. Dies erfolgt über das Grenzkriterium nach ▶ Abschn. 6.4.5:

$$\lambda_{lim} \leq \max \begin{cases} 25 \\ 16 / \sqrt{n} \end{cases}$$

$$n = \frac{N_{Ed}}{A_c \cdot f_{cd}} = \frac{1,395}{0,4^2 \cdot \pi / 4 \cdot 17} = \frac{1,395}{0,126 \cdot 17} = 0,65$$

$$\lambda_{lim} \leq \max \begin{cases} 25 \\ 16 / \sqrt{0,65} = 19,8 \end{cases} = 25$$

Die Grenzschlankheit ist somit *nicht* eingehalten und es ist eine Bemessung nach Theorie II. Ordnung erforderlich, welche im Nachfolgenden durchgeführt wird.

6.9.3 Bemessungsvorgaben

Da eine Bemessung nach Theorie II. Ordnung erforderlich ist, muss gemäß ▶ Abschn. 6.6.2.1 zusätzlich die geometrischen Imperfektionen berücksichtigt werden. Diese kann für ein einzelnes Druckglied vereinfacht zu einem vierhundertstel der Knicklänge bestimmt werden:

$$e_i = l_0 / 400 = 4 / 400 = 0,01 m$$

Damit ergibt sich das Bemessungsmoment aus Theorie I. Ordnung einschließlich der Auswirkungen von Imperfektionen zu:

$$M_{0Ed} = M_{Ed,1} + N_{Ed} \cdot e_i = 270\,kNm + 1395 \cdot 0,01 m = 284\,kNm$$

Für eine wirtschaftliche Bemessung mit dem Modellstützenverfahren sollte die Bewehrung vorab geschätzt werden: $13\emptyset28 = 80\ cm^2$ und Bügel $\phi_{sw} = 8 mm$. Für die Ermittlung der Bewehrung wird zunächst die Bewehrungslage benötigt:

$$d_1 = c_{nom} + \phi_{sw} + \phi_l / 2 = 0,02 + 0,008 + 0,028 / 2 = 0,042\,m$$

Die obere Ermittlung basierte auf der Annahme, dass die Dauerhaftigkeit maßgebend ist, da jedoch die Längsbewehrung mit $\emptyset28$ einen sehr großen Durchmesser hat, muss auch überprüft werden, ob die Betondeckung zur Sicherstellung des Verbundes ausreichend ist. Diese wird hier maßgebend:

$$d_1 = c_{min,b} + \Delta c_{dev} + \phi_l / 2 = 0,028 + 0,01 + 0,028 / 2 = 0,052\,m$$

Das Verhältnis aus Bauteilhöhe zum Randabstand der Bewehrung ergibt sich zu:

$$\frac{d_1}{h} = \frac{0,052}{0,4} = 0,13$$

6.9.4 Bestimmung der Krümmung

Für die Bestimmung der Auswirkung aus der Theorie II. Ordnung ist die Krümmung des Querschnitts einer der zentralen Eingangsgrößen. Die Krümmung ergibt sich gemäß ▶ Abschn. 6.6.3.4 zu:

$$\frac{1}{r} = k_r \cdot k_\varphi \cdot \frac{1}{r_0}$$

Hierbei ergibt sich die Basiskrümmung zu:

$$\frac{1}{r_0} = \frac{2 \cdot f_{yd} / E_s}{d - d'}$$

Da es sich um einen Querschnitt handelt, wo sich die gesamte Bewehrung nicht an gegenüberliegenden Seiten konzentriert ist, gilt $d - d' = 2 \cdot i_s$. Der Trägheitsradius der Bewehrung ergibt sich im Allgemeinen zu:

$$i_s = \sqrt{\frac{\sum_i A_{s,i} \cdot z_{s,i}^2}{\sum_i A_{s,i}}}$$

Dabei ist $z_{s,i}$ der Abstand vom Schwerpunkt, welcher hier der Kreismittelpunkt der Rundstütze ist. Da 13 Bewehrungsstäbe Ø28 vorhanden sind, liegt alle $360° / 13 = 27,7°$ ein Stab über den Umfang verteilt. Der Umfang hat den Radius $r_s = h/2 - d_1 = 20 - 5,2 = 14,8\ cm$. Der Abstand in z Richtung ergibt sich somit zu:

$$z_{s,i} = \sin(\varphi_i) \cdot r_s = \sin(27,7° \cdot i) \cdot 14,8$$

Auf dieser Basis ist die Ermittlung von $\sum_i A_{s,i} \cdot z_{s,i}^2$ in ◘ Tab. 6.2 durchgeführt worden.

Damit kann der Trägheitsradius der Bewehrung und die Basiskrümmung bestimmt werden:

◘ **Tab. 6.2** Ermittlung des Flächenträgheitsmomentes der Bewehrung

Stab	Winkel	$z_{s,i}$ in cm	$A_{s,i} \cdot z_{s,i}^2$ in cm^4
1	0,0	0,0	0,0
2	27,7	6,9	291,3
3	55,4	12,2	913,5
4	83,1	14,7	1329,1
5	110,8	13,8	1179,1
6	138,5	9,8	593,1
7	166,2	3,5	77,2
8	193,8	− 3,5	77,2
9	221,5	− 9,8	593,1
10	249,2	− 13,8	1179,1
11	276,9	− 14,7	1329,1
12	304,6	− 12,2	913,5
13	332,3	− 6,9	291,3
Summe			**8766,8 cm^4**

$$i_s = \sqrt{\frac{\sum_i A_{s,i} \cdot z_{s,i}^2}{\sum_i A_{s,i}}} = \sqrt{\frac{8766,8}{80}} = 10,46 \, cm$$

$$d - d' = 2 \cdot i_s = 2 \cdot 0,1046 = 0,2093 \, m$$

$$\frac{1}{r_0} = \frac{2 \cdot f_{yd} / E_s}{d - d'} = \frac{2 \cdot 435 / 200000}{0,2093} = 0,0208$$

Der Normalkraftbeiwert k_r berücksichtigt die günstige Wirkung (verkleinernde Krümmung) der Normalkraft auf die Krümmung und kann über die nachfolgende Gleichung bestimmt werden:

$$k_r = \frac{n_u - n}{n_u - n_{bal}} \le 1,0$$

Der Beiwerte ist von der maximal möglichen bezogenen Normalkraft abhängig, welche sich in Abhängigkeit des mechanischen Bewehrungsgrades wie folgt ergibt:

$$n_u = 1 + \omega = 1 + \frac{A_s \cdot f_{yd}}{A_c \cdot f_{cd}} = 1 + \frac{0,0080 \cdot 435}{0,126 \cdot 17} = 2,6$$

Die einwirkende bezogenen Normalkraft wird ebenfalls benötig:

$$n = \frac{N_{Ed}}{A_c \cdot f_{cd}} = \frac{1,395}{0,126 \cdot 17} = 0,65$$

Desweitern wird der Wert der bezogenen Normalkraft benötigt, welcher zum maximalen Biegemoment führt. Dieser darf generell mit $n_{bal} = 0,4$ angenommen werden. Damit kann der Normalkraftbeiwert k_r berechnet werden:

$$k_r = \frac{2,6 - 0,65}{2,6 - 0,4} = 0,89$$

Der vergrößernde Einfluss des Kriechens auf die Krümmung wird mit dem Faktor k_φ berücksichtigt. Hierfür muss als erstes die Endkriechzahl $\varphi(50y; t_0)$ bestimmt werden. Über die ◘ Tab. 6.1 kann mit den folgenden Randbedingungen:

- 50 % Luftfeuchte
- Belastungsanfang $t_0 = 28$ Tage
- Zement CEM 32,5R → Kategorie CN
- $h_0 = 2 \cdot A_c/u = 2h^2/4 \cdot \pi/(h \cdot \pi) = h/2 = 200 \, mm$

der Wert $A = 0,79$ und $\varphi(50y, t_0) = 2,2$ bestimmt werden. Damit erhält man die Endkriechzahl von:

$$\varphi(t_{DL}, t_0) = \left(\frac{35}{f_{ck}}\right)^A \cdot \varphi(50y, t_0) = \left(\frac{35}{30}\right)^{0,79} \cdot 2,2 = 2,5$$

Da das Kriechen unter quasi-ständigen Lasten erfolgt, der Nachweis der Stützen aber im Grenzzustand der Tragfähigkeit erfolgt, muss die Endkriechzahl noch gemäß ▶ Abschn. 6.6.3.3 in die effektive Kriechzahl umgerechnet werden:

$$\varphi_{ef} = \varphi\left(\infty, t_0\right) \cdot \frac{M_{0,Eqp}}{M_{0,Ed}}$$

Hierfür wird das Moment unter quasi-ständigen Lasten benötigt, welches sich über den Kombinationsbeiwert $\psi_2 = 0,3$ für Büronutzung wie folgt ergibt:

$$M_{0,Eqp} = \psi_2 \cdot M_Q + \left(N_G + \psi_2 \cdot N_Q\right) \cdot e_i$$

$$M_{0,Eqp} = 0,3 \cdot 180 + \left(675 + 0,3 \cdot 300\right) \cdot 0,01m = 61,65\,kNm$$

Damit ergibt sich die effektive Kriechzahl zu:

$$\varphi_{eff,b} = 2,5 \cdot \frac{62}{284} = 0,54$$

Der Kriecheinfluss k_φ kann nun berechnet werden:

$$k_\varphi = 1 + \beta \cdot \varphi_{eff,b} \geq 1,0$$

$$\beta = 0,35 + \frac{f_{ck}}{200} - \frac{\lambda}{150} = 0,35 + \frac{30}{200} - \frac{40}{150} = 0,23$$

$$k_\varphi = 1 + 0,23 \cdot 0,54 = 1,12$$

Die Gesamtkrümmung ergibt sich somit zu:

$$\frac{1}{r} = k_r \cdot k_\varphi \cdot \frac{1}{r_0} = 0,89 \cdot 1,12 \cdot 0,0208 = 0,0207$$

6.9.5 Bestimmung des Bemessungsmomentes

Die zusätzliche Verformung aus Theorie II. Ordnung kann gemäß ▶ Abschn. 6.6.2.3 wie folgt bestimmt werden:

$$e_2 = k_1 \cdot \frac{1}{r} \cdot \frac{l_0^2}{c_{1/r}} = 1,0 \cdot 0,0207 \cdot \frac{4^2}{10} = 0,033\,m$$

Dabei wurde der Wert k_1, welcher einen sanften Übergang zwischen gedrungen Stützen und schlanken gewährleisten soll, aufgrund der Schlankheit von $\lambda = 40$ zu $k_1 = 1,0$ gesetzt. Der Beiwert $c_{1/r}$ wurde zu dem empfohlenen Wert von 10 gewählt, welcher bei dem hier konstanten Moment auf der sicheren Seite liegt.

Mithilfe der zusätzlichen Verformung aus Theorie II. Ordnung ergibt sich dann das Bemessungsmoment zu:

$$M_{Ed} = M_{0Ed} + N_{Ed} \cdot e_2 = 284\,kNm + 1395\,kN \cdot 0,033\,m = 330\,kNm$$

6.9.6 Bemessung

Die Bemessung soll über die $\mu - \nu$ Nomogramme erfolgen. Hierzu werden zunächst das bezogene Moment und die bezogene Normalkraft bestimmt:

$$\mu_{Ed} = \frac{M_{Ed}}{f_{cd} \cdot A_c \cdot h} = \frac{0,330}{17 \cdot 0,126 \cdot 0,4} = 0,385$$

$$\upsilon_{Ed} = \frac{N_{Ed}}{f_{cd} \cdot A_c} = \frac{-1,395}{17 \cdot 0,126} = -0,65$$

Da das Verhältnis der Bauteilhöhe zum Randabstand der Bewehrung bei $d_1/h = 0,13$ liegt wird das Nomogramm für Rundstützen für $d_1/h = 0,15$ (▶ Abb. 10.14) angewendet und es ergibt sich $\omega_{s,tot} = 1,6$. Damit kann nun die Gesamtbewehrung der Rundstütze bestimmt werden:

$$A_{s,tot} = \omega_{s,tot} \cdot \frac{A_c}{f_{yd}/f_{cd}} = 1,6 \cdot \frac{0,126}{25,6} = 79\,cm^2$$

In der Annahme in ▶ Abschn. 6.9.3 wurden 13Ø28 gewählt. Dies entspricht nahezu exakt 80 cm². Dies stellt somit das ideale Ergebnis dar und es ist keine weitere Anpassung erforderlich. Falls nicht das ideale Ergebnis getroffen wurde, müsste auf der sicheren Seite immer der größte Wert aus der Annahme und der Bemessung verwendet werden oder es müsste ein weitere Rechenlauf mit einer angepassten Bewehrungsannahme erfolgen.

6.9.7 Konstruktive Durchbildung

Folgende Konstruktionsregeln sind bei der Bewehrungsführung der Stütze zu beachten:

- **Längsbewehrung**
- Maximaler Bewehrungsgrad

$$A_{s,max} = 0,09 \cdot A_c = 0,09 \cdot 0,126 = 0,01134\,m^2 = 113,4\,cm^2 > 79\,cm^2$$

- Mindestdurchmesser $\phi_{min} = 12\,mm < 28\,mm$
- Mindestbewehrung:

$$A_{s,min} = \frac{0,15 \cdot N_{Ed}}{f_{yd}} = \frac{0,15 \cdot 1395}{43,5} = 4,8\,cm^2 < 79\,cm^2$$

- Stababstand $s_l \leq 300\,mm$
- Stabanzahl: Bei Rundstützen mindestens 6 Stück < 13

■ **Querbewehrung (Bügel)**
- Mindestdurchmesser: $\phi_{w,min} = \max(0{,}25 \cdot \phi_{min}; 6\,mm) < 8\,mm$
- Bügelform gewählt: Übergreifender Rundbügel
- Bügelabstände:

$$s_{cl,max} \geq \min \begin{cases} 12 \cdot \phi_{l,min} = 336\,mm \\ h = 400\,mm \\ 300\,mm \end{cases}$$

- Verringerung der Bügelabstände auf $0{,}6\,s_{cl,max}$ im Bereich $h = 40\,cm$ unterhalb und oberhalb der Platte

6.9.8 Bewehrung

In ■ Abb. 6.29 ist die Bewehrung der Stütze dargestellt. Statt der Rundbügel hätte auch eine Wendelbewehrung verwendet werden können. Dies hätte zu einer geringeren Bewehrungstonnage aufgrund der entfallenden Übergreifungen geführt, wäre jedoch beim Einbau etwas aufwändiger.

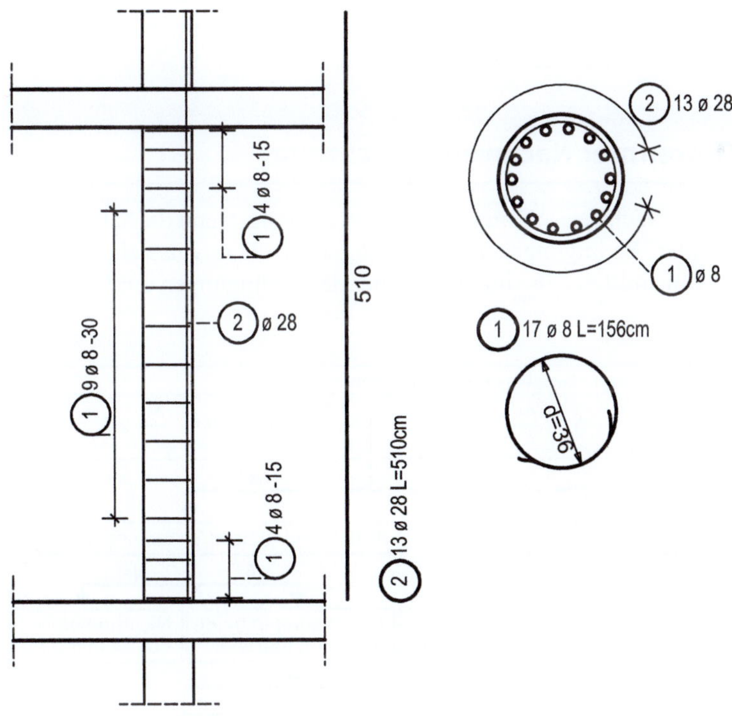

■ **Abb. 6.29** Bewehrungsführung des Bemessungsbeispiels der schlanken Stütze

6.10   Knicken in zwei Achsen

6.10.1   Allgemeines

Ein stabförmiges Bauteil, wie eine Stütze kann in zwei Betrachtungsebenen belastet sein und somit auch in zwei Richtungen ausweichen bzw. ausknicken. Insbesondere bei Reckteckquerschnitten tritt dadurch eine schiefe Biegung mit Längsdruckkraft auf (vgl. auch ▶ Abschn. 2.7). Bei Kreisquerschnitten kann dies nicht auftreten, da hier nur der resultierende Momentenvektor relevant ist.

Gemäß der DIN EN 1992-1-1 (09.2025) 7.4.4 darf das im Vorherigen vorgestellte Verfahren mit Nennkrümmungen auch für Druckglieder mit zweiachsiger Lastausmitte verwendet werden. Generell gestaltet sich eine zutreffende Bemessung von Druckgliedern unter schiefer Biegung aufgrund der Vielzahl relevanter Parameter und komplexer Zusammenhänge ohne geeignete Computersoftware als kaum durchführbar. Unter bestimmten Voraussetzungen darf jedoch in guter Näherung eine getrennte Bemessung in beiden Hauptachsenrichtungen ohne Beachtung der zweiachsigen Lastausmitte erfolgen. Ein Überblick bzw. einen Ablauf über die mögliche Nachweisführung zeigt ◘ Abb. 6.30. Das Kriterium, ob der Nachweis getrennt geführt werden darf, wird im nachfolgenden Abschnitt beschrieben.

Im Allgemeinen sollte als erster Schritt eine getrennte Bemessung in beiden Hauptachsenrichtungen ohne Beachtung der zweiachsigen Lastausmitte erfolgen. Die Imperfektionen müssen nur in der Richtung berücksichtigt werden, in der sie zu den ungünstigsten Auswirkungen führen. Die getrennten Nachweise dürfen dabei in den beiden Hauptachsenrichtungen jeweils mit der gesamten im Querschnitt angeordneten Bewehrung durchgeführt werden.

6.10.2   Getrennter Nachweis je Richtung

Ein getrennter Nachweis je Raumrichtung ist zulässig, wenn die Schlankheitsverhältnisse die beiden Bedingungen nach Gl. (6.83) erfüllen. Zusätzlich müssen die bezogenen Lastausmitten e_y/h_{eq} und e_z/b_{eq} einer der Bedingungen aus Gl. (6.84) erfüllen.

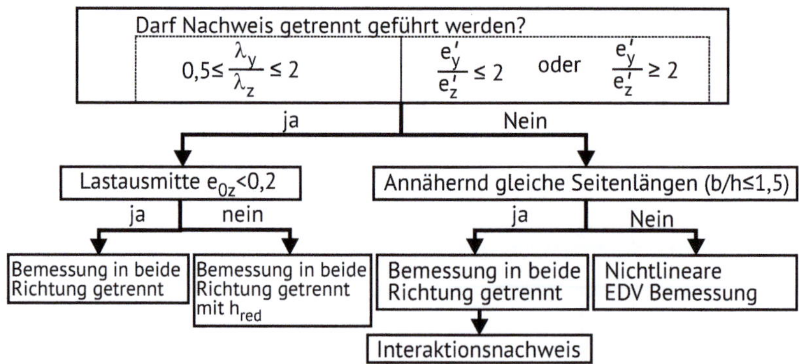

◘ **Abb. 6.30**   Ablauf über die mögliche Nachweisführung bei zweiachsig knickgefährdeten Stützen

$$0,5 \le \frac{\lambda_y}{\lambda_z} \le 2 \qquad (6.83)$$

$$\frac{e_y'}{e_z'} \le 0,2 \quad \text{oder} \quad \frac{e_y'}{e_z'} \ge 5 \qquad (6.84)$$

Dabei ist:

$e_z = M_{Edy}/|N_{Ed} \cdot b|$ – dimensionslose Lastausmitte in Richtung der z-Achse

$e_y = M_{Edz}/|N_{Ed} \cdot h|$ – dimensionslose Lastausmitte in Richtung der y-Achse

λ_y, λ_z – Schlankheit (l_0/i) jeweils bezogen auf die y- und z-Achse

Bei nicht rechteckigen Querschnitten müssen b und h durch $b_{eq} = i_y \cdot \sqrt{12}$ und $h_{eq} = i_z \cdot \sqrt{12}$ ersetzt werden.

Die Momente M_{Edy} bzw. M_{Edz} sind nach DIN EN 1992-1-1 (09.2025) die Bemessungsmomente um die jeweilige Achse, einschließlich des Moments nach Theorie II. Ordnung. Gemäß DAfStb-Heft 600 (DAfStb 2020) bestehen jedoch auch keine Bedenken an dieser Stelle das Bemessungsmoment nach Theorie I. Ordnung zu verwenden.

Die Bedingungen der Gl. (6.83) und (6.84) bedeuten, dass der Lastangriffspunkt von N_{Ed} bei einem Rechteckquerschnitt innerhalb des schraffierten Bereichs nach ◻ Abb. 6.31 (links) liegt.

Falls die Bedingung nach Gl. (6.83) und (6.84) nicht erfüllt ist, darf der Nachweis nicht getrennt geführt werden und es ist ein Interaktionsnachweis nach ▶ Abschn. 6.10.3 zu führen. Falls jedoch die Bedingung erfüllt ist, darf ein getrennter Nachweis geführt werden. Bei diesem getrennten Nachweis ist jedoch, wie in ◻ Abb. 6.30 bereits erwähnt, im Falle einer großen Lastexzentrizität $e_{0z} > 0,2h$ der Nachweis in Richtung der schwächeren Achse y mit der reduzierten Breite h_{red} zu führen. Der Wert h_{red} darf unter der Annahme einer linearen Spannungsverteilung nach Zustand I bestimmt werden und ergibt sich für Rechtecke zu:

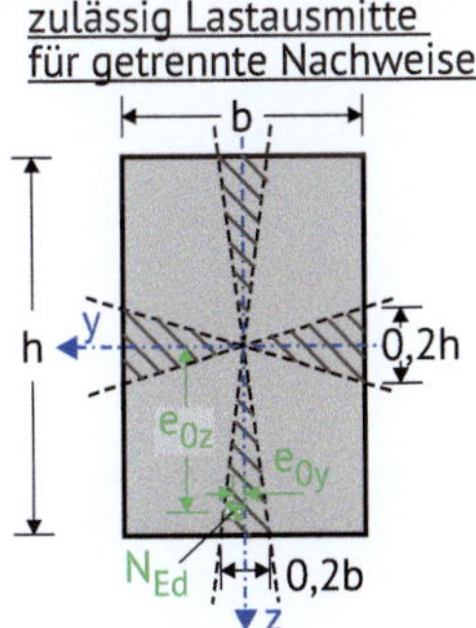

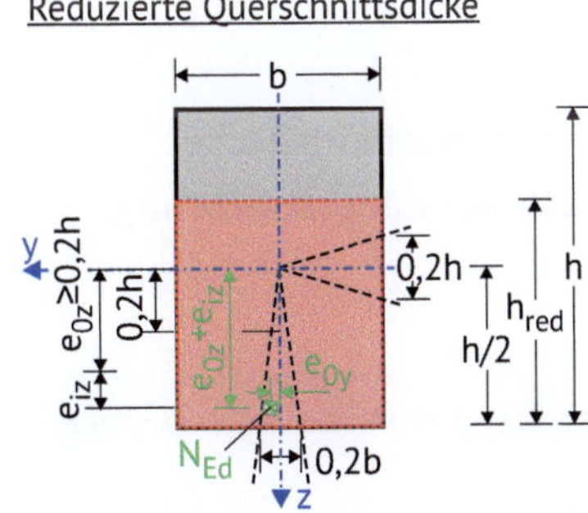

◻ **Abb. 6.31** Lage von N_{Ed} bei getrennten Nachweisen für beide Hauptachsen und getrennte Nachweise in y-Richtung bei $e_{0z} > 0,2h$

$$h_{red} = \frac{h}{2} \cdot \left(1 + \frac{h}{6 \cdot (e_{0z} + e_{iz})}\right) \leq h \tag{6.85}$$

Dabei ist:

e_{0z} – Planmäßige Lastausmitte in z-Richtung

e_{iz} – Ungewollte Lastausmitte in z-Richtung (Imperfektion)

Die Gl. (6.85) gilt für Rechteckquerschnitte unter Biegung mit Längsdruck, wenn e_{0z} und e_{iz} als Absolutwerte eingesetzt werden. Die Bedingungen für getrennte Nachweise mit reduzierter Breite h_{red} sind in ◻ Abb. 6.31 (rechts) dargestellt.

6.10.3 Interaktionsnachweis

Falls die Bedingung aus dem vorherigen Abschnitt nicht erfüllt ist, muss ein Interaktionsnachweis geführt werden. Ohne eine genaue Bemessung der Querschnitte ist für eine zweiachsige Lastausmitte der folgende vereinfachte Nachweis zu verwenden:

$$\left(\frac{|M_{Edz}|}{M_{Rdz,N}}\right)^{\alpha_N} + \left(\frac{|M_{Edy}|}{M_{Rdy,N}}\right)^{\alpha_N} \leq 1,0 \tag{6.86}$$

Dabei ist:

$M_{Edz/y}$ – Einwirkende Bemessungsmoment um die entsprechende Achse

$M_{Rdz/y, N}$ – Momentenwiderstand in der entsprechenden Richtung für die gegebene Normaldruckkraft

α_N – Exponent α_N ergibt sich für runde und elliptische Querschnitte zu $\alpha_N = 2$. Für rechteckige Querschnitte kann dieser gemäß ◻ Tab. 6.3 abgelesen werden.

N_{Ed} – Bemessungswert der einwirkenden Normalkraft

$N_{Rd, 0}$ – Bemessungswert der zentrischen Normalkrafttragfähigkeit ohne Begleitmomente

$$N_{Rd} = A_c \cdot f_{cd} + A_s \cdot f_{yd}$$

A_c – Betonquerschnittsfläche

A_s – Fläche der Längsbewehrung.

◻ **Tab. 6.3**   Exponent a für rechteckige Querschnitte

$|N_{Ed}|/N_{Rd}$	0,1	0,7	1,0
α_N	1,0	1,5	2,0

Das Problem der schiefen Biegung oder des Seitwärtsausweichens schlanker Stahlbetondruckglieder kann mit der Interaktionsgleichung nicht immer befriedigend gelöst werden. Man behandelt die schiefe Biegung besser mit EDV-Unterstützung. Für baupraktische Fälle mit nicht zu ungleichen Seitenlängen der Rechteckquerschnitte (z. B. $b/h \leq 1{,}5$) ist der vereinfachte Nachweis noch akzeptabel.

6.11 Nachweis in Rahmentragwerken

6.11.1 Allgemeines

Häufig werden in der Baupraxis Unterzüge und Stützen monolithisch verbunden. Durch die monolithische Verbindung entsteht eine Rahmenwirkung, welche teilweise in der Berechnung berücksichtigt werden muss.

Bei Rahmentragwerken muss man grundsätzlich zwei verschiedene Fälle unterscheiden:

- Verschiebliche Rahmen: Diese Rahmensysteme verfügen über keine Aussteifung oder deren Aussteifung erfüllen die Steifigkeitskriterien nach DIN EN 1992-1-1/ NA1 (E) (08.2025) NA.O.3 (vgl. auch Teil 2 (Finckh 2026) ▶ Abschn. 4.6) nicht. Die Schnittgrößen in solchen Rahmensystemen müssen nach der Stabstatik bzw. nach den entsprechenden Tabellenwerken in (Kleinvogel und Haselbach 1979) bestimmt werden.
- Unverschiebliche Rahmen sind an einem funktionierendem Aussteifungssystem angeschlossen. Aus diesem Grund werden diesen Systemen planmäßig keine Horizontallasten zugewiesen. Für dies Schnittgrößenermittlung gibt es zur Berücksichtigung der Rahmenmomente vereinfachte Ermittlungen, welche in ▶ Abschn. 6.11.2 vorgestellt werden.

6.11.2 Schnittgrößen bei unverschieblichen Rahmensystemen

6.11.2.1 Grundlagen

Bei unverschieblichen Rahmen, welche beispielsweise über das Deckensystem an einen Aussteifungskern angebunden sind, können die Momente in den Rahmenriegeln und Stielen vereinfacht bestimmt werden, ohne dass dafür das ganze System berechnet werden muss. Hierzu stehen zwei Verfahren zur Verfügung, welche in ▶ Abschn. 6.11.2.2 und 6.11.2.3 vorgestellt werden. Im Regelfall ist bei üblich ausgesteiften Hochbausystemen nur die Ermittlung der Momente an den Randstützen von besonderer Relevanz. Dies soll beispielhaft anhand des in ◘ Abb. 6.32 dargestellten Rahmensystems erläutert werden.

Bei dem in ◘ Abb. 6.32 dargestellten System handelt es sich um ein typisches System, bei welchem der Stahlbetonunterzug der Decke auf den monolithisch angeschlossenen Stützen aufliegt. Die Decke soll dabei unverschieblich über Wände oder einen anderen Aussteifungskern gehalten sein. Im Bereich des Hochbaus ist bei Stahlbetonkonstruktionen die größte Last meist das Eigengewicht mit den entsprechenden Ausbaulasten. Diese Belastung kann über eine vertikale Gleichstrecken-

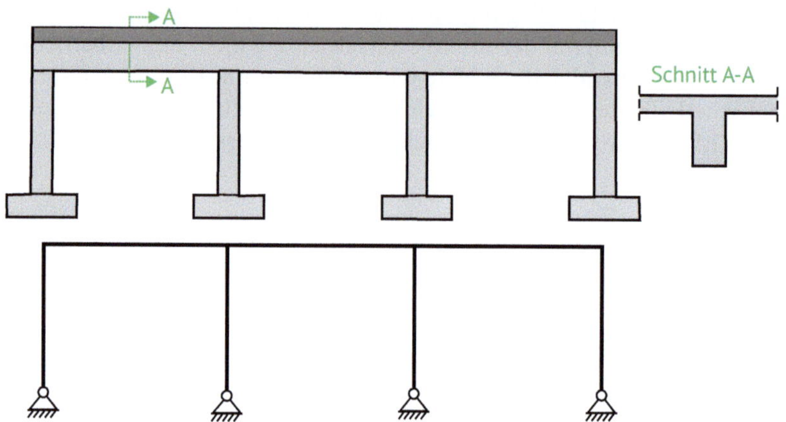

□ Abb. 6.32   Übliches ausgesteiftes Hochbaurahmensystem

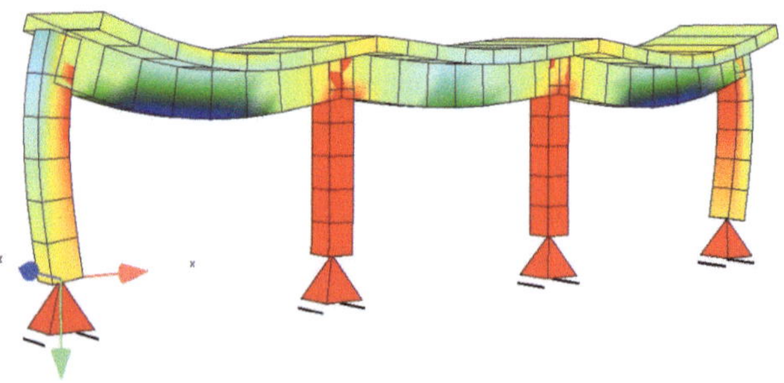

□ Abb. 6.33   Verformungsbild des in □ Abb. 6.32 dargestellten Rahmens

last abgebildet werden. Führt man für das statische System aus □ Abb. 6.32 eine EDV-Berechnung unter einer Gleichstreckenlast durch so erhält man das Verformungsbild in □ Abb. 6.33.

Betrachtet man die Verformungen aus □ Abb. 6.33 so fällt auf, dass sich die Randstützen erheblich verbiegen, die Innenstützen jedoch nahezu gerade bleiben. Dies spiegeln auch die Biegemomente wieder, welche in □ Abb. 6.34 dargestellt sind.

Aus □ Abb. 6.34 ist ersichtlich, dass sich die Biegemomente des steifen Riegels kaum von den Schnittgrößen eines üblichen Durchlaufträgers unterscheiden. Bei den Mittelstützen wird nahezu kein Moment eingeleitet. Bei den Randstützen wird jedoch ein kleines Einspannmoment eingeleitet. Aus diesem Grund dürfen in rahmenartigen Tragwerken des üblichen Hochbaus, bei denen alle horizontalen Kräfte von aussteifenden Scheiben aufgenommen werden, bei Innenstützen, die mit Balken oder Platten biegefest verbunden sind, die Biegemomente aus Rahmenwirkung vernachlässigt werden, wenn das Stützweitenverhältnis benachbarter Felder mit annähernd gleicher Steifigkeit $0,5 < l_1/l_2 < 2,0$ beträgt. Die Randstützen von rahmenartigen Tragwerken sind jedoch stets als Rahmenstiele mit biegefester Verbindung zu Balken oder Platten zu berechnen. Dies gilt auch für Stahlbetonwände in Verbindung mit Platten. Das Vorgehen ist für die praktische Schnittgrößenermittlung ist in □ Abb. 6.35 veranschaulicht.

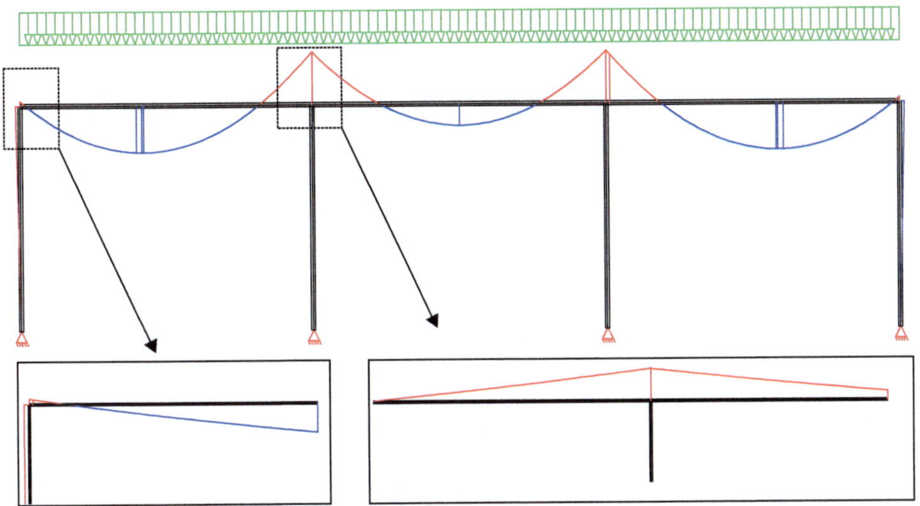

 Abb. 6.34 Biegemomente des in Abb. 6.32 dargestellten Rahmens

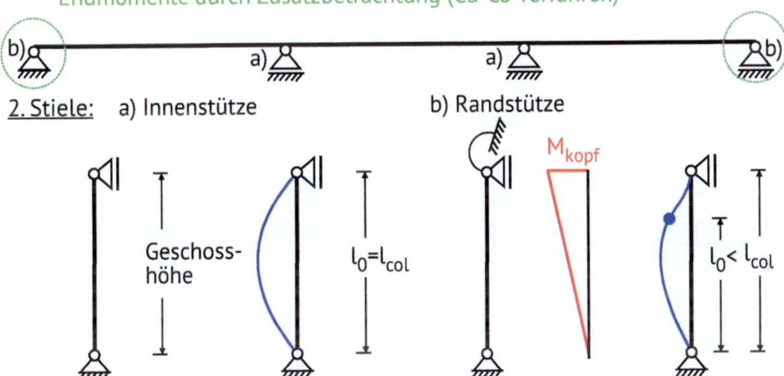

 Abb. 6.35 Allgemeines Vorgehen zur Schnittgrößenberechnung und zur Bestimmung der Knicklängen

Das Vorgehen aus Abb. 6.35 lässt sich wie folgt zusammenfassen:

1. Zunächst werden die Schnittgrößen am Riegel bestimmt. Dies kann über einen üblichen Durchlaufträger erfolgen. Zusätzlich sind hierbei jedoch die erhöhten Eckmomenten z. B. nach dem in ▶ Abschn. 6.11.2.2 vorgestellten Co-Cu Verfahren bei der Bemessung zu berücksichtigen. In den meisten Fällen sind diese jedoch kleiner als 25 % des Feldmomentes, welches bei Platten bereits als Mindesteinspannbewehrung eingelegt werden muss (vgl. auch ▶ Abschn. 5.5.1).

2. Die Schnittgrößen und Knicklängen in den Stützen ergeben sich wie folgt:

   a. Bei den Innenstützen wird ein Pendelstab angenommen. Somit ist $M_{kopf} = M_{Fuß} = 0$ und die Knicklänge der Stütze entspricht der Geschosshöhe.

b. Die Randstütze wird als oben teileingespannte Stütze angenommen. Das Kopfmoment M_{kopf} ergibt sich hierbei beispielsweise über das in ▶ Abschn. 6.11.2.2 vorgestellten Co-Cu Verfahren. Die Knicklänge der Stütze ist entsprechend der Rahmenformel, welche in ▶ Abschn. 6.11.3 vorgestellt werden, zu ermitteln.

6.11.2.2 Co–Cu-Verfahren nach Heft 631

Das Co–Cu-Verfahren, welches in DAfStb-Heft 631 (DAfStb 2019) geregelt ist, ermöglicht eine einfache und schnelle Ermittlung der Rahmeneckmomente. Die Formeln wurden gemäß (Grasser und Thielen 1991) an einem einseitig biegesteifen Rahmen, welcher mit einer oben und unten eingespannten Randstütze verbunden ist, ermittelt. Ein Überblick über das Verfahren gibt ◘ Abb. 6.36.

Bei dem ◘ Abb. 6.36 dargestellten System teil sich das Einspannmoment des Riegels, welche sich aus einem Teil des Volleinspannmomentes $M_R^{(0)}$ ergibt, entsprechen der Steifigkeitskennwerte c_o und c_u auf die oberen und unteren Stützen auf. Diese Stützenmomente müssen in der Bemessung berücksichtigt werden. Aufgrund des statischen Systems und da keine Querlast vorhanden ist, findet in den Stützen ein Momentnulldurchgang statt.

Die Berechnung der Steifigkeitskennwerte und zugehörigen Momente erfolgt nach den Gl. (6.87), (6.88), (6.89), (6.90), (6.91) und (6.92).

$$M_R = M_{So} + M_{Su} = \frac{c_o + c_u}{1 + c_o + c_u} \cdot M_R^{(0)} \tag{6.87}$$

$$M_{So} = \frac{c_o}{1 + c_o + c_u} \cdot M_R^{(0)} \tag{6.88}$$

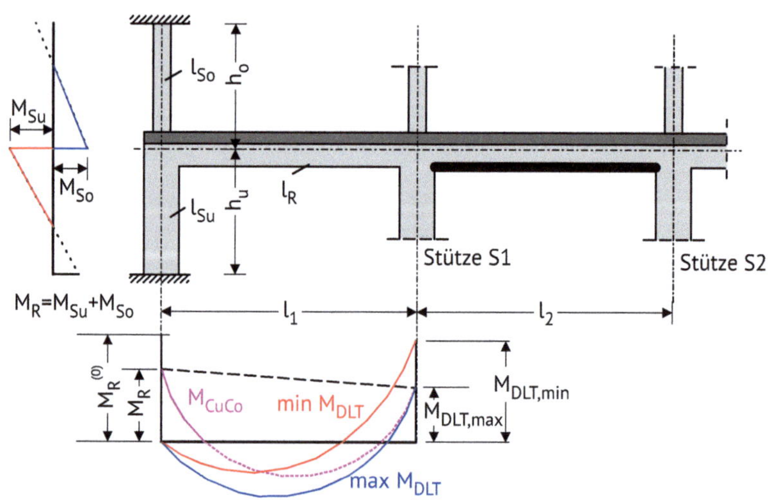

◘ **Abb. 6.36** Überblick über die Bezeichnung des Co-Cu Verfahrens in Anlehnung an. (Grasser und Thielen 1991)

$$M_{Su} = \frac{c_u}{1 + c_o + c_u} \cdot M_R^{(0)} \tag{6.89}$$

$$M_R^{(0)} = -\psi \cdot (g + q) \cdot b_L \cdot \frac{l_1^2}{12} \tag{6.90}$$

$$c_0 = \frac{l_1 \cdot I_{So}}{h_o \cdot I_R} \tag{6.91}$$

$$c_u = \frac{l_1 \cdot I_{Su}}{h_u \cdot I_R} \tag{6.92}$$

Dabei ist:

M_R – Stützmoment des Riegels am Endauflager

M_{So}, M_{Su} – Einspannmoment des oberen (o)/unteren (u) Rahmenstiels am Riegelanschnitt

$M_R^{(0)}$ – Stützmoment des Endfeldes für eine beidseitige Volleinspannung

c_0, c_u – Steifigkeitskennwerte der oberen (o)/unteren (u) Stütze

l_1 – Stützweite des Randfeldes

I_{So}, I_{Su} – Trägheitsmoment des oberen (o)/bzw. des unteren (u) Rahmenstiels

I_R – Trägheitsmoment des Rahmenriegels

h_o, h_u – Länge des oberen Rahmenstiels (o) bzw. des unteren Rahmenstiels (u), gemessen als Achsmaß

g, q – Eigenlast, veränderliche Last

ψ – Korrekturbeiwert

    Bei Flachdecken, gemäß Gl. (6.95)
    Bei Unterzügen und Stabsystemen $\psi = 1{,}0$

b_L – Lasteinzugsbreite rechtwinklig zur betrachteten Richtung.

    Bei Flachdecken gemäß nachfolgender Beschreibung.
    Bei Unterzügen und Stabsystemen sollte für $g + q$ eine Streckenlast verwendet werden und der Werte $b_L = 1{,}0$ gesetzt werden.

Die Genauigkeit des Co-Cu-Verfahrens nimmt ab, sofern sich die Riegelstützweiten sehr stark unterscheiden. Um die Ungenauigkeit des Verfahrens zu kompensieren, kann auf eine Verringerung des Feldmomentes verzichtet werden.

Das Verfahren kann auch für die in ▶ Kap. 7 behandelten Flachdecken angewendet werden. Hierbei darf die Riegelsteifigkeit über die mitwirkende Breite b_m der Platte bestimmt werden. Die mitwirkende Breite der Platte b_m ergibt sich mit folgender Beziehung in Abhängig des Beiwertes λ gemäß Gl. (6.94).

$$b_m = \lambda \cdot \min l_2 \tag{6.93}$$

$$0,4 \leq \lambda = 0,2 + 4 \cdot \frac{d_s}{\min l_2} \leq 1,0 \tag{6.94}$$

$$\psi = 0,5 + 3 \cdot \frac{d_s}{\min l_2} \tag{6.95}$$

Dabei ist:

d_s – Bei Stützen mit quadratischem Querschnitt die Kantenlänge, bei Rechteck und Kreisstützen die Kantenlänge des flächengleichen Quadrats

$\min l_2$ – bBei Randstützen die kleinere Stützweite der benachbarten Randfelder rechtwinklig zur betrachteten Richtung; bei Eckstützen die halbe Stützweite rechtwinklig zur betrachteten Richtung

Die Lasteinzugsbreite b_L in Gl. (6.90) ist rechtwinklig zur betrachteten Richtung zu bestimmen. Hierbei darf bei Randstützen das Mittel der entsprechenden Stützweiten der benachbarten Randfelder und bei Eckstützen die Hälfte der entsprechenden Stützweite des Eckfeldes angesetzt werden.

■ **Beispielrechnung**

Das Vorgehen bei der Berechnung mit dem Co-Cu-Verfahren soll beispielhaft anhand des Unterzugsystems aus ◘ Abb. 6.37 verdeutlicht werden.

Das Stützmoment des Endfeldes für eine beidseitige Volleinspannung ergibt sich zu:

$$M_R^{(0)} = -\psi \cdot (g+q) \cdot b_L \cdot \frac{l_1^2}{12} = -(10+20) \cdot \frac{7,5^2}{12} = -141 \, kNm$$

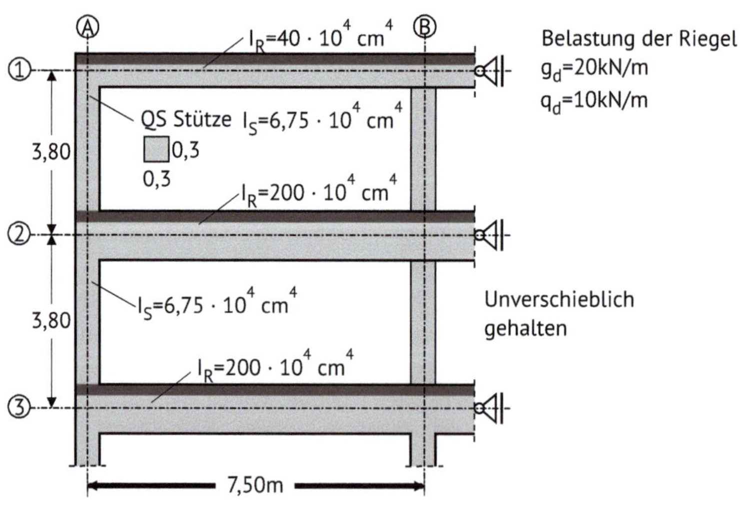

◘ **Abb. 6.37** Berechnungsbeispiel Co-Cu-Verfahren

Am Punkt 1 des oberen Stockwerkes kann der Steifigkeitskennwert der unteren Stütze wie folgt bestimmt werden:

$$c_{u,1} = \frac{l_1 \cdot I_{Su}}{h_u \cdot I_R} = \frac{7,5 \cdot 6,75}{3,8 \cdot 40} = 0,33$$

Da hier keine obere Stütze vorhanden ist, ist $c_{0,1} = 0$. Damit kann das Kopfmoment der oberen Stütze berechnet werden:

$$M_{Su,1} = \frac{c_{u,1}}{1 + c_{o,1} + c_{u,1}} \cdot M_R^{(0)} = \frac{0,33}{1 + 0 + 0,33} \cdot -141 = -35\,kNm$$

Am Punkt 2 des mittleren Riegels ergeben sich folgende Steifigkeitskennwerte:

$$c_{o,2} = \frac{l_1 \cdot I_{So}}{h_o \cdot I_R} = \frac{7,5 \cdot 6,75}{3,8 \cdot 200} = 0,07$$

$$c_{u,2} = \frac{l_1 \cdot I_{Su}}{h_u \cdot I_R} = \frac{7,5 \cdot 6,75}{3,8 \cdot 200} = 0,07$$

Damit können die Randmoment der oberen und unteren Stütze berechnet werden:

$$M_{Su,2} = \frac{0,07}{1 + 0,07 + 0,07} \cdot -141 = -9\,kNm = -M_{So,2}$$

6.11.2.3 Verfahren nach Cros-Kani

Neben dem Co-Cu-Verfahren steht bei Systemen mit Querlasten noch das Verfahren nach Cros-Kani (vgl. z. B. (Heide 1989)) zur Verfügung. Dieses Verfahren wird unter anderem bei der Bemessung von Mauerwerk zur vereinfachten Berechnung der Deckeneinspannung verwendet (vgl. auch (Schermer 2016)).
Das Verfahren nach Cros-Kani ist auch im Stahlbetonbau für die Stützen-Balken-Konstruktionen anwendbar. Die Anpassung auf den Stahlbetonbau ist in DAfStb-Heft 631 (DAfStb 2019) vorgestellt und in ◘ Abb. 6.38 dargestellt.
Die Stabendmomente an den jeweiligen Knoten köne mit den Gl. (6.96), (6.97), (6.98), (6.99) und (6.100) berechnet werden:

$$M_1 = -\frac{w_1 h_1^2}{4(n_1 - 1)} + \frac{\dfrac{n_1 E_1 I_1}{h_1}}{\dfrac{n_1 E_1 I_1}{h_1} + \dfrac{n_2 E_2 I_2}{h_2} + \dfrac{n_3 E_3 I_3}{l_3} + \dfrac{n_4 E_4 I_4}{l_4}} \cdot \overline{q_m} \qquad (6.96)$$

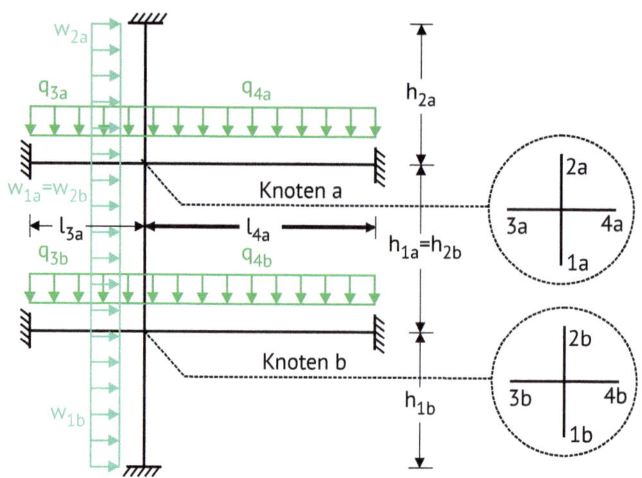

◨ Abb. 6.38   Schema zur Berechnung der Stabendmomente in Anlehnung an. (DAfStb 2019)

$$M_2 = -\frac{w_2 h_2^2}{4\left(n_2 - 1\right)} + \frac{\dfrac{n_2 E_2 I_2}{h_2}}{\dfrac{n_1 E_1 I_1}{h_1} + \dfrac{n_2 E_2 I_2}{h_2} + \dfrac{n_3 E_3 I_3}{l_3} + \dfrac{n_4 E_4 I_4}{l_4}} \cdot \overline{q_m} \qquad (6.97)$$

$$M_3 = -\frac{q_3 l_3^2}{4\left(n_3 - 1\right)} + \frac{\dfrac{n_3 E_3 I_3}{l_3}}{\dfrac{n_1 E_1 I_1}{h_1} + \dfrac{n_2 E_2 I_2}{h_2} + \dfrac{n_3 E_3 I_3}{l_3} + \dfrac{n_4 E_4 I_4}{l_4}} \cdot \overline{q_m} \qquad (6.98)$$

$$M_4 = -\frac{q_4 l_4^2}{4\left(n_4 - 1\right)} + \frac{\dfrac{n_4 E_4 I_4}{l_4}}{\dfrac{n_1 E_1 I_1}{h_1} + \dfrac{n_2 E_2 I_2}{h_2} + \dfrac{n_3 E_3 I_3}{l_3} + \dfrac{n_4 E_4 I_4}{l_4}} \cdot \overline{q_m} \qquad (6.99)$$

$$\overline{q_m} = \left[\frac{w_1 h_1^2}{4\left(n_1 - 1\right)} - \frac{w_2 h_2^2}{4\left(n_2 - 1\right)} + \frac{q_3 l_3^2}{4\left(n_3 - 1\right)} - \frac{q_4 l_4^2}{4\left(n_4 - 1\right)} \right] \qquad (6.100)$$

Dabei ist:

M_i – Stabendmoment am Stab i, mit i = 1, 2, 3 oder 4

$\overline{q_m}$ – Lastterm

E_i – Elastizitätsmodul des Stabes i, mit i = 1, 2, 3 oder 4

I_i – Flächenträgheitsmoment des Stabes i, mit i = 1, 2, 3 oder 4

n_i – Steifigkeitsfaktor des Stabes n_i = 4 bei an beiden Enden eingespannten Stäben und n_i = 3 in anderen Fällen

l_3, l_4 – Lichte Spannweite des Stabes 3 und 4

q_3, q_4 – Gleichmäßig verteilte vertikale Bemessungslast des Stabes 3 und 4

h_1, h_2 – Lichte Geschosshöhe des Stabes 1 und 2

w_1, w_2 – Gleichmäßig verteilte horizontale Bemessungslast des Stabes 1 und 2

■ **Beispielrechnung**

Anhand des Beispiels aus ◘ Abb. 6.37 soll am Knoten 2 das Verfahren kurz verdeutlicht werden. Das Randmoment der unteren Stütze M_{Su2} ergibt sich über die Gl. (6.96), wobei sich viele Terme zu 0 ergeben:

$$M_1 = -\frac{w_1 h_1^2}{4(n_1-1)} + \frac{\dfrac{n_1 E_1 I_1}{h_1}}{\dfrac{n_1 E_1 I_1}{h_1} + \dfrac{n_2 E_2 I_2}{h_2} + \dfrac{n_3 E_3 I_3}{l_3} + \dfrac{n_4 E_4 I_4}{l_4}}$$

$$\cdot \left[\frac{w_1 h_1^2}{4(n_1-1)} - \frac{w_2 h_2^2}{4(n_2-1)} + \frac{q_3 l_3^2}{4(n_3-1)} - \frac{q_4 l_4^2}{4(n_4-1)} \right]$$

Da alle E-Module gleich sind, kann das Randmoment der unteren Stütze M_{Su2} wie folgt berechnet werden:

$$M_{Su2} = -\frac{\dfrac{n_1 \cdot I_1}{h_1}}{\dfrac{n_1 \cdot I_1}{h_1} + \dfrac{n_2 \cdot I_2}{h_2} + \dfrac{n_4 \cdot I_4}{l_4}} \cdot \frac{q_4 \cdot l_4^2}{4(n_4-1)} = -\frac{\dfrac{4 \cdot 6,75}{3,8}}{\dfrac{4 \cdot 6,75}{3,8} + \dfrac{4 \cdot 6,75}{3,8} + \dfrac{4 \cdot 200}{7,5}} \cdot \frac{30 \cdot 7,5^2}{4(4-1)}$$

$$M_{Su2} = -\frac{7,1}{7,1 + 7,1 + 106,7} \cdot 140,6 = -8,3 \, kNm$$

Das Moment entspricht also näherungsweise dem des Co-Cu Verfahren.

6.11.3 Ersatzknicklängen

Die Knicklängen bei Rahmensystemen entsprechen meist keinem der Eulerfälle, da im Regelfall weder eine Volleinspannung noch eine vollständige gelenkige Lagerung vorliegt. In ◘ Abb. 6.39 sind die Knicklängen l_0 für ausgewählte verschiebliche und unverschiebliche Systeme zusammengestellt. Verschieblich sind dabei Systeme, bei denen die gegenseitige Verschiebung der Stabenden von Bedeutung ist. Verschieblich sind ebenfalls Systeme, die nicht über eine ausreichende Aussteifung verfügen, welche die Aussteifungskriterien nicht erfüllen (vgl. auch Teil 2 (Finckh 2026) ▶ Abschn. 4.6.1).

Die Einspannung an den Stabenden wird in ◘ Abb. 6.39 durch die Angaben der Trägheitsmomente der Riegel l_R charakterisiert.

Ein Wert $l_R = \infty$ steht dabei für eine starre Einspannung des Druckgliedes. Bei $l_R = 0$ ist die Riegel bzw. der Rahmenstiel an der betrachteten Stelle frei verdrehbar. Die Werte β in der ◘ Abb. 6.39 geben einen Anhalt für die Größenordnung der anzusetzenden Verhältniszahlen $\beta = l_0/l$ an.

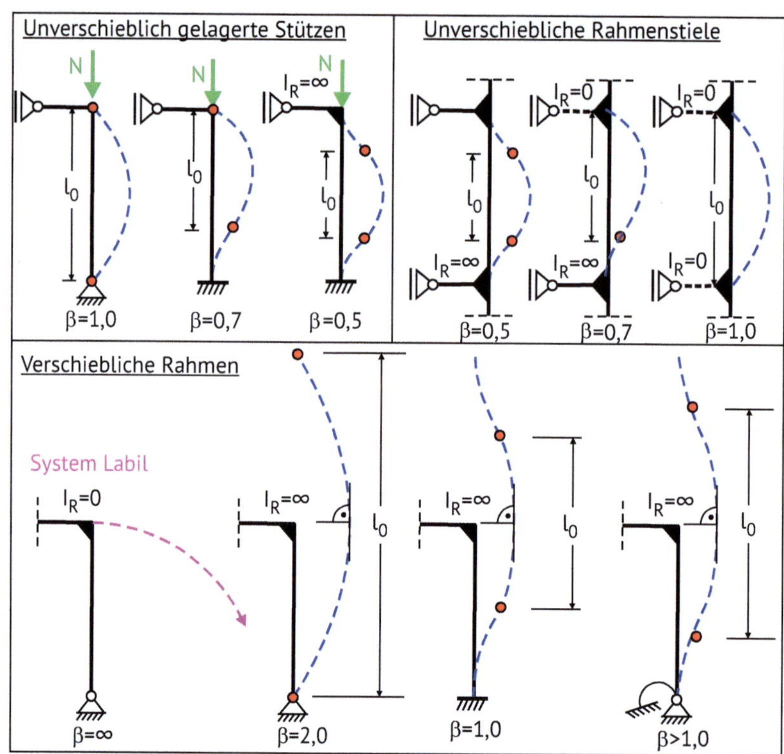

Abb. 6.39 Ausgewählte Knicklängen verschiebliche und unverschiebliche Systeme

Für Stützen mit elastischer Einspannung an den Stützenenden kann nach DIN EN 1992-1-1/NA1 (E) (08.2025) NA.O.4 die Knicklängen l_0 für unverschiebliche Rahmensysteme mit Gl. (6.101) bestimmt werden.

$$l_0 = 0,5 \cdot l \cdot \sqrt{\left(1 + \frac{f_{r1}}{0,45 + f_{r1}}\right) \cdot \left(1 + \frac{f_{r2}}{0,45 + f_{r2}}\right)} \qquad (6.101)$$

Für verschieblichen Rahmensysteme kann die Knicklängen l_0 mit Gl. (6.102) berechnet werden.

$$l_0 = l \cdot \frac{\sqrt{\left(1 + 2,4 \cdot f_{r1} + 2,4_{fr2}\right) \cdot \left(1 + 2,4 f_{r1}\right) \cdot \left(1 + 2,4 f_{r2}\right)}}{1 + 1,2 \cdot f_{r1} + 1,2 \cdot f_{r2}} \qquad (6.102)$$

Dabei ist:

f_{r1}; f_{r2} – Bezogene Einspanngrade an den Enden 1 und 2

Für den bezogenen Einspanngrad ist $f_r = 0$ die theoretische Grenze für eine feste Einspannung, und $k = \infty$ stellt den Grenzwert bei gelenkiger Lagerung dar. Da eine volle Einspannung baupraktisch nicht vorkommt, wird ein Mindestwert von 0,1 für f_{r1} und f_{r2} empfohlen.

Die Beiwerte f_{r1} und f_{r2} ergeben sich als Summe der Stabsteifigkeiten $\sum(E_{cm} \cdot I/l)$ aller an einem Knoten elastisch eingespannten Druckglieder im Verhältnis zu der Summe der Drehwiderstandsmomente $M_{R,i}$ infolge einer Knotendrehung φ (Einheitsdrehung $\varphi = 1$).

$$f_r = \frac{\sum\left(E_{cm} \cdot \dfrac{I}{l}\right)}{0,5 \cdot M_{R,i}} \qquad (6.103)$$

Dabei und in ◘ Abb. 6.40 ist:

E_c – Elastizitätsmodul des Betons

$M_{R,i}$ – Drehwiderstandsmomente $M_{R,i}$ infolge einer Knotendrehung φ
verschiedene Fälle sind in ◘ Abb. 6.40 dargestellt

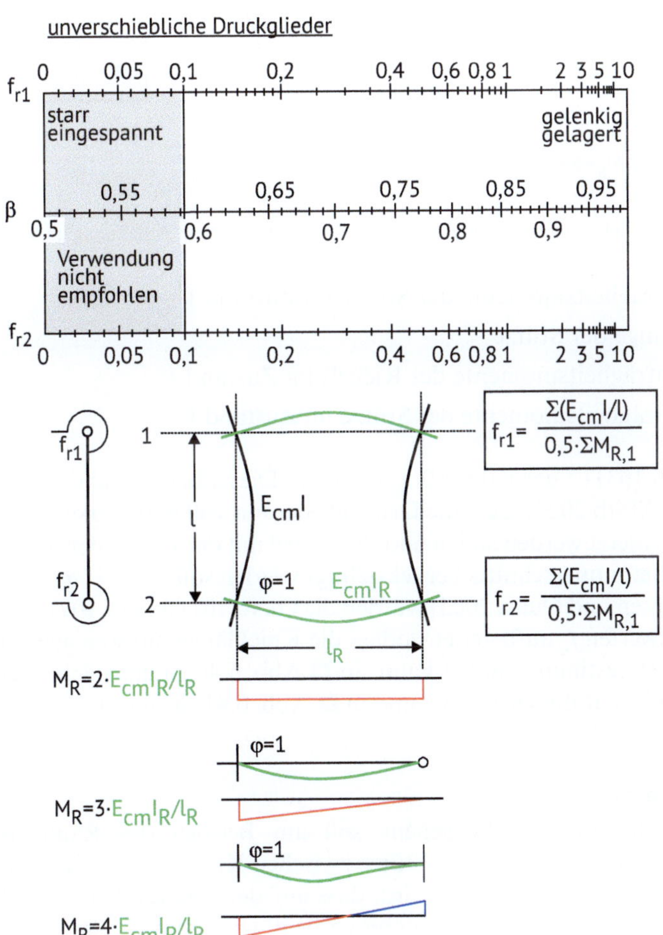

◘ **Abb. 6.40** Knicklängenbeiwerte β in unverschieblichen Rahmen in Anlehnung an. (DAfStb 2018)

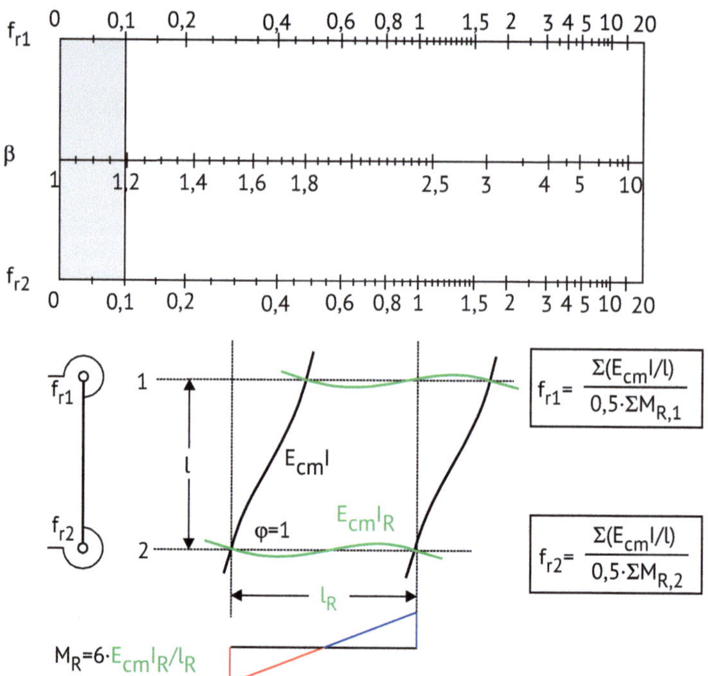

Abb. 6.41   Knicklängenbeiwerte *β* in verschieblichen Rahmen in Anlehnung an. (DAfStb 2018)

I – Flächenträgheitsmomente der Stütze im Zustand I

I – Systemlänge der Stütze

I_R – Flächenträgheitsmomente des Riegels im Zustand I

I – Flächenträgheitsmomente der Stütze im Zustand I

In der Gl. (6.103) ist der Faktor 0,5 enthalten. Dieser berücksichtigt gemäß DAfStb-Heft 600 (DAfStb 2020), dass die Druckglieder mit voller Steifigkeit im ungerissenen Zustand angesetzt werden sollen und die Riegel mit der Hälfte der Steifigkeit des ungerissenen Betonquerschnitts berücksichtigt werden soll.

In (Ehrigsen und Quast 2003) wurden die Gl. (6.101) und (6.102) in Abhängigkeit von den Beiwerten f_{ri} aufbereitet, sodass die Knicklänge mit wenigen Eingangsparametern direkt bestimmt werden kann. In ◩ Abb. 6.40 ist ein solches Diagramm für unverschiebliche Rahmensysteme und in ◩ Abb. 6.41 für unverschiebliche Rahmensysteme dargestellt.

■ Beispielrechnung

Zur Verdeutlichung des Vorgehens soll am Beispiel des Rahmensystems aus ◩ Abb. 6.37 die Knicklänge der Stütze zwischen Knoten 1 und Knoten 2 bestimmt werden. Da davon ausgegangen wird, dass auf der anderen Seite des Riegels ebenfalls eine ähnliche Einspannbedingung vorliegt, wird von $M_{R,1} = 4 \cdot EI_R/l_R$ gewählt. Somit ergibt sich der Wert f_{r1} und f_{r2} zu:

$$f_{r1} = \frac{EI_s / l_s}{0,5 \cdot M_{R,1}} = \frac{EI_s / l_s}{0,5 \cdot 4 \cdot EI_R / l_R} = \frac{6,75 / 3,8}{4 \cdot 0,5 \cdot 40 / 7,5} = 0,2$$

$$f_{r2} = \frac{6,75 / 3,8}{4 \cdot 0,5 \cdot 200 / 7,5} = 0,1$$

Über das Eintragen in das Diagramm in ◘ Abb. 6.40 links erhält man $\beta = 0,62$. Den gleichen Wert erhält man auch über das Einsetzen in Gl. (6.101).

$$l_0 = 0,5 \cdot l \cdot \sqrt{\left(1 + \frac{0,1}{0,45 + 0,1}\right) \cdot \left(1 + \frac{0,2}{0,45 + 0,2}\right)} = 0,5 \cdot l \cdot 1,243 = 0,62 \cdot l$$

Die Knicklänge ergibt sich somit zu:

$$l_0 = \beta \cdot l = 0,62 \cdot 3,8 = 2,36\,m$$

6.12 Beispiel Rahmenstütze

6.12.1 Äußere Lasten, Geometrie und Baustoffe

Die Randstütze des in ◘ Abb. 6.42 dargestellten Rahmens soll für Innenräume bemessen werden. Der Belastungsbeginn kann mit 28 Tagen angenommen werden. Der Rahmenriegel ist über eine Deckenscheibe mit einem Aussteifungssystem (Treppenhauskern) verbunden.

Auf den Riegel wirkt eine vertikale ständige Last von 100 kN/m und eine vertikale Verkehrslast aus Büronutzung von 60 kN/m. Der Rahmen ist am Aussteifungssystem über Deckenscheiben gehalten und kann somit als unverschieblich angesehen werden. Damit ergibt sich das in ◘ Abb. 6.43 dargestellte statische System.

Der Bemessungswert der Betondruckfestigkeit beträgt:

$$f_{cd} = \eta_{cc} \cdot k_{tc} \cdot \frac{f_{ck}}{\gamma_C} = 1 \cdot 0,85 \cdot \frac{35}{1,5} = 19,8\,N / mm^2$$

6.12.2 Schnittgrößen Theorie I. Ordnung

Zur Berechnung der Schnittgrößen nach Theorie I. Ordnung müssen an einem statisch unbestimmten System die Steifigkeiten bekannt sein. Aus diesem Grund werden zunächst die die Querschnittsgrößen bestimmt. Für den Riegel ergibt sich das Flächenträgheitsmoment und die Querschnittfläche im ungerissenen Zustand zu:

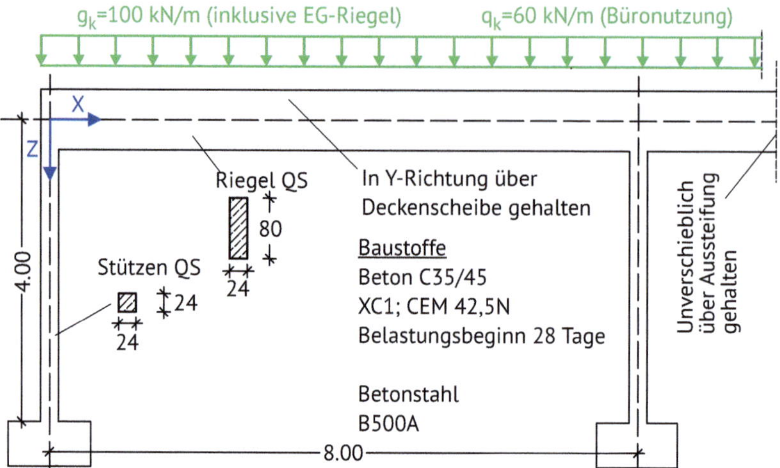

□ Abb. 6.42   Geometrie Rahmensystem

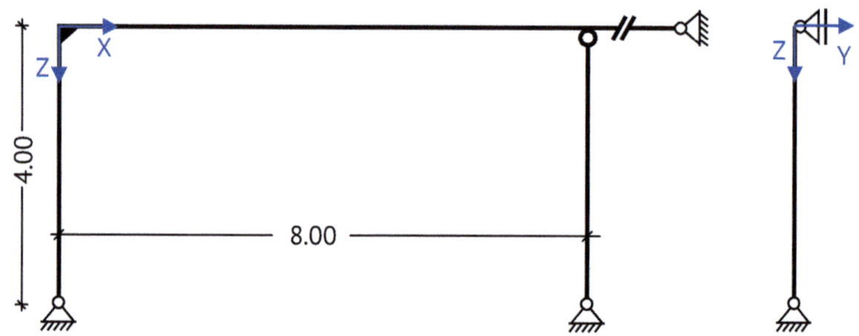

□ Abb. 6.43   Statisches System des Rahmens

$$I_R = \frac{b \cdot h^3}{12} = \frac{0,24 \cdot 0,8^3}{12} = 102,4 \cdot 10^{-4}\ m^4$$

$$A_R = b \cdot h = 0,8 \cdot 0,24 = 0,19\,m^2$$

Das Flächenträgheitsmoment und die Querschnittfläche im ungerissenen Zustand kann für die Stütze wie folgt berechnet werden:

$$I_S = \frac{b \cdot h^3}{12} = \frac{0,24 \cdot 0,24^3}{12} = 2,76 \cdot 10^{-4}\ m^4$$

$$A_S = b \cdot h = 0,24 \cdot 0,24 = 0,0576\,m^2$$

Für die Randstütze werden zunächst die Normalkräfte berechnet, welche sich auf der sicheren Seite wie folgt bestimmen lassen. Am Anschnitt zwischen Stütze und Riegel ergibt sich die Normalkraft in der Stütze oben zu:

$$N_{Od} = -\frac{8,0}{2} \cdot 100 \cdot 1,35 - \frac{8,0}{2} \cdot 60 \cdot 1,5 = -900\,kN$$

An der unteren Stelle der Stütze ergibt sich am Anschnitt zum Fundament die folgende Normalkraft:

$$N_{Ud} = -900 - 0,24 \cdot 0,24 \cdot 4,0 \cdot 25 \cdot 1,35 = -908\,kN$$

Die Biegemomente der Randstütze werden am oberen Eck (Anschnitt zum Riegel) mit dem $c_u\,c_o$ Verfahren nach DAfStb Heft 631 (DAfStb 2019) ermittelt. Dazu wird als erste Eingangsgröße das Volleinspannmoment eines beidseitig eingespannten Trägers berechnet. Da es sich bei dem System um ein Stabtragwerk handelt können die Beiwert ψ und b_L in der Gleichung nach DAfStb Heft 631 (DAfStb 2019) zu 1,0 gesetzt werden und es ergibts sich:

$$M_{Rd}^{(0)} = -\psi \cdot (g+q) \cdot b_L \cdot \frac{l_1^2}{12} = (100 \cdot 1,35 + 60 \cdot 1,5) \cdot \frac{8^2}{12} =$$

$$M_{Rd}^{(0)} = 1200\,kNm$$

Als weitere Eingangsgrößen werden die Kraftverteilungsbeiwerte c_o und c_u benötigt. Da oberhalb des Riegels keine weitere Stütze anschließt, erhält man einen Kraftverteilungsbeiwerte von $c_{0,1} = 0$. Die Kraftverteilungsbeiwerte c_u für die unteren Stütze ergibt sich über die Steifigkeiten der Bauteile zu:

$$c_{u,1} = \frac{l_1 \cdot I_{Su}}{h_u \cdot I_R} = \frac{8 \cdot 2,76}{4 \cdot 102,4} = 0,054$$

Mit diesen Eingangsgrößen kann das Kopfmoment der Stütze bestimmt werden.

$$M_{Su,d} = \frac{c_u}{1 + c_o + c_u} \cdot M_{Rd}^{(0)} = \frac{0,054}{1 + 0 + 0,054} \cdot 1200 = 61,4\,kNm$$

Das resultierende Momentenbild ist in ▪ Abb. 6.44 dargestellt.

6.12.3 Knicklängen und Schlankheiten

6.12.3.1 Allgemeines

Da die Randstütze in X-Richtung und in Y-Richtung ein anderes statisches System hat, müssen die Knicklängen für jede Richtung separat ermittelt werden. Dies gilt auch für die Überprüfung der Schlankheitskriterien.

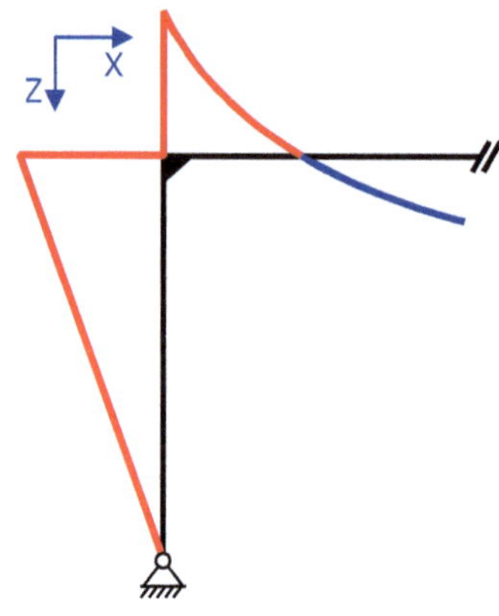

◘ Abb. 6.44 Momentenbild Rahmenstütze

6.12.3.2 In X-Richtung (in Rahmenebene)

In Rahmenebene handelt es sich wie in ◘ Abb. 6.43 dargestellt um ein unverschiebliches Rahmensystem. Die Randstütze ist hierbei in den Riegel eingespannt und unten gelenkig gelagert. Da der Riegel aufgrund seiner Biegesteifigkeit jedoch nur eine elastische Einspannung darstellt, berechnet sich die Knicklänge nach DIN EN 1992-1-1/NA1 (E) (08.2025) NA.O.4 in Abhängigkeit der Drehfedersteifigkeit. Die Drehfedersteifigkeiten können gemäß DAfStb-Heft 630 (DAfStb 2018) nach ◘ Abb. 6.40 bestimmt werden. Die Drehfedersteifigkeit des Anschlusses an der Stütze oben (Anschluss zu Riegel) ergibt sich somit zu:

$$f_{r1} = \frac{EI_S / l_S}{0,5 \cdot 4 \cdot EI_R / l_R} = \frac{2,76 \cdot 10^{-4} / 4,0}{0,5 \cdot 4 \cdot 102,4 \cdot 10^{-4} / 8,0} =$$

$$f_{r1} = 0,027 \left(\sim \text{starre Einspannung} \right)$$

Da die Stütze unten gelenkig angenommen wird, erhält man:

$$f_{r2} = \infty \left(\text{Gelenkig} \right)$$

Über das Diagramm in ◘ Abb. 6.40 lässt sich nun der Knicklängenbeiwert von $\beta = 0,76$ und somit die Knicklänge der Rahmenstütze bestimmen:

$$l_0 = \beta \cdot l = 0,76 \cdot 4,0 = 3,04\,m$$

Alternativ zum Diagramm in ◘ Abb. 6.40 hätte hier auch die Gl. (6.101) verwendet werden können, wo sich nahezu der gleiche Wert ergibt.

$$l_0 = 0,5 \cdot l \cdot \sqrt{\left(1 + \frac{f_{r1}}{0,45 + f_{r1}} \right) \cdot \left(1 + \frac{f_{r2}}{0,45 + f_{r2}} \right)}$$

$$l_0 = 0,5 \cdot 4,0 \cdot \sqrt{\left(1 + \frac{0,1}{0,45 + 0,1}\right) \cdot \left(1 + \frac{\infty}{0,45 + \infty}\right)} = 2,0 \cdot \sqrt{1,18 \cdot 2,0}$$

$$l_0 = 3,07\,m$$

Zur Überprüfung der Grenzschlankheit wird zunächst der Trägheitsradius bestimmt:

$$i = \sqrt{\frac{I}{A}} = \frac{h}{\sqrt{12}} = \frac{0,24}{\sqrt{12}} = 0,07\,m$$

Damit lässt sich die Schlankheit bestimmen:

$$\lambda = \frac{l_0}{i} = \frac{3,04}{0,07} = 43,4$$

Es soll überprüft werden, ob eine Bemessung nach Theorie II Ordnung erforderlich ist. Hierfür wird überprüft, ob das Grenzkriterium nach ▶ Abschn. 6.4.5 eingehalten ist:

$$\lambda_{lim} \leq \max \begin{cases} 25 \\ 16 / \sqrt{n} \end{cases}$$

$$n = \frac{N_{Ed}}{A_c \cdot f_{cd}} = \frac{0,908}{0,24^2 \cdot 19,8} = \frac{0,908}{0,0576 \cdot 19,8} = 0,80$$

$$\lambda_{lim} = \max \begin{cases} 25 \\ 16 / \sqrt{0,80} = 17,8 \end{cases} = 25$$

Die Grenzschlankheit ist somit nicht eingehalten und es ist eine Bemessung nach Theorie II. Ordnung in diese Richtung erforderlich.

6.12.3.3 In Y-Richtung (senkrecht zur Rahmenebene)

In der anderen Richtung, quer zur Rahmenebene stellt die Stütze eine Pendelstütze dar und die Knicklänge ergibt sich zu:

$$l_0 = \beta \cdot l = 1,0 \cdot 4,0 = 4,0\,m$$

Damit lässt sich die Schlankheit bestimmen:

$$\lambda = \frac{l_0}{i} = \frac{4}{0,07} = 57$$

Somit ist die im vorherigen Abschnitt ermittelte Grenzschlankheit auch in diese Richtung nicht eingehalten und es ist in dieser Richtung ebenfalls eine Bemessung nach Theorie II. Ordnung erforderlich.

6.12.4 Bemessung Stütze im Rahmenanschnitt

Bevor die Bemessung der Stütze nach Theorie II. Ordnung erfolgt, wird die Stütze oben am Rahmenanschnitt nachgewiesen, um einen Basiswert der Bewehrung zu erhalten. Hierfür wird der Abstand der Längsbewehrung vom Bauteilrand benötigt. Aus Dauerhaftigkeitsgründen erhält man:

$$d_1 = c_{nom} + \phi_{sw} + \phi_s/2 = 0,01 + 0,01 + 0,008 + 0,025/2 = 0,0405\,m$$

Jedoch ergibt sich ein größerer erforderlicher Abstand der Längsbewehrung aufgrund der Sicherstellung der Verbundwirkung:

$$d_1 = \Delta c_{dev} + c_{min,b} + \phi_s/2 = 0,01 + 0,025 + 0,025/2 = 0,0475\,m$$

Die Bemessung soll über die $\mu - \nu$ Nomogramme erfolgen. Hierzu werden zunächst das bezogene Moment und die bezogenen Normalkraft bestimmt:

$$\mu_{Ed} = \frac{M_{Ed}}{f_{cd} \cdot b \cdot h^2} = \frac{0,0614}{19,8 \cdot 0,24^3} = 0,22$$

$$\upsilon_{Ed} = \frac{N_{Ed}}{f_{cd} \cdot b \cdot h} = \frac{-0,900}{19,8 \cdot 0,24^2} = -0,79$$

Zur Wahl des richtigen Nomogramms muss das nachfolgende Verhältnis aus Bauteilhöhe zum Randabstand der Bewehrung bestimmt werden.

$$\frac{d_1}{h} = \frac{0,0475}{0,24} = 0,20$$

Somit kann aus dem Diagramm der ▶ Abb. 10.7 der mechanische Bewehrungsgrad zu $\omega_{s,tot} = 0,6$ abgelesen werden. Damit kann die erforderliche Bewehrung bestimmt werden:

$$A_{s,tot} = A_{s,1} + A_{s,2} = \omega_{s,tot} \cdot \frac{b \cdot h \cdot f_{cd}}{f_{yd}} = 0,6 \cdot \frac{24\,cm \cdot 24\,cm \cdot 19,8}{435} = 15,7\,cm^2$$

$$A_{s,1} = 15,7 \cdot 0,5 = 7,85\,cm^2$$

Es werden somit 2Ø25 je Seite gewählt. Dies entspricht 9,8 cm^2 je Seite und eine Gesamtbewehrungsmenge von 19,6 cm^2.

6.12.5 Bemessung nach Theorie II. Ordnung in X-Richtung (in Rahmenebene)

6.12.5.1 Allgemeines

Zunächst wird der Nachweis nach Theorie II. Ordnung in X-Richtung unabhängig von der anderen Richtung durchgeführt. Hierfür wird die Ersatzimperfektion benötigt, welche sich aus der Knicklänge bestimmen lässt:

$$e_i = \frac{l_0}{400} = \frac{3,04}{400} \approx 0,01m$$

Für Bauteile ohne Querlasten zwischen den Stabenden dürfen nach ▶ Abschn. 6.6.2.2 unterschiedliche Endmomente durch das folgende äquivalente Momente am Knickpunkt ersetzt werden:

$$r_m = \begin{cases} 1 & \text{für } |M_{02}| < 0,05 \cdot N_{Ed} \cdot h \\ M_{01} / M_{02} & \text{anderfalls} \end{cases}$$

$$r_m = \begin{cases} 1 & \text{für } |61,4| < 0,05 \cdot 900 \cdot 0,24 = 10,8\,kNm \\ \dfrac{0}{61,4} = 0 & \text{anderfalls} \end{cases}$$

$$C_m = 0,6 + 0,4 \cdot r_m = 0,6 + 0,4 \cdot 0 = 0,6 \geq 0,4$$

$$M_{0Ed} = C_m \cdot M_{02} = 0,6 \cdot 61,4 = 36,8\,kNm$$

Damit ergibt sich das Bemessungsmoment nach Theorie I. Ordnung inklusiver Imperfektionen.

$$M_{Ed,0} = M_{0Ed} + N_{Ed} \cdot e_i = 36,8\,kNm + 908 \cdot 0,01m = 45,9\,kNm$$

6.12.5.2 Bestimmung der Krümmung

Für die Bestimmung der Auswirkung aus der Theorie II. Ordnung ist die Krümmung des Querschnitts einer der zentralen Eingangsgrößen. Die Krümmung ergibt sich gemäß ▶ Abschn. 6.6.3.4 zu:

$$\frac{1}{r} = k_r \cdot k_\varphi \cdot \frac{1}{r_0}$$

Da es sich um einen Querschnitt handelt wo, sich die gesamte Bewehrung an den gegenüberliegenden Seiten konzentriert ist, gilt:

$$d - d' = \text{h} - 2 \cdot \text{d}_1 = 0,24 - 2 \cdot 0,0475 = 0,145$$

Die Basiskrümmung ergibt sich damit zu:

$$\frac{1}{r_0} = \frac{2 \cdot f_{yd} / E_s}{d - d'} = \frac{2 \cdot 435 / 200000}{0,145} = 0,03$$

Der Normalkraftbeiwert k_r berücksichtigt die günstige Wirkung (verkleinernde Krümmung) der Normalkraft auf die Krümmung und kann über die nachfolgende Gleichung bestimmt werden:

$$k_r = \frac{n_u - n}{n_u - n_{bal}} \leq 1,0$$

Der Beiwerte ist von der maximal möglichen bezogenen Normalkraft abhängig, welche sich in Abhängigkeit des mechanischen Bewehrungsgrades wie folgt ergibt:

$$n_u = 1 + \omega = 1 + \frac{A_s \cdot f_{yd}}{A_c \cdot f_{cd}} = 1 + \frac{19,6 \cdot 435}{24 \cdot 24 \cdot 19,8} = 1,75$$

Die einwirkende bezogenen Normalkraft wird ebenfalls benötig:

$$n = \frac{N_{Ed}}{A_c \cdot f_{cd}} = \frac{0,908}{0,24^2 \cdot 19,8} = 0,80$$

Desweitern wird der Wert der bezogenen Normalkraft benötigt, welcher zum maximalen Biegemoment führt. Dieser darf generell zu $n_{bal} = 0,4$ angenommen werden. Damit kann der Normalkraftbeiwert K_r berechnet werden:

$$K_r = \frac{1,75 - 0,8}{1,75 - 0,4} = 0,70$$

Der vergrößernde Einfluss des Kriechens auf die Krümmung wird mit dem Faktor k_φ berücksichtigt. Hierfür muss als erstes die Endkriechzahl $\varphi(50y; t_0)$ bestimmt werden. Über die ◘ Tab. 6.1 kann mit den folgenden Randbedingungen:

- 50 % Luftfeuchte
- Belastungsanfang $t_0 = 28$ Tage
- Zement CEM 42,5 N → Kategorie CN
- $h_0 = 2A_c/u = 2\,h^2/4h = h/2 = 120\ mm$

$A = 0,82$ und $\varphi(50y, t_0) = 2,4$ bestimmt werden. Damit erhält man die Endkriechzahl von:

$$\varphi\left(t_{DL}, t_0\right) = \left(\frac{35}{f_{ck}}\right)^A \cdot \varphi\left(50y, t_0\right) = \left(\frac{35}{35}\right)^{0,82} \cdot 2,4 = 2,4$$

Da das Kriechen unter quasi-ständigen Lasten erfolgt, der Nachweis der Stützen aber im Grenzzustand der Tragfähigkeit geführt wird, muss die Endkriechzahl noch gemäß ▶ Abschn. 6.6.3.3 in die effektive Kriechzahl umgerechnet werden:

$$\varphi_{eff,b} = \varphi\left(\infty, t_0\right) \cdot \frac{M_{0,Eqp}}{M_{0,Ed}}$$

Hierfür wird das Moment unter quasi-ständigen Lasten benötigt, welches sich über den Kombinationsbeiwert $\psi_2 = 0{,}3$ für Büronutzung wie folgt ergibt:

$$N_G = \frac{8{,}0}{2} \cdot 100 + 0{,}24 \cdot 0{,}24 \cdot 4{,}0 \cdot 25 = 406\,kN$$

$$N_{perm} = N_G + \psi_2 \cdot N_Q = 406 + 0{,}3 \cdot \frac{8{,}0}{2} \cdot 60 = 478\,kN$$

$$M_{perm} = \frac{N_{perm}}{N_{Ed}} \cdot M_{Ed,0} = \frac{478}{908} \cdot 45{,}9 = 24{,}2\,kNm$$

Damit können die maximalen Betondruckspanngen unter quasi-ständigen Lasten ermittelt werden.

$$\sigma_{c,perm} = \frac{N_{perm}}{A_c} - \frac{M_{perm}}{W_c} = \frac{-0{,}478}{0{,}24^2} - \frac{0{,}0242}{0{,}24^3 / 6} = -18{,}8\,\frac{N}{mm^2}$$

Nun wird überprüft, ob diese Spannung größer ist als die Spannungsbegrenzung im Grenzzustand der Gebrauchstauglichkeit.

$$\left|\sigma_{c,perm}\right| = 18{,}8\,\frac{N}{mm^2} > 0{,}4 \cdot f_{cm} = 0{,}4 \cdot 43 = 17{,}2\,\frac{N}{mm^2}$$

Da die Spannungsbegrenzung nicht eingehalten ist, tritt nichtlineares Kriechen auf, welches Spannungsabhängig ist. Das nichtlineare Kriechen kann über die nachfolgenden Beziehungen nach ▶ Abschn. 6.6.3.3.2 berücksichtigt werden:

$$\varphi_\sigma\left(t, t_0\right) = \varphi\left(t, t_0\right) \cdot e^{1{,}5 \cdot \left(\sigma_c / f_{cm} - 0{,}4\right)}$$

$$\varphi_\sigma\left(t, t_0\right) = 2{,}4 \cdot e^{1{,}5 \cdot \left(18{,}8/43 - 0{,}4\right)} = 2{,}5$$

Damit ergibt sich die effektive Kriechzahl zu:

$$\varphi_{eff,b} = \varphi\left(\infty, t_0\right) \cdot \frac{M_{0,Eqp}}{M_{0,Ed}} = 2{,}5 \cdot \frac{24{,}2}{45{,}9} = 1{,}32$$

Der Kriecheinfluss k_φ kann nun berechnet werden:

$$k_\varphi = 1 + \beta \cdot \varphi_{eff,b} \geq 1{,}0$$

$$\beta = 0{,}35 + \frac{f_{ck}}{200} - \frac{\lambda}{150} = 0{,}35 + \frac{35}{200} - \frac{43{,}4}{150} = 0{,}24$$

$$k_\varphi = 1 + 0,24 \cdot 1,32 = 1,32$$

Die Gesamtkrümmung ergibt sich somit zu:

$$\frac{1}{r} = k_r \cdot k_\varphi \cdot \frac{1}{r_0} = 0,7 \cdot 1,32 \cdot 0,03 = 0,0277$$

6.12.5.3 Bestimmung des Bemessungsmomentes

Die zusätzliche Verformung aus Theorie II. Ordnung kann gemäß DIN EN 1992-1-1 wie folgt bestimmt werden:

$$e_2 = k_1 \cdot \frac{1}{r} \cdot \frac{l_0^2}{c_{1/r}} = 1,0 \cdot 0,0277 \cdot \frac{3,04^2}{10} = 0,0256\,m$$

Dabei wurde der Wert k_1, welcher einen sanften Übergang zwischen gedrungen Stützen und schlanken gewährleisten soll aufgrund der Schlankheit von $\lambda = 43,4$ zu $k_1 = 1,0$ gesetzt. Der Beiwert $c_{1/r}$ wurde zu dem empfohlenen Wert von 10 gewählt, welcher bei dem hier konstanten Moment auf der sicheren Seite liegt.

Mithilfe der zusätzlichen Verformung aus Theorie II. Ordnung ergibt sich dann das Bemessungsmoment zu:

$$M_{Ed} = M_{Ed,0} + N_{Ed} \cdot e_2 = 45,9\,kNm + 908\,kN \cdot 0,0256m = 69,1\,kNm$$

Die Gesamtausmitte in X-Richtung ergibt sich zu:

$$e_{tot,x} = M_{Ed} / N_{Ed} = 69,1 / 908 = 0,076\,m$$

6.12.5.4 Bemessung in X-Richtung

Die Bemessung soll über die $\mu - \nu$ Nomogramme erfolgen. Hierzu werden zunächst das bezogene Moment und die bezogene Normalkraft bestimmt:

$$\mu_{Ed} = \frac{M_{Ed}}{f_{cd} \cdot b \cdot h^2} = \frac{0,069}{19,8 \cdot 0,24^3} = 0,25$$

$$\upsilon_{Ed} = \frac{N_{Ed}}{f_{cd} \cdot b \cdot h} = \frac{-0,908}{19,8 \cdot 0,24^2} = -0,80$$

Mit dem Diagramm aus ▶ Abb. 10.7 folgt der mechanische Bewehrungsgrad von $\omega_{s,tot} = 0,7$. Damit kann die erforderliche Bewehrung bestimmt werden.

$$A_{s,tot} = A_{s,1} + A_{s,2} = \omega_{s,tot} \cdot \frac{b \cdot h \cdot f_{cd}}{f_{yd}} = 0,7 \cdot \frac{24cm \cdot 24cm \cdot 19,8}{435} = 18,3\,cm^2$$

$$A_{s,1} = 18,3 \cdot 0,5 = 9,2\,cm^2$$

Die Annahme von 2Ø25 je Seite = 9,8 cm² war somit korrekt.

6.12.6   Bemessung nach Theorie II. Ordnung in Y-Richtung

6.12.6.1   Allgemeines

Auch hier wird der Nachweis nach Theorie II. Ordnung zunächst in Y-Richtung unabhängig von der anderen Richtung durchgeführt. Hierfür wird die Ersatzimperfektion benötigt, welche sich aus der Knicklänge bestimmen lässt:

$$e_i = \frac{l_0}{400} = \frac{4}{400} = 0,01\,m$$

Damit ergibt sich das Bemessungsmoment nach Theorie I. Ordnung inklusiver Imperfektionen.

$$M_{Ed,0} = M_{0ed} + N_{Ed} \cdot e_i = 0 + 908\,kN \cdot 0,01\,m = 9,08\,kNm$$

6.12.6.2   Bestimmung der Krümmung

Die Krümmung ergibt sich gemäß DIN EN 1992-1-1 zu:

$$\frac{1}{r} = k_r \cdot k_\varphi \cdot \frac{1}{r_0}$$

Der Normalkraftbeiwertes k_r verändert sich hierbei nicht gegenüber der Berechnung in X-Richtung und ergibt sich somit zu: $k_r = 0,7$. Der Kriecheinfluss k_φ verändert sich jedoch aufgrund der größeren Schlankheit.

$$k_\varphi = 1 + \beta \cdot \varphi_{eff,b} \geq 1,0$$

$$\beta = 0,35 + \frac{f_{ck}}{200} - \frac{\lambda}{150} = 0,35 + \frac{35}{200} - \frac{57}{150} = 0,145$$

$$k_\varphi = 1 + 0,145 \cdot 1,32 = 1,19$$

Die Gesamtkrümmung ergibt sich somit zu:

$$\frac{1}{r} = k_r \cdot k_\varphi \cdot \frac{1}{r_0} = 0,7 \cdot 1,19 \cdot 0,03 = 0,025$$

6.12.6.3   Bestimmung des Bemessungsmomentes

Die Verformung aus Theorie II. Ordnung kann wie folgt bestimmt werden:

$$e_2 = k_1 \cdot \frac{1}{r} \cdot \frac{l_0^2}{c_{1/r}} = 1,0 \cdot 0,025 \cdot \frac{4^2}{10} = 0,04\,m$$

Das Bemessungsmoment ergibt sich dann zu:

$$M_{Ed} = M_{Ed,0} + N_{Ed} \cdot e_2 = 9,1\,kNm + 908\,kN \cdot 0,04\,m = 45,4\,kNm$$

Als Gesamtausmitte in X-Richtung erhält man:

$$e_{tot} = M_{Ed} / N_{Ed} = 45,4 / 908 = 0,05\,m$$

6.12.6.4 Bemessung in Y-Richtung

Die Bemessung soll über die $\mu - \nu$ Nomogramme erfolgen. Hierzu werden zunächst das bezogene Moment und die bezogenen Normalkraft bestimmt:

$$\mu_{Ed} = \frac{M_{Ed}}{f_{cd} \cdot b \cdot h^2} = \frac{0,0454}{19,8 \cdot 0,24^3} = 0,17$$

$$\upsilon_{Ed} = \frac{N_{Ed}}{f_{cd} \cdot b \cdot h} = \frac{-0,908}{19,8 \cdot 0,24^2} = -0,80$$

Mit dem Diagramm in ▶ Abb. 10.7 folgt der mechanische Bewehrungsgrad von $\omega_{s,tot} = 0,4$. Damit kann die erforderliche Bewehrung bestimmt werden.

$$A_{s,tot} = A_{s,1} + A_{s,2} = \omega_{s,tot} \cdot \frac{b \cdot h \cdot f_{cd}}{f_{yd}} = 0,4 \cdot \frac{24\,cm \cdot 24\,cm \cdot 19,8}{435} = 10,5\,cm^2$$

$$A_{s,1} = 10,5 \cdot 0,5 = 5,2\,cm^2$$

Die 2 Ø25 an den Y-Seitenfläche sind somit ausreichend (je Seite 9,8 cm²).

6.12.7 Überprüfung Kriterien zweiachsige Lastausmitte

Es wird als erstes überprüft, ob die Schlankheitsverhältnisse die Bedingung nach ▶ Abschn. 6.10.2 für getrennte Nachweise erfüllen:

$$0,5 \le \frac{\lambda_x}{\lambda_y} = \frac{43,4}{57} = 0,77 \le 2$$

Diese Bedingung ist erfüllt. Zusätzlich muss auch noch die Bedingung erfüllt sein, dass eine der bezogenen Lastausmitten kleiner als 0,2 ist.

$$\frac{e_y'}{e_x'} = \frac{e_y / h}{e_x / h} = \frac{0,076 / 0,24}{0,05 / 0,24} = \frac{0,074}{0,042} = 1,52 \nleq 0,2$$

Oder

$$\frac{e_y'}{e_x'} = \frac{0,074}{0,042} = 1,52 \ngeq 5$$

Da keine der Bedingungen eingehalten ist, ist ein Interaktionsnachweis erforderlich, welcher im nachfolgenden Abschnitt geführt wird.

6.12.8 Interaktionsnachweis

Der Interaktionsnachweis wird nach ▶ Abschn. 6.10.3 mit der folgenden Gleichung geführt.

$$\left(\frac{|M_{Edz}|}{M_{Rdz,N}}\right)^{\alpha_N} + \left(\frac{|M_{Edy}|}{M_{Rdy,N}}\right)^{\alpha_N} \leq 1,0$$

Bei der Ermittlung der Momententragfähigkeiten M_{Rdx} und M_{Rdy} ist die vorhandene Bewehrung von entscheidender Bedeutung. Der Exponent a in der Interaktionsgleichung kann für Rechteckstützen nach ◘ Tab. 6.3 bestimmt werden. Zwischenwerte dürfen hierbei interpoliert werden. Zur Bestimmung des Exponenten wird die Normalkraftausnutzung benötigt. Die Normalkrafttragfähigkeit des Querschnittes inklusive Bewehrung ergibt sich zu:

$$N_{Rd} = A_c \cdot f_{cd} + A_s \cdot f_{yd} = 24 \cdot 24 \cdot 1,98 + 19,6 \cdot 43,5 = 1995\,kN$$

Damit kann die Normalkraftausnutzung bestimmt werden und der Exponent a der Interaktionsgleichung über eine Interpolation ermittelt werden.

$$N_{Ed} \,/\, N_{Rd} = 908 \,/\, 1995 = 0,46 \Rightarrow a = 1,3$$

Die Momententragfähigkeit wir über Interaktionsdiagramme aus ▶ Abb. 10.7 über den mechanischen Bewehrungsgrad zurückgerechnet.

$$\omega_{s,tot,z} = \omega_{s,tot,y} = \frac{A_{stot} \cdot f_{yd}}{b \cdot h \cdot f_{cd}} = \frac{19,6 \cdot 435}{24 \cdot 24 \cdot 19,8} = 0,75$$

$$\upsilon_{Ed} = -0,80$$

Mit dem μ_{Ed} Wert aus ▶ Abb. 10.7 lässt sich nun die Momententragfähigkeit bestimmen:

$$M_{Rdy,N} = \mu_{Ed} \cdot f_{cd} \cdot b \cdot h^2 = 0,27 \cdot 19,8 \cdot 0,24^3 = 0,074\,MNm = 74\,kNm$$

Der Interaktionsnachweis ergibt sich damit zu:

$$\left(\frac{|M_{Edz}|}{M_{Rdz,N}}\right)^{\alpha_N} + \left(\frac{|M_{Edy}|}{M_{Rdy,N}}\right)^{\alpha_N} \leq 1,0$$

$$\left(\frac{69}{74}\right)^{1,3} + \left(\frac{45}{74}\right)^{1,3} = (0,93)^{1,3} + (0,61)^{1,3} = 1,43$$

Da das Ergebnis größer als 1,0 ist, ist der Nachweis nicht erfüllt. Damit die Stütze nachgewiesen werden kann, wird eine gleichmäßig verteilte Bewehrung von 8Ø25 vorgesehen. Damit ergibt sich in X und Y-Richtung der gleiche mechanische Bewehrungsgrad von:

$$\omega_{s,tot,z} = \omega_{s,tot,y} = \frac{A_{stot} \cdot f_{yd}}{b \cdot h \cdot f_{cd}} = \frac{39,2 \cdot 435}{24 \cdot 24 \cdot 19,8} = 1,5$$

$$\upsilon_{Ed} = -0,80$$

Damit kann die Momtentragfähigkeiten über die ▶ Abb. 10.7 zurückgerechnet werden:

$$M_{Rd,z} = M_{Rd,y} = 0,46 \cdot 19,8 \cdot 0,24^3 = 0,126\,MNm = 126\,kNm$$

Die Normalkrafttragfähigkeit des Querschnittes inklusive Bewehrung ergibt sich zu:

$$N_{Rd} = A_c \cdot f_{cd} + A_s \cdot f_{yd} = 24 \cdot 24 \cdot 1,98 + 39,2 \cdot 43,5 = 2846\,kN$$

Damit kann die Normalkraftausnutzung bestimmt werden und der Exponent a der Interaktionsgleichung über eine Interpolation ermittelt werden.

$$N_{Ed} \,/\, N_{Rd} = 908\,/\,2846 = 0,32 \Rightarrow a = 1,25$$

Mit der angepassten Betonfestigkeit und der vergrößerten Bewehrung ist nun der Interaktionsnachweis erfüllt:

$$\left(\frac{69}{126}\right)^{1,25} + \left(\frac{45}{126}\right)^{1,25} = \left(0,55\right)^{1,25} + \left(0,36\right)^{1,25} = 0,75$$

6.12.9 Bemessung des Riegels am Anschnitt

Das Riegelmoment ergibt sich nach ▶ Abschn. 6.12.2 zu:

$$M_R = M_{Su,d} = 61,4\,kNm$$

Es wird beim Riegel der gleiche Abstand der Bewehrung vom Rand wie bei der Stütze angenommen und es ergibt sich somit folgende statische Nutzhöhe:

$$d = h - d_1 = 80 - 4,725 = 75\,cm$$

Das dimensionslose Moment als Eingangswert für die Tafeln aus ▶ Abb. 10.1 ergibt sich damit zu:

$$\mu_{Eds} = \frac{M_{Eds}}{b \cdot d^2 \cdot f_{cd}} = \frac{0,0614}{0,24 \cdot 0,75^2 \cdot 11,3} = 0,04$$

Damit kann der mechanische Bewehrungsgrad über die Tafeln aus ▶ Abb. 10.1 bestimmt zu $\omega = 0{,}041$ werden und als Bewehrung erhält man:

$$A_{s1} = \frac{1}{\sigma_{sd}} \cdot \left(\omega \cdot b \cdot d \cdot f_{cd} \right) = \frac{1}{435} \cdot \left(0{,}041 \cdot 1{,}0 \cdot 0{,}24 \cdot 11{,}3 \right)$$

$$A_{s1} = 2{,}6 \cdot 10^{-4} \, m^2 = 2{,}6 \, cm^2$$

Es werden 2 Ø20 = 6,2 cm^2 gewählt.

6.12.10 Konstruktive Durchbildung

Folgende Konstruktionsregeln sind bei der Bewehrungsführung der Stütze zu beachten:

- **Längsbewehrung**
- Maximaler Bewehrungsgrad

$$A_{s,max} = 0{,}09 \cdot A_c = 0{,}09 \cdot 24 \cdot 24 = 52 \, cm^2 > 39{,}2 \, cm^2$$

  Übergreifungsstoß unten: 39,2 + 8 = 47,2 < 52
  Übergreifungsstoß oben: 39,2 + 6,2 = 45,2 < 52
- Mindestdurchmesser: $\phi_{min} = 12 \, mm < 25 \, mm$
  Mindestbewehrung:

$$A_{s,min} = \frac{0{,}15 \cdot N_{Ed}}{f_{yd}} = \frac{0{,}15 \cdot 908}{43{,}5} = 3{,}13 \, cm^2 < 39{,}2 \, cm^2$$

- Stababstand: $s_l \leq 300 \, mm$

- **Querbewehrung (Bügel)**
- Mindestdurchmesser:

$$\phi_{w,min} = \max \left(0{,};25 \cdot \phi_{min};;6 \, mm \right) < 8 \, mm$$

- Bügelform: Geschlossen mit Haken
- Bügelabstände:

$$s_{cl,max} \geq \min \begin{cases} 12 \cdot \phi_{l,min} = 300 \, mm \\ h = 240 \, mm \\ 300 \, mm \end{cases}$$

- Verringerung der Bügelabstände auf $0{,}6 \, s_{cl,max}$ im Bereich $h = 24 \, cm$ unterhalb und oberhalb der Platte
- Sicherung der mittigen Längsstäbe: Kein Stab weiter als 15 cm von den Ecken entfernt

6.12.11 **Bewehrung**

Die Bewehrung der Stütze ist in ◼ Abb. 6.45 dargestellt.

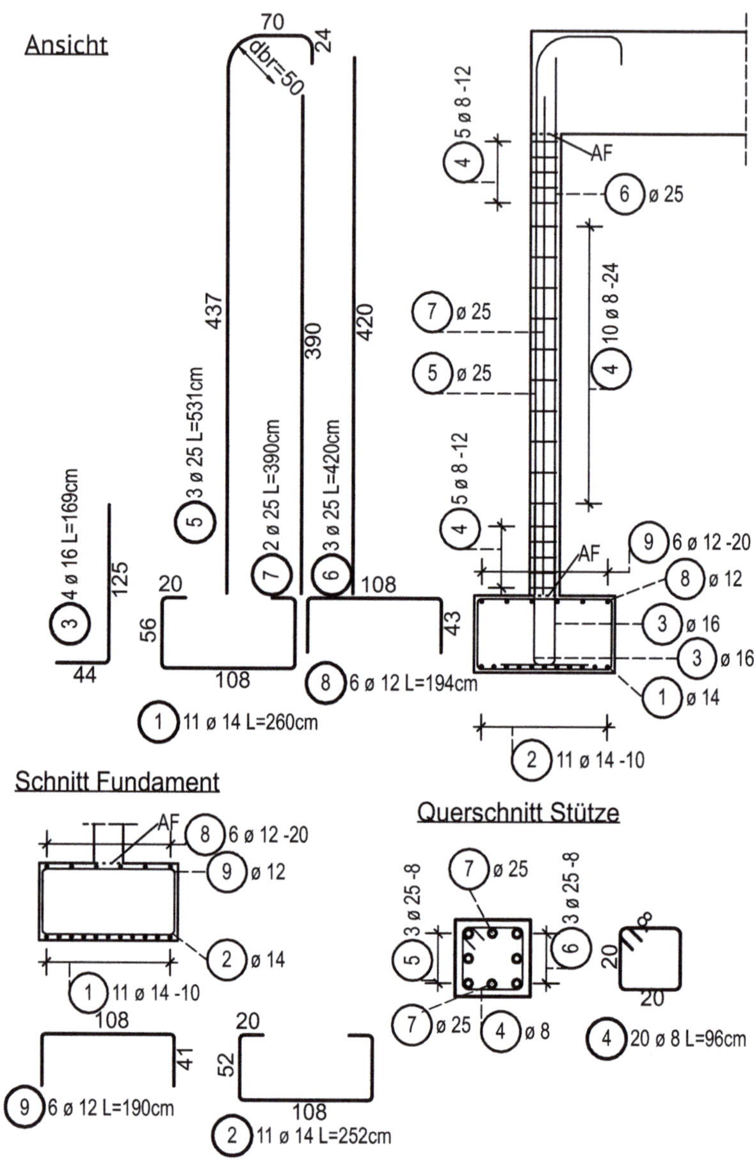

◼ **Abb. 6.45**   Bewehrung Rahmenstütze

6.13 Knicklängen weiterer Stützensysteme

6.13.1 Elastisch in Fundamente eingespannte Stütze

Häufig werden Stützen auf Einzelfundamenten gegründet und hierbei die Stützen in das Fundament eingespannt. Hierbei stellt jedoch die Lagerung des Fundamentes im Boden weder eine Volleinspannung noch eine gelenkige Lagerung dar. Die Nachgiebigkeit des Baugrunds muss deshalb bei der Ermittlung des Knicklängenbeiwerts berücksichtigt werden. Für diese Ermittlung muss zunächst die Drehfederkonstante c des Fundaments mit Gl. (6.104) bestimmt werden. Mithilfe dieser Drehfederkonstante c kann dann über den Einspannparameter in Gl. (6.105) der Knicklängenbeiwert β aus ▪ Abb. 6.46 in Abhängigkeit des statischen Systems bestimmt werden.

$$c = 4 \cdot E_{dyn} \cdot \frac{I_F}{\sqrt{A_F}} \tag{6.104}$$

$$\frac{c \cdot l_s}{E_{cm} \cdot I_s \cdot \pi} \tag{6.105}$$

Dabei und in ▪ Abb. 6.46 ist:

c – Drehfederkonstante des Fundaments [MNm]

I_s – Trägheitsmoment der Stütze, bezogen auf die Knickachse [m^4]

l_s – Stützenlänge [m]

E_{dyn} – Dynamischer Steifemodul des Bodens für Kurzzeitbelastung [MN/m^2]

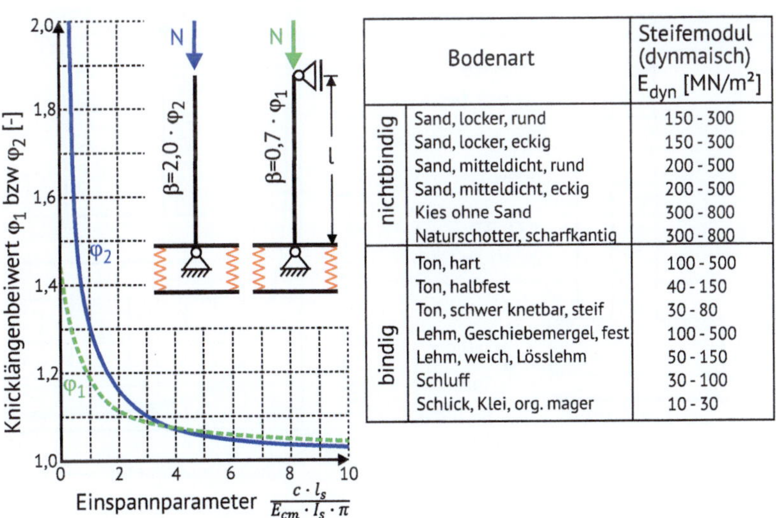

	Bodenart	Steifemodul (dynmaisch) E_{dyn} [MN/m²]
nichtbindig	Sand, locker, rund	150 - 300
	Sand, locker, eckig	150 - 300
	Sand, mitteldicht, rund	200 - 500
	Sand, mitteldicht, eckig	200 - 500
	Kies ohne Sand	300 - 800
	Naturschotter, scharfkantig	300 - 800
bindig	Ton, hart	100 - 500
	Ton, halbfest	40 - 150
	Ton, schwer knetbar, steif	30 - 80
	Lehm, Geschiebemergel, fest	100 - 500
	Lehm, weich, Lösslehm	50 - 150
	Schluff	30 - 100
	Schlick, Klei, org. mager	10 - 30

▪ **Abb. 6.46** Knicklängen bei elastisch in Fundamente eingespannte Stützen in Anlehnung. (DAfStb 2018)

I_F – Trägheitsmoment der Fundamentfläche bezogen auf die Knickachse [m⁴]

A_F – Fundamentfläche [m⁴]

φ_1 – Beiwert für die Knicklänge bei Kragstützen

φ_2 – Beiwert für die Knicklänge bei einseitig elastisch eingespannten Stützen

Anhaltswerte für den dynamischen Steifemodul E_{dyn} des Bodens bei Kurzzeitbelastung sind gemäß (Rausch 1973) ebenfalls in ◖ Abb. 6.46 angegeben. Hierbei sei angemerkt, dass in anderen Literaturquellen (BVPI 12.1990), entgegen der hier angegeben Empfehlung aus DAfStb-Heft 630 (DAfStb 2018) nur der statischen Steifemodul E_{stat} des Bodens verwendet wird.

■ **Berechnungsbeispiel**

Das Vorgehen soll an einem Beispiel, welches in ◖ Abb. 6.47, dargestellt ist verdeutlich werden. Zunächst wird das Trägheitsmoment der Stütze bestimmt:

$$I_S = \frac{0,4^3 \cdot 0,4}{12} = 2,1 \cdot 10^{-3}\, m^4$$

Das Trägheitsmoment der Fundamentfläche bezogen auf die dargestellte Knickebene ergibt sich zu:

$$I_F = \frac{1,5^3 \cdot 1,0}{12} = 0,28\, m^4$$

Der dynamische E-Modul für den halbfesten Ton wird mit $E_{dyn} = 80\ MN/m^2$ angenommen. Damit lässt sich die Drehfederkonstante des Fundaments bestimmen.

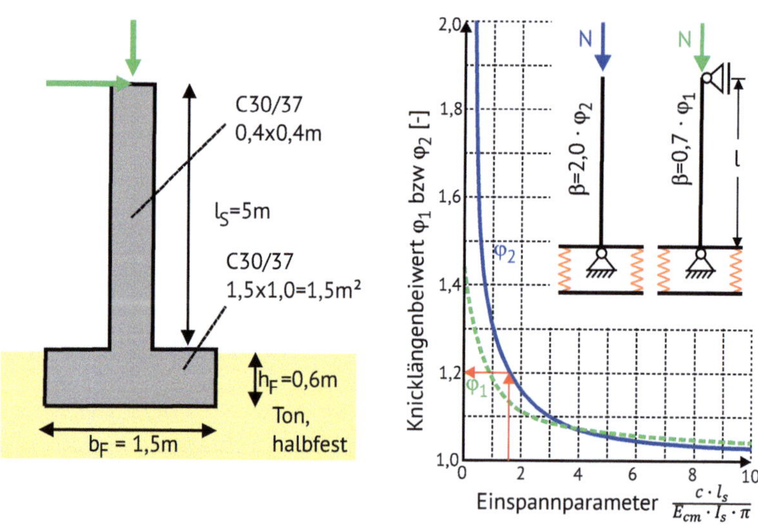

◖ **Abb. 6.47** Beispiel zur Ermittlung der Knicklängen bei elastisch in Fundamente eingespannte Kragstütze

$$c = 4 \cdot E_{dyn} \cdot \frac{I_F}{\sqrt{A_F}} = 4 \cdot 80 \cdot \frac{0,28}{\sqrt{1,5}} = 73,2 \, MNm$$

Nun kann der Eingangswert für die ■ Abb. 6.46 ermittelt werden:

$$\frac{c \cdot l_s}{E_{cm} \cdot I_s \cdot \pi} = \frac{73,2 \cdot 5}{33000 \cdot 2,1 \cdot 10^{-3} \cdot 3,14} = 1,68$$

Aus ■ Abb. 6.46 lässt sich dann $\varphi_2 = 1,2$ ablesen und damit lässt sich die Knicklänge der Kragstütze bestimmen:

$$l_0 = \beta \cdot l = 2,0 \cdot 1,2 \cdot 5,0 = 12\,m$$

6.13.2 Gekoppelte Kragstützen

Im Fertigteilbau werden oft Kragstützen verbaut, welche häufig über den Dachbinder gekoppelt werden. Werden zwei Kragstützen über einen am Kopf gelenkig angeschlossenen Riegel miteinander gekoppelt ist die gegenseitige Beeinflussung der beiden Stützen bei der Bestimmung der Knicklänge zu berücksichtigen. Diese können gemäß (Petersen 1982) in Abhängigkeit von den Parametern μ und ρ mit ■ Abb. 6.48 erfasst werden. Hierbei ist die Bezugsstütze „1" so zu wählen, dass $0 \leq \rho \leq 1$ gilt.

$$\mu = \frac{F_1}{F_2} \cdot \frac{l_1}{l_2} \tag{6.106}$$

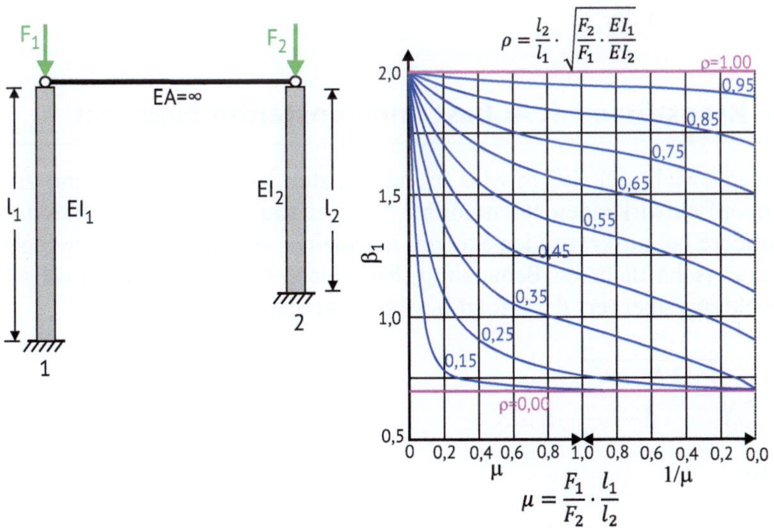

■ **Abb. 6.48** Knicklängen bei gekoppelten Kragstützen in Anlehnung an. (DAfStb 2018)

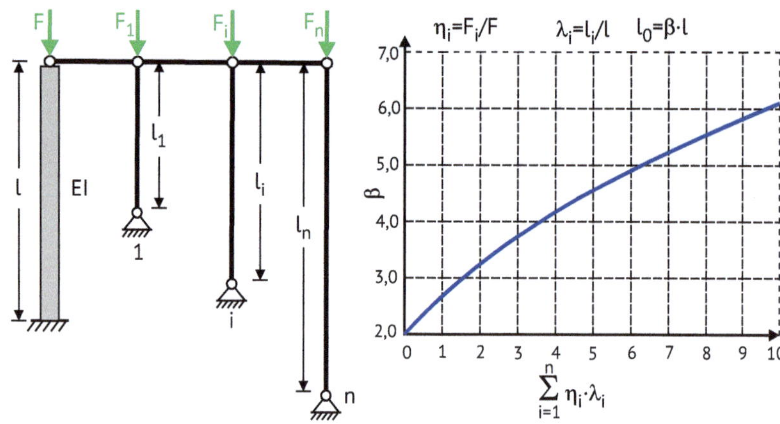

Abb. 6.49   Knicklängen bei an Kragstützen angehängte Pendelstützen in Anlehnung an. (DAfStb 2018)

$$\rho = \frac{l_2}{l_1} \cdot \sqrt{\frac{F_2}{F_1} \cdot \frac{EI_1}{EI_2}}$$
(6.107)

6.13.3   Kragstützen mit angehängten Pendelstützensystem

Werden eine oder mehrere Pendelstützen an eine aussteifende Kragstütze angehängt, führen horizontale Abtriebskräfte aus den angehängten Pendelstützen zu einer deutlichen Erhöhung der Knicklänge der Kragstütze. Diese kann gemäß (Petersen 1982) anhand des Diagramms in ■ Abb. 6.49 ermittelt werden. Hierbei stellt n die Anzahl der Pendelstützen dar.

6.13.4   Kragstütze mit Auflast und konstanter Eigenlast

Das Eigengewicht der Stütze wird in den meisten Fällen vereinfachend zu der am Stützenkopf einwirkenden Normalkraft N_o hinzuaddiert. Diese Vereinfachung führt insbesondere bei auskragenden Stützen mit kleiner Auflast und großer Eigenlast zu einer unwirtschaftlicheren Bemessung. Für solche Fälle kann gemäß ■ Abb. 6.50 der Knicklängenbeiwert β wie folgt bestimmt werden.

$$\beta = 2 \cdot \sqrt{\frac{1 + 2 \cdot N_o / N_u}{3}}$$
(6.108)

Dabei ist:

N_o – Normalkraft am Stützenkopf

N_u – Normalkraft am Stützenfuß

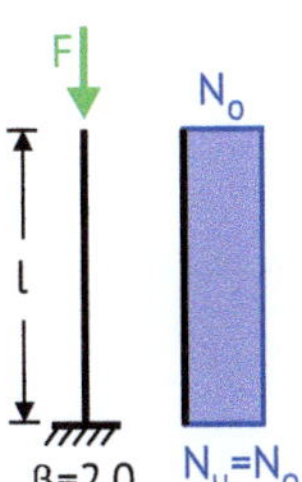
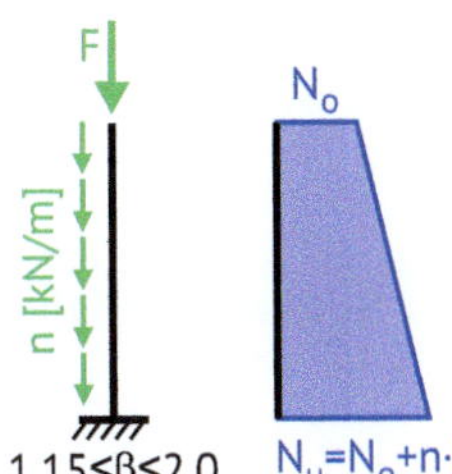
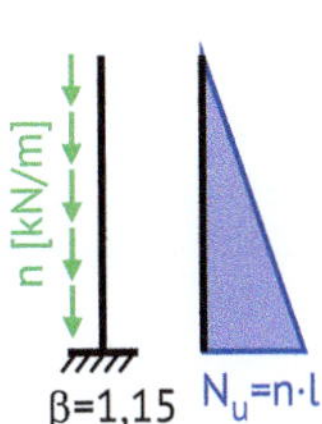

Abb. 6.50 Knicklängen von Kragstütze mit Auflast und Eigenlast nach. (Bindseil 2015)

Literatur

Bindseil P (2015) Massivbau; Bemessung und Konstruktion im Stahlbetonbau mit Beispielen. Springer Vieweg, Wiesbaden

BVPI (12.1990) Die Ersatzstablänge von Kragstützen mit elastisch verdrehbaren Fundamenten; Mitteilung Nr. C.17/1990. Koordinierungsausschuß der Prüfämter und Prüfingenieure für Baustatik in Bayern

DAfStb (Hrsg) (2018) Bemessung nach DIN EN 1992 in den Grenzzuständen der Tragfähigkeit und der Gebrauchstauglichkeit; DAfStb Heft 630. Beuth, Berlin

DAfStb (Hrsg) (2019) Hilfsmittel zur Schnittgrößenermittlung und zu besonderen Detailnachweisen bei Stahlbetontragwerken; DAfStb Heft 631. Beuth, Berlin

DAfStb (Hrsg) (2020) Erläuterungen zu DIN EN 1992-1-1 und DIN EN 1992-1-1/NA; DAfStb Heft 600. Beuth Verlag, Berlin

DIN EN 1992-1-1 (09.2025) Eurocode 2: Bemessung und Konstruktion von Stahlbeton- und Spannbetontragwerken – Teil 1-1: Allgemeine Regeln und Regeln für Hochbauten, Brücken und Ingenieurbauwerke; Deutsche Fassung EN 1992-1-1:2023, Berlin

DIN EN 1992-1-1/NA1 (E) (08.2025) Entwurf, Nationaler Anhang 1 zu DIN EN 1992-1-1:2025-MM – Eurocode 2 – Bemessung und Konstruktion von Stahlbeton- und Spannbetontragwerken – Teil 1-1: Allgemeine Regeln und Regeln für Hochbauten, Brücken und Ingenieurbauwerke, Berlin

Dischinger F (1937) Untersuchungen über die Knicksicherheit, die elastische Verformung und das Kriechen des Betons bei Bogenbrücken. Bauingenieur:487ff

Ehrigsen O, Quast U (2003) Knicklängen, Ersatzlängen und Modellstützen. Beton- und Stahlbetonbau 98:249–257

Finckh W (2026) Stahlbetonkonstruktion 2; Von der Bauteilberechnung über die Bemessung zur Bauwerksplanung. Springer Vieweg, Wiesbaden

Fingerloos F, Hegger J, Zilch K (Hrsg) (2016) Eurocode 2 für Deutschland; DIN EN 1992-1-1 Bemessung und Konstruktion von Stahlbeton- und Spannbetontragwerken : Teil 1-1 : Allgemeine Bemessungsregeln und Regeln für den Hochbau mit Nationalem : Anhang Kommentierte Fassung. Beuth; Ernst & Sohn, Berlin

Franz G, Hampe E, Schäfer K (1991) Konstruktionslehre des Stahlbetons. Springer, Berlin

Grasser E, Thielen G (1991) Hilfsmittel zur Berechnung der Schnittgrößen und Formänderungen von Stahlbetontragwerken nach DIN 1045, Ausgabe Juli 1988; DAfStb Heft 240. Beuth, Berlin

Heide H (1989) Praktische Statik nach Cross, Steinman und Kani. Vieweg+Teubner Verlag, Wiesbaden

Kleinvogel A, Haselbach A (1979) Rahmenformeln; Gebrauchsfertige Formeln für alle statischen Größen zu allen praktisch vorkommenden Einfeld-Rahmenformen aus Stahlbeton, Stahl oder Holz. Ernst, Berlin, München, Düsseldorf

Kordina K (1975) Langzeitversuche an Stahlbetonstützen; DAfStb Heft 250. Ernst und Sohn, Berlin, München, Düsseldorf

Kordina K, Quast U (2001) Bemessung von schlanken Bauteilen für den durch Tragwerksverformungen beeinflußten Grenzzustand der Tragfähigkeit- Stabilitätsnachweis. In: Eibl J (Hrsg) Beton Kalender 2001. Ernst & Sohn, S 349–550

Petersen C (1982) Statik und Stabilität der Baukonstruktionen; Elasto- und plasto-statische Berechnungsverfahren druckbeanspruchter Tragwerke; Nachweisformen gegen Knicken, Kippen, Beulen. Vieweg, Braunschweig

Rausch E (1973) Maschinenfundamente und andere dynamisch beanspruchte Baukonstruktionen. In: Franz G (Hrsg) Beton Kalender 1973. Ernst & Sohn, S 131–217

Schermer D (2016) Schnittgrößenermittlung. In: Graubner A, Rast R (Hrsg) Mauerwerksbau – Praxishandbuch für Tragwerksplaner. Beuth, Berlin, C.1–C.100

Zilch K, Zehetmaier G (2010) Bemessung im konstruktiven Betonbau; Nach DIN 1045-1 (Fassung 2008) und EN 1992-1-1 (Eurocode 2). Springer, Berlin, Heidelberg

Flachdecken

Inhaltsverzeichnis

© Der/die Autor(en), exklusiv lizenziert an Springer Fachmedien Wiesbaden GmbH, ein Teil von
Springer Nature 2026
W. Finckh, *Stahlbetonkonstruktion 1*, erfolgreich studieren,
https://doi.org/10.1007/978-3-658-50727-5_7

Zusammenfassung

Decken sind neben den Stützen einer der häufigsten Tragelemente im Hochbau und werden oft als Flachdecke ausgeführt. In diesem Kapitel wird zunächst in ▶ Abschn. 7.2 eine Möglichkeit vorgestellt die Schnittgrößen an einer solchen Flachdecken näherungsweise ohne EDV zu ermitteln. Dies wird anhand eines Beispiels in ▶ Abschn. 7.2 veranschaulicht.

Bei Flachdecken kann an den Stützen, aufgrund der hohen Querkraftkonzentration, eine besondere Versagensart, das sogenannte Durchstanzen, auftreten. In ▶ Abschn. 7.3 wird dieses Phänomen erläutert und die erforderlichen Nachweise gegen Durchstanzen dargestellt, welche in ▶ Abschn. 7.4 anhand eines Bemessungsbeispiels verdeutlicht werden. Falls der Nachweise gegen Durchstanzen nicht erbracht werden kann, gibt es die Möglichkeit den Durchstanzwiderstand mit einer speziellen Durchstanzbewehrung zu erhöhen. Die Bemessung dieser Durchstanzbewehrung wird in ▶ Abschn. 7.5 erläutert und in ▶ Abschn. 7.6 anhand eines Beispiels veranschaulicht.

Lernziele

Nach dem Lesen dieses Kapitels:
- Verstehen Sie das Tragverhalten von Flachdecken und können deren Schnittgrößen näherungsweise bestimmen.
- Kennen Sie das Phänomen des Durchstanzens.
- Können Sie eine Flachdecke auf Durchstanzen nachweisen und eine Durchstanzbewehrung ermitteln sowie konstruktiv richtig ausbilden.

7.1 Allgemeines

Als Platten werden flächenhafte Tragwerke bezeichnet, die senkrecht zu ihrer Mittelebene belastet werden und daher Biegemomente und Querkräfte aufweisen. Platten müssen nach DIN EN 1992-1-1/NA1 (E) (08.2025) 12.4.1 (1) NCCI mindestens eine Dicke von $h_{min} = 70mm$ in Ortbetonbauweise haben, falls keine Querkraftbewehrung benötigt wird. Wenn rechnerisch Querkraftbewehrung benötigt wird, müssen die Platten nach DIN EN 1992-1-1 (09.2025) 12.4.2 (2) eine Dicke von 200 mm haben. Falls diese Querkraftbewehrung nur mit aufgebogenen Stäben abgedeckt wird, ist auch ein Maß von 160 mm ausreichend. Um die Berechnungsansätze für Platten anwenden zu können, muss die kleinste Stützweite mindesten größer als die 5-fache Plattendicke sein und die Bauteilbreite muss die 4-fache Plattendicke betragen.

Bezüglich des Tragverhaltens von Platten wird, wie in ◨ Abb. 7.1 dargestellt, zwischen einachsig und mehrachsig gespannten Platten sowie punktgestützten Platten unterschieden.

Das Tragverhalten von einachsig gespannten Decken ist ähnlich dem der Stabtragwerke und wird in Teil 2 (Finckh 2026) ▶ Abschn. 3.2 behandelt. Allerdings sei hier darauf hingewiesen, dass bei Platten die, aufgrund der behinderten Querdehnung, entstehende Querbiegemomente über Bewehrung abgedeckt werden müssen. Diese sind abhängig von der Querdehnzahl ν, welche im Stahlbetonbau im Allgemeinen zu $\nu = 0{,}2$ gewählt wird. Die Querbewehrung ergibt sich somit bei ein-

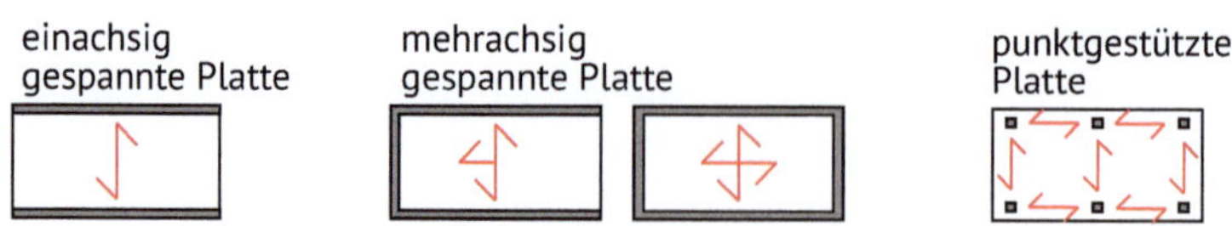

Abb. 7.1   Unterscheidung von Platten bezüglich ihres Tragverhaltens

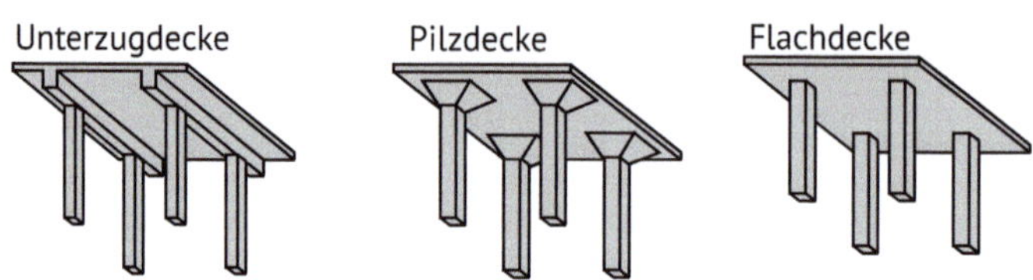

Abb. 7.2   Unterscheidung bei punktgestützten Platten

achsigen Platten zu $a_{sq} \geq 0{,}2 \cdot a_{sl}$ (vgl. auch ▶ Abschn. 5.5.1). Zweiachsig gespannte liniengelagerte Platten werden im Teil 2 (Finckh 2026) ▶ Abschn. 3.4 behandelt.

Plattentragsysteme, welche auf Stützen aufgelagert sind, werden als punktgestützte Platten bezeichnet. Diese werden im Weiteren betrachtet und gemäß ▶ Abb. 7.2 unterschieden. Werden die Platten indirekt über Unterzüge gelagert, spricht man von Unterzug- oder Rippendecken. Werden die Platten direkt ohne Verstärkungen auf den Stützen gelagerter, spricht man von Flachdecken, sonst von Pilzdecken.

Im Hoch- und Industriebau wurden linienförmig gelagerte Platten wie z. B. die Unterzugdecken über die vergangenen Jahrzehnte immer mehr durch direkte punktgestützte Platten verdrängt. Die als Flachdecken bezeichneten Platten bieten einige Vorteile gegenüber den linienförmig gelagerten Platten:

- geringe Konstruktionshöhe
- geringer Schalungsaufwand (aber mehr Betonstahl erforderlich)
- glatte Deckenuntersicht (problemlose Führung haustechnischer Installationen)

Demgegenüber stehen aber auch einige Nachteile, welche durch die Vorteile aber meist mehr als kompensiert werden:

- mehr Bewehrung und Beton und damit verbunden ein größeres Eigengewicht
- kompliziertes Tragverhalten (große Momente und Querkräfte über den Stützen: Durchstanzen)
- größere Durchbiegungen

In der Vergangenheit wurde das bei Flachdecken vorhandene Durchstanzproblem häufig durch eine pilzförmige Verstärkung des Stützenkopfes gelöst. Bei diesen Pilzdecken sind die aufgezählten Vorteile allerdings eingeschränkt und die Stützenkopfverstärkungen werden daher heute soweit möglich vermieden. Die erforderliche Dicke von Flachdecken wird maßgeblich bestimmt durch:

- die Begrenzung der Durchbiegungen auf Gebrauchslastniveau und
- die Durchstanztragfähigkeit.

7.2 Schnittgrößenermittlung

7.2.1 Allgemeines

Punktgestützte Platten weisen gegenüber liniengelagerten Platten ein deutlich abweichendes Tragverhalten auf. Um die Stützen verlaufen, wie ▪ Abb. 7.3 zeigt, die dort auftretenden negativen Momente radial und tangential zur Stütze gerichtet. In ▪ Abb. 7.3 ist zu erkennen, dass die Haupttragrichtungen der Momente jeweils den kürzesten Verbindungen zwischen den Auflagerpunkten entsprechen. Die Feldmomente sind positiv und verlaufen in einem großen Bereich in X- und Y-Richtung, sodass dort zweibahnige Bewehrung in X- und Y-Richtung günstig ist. Im Stützenbereich sind die Hauptmomente negativ, radial und kreisförmig gerichtet. Sie werden in der Regel durch ein zweibahniges, orthogonales Bewehrungsnetz aufgenommen, meist ebenfalls in X- und Y-Richtung.

> ❶ Bei Flachdecke treten somit im Bereich der Stützen sowohl die höchsten Momente in beide Richtungen mit Zug an der Oberseite auf wie auch sehr große Querkräfte auf.

Im Gegensatz zu den umfangsgelagerten Platten treten bei punktförmig gelagerten Platten die größten Biegemomente in Richtung der längeren Stützweite auf.

Die Schnittgrößen von Platten können nur in wenigen Fällen z. B. bei einachsig gespannten Platten – ohne weitere Hilfsmittel berechnet werden. Für Flachdecken, welche per se hochgradig statisch unbestimmte Systeme sind, werden heute in der

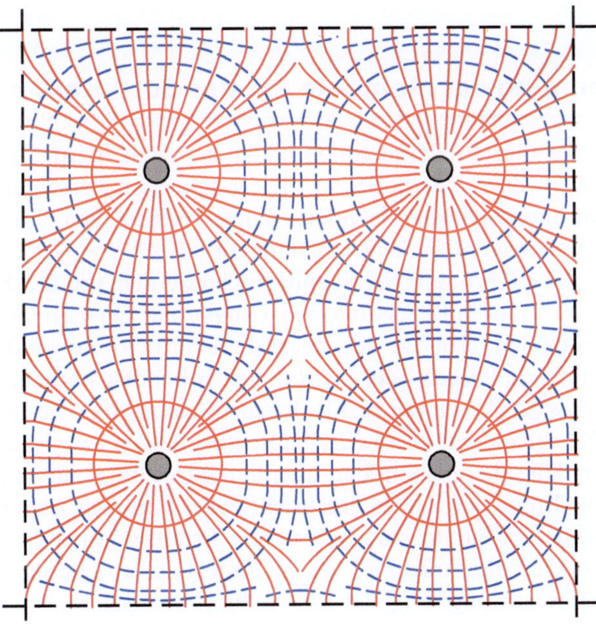

▪ **Abb. 7.3** Hauptmomente einer Flachdecke, in Anlehnung an. (Leonhardt und Mönnig 1977)

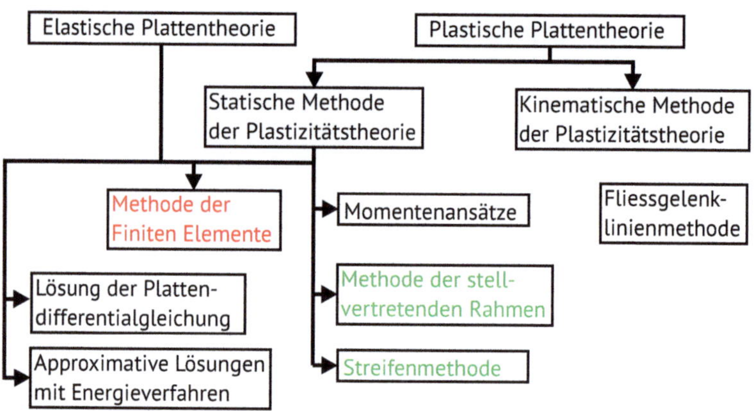

◘ Abb. 7.4   Berechnungsmethoden für Plattenschnittgrößen

Regel EDV-gestützte Verfahren, primär Finite-Elemente-Programme genutzt. Neben dieser Methode stehen jedoch noch weitere Berechnungsmethoden gemäß ◘ Abb. 7.4 zur Verfügung.

❗ Um die Berechnung mit der Methode Finite-Elemente überprüfen zu können, sind weiterhin auch Berechnung ohne EDV-Unterstützung sinnvoll.

Im Weiteren werden deshalb zur Berechnung der Momente die Methode der stellvertretenden Rahmen in Kombination mit einer Gurtstreifenmethode vorgestellt. Ebenfalls wird die Methode der Laststreifeinzugsflächen zur Berechnung der Auflagerkräfte behandelt.

7.2.2 Bestimmung der Momente mit der Gurtstreifenmethode

Das Verfahren der Gurtstreifenmethode findet sich zum Beispiel im DAfStb-Heft 631 (DAfStb 2019). Diese Methode zur näherungsweisen Berechnung der Schnittgrößen darf für mehrfeldrige Flachdecken mit rechteckigen Stützenrastern, bei denen die Stützweitenverhältnisse die Bedingung $0{,}8 \leq l_x/l_y \leq 1{,}25$ einhalten, angewendet werden. Zur Berechnung der Schnittgrößen werden, wie ◘ Abb. 7.5 zeigt, die Platte in zwei sich kreuzende Scharen von Längs- und Querstreifen zerlegt, die je nach Art der Stützung (gelenkige oder biegesteife Verbindung von Platte und Stützen) als durchlaufende Balken oder als Rahmen behandelt werden. In den meisten Fällen wird ein Ersatzrahmen mit den Rahmenstützmomenten des Randfeldes nach ▶ Abschn. 6.11.2 verwendet. Diese durchlaufenden Balken bzw. Riegel von Rahmen werden so behandelt, als ob sie in den querlaufenden Stützenfluchten stetig unterstützt wären. Die Breite der Balken entspricht dabei dem Achsabstand der Stützenreihe rechtwinklig zur Spannrichtung. Für die Ermittlung der Schnittgrößen der stellvertretenden Durchlaufträger ist die gesamte Last in jede der beiden Hauptrichtungen in feldweiser ungünstigster Laststellung vorzusehen.

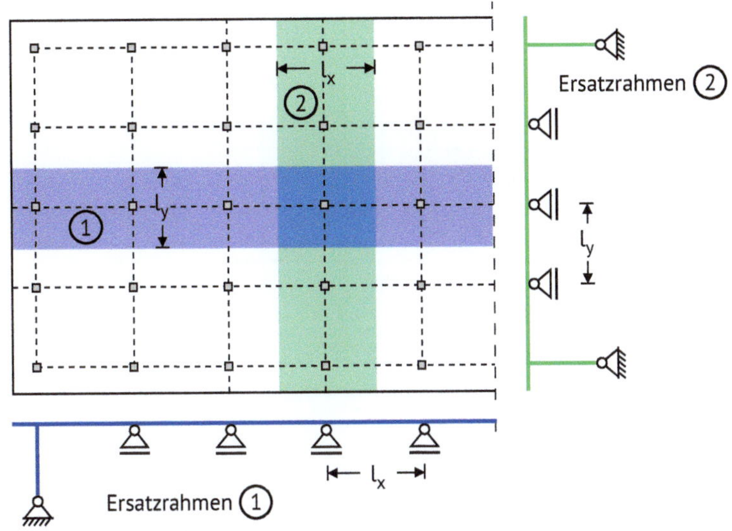

Abb. 7.5 Näherungsweise Berechnung von Flachdecken mit Ersatzrahmen, in Anlehnung an. (Leonhardt und Mönnig 1977)

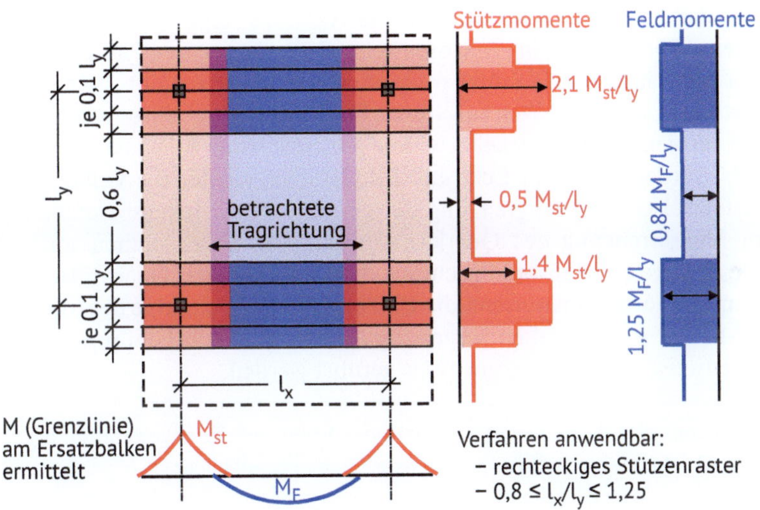

Abb. 7.6 Flachdecken, Verteilung der Momente auf Feld- und Gurtstreifen, bei näherungsweiser Berechnung nach. (DAfStb 2019)

Zur Bemessung der Platte wird jedes Deckenfeld, wie **Abb. 7.6** zeigt, in beiden Richtungen jeweils in einen Feldstreifen der Breite $0,6 \cdot l_y$ und in zwei halbe Gurtstreifen von je $0,2 \cdot l_y$ zerlegt. Die Bewehrung ergibt sich aus einer Bemessung mit den nach **Abb. 7.6** ermittelten Momenten, welche dann auf die Breiteneinheit bezogen werden.

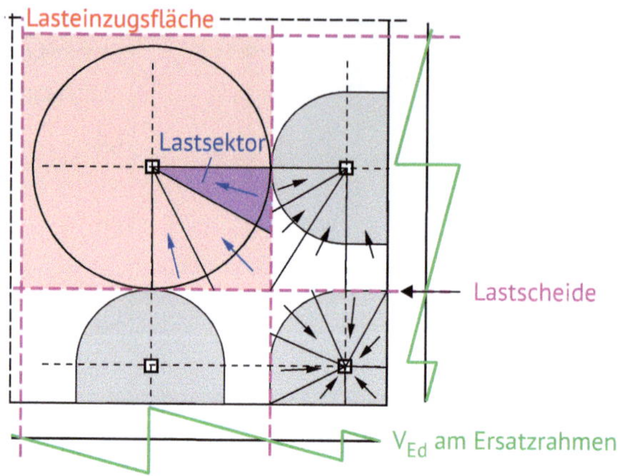

Abb. 7.7 Lastsektoren und Einzugsflächen, in Anlehnung an. (Zilch und Zehetmaier 2010)

7.2.3 Bestimmung der Auflagerkräfte mit Lasteinzugsflächen

Zur Ermittlung der Auflagerkräfte von Flachdecken ist das Ersatzrahmenverfahren allerdings weniger gut geeignet. Angesichts der annähernd rotationssymmetrischen Verteilung der Hauptmomente, wie dies **Abb. 7.7** zeigt, wird das Tragverhalten wirklichkeitsnäher durch eine sektorenweise Betrachtung der Platte erfasst. Innerhalb eines Bereichs, der jede Stütze rotationssymmetrisch umgibt, strömen alle vertikalen Lasten auf direktem Weg zur Stütze. Die zwischen den einzelnen kreisförmigen Bereichen verbleibenden Zwickel bewirken entsprechende Randlasten. Dies wird mit **Abb. 7.7** verdeutlicht. Für Eck- und Randstützen werden die Vollkreise zu Halb- bzw. Viertelkreisen. Die Abgrenzung der einzelnen Lasteinzugsbereiche ergibt sich aus dem Nulldurchgang des Querkraftverlaufs der Ersatzrahmen unter Volllast. Aussagekräftigere Ergebnisse hinsichtlich der Verteilung der Querkräfte entlang des Stützenumfangs erhält man, wenn die Einzugsflächen in einzelne Sektoren aufgeteilt werden. Mit der so ermittelten Verteilung der Querkraft in Umfangsrichtung kann ein sektorenweiser Durchstanznachweis geführt werden.

❗ Die sektorenweise Betrachtung ist eine in der Praxis häufig angewandten ingenieurmäßige Abschätzung zur Bestimmung von Lasteinzugsflächen.

7.3 Beispiel Schnittgrößenermittlung

7.3.1 System

Für die in **Abb. 7.8** im Grundriss dargestellte Flachdecke sollen die Schnittgrößen ermittelt werden. Die Decke hat eine Stärke von $h = 30$ cm und soll aus einem Beton der Festigkeitsklasse C30/37 (XC3) hergestellt werden. Bei der Decke handelt es sich um eine Zwischengeschossdecke. Die Geschosshöhen betragen 3,0 m und die Stützenabmessungen 30 cm x 30 cm.

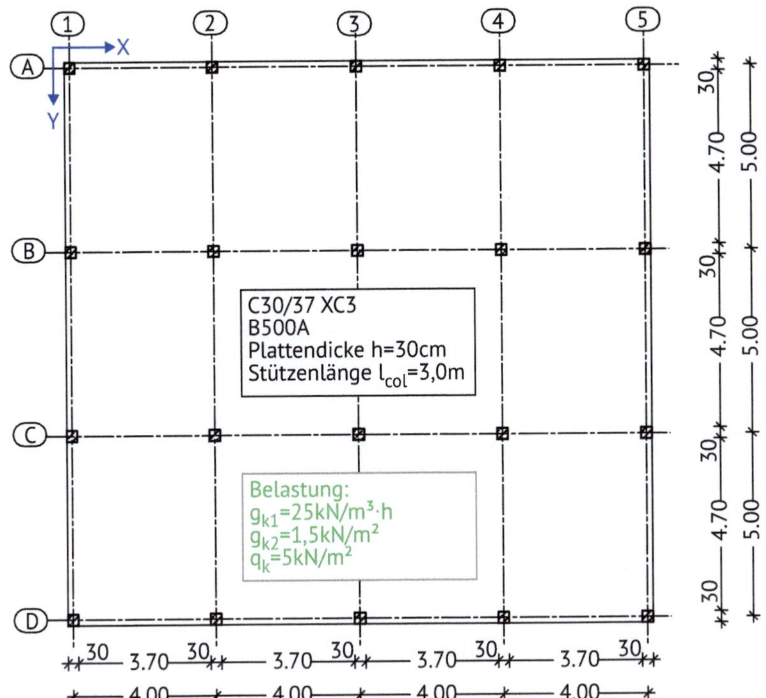

Abb. 7.8 Beispiel Schnittgrößenermittlung Flachdecke: Angabe, Geometrie der Flachdecke des Zwischengeschosses

Die Belastung der Decke wurde in ◨ Abb. 7.8 wie folgt angegeben:

- Eigengewicht $g_{k1} = 25 \cdot 0{,}3 = 7{,}5\ kN/m^2$
- Ausbaulast: $g_{k2} = 1{,}5\ kN/m^2$
- Verkehrslast: $q_k = 5\ kN/m^2$

Damit können die Bemessungswerte der ständigen und veränderlichen Lasten berechnet werden:

$$g_d = 1{,}35 \cdot (7{,}5 + 1{,}5) = 12{,}2\ kN/m^2$$

$$q_d = 1{,}5 \cdot 5 = 7{,}5\ kN/m^2$$

Die statische Nutzhöhe ergibt sich für eine Decke mit XC3 und eine Längsbewehrung von $\phi_l = 14\ mm$ zu:

$$d_y = h - c_{min} - \Delta c_{dev} - \frac{\phi_l}{2} = 300 - 20 - 15 - \frac{14}{2} = 258\ mm$$

$$d_x = h - c_{min} - \Delta c_{dev} - \phi_l - \frac{\phi_l}{2} = 300 - 20 - 15 - 14 - \frac{14}{2} = 244\ mm$$

7.3.2 Ermittlung der Biegemomente nach Heft 631

7.3.2.1 Allgemeines

Die Biegemomente sollen mit dem Gurtstreifenverfahren nach DAfStb Heft 631 (DAfStb 2019) bestimmt werden. Dieses Verfahren hat folgende Anwendungsgrenze:

$$0,8 \le \frac{l_x}{l_y} \le 1,25 \Rightarrow \text{Hier} : \frac{l_x}{l_y} = \frac{4}{5} = 0,8$$

Somit sind die Anwendungsgrenzen eingehalten. Im Weitern wird zunächst die Bewehrung in Y-Richtung für das Moment m_{xx} und danach die andere Richtung betrachtet.

7.3.2.2 Ermittlung der Bewehrung in Y-Richtung (mxx)

Für die Ermittlung der Momente wird hier als System zur vereinfachten Schnittgrößenermittlung ein Dreifeldträger betrachtet. Für die Schnittgrößenermittlung wird das Tabellenverfahren nach ▶ Abb. 10.27 verwendet. Gemäß den Tabellen aus ▶ Abb. 10.27 ergibt sich für das erste und dritte Feld folgendes **Feldmoment**:

$$M_{1Ed} = M_{3Ed} = \left(0,08 \cdot g_d + 0,101 \cdot q_d\right) \cdot l_x \cdot l_y^2 =$$

$$M_{1Ed} = M_{3Ed} = \left(0,08 \cdot 12,2 + 0,101 \cdot 7,5\right) \cdot 4 \cdot 5^2 = 173 \, kNm$$

Für das zweite Feld beträgt das folgende Feldmoment:

$$M_{2Ed} = \left(0,025 \cdot g_d + 0,075 \cdot q_d\right) \cdot l_x \cdot l_y^2 =$$

$$M_{2Ed} = \left(0,025 \cdot 12,2 + 0,075 \cdot 7,5\right) \cdot 4 \cdot 5^2 = 87 k \, Nm$$

Als **Stützmoment** über den beiden Mittelstützen kann folgendes Moment berechnet werden:

$$M_{BEd} = M_{CEd} = -\left(0,10 \cdot g_d + 0,117 \cdot q_d\right) \cdot l_x \cdot l_y^2 =$$

$$M_{BEd} = M_{CEd} = -\left(0,10 \cdot 12,2 + 0,117 \cdot 7,5\right) \cdot 4 \cdot 5^2 = -210 \, kNm$$

Da es sich bei dem System um einen Ersatzrahmen handelt müssen hier noch die **Randmomente** bestimmt werden. Diese werden mit dem $c_o - c_u$ Verfahren nach DAfStb Heft 631 (DAfStb 2019) berechnet. Zunächst werden die Beiwerte, welche für die Lastverteilung der Flachdecke benötigt werden, berechnet. Mit der Stützenbreite von $d_s = 30 \, cm$ und der Stützweite quer zum betrachteten System $l_2 = 4m$ ergeben sich nach ▶ Abschn. 6.11.2.2 die folgenden Beiwerte:

$$\psi = 0,5 + 3 \cdot \frac{0,3}{4} = 0,725$$

$$\lambda = 0,2 + 4 \cdot \frac{0,3}{4} = 0,5$$

Mit diesen Beiwerten kann das Volleinspannmoment berechnet werden:

$$M_{Rd}^{(0)} = -\psi \cdot (g+q) \cdot b_L \cdot \frac{l_1^2}{12} =$$

$$M_{Rd}^{(0)} = -0,725 \cdot (12,2+7,5) \cdot 4 \cdot \frac{5^2}{12} = -119\,kNm$$

Zur Ermittlung der Verteilungsbeiwerte c_o und c_u werden noch die Steifigkeiten benötig. Die Stützensteifigkeit ergibt sich zu:

$$I_S = \frac{b \cdot h^3}{12} = \frac{0,3 \cdot 0,3^3}{12} = 6,75 \cdot 10^{-4}\,m^4$$

Der Riegel hat folgende mitwirkende Breite:

$$b_m = \lambda \cdot \min l_2 = 0,5 \cdot 4m = 2\,m$$

Damit kann auch die Riegelsteifigkeit berechnet werden:

$$I_R = \frac{b \cdot h^3}{12} = \frac{2 \cdot 0,3^3}{12} = 45 \cdot 10^{-4}\,m^4$$

Auf Basis der Steifigkeiten können die Verteilungsbeiwerte c_o und c_u ermittelt werden.

$$c_{0,1} = \frac{l_1 \cdot I_{Su}}{h_u \cdot I_R} = \frac{5 \cdot 6,75}{3 \cdot 45} = 0,25$$

$$c_{u,1} = \frac{l_1 \cdot I_{Su}}{h_u \cdot I_R} = \frac{5 \cdot 6,75}{3 \cdot 45} = 0,25$$

Damit kann das Randmoment bestimmt werden:

$$M_{R,d} = \frac{c_u + c_o}{1 + c_o + c_u} \cdot M_{Rd}^{(0)} = \frac{0,25 + 0,25}{1 + 0,25 + 0,25} \cdot -119 = -40\,kNm$$

Die im Vorherigen ermittelten Momente müssen noch gemäß ◻ Abb. 7.6 über die Breite verteilt werden. Für das *Feldmoment im Feld 1* ergibt sich im **Gurtstreifen** folgendes Moment:

$$m_{1xx,SG} = 1,25 \cdot \frac{M_F}{l_2} = 1,25 \cdot \frac{173}{4} = 54 \, kNm \, / \, m$$

Damit kann die folgende Bewehrung über das μ_{Eds} Verfahren ermittelt werden:

$$\mu_{Eds} = \frac{m_{1xx,SG}}{f_{cd} \cdot b \cdot d_x^2} = \frac{0,054}{17 \cdot 1,0 \cdot 0,258^2} = 0,048 \rightarrow \omega = 0,05$$

$$a_{s1} = \frac{1}{\sigma_{sd}} \cdot \omega \cdot b \cdot d \cdot f_{cd} = \frac{1}{435} \cdot 0,05 \cdot 100 \, cm \cdot 25,8 \, cm \cdot 17 = 5 \, cm^2 \, / \, m$$

Für das *Feldmoment im Feld 1* ergibt sich im **Mittelstreifen** folgendes Moment:

$$m_{1xx,FG} = 0,84 \cdot \frac{M_F}{l_2} = 0,84 \cdot \frac{173}{4} = 36 \, kNm \, / \, m$$

Damit kann die folgende Bewehrung über das μ_{Eds} Verfahren ermittelt werden:

$$\mu_{Eds} = \frac{m_{1xx,FG}}{f_{cd} \cdot b \cdot d_x^2} = \frac{0,036}{17 \cdot 1,0 \cdot 0,258^2} = 0,032 \rightarrow \omega = 0,033$$

$$a_{s1} = \frac{1}{\sigma_{sd}} \cdot \omega \cdot b \cdot d \cdot f_{cd} = \frac{1}{435} \cdot 0,033 \cdot 100 \, cm \cdot 25,8 \, cm \cdot 17 = 3,3 \, cm^2 \, / \, m$$

Für das *Stützmoment* ergibt sich im **Gurtstreifen** folgendes Moment:

$$m_{Bxx,SG} = 2,1 \cdot \frac{M_S}{l_2} = 2,1 \cdot \frac{-210}{4} = -110 \, kNm \, / \, m$$

Damit kann die folgende Bewehrung über das μ_{Eds} Verfahren ermittelt werden:

$$\mu_{Eds} = \frac{m_{Bxx,SG}}{f_{cd} \cdot b \cdot d_x^2} = \frac{0,110}{17 \cdot 1,0 \cdot 0,258^2} = 0,097 \rightarrow \omega = 0,1$$

$$a_{s1} = \frac{1}{\sigma_{sd}} \cdot \omega \cdot b \cdot d \cdot f_{cd} = \frac{1}{435} \cdot 0,1 \cdot 100 \, cm \cdot 25,8 \, cm \cdot 17 = 10,1 \, cm^2 \, / \, m$$

Für das *Stützmoment* ergibt sich im **zweitem Gurtstreifen** folgendes Moment:

$$m_{Bxx,SG2} = 1,4 \cdot \frac{M_S}{l_2} = 1,4 \cdot \frac{-210}{4} = -74 \, kNm \, / \, m$$

Damit kann die folgende Bewehrung über das μ_{Eds} Verfahren ermittelt werden:

$$\mu_{Eds} = \frac{m_{Bxx,SG2}}{f_{cd} \cdot b \cdot d_x^2} = \frac{0,074}{17 \cdot 1,0 \cdot 0,258^2} = 0,063 \rightarrow \omega = 0,065$$

$$a_{s1} = \frac{1}{\sigma_{sd}} \cdot \omega \cdot b \cdot d \cdot f_{cd} = \frac{1}{435} \cdot 0,065 \cdot 100\,cm \cdot 25,8\,cm \cdot 17 = 6,6\,cm^2 \, / \, m$$

Für das *Stützmoment* ergibt sich im **Mittelstreifen** folgendes Moment:

$$m_{Bxx,FG} = 0,5 \cdot \frac{M_S}{l_2} = 0,5 \cdot \frac{-210}{4} = -26\,kNm \, / \, m$$

Damit kann die folgende Bewehrung über das μ_{Eds} Verfahren ermittelt werden:

$$\mu_{Eds} = \frac{m_{Bxx,FG}}{f_{cd} \cdot b \cdot d_x^2} = \frac{0,026}{17 \cdot 1,0 \cdot 0,258^2} = 0,026 \rightarrow \omega = 0,026$$

$$a_{s1} = \frac{1}{\sigma_{sd}} \cdot \omega \cdot b \cdot d \cdot f_{cd} = \frac{1}{435} \cdot 0,026 \cdot 100\,cm \cdot 25,8\,cm \cdot 17 = 2,6\,cm^2 \, / \, m$$

Alle weiteren Momente und Bewehrungen sind in der ◘ Tab. 7.1 und im ◘ Abb. 7.9 zusammengefasst.

◘ **Tab. 7.1**   Momente m_{xx} und Bewehrung für die Flachdecke in Y-Richtung

	MS-A	MF-1	MS-B	MF-2
Momente Ersatzsystem	− 40	173	− 210	87
Gurtstreifen-Eingangswerte [−]				
Stütze	2,10	1,25	2,10	1,25
Neben Stütze	1,40	1,25	1,40	1,25
Feld	0,50	0,84	0,50	0,84
Gurtstreifen – Momente [kNm/m]				
Stütze	− 21	54	− 110	27
Neben Stütze	− 14	54	− 74	27
Feld	− 5	36	− 26	18
Gurtstreifen – Bewehrung [cm²/m]				
Stütze	1,9	5,0	10,1	2,4
Neben Stütze	1,3	5,0	6,6	2,4
Feld	0,5	3,3	2,6	1,7

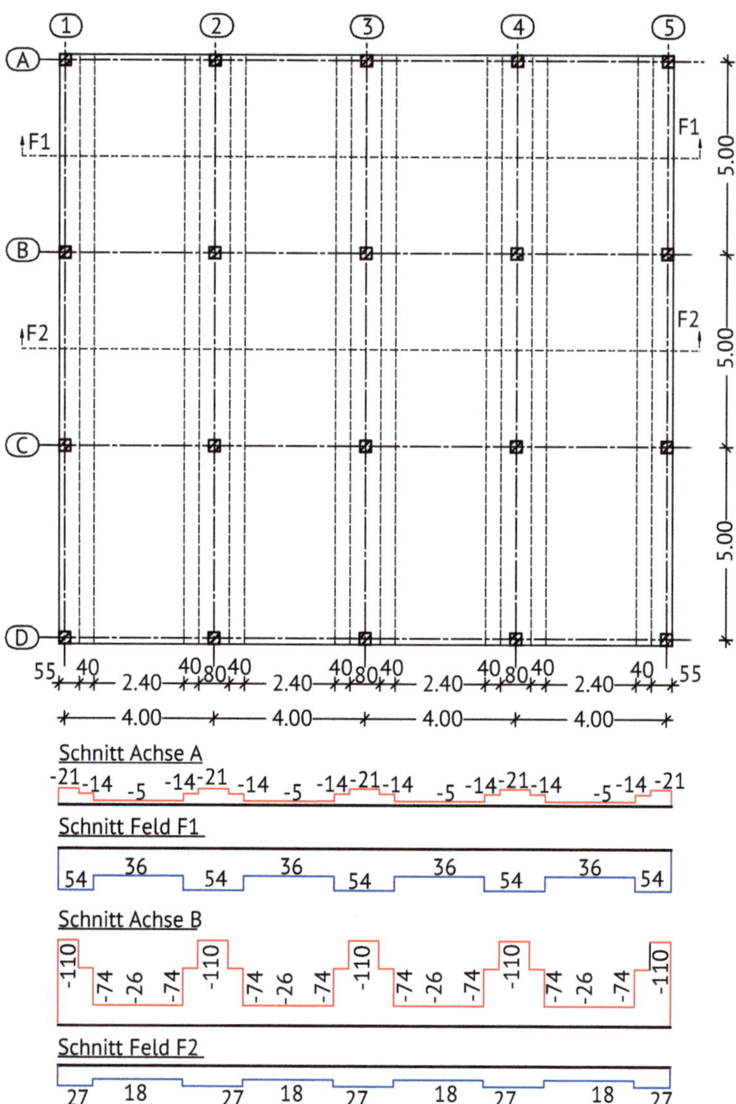

Abb. 7.9 Momente m_{xx} der Flachdecke

7.3.2.3 Ermittlung der Bewehrung in X-Richtung (myy)

Für die Ermittlung der Momente wird hier als System zur vereinfachten Schnittgrößenermittlung ein Vierfeldträger betrachtet. Für die Schnittgrößenermittlung wird das Tabellenverfahren nach ▶ Abb. 10.27 verwendet. Gemäß den Tabellen aus ▶ Abb. 10.27 ergibt sich für das erste und vierte Feld folgendes **Feldmoment**:

$$M_{1Ed} = M_{4Ed} = \left(0{,}077 \cdot g_d + 0{,}100 \cdot q_d\right) \cdot l_y \cdot l_x^2 =$$

$$M_{1Ed} = M_{4Ed} = \left(0{,}077 \cdot 12{,}2 + 0{,}100 \cdot 7{,}5\right) \cdot 5 \cdot 4^2 = 135\,kNm$$

Für das zweite und dritte Feld kann das folgende Feldmoment berechnet werden:

$$M_{2Ed} = M_{3Ed} = \left(0{,}036 \cdot g_d + 0{,}080 \cdot q_d\right) \cdot l_y \cdot l_x^2 =$$

$$M_{2Ed} = M_{3Ed} = \left(0{,}036 \cdot 12{,}2 + 0{,}080 \cdot 7{,}5\right) \cdot 5 \cdot 4^2 = 83\,kNm$$

Als Stützmoment erhält man über der Mittelstütze folgendes Moment:

$$M_{CEd} = -\left(0{,}071 \cdot g_d + 0{,}107 \cdot q_d\right) \cdot l_y \cdot l_x^2 =$$

$$M_{CEd} = -\left(0{,}071 \cdot 12{,}2 + 0{,}107 \cdot 7{,}5\right) \cdot 5 \cdot 4^2 = -133\,kNm$$

Für die beiden anderen Stützen lässt sich das folgende Stützmoment bestimmen:

$$M_{BEd} = M_{DEd} = -\left(0{,}107 \cdot g_d + 0{,}121 \cdot q_d\right) \cdot l_y \cdot l_x^2 =$$

$$M_{BEd} = M_{DEd} = -\left(0{,}107 \cdot 12{,}2 + 0{,}121 \cdot 7{,}5\right) \cdot 5 \cdot 4^2 = -177\,kNm$$

Da es sich bei dem System um einen Ersatzrahmen handelt müssen hier noch die **Randmomente** bestimmt werden. Diese werden mit dem $c_o - c_u$ Verfahren nach DAfStb Heft 631 (DAfStb 2019) berechnet. Zunächst werden die Beiwerte, welche für die Lastverteilung der Flachdecke benötigt, werden berechnet. Mit der Stützenbreite von $d_s = 30\,cm$ und der Stützweite quer zum betrachteten System $l_2 = 5\,m$ ergeben sich nach ▶ Abschn. 6.11.2.2 die folgenden Beiwerte:

$$\psi = 0{,}5 + 3 \cdot \frac{0{,}3}{5} = 0{,}68$$

$$\lambda = 0{,}2 + 4 \cdot \frac{0{,}3}{5} = 0{,}44$$

Mit diesen Beiwerten kann das Volleinspannmoment berechnet werden:

$$M_{Rd}^{(0)} = -\psi \cdot \left(g+q\right) \cdot b_L \cdot \frac{l_1^2}{12} =$$

$$M_{Rd}^{(0)} = -0{,}68 \cdot \left(12{,}2 + 7{,}5\right) \cdot 5 \cdot \frac{4^2}{12} = -89\,kNm$$

Zur Ermittlung der Verteilungsbeiwerte c_o und c_u werden noch die Steifigkeiten benötig. Die Stützensteifigkeit ergibt sich zu:

$$I_S = \frac{b \cdot h^3}{12} = \frac{0{,}3 \cdot 0{,}3^3}{12} = 6{,}75 \cdot 10^{-4}\,m^4$$

Der Riegel hat folgende mitwirkende Breite:

$$b_m = \lambda \cdot \min l_2 = 0,44 \cdot 5m = 2,2\,m$$

Damit kann auch die Riegelsteifigkeit berechnet werden:

$$I_R = \frac{b \cdot h^3}{12} = \frac{2,2 \cdot 0,3^3}{12} = 49,5 \cdot 10^{-4}\,m^4$$

Auf Basis der Steifigkeiten können die Verteilungsbeiwerte c_o und c_u ermittelt werden.

$$c_{o,1} = c_{u,1} = \frac{l_1 \cdot I_{Su}}{h_u \cdot I_R} = \frac{5 \cdot 6,75}{3 \cdot 49,5} = 0,23$$

Damit kann das Randmoment bestimmt werden:

$$M_{R,d} = \frac{c_u + c_o}{1 + c_o + c_u} \cdot M_{Rd}^{(0)} = \frac{0,23 + 0,23}{1 + 0,23 + 0,23} \cdot -89 = -28\,kNm$$

Die im Vorherigen ermittelten Momente müssen noch gemäß ◘ Abb. 7.6 über die Breite verteilt werden.

Für das *Feldmoment im Feld 1* ergibt sich im **Gurtstreifen** folgendes Moment:

$$m_{1yy,SG} = 1,25 \cdot \frac{M_F}{l_2} = 1,25 \cdot \frac{135}{5} = 33,75\,kNm\,/\,m$$

Damit kann die folgende Bewehrung über das μ_{Eds} Verfahren ermittelt werden:

$$\mu_{Eds} = \frac{m_{1yy,SG}}{f_{cd} \cdot b \cdot d_x^2} = \frac{0,0375}{17 \cdot 1,0 \cdot 0,244^2} = 0,033 \rightarrow \omega = 0,034$$

$$a_{s1} = \frac{1}{\sigma_{sd}} \cdot \omega \cdot b \cdot d \cdot f_{cd} = \frac{1}{435} \cdot 0,034 \cdot 100\,cm \cdot 24,4\,cm \cdot 17 = 3,2\,cm^2\,/\,m$$

Für das *Feldmoment im Feld 1* ergibt sich im **Mittelstreifen** folgendes Moment:

$$m_{1yy,FG} = 0,84 \cdot \frac{M_F}{l_2} = 0,84 \cdot \frac{135}{5} = 22,7\,kNm\,/\,m$$

Damit kann die folgende Bewehrung über das μ_{Eds} Verfahren ermittelt werden:

$$\mu_{Eds} = \frac{m_{1yy,FG}}{f_{cd} \cdot b \cdot d_x^2} = \frac{0,0275}{17 \cdot 1,0 \cdot 0,244^2} = 0,022 \rightarrow \omega = 0,023$$

$$a_{s1} = \frac{1}{\sigma_{sd}} \cdot \omega \cdot b \cdot d \cdot f_{cd} = \frac{1}{435} \cdot 0,023 \cdot 100\,cm \cdot 24,4\,cm \cdot 17 = 2,2\,cm^2 \,/\, m$$

Für das ***Stützmoment an der Stütze B*** ergibt sich im **Gurtstreifen** folgendes Moment:

$$m_{Byy,SG} = 2,1 \cdot \frac{M_S}{l_2} = 2,1 \cdot \frac{-177}{5} = -74,3\,kNm \,/\, m$$

Damit kann die folgende Bewehrung über das μ_{Eds} Verfahren ermittelt werden:

$$\mu_{Eds} = \frac{m_{Bxx,SG}}{f_{cd} \cdot b \cdot d_x^2} = \frac{0,177}{17 \cdot 1,0 \cdot 0,244^2} = 0,073 \rightarrow \omega = 0,076$$

$$a_{s1} = \frac{1}{\sigma_{sd}} \cdot \omega \cdot b \cdot d \cdot f_{cd} = \frac{1}{435} \cdot 0,076 \cdot 100\,cm \cdot 24,4\,cm \cdot 17 = 7,2\,cm^2 \,/\, m$$

Für das ***Stützmoment*** ergibt sich im **zweitem Gurtstreifen** folgendes Moment:

$$m_{Byy,SG2} = 1,4 \cdot \frac{M_S}{l_2} = 1,4 \cdot \frac{-177}{5} = -49,3\,kNm \,/\, m$$

Damit kann die folgende Bewehrung über das μ_{Eds} Verfahren ermittelt werden:

$$\mu_{Eds} = \frac{m_{Bxx,SG2}}{f_{cd} \cdot b \cdot d_x^2} = \frac{0,0493}{17 \cdot 1,0 \cdot 0,244^2} = 0,049 \rightarrow \omega = 0,050$$

$$a_{s1} = \frac{1}{\sigma_{sd}} \cdot \omega \cdot b \cdot d \cdot f_{cd} = \frac{1}{435} \cdot 0,050 \cdot 100\,cm \cdot 24,4\,cm \cdot 17 = 4,8\,cm^2 \,/\, m$$

Für das ***Stützmoment*** ergibt sich im **Mittelstreifen** folgendes Moment:

$$m_{Byy,FG} = 0,5 \cdot \frac{M_S}{l_2} = 0,5 \cdot \frac{-177}{5} = -14,2\,kNm \,/\, m$$

Damit kann die folgende Bewehrung über das μ_{Eds} Verfahren ermittelt werden:

$$\mu_{Eds} = \frac{m_{Bxx,FG}}{f_{cd} \cdot b \cdot d_x^2} = \frac{0,014}{17 \cdot 1,0 \cdot 0,244^2} = 0,014 \rightarrow \omega = 0,015$$

$$a_{s1} = \frac{1}{\sigma_{sd}} \cdot \omega \cdot b \cdot d \cdot f_{cd} = \frac{1}{435} \cdot 0,015 \cdot 100\,cm \cdot 24,4\,cm \cdot 17 = 1,3\,cm^2 \,/\, m$$

Alle weiteren Momente und Bewehrungen sind in der ◘ Tab. 7.2 und im ◘ Abb. 7.10 zusammengefasst.

◌ Tab. 7.2   Momente m_{yy} und Bewehrung für die Flachdecke in X-Richtung

	MS-1	MF-1	MS-2	MF-2	MS-3
Momente Ersatzsystem	− 28	135	− 177	83	− 133
Gurtstreifen-Eingangswerte [−]					
Stütze	2,1	1,25	2,1	1,25	2,1
Neben Stütze	1,4	1,25	1,4	1,25	1,4
Feld	0,4	0,84	0,4	0,84	0,4
Gurtstreifen – Momente [kNm/m]					
Stütze	− 11,8	33,8	− 74,3	20,8	− 55,9
Neben Stütze	− 7,8	33,8	− 49,6	20,8	− 37,2
Feld	− 2,2	22,7	− 14,2	13,9	− 10,6
Gurtstreifen – Bewehrung [cm²/m]					
Stütze	1,1	3,2	7,2	2,0	5,5
Neben Stütze	0,8	3,2	4,8	2,0	3,6
Feld	0,3	2,2	1,4	1,3	1,0

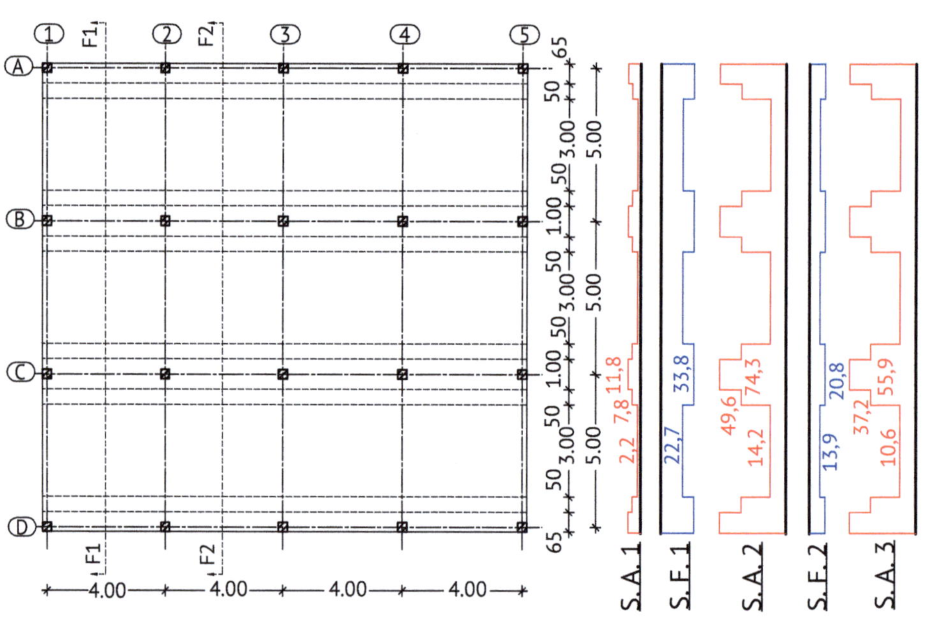

◌ Abb. 7.10   Momente m_{yy} der Flachdecke

7.3.3 Ermittlung der Querkräfte

Die Querkräfte sollen über die Lasteinzugsflächen bestimmt werden. Hierfür werden zunächst die Querkraftnulldurchgänge unter Volllast am Ersatzsystem über die Tabellen aus ▶ Abb. 10.27 bestimmt. Damit ergibt sich der Querkraftverlauf in ◼ Abb. 7.11.

Die Nulldurchgänge in ◼ Abb. 7.11 bilden dann die Begrenzungslinien für die Lasteinzugsfläche. Diese sind in ◼ Tab. 7.3 zusammengefasst. Über die Last und die Fläche lässt sich dann die Stützenkraft ermitteln.

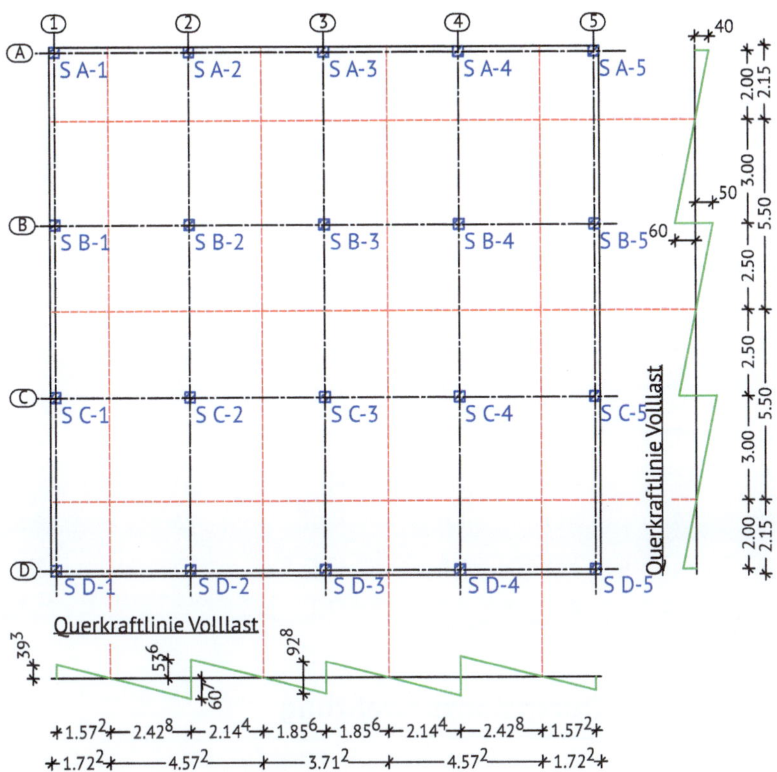

◼ **Abb. 7.11** Nulldurchgänge der Querkraftlinien

▫ Tab. 7.3 Lasteinzugsflächen und Stützenkräfte

Stütze	L_1 [m]	L_2 [m]	A [m²]	g [kN/m²]	q[kN/m²]	V_{Ed} [kN]
S-A-1	1,72	2,15	3,7	12,2	7,5	72,9
S-A-2	4,57	2,15	9,8	12,2	7,5	193,6
S-A-3	3,71	2,15	8,0	12,2	7,5	157,1
S-A-4	4,57	2,15	9,8	12,2	7,5	193,6
S-A-5	1,72	2,15	3,7	12,2	7,5	72,9
S-B-1	1,72	5,5	9,5	12,2	7,5	186,4
S-B-2	4,57	5,5	25,1	12,2	7,5	495,2
S-B-3	3,71	5,5	20,4	12,2	7,5	402,0
S-B-4	4,57	5,5	25,1	12,2	7,5	495,2
S-B-5	1,72	5,5	9,5	12,2	7,5	186,4
S-C-1	1,72	5,5	9,5	12,2	7,5	186,4
S-C-2	4,57	5,5	25,1	12,2	7,5	495,2
S-C-3	3,71	5,5	20,4	12,2	7,5	402,0
S-C-4	4,57	5,5	25,1	12,2	7,5	495,2
S-C-5	1,72	5,5	9,5	12,2	7,5	186,4
S-D-1	1,72	2,15	3,7	12,2	7,5	72,9
S-D-2	4,57	2,15	9,8	12,2	7,5	193,6
S-D-3	3,71	2,15	8,0	12,2	7,5	157,1
S-D-4	4,57	2,15	9,8	12,2	7,5	193,6
S-D-5	1,72	2,15	3,7	12,2	7,5	72,9

7.4 Platten ohne Durchstanzbewehrung

7.4.1 Phänomen und Relevanz

Wie im Vorherigen bereits erläutert kommt es bei Flachdecken zu einer Last-konzentration an den Stützen. Hier trifft die maximale Querkraft mit den maximalen Biegemomenten in Längs- und Querrichtung zusammen. Aufgrund dieser Last-konzentration ist ein Auftreten eines konventionellen Querkraftversagensmechanis-mus wie in ▫ Abb. 7.12 links dargestellt bei dünnen Platten wenig wahrscheinlich. Kritisch können jedoch hoch beanspruchte und primär in eine Richtung tragende Platten sein, wie dies beispielsweise in Tunneldecken in offener Bauweise der Fall ist.

Im Bereich von Krafteinleitungen, vor allem im Stützenbereich von Flachdecken, treten im Allgemeinen hohe Schubbeanspruchungen auf. Bei fehlender Schubbeweh-rung kann dies zu schlagartigem, sprödem Versagen des Krafteinleitungsbereiches

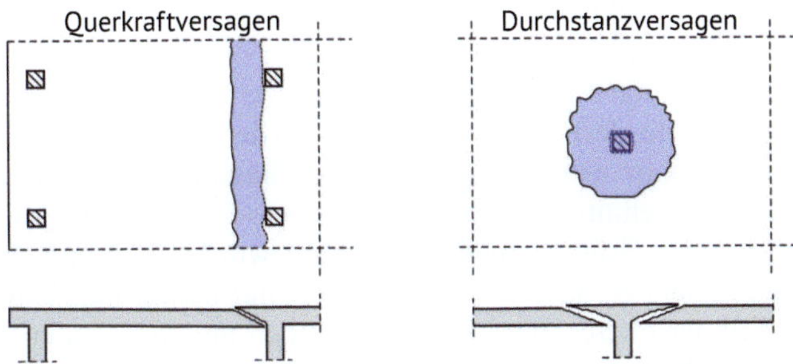

Abb. 7.12   Querkraftversagen links und Durchstanzversagen rechts

Abb. 7.13   Durchstanzversagen bei Pipers Row Car Park 1997, entnommen aus. (Wood 2003)

führen, welcher dann kegelförmig ausbricht. Dieses Versagen, welches in **Abb. 7.12** rechts dargestellt ist, nennt man Durchstanzversagen.

Vor allem im Hochbau kann es ohne weitere Maßnahmen zum Versagen der Deckenkonstruktion aufgrund des Durchstanzens der Stützen, Wandecken oder Wandenden kommen. Durchstanzen tritt bei punktförmig gestützten Platten auf, deren Lasten direkt in die Stütze eingeleitet werden. Das Durchstanzen stellt einen Sonderfall des Querkrafttragverhaltens bei plattenartigen Bauteilen dar, bei der ein Betonkegel mit einer Neigung zwischen 30° und 35° aus der Platte im hoch beanspruchten Stützenbereich herausgestanzt wird (vgl. auch **Abb. 7.12** rechts). Durchstanzen zählt zu den spröden Versagensarten, bei der die Decke bei Erreichen der Durchstanzlast, ohne große Vorankündigung, plötzlich zum Einsturz führt. Die Relevanz des Durchstanzens soll nachfolgend an einigen Beispielen erläutert werden.

Beispiel 1: Einsturz Pipers Row Car Park Wolverhampton (Großbritannien, 1997)

1965 wurde in Wolverhampton in Großbritannien der Pipers Row Car Park, ein mehrstöckiges Parkhaus erbaut. Bestehend aus 23 cm dicken Flachdecken und unregelmäßig verteilten quadratischen Stützen. Am 20. März 1997 stanzte eine Innenstütze durch die oberste Stahlbetonplatte, wodurch ein 150 t schweres Plattenteil auf das darunterliegende Deck krachte wie dies **Abb. 7.13** zeigt. Das Gewicht der Platte musste nun von den verbleibenden Stützen getragen werden, welche nicht dafür ausgelegt wurden. Infolgedessen kam es bei acht weiteren Stützen zum Durchstanzen. Aufgrund der großen Schäden wurde das gesamte Gebäude vollständig abgerissen und ersetzt. Glücklicherweise kam kein Mensch zu Schaden. Die Ursachen des Einsturzes waren zum einen die Planung, bei der die einwirkenden Stützenkräfte unterschätzt, die Öffnungen in der Nähe von Stützen bei der Bemessung nicht berücksichtigt und das erforderliche Sicherheitsniveau der Bemessung nicht eingehalten wurde. Zum anderen kam es zu einer fehlerhaften Bauausführung, da die Festigkeit aufgrund des Zementgehalts starke Schwankungen aufzeigte und die oberste Bewehrungslage über den Stützen zu tief eingebaut wurde. Während der Nutzungsdauer kam es außerdem zu Schäden im Beton, die nur mangelhaft behoben wurden und somit ein Teil der oberen Bewehrungslage einen unzureichenden Verbund aufwies. Ausgelöst wurde dieses Unglück durch die Abkühlung der Luft- und Bauteiltemperatur um einige Grad in der Nacht, welche zu zusätzlichen Zwangsspannungen in der Decke führten.

■ **Beispiel 2: Einsturz Sampoong Department Store, Seoul (Südkorea, 1995)**

Der von 1987 bis 1989 errichtete Sampoong Department Store, ein fünfstöckiges Einkaufszentrum in Seoul, sackte innerhalb von 20 s am 29. Juni 1995 während der abendlichen Haupteinkaufszeit zusammen. Auslöser war ein Durchstanzversagen der obersten Deckenplatte, die durch unzureichende Bewehrung im Durchstanzbereich und nachträglicher Veränderungen, wie Bau eines zusätzlichen Geschosses oder auch Öffnungen in der Decke, verursacht wurden. Es gab circa 500 Tote und 900 Verletzte.

■ **Beispiel 3: Tiefgarage Gretzenbach (Schweiz, 2004)**

Am 27. November 2004 kam es in Solothurn in einer Tiefgarage zu einem Brand von mehreren Autos. Während der Löscharbeiten stürzte die Tiefgarage ein, wodurch zehn Feuerwehrleute verschüttet wurden. Sieben Männer starben. Untersuchungen ergaben, dass die Stahlbetondecke der Tiefgarage nicht wegen des Feuers eingestürzt war. Zum einen lag zu viel Erdreich auf der Tiefgarage und es gab neben eines Ausführungsfehlers einer zu hoch betonierten Stütze (vgl. ▪ Abb. 7.14) auch erhebliche Defizite in der statischen Berechnung beim Nachweis des Durchstanzens.

Durch die Beispiele wird ersichtlich, weshalb eine Bemessung zur Vermeidung von Durchstanzen wichtig ist.

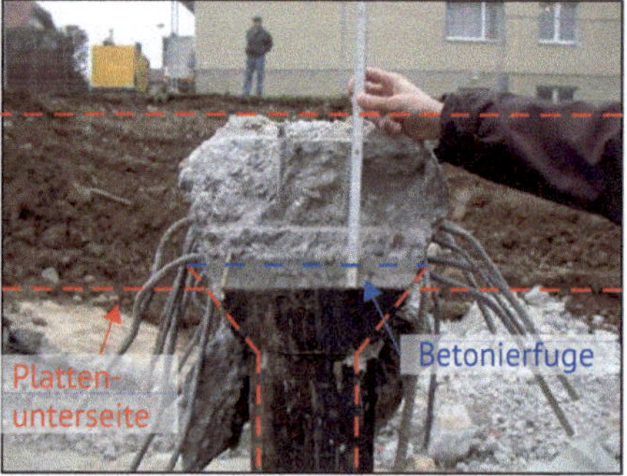

▪ **Abb. 7.14** Durchstanzversagen bei der Tiefgarage in Gretzenbach 2004 entnommen aus. (Muttoni et al. 2005)

❗ Tiefgaragen sind im Allgemeinen besonders gefährdet, da hier weitere ungünstige Umstände wie Fahrzeugbrand, Korrosion und unplanmäßig hohe Erdüberdeckung zusammenkommen.

Das Verhalten eines Bauteils bei einer Durchstanzbeanspruchung ist in ◨ Abb. 7.15 verdeutlicht.

Nach Einsetzen der Biegerissbildung entstehen aus den Biegerissen schräg zur Stütze hin geneigte Schubrisse. Die Rissspitze setzt sich mit zunehmender Beanspruchung der Platte zum Stützenanschnitt fort. Die Durchstanztragfähigkeit wird meist schlagartig erreicht, wenn der „ungerissene" Restquerschnitt im Bereich der Druckzone der Platte vor der Stütze infolge einer Kombination aus Druck- und Scherkräften versagt. Die inneren, schräg geneigten Trennrisse verlaufen annähernd kreisförmig um die Stütze und bilden einen kegelstumpfartigen Ausbruchkörper, der sich zusammen mit der Stütze aus der Platte heraus bewegt. Diese Versagensfolge bezeichnet man als Durchstanzen.

Am rotationssymmetrischen Fall, welcher in ◨ Abb. 7.16 dargestellt ist, lässt sich der Versagensmechanismus verdeutlichen.

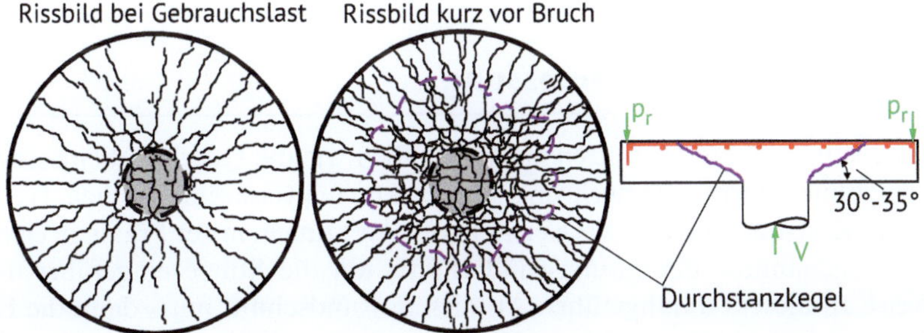

◨ **Abb. 7.15** Rissbild und Bruchkegel bei einem Durchstanzversuch, in Anlehnung an. (Zilch und Zehetmaier 2010)

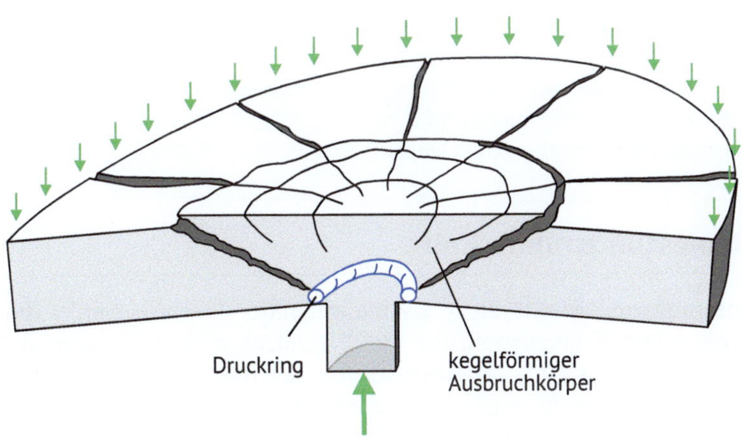

◨ **Abb. 7.16** Schematische Darstellung eines Durchstanzkegels einer Flachdecke, in Anlehnung an. (Siburg 2019)

Aus den radialen Plattenbiegemomenten entstehen unten in der Platte auf die Stütze gerichtete Druckkräfte. Aufgrund der tangentialen Plattenbiegemomenten sind an der Plattenunterseite zusätzlich kreisförmig umlaufende Druckkräfte vorhanden. Die zugehörigen Zugkräfte werden von der Biegezugbewehrung aufgenommen. Aufgrund der im Bruchzustand vorliegenden Rissbreiten können nur geringe Scherkräfte über die Rissufer übertragen werden, sodass ein Großteil der Querkraft über die Druckzone der Platte in die Stütze eingeleitet werden muss. Am Stützenanschnitt bildet sich aus radialen und tangentialen Druckkräften sowie der Plattenquerkraft ein mehraxialer Spannungszustand. Im ideal-rotationssymmetrischen Fall beschreibt das Versagen dieses „Druckrings" vor der Stütze die Grenztragfähigkeit des Durchstanzens.

Sowohl in Versuchen als auch bei realen Bauwerken tritt Rotationssymmetrie nur theoretisch auf, da die Biegezugbewehrung meist kreuzweise angeordnet wird und Platten sowie Stützen unterschiedliche Formen haben. Auch die verschiedenen Belastungen führen dazu, dass sich Biegemomente und Querkräfte nicht gleichmäßig um die Stütze herum verteilen.

In der Regel wird bei der Durchstanzbemessung der Maximalwert der Beanspruchung des Druckrings mit einem Lasterhöhungsfaktor bestimmt und mit dem Durchstanzwiderstand unter annähernd gleichmäßiger Beanspruchung verglichen.

7.4.2 Vorgehen in der Bemessung

Die Bemessung auf Durchstanzen erfolgt ähnlich wie die Querkraftbemessung von Bauteilen ohne Querkraftbewehrung auf einem teilweise empirischen (versuchs-gestützten) Konzept. Um eine Vergleichbarkeit der Stützen in der Praxis zu erreichen, wird ein sogenannter Bemessungsrundschnitt, um die Stütze eingeführt und die Nachweise an diesem durchgeführt. An diesem Rundschnitt muss dann die Einwirkung kleiner als der semi-empirische Widerstand sein. Hierbei stellt die Einwirkung eine Querkraft dar, welche auf die Umfangsfläche des Bemessungsrundschnitts bezogen ist und somit eine Art Schubspannung ist. Das Bemessungsvorgehen ist in dem Ablaufdiagramm in ◘ Abb. 7.17 verdeutlicht. Die einzelnen Schritte werden in den nachfolgenden Abschnitten erläutert.

Die Lage des Rundschnitts hat keine physikalische Bedeutung. Lediglich in Verbindung mit der Schubtragfähigkeit im Schnitt ergibt sich ein Rechenwert der Durchstanzlast, der an Versuchsergebnissen kalibriert ist.

7.4.3 Bemessungsrundschnitt

Der Bemessungsrundschnitt dient als maßgebender Nachweispunkt des Durchstanzens ohne Durchstanzbewehrung. Bei Flachdecken ist dieser gemäß DIN EN 1992-1-1 (09.2025) 8.4.2 (2) im Abstand von der 0,5-fachen mittleren statischen Nutzhöhe $(0,5 \cdot d_v)$ vom Querschnittsrand der Stütze entfernt. Für die Durchstanztragfähigkeit ist jeweils die statische Nutzhöhe, die für den Hebelarm zwischen Druck und Zuggurt im kritischen Riss charakteristisch ist, maßgebend. Diese statische Nutzhöhe kann über die Gl. (7.1) bestimmt werden.

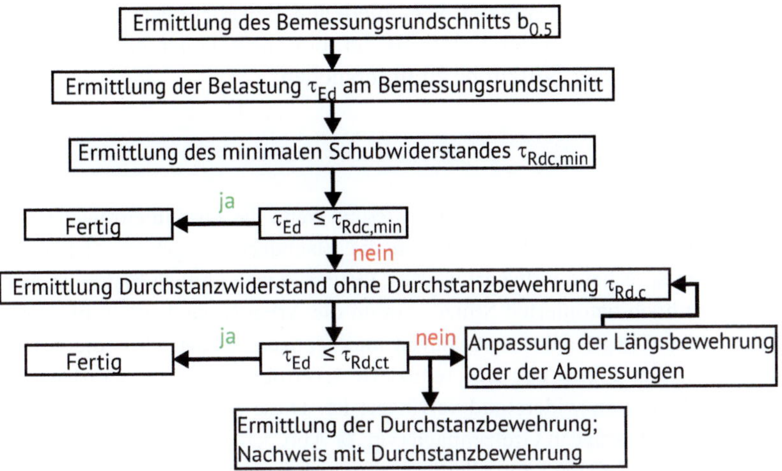

◘ Abb. 7.17 Vorgehen beim Durchstanznachweis ohne Durchstanzbewehrung

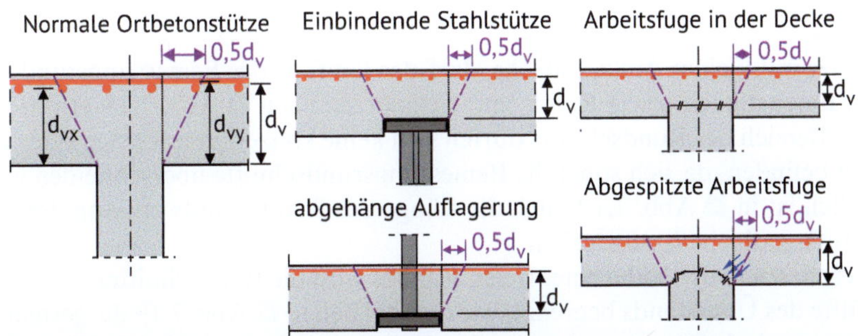

◘ Abb. 7.18 Ermittlung der statischen Nutzhöhe für den Bemessungsrundschnitt

$$d_v = \frac{d_{vx} + d_{vy}}{2} \tag{7.1}$$

Dabei ist:

d_{vx} – Statische Nutzhöhe der Bewehrung in X-Richtung

d_{vy} – Statische Nutzhöhe der Bewehrung in Y-Richtung

Wie auch bei der Querkraftbemessung nach ► Abschn. 3.2.2 darf die Bemessung sowohl auf Basis der Nennwerte (d_{vx} und d_{vy}) als auch auf Basis der Bemessungswerte (d_{dx} und d_{dy}) der statischen Nutzhöhe erfolgen. Die Nachweise sind bauteilbezogen mit Nennwert oder Bemessungswert durchgängig zu führen. Je nach Konzept ist der entsprechende Teilsicherheitsbeiwert nach ► Abschn. 3.2.2 zu wählen. Im Allgemeinen wird das Konzept mit Nennwerten (d_{nom}) empfohlen und somit der Teilsicherheitsbeiwert von $\gamma_V = 1{,}4$ gewählt.

In den Beispielen in ◘ Abb. 7.18 ergibt sich die maßgebende Nutzhöhe am Anschnitt zur Lasteinleitungsfläche (z. B. Stützenfläche). Dabei entspricht d_v dem

Mittelwert der Nutzhöhen aus den verschiedenen Bewehrungsrichtungen. Bei Platten mit Vouten im Bereich der Stütze ist ggf. ein zusätzlicher Nachweisschnitt mit entsprechend reduzierter Nutzhöhe zu untersuchen.

Praxistipp

Es sei noch auf einen Sonderfall hingewiesen: Wenn die Lasteinleitungsfläche z. B. aus einer Stahlplatte besteht, welche in die Flachdecke eingelassen ist, muss die Nutzhöhe entsprechend reduziert werden. Grundsätzlich ähnlich hierzu ist die Situation bei zu hoch betonierten Stützen (wenn die Arbeitsfuge deutlich oberhalb der Schalungsebene liegt). Hier muss davon ausgegangen werden, dass die geschalten Seitenflächen der Stütze nur eine reduzierte Kraftübertragung gewährleisten, und somit der Durchstanzwiderstand verringert ist. Diese Situation war auch für den Einsturz der Tiefgarage in Gretzenbach (vgl. ◗ Abb. 7.14) mit verantwortlich. Bei zu hoch betonierten Stützen kann allerdings durch einfache Maßnahmen z. B. über das Abstemmen der Betonkante, die Aufnahme der Druckkraft am Stützenanschnitt wieder sichergestellt werden.

Bei Stütze mit kleiner Auflagerfläche, darf der Umfang des Bemessungsrundschnitts $b_{0,5}$ bei Innenstützen sowie Rand- und Eckstützen nach ◗ Abb. 7.19 ermittelt werden. Im Bereich des Rundschnitts dürfen sich keine konzertieren Lasten oder weitere Stützen befinden, da sich sonst die Bemessungsrundschnitte überschneiden würden. Zusätzlich ist in ◗ Abb. 7.19 auch die Länge des Rundschnitts entlang des Randes einer Auflagerfläche b_0 angegeben.

Bei Stützen in der Nähe eines freien Randes wird die Rundschnitterweiterung auf die Hälfte des Überstands begrenzt, wie dies bei den in ◗ Abb. 7.19 dargestellten Bemessungsrundschnitten zu erkennen ist. Der Rundschnitt darf dabei jedoch nicht

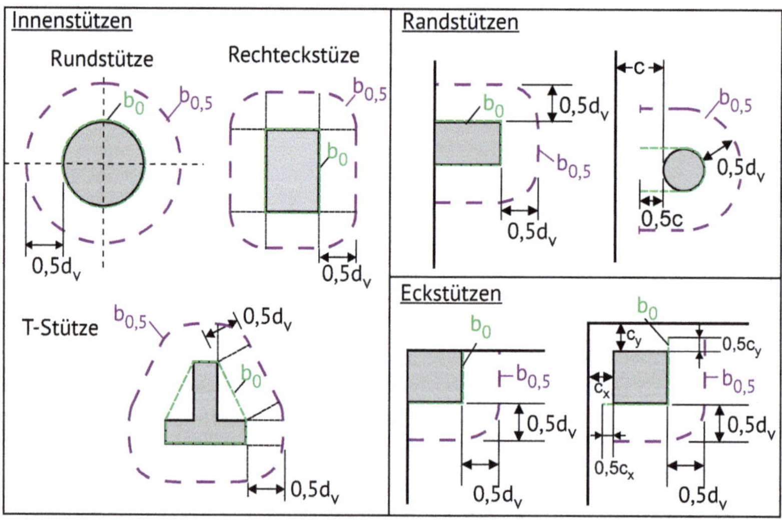

◗ **Abb. 7.19** Bemessungsrundschnitt für Stützen $b_{0,5}$ und des Rundschnitts entlang des Randes einer Auflagerfläche b_0

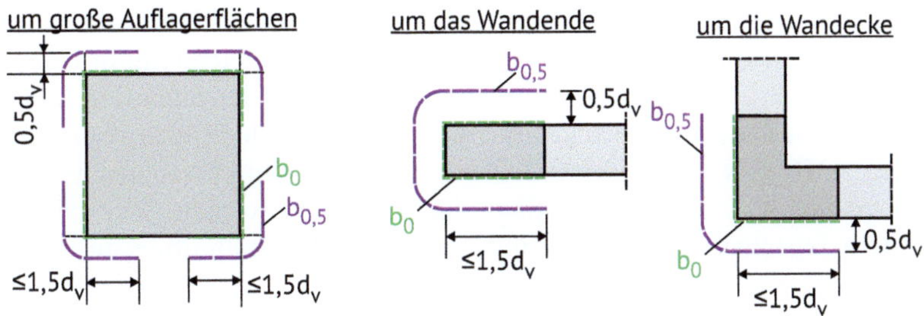

◘ Abb. 7.20 Rundschnitte bei großen Auflagerfläche sowie an Wandecken und Wandenden

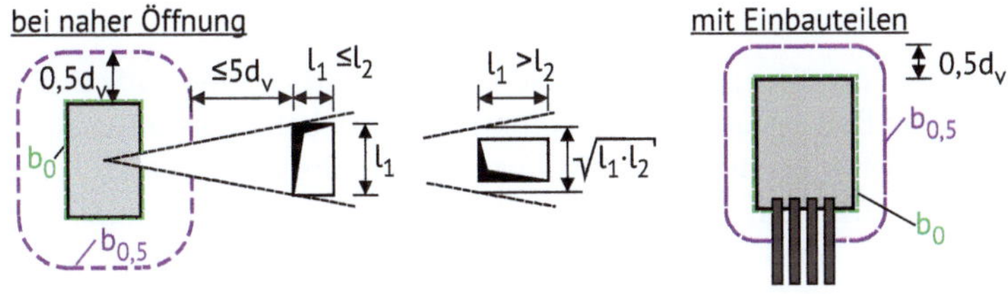

◘ Abb. 7.21 Rundschnitte in der Nähe von Öffnungen und bei Einbauteilen

größer als der „planmäßige" Rundschnitt sein. Bei einem Randabstand $\geq d_v$ kann der Bemessungsrundschnitt um die Stütze wie bei innen liegenden Stützen maßgebend sein.

Bei Stützen mit großer Auflagerfläche sowie an Wandecken und Wandenden treten Konzentration der Querkräfte an den Ecken auf. Die Berücksichtigung der Konzentration der Querkräfte darf erfolgen, indem der Bemessungsrundschnitt unter der Annahme angepasst wird, dass die Länge seiner geraden Abschnitte an jedem Rand maximal $3d_v$ beträgt, wie dies die ◘ Abb. 7.20 zeigt. Ohne genauere Berechnung sollte um große Auflagerflächen ausschließlich der reduzierte Bemessungsrundschnitt nach ◘ Abb. 7.20 berücksichtigt werden.

An Wandenden und Wandecken ist der Durchstanznachweis mit dem Rundschnitt nach ◘ Abb. 7.20 für die von den Eckauflagerflächen aufgenommenen Lasten zu führen. Für Lasten außerhalb der Eckauflagerflächen ist ein normaler Querkraftnachweis entsprechend den Vorgaben in ▶ Kap. 3 zu führen.

Stützen mit einer Breite über $6d_v$ gelten ebenfalls als Wandenden oder -ecken. Bei Rand- und Eckstützen mit Überstand wird die Länge gerader Abschnitte nach ◘ Abb. 7.19 auf maximal $3d_v$ begrenzt.

Versorgungsleitungen der Haustechnik werden ebenfalls häufig an Stützen entlanggeführt und erfordern Deckendurchbrüche in unmittelbarer Nähe der Lasteinleitungsflächen. Die Verminderung der Durchstanztragfähigkeit durch Öffnungen muss ebenfalls erfasst werden, wenn die Öffnungen weniger als $5d_v$ vom Bemessungsrundschnitt entfernt ist. Hierbei ist gemäß ◘ Abb. 7.21 der, der Öffnung zugewandte Teil, des betrachteten Rundschnitts als unwirksam zu betrachten. Dieser Umfangsabschnitt wird durch den Abstand der Schnittpunkte der Verbindungslinien mit dem betrachteten Rundschnitt bestimmt. Gleiches gilt auch für Einbauteile.

Mit Stützenkopfverstärkungen kann der Durchmesser des Durchstanzkegels vergrößert und damit die Tragfähigkeit erhöht werden. Die Herstellung von Stützenköpfen bedeutet erheblichen Mehraufwand hinsichtlich der Schalung und Bewehrung und wird deshalb nur noch selten ausgeführt. Für die Stützenkopfverstärkung sollten nach DIN EN 1992-1-1 (09.2025) 8.4.2 (7) der Durchstanznachweis am Bemessungsrundschnitt nahe der Auflagerfläche geführt werden. Zusätzlich sollten auch weitere Durchstanznachweise mit Bemessungsrundschnitten an den Kanten des Stützenkopfes erfolgen.

7.4.4 Ermittlung der Einwirkung – Lastexzentrizität

7.4.4.1 Allgemeines

Die Einwirkung am Bemessungsrundschnitt wird über eine auf den kritischen Schnitt bezogene Bemessungsschubspannung beschrieben. Das Durchstanzversagen wird ausgelöst, wenn bei höheren Schubbeanspruchung der kritische Schubriss entsteht. Der Riss setzt sich dann anschließend reißverschlussartig um den Lasteinleitungsbereich fort und formt schließlich den typischen Durchstanzkegel. Aus diesem Grund ist für das Durchstanzen näherungsweise der Maximalwert der Schubspannung maßgebend. Gerade bei Platten mit unregelmäßigen Stützweitenverhältnissen ist die Querkraft wie �‣ Abb. 7.22 zeigt nicht gleichmäßig über den Rundschnitt verteilt.

Die Einwirkung am Bemessungsrundschnitt ergibt sich aus der Verteilung der Schubspannung τ_{Ed}. Bei exzentrischer Lasteinleitung Verteilung von τ_{Ed} über $\sum M$ und $\sum V$ bestimmt werden. Das Vorgehen ist analog zur Spannungsermittlung infolge Biegung und Normalkraft am Kreisringquerschnitt:

$$\tau_{Ed} = \frac{V_{Ed}}{b_{0,5} \cdot d_v} + \frac{M_{Ed}}{W} \tag{7.2}$$

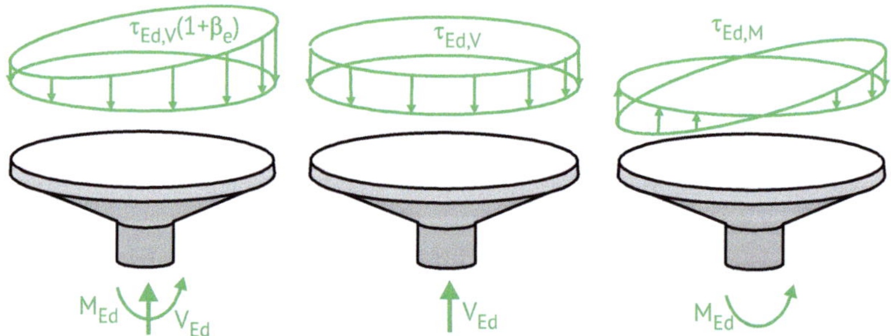

◼ **Abb. 7.22** Verteilung der Belastung im Rundschnitt aufgrund der Wirkungen aus Querkraft und Biegemoment

Dabei ist:

V_{Ed} – Bemessungswert der gesamten aufzunehmenden Querkraft (Stützenlast aus der Deckenlast)

M_{Ed} – Bemessungsmoment, welches sich aus der Exzentrizität der Lasteinzugsfläche ergibt.

$b_{0,5}$ – Umfang des betrachteten Rundschnitts

d_v – Mittlere statische Nutzhöhe

W – Widerstandsmoment des Bemessungsrundschnitt

Bei unverschieblichen Tragwerken des üblichen Hochbaus darf die Wirkung der Momente vereinfachend durch einen Erhöhungsfaktor β_e berücksichtigt werden, welcher wie folgt gemäß ◘ Abb. 7.22 beschrieben werden kann.

$$\tau_{Ed} = \frac{\beta_e \cdot V_{Ed}}{b_{0,5} \cdot d_v} \tag{7.3}$$

$$\tau_{Ed} = \tau_{Ed,V} + \tau_{Ed,M,max} \tag{7.4}$$

$$\tau_{Ed} = \tau_{Ed,V} \cdot \left(1 + \frac{\tau_{Ed,M,max}}{\tau_{Ed,V}}\right) \tag{7.5}$$

$$\tau_{Ed} = \beta_e \cdot \tau_{Ed,V} \tag{7.6}$$

$$\beta_e = 1 + \frac{\tau_{Ed,M,max}}{\tau_{Ed,V}} \tag{7.7}$$

Für die Ermittlung von dem Lasterhöhungsfaktor β stehen zahlreiche Möglichkeiten zur Verfügung. Gemäß DIN EN 1992-1-1 können folgende Ansätze verwendet:
1. Konstante Faktoren für ausgesteifte Systeme mit annähernd gleichen Stützweiten, siehe ▶ Abschn. 7.4.4.2.
2. Genauerer Werte über die Exzentrizität für nach ▶ Abschn. 7.4.4.3.
3. Aus einer EDV-Berechnung, wie es in ▶ Abschn. 7.4.4.4 beschrieben ist.

7.4.4.2 Konstante Beiwerte

Bei der Einhaltung von folgenden Randbedingungen, darf der Erhöhungsfaktor vereinfacht nach ◘ Abb. 7.23 angenommen werden:
- Ausgesteiftes System (die seitliche Aussteifung ist von der Rahmenwirkung von Platten und Stützen unabhängig).
- Die Platte wird ausschließlich durch gleichmäßig verteilte Lasten beansprucht (keine Einzellasten).
- Spannweitenverhältnis: $0,8 \leq l_1/l_2 \leq 1,25$ und $0,8 \leq l_x/l_y \leq 1,25$
- Die auf die Rand- und Eckstützen übertragenen Momente sind nicht größer angesetzt als $M_{td} = 0,25 \cdot b_e \cdot d^2 \cdot f_{cd}$. Dabei ist die Breite b_e in ◘ Abb. 7.23 festgelegt.

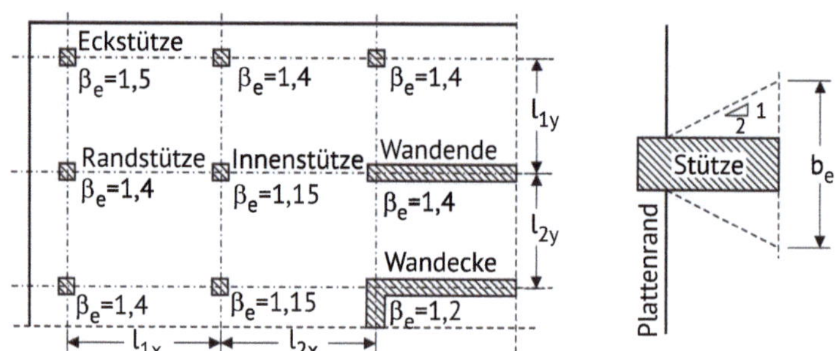

Abb. 7.23   Erhöhungsfaktor bei gleichmäßigen Spannweitenverhältnissen

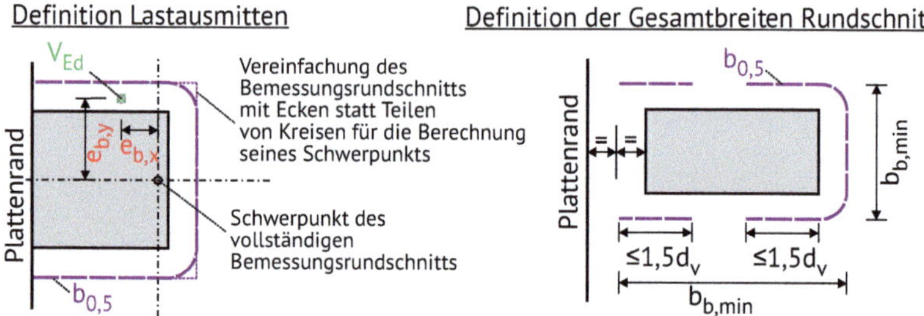

Abb. 7.24   Definitionen der Definition der Lastausmitten e_{bx} und e_{by} und der Gesamtbreiten $b_{b,min}$ und $b_{b,max}$ des Bemessungsrundschnitts $b_{0,5}$

Das Verfahren mit konstanten Erhöhungsfaktor stellt die einfachste und schnellste Ermittlung für die Lasterhöhungsbeiwerte dar. Die Anwendungsgrenzen sind in der Praxis bei den dort vorkommenden Deckensystemen jedoch nicht immer erfüllt.

7.4.4.3 Genaueres Verfahren für Stützen

Für Stützen mit großer Exzentrizität ist in der DIN EN 1992-1-1 (09.2025) eine Gleichungen für den sich Lasterhöhungsbeiwertes β_e in Abhängigkeit der Lastexzentrizität angegeben. Der Lasterhöhungsbeiwertes β_e ergibt sich hierbei nach Gl. (7.8).

$$\beta_e = 1 + 1{,}1 \cdot \frac{e_b}{b_b} \geq 1{,}05 \tag{7.8}$$

Dabei ist b_b der geometrische Mittelwert der kleinsten und größten Gesamtbreiten des Bemessungsrundschnitts nach Gl. (7.9) (siehe auch Abb. 7.24). Sind die Längen der geraden Abschnitte des Bemessungsrundschnitts auf $3d_v$ begrenzt (große Auflagerfläche), sollte die Gesamtbreite des Bemessungsrundschnitts nicht verringert werden.

$$b_b = \sqrt{b_{b,min} \cdot b_{b,max}} \tag{7.9}$$

Die Lastausmitten e_b der Einwirkungslinie der Auflagerkräfte in Bezug auf den Schwerpunkt des Rundschnitts ergeben sich nach den Gl. (7.10) bis (7.12).

$$e_b = \sqrt{e_{b,x}^2 + e_{b,y}^2} \quad \text{für Innenstützen} \tag{7.10}$$

$$e_b = 0,5 \cdot \left|e_{b,x}\right| + \left|e_{b,y}\right| \quad \text{für Randstützen} \tag{7.11}$$

$$e_b = 0,27 \cdot \left(\left|e_{b,x}\right| + \left|e_{b,y}\right|\right) \quad \text{für Eckstützen} \tag{7.12}$$

Nach DIN EN 1992-1-1/NA1 (E) (08.2025) sollten für das Verhältnis e_b/b_b folgende Mindestwerte eingehalten werden:

- Innenstütze: $e_b/b_b \geq 0,10$
- Randstütze: $e_b/b_b \geq 0,20$
- Eckstütze: $e_b/b_b \geq 0,25$

Die Einwirkungslinie der Auflagerkräfte sollte unter Berücksichtigung der Normalkraft und der Momente in den beiden Richtungen der Lastübertragung von der Platte zum Auflager (einschließlich gegebenenfalls vorhandener Schnittgrößen in einer Stütze über der Platte) bestimmt werden. Der Bemessungsrundschnitt zur Berechnung des Schwerpunkts darf vereinfacht werden, indem Teile der Kreise durch Ecken ersetzt werden, wie dies ◘ Abb. 7.24 zeigt. Hierbei sind die geraden Abschnitte nicht auf $3d_v$ begrenzt.

7.4.4.4 Aus einer EDV-Berechnung

Der Bemessungswert der Schubspannung τ_{Ed} kann ebenfalls direkt durch eine detaillierte Berechnung der Schubspannungsverteilung entlang des Bemessungsrundschnitts ermittelt werden. Hierbei ist ein Verfahren anzuwenden, das die Gleichgewichts- und Verträglichkeitsbedingungen der Platte berücksichtigt, wie beispielsweise eine linear-elastische FEM-Analyse. Die Schubspannung τ_{Ed} ergibt sich dabei zu:

$$\tau_{Ed} = \frac{v_{Ed}}{d_v} \tag{7.13}$$

Hierbei ist die Querkraft je Längeneinheit v_{Ed} über eine Verteilungsbreite von $2d_v$. Die maximale Verteilungsbreite von $2d_v$ sollte symmetrisch beidseits des Spitzenwertes mit jeweils $1d_v$ erfolgen. Zusätzlich sollte die Mittelung der Querkraft auf einer Breite nicht größer als ein Viertel des Rundschnittes erfolgen.

Bei der Anwendung dieses Verfahrens ist viel Erfahrung in der FEM-Modellierung erforderlich. Insbesondere sind hier die Steifigkeiten der stützenden Bauteile korrekt abzubilden. Des Weiteren ist es hier unerlässlich das Gleichgewicht am Rundschnitt zu kontrollieren.

7.4.5 Nachweis ohne Durchstanzbewehrung

Der Nachweis des Durstanzens ohne Durchstanzbewehrung ist gemäß Gl. (7.14) zu führen.

$$\tau_{Ed} = \frac{\beta_e \cdot V_{Ed}}{b_{0,5} \cdot d_v} \leq \max \begin{cases} \tau_{Rdc,min} \\ \tau_{Rd,c} \end{cases} \tag{7.14}$$

Der Umfang des Bemessungsrundschnitts $b_{0,5}$ ergibt sich dabei gemäß ▶ Abschn. 7.4.3 und der Lasterhöhungsfaktor Abschnitt β_e nach ▶ Abschn. 7.4.4. Die Gleichung für den Bemessungswert des Durchstanzwiderstands $\tau_{Rd,c}$ ist der Gleichung zum Querkraftnachweis ohne Querkraftbewehrung sehr ähnlich. Es wird jedoch ein anderer Vorfaktor verwendet. Der Bemessungswert des Durchstanzwiderstands $\tau_{Rd,c}$ darf wie folgt bestimmt werden:

$$\tau_{Rd,c} = \frac{0,6}{\gamma_V} \cdot k_{pb} \left(100 \cdot \rho_l \cdot f_{ck} \cdot \frac{d_{dg}}{d_v} \right)^{\frac{1}{3}} \leq \frac{0,5}{\gamma_V} \cdot \sqrt{f_{ck}} \tag{7.15}$$

$$\tau_{Rdc,min} = \frac{11}{\gamma_V} \cdot \sqrt{\frac{f_{ck}}{f_{yd}} \cdot \frac{d_{dg}}{0,5d_v}} \tag{7.16}$$

Dabei ist:

γ_V – Teilsicherheitsbeiwert für die Querkraftbemessung siehe ▶ Abschn. 3.2.2

k_{pb} – Gradientenbeiwert für das Durchstanzen nach Gl. (7.17)

f_{ck} – Charakteristischer Wert der Betondruckfestigkeit

f_{yd} – Bemessungswert der Streckgrenze, der zur Bemessung der Biegebewehrung verwendet wurde.

d_{dg} – Größenparameter nach ▶ Abschn. 2.1.2.6

. – $d_{dg} = 16mm + D_{lower} \leq 40mm$ für $f_{ck} \leq 60 \, N \, / \, mm^2$

d – Statische Nutzhöhe der Biegebewehrung (Entweder d_{nom} oder d_d)

ρ_l – Bewehrungsgrad: $\rho_l = \sqrt{\rho_{lx} \cdot \rho_{ly}}$

$\rho_{lx}; \rho_{ly}$ – Bewehrungsgrad bezogen auf die verankerte Zugbewehrung in x- bzw. y-Richtung

Die Werte ρ_{lz} und ρ_{ly} sollten als Mittelwerte über die Breite b_s nach ▢ Abb. 7.25 berechnet werden. Bewehrung, die nicht um mindestens $2,5d_v + 20\phi$ über den Be-

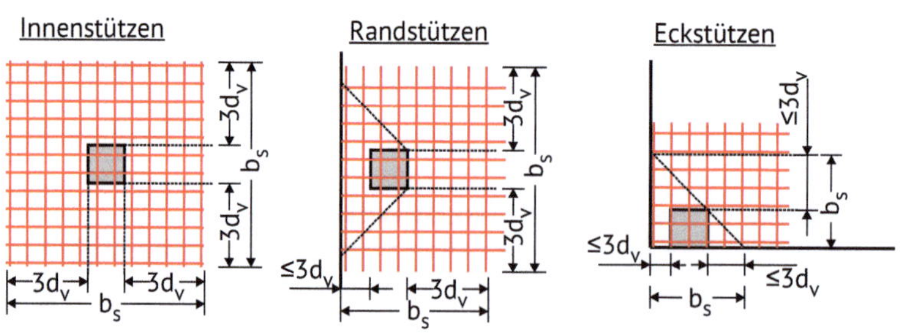

▢ **Abb. 7.25**   Definition der Breite b_s zur Ermittlung des Bewehrungsgrades

messungsrundschnitt $b_{0,5}$ oder 20ϕ über den Momentennullpunkt hinausreicht, sollte nicht berücksichtigt werden. Bei Abständen zwischen dem Mittelpunkt der Auflagerfläche und dem Momentennullpunkt, (a_p) welche kleiner als $8d_v$ sind, darf der Wert von d_v in Gleichung (7.15) durch $a_{pd} = (a_p/8 \cdot d_v)^{0,5}$ ersetzt werden. Der Wert für $\tau_{Rdc,min}$ soll im 1. Amendment und im Weißdruck des Deutschen NA leicht angepasst werden. Hier soll 11 durch 8,8 ersetzt werden, der Faktor 0,5 entfällt dafür darf $\tau_{Rdc,min}$ mit k_{pb} multipliziert werden.

Der Gradientenbeiwert k_{pb} für das Durchstanzen berechnet sich mit Gl. (7.17):

$$1 \le k_{pb} \le 3,6 \cdot \sqrt{1 - \frac{b_0}{b_{0,5}}} \le 2,5 \tag{7.17}$$

Dabei ist b_0 die Rundschnittlänge der Auflagerfläche, welche in ◨ Abb. 7.19 dargestellt ist. Für Platten mit Normalkräften und für vorgespannte Platten darf der Wert von k_{pb} mit dem Koeffizienten k_{pp} multipliziert werden:

$$k_{pp} = \begin{cases} k_n & \text{für Normaldruckkräften (z.B. Vorspannung)} \\ 1/k_n & \text{für Normalzugkräfte} \end{cases} \tag{7.18}$$

$$k_n = \sqrt{1 + \frac{0,47}{1 - b_0/b_{0,5}} \cdot \frac{|\sigma_d|}{\sqrt{f_{ck}}}} \tag{7.19}$$

Dabei ist σ_d die mittlere Normalspannung über die Breite b_s nach ◨ Abb. 7.25. Wenn unterschiedliche Normalspannungen in zwei Richtungen einwirken, darf ein geometrischer Mittelwert wie folgt angenommen werden: $k_{pp} = \sqrt{k_{pp,x} \cdot k_{pp,y}}$.

Für Drucknormalkräfte aus außermittiger Vorspannung ist in der DIN EN 1992-1-1 (09.2025) 8.4.3 (4) noch ein weiterer alternativer Ansatz vorhanden, welcher im Rahmen diese Buches nicht verwendet wird.

7.4.6 Integritätsbewehrung

Einige Schadensfällen zeigten, dass es nach einem Durchstanzversagen einer Stütze zum progressiven Kollaps, also zum Einsturz des ganzen Gebäudes kam. Ein progressiver Kollaps kann vermieden werden, wenn die Platten-Stützen-Verbindung ausreichend Resttragfähigkeit besitzt, wie dies ◨ Abb. 7.26 zeigt.

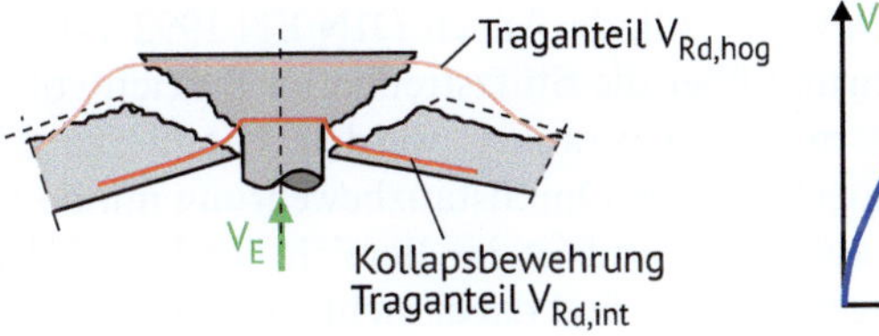

◨ **Abb. 7.26** Prinzip der Integritätsbewehrung

In der DIN EN 1992-1-1 (09.2025) wird dies über den Nachweis einer Integritätsbewehrung geregelt. Hier sind mindestens zwei Stäben in jeweils orthogonaler Richtung an allen Stützen anzuordnen. Der Nachweis erfolgt nach Gl. (7.20). Der Widerstand setzt sich dabei aus dem Anteil der (unterem) Druckbewehrung $V_{Rd,int}$ und der oberen Zugbewehrung $V_{Rd,hog}$ zusammen.

$$V_{Rd,int} + V_{Rd,hog} \geq V_{Ed} \tag{7.20}$$

$$V_{Rd,int} = \Sigma A_{s,int} \cdot f_{yd} \cdot k_{int} \tag{7.21}$$

$$V_{Rd,hog} = n_{hog} \cdot \frac{\sqrt{f_{ck}}}{\gamma_C} \cdot \phi \cdot b_{eff,hog} \tag{7.22}$$

$$b_{eff,hog} = \min\{s - \phi; 6\phi; 4c\} \tag{7.23}$$

Dabei ist:

V_{Ed} – Bemessungswert der einwirkenden Querkraft für die außergewöhnliche Bemessungssituation. (meist $V_{Ed} = V_{Ek}$)

$\Sigma A_{s,int}$ – Summe der Querschnitte aller Bewehrungsstäbe, die einen Stützenrand kreuzen (derselbe Stab darf doppelt gezählt werden, wenn er durch die Stütze durchläuft und auf beiden Seiten außerhalb der Stützenränder verankert ist)

f_{yd} – Streckgrenze der Integritätsbewehrung für die außergewöhnliche Bemessungssituation. In Deutschland gilt hier: $f_{yd} = 500 \ N/mm^2$

k_{int} – Duktilitätskoeffizient:

$\quad k_{int} = 0{,}26$ bei Stäben der Duktilitätsklasse A;
$\quad k_{int} = 0{,}37$ bei Stäben der Duktilitätsklasse B;
$\quad k_{int} = 0{,}49$ bei Stäben der Duktilitätsklasse C;

n_{hog} – Anzahl von Stäben, welche den Rundschnitt $b_{0,5}$ kreuzen und vollständig in einem Abstand 4d zum Rundschnitt und innerhalb der Stütze verankert sind, wenn sie nur einmal betrachtet werden;

γ_C – Teilsicherheitsbeiwert für Beton für außergewöhnliche Bemessungssituationen $\gamma_C = 1{,}3$

ϕ – Durchmesser der betrachteten Stützbewehrung auf der Zugseite der Platte

s – Stababstand der Stützbewehrung auf der Zugseite der Platte

c – Betondeckung der Stützbewehrung auf der Zugseite der Platte

Alternativ zu dem Nachweis nach Gl. (7.20), darf nach DIN EN 1992-1-1/NA1 (E) (08.2025) ein Teil der Feldbewehrung über die Stützstreifen im Bereich von Innen- und Randstützen hinweggeführt bzw. dort verankert werden. Die hierzu erforderliche Bewehrung sollte bei Flachdecken ohne Durchstanzbewehrung mindestens die Querschnittsfläche $A_s = V_{Ek}/f_{yk}$ aufweisen und ist im Bereich der Lasteinleitungsfläche anzuordnen. Abminderungen von V_{Ek} sind dabei nicht zulässig.

7.5 Beispiel Platte ohne Durchstanzbewehrung

7.5.1 System

Es soll für die maßgebenden Innenstütze SB-2, der in Abb. 7.27 dargestellten Flachdecke, ein Durchstanznachweis geführt werden.

Die Geometrie der Stütze und des Stützenkopfs ist in Abb. 7.28 dargestellt. Die Decke hat eine Stärke von 30 cm und die Stützen haben einen Rechteckquerschnitt mit $b_{c,x} = 30\ cm$ und $b_{c,y} = 4\ 0cm$. Alle Bauteile sind aus einem C30/37 mit einem $D_{lower} = 16\ mm$ und einem B500B. Das Gebäude (offene Lagerhalle) ist der Außenluft ausgesetzt. Es ist somit die Expositionsklasse XC3 zu verwenden.

Als Belastung wirkt auf die Decke das Eigengewicht, eine Ausbaulast von 0,5 kN/m² und eine Verkehrslast von 5 kN/m². Aus der Biegemessung der Decke wird eine

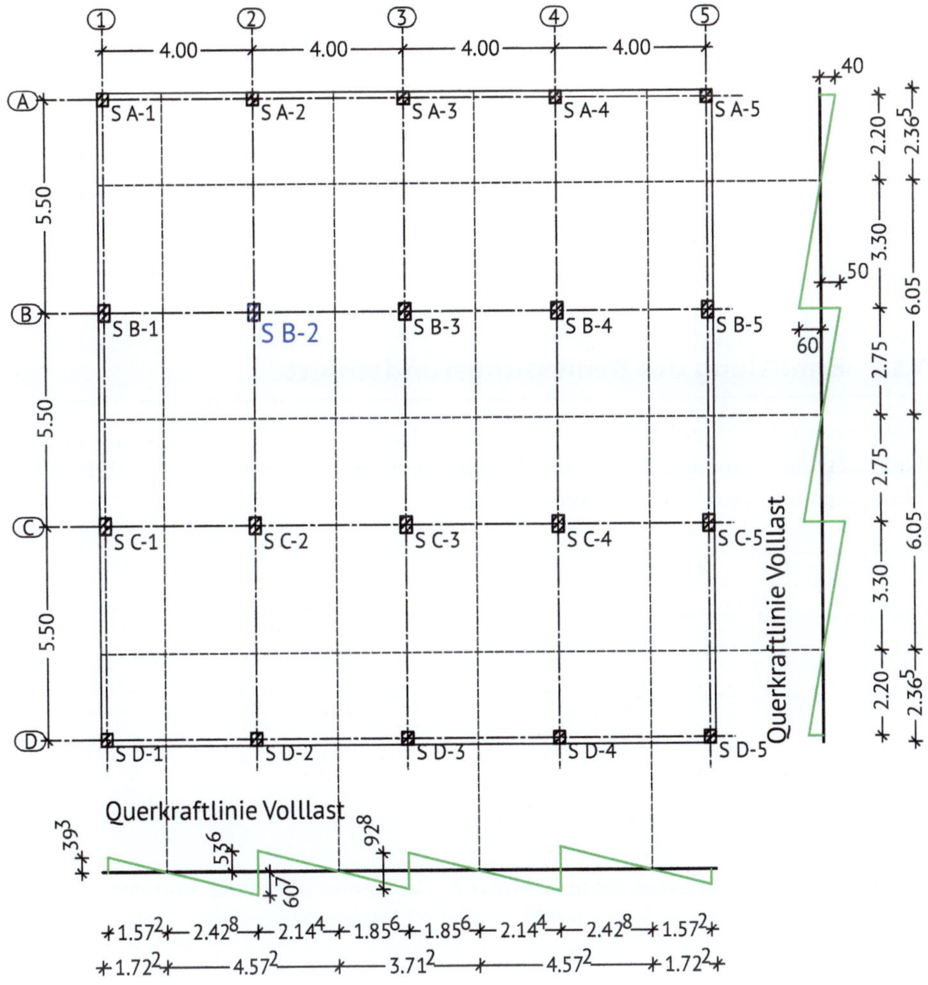

Abb. 7.27 Bemessungsbeispiel Durchstanzen 1: Geometrie Flachdecke

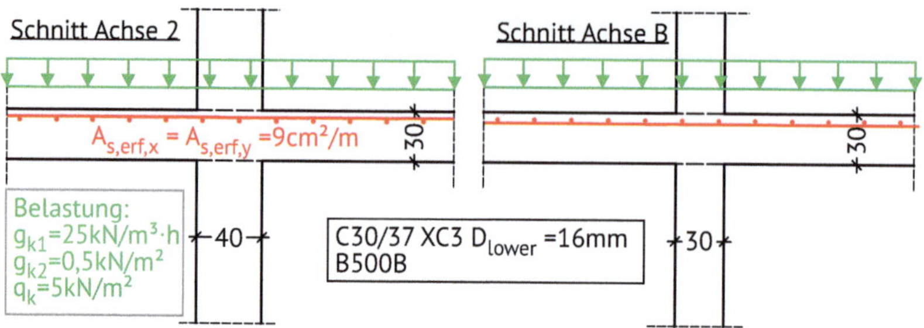

▪ Abb. 7.28   Bemessungsbeispiel Durchstanzen 1: Geometrie Stütze S-B-2 und Baustoffangaben

Bewehrung von 9 cm²/m kreuzweise im Stützmomentenbereich der Stütze erforderlich.

7.5.2 Lastermittlung

Die Last der Stütze wird über die Lasteinzugsflächen in ▪ Abb. 7.27 bestimmt.

$$e_d = 1,35 \cdot \left(25\,\frac{kN}{m^3} \cdot 0,3m + 0,5\,\frac{kN}{m^2} \right) + 1,5 \cdot 5\,\frac{kN}{m^2} = 18,3\,\frac{kN}{m^2}$$

$$V_{Ed} = e_d \cdot A_{LE} = 18,3\,\frac{kN}{m^2} \cdot 6,05\,m \cdot 4,572\,m = 506\,kN$$

7.5.3 Ermittlung des Bemessungsrundschnitt

Die Bemessung soll auf Basis der Nennwerte der statischen Nutzhöhe erfolgen. Der Nennwert der statischen Nutzhöhe der Decke ergibt sich unter der Annahme eines Durchmesser Ø16 der Biegebewehrung zu:

$$d_{vy} = h - \left(c_{nom} + \frac{\phi_{s,x}}{2} \right) = 30\,cm - \left(2cm + 1,5cm + \frac{1,6cm}{2} \right) = 25,7cm$$

$$d_{vx} = h - \left(c_{nom} + \phi_{s,x} + \frac{\phi_{s,y}}{2} \right) = 30 - \left(2 + 1,5 + 1,6 + \frac{1,6}{2} \right) = 24,1cm$$

$$d_V = \frac{d_{vy} + d_{vx}}{2} = \frac{25,7 + 24,1}{2} = 24,9cm$$

Der Umfang des Bemessungsrundschnitts $b_{0,5}$ kann nun über $0,5d_v$ und den Umfang der Stütze $b_0 = 2 \cdot (b_{c,x} + b_{c,y})$ nach ▪ Abb. 7.19 berechnet werden:

$$b_{0,5} = 0,5 d_v \cdot \pi \cdot 2 + 2\left(b_{c,x} + b_{c,y}\right) = 0,5 \cdot 24,9 \cdot 3,14 \cdot 2 + 2\left(30 + 40\right)$$

$$b_{0,5} = 218\,cm = 2,18\,m$$

7.5.4 Ermittlung der Belastung im Bemessungsrundschnitt

Die Belastung im Bemessungsrundschnitt kann wie folgt ermittelt werden:

$$\tau_{Ed} = \frac{\beta_e \cdot V_{Ed}}{b_{0,5} \cdot d_V}$$

Hierfür wird noch der Lasterhöhungsbeiwert β_e benötigt, welcher nachfolgend nach mehreren Möglichkeiten ermittelt wird.

Konstante Beiwerte: Ermittlung nach ▶ Abschn. 7.4.4.2

Bei dieser Ermittlung muss zunächst überprüft werden, ob das Spannweitenverhältnis für die Anwendung eingehalten ist. Das Spannweitenverhältnis ergibt sich zu:

$$l_y / l_x = 5,5 / 4 = 1,375$$

Das Spannweitenverhältnis unterscheidet sich somit um mehr als 25 %. Der Faktor $\beta = 1,15$ darf hier *nicht* angewendet werden.

Genaues Verfahren über die Exzentrizität: Ermittlung nach ▶ Abschn. 7.4.4.3

Hierbei darf der Lasterhöhungsbeiwert β_e über die Exzentrizitäten gemäß der nachfolgenden Formel berechnet werden:

$$\beta_e = 1 + 1,1 \cdot \frac{e_b}{b_b} \geq 1,05$$

Die Exzentrizität der Stütze zur Lastverteilungsfläche ergibt sich über den Abstand der Mitte der Lasteinzugsfläche zur Mitte der Stütze. Dies ist in ◘ Abb. 7.29 dargestellt.

Mit den Exzentrizitäten nach ◘ Abb. 7.29 kann nun die Gesamtexzentrizität bestimmt werden:

$$e_b = \sqrt{e_{b,x}^2 + e_{b,y}^2} = \sqrt{14,2^2 + 27,5^2} = 31,0\,cm$$

Nun muss noch die Gesamtbreite des Rundschnitts ermittelt werden (vgl. auch ◘ Abb. 7.24):

$$b_{b,min} = 2 \cdot 0,5 \cdot d_v + b_{c,x} = 24,9 + 30 = 54,9\,cm$$

$$b_{b,max} = 2 \cdot 0,5 \cdot d_v + b_{c,y} = 24,9 + 40 = 64,9\,cm$$

$$b_b = \sqrt{b_{b,min} \cdot b_{b,max}} = \sqrt{54,9 \cdot 64,9} = 59,7\,cm$$

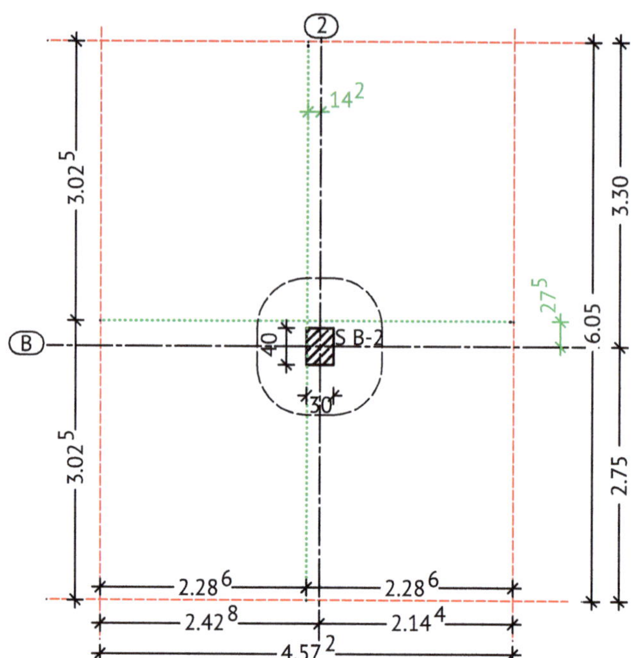

Abb. 7.29   Lastexzentrizität der Stütze des Bemessungsbeispiels

Damit kann der Lasterhöhungsbeiwert bestimmt werden:

$$\beta_e = 1 + 1,1 \cdot \frac{e_b}{b_b} = 1 + 1,1 \cdot \frac{31}{59,7} = 1,57 \geq 1,05$$

Dieser Lasterhöhungsbeiwert $\beta = 1,57$ wird im Weiteren verwendet und die Belastung im Bemessungsrundschnitt ermittelt sich damit zu:

$$\tau_{Ed} = \frac{\beta_e \cdot V_{Ed}}{b_{0,5} \cdot d_V} = \frac{1,57 \cdot 0,506}{2,18 \cdot 0,249} = 1,46 \, MN \, / \, m^2$$

7.5.5 Nachweis Durchstanzen

Zunächst wird der minimale Durchstanzwiderstand bestimmt. Hierfür wird auch der Größenparameter d_{dg} benötigt.

$$d_{dg} = 16 \, mm + D_{lower} = 16 + 16 = 32 \, mm \leq 40 \, mm$$

$$\tau_{Rdc,min} = \frac{11}{\gamma_V} \cdot \sqrt{\frac{f_{ck}}{f_{yd}} \cdot \frac{d_{dg}}{0,5 d_v}} = \frac{11}{1,4} \cdot \sqrt{\frac{30}{435} \cdot \frac{32}{0,5 \cdot 249}} = 1,05 \, N \, / \, mm^2$$

Da dieser Wert kleiner als $\tau_{Ed} = 1{,}46\ N/mm^2$ ist, muss auch der Schubspannungs-widerstands gegen Durchstanzen $\tau_{Rd,c}$ bestimmt werden. Dieser ergibt sich nach
▶ Abschn. 7.4.5 zu:

$$\tau_{Rd,c} = \frac{0{,}6}{\gamma_V} \cdot k_{pb} \left(100 \cdot \rho_l \cdot f_{ck} \cdot \frac{d_{dg}}{d_v} \right)^{\frac{1}{3}} \geq \frac{0{,}5}{\gamma_V} \cdot \sqrt{f_{ck}}$$

Der Gradientenbeiwert für das Durchstanzen ergibt sich über den Stützenumfang zu:

$$b_0 = 2 \cdot \left(b_{c,x} + b_{c,y} \right) = 2 \cdot \left(0{,}3 + 0{,}4 \right) = 1{,}4\,m$$

$$1 \leq k_{pb} \leq 3{,}6 \cdot \sqrt{1 - \frac{b_0}{b_{0,5}}} = 3{,}6 \cdot \sqrt{1 - \frac{1{,}4}{2{,}18}} = 2{,}15 \leq 2{,}5$$

Des Weiteren wird noch der geometrische Bewehrungsgrad benötigt:

$$\rho_l = \sqrt{\rho_{lz} \cdot \rho_{ly}} = \sqrt{\frac{9\,cm^2}{100\,cm \cdot 24{,}9\,cm} \cdot \frac{9\,cm^2}{100\,cm \cdot 24{,}9\,cm}}$$

$$\rho_l = \frac{9\,cm^2}{100\,cm \cdot 24{,}9\,cm} = 0{,}0036$$

Damit kann nun der Widerstand berechnet werden:

$$\tau_{Rd,c} = \frac{0{,}6}{\gamma_V} \cdot k_{pb} \left(100 \cdot \rho_l \cdot f_{ck} \cdot \frac{d_{dg}}{d_v} \right)^{\frac{1}{3}} \leq \frac{0{,}5}{\gamma_V} \cdot \sqrt{f_{ck}}$$

$$\tau_{Rd,c} = \frac{0{,}6}{1{,}4} \cdot 2{,}15 \left(100 \cdot 0{,}0036 \cdot 30 \cdot \frac{32}{249} \right)^{\frac{1}{3}} \leq \frac{0{,}5}{1{,}4} \cdot \sqrt{30}$$

$$\tau_{Rd,c} = 1{,}03\,N/mm^2 \leq 1{,}95\,N/mm^2$$

Der Nachweis lautet damit:

$$\tau_{Ed} = 1{,}46\,N/mm^2 \nleq \max \begin{cases} 1{,}03\,N/mm^2 \\ 1{,}05\,N/mm^2 \end{cases}$$

Der Nachweis ist somit nicht erfüllt und es muss z. B. der Bewehrungsgrad der Längsbewehrung erhöht werden. Es werden Ø16/7,5 = 26,7 cm²/m gewählt. Damit ergibt sich:

$$\rho_l = \frac{26,7\,cm^2}{100\,cm \cdot 24,9\,cm} = 0,011$$

$$\tau_{Rd,c} = \frac{0,6}{1,4} \cdot 2,15 \left(100 \cdot 0,011 \cdot 30 \cdot \frac{32}{249} \right)^{\frac{1}{3}} \leq \frac{0,5}{1,4} \cdot \sqrt{30}$$

$$\tau_{Rd,c} = 1,49\,N\,/\,mm^2 \leq 1,95\,N\,/\,mm^2$$

Der Nachweis kann damit geführt werden:

$$\tau_{Ed} = 1,46\,N\,/\,mm^2 \leq \max \begin{cases} 1,49\,N\,/\,mm^2 \\ 1,05\,N\,/\,mm^2 \end{cases}$$

7.5.6 Integritätsbewehrung

Zur Vermeidung eines progressiven Kollapses sollte eine Integritätsbewehrung vorgesehen werden. Der Nachweis dieser lautet nach ▶ Abschn. 7.4.6:

$$V_{Rd,int} + V_{Rd,hog} \geq V_{Ed}$$

Die Last der Stütze darf hierbei unter außergewöhnliche Bemessungssituation erfolgen:

$$e_d = 1,0 \cdot \left(25\,\frac{kN}{m^3} \cdot 0,3m + 0,5\,\frac{kN}{m^2} \right) + 1,0 \cdot 5\,\frac{kN}{m^2} = 13\,\frac{kN}{m^2}$$

$$V_{Ed} = e_d \cdot A_{LE} = 13\,kN\,/\,m^2 \cdot 6,05\,m \cdot 4,572\,m = 360\,kN$$

Es sollen in der unteren Lage je Seite 2Ø16 aus B500B die Stütze kreuzen. Damit ergibt sich:

$$V_{Rd,int} = \Sigma A_{s,int} \cdot f_{yd} \cdot k_{int} = 2 \cdot 4 \cdot 2 \cdot 10^{-4} \cdot 0,37 \cdot 500 = 0,296\,MN$$

Es wird vorausgesetzt, dass die obere Lage aus Ø16/7,5 in einem Abstand 4d zum Rundschnitt verankert wird. Damit ergibt sich:

$$b_{eff,hog} = \min\{s-\phi;6\phi;4c\} = \min\{75-16;6\cdot16;4\cdot35\} = 59\,mm$$

Damit ergibt sich mit $n_{hog} = 4 \cdot b_b/s = 0{,}6/0{,}075 = 4 \cdot 8$ und $\gamma_C = 1{,}3$ für die außergewöhnliche Bemessungssituation:

$$V_{Rd,hog} = n_{hog} \cdot \frac{\sqrt{f_{ck}}}{\gamma_C} \cdot \phi \cdot b_{eff,hog} = 4 \cdot 8 \cdot \frac{\sqrt{30}}{1{,}3} \cdot 16 \cdot 59 = 127{,}3 \cdot 10^3\,N$$

Somit kann der Nachweis geführt werden:

$$296 + 127 = 423\,kN \geq 360\,kN$$

7.5.7 Bewehrungsskizze

Die Bewehrung der Flachdecke ist in 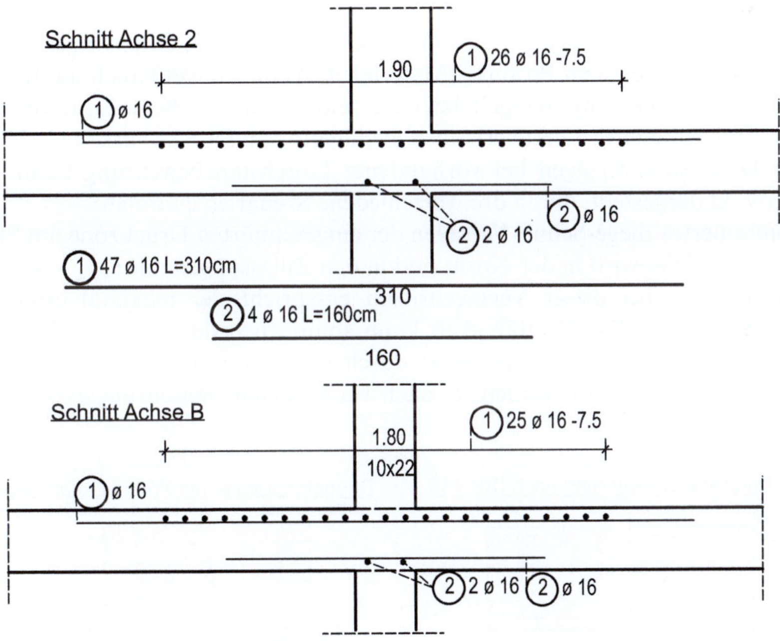 Abb. 7.30 dargestellt. Dabei müssen die Vorgaben nach ◼ Abb. 7.25 beachtet werden.

◼ **Abb. 7.30** Bemessungsbeispiel: Bewehrung der Flachdecke im Bereich der Stütze

7.6 Platten mit Durchstanzbewehrung

7.6.1 Allgemeines

Falls die Nachweise in ▶ Abschn. 7.4.5 nicht erfüllt werden können und somit der Beton die Schubkräfte aus dem Durchstanzen nicht mehr allein aufnehmen kann, muss eine Durchstanzbewehrung eingebaut werden. Wie die Querkraftbewehrung bei Balken muss eine Durchstanzbewehrung in der Lage sein, die bei der Schubrissbildung freiwerdenden Zugkräfte aufzunehmen. Es gibt verschiedene Arten von Durchstanzbewehrung, die im Allgemeinen wie folgt unterteilt werden kann:

- Bemessung in der DIN EN 1992-1-1 (09.2025) geregelt:
  - Betonstahlprodukt nach DIN 488 (z. B. Bügel)
  - Doppelkopfanker, welche zusätzlich eine Produktzulassung benötigen
- Bemessung nach Ver- und Anwendbarkeitsnachweis. (z. B. Gitterträger)

Dies ist auch in ◘ Abb. 7.31 verdeutlicht. Für Durchstanzbewehrung nach Bemessung in der DIN EN 1992-1-1 (09.2025) sind alle Bemessungs- und Konstruktionsregeln in der DIN EN 1992-1-1 enthalten und es muss mindestens eine Deckenstärke von 200 mm bei vorhanden sein. Eine Ausnahme sind Aufbiegungen der Längsbewehrung, hier ist eine Deckenstärke von 160 mm ausreichend.

Bei anderen Formen der Durchstanzbewehrung, wie z. B. Gitterträger, werden in der Zulassung neben dem Produkt (Materialen, Abmessungen) auch die Konstruktion und die Bemessung geregelt bzw. auf entsprechende Bemessungsregeln verwiesen. Einige dieser Produkte erlauben auch geringere Deckenstärken als 200 mm.

Ein Durchstanzversagen bei vorhandener Durchstanzbewehrung kann, wie in ◘ Abb. 7.32 dargestellt, durch drei verschiedene Szenarien eintreten:

- Kombiniertes Biege-Schub-Versagen der eingeschnürten Druckzone am Stützenanschnitt. Dies wird in der Norm und in den Zulassungen mit $\tau_{Rd,max}$ bezeichnet. Die Traglast bei dieser Versagensform entspricht der maximal erreichbaren Durchstanzlast. Die Tragfähigkeit kann somit auch durch eine Anhebung der Durchstanzbewehrungsmenge oder durch eine Ausweitung des bewehrten Bereichs nicht gesteigert werden. Je nach verwendetem Bewehrungstyp liegt diese

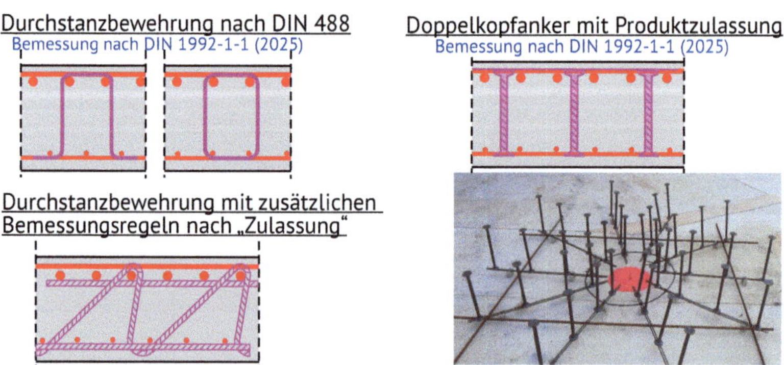

◘ **Abb. 7.31** Verschiedene Arten von Durchstanzbewehrung

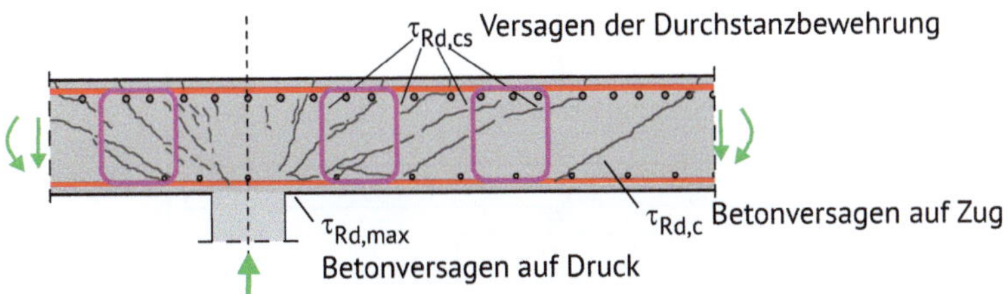

Abb. 7.32 Mögliche Durchstanzversagen bei vorhandener Durchstanzbewehrung

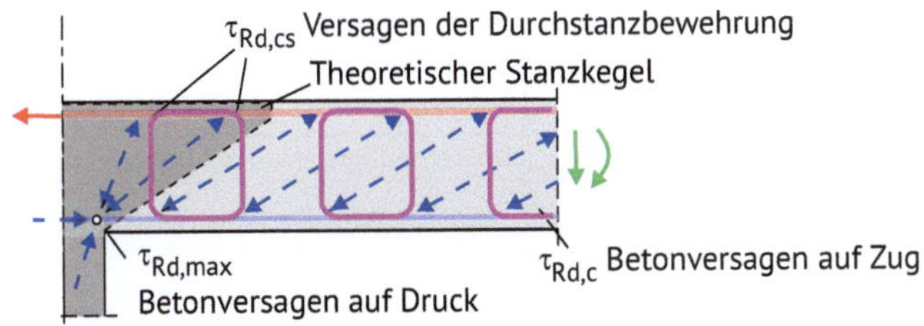

Abb. 7.33 Hochhängefachwerk als Grundlage der Bemessung nach DIN EN 1992-1-1

maximale Tragfähigkeit nur 50 % (Bügel) bis 110 % (Gitterträger) über der Tragfähigkeit ohne Durchstanzbewehrung.
- Versagen der Durchstanzbewehrung. Dies wird in der Norm mit $\tau_{Rd,cs}$ bezeichnet. Die Traglast ist hier im Wesentlichen von der Bewehrungsmenge der Durchstanzbewehrung sowie deren Verankerungsqualität abhängig.
- Durchstanzversagen außerhalb des durchstanzbewehrten Bereichs. Dies wird in der Norm und in den Zulassungen mit $\tau_{Rd,c}$ bezeichnet und ist genau die gleiche Größe wie bei Durchstanznachweis ohne Durchstanzbewehrung.

Die Bemessung für Bauteile mit Durchstanzbewehrung basiert in der DIN EN 1992-1-1 auf einem Hochhängefachwerk gemäß ■ Abb. 7.33. Im Hochhängefachwerk wird die gesamte Querkraft in den Bewehrungselementen, die innerhalb des primären Durchstanzbereichs zu beiden Seiten des Durchstanzrisses verankert sind, hochgehängt und von dort direkt in die Stütze abgetragen.

7.6.2 Nachweis mit Durchstanzbewehrung nach Norm

7.6.2.1 Vorgehen

Das Vorgehen einer Bemessung eines Bauteils mit Durchstanzbewehrung kann gemäß ■ Abb. 7.34 zusammengefasst werden.

Die ersten vier Schritte aus ■ Abb. 7.34 sind exakt die gleichen Schritte, wie bei dem Nachweis ohne Durchstanzbewehrung und erfolgen nach dem ▶ Abschn. 7.4. Im Folgenden wird das Bemessungsvorgehen ab der Berechnung des maximalen Durchstanzwiderstands $\tau_{Rd,max}$ im Bemessungsrundschnitt erläutert.

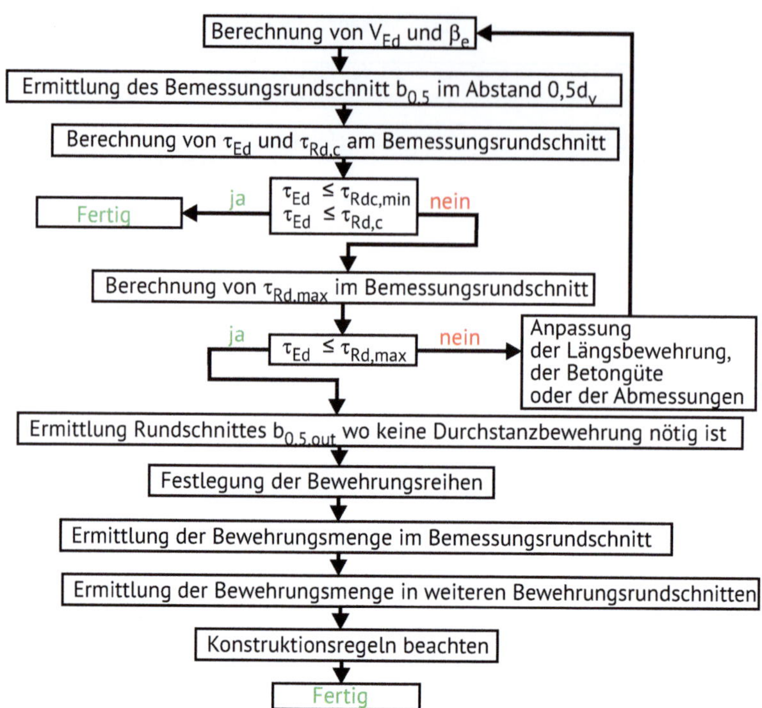

◘ Abb. 7.34   Vorgehen bei einer Bemessung eines Bauteils mit Durchstanzbewehrung

7.6.2.2 Maximaler Durchstanzwiderstand

Die maximale Durchstanztraglast wird durch das Versagen der eingeschnürten Betondruckzone am Anschnitt zur Stütze bestimmt. Der Versagensmechanismus ist mit dem Durchstanzen von Platten ohne Querkraftbewehrung eng verwandt. Da die wesentlichen Einflussgrößen auf die Beanspruchungen in der Druckzone am Stützenanschnitt in beiden Versagensszenarien identisch sind, wird $\tau_{Rd,max}$ als Vielfaches der Tragfähigkeit ohne Durchstanzbewehrung $\tau_{Rd,c}$ festgelegt. Für Durchstanzbewehrung nach DIN EN 1992-1-1 (09.2025) gilt deshalb nach DIN EN 1992-1-1/NA1 (E) (08.2025) 8.4.4 (5) NCCI:

$$\tau_{Ed,b05} \leq \tau_{Rd,max} = \eta_{sys} \cdot \tau_{Rd,c} \tag{7.24}$$

Für Doppelkopfanker wird folgender Wert festgelegt (im Weißdruck des Deutsche NAs sind hier noch kleinere Anpassungen angedacht):

$$\eta_{sys} = 0,80 + 0,63 \cdot \left(\frac{b_0}{d_v}\right)^{1/4} \geq 1,7 \tag{7.25}$$

Für Bügel und Bügelschenkel gilt:

$$\eta_{sys} = 0,60 + 0,63 \cdot \left(\frac{b_0}{d_v}\right)^{1/4} \geq 1,4 \tag{7.26}$$

7.6.2.3 Ermittlung des äußeren Rundschnitts

Um die Bewehrungsreihen festlegen zu können, ist die Ermittlung des Rundschnitts $b_{0,5,out}$, wo keine Durchstanzbewehrung mehr benötigt wird, erforderlich. Der Nachweis außerhalb des bewehrten Bereichs entspricht einem Durchstanznachweis für Platten ohne Querkraftbewehrung, für den der gesamte bewehrte Bereich als Lasteinleitungsfläche betrachtet wird. Der Rundschnitt $b_{0,5,out}$, für den Durchstanzbewehrung nicht mehr erforderlich ist, kann unter Berücksichtigung der DIN EN 1992-1-1/NA1 (E) (08.2025) wie folgt ermittelt werden:

$$b_{0,5,out} = b_{0,5} \cdot \left(\frac{\tau_{Ed}}{\tau_{Rd.c}} \right)^2 \tag{7.27}$$

Der Abstand des äußeren Rundschnitts zum Stützenrand muss dann entsprechend der geometrischen Form des Rundschnitts aus dem Umfang zugrückgerechnet werden. Anhand des äußeren Rundschnitts kann dann der Abstand der äußersten Bewehrungsreihe festgelegt werden. Diese äußerste Bewehrungsreihe darf gemäß ◘ Abb. 7.35 maximal einen Abstand von $0{,}5d_v$ vom äußeren Rundschnitt $b_{0,5,out}$ haben.

7.6.2.4 Festlegung der Durchstanzbewehrung

Festlegung der Reihen

Die Position der einzelnen Bewehrungsreihen ist eine Eingangsgröße für die Bemessung. Aus diesem Grund sollte die Festlegung der Reihen als nächstes erfolgen. Die äußerste Reihe darf einen Abstand von $0{,}5d_v$ vom äußeren Rundschnitt $b_{0,5,out}$ nicht überschreiten. Die restlichen Reihen dürfen, wie ◘ Abb. 7.36 zeigt, untereinander keinen größeren Abstand als $0{,}75d_v$ haben und die innerste Reihe muss einen Abstand von der Stütze zwischen $0{,}3d_v$ und $0{,}5d_v$ haben.

Die innerste Reihe muss einen Abstand von der Stütze zwischen $0{,}3d_v$ und $0{,}5d_v$ haben, da wie ◘ Abb. 7.37 zeigt der Bügel sonst nicht wirksam ist.

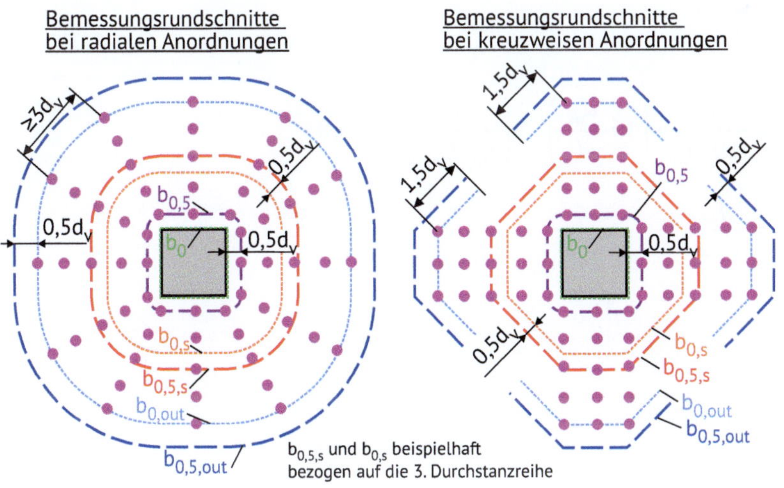

◘ **Abb. 7.35** Definition von Bemessungsrundschnitten für Durchstanzbewehrung

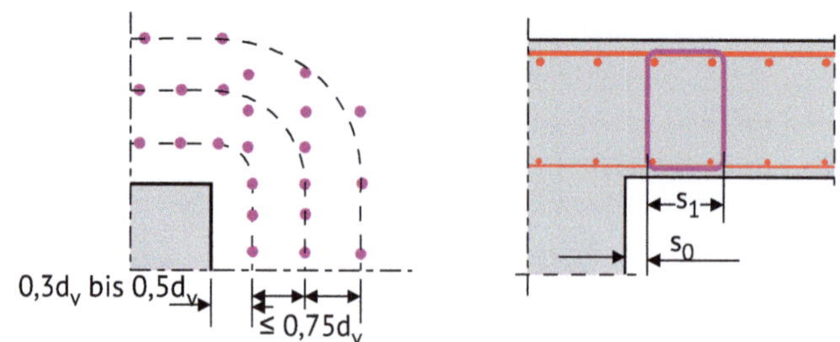

Abb. 7.36 Bestimmung der Abstände der Bewehrungsreihen

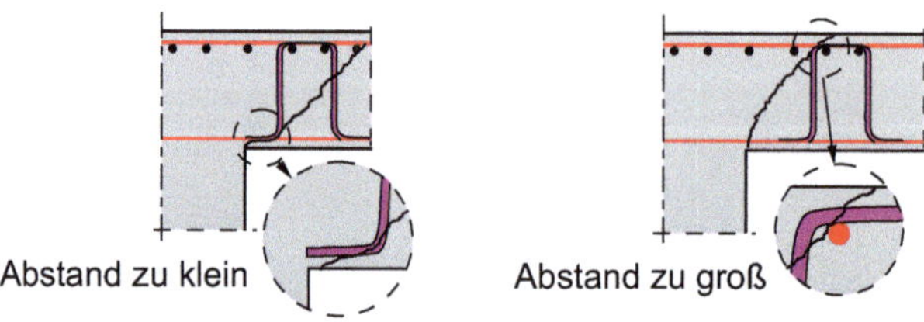

Abb. 7.37 Hintergrund der innersten Abstandsvorgaben in Anlehnung an. (Zilch und Zehetmaier 2010)

Über die Abstände lässt sich dann eine ganzzahlige Reihenanzahl ermittelt.

Festlegung der Bewehrungsmenge im Bemessungsrundschnitt

Für Durchstanzbewehrung ergibt sich der Grundwert der Bewehrungsmenge im Bemessungsrundschnitt gemäß DIN EN 1992-1-1 (09.2025) über den Nachweis in Gl. (7.28).

$$\tau_{Ed} \le \tau_{Rd,cs} = \eta_c \cdot \tau_{Rd,c} + \eta_s \cdot \rho_w \cdot f_{ywd} \ge \rho_w \cdot f_{ywd} \tag{7.28}$$

$$\eta_c = \frac{\tau_{Rd,c}}{\tau_{Ed}} \tag{7.29}$$

$$\eta_s = \frac{d_v}{150 \cdot \phi_w} + \left(15 \cdot \frac{d_{dg}}{d_v}\right)^{1/2} \cdot \left(\frac{1}{\eta_c \cdot k_{pb}}\right)^{3/2} \le 0{,}8 \tag{7.30}$$

$$\rho_w = \frac{A_{sw}}{s_r \cdot s_t} \tag{7.31}$$

Dabei ist:

$\tau_{Rd,c}$ – Grundwert des Durchstanzwiderstandes ohne Druschtanzbewehrung aus
▶ Abschn. 7.4.5

k_{pb} – Gradientenbeiwert für das Durchstanzen nach Gl. (7.17)

A_{sw} – Fläche eines Schenkels der Durchstanzbewehrung

s_r – Radialer Abstand der Durchstanzbewehrungsreihen. Dabei gilt
$s_r = \max \{s_0 + 0{,}5s_1 ; s_1\}$, wobei s_0 und s_1 in ■ Abb. 7.36 definiert sind

s_t – Mittlerer tangentiale Abstand von Durchstanzbewehrung entlang der Rundschnitte, gemessen am untersuchten Bemessungsrundschnitt (Länge des untersuchten Bemessungsrundschnitts dividiert durch die Anzahl der darauf oder dane-
ben angeordneten Durchstanzbewehrungsstäbe).

Für Durchstanzbewehrung, die orthogonal über den gesamten durchstanzbewehrten
Bereich in Übereinstimmung mit den Konstruktionsregeln nach 7.6.3 angeordnet ist,
darf ρ_w direkt auf der Grundlage der Abstände in beiden Richtungen berechnet werden.

Für den Falls, dass geneigte Durchstanzbewehrung mit dem Winkel α_w verwendet
wird, gilt folgendes:

- Der Durchstanzbewehrungsgrad ρ_w wird bei verteilter Durchstanzbewehrung er-
setzt durch $\rho_w = (\sin\alpha_w + \cos\alpha_w) \cdot A_{sw}/(s_r \cdot s_t)$ und bei einzelnen aufgebogenen Stäben durch $\rho_w = \sin\alpha_w \cdot A_{sw}/(d_v \cdot s_t)$.
- Der mit Gl. (7.30) berechnete Koeffizient η_s darf mit dem Faktor
$(\sin\alpha_w + \cos\alpha_w) \cdot \sin\alpha_w$ multipliziert werden (wobei jedoch $\eta_s \leq 0{,}8$ gilt).

Bewehrung in den äußeren Reihen

In äußeren Rundschnitten von Durchstanzbewehrungsreihen sollte in jedem Rundschnitt mindestens die gleiche Menge Bewehrung wie im ersten Rundschnitt vorgesehen werden, wenn kein expliziter Nachweis erfolgt.

Alternativ dazu darf die erforderliche Fläche der Durchstanzbewehrung in den
äußeren Rundschnitten (Bewehrungsreihen) nach Gl. (7.28) neu berechnet werden.
Dabei sind folgende Anpassungen vorzusehen:

- Es ist der Rundschnitt der Durchstanzbewehrung $b_{0,5,s}$ (siehe ■ Abb. 7.35) statt
$b_{0,5}$ bei der Berechnung der Einwirkung τ_{Ed} zu berücksichtigen.
- Bei der Ermittlung von $\tau_{Rd,c}$ ist die zu berücksichtigende Biegebewehrung auf den
Bemessungsrundschnitt $b_{0,5,s}$ statt $b_{0,5}$ zu verankern.
- Der Wert des Gradientenbeiwerts für das Durchstanzen k_{pb} ist so zu berechnen,
indem $b_{0,5}$ durch $b_{0,5,s}$ und b_0 durch $b_{0,s}$ ersetzt wird.
- Der Durchstanzbewehrungsgrad sollte unter der Annahme $s_r = s_1$ berechnet wer-
den.
- Der Lasterhöhungsbeiwert β_e darf beim genaueren Verfahren angepasst werden,
indem die Gesamtlängen des Bemessungsrundschnitts $b_{0,5,s}$ berücksichtigt wer-
den.
- Bei Wandenden und Wandecken sowie bei großen und rechteckigen Stützenquerschnitten dürfen die Rundschnitte b_0 und $b_{0,5,s}$ vergrößert werden, sofern die
Durchstanzbewehrung dementsprechend angeordnet ist.

7.6.3 Konstruktionsregeln bei Durchstanzbewehrung

7.6.3.1 Ausbildung der Durchstanzbewehrung

Durchstanzbewehrung darf nach der DIN EN 1992-1-1 (09.2025) 12.5.1 (1) aus den in ◘ Abb. 7.38 dargestellten Elementen bestehen. Dabei ist auch die dort angegebene Verankerung zu beachten.

Der Durchmesser der Durchstanzbewehrung ϕ_w darf einen Höchstwert nach Gl. (7.32) nicht überschreiten.

$$\phi_{w,max} = k_{\phi w} \cdot \sqrt{d/200} \tag{7.32}$$

Dabei ist:

d – Statische Nutzhöhe in mm
  $k_{\phi w} = 10$ – für einschnittige Bügelschenkel und offene Bügel
  $k_{\phi w} = 11$ – für geschlossene Bügel oder Stäbe mit ähnlicher Verankerung
  $k_{\phi w} = 16$ – für aufgebogene Stäbe und Kopfstäbe

7.6.3.2 Anordnung der Durchstanzbewehrung

Der Abstand der Bügel der Durchstanzbewehrung in radialer Richtung s_r muss, wie im Vorherigen beschrieben, der ◘ Abb. 7.39 entsprechen. Es sind in jedem Fall mindestens zwei Bewehrungsreihen im durchstanzbewehrten Bereich vorzusehen. Der Abstand der Bügel der Durchstanzbewehrung in tangentialer Richtung sollte in Abhängigkeit des Abstands zum Stützenrand begrenzt werden. Bei Durchstanzbewehrung in einem Abstand $\leq 2d_v$ zum Stützenrand sollte der tangentiale Abstand nicht größer als $1{,}5d_v$ sein. Die innerste Bewehrungsreihe darf jedoch maximal einen in tangentialen Abstand von $0{,}75d_v$ haben.

Die Durchstanzbewehrung darf auch allein mit aufgebogenen Stäben ausgebildet werden. Bei aufgebogenen Stäben darf eine Bewehrungsreihe als ausreichend betrachtet werden. Aufgebogene Stäbe, die die Lasteinleitungsfläche kreuzen oder in einem Abstand von weniger als 0,25d vom Rand dieser Fläche liegen, dürfen als

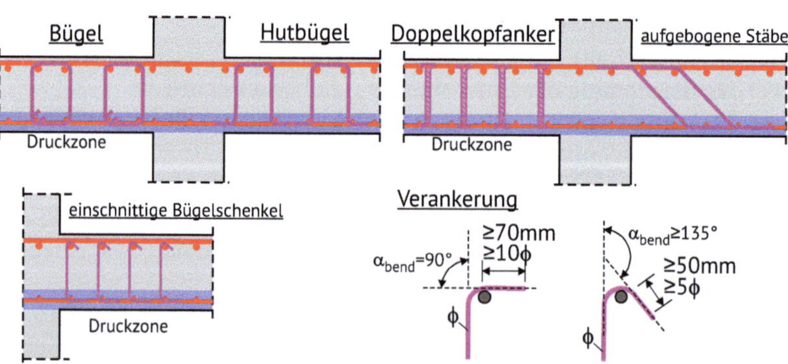

◘ **Abb. 7.38** Arten von Durchstanzbewehrung mit Verankerung

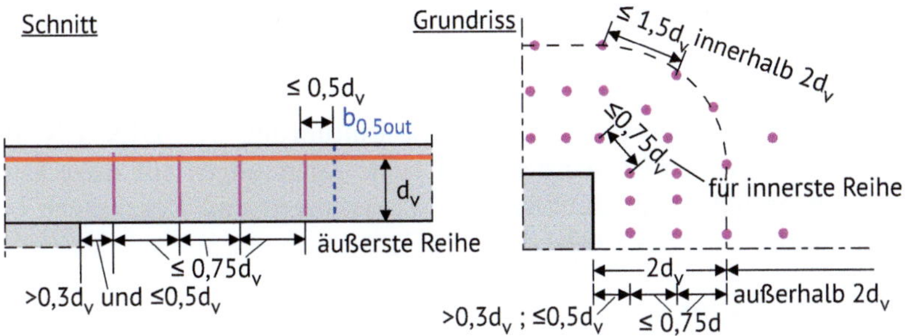

Abb. 7.39 Anforderungen an den Abstand der Durchstanzbewehrung in Form von Bügel, Bügel-schenkel oder Doppelkopfankern

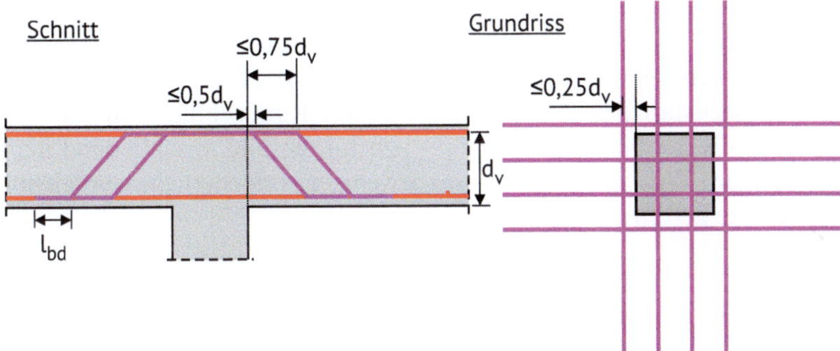

Abb. 7.40 Anforderungen an den Abstand der Schrägstäbe (Durchstanzbewehrung)

Durchstanzbewehrung verwendet werden (vgl. auch **Abb. 7.40**). Werden aufgebogene Stäbe als Durchstanzbewehrung eingesetzt, sollten diese eine Neigung von $45° \leq \alpha_w \leq 60°$ gegen die Plattenebene aufweisen.

Für Durchstanzbewehrung, die vollständig aus aufgebogenen Stäben besteht, sollten die Schubspannung nicht größer als $\tau_{Ed} \leq 0,25 \cdot f_{cd}$ bei $\alpha_w = 45°$ und $\tau_{Ed} \leq 0,12 \cdot f_{cd}$ bei $\alpha_w = 90°$ betragen. Zwischenwerte dürfen interpoliert werden.

7.6.3.3 Integritätsbewehrung

Die Integritätsbewehrung nach ▶ Abschn. 7.4.6 ist auch bei Bauteilen mit Durchstanzbewehrung erfoderlich. Der Widerstand setzt sich dabei aus dem Anteil der (unterem) Druckbewehrung $V_{Rd,int}$ nach Gl. (7.21) und der Bügelbewehrung $V_{Rd,w,int}$ zusammen.

$$V_{Rd,int} + V_{Rd,w,int} \geq V_{Ed} \qquad (7.33)$$

$$V_{Rd,w,int} = \rho_w \cdot f_{ywd} \cdot b_{0,5} \cdot d_v \qquad (7.34)$$

7.6.4 Durchstanzbewehrung nach Zulassung

7.6.4.1 Allgemeines

Da dieses Buch vor der bauaufsichtlichen Einführung der DIN EN 1992-1-1 (09.2025) erstellt worden ist, wurden noch keine Zulassungen auf diese Eurocodegeneration umgestellt. Die nachfolgenden Zulassungen und Regelungen beziehen sich somit auf die DIN EN 1992-1-1 (01.2011).

7.6.4.2 Gitterträger

Eine auch häufige vorkommende Art der Durchstanzbewehrung sind Gitterträger, wie in ◨ Abb. 7.41 dargestellt. Für Gitterträger gibt es europäische Zulassungen (ETA) von mehreren Herstelllern. Für die Bemessung und die Konstruktion verweisen diese ETA-Zulassungen auf die EOTA TR055 (01.2017). Gemäß dieser dürfen die Gitterträger in Platten ab einer Plattenstärke von 180 mm eingebaut werden.

Die Bemessung in der EOTA TR055 (01.2017) erfolgt sehr ähnlich wie in der ersten Eurocodegeneration (DIN EN 1992-1-1 (01.2011)). Hier sind zunächst die Nachweise ohne Durchstanzbewehrung im kritischen Rundschnitt von 2d zu führen. Dann ist ebenfalls der Nachweis für $v_{Rd,max}$ zu führen und anschließend die Bewehrung zu ermitteln. Wird eine Durchstanzbewehrung erforderlich, werden somit folgende Nachweise geführt.

$$\beta \cdot V_{Ed} \le V_{Rd,sy} \tag{7.35}$$

$$\beta \cdot V_{Ed} \le v_{Rd,max} \cdot u_1 \cdot d \tag{7.36}$$

$$v_{Rd,max} = k_{pu,sl} \cdot v_{Rd,c} \tag{7.37}$$

Dabei ist:

$v_{Rd,c}$ – Grundwert des Durchstanzwiderstandes nach (DIN EN 1992-1-1 (01.2011))
$k_{pu,sl}$ – Produktabhängiger Beiwert. Hierbei wird zwischen $k_{pu,msl}$ für monolithisch gefertigten Platten $k_{pu,csl}$ unterschieden werden.

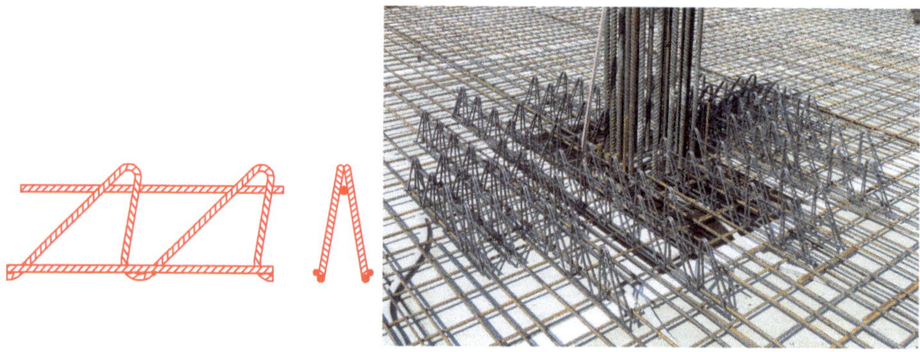

◨ **Abb. 7.41**   Gitterträger als Durchstanzbewehrung. (Bildquelle: Filigran Trägersysteme)

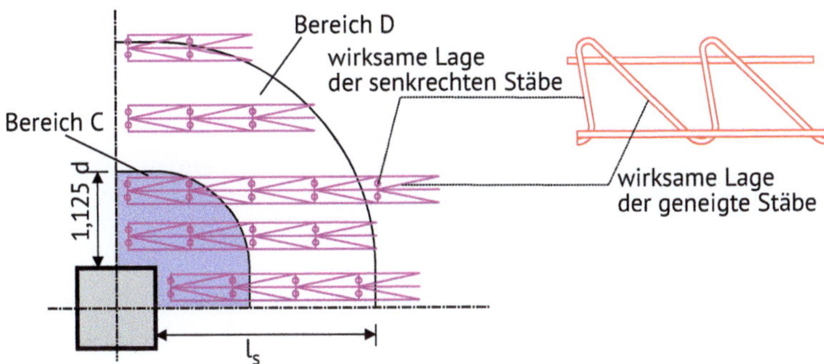

Abb. 7.42   Einteilung der Bereiche C + D, entnommen aus EOTA TR055 (01.2017)

(Bei der Filigran-Durchstanzbewehrung FDB nach ETA-13/0521 (09.2020) ist $k_{pu,\,msl} = k_{pu,\,csl} = 2,1$)

Bei der Bemessung findet wieder eine Untergliederung in Bereich C und in Bereich D gemäß **Abb.** 7.42 statt. Im Bereich C wird $V_{Rd,\,sy}$ wie folgt berechnet:

$$\beta \cdot V_{Ed} \le V_{Rd,sy} = \frac{f_{yk}}{\gamma_s} \cdot \sum A_{sy} \cdot \sin \alpha_i \tag{7.38}$$

Und im Bereich D wird $V_{Rd,\,sy}$ wie folgt berechnet:

$$0,5 \cdot \beta \cdot V_{Ed} \cdot \frac{s_D}{0,75d} \le V_{Rd,sy} \tag{7.39}$$

Dabei ist s_D die Breite des Rings im Bereich D mit $s_D \le 0,75d$.

Wird eine Durchstanzbewehrung erforderlich, müssen ausreichend Bewehrungselemente um die Stütze angeordnet werden. Ab einem gewissen Abstand wird keine DS-Bewehrung mehr benötigt und der Umfang dieses Rundschnitts wird wie folgt ermittelt:

$$u_{out} = \frac{\beta_{red} \cdot V_{Ed}}{v_{Rd,c} \cdot d} \tag{7.40}$$

Dabei ist:

$v_{Rd,\,c}$ – Grundwert des Durchstanzwiderstandes ohne Durchstanzbewehrung aus ▶ Abschn. 7.4.5 jedoch mit

$$C_{Rd,c} = \frac{0,15}{\gamma_c}$$

β_{red} – wird nur für Rand- und Eckstützen reduziert, andernfalls wird β eingesetzt.

$$\beta_{red} = \frac{\beta}{1,2 + \beta \, / \, 20 \cdot l_s \, / \, d} \ge \beta_{int,col} \;\; \text{für Randstützen}$$

$$\beta_{red} = \frac{\beta}{1,2 + \beta / 15 \cdot l_s / d} \geq \beta_{int,col} \quad \text{für Eckstützen}$$

$$\beta_{red} = \frac{\beta}{1,2 + \beta / 40 \cdot l_s / d} \geq \beta_{int,col} \quad \text{für Wandecken und – enden}$$

$\beta_{int,col} = 1,1 - .$

l_s – Abstand zwischen Stützenaußenkante und dem äußersten Kopfbolzen

■ **Anordnungs- bzw. Konstruktionsregeln**

Der Abstand des angrenzenden Elements zur Stütze beträgt maximal 0,35d. Bei radial angeordneten Elementen wird dieser Abstand von der zählbaren Stelle des angrenzenden Elements gemessen und der tangential angeordnete Abstand von der Achse des Gitterträgers.

Der maximale Achsabstand für tangential verlegte Bewehrungselemente im Bereich C beträgt 0,50d und der maximale Achsabstand für tangential verlegte Bewehrungselemente im Bereich D beträgt in der Achse der Stütze senkrecht zur Richtung der parallelen Elemente 0,75d. Der Maximale Achsabstand im Bereich D beträgt 2,5d.

Es ist auch eine alternative Anordnung der Bewehrungselemente möglich. Hierbei ist der maximale Achsabstand im Bereich C: Bei $\beta \cdot V_{Ed} = k_{pu,sl} \cdot V_{Rd,c}$ ist der maximale Abstand 0,75d oder $\beta \cdot V_{Ed} = 1,8 \cdot V_{Rd,c}$ ist der maximale Abstand 1,25d.

7.6.4.3 Nachträgliche Durchstanzbewehrung

Im Rahmen von Verstärkungs- und Sanierungsmaßnahmen ist es möglicherweise nötig nachträglich Durchstanzbewehrung zu ergänzen. Hierzu stehen zwei Verfahren zur Verführung.:

— Zum einen können Doppelkopfanker zur nachträglichen Durchstanzsanierung verwendet werden. Hierbei ist ein komplettes Durchbohren der Decken erforderlich.

— Zum anderen gibt es die Möglichkeit sogenannte Betonschrauben nach einzubohren und einzukleben. Hier ist kein vollständiges Durchbohren erforderlich.

Hinweise zu den Zulassungen und zur Bemessung finden sich in (Finckh 2024).

7.6.4.4 Stahlpilze

In Verbindung mit Stahl, Verbundstützen oder sogenannten Gerlinger-Stützen werden manchmal Stahlpilze verwendet. Diese Stahlpilze basieren auf der Überlegung die Lasteinleitungsfläche (Stützenkopf) zu vergrößern. Der Nachweis des Stahlbaus erfolgt nach Zulassung Z-15.1-234 (01.2025). Außerhalb des Stahlbaus wird dann ein Nachweis nach DIN EN 1992-1-1 oder nach einer Zulassung für Durchstanzbewehrung geführt.

7.6.4.5 Verbundträgerkreuze

Der Einsatz von Verbundträgerkreuze, wie in ◨ Abb. 7.43 dargestellt, basiert auf der gleichen Überlegung wie die Stahlpilze.

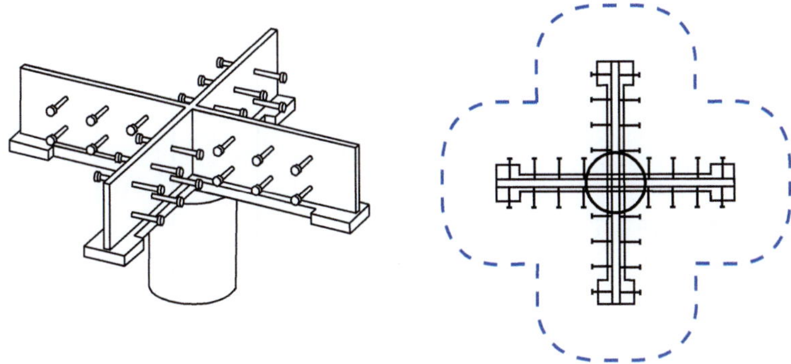

Abb. 7.43 Verbundträgerkreuz

Die Verbundträgerkreuze vergrößern wie in ■ Abb. 7.43 dargestellt die Lasteinleitungsfläche der Stütze. Der Nachweis des Stahlbaus ist gemäß DIN EN 1993 bzw. gemäß DIN EN 1994 zu führen. Außerhalb des Stahlbaus wird dann ein Nachweis nach DIN EN 1992-1-1 oder nach einer Zulassung für Durchstanzbewehrung geführt werden.

7.7 Beispiel Platte mit Durchstanzbewehrung

7.7.1 System

Es soll für die in ■ Abb. 7.44 dargestellte Eckstütze ein Durchstanznachweis der Decke geführt werden.

Die Decke hat eine Stärke von 28 cm und die Stützen einen Kreisquerschnitt mit dem Durchmesser D=35 cm. Die Stütze ist A=20 cm vom Rand entfernt. Alle Bauteile sind aus Stahlbeton der Festigkeitsklasse C30/37. Das Gebäude (offene Lagerhalle) ist der Außenluft ausgesetzt. Es sind somit die Expositionsklassen XC3 zu verwenden.

Als Belastung wirkt ein Querkraft von $V_{Ed} = 230\ kN$ ($V_{Ek} = 165\ kN$) Es sollen oben 15 cm²/m je Richtung eingelegt werden. Die Stützweiten des Deckensystems sind in jede Richtung exakt regelmäßig und die Decke ist über eine Aussteifungssystem horizontal gehalten.

7.7.2 Ermittlung des Bemessungsrundschnitts

Für den Nachweis muss zunächst der Bemessungsrundschnitt ermittelt werden. Die Bemessung soll auf Basis der Nennwerte der statischen Nutzhöhe erfolgen. Der Nennwert der statische Nutzhöhe ergibt sich über die Annahme eines Durchmesser Ø16 wie folgt:

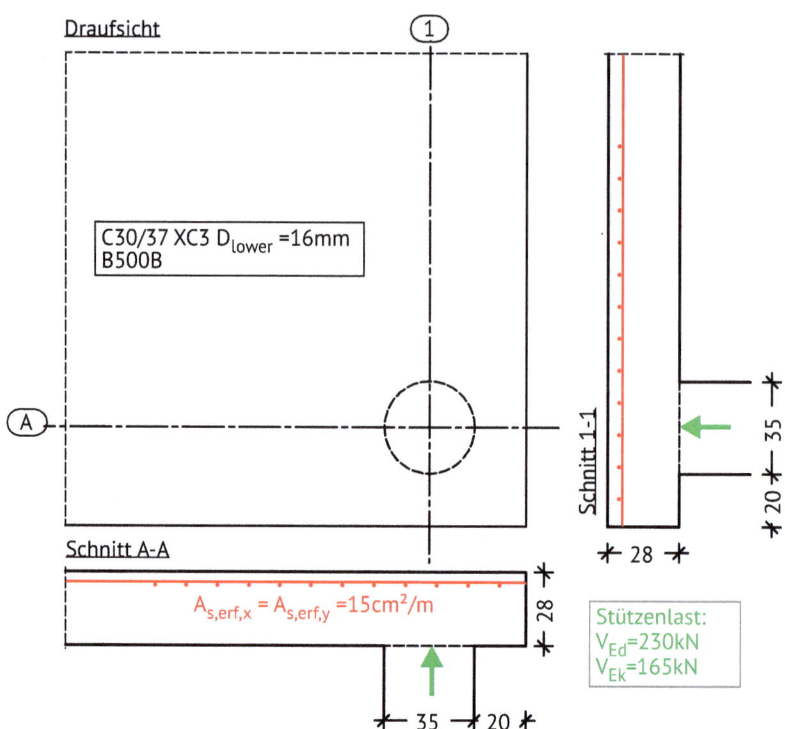

Abb. 7.44   Bemessungsbeispiel: Flachdecke im Bereich der Eckstütze Ø35 cm

$$d_{vx} = h - \left(c_{nom} + \frac{\phi_{s,x}}{2} \right) = 28 - \left(2 + 1,5 + \frac{1,6}{2} \right) = 23,7\,cm$$

$$d_{vy} = h - \left(c_{nom} + \phi_{s,x} + \frac{\phi_{s,y}}{2} \right) = 28 - \left(2 + 1,5 + 1,6 + \frac{1,6}{2} \right) = 22,1\,cm$$

$$d_v = \frac{d_{vy} + d_{vx}}{2} = \frac{23,7 + 22,1}{2} = 22,9\,cm$$

Der Umfang des Bemessungsrundschnitts ergibt sich im Abstand $0,5d_v$ über den Viertel-Umfang der Stütze, sowie der Hälfte des Abstands zum Rand nach **Abb. 7.19** zu:

$$b_{0,5} = \left(0,5d_v + \frac{D}{2} \right) \cdot \frac{\pi}{2} + 2 \cdot \left(\frac{D}{2} + \frac{A}{2} \right) = \left(0,5 \cdot 22,9 + \frac{35}{2} \right) \cdot \frac{\pi}{2} + 2 \cdot \left(\frac{35}{2} + \frac{20}{2} \right)$$

$$b_{0,5} = 100,5\,cm = 1,005\,m$$

Die Länge des Rundschnitts entlang des Randes einer Auflagerfläche berechnet sich zu:

$$b_0 = \left(\frac{D}{2}\right) \cdot \frac{\pi}{2} + 2 \cdot \left(\frac{D}{2} + \frac{A}{2}\right) = \left(\frac{35}{2}\right) \cdot \frac{\pi}{2} + 2 \cdot \left(\frac{35}{2} + \frac{20}{2}\right) = 82,5\,cm$$

7.7.3 Ermittlung der Belastung im Bemessungsrundschnitt

Die Belastung im Bemessungsrundschnitt ergibt sich zu:

$$\tau_{Ed} = \frac{\beta_e \cdot V_{Ed}}{b_{0,5} \cdot d_V}$$

Aufgrund des gleichmäßigen Stützenraster kann der Lasterhöhungsbeiwert β_e nach
● Abb. 7.23 zu 1,5 bestimmt werden. Die Belastung im Bemessungsrundschnitt ergibt sich damit zu:

$$\tau_{Ed} = \frac{\beta_e \cdot V_{Ed}}{b_{0,5} \cdot d_V} = \frac{1,5 \cdot 0,230}{1,005 \cdot 0,229} = 1,499\,MN\,/\,m^2$$

7.7.4 Durchstanzwiderstand ohne Durchstanzbewehrung

Zunächst wird der minimale Durchstanzwiderstand bestimmt. Hierfür wird auch der Größenparameter d_{dg} benötigt.

$$d_{dg} = 16mm + D_{lower} = 16 + 16 = 32mm \leq 40mm$$

$$\tau_{Rdc,min} = \frac{11}{\gamma_V} \cdot \sqrt{\frac{f_{ck}}{f_{yd}} \cdot \frac{d_{dg}}{0,5d_v}} = \frac{11}{1,4} \cdot \sqrt{\frac{30}{435} \cdot \frac{32}{0,5 \cdot 229}} = 1,09\,MN\,/\,m^2$$

Da dieser Wert größer als $\tau_{Ed} = 1,50\,N/mm^2$ ist, muss auch der Schubspannungswiderstands gegen Durchstanzen $\tau_{Rd,\,c}$ bestimmt werden. Dieser ergibt sich nach
▶ Abschn. 7.4.5 zu:

$$\tau_{Rd,c} = \frac{0,6}{\gamma_V} \cdot k_{pb} \left(100 \cdot \rho_l \cdot f_{ck} \cdot \frac{d_{dg}}{d_v}\right)^{\frac{1}{3}} \geq \frac{0,5}{\gamma_V} \cdot \sqrt{f_{ck}}$$

Der Gradientenbeiwert für das Durchstanzen ergibt sich über den Stützenumfang zu:

$$1 \le k_{pb} \le 3,6 \cdot \sqrt{1 - \frac{b_0}{b_{0,5}}} = 3,6 \cdot \sqrt{1 - \frac{0,825}{1,005}} = 1,52 \le 2,5$$

Des Weiteren wird noch der geometrische Bewehrungsgrad benötigt:

$$\rho_l = \sqrt{\rho_{lz} \cdot \rho_{ly}} = \sqrt{\frac{15\,cm^2}{100\,cm \cdot 22,9\,cm} \cdot \frac{15\,cm^2}{100\,cm \cdot 22,9\,cm}}$$

$$\rho_l = \frac{15\,cm^2}{100\,cm \cdot 22,9\,cm} = 0,0066$$

Damit kann nun der Widerstand berechnet werden:

$$\tau_{Rd,c} = \frac{0,6}{\gamma_V} \cdot k_{pb} \left(100 \cdot \rho_l \cdot f_{ck} \cdot \frac{d_{dg}}{d_v} \right)^{\frac{1}{3}} \le \frac{0,5}{\gamma_V} \cdot \sqrt{f_{ck}}$$

$$\tau_{Rd,c} = \frac{0,6}{1,4} \cdot 1,52 \left(100 \cdot 0,0066 \cdot 30 \cdot \frac{32}{229} \right)^{\frac{1}{3}} \le \frac{0,5}{1,4} \cdot \sqrt{30}$$

$$\tau_{Rd,c} = 0,91\,MN\,/\,m^2 \le 1,95\,MN\,/\,m^2$$

Der Nachweis lautet damit:

$$\tau_{Ed} = 1,50\,MN\,/\,m^2 \not\le \max \begin{cases} 0,91\,MN\,/\,m^2 \\ 1,09\,MN\,/\,m^2 \end{cases}$$

Der Nachweis ist nicht erfüllt und es ist somit eine Durchstanzbewehrung erforderlich. Es sollen Doppelkopfanker verwendet werden.

7.7.5 Maximaler Durchstanzwiderstand mit Durchstanzbewehrung

Für die Doppelkopfanker ergibt sich der Systembeiwert zu:

$$\eta_{sys} = 0,80 + 0,63 \cdot \left(\frac{b_0}{d_v} \right)^{1/4} = 0,80 + 0,63 \cdot \left(\frac{82,5}{22,9} \right)^{1/4} = 1,67 \ge 1,7$$

Der maximale Durchstanzwiderstand mit Durchstanzbewehrung berechnet sich damit zu:

$$\tau_{Rd,max} = \eta_{sys} \cdot \tau_{Rd,c} = 1,7 \cdot 0,91 = 1,55\,MN\,/\,m^2$$

$$\tau_{Rd,max} \geq \tau_{Ed} = 1,50\, MN\,/\,m^2$$

Hierbei wurde der $\tau_{Rd,\,c}$ anstatt des höheren Wertes $\tau_{Rdc,\,min}$ verwendet, da vermutlich die Kalibrierung der Gleichung über $\tau_{Rd,\,c}$ erfolgte. Da dieser Nachweis erfüllt ist, muss weder die Geometrie geändert noch der Bewehrungsgrad und die Betonfestigkeit erhöht werden und es kann mit den weiteren Nachweisen fortgefahren werden.

7.7.6 Ermittlung äußerer Rundschnitt

Für die Ermittlung des Rundschnitts $b_{0,5,\,out}$, ab welchem keine Durchstanzbewehrung mehr benötigt wird, wird hier der höhere Wert $\tau_{Rdc,\,min}$ angesetzt. Dies ist in diesem Falls der maßgebende Wert, wo keine Durchstanzbewehrung mehr erforderlich ist. Außerdem ist damit der Nachweis unabhängig von Längsbewehrung über der Stütze, die wahrscheinlich nicht in der gleichen Größenordnung über den äußeren Rundschnitt vorhanden ist. Der Umfang des äußeren Rundschnitts $b_{0,5,\,out}$, ab welchem keine Durchstanzbewehrung mehr benötigt wird, ergibt sich wie folgt:

$$b_{0,5,out} = b_{0,5} \cdot \left(\frac{\tau_{Ed}}{\tau_{Rd.c}} \right)^2 = 1,005 \cdot \left(\frac{1,5}{1,09} \right)^2 = 1,90\, m$$

Damit kann der der Abstand diese Rundschnittes vom Stützenrand r_{out} bestimmt werden:

$$b_{0,5,out} = \left(r_{out} + \frac{D}{2} \right) \cdot \frac{\pi}{2} + 2 \cdot \left(\frac{D}{2} + A \right)$$

$$1,90 = \left(r_{out} + \frac{0,35}{2} \right) \cdot \frac{\pi}{2} + 2 \cdot \left(\frac{0,35}{2} + \frac{0,2}{0,2} \right) = r_{out} \cdot \frac{\pi}{2} + 0,82$$

$$r_{out} = \left(1,90 - 0,82 \right) \cdot \frac{2}{\pi} = 0,69\, m$$

7.7.7 Ermittlung der Lage der Durchstanzbewehrung

Zunächst wird die erforderliche Anzahl der Reihen der Bewehrung ermittelt. Vom Anfang der Stütze bis $r_{out} - 0,5 d_v$ muss Durchstanzbewehrung vorhanden sein. Die erste Reihe darf höchsten im Abstand von $0,5 d_v$ vom Stützenrand verlegt werden. Somit ist die folgende Anzahl der Reihen über den Mindestabstand $0,75 d_v$ erforderlich. Die erforderliche Reihenanzahl kann damit berechnet werden:

$$n = 1 + \frac{r_{out} - 0,5 \cdot d_v - 0,5 \cdot d_v}{0,75 \cdot d_v} = 1 + \frac{0,69 - 1 \cdot 0,229}{0,75 \cdot 0,229} = 3,7$$

Es sind somit 4 Reihen Bewehrung erforderlich. Somit ergeben sich die Abstände wie folgt:

$$s_0 = 0,5 \cdot d_v = 0,5 \cdot 0,229 = 0,114\,m$$

$$s_r = \frac{r_{out} - 0,5 \cdot d_v - 0,5 \cdot d_v}{n-1} = \frac{0,69 - 1 \cdot 0,229}{4-1} = 0,154\,m$$

7.7.8 Ermittlung der Bewehrung je Reihe Durchstanzbewehrung

Für die Ermittlung der Durchstanzbewehrung wird der Durchmesser der Durchstanzbewehrung benötigt. Der maximale Durchmesser beträgt nach ▶ Abschn. 7.6.3.1:

$$\phi_{w,max} = k_{\phi w} \cdot \sqrt{d/200} = 16 \cdot \sqrt{229/200} = 17\,mm$$

Es wird somit ein Doppelkopfanker mit $\phi_w = 16\,mm$ als größtmöglicher Durchmesser verwendet. Da kleinere Durchmesser günstig in der Gleichung für η_s wirken, können danach auch kleinere Durchmesser verwendet werden. Die Ermittlung der erforderlichen Durchstanzbewehrung in der innersten Reihe kann gemäß ▶ Abschn. 7.6.2.4 mit der nachfolgenden Gleichung bestimmt werden:

$$\tau_{Ed} \le \tau_{Rd,cs} = \eta_c \cdot \tau_{Rd,c} + \eta_s \cdot \rho_w \cdot f_{ywd} \ge \rho_w \cdot f_{ywd}$$

Dafür werden die Systembeiwerte benötigt:

$$\eta_c = \frac{\tau_{Rd,c}}{\tau_{Ed}} = \frac{0,91}{1,5} = 0,61$$

$$\eta_s = \frac{d_v}{150 \cdot \phi_w} + \left(15 \cdot \frac{d_{dg}}{d_v} \right)^{1/2} \cdot \left(\frac{1}{\eta_c \cdot k_{pb}} \right)^{3/2} \le 0,8$$

$$\eta_s = \frac{229}{150 \cdot 16} + \left(15 \cdot \frac{32}{229} \right)^{1/2} \cdot \left(\frac{1}{0,61 \cdot 1,52} \right)^{3/2} = 1,71 \le 0,8$$

Damit kann der Bewehrungsgrad bestimmt werden:

$$\rho_w = \frac{\tau_{Ed} - \eta_c \cdot \tau_{Rd,c}}{\eta_s \cdot f_{ywd}} = \frac{1,50 - 0,61 \cdot 0,91}{0,8 \cdot 435} = 2,7 \cdot 10^{-3}$$

Für die *innerste Reihe* muss der $s_t \le 0,75 d_v = 0,75 \cdot 229 = 172\,mm$ und der radiale Abstand muss dort wie folgt bestimmt werden:

$$s_r = \max\left\{s_0 + 0{,}5s_1, s_1\right\} = \max\left\{114 + 0{,}5 \cdot 154, 154\right\} = 194\,mm$$

Damit kann die erforderliche Bewehrungsmenge eines Doppelkopfbolzens bestimmt werden

$$A_{sw} = \rho_w \cdot s_r \cdot s_t = 2{,}7 \cdot 10^{-3} \cdot 19{,}4 \cdot 17{,}2 = 0{,}9\,cm^2$$

Es wird somit ein Doppelkopfbolzen mit Ø12 mm gewählt, welcher 1,13 cm^2 hat.

Für die *zweite Reihe* ergibt sich $s_r = 154\,mm$. Über den Bewehrungsgrad kann der maximale Abstand s_t zurückgerechnet werden

$$s_t = \frac{A_{sw}}{\rho_w \cdot s_r} = \frac{1{,}13}{2{,}7 \cdot 10^{-3} \cdot 15{,}4} = 27\,cm$$

Da dies kleiner als $1{,}5d_v = 1{,}5 \cdot 22{,}9 = 34{,}3\,cm$ ist, ist dies zulässig.

Für die *dritte Reihe* wird die Bewehrungsmenge nach ▶ Abschn. 7.6.2.4 neu bestimmt. Der zugehörige Bemessungsrundschnitt $b_{0,5,s}$ ergibt sich über den Abstand zu Stützenrand von $r_3 = s_0 + 2 \cdot s_r = 11{,}4 + 2 \cdot 15{,}4 = 42{,}2\,cm$ zu:

$$b_{0,5,s} = \left(r_3 + \frac{D}{2}\right) \cdot \frac{\pi}{2} + 2 \cdot \left(\frac{D}{2} + \frac{A}{2}\right) = \left(42{,}2 + \frac{35}{2}\right) \cdot \frac{\pi}{2} + 2 \cdot \left(\frac{35}{2} + \frac{20}{2}\right)$$

$$b_{0,5} = 149\,cm = 1{,}49\,m$$

Die Länge des Rundschnitts entlang des Randes einer Auflagerfläche beträgt

$$b_{0,s} = \left(r_3 - \frac{d_v}{2} + \frac{D}{2}\right) \cdot \frac{\pi}{2} + 2 \cdot \left(\frac{D}{2} + \frac{A}{2}\right) = \left(42{,}2 - \frac{22{,}9}{2} + \frac{35}{2}\right) \cdot \frac{\pi}{2} + 2 \cdot \left(\frac{35}{2} + \frac{20}{2}\right)$$

$$b_{0,s} = 131\,cm = 1{,}31\,m$$

Die Belastung im Rundschnitt ergibt sich damit zu:

$$\tau_{Ed,s} = \frac{\beta_e \cdot V_{Ed}}{b_{0,5} \cdot d_V} = \frac{1{,}5 \cdot 0{,}230}{1{,}49 \cdot 0{,}229} = 1{,}01\,MN/m^2$$

Der Gradientenbeiwert und der Durchstanzwiderstand kann wie folgt berechnet werden:

$$1 \leq k_{pb} \leq 3{,}6 \cdot \sqrt{1 - \frac{b_{0,s}}{b_{0,5,s}}} = 3{,}6 \cdot \sqrt{1 - \frac{1{,}31}{1{,}49}} = 1{,}25 \leq 2{,}5$$

$$\tau_{Rd,c} = \frac{0{,}6}{\gamma_V} \cdot k_{pb} \left(100 \cdot \rho_l \cdot f_{ck} \cdot \frac{d_{dg}}{d_v}\right)^{\frac{1}{3}} \leq \frac{0{,}5}{\gamma_V} \cdot \sqrt{f_{ck}}$$

$$\tau_{Rd,c} = \frac{0,6}{1,4} \cdot 1,25 \left(100 \cdot 0,0066 \cdot 30 \cdot \frac{32}{229} \right)^{\frac{1}{3}} = 0,75 \, MN \, / \, m^2$$

Mit den Systembeiwerten kann der Bewehrungsgrad für die Durchstanzbewehrung bestimmt werden:

$$\eta_c = \frac{\tau_{Rd,c}}{\tau_{Ed}} = \frac{0,75}{1,01} = 0,74$$

$$\eta_s = \frac{d_v}{150 \cdot \phi_w} + \left(15 \cdot \frac{d_{dg}}{d_v} \right)^{1/2} \cdot \left(\frac{1}{\eta_c \cdot k_{pb}} \right)^{3/2} \leq 0,8$$

$$\eta_s = \frac{229}{150 \cdot 16} + \left(15 \cdot \frac{32}{229} \right)^{1/2} \cdot \left(\frac{1}{0,74 \cdot 1,25} \right)^{3/2} = 1,72 \leq 0,8$$

$$\rho_w = \frac{\tau_{Ed} - \eta_c \cdot \tau_{Rd,c}}{\eta_s \cdot f_{ywd}} = \frac{1,01 - 0,74 \cdot 0,75}{0,8 \cdot 435} = 1,31 \cdot 10^{-3}$$

Über den Bewehrungsgrad kann der maximale Abstand s_t zurückgerechnet werden

$$s_t = \frac{A_{sw}}{\rho_w \cdot s_r} = \frac{1,13}{1,31 \cdot 10^{-3} \cdot 15,4} = 56 \, cm$$

Da erst die vierte Reihe mehr als $2d_v = 45,8 \, cm$ von der Stütze entfernt ist, kann dort erst der große Abstand gewählt werden.

7.7.9 Integritätsbewehrung

Zur Vermeidung eines progressiven Kollapses sollte eine Integritätsbewehrung vorgesehen werden. Der Nachweis dieser lautet nach ▶ Abschn. 7.6.3.3:

$$V_{Rd,int} + V_{Rd,w,int} \geq V_{Ed}$$

Die Last der Stütze darf hierbei unter außergewöhnliche Bemessungssituation erfolgen:

$$V_{Ed} = V_{Ek} = 165 \, kN$$

Der Anteil der Bügel beträgt:

$$V_{Rd,w,int} = \rho_w \cdot f_{ywd} \cdot b_{0,5} \cdot d_v$$

$$V_{Rd,w,int} = 2{,}7 \cdot 10^{-3} \cdot 435 \cdot 1{,}005 \cdot 0{,}229 = 0{,}27\,MN = 270\,kN$$

Somit kann der Nachweis geführt werden und es ist keine untere Lage notwendig:

$$0 + 270 = 270\,kN \geq 165\,kN$$

7.7.10 Bewehrung

Die Bewehrung der Decke ist in 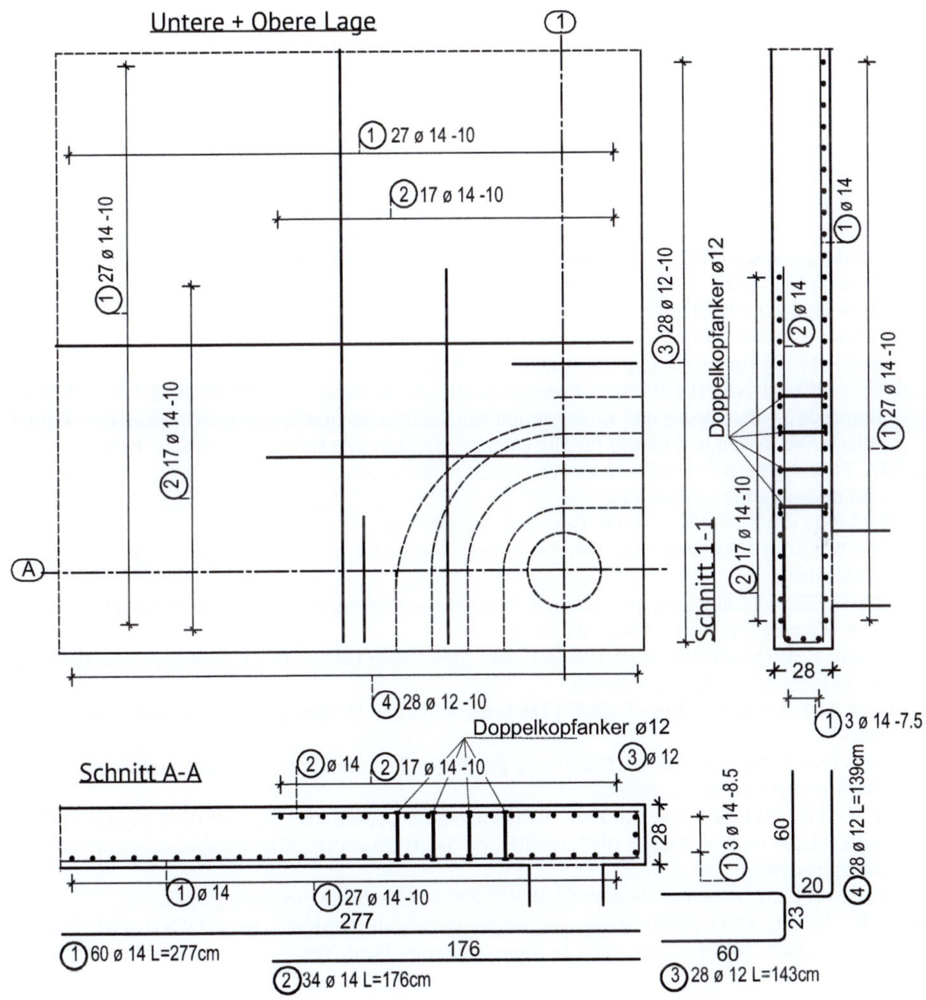 Abb. 7.45 und Durchstanzbewehrung ist in Abb. 7.46 dargestellt.

Abb. 7.45 Bemessungsbeispiel 2: Längsbewehrung und Schnitte für die Decke im Bereich der Eckstütze

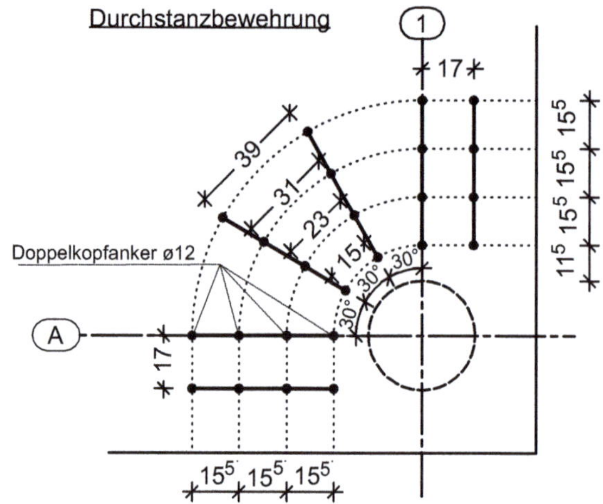

Abb. 7.46 Bemessungsbeispiel 2: Durchstanzbewehrung für die Decke im Bereich der Eckstütze

Literatur

DAfStb (Hrsg) (2019) Hilfsmittel zur Schnittgrößenermittlung und zu besonderen Detailnachweisen bei Stahlbetontragwerken; DAfStb Heft 631. Beuth, Berlin

DIN EN 1992-1-1 (01.2011) Eurocode 2: Bemessung und Konstruktion von Stahlbeton- und Spannbetontragwerken – Teil 1-1: Allgemeine Bemessungsregeln und Regeln für den Hochbau; Deutsche Fassung EN 1992-1-1:2004 + AC:2010, Berlin

DIN EN 1992-1-1 (09.2025) Eurocode 2: Bemessung und Konstruktion von Stahlbeton- und Spannbetontragwerken – Teil 1-1: Allgemeine Regeln und Regeln für Hochbauten, Brücken und Ingenieurbauwerke; Deutsche Fassung EN 1992-1-1:2023, Berlin

DIN EN 1992-1-1/NA1 (E) (08.2025) Entwurf, Nationaler Anhang 1 zu DIN EN 1992-1-1:2025-MM – Eurocode 2 – Bemessung und Konstruktion von Stahlbeton- und Spannbetontragwerken – Teil 1-1: Allgemeine Regeln und Regeln für Hochbauten, Brücken und Ingenieurbauwerke, Berlin

EOTA TR055 (01.2017) Erhöhung des Durchstanzwiderstands von Flachdecken oder Fundamenten und Bodenplatten – Gitterträger

ETA-13/0521 (09.2020) FILIGRAN-Durchstanzbewehrung

Finckh W (2024) Verstärken von Betonbauteilen; Tragwerksplanung im Bestand. Springer Vieweg, Wiesbaden

Finckh W (2026) Stahlbetonkonstruktion 2; Von der Bauteilberechnung über die Bemessung zur Bauwerksplanung. Springer Vieweg, Wiesbaden

Leonhardt F, Mönnig E (1977) Vorlesungen über Massivbau; Dritter Teil: Grundlagen zum Bewehren im Stahlbetonbau. Springer, Berlin

Muttoni A, Fürst A, Hunkeler F (2005) Deckeneinsturz der Tiefgarage am Staldenacker in Gretzenbach

Siburg C (2019) Zur einheitlichen Bemessung gegen Durchstanzen in Flachdecken und Fundamenten; DAfStb Heft 629. Beuth, Berlin

Wood JGM (2003) Pipers Row Car Park, Wolverhampton Quantitative Study of the Causes of the Partial Collapse on 20th March 1997. Health and Safety Executive. https://www.hse.gov.uk/research/misc/pipersrowpt1.pdf

Z-15.1-234 (01.2025) Stahlpilz System EUROPILZ® als Durchstanzbewehrung in Platten

Zilch K, Zehetmaier G (2010) Bemessung im konstruktiven Betonbau; Nach DIN 1045-1 (Fassung 2008) und EN 1992-1-1 (Eurocode 2). Springer, Berlin, Heidelberg

Grenzzustände der Gebrauchstauglichkeit

Inhaltsverzeichnis

Zusammenfassung

Neben der Sicherstellung der reinen Tragfähigkeit, müssen die Bauteile auch ihrem Gebrauchszweck genügen. In diesem Kapitel wird dazu in ▶ Abschn. 8.1 erläutert, welche zusätzlichen Nachweise für die Sicherstellung der Gebrauchstauglichkeit erforderlich sind. Viele dieser Nachweise benötigen die Spannungen im Beton- oder Betonstahl auf dem jeweiligen Gebrauchslastniveau. Darum wird in ▶ Abschn. 8.2 ein Verfahren zur vereinfachten Spannungsermittlung im Gebrauchszustand vorgestellt. Auf Basis der ermittelten Spannungen können dann die Spannungsbergenzungen durchgeführt werden, welche in ▶ Abschn. 8.3 behandelt werden.

Ein wesentlicher Nachweis der Gebrauchstauglichkeit im Stahlbetonbau ist die Begrenzung der auftretenden Rissbreiten, welche neben optischen Aspekten auch die Dauerhaftigkeit beeinflusst. Der Nachweis der Rissbreitenbeschränkung wird deshalb ausführlich in ▶ Abschn. 8.4 erklärt und vorgestellt. Zur Verdeutlichung gibt es in ▶ Abschn. 8.5 ein ausführliches Bemessungsbespiel zur Rissbreitenbeschränkung. Abschließend wird in ▶ Abschn. 8.6 noch auf den Nachweis der Verformungen eingegangen.

Lernziele

Nach dem Lesen dieses Kapitels:
- Wissen Sie, wie man die Spannungen des Betons und der Bewehrung im Gebrauchszustand bestimmt und begrenzt.
- Können Sie die Rissbreiten unter Last- und Zwangskräften ermitteln, sowie eine rechnerische Rissbreitenbeschränkung durchführen.
- Kennen Sie die Anforderungen zur Begrenzung der Durchbiegungen.

8.1 Allgemeines

In den vorherigen Kapiteln lag der Schwerpunkt auf der Ermittlung von Grenztragfähigkeiten unter verschiedenen Einwirkungen und Schnittgrößen. Dabei erfolgte die Bemessung der Konstruktion über den Bemessungswert des Tragwiderstandes R_d, welcher größer als der Bemessungswert der Einwirkung E_d sein muss, damit die Standsicherheit gewährleistet ist.

Neben der Tragfähigkeit muss jedoch auch gewährleisten werden, dass das Bauwerk dauerhaft seinem angedachten Nutzen gerecht wird. Dies wird als Gebrauchstauglichkeit bezeichnet und es muss hierbei nachgewiesen werden, dass die Nutzungsanforderungen des Bauwerks oder Tragwerks erfüllt sind. Im Regelfall sind die nachstehenden Anforderungen infolge der Gebrauchsbedingungen relevant:
- Erscheinungsbild
- Nutzung und Funktionalität des Bauwerks
- Dauerhaftigkeit
- Wohlbefinden von Personen

Im Grenzzustand der Gebrauchstauglichkeit (GZG) ist nachzuweisen, dass der Nennwert einer Bauteileigenschaft unter bestimmten festgelegten Einwirkungskombinationen nicht überschritten wird. Zu diesem Zweck sind nach der DIN EN

1992-1-1 (09.2025) 9.1 (1) vier Grenzzustände der Gebrauchstauglichkeit zu berücksichtigen:

- **Begrenzung der Spannungen** (Betondruck- und Stahlspannungen)
  (für das nutzungsgerechte und dauerhafte Verhalten eines Bauwerks)
- **Begrenzung der Rissbreiten**
  (für die ordnungsgemäße Nutzung des Tragwerks sowie sein Erscheinungsbild und die Dauerhaftigkeit)
- **Begrenzung der Durchbiegungen**
  (für die ordnungsgemäße Funktion und das Erscheinungsbild des Bauteils selbst oder angrenzender Bauteile)
- **Begrenzung der Schwingungen**
  (um körperliches Unbehagen bei Personen zu vermeiden oder die Funktionsfähigkeit des Tragwerks sicherzustellen)

Mit diesen Nachweisen soll auch ausgeschlossen bzw. verhindert werden, dass es im Beton zu nichtelastischen Verformungen und zu überproportionalen Kriechverformungen kommt. Des Weiteren soll sich keine Beeinträchtigung der Dauerhaftigkeit und Nutzung infolge unzulässiger Rissbildung im Beton ergeben.

Viele der nachfolgenden Nachweise sind abhängig von der Dauer der Belastung. Hierzu werden je nach Nachweis die folgenden Einwirkungskombinationen nach DIN EN 1990 unterschieden:

- **Charakteristisch (Seltene) Kombination**: Die seltene oder charakteristische Kombination entspricht der um die Teilsicherheitsbeiwerte reduzierten Kombination des Grenzzustandes der Tragfähigkeit. Die seltene Kombination stellt den zu erwartenden Höchstwert auf Gebrauchsniveau dar, welcher im Durchschnitt einmal in 50 Jahren auftritt. Die Kombination dient in den Nachweisen dazu irreversible Auswirkungen zu verhindern.
- **Häufige Kombination**: Die häufigen Einwirkungen treten circa während 5 % der Nutzungszeit auf. Sie werden für die Nachweise reversibler Auswirkungen benutzt.
- **Quasi-ständige Kombination**: Die quasi-ständige Einwirkungskombination erfasst für Nachweise von Langzeitauswirkungen die im zeitlichen Mittel vorliegenden Einwirkung.

8.2 Ermittlung der Spannungen

Sowohl für die Begrenzungen der Spannungen wie auch für die Begrenzung der Rissbreite müssen die Spannungen des Betons und des Betonstahls auf dem Gebrauchsniveau ermittelt werden. Diese Spannungsermittlung unterscheidet sich von der Bemessung, welche in ▶ Kap. 2 behandelt wurde, in folgenden Punkten:

- Die Bewehrungsmenge ist meist aus der Bemessung im Grenzzustand der Tragfähigkeit (GZT) vorgegeben.
- Bei der Bemessung im GZT werden im Regelfall entweder der Betonstahl oder der Beton vollständig bis zur Grenzdehnung ausgenutzt, was eine Anwendung der Bemessungsdiagramme ermöglicht. Bei der Spannungsermittlung im GZG ist dies nicht der Fall. Hier sind aufgrund der geringeren Beanspruchung meist weder der Betonstahl noch der Beton vollständig ausgenutzt.

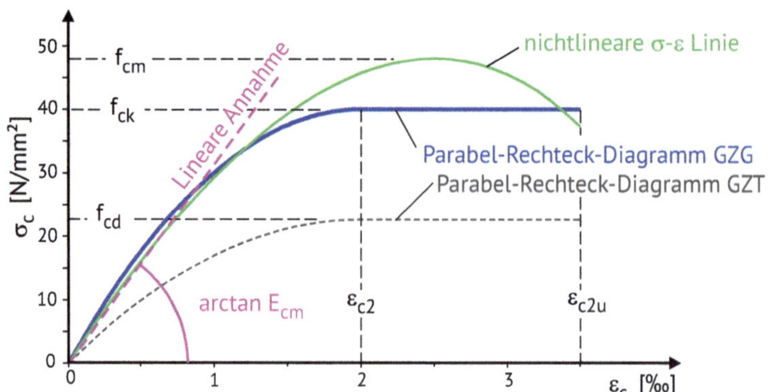

◘ Abb. 8.1   Verschiedene Spannungs-Dehnungs-Linien für den Beton

— Für die Spannungsermittlung im Gebrauchszustand darf auch die Spannungs-Dehnungs-Linie gemäß ▶ Abb. 2.6 verwendet werden und die Teilsicherheiten sowie der Dauerstandsfaktor brauchen nicht berücksichtig werden.

— Da sowohl die Belastung mindestens um die Teilsicherheitsbewerte reduziert ist wie auch die möglichen Spannungen im Beton um den Dauerstandsfaktor und die Teilsicherheiten erhöht sind, ergibt sich ein relativ niedriges Belastungsniveau des Betons.

Da die Dehnung aufgrund des Lastniveaus im Regelfall gering ist, gibt es drei nahezu gleichwertige Möglichkeiten zur Bestimmung der Spannungen im GZG, welche in ◘ Abb. 8.1 verdeutlicht sind:

— Anwendung der Spannungs-Dehnungs-Linie für das Gebrauchsniveau. Aufgrund des mathematischen Verlaufes ist die Ermittlung hier nur über nummerische Verfahren möglich.

— Anwendung des Parabel-Rechteck Diagramms mit den charakteristischen Kenngrößen. Hier kann mit den Gleichungen in ▶ Abschn. 2.3.3.3 über ein zweifaches iteratives Verfahren die Dehnung bestimmt werden.

— Aufgrund des geringen Lastniveaus, welches sich meisten unter $0{,}4 \cdot f_{cm}$ liegt, ist die Annahme eines linearen Zusammenhangs zwischen Betondehnung und Betonspannung über den E-Modul des Betons gerechtfertigt. Dies hat den Vorteil, dass sich die Spannungen für Bauteile unter reiner Biegung mit geschlossenen Gleichungen ermitteln lassen, welche nachfolgend vorgestellt werden.

❶ Unter der Annahme eines linearen Zusammenhangs zwischen Betondehnung und Betonspannung lassen sich für Rechteckquerschnitte ohne Normalkraft die Spannungen auf Gebrauchsniveau mit den nachfolgenden Gleichungen für den gerissenen Zustand (Zustand II) geschlossen lösen.

■ Für Rechteckquerschnitte ohne Normalkraft und ohne Druckbewehrung (Zustand II)

Die Druckzonenhöhe x ergibt sich in Abhängigkeit der Bewehrungsmenge A_{s1} und dem Verhältnis der E-Module von Beton und Betonstahl ($\alpha_e = E_s/E_c$) zu:

$$x = \frac{\alpha_e \cdot A_{s1}}{b} \cdot \left(-1 + \sqrt{1 + \frac{2 \cdot b \cdot d}{\alpha_e \cdot A_{s1}}} \right) \tag{8.1}$$

Damit kann der innere Hebelarm z bestimmt werden:

$$z = d - \frac{x}{3} \tag{8.2}$$

Über das einwirkende Moment M können nun die Betondruckspannungen σ_c und die Betonstahlspannungen σ_{s1} der Zugbewehrung berechnet werden.

$$\left| \sigma_c \right| = \frac{2 \cdot M}{b \cdot x \cdot z} \tag{8.3}$$

$$\sigma_{s1} = \frac{M}{A_{s1} \cdot z} = \left| \sigma_c \right| \cdot \frac{\alpha_e \cdot (d - x)}{x} \tag{8.4}$$

■ **Für Rechteckquerschnitte ohne Normalkraft mit Druckbewehrung (Zustand II)**

Für Querschnitte mit Druckbewehrung müssen die Gleichungen um die Druckbewehrung A_{s2} sowie deren Lage d_2 wie folgt erweitert werden:

$$x = \frac{\alpha_e \cdot (A_{s1} + A_{s2})}{b} + \sqrt{\left(\frac{\alpha_e \cdot (A_{s1} + A_{s2})}{b} \right)^2 + \frac{2 \cdot \alpha_e}{b} + A_{s1} \cdot d + A_{s2} \cdot d_2} \tag{8.5}$$

$$z = d - \frac{x}{3} \tag{8.6}$$

$$\left| \sigma_c \right| = \frac{M}{\dfrac{b \cdot x}{6} \cdot (3 \cdot d - x) + \alpha_e \cdot A_{s2} \cdot (d - d_2) \cdot \dfrac{x - d_2}{x}} \tag{8.7}$$

$$\sigma_{s1} = \left| \sigma_c \right| \cdot \frac{\alpha_e \cdot (d - x)}{x} \tag{8.8}$$

$$\sigma_{s2} = \left| \sigma_c \right| \cdot \frac{\alpha_e \cdot (d_2 - x)}{x} \tag{8.9}$$

Für Plattenbalken finden sich ähnliche, umfangreichere Beziehungen, welche in Teil 2 (Finckh 2026) Abschn. 7.2.2.3 dargestellt sind. Dort finden sich auch Beziehung für den ungerissen Querschnitt (Zustand I), welche jedoch für die praktische Anwendung von untergeordneter Bedeutung sind.

Für Bauteile mit Normalkraftbeanspruchung ist eine geschlossene Lösung nicht mehr möglich. Hier stehen zum Beispiel in (Goris und Schmitz 2014) umfangreiche Diagramme zur Verfügung.

8.3 Begrenzung der Spannungen

Für das nutzungsgerechte und dauerhafte Verhalten eines Bauwerks sind Betondruckspannungen und Stahlzugspannungen zu begrenzen. Dies wird durch das Einhalten bestimmter Spannungsgrenzen gewährleistet. Ziel der Begrenzungen ist:

- Vermeiden ungewollter Rissbildung
- Vermeiden übermäßiger Kriechverformungen
- Vermeiden nichtelastischer Verformungen

Nach der DIN EN 1992-1-1 (09.2025) 9.2 müssen die Betondruckspannungen begrenzt werden, um Längsrisse, Mikrorisse oder starkes Kriechen zu vermeiden, falls diese zu Beeinträchtigungen der Funktion des Tragwerks führen können.

Die ***Betondruckspannungen*** müssen wie folgt begrenzt werden:
- $\sigma_c \leq 0{,}6 \cdot f_{ck}$ bei charakteristisch Einwirkungskombinationen unter allen Expositionen[1] XD, XS und XF. Damit sollen übermäßige Querzugspannungen in der Betondruckzone verhindert werden, welche zu Längsrissen führen könnten, welche korrosionsfördernde Wirkungen hätten.

Die Begrenzung darf entfallen, wenn anderen Maßnahmen, wie z. B. eine Erhöhung der Betondeckung in der Druckzone oder eine Umschnürung der Druckzone durch Querbewehrung, getroffen werden.

Es wird empfohlen, die Betondruckspannungen zusätzlich unter quasi-ständigen Einwirkungskombinationen auf $\sigma_c \leq 0{,}4 \cdot f_{cm}$ zu begrenzen, da sonst die Kriechverformungen sehr groß werden können. Ab dieser Grenze ist dann auch nach DIN EN 1992-1-1 (09.2025) 5.1.5 (3) nichtlineares Kriechen zu berücksichtigen (vgl. auch ▶ Abschn. 6.6.3.3.2).

Die ***Betonstahlzugspannungen*** sind gemäß DIN EN 1992-1-1/NA1 (E) (08.2025) wie folgt zu begrenzen:
- $\sigma_s \leq 0{,}8 \cdot f_{yk}$ bei charakteristischer Einwirkungskombinationen.
  Wenn die Zugspannung der Bewehrung $0{,}8 \cdot f_{yk}$ nicht überschreitet, darf davon ausgegangen werden, dass unzulässige Verformungen und Rissbildungen vermieden werden.
- $\sigma_s \leq 1{,}0 \cdot f_{yk}$ bei Zwangsbeanspruchung allein
  Zugspannungen infolge von Zwang (indirekte Einwirkung) sind auf $1{,}0 \cdot f_{yk}$ zu begrenzen

---

Praxistipp

Rechnerische Spannungsnachweise können gemäß DIN EN 1992-1-1/NA1 (E) (08.2025) 9.2.1 (5) NCI für nicht vorgespannte Bauteile im allgemeinen Hochbau entfallen, wenn folgende Bedingungen eingehalten werden:

---

[1] Bei einer reinen Expositionsbeanspruchung durch XC, wie es zum Beispiel häufig Innenbereich vorkommt, kann somit auf den Nachweis verzichtet werden.

- Die Schnittgrößen werden nach der Elastizitätstheorie berechnet und im Grenzzustand der Tragfähigkeit um nicht mehr als 15 % umgelagert.
- Die bauliche Durchbildung erfolgt nach den Konstruktionsregeln der DIN EN 1992-1-1 (09.2025).
- Die Regeln für Mindestbewehrung nach DIN EN 1992-1-1 (09.2025) sind eingehalten.

Im Ingenieurbau ist im Regelfall eine Begrenzung der Spannungen erforderlich.

8.4 Begrenzung der Rissbreite

8.4.1 Ursache einer Rissbildung

Im ungerissenen Zustand (Zustand I) werden wesentliche Anteile der Zugspannungen durch den Beton aufgenommen. Wird durch eine Last die Betonzugfestigkeit überschritten, die im Vergleich zur Druckfestigkeit gering ist, kommt es in der Zugzone des Querschnitts zu Rissbildungen (Zustand II). Ab diesem Zeitpunkt muss der Bewehrungsstahl die vorhandenen Zugspannungen allein aufnehmen können. Die Rissbildung ist im Stahlbeton infolge der Biegebeanspruchung kaum zu vermeiden.

Allerdings ist die Rissbreite auf ein erträgliches Maß zu begrenzen, um
- die Bewehrung vor Korrosion zu schützen
- Gebrauchseigenschaften zu gewährleisten (z. B. Wasserundurchlässigkeit)
- das optische Erscheinungsbild zu bewahren.

Risse können verschiedene Gründe und Formen haben, welche im Wesentlichen in die folgenden Kategorien unterteilt werden können:
- Oberflächenrisse mit nur geringer Tiefe und unregelmäßigem Verlauf treten möglicherweise bei flächigen Bauteilen auf und sind meist durch unsachgemäße Nachbehandlung ausgelöst.
- Trennrisse durchtrennen den gesamten Querschnitt und treten bei Zugbeanspruchung meist infolge indirekter Einwirkungen auf. Diese sind durch die nachfolgenden rechnerischen Nachweise zu begrenzen.
- Biegerisse verlaufen ausgehend vom Querschnittsrand bis zur Dehnungsnulllinie (Druckzone) und treten bei Biegebeanspruchung meist infolge direkter Einwirkungen auf. Die Begrenzung dieser Risse erfolgt ebenfalls rechnerisch gemäß den nachfolgenden Nachweisen.

8.4.2 Grundlagen Rissbildung

8.4.2.1 Definitionen

Die mittlere Rissbreite w_m setzt sich aus dem Dehnungsunterschied zwischen Beton und Stahl im Bereich des mittleren Rissabstandes s_{rm} zusammen. Sie wird gemäß Gl. (8.10) berechnet:

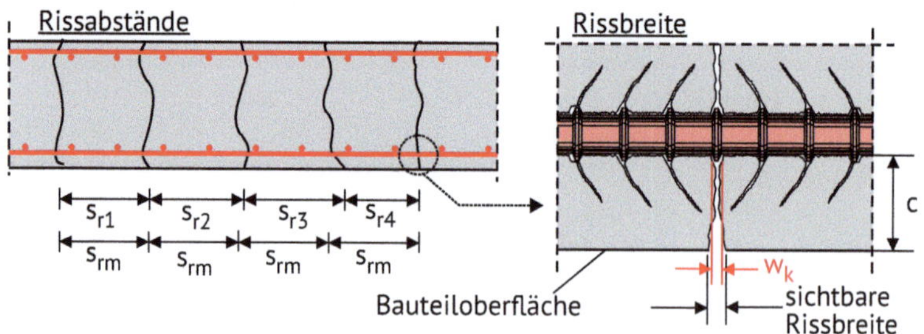

Abb. 8.2 Definition der Rissabstände und der Rissbreiten

$$w_m = s_{rm} \cdot \left(\varepsilon_{sm} - \varepsilon_{cm} \right) \tag{8.10}$$

Dabei ist:

w_m – Mittlere Rissbreite

s_{rm} – Mittlerer Rissabstand

ε_{sm} – Mittlere Betonstahldehnung

ε_{cm} – Mittlere Dehnung des Betons unter Zug

Der Zusammenhang zwischen Rissbreite und Rissabstand ist in **Abb. 8.2** verdeutlicht. In dieser Abbildung ist auch die rechnerische Rissbreite w_k, welche auf der Höhe der Bewehrung gemessen wird und die sichtbare Rissbreite an der Oberfläche dargestellt. Eine Begrenzung auf w_k schließt somit nicht aus, dass an der Bauteiloberfläche einzelne Risse mit größeren Rissbreiten auftreten können.

8.4.2.2 Unterscheidung Last und Zwang

Zugspannungen, welche eine Rissbildung verursachen können infolge einer einwirkenden äußeren Last oder durch eine Zwangsbeanspruchung im Bauteil auftreten. Die Einwirkung aus Last und Zwang können gemäß **Abb. 8.3** unterteilt werden.

Auf den häufig vorkommenden Hydrationszwang wird nachfolgend kurz eingegangen.

8.4.2.3 Hydrationszwang

Bei der Betonerhärtung entsteht aufgrund der chemischen Reaktion Hydratationswärme, wobei sich das Innere der Bauteile erheblich stärker erwärmen wird als die äußere Schale. Zum einen führen diese Temperaturunterschiede innerhalb des Querschnitts zu Eigenspannungen, welche bei einer Überschreitung der Zugfestigkeit zu Oberflächenrissbildung führen kann. Zum anderen führt die Hydratationswärme dazu, dass sich der Beton bei der Erhärtung zunächst ausdehnt und bei der Abkühlung wieder zusammenzieht. Falls das Betonbauteil sich frei ausdehnen und zusammenziehen kann und es somit zwangsfrei gelagert ist, resultieren daraus nur geringe Spannungen. Viele Bauteile können sich jedoch nicht frei ausdehnen und zusammenziehen und es entstehen bei diesem Prozess Zwangsspannungen. Der zeitliche Ablauf während der Betonerhärtung kann bei einer nicht zwangsfreien Lagerung anhand der **Abb. 8.4** wie folgt beschrieben werden:

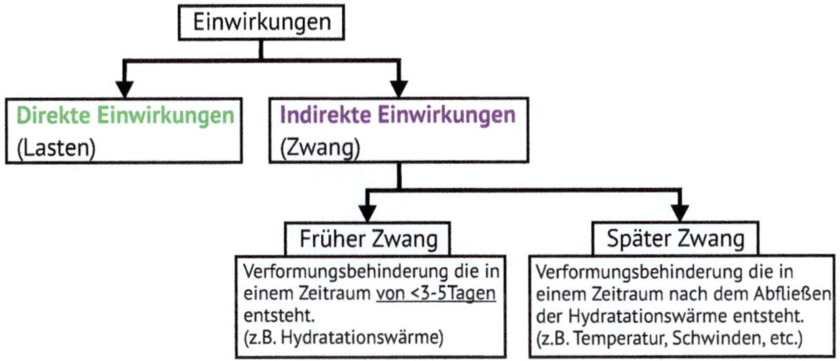

Abb. 8.3 Unterteilung in Last und Zwang

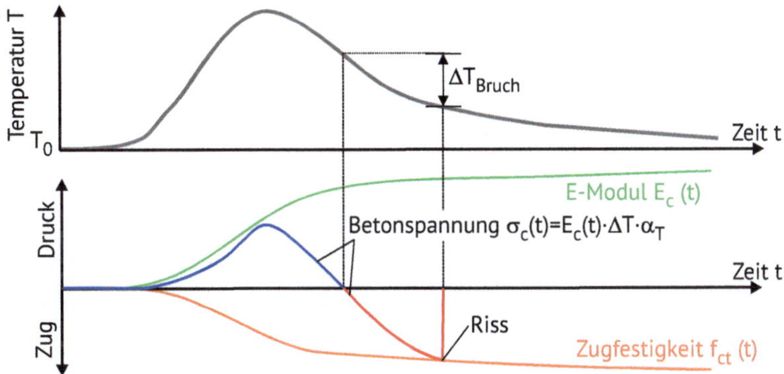

Abb. 8.4 Temperatur-, Spannungs- und Festigkeitsentwicklung beim Abbinden des Betons

1. Zunächst will sich der Beton aufgrund der Wärmeentwicklung ausdehnen. Da der Beton in diesem jungen Alter nahezu keine Steifigkeit besitzt, erzeugt dieser Prozess nur geringe Druckspannungen.
2. Zusammen mit der Wärmeentwicklung gewinnt der Beton an Steifigkeit und Festigkeit.
3. Wenn die chemische Reaktion abklingt, kühlt der Beton ab und will sich zusammenziehen. Da die Verformung behindert ist, entstehen Zugdehnungen beim Abkühlen. Aufgrund der nun höheren Steifigkeit des Betons resultieren aus diesen Zugdehnungen nun größer Zugspannungen als beim Erwärmen Druckspannungen entstanden sind.
4. Falls die Betonzugspannung nun die Betonzugfestigkeit überschreitet entsteht ein Riss.

Der häufigste Fall des frühen Zwangs, wie er vorhin beschrieben wurde, tritt zwischen zwei verschiedenen Bauteilen auf, wenn ein neuer Abschnitt auf einen alten betoniert wird. Dies ist zum Beispiel der Fall, wenn eine Wand auf ein bereits erhärtetes Fundament betoniert wird, wie dies ■ Abb. 8.5 zeigt. Der frische Beton entwickelt Wärme, während der Beton des ersten Abschnitts bereits abgekühlt und erhärtet ist. Beim Abkühlen will sich das später betonierte Bauteil zusammenziehen, wird aber

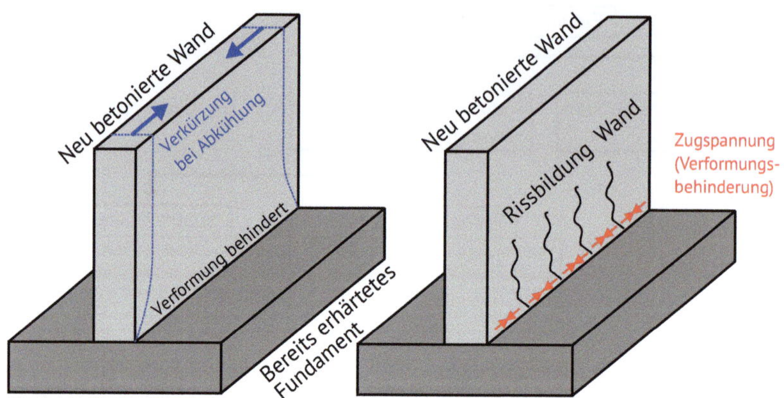

◼ Abb. 8.5   Rissbildung infolge Abfließens der Hydratationswärme

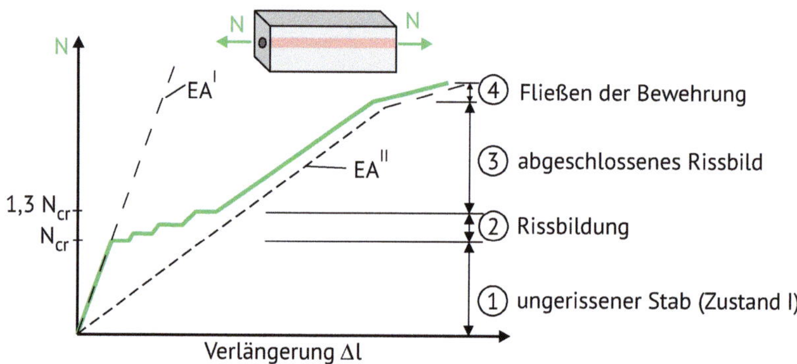

◼ Abb. 8.6   Rissbildung in einem Zugstab in Anlehnung an. (Zilch und Zehetmaier 2010)

durch den Verbund mit dem ersten Abschnitt daran gehindert. So entstehen in der Wand meist Risse die in ihrer Breite begrenzt werden müssen.

8.4.2.4 Phasen der Rissbildung

Die Vorgänge bzw. die Zusammenhänge bei der Rissbildung lassen sich an einem einfachen Modell eines Betonzugstabes beschreiben, welcher auch als Modell für die Betonzugzone eines auf Biegung beanspruchten Balkens betrachtet werden kann. Dabei wird bei Steigerung der Zugnormalkraft N zwischen drei verschiedenen Bereichen (oder auch Phasen) im Stab unterschieden, wie dies ◼ Abb. 8.6 zeigt.

Phase 1: – Der Stab bleibt ungerissen, da die einwirkende Zugspannung die Zugfestigkeit des Betons nicht überschreitet. Die Dehnungen im Betonstahl und Beton sind gleich, die maximalen Dehnungen liegen bei etwa $\varepsilon_{cr} \approx 0,1‰$.
Phase 2: – Die Zugspannungen überschreiten die Betonzugfestigkeit und es kommt zur Erstrissbildung, wie es in ◼ Abb. 8.7 dargestellt ist. Im Riss fällt die Dehnung des Betons auf null und gleichzeitig steigt die Stahldehnung bis auf den Wert im Zustand II. Die Stahlzugkraft wird im Bereich der Einleitungslänge l_t über den

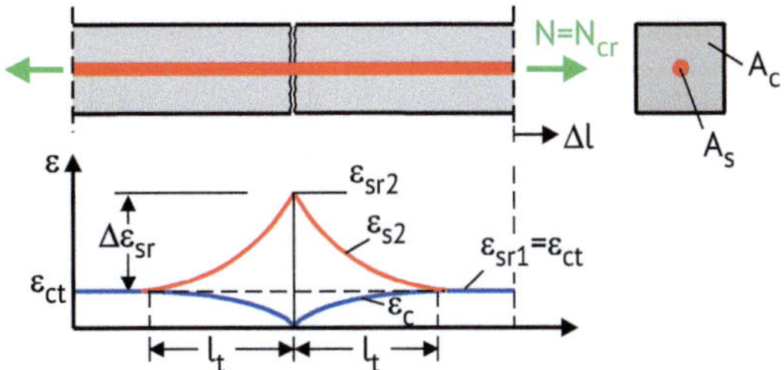

Abb. 8.7 Einzelriss, in Anlehnung an. (Zilch und Zehetmaier 2010)

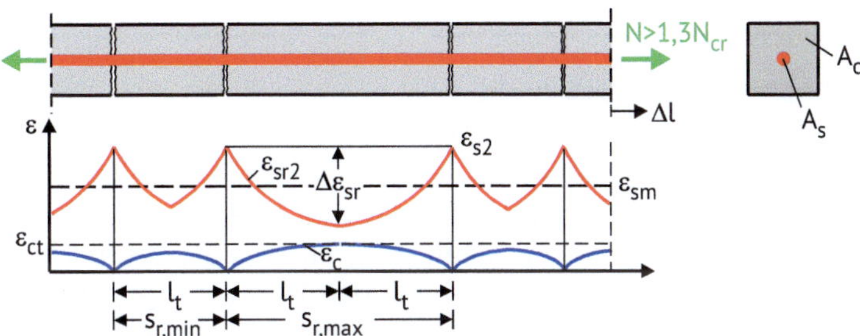

Abb. 8.8 Abgeschlossenes Rissbild, in Anlehnung an. (Zilch und Zehetmaier 2010)

Verbund in den Beton eingeleitet. Zwischen den Rissen ist die Dehnung von Betonstahl und Beton gleich und es herrscht dort der Zustand I.

Phase 3: – Im Zugstab sind so viele Risse entstanden, dass sich die Einleitungslängen l_t der Bewehrung überschneiden, wie es in Abb. 8.8 dargestellt ist. Zusätzlich kann die Betonstahlkraft nicht mehr in den Beton eingeleitet werden. Es können sich kaum noch Risse im Beton bilden, da zwischen den Rissen die Betonzugfestigkeit nicht mehr überschritten wird. Dadurch entsteht das abgeschlossene Rissbild. Nun sind auch die Dehnungen im Betonstahl und Beton unterschiedlich.

8.4.2.5 Rissverhalten bei Last und Zwang

Das Verhalten der Rissbildung bei Last und Zwang unterscheidet sich, wie Abb. 8.9 zeigt, grundlegend. Bei einer Lastbeanspruchung bleibt die Kraft bei Rissbildung konstant und die Verformung nimmt bei Rissbildung schlagartig zu. Des Weiteren lässt sich eine Lastbeanspruchung im Regelfall relativ genau durch unsere Lastnormen bestimmen.

Bei einer Zwangsbeanspruchung bleibt die Verformung des Zwangs bei Rissbildung konstant. Aufgrund der Rissbildung nimmt jedoch die Zwangskraft schlagartig ab.

> Im Gegensatz zur Lastbeanspruchung hängen die Zwangsbeanspruchungen von sehr vielen Faktor ab und lassen sich nur sehr ungenau vorhersagen.

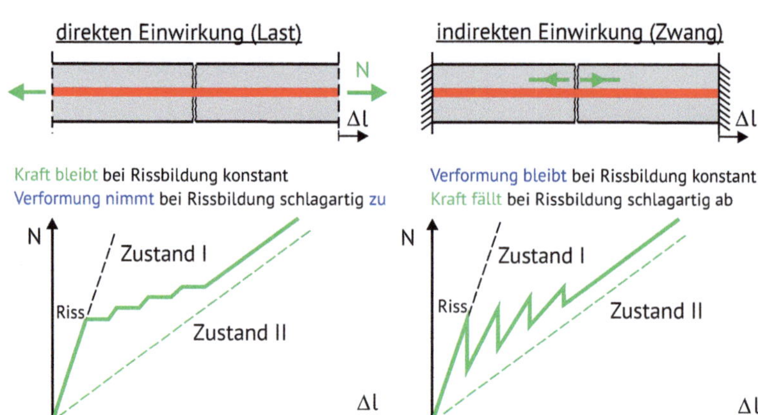

◘ **Abb. 8.9**   Rissbildung bei Last und Zwang

8.4.2.6 Spannungen im Riss

Nach der Erstrissbildung muss im Riss die gesamte Zugkraft ausschließlich von der Bewehrung aufgenommen werden. Somit sinkt im Riss die Betondehnung bis auf null herab, während die Stahldehnung bis auf den Wert des sogenannten Zustand II ansteigt. Die Zugspannung in der Bewehrung ergibt sich wie folgt:

- **Vor der Rissbildung**:
    - Betonspannung: $\sigma_c = F/A$
    - Stahlspannung: $\sigma_s = \sigma_c \cdot \alpha_E$
- **Nach der Rissbildung**:
    - Betonspannung im Riss: $\sigma_c = 0$
    - Stahlspannung im Riss: $\sigma_{sr2} = F_{cr}/A_s$
    - Stahldehnung im Riss: $\varepsilon_{sr2} = \sigma_{sr2}/E_s$

Dabei ist α_E der Verhältniswert der E-Moduln von Stahl und Beton $\alpha_E = E_s/E_{cm}$. Falls zu wenig Bewehrung im Bereich des Risses vorhanden ist, beginnt der Stahl zu fließen, die Dehnung wird sehr groß und es entsteht ein sehr breiter Riss.

8.4.2.7 Von der Spannung zur Rissbreite

Betrachtet man sich den Einzelrisszustand, wie er in ◘ Abb. 8.7 dargestellt ist, ergibt sich die Rissbreite am Einzelriss aus der zweifachen Eintragungslänge l_t mal die mittlere Dehnungsunterschiede $(\varepsilon_{sm} - \varepsilon_{cm})$.

$$w_k = 2 \cdot l_t \cdot \left(\varepsilon_{sm} - \varepsilon_{cm} \right) \tag{8.11}$$

Die Eintragungslänge l_t ergibt sich über die Stahlspannung im Riss σ_{sr2}, den Stabumfang und die mittlere Verbundspannung τ_{sm} zu (vgl. auch ▶ Abschn. 4.6.1):

$$l_t \approx \frac{\sigma_{sr2} \cdot A_s}{U_s \cdot \tau_{sm}} = \frac{\sigma_{sr2} \cdot \phi_s}{4 \cdot \tau_{sm}} \tag{8.12}$$

Die mittleren Dehnungsunterschiede des Zugstabs ergeben sich über die Stahlspannung im Riss σ_{sr2}, dem E-Modul des Betonstahls E_s und einen Völligkeitsfaktor β_t für die Parabel aus ◘ Abb. 8.7 zu:

$$\varepsilon_{sm} - \varepsilon_{cm} = \left(1 - \beta_t\right) \cdot \frac{\sigma_{sr2}}{E_s} \tag{8.13}$$

Die Gl. (8.12) und (8.13) können in die Gl. (8.11) eigesetzt werden und man bekommt:

$$w_k = \frac{\sigma_{sr2} \cdot \phi_s}{2 \cdot \tau_{sm}} \cdot \left(1 - \beta_t\right) \cdot \frac{\sigma_{sr2}}{E_s} \tag{8.14}$$

Setz man nun näherungsweise $\beta_t = 0{,}4$ und die mittlere Verbundspannung zu $\tau_{sm} = 1{,}8 \cdot f_{ct,eff}$ ein, erhält man die Rissbreite unter einer bestimmten Stahlspannung in Abhängigkeit des Betonstahldurchmessers und der effektiven Betonzugfestigkeit:

$$w_k = \frac{\sigma_{sr2}^2 \cdot \phi_s}{2 \cdot 1{,}8 \cdot f_{ct,eff} \, E_s} \cdot 0{,}6 = \frac{\sigma_{sr2}^2 \cdot \phi_s}{6 \cdot f_{ct,eff} \, E_s} \tag{8.15}$$

Diese Gleichung kann nun nach der Stahlspannung aufgelöst werden und man erhält die zulässige Stahlspannung für eine bestimmte Rissbreite. Damit kann die Rissbreite über eine Beschränkung der Stahlspannung nachgewiesen werden. Diese Gl. (8.16) ist auch in der DIN EN 1992-1-1/NA1 (E) (08.2025) NA.S.2 enthalten.

$$\sigma_s = \sqrt{6 \cdot \frac{w_k \cdot f_{ct,eff} \cdot E_s}{\phi_s}} \le f_{yk} \tag{8.16}$$

8.4.3   Grenzwerte zur Beschränkung der Rissbildung

Aus den folgenden Gründen ist eine Beschränkung der Rissbreite ist erforderlich:
- zum Korrosionsschutz
  (Rissbreiten mit $w \le 0{,}3$ mm erfüllen meist diese Forderung)
- zur Gewährleistung eines guten Erscheinungsbildes
  (Rissbreiten mit $w \le 0{,}4$ mm erfüllen meist diese Forderung)
- zur Gewährleistung einer Wasserundurchlässigkeit
  (besondere Anforderungen; nicht Gegenstand dieses Buchs)

Die Anforderungen an die Dauerhaftigkeit und das Erscheinungsbild eines Bauteils gelten als erfüllt, wenn die Anforderungen nach DIN EN 1992-1-1/NA1 (E) (08.2025) 9.2.1 (6) NDP eingehalten sind. Hierbei wird in Abhängigkeit der Expositionsklasse eine Anforderungsklasse festgelegt, die dann den Rechenwert der Rissbreite bestimmt erfüllt sind.

Der Grenzwert w_{max} für die rechnerische Rissbreite w_k ist in der Regel unter Berücksichtigung des geplanten Gebrauchs und der Art des Tragwerks sowie der Kosten der Rissbreitenbegrenzung festzulegen. Ein Überblick über die Anforderungen zeigt ◘ Tab. 8.1. Bei Wasserundurchlässigen Bauwerken gelten gemäß der DAfStb-RiLi WU (12.2017) meist noch strengere Anforderungen an den Nachweise zur Begrenzung der Rissbreite. Auch Bauteile im landwirtschaftlichen Bereich oder Bauteile mit wassergefährdeten Stoffen haben z. B. nach der DAfStb-RiLi BUmwS (03.2011) höhere Anforderungen.

▫ Tab. 8.1   Anforderungen an die Rissbreite

Stahlbetonbauteil im	Expositionsklasse	Einwirkungskombination	Rissbreitenbegrenzung
Allgemein	XO, XC1	quasi-ständig	0,4 mm
	XC2, XC3, XC4 XD1, XD2, XD3 XS1, XS2, XS3		0,3 mm
Ingenieurbau (ZTV-ING)	alle	häufig	0,2 mm

8.4.4 Nachweise zur Begrenzung der Rissbreite

8.4.4.1 Allgemeines

Bei der Begrenzung der Rissbreite sollte zwischen Last und Zwang unterschieden werden, wie dies in ▫ Abb. 8.10 zusammengefasst ist. Der Nachweis für Last erfolgt entweder über genaue Formeln am abgeschlossenen Rissbild oder über eine vereinfachte Spannungsbegrenzung mit den Gleichungen aus ▶ Abschn. 8.4.2.7.

Da die Einwirkungen bei Zwang rechnerisch nur schwer zu erfassen sind und sich der Zwang aufgrund der Risse abbaut, wird hier eine Mindestbewehrung die Rissbreite bei Eintreten der Betonzugspannung am Einzelriss begrenzt.

8.4.4.2 Mindestbewehrung zur Begrenzung der Rissbreite
8.4.4.2.1 Allgemeine Regelungen

Bei der Ermittlung der Mindestbewehrung zur Begrenzung der Rissbreite wird in den Gleichungen zwischen frühem und spätem Zwang unterschieden:
- Früher Zwang: Hydratation
- Später Zwang: Schwinden, Temperatur, Stützensenkungen, Setzungen

Der erforderliche Mindestbewehrungsquerschnitt zur Begrenzung der Rissbreite aus Zwang beträgt nach DIN EN 1992-1-1/NA1 (E) (08.2025) NA.S.2 im Allgemeinen:

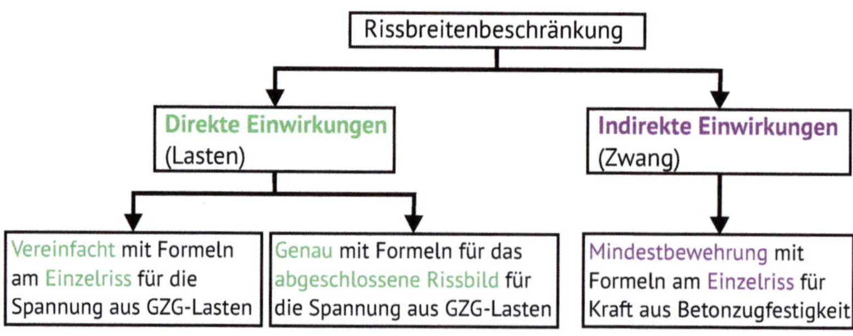

▫ Abb. 8.10   Überblick über die Rissbreitenbeschränkung

$$A_{s,min} = k_c \cdot k_h \cdot f_{ct,eff} \cdot \frac{A_{ct}}{\sigma_s} \qquad (8.17)$$

$$\sigma_s = \sqrt{6 \cdot \frac{w_k \cdot f_{ct,eff} \cdot E_s}{\phi_s}} \leq f_{yk} \qquad (8.18)$$

Dabei ist:

A_{ct} – Gezogene Fläche unter Erstrissbildung

Bei Zug: $A_{ct} = A_c$

Bei Biegung: $A_{ct} = (h - x) \cdot b$

k_c – Faktor zur Berücksichtigung der Spannungsverteilung im Querschnitt.

Für reinen Zug $k_c = 1,0$ (Regelfall früher Zwang)

Für Biegung und Biegung mit Normalkraft nach Gleichung (8.20) und (8.21)

(meist aus äußerer Last bei spätem Zwang)

k_h – Faktor zur Berücksichtigung der Spannungsverteilung beim Abkühlen des Betons nach dem Abbinden.

Bei spätem Zwang: $k_h = 1,0$

Bei innerem Zwang (mit b und h in [m]):

$$kh = 0,8 - 0,6 \cdot \left(\min\{b,h\} - 0,3 \right) \begin{cases} \leq 0,8 \\ \geq 0,5 \end{cases}$$

σ_s – Zulässige Spannung in der Bewehrung zur Begrenzung der Rissbreite nach Gl. (8.18)

$f_{ct,eff}$ – Wirksame Zugfestigkeit des Betons zum betrachteten Zeitpunkt. Zugfestigkeit des Betons beim Auftreten der Risse.

Bei spätem Zwang $f_{ct,eff} = f_{ctm} \geq 3,0\ N/mm^2$

Bei frühem Zwang nach Tab. ◙ 8.2

Die wirksame Zugfestigkeit bei frühem Zwang ist von zahlreichen betontechnologischen Maßnahmen abhängig. Als brauchbare erste Näherung haben sich die Werte gemäß den Empfehlungen von (DBV 05.2016) herausgestellt, welche in ◙ Tab. 8.2 aufgelistet sind.

◙ **Tab. 8.2** Zugfestigkeit zu dem Zeitpunkt, wo die Abkühlung den ersten Riss verursacht, Empfehlungen nach DBV-Merkblatt. (DBV 05.2016)

Festigkeitsentwicklung des Betons	Bauteildicke h			
	$\leq 0,30$ m	$\leq 0,80$ m	$\leq 2,0$ m	$> 2,0$ m
langsam	–	$0,60 \cdot f_{ctm}$	$0,75 \cdot f_{ctm}$	$0,80 \cdot f_{ctm}$
mittel	$0,65 \cdot f_{ctm}$	$0,75 \cdot f_{ctm}$	$0,85 \cdot f_{ctm}$	$0,95 \cdot f_{ctm}$
schnell	$0,80 \cdot f_{ctm}$	$0,90 \cdot f_{ctm}$	$1,00 \cdot f_{ctm}$	$1,00 \cdot f_{ctm}$

Der Beiwert k_c berücksichtigt den Einfluss der Spannungsverteilung innerhalb des Querschnitts vor der Rissbildung sowie die Änderung des inneren Hebelarmes. Mit den nachfolgenden Gleichungen kann der Beiwert k_c berechnet werden.

$$k_c = 1,0 \text{ für reinen Zug} \tag{8.19}$$

$$k_c = 0,4 \cdot \left(1 + \frac{\sigma_c}{k_1 \cdot \dfrac{h}{h'} \cdot f_{ct,eff}}\right) \leq 1,0 \text{ bei Rechteck QS und Stegen} \tag{8.20}$$

$$k_c = 0,9 \cdot \frac{F_{cr,Gurt}}{A_{ct} \cdot f_{ct,eff}} \geq 0,5 \text{ bei Gurten} \tag{8.21}$$

Dabei ist:

k_1 – Beiwert zur Berücksichtigung der Auswirkungen der Normalkräfte auf die Spannungsverteilung:

 k1 = 1,5 , falls N_E eine Druckkraft ist;

 k1 = 2h′/(3h) falls N_E eine Zugkraft ist;

$h' - h' = \min\{h; 1,0m\}$

$F_{ct,Gurt}$ – Absolutwert der Zugkraft im Gurt unmittelbar vor Rissbildung infolge der mit $f_{ct,eff}$ berechneten Rissschnittgröße.

σ_c – Betonspannung in Höhe der Schwerlinie des Querschnitts oder Teilquerschnitts im ungerissenen Zustand ($\sigma_c = N_E/(b \cdot h)$)

N_E – Normalkraft im Grenzzustand der Gebrauchstauglichkeit, die auf den untersuchten Teil des Querschnitts einwirkt (Druckkraft negativ)

In der Gl. (8.18) darf der gewählte Stabdurchmesser ϕ_s durch den modifizierten Durchmesser $\phi_{s,mod}$ nach Gl. (8.22) ersetzt werden. Eine Nichtanwendung der Gl. (8.22) liegt auf der sicheren Seite.

$$\phi_{mod} = \phi_s \cdot \frac{4 \cdot (h - d)}{k_c \cdot k_h \cdot h_{cr}} \tag{8.22}$$

Dabei ist h_{cr} die Höhe der Zugzone im Querschnitt vor Beginn der Rissbildung. Bei zentrischem Zug ist $h_{cr} = h/2$. Alle anderen Werte in der Gl. (8.22) sind wie in Gl. (8.17) zu wählen.

8.4.4.2.2 Sonderregelung für dicke Bauteilen unter zentrischem Zwang

Für dicke Bauteile gibt es für zentrischen Zwang die Sonderregelung in der DIN EN 1992-1-1/NA1 (E) (08.2025) NA.S.3, da ein dickes Bauteil meist nicht ganz durchreißt. Es darf das Minimum aus Gl. (8.17) und (8.23), eingelegt werden:

$$A_{s,min} = f_{ct,eff} \cdot \frac{A_{c,eff}}{\sigma_s} \geq k_h \cdot f_{ct,eff} \cdot \frac{A_{ct}}{f_{yk}} \tag{8.23}$$

Dabei ist:

A_{ct}, $f_{ct,eff}$; – wie bei Gl. (8.17)

σ_s; k_h – wie bei Gl. (8.17)

$A_{c,eff} = h_{c,eff} \cdot b - $.

Der Wirkungsbereich der Bewehrung $h_{c,eff}$ ergibt sich zu:

$$h_{c,eff} = \begin{cases} 2,5 \cdot a_y & \text{für } 0 \le h/a_y \le 5 \\ 0,10 \cdot h + 2,0 \cdot a_y & \text{für } 5 \le h/a_y \le 30 \\ 5,0 \cdot a_y & \text{für } h/a_y \ge 30 \end{cases} \tag{8.24}$$

Der Wert a_y ist hierbei der Bewehrungsabstand d_1.

Praxistipp

Die Sonderregelung für dicke Bauteile (Gl. (8.23)) müssen nicht angewendet werden. Diese Sonderregelung führt meist erst ab Bauteildicken von über 80 cm zu wirtschaftlicheren Ergebnissen. Bis dahin bringt die Gl. (8.17) größere Bewehrungsmengen und ist somit maßgebend.

Wird ein langsam erhärtender Beton mit $r = f_{cm2}/f_{cm28} \le 0,3$ verwendet, darf die Mindestbewehrung mit einem Faktor 0,85 verringert werden. Die Rahmenbedingungen der Anwendungsvoraussetzungen für die Bewehrungsverringerung sind dann in auf den Plänen festzulegen.

8.4.4.3 Vereinfachter Nachweis zur Begrenzung der Rissbreite

Bei dem vereinfachten Nachweis der Rissbreite wird die Spannung in der Bewehrung begrenzt. Im Allgemeinen kann die zulässige Spannung nach der folgenden Gleichung bestimmt werden:

$$\sigma_s = \sqrt{6 \cdot \frac{w_k \cdot f_{ct,eff} \cdot E_s}{\phi_s}} \le f_{yk} \tag{8.25}$$

8.4.4.4 Genauere Kontrolle der Rissbildung

Bei der genaueren Kontrolle der Rissbildung nach DIN EN 1992-1-1 (09.2025) 9.2.3 kann die rechnerische Rissbreite mit Gl. (8.26) berechnet werden.

$$w_{k,cal} = k_w \cdot k_{1/r} \cdot s_{r,m,cal} \cdot (\varepsilon_{sm} - \varepsilon_{cm}) \tag{8.26}$$

Dabei ist:

k_w – Faktor zur Umrechnung der mittleren Rissbreite in eine rechnerische Rissbreite. Nach DIN EN 1992-1-1/NA1 (E) (08.2025) $k_w = 2,0$.

$k_{1/r}$ – Koeffizient zur Berücksichtigung der Vergrößerung der Rissbreite infolge der Krümmung. Nach DIN EN 1992-1-1/NA1 (E) (08.2025) $k_{1/r} = 1,0$.

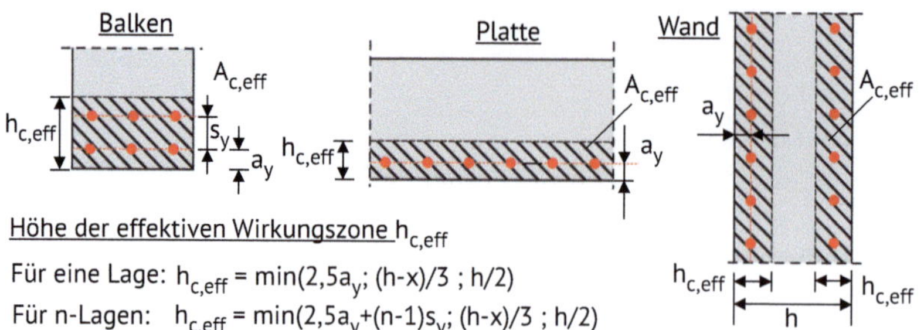

Abb. 8.11 Höhe der effektiven Wirkungszone

Die Größe ($\varepsilon_{sm} - \varepsilon_{cm}$) ergibt sich bei Bauteilen, die durch direkte Lasten (abgeschlossene Rissbildung) beansprucht sind mit Gl. (8.27).

$$\varepsilon_{sm} - \varepsilon_{cm} = \frac{\sigma_s - k_t \cdot \dfrac{f_{ct,eff}}{\rho_{eff}} \cdot \left(1 + \alpha_e \cdot \rho_{eff}\right)}{E_s} \geq \left(1 - k_t\right) \cdot \frac{\sigma_s}{E_s} \tag{8.27}$$

Dabei ist:

k_t – Faktor, der von der Dauer der Lasteinwirkung abhängt.
  Meist wird $k_t = 0{,}4$ bei langfristiger Lasteinwirkung verwendet. In Sonderfällen darf $k_t = 0{,}6$ bei Kurzzeitbelastung verwendet werden.

σ_s – Spannung in der Zugbewehrung unter Annahme eines gerissenen Querschnitts

$\alpha_e = E_s/E_{cm}$ – .

$\rho_{eff} = A_s/A_{c,eff}$ – .

Die Fläche $A_{c,eff}$ ist der Wirkungsbereich der Bewehrung, welcher für die Standardfälle in **Abb. 8.11** zu $A_{c,eff} = b \cdot h_{c,eff}$ bestimmt werden kann. Für Kreisquerschnitte und für Bewehrungen mit großen Abstände sind in der DIN EN 1992-1-1 (09.2025) noch zusätzliche Regelungen enthalten.

Der mittlere Rissabstand bei abgeschlossenem Rissbild kann nach Gl. (8.28) berechnet werden, welche sich unter Konsolidierung des DIN EN 1992-1-1 (09.2025) mit der DIN EN 1992-1-1/NA1 (E) (08.2025) ergibt:

$$s_{r,m,cal} = \frac{k_b \cdot \phi}{7{,}2 \cdot \rho_{eff}} \leq \frac{\sigma_s \cdot \phi}{7{,}2 \cdot f_{ct,eff}} \tag{8.28}$$

Die unterschiedlichen Verbundbedingungen (gut und mäßig) dürfen gemäß DIN EN 1992-1-1/NA1 (E) (08.2025) vereinfacht mit $k_b = 1{,}0$ vernachlässigt werden.

8.5 Beispiel Stützwand

8.5.1 Aufgabenstellung

Für die in ▪ Abb. 8.12 dargestellte Stützwand aus C30/37 soll die aufgehende Wand bemessen werden. Neben der Belastung aus dem Erdruhedruck müssen keine weiteren Lasten auf die Wand berücksichtigt werden. Da es sich bei der Stützwand um ein Ingenieurbauwerk handelt wird gemäß der ▪ Tab. 8.1 ist die Rissbreite auf $w_k = 0,2$ *mm* unter häufiger Einwirkungskombination beschränkt. Die Betondeckung ergibt sich für erdberührte Bauteile wird hier zu $c_{nom} = 5,5$ *cm* gewählt. Es soll ein Beton mit normaler Erhärtungsgeschwindigkeit gewählt werden.

Als Einwirkung wirkt der Erddruck und das Eigengewicht der Konstruktion. Als Erddruckbeiwert wird der Erdruhedruck gemäß DIN 4085 (08.2017) verwendet. Der Erddruckbeiwert ergibt sich somit unter Vernachlässigung der Wandreibung zu:

$$k_{0h} = 1 - \sin\varphi = 1 - \sin 30° = 0,5$$

Damit kann der Erdruhedruck angegeben werden:

$$e_{0h} = k_{0h} \cdot \gamma \cdot h$$

8.5.2 Schnittgrößenermittlung

Die Schnittgrößen werden unter Annahme eines Teilsicherheitsbeiwertes für den Erddruck von $\gamma_G = 1,35$ für ständige Lasten verwendet. Auf den Ansatz eines geringeren Teilsicherheitsbeiwert für den Erdruhedrucks von 1,2 nach DIN 1054

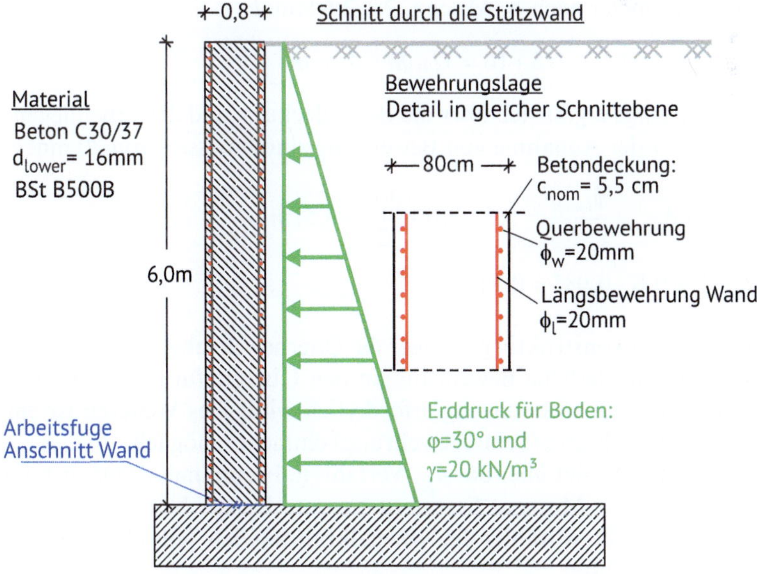

▪ **Abb. 8.12** Im Beispiel für den GZG zu bemessende Stützwand

(04.2021) wird auf der sicheren Seite liegend verzichtet. Die Normalkraft aus dem Eigengewicht des Betons beträgt:

$$n_{Ek} = -H \cdot \gamma_{Beton} \cdot h = -6 \cdot 25 \cdot 0,8 = -120 kN / m$$

Die Querkraft entspricht der Erddruckresultierenden, welche sich über die dreieck-förmige Erddruckverteilung wie folgt ergibt:

$$v_{Ed} = \gamma_G \cdot H \cdot k_0 \cdot \gamma_{Boden} \cdot \frac{H}{2} = 1,35 \cdot 6 \cdot 0,5 \cdot 20 \cdot \frac{6}{2} = 243 kN / m$$

$$v_{k,freq} = H \cdot k_0 \cdot \gamma_{Boden} \cdot \frac{H}{2} = 1,35 \cdot 6 \cdot 0,5 \cdot 20 \cdot \frac{6}{2} = 180 kN / m$$

Das Moment ergibt sich aus der Erddruckresultierenden mal den Hebelarm, welcher sich bei einer Dreieckslast zu 1/3 der Höhe ergibt:

$$m_{Ed} = -V_{Ed} \cdot H \cdot \frac{1}{3} = 243 \cdot 6 \cdot \frac{1}{3} = 486 kNm / m$$

$$m_{k,freq} = -V_{k,freq} \cdot H \cdot \frac{1}{3} = 180 \cdot 6 \cdot \frac{1}{3} = 360 kNm / m$$

8.5.3   Bemessung im Grenzzustand der Tragfähigkeit

Der Bemessungswert der Betondruckfestigkeit berechnet sich bei einem C30/37 zu:

$$f_{cd} = \eta_{cc} \cdot k_{tc} \cdot \frac{f_{ck}}{\gamma_C} = 1 \cdot 0,85 \cdot \frac{30}{1,5} = 17 N / mm^2$$

Der Größenparameter nach ▶ Abschn. 2.1.2.6 lautet:

$$d_{dg} = 16 mm + D_{lower} = 16 + 16 = 32 mm \leq 40 mm$$

Die Bewehrungslage ergibt sich über die Betondeckung und die außenliegende Quer-bewehrung unter der Annahme von Bewehrungsdurchmessers von 20 mm zu:

$$d_1 = c_{nom} + \phi_{quer} + \frac{\phi_{Längs}}{2} = 5,5 + 2,0 + \frac{2,0}{2} = 8,5 cm$$

$$d = h - d_1 = 0,8 - 0,085 = 0,715 m$$

Im Allgemeinen ist konstruktiv günstiger die Querbewehrung außen anzuordnen, da für die statisch erforderliche Bewehrung an den Übergreifungsstößen möglichweise eine außenliegende Querbewehrung erforderlich wird. Des Weiteren ist ein Einbau einer Querkraftbewehrung (Schubbewehrung) einfacher möglich.

Die Bemessung erfolgt über das μ_{Eds} Verfahren. Hierzu muss zunächst das auf die Bewehrung bezogenes Moment bestimmt werden. Da die Normalkraft bei der Be-messung günstig wirkt, wird hier die Normalkraft mit den Teilsicherheitsbeiwert von $\gamma_{G,sup} = 1,0$ berücksichtigt.

$$m_{Eds} = m_{Ed} - n_{Ed} \cdot z_{s1} = 486 + 1{,}0 \cdot 120 \cdot \left(\frac{0{,}8}{2} - 0{,}085 \right) = 532{,}8 \, kNm/m$$

Das dimensionslose Moment als Eingangswert für die Tafeln aus ▶ Abb. 10.1 ergibt sich damit zu:

$$\mu_{Eds} = \frac{m_{Eds}}{b \cdot d^2 \cdot f_{cd}} = \frac{0{,}5328}{1{,}0 \cdot 0{,}715^2 \cdot 17} = 0{,}061$$

Damit kann der mechanische Bewehrungsgrad über die Tafeln aus ▶ Abb. 10.1 zu $\omega = 0{,}064$ bestimmt werden. Mit dem mechanische Bewehrungsgrad kann dann die erforderliche Bewehrung berechnet werden:

$$a_{s1} = \frac{1}{\sigma_{sd}} \cdot \left(\omega \cdot b \cdot d \cdot f_{cd} + N_{Ed} \right) = \frac{1}{435} \cdot \left(0{,}064 \cdot 1{,}0 \cdot 0{,}715 \cdot 17 - 0{,}12 \right)$$

$$a_{s1} = 1{,}5 \cdot 10^{-3} \, m^2/m = 15 \, cm^2/m$$

Die Schubspannung können für den Querkraftnachweis aus der Querkraft ermittelt werden. Hierbei wird das Konzept mit dem Nennwert der statischen Nutzhöhe verwendet:

$$\tau_{Ed} = \frac{v_{Ed}}{z} = \frac{v_{Ed}}{0{,}9 \cdot d} = \frac{0{,}243}{0{,}9 \cdot 0{,}715} = 0{,}378 \, MN/m^2$$

Der Mindestschubspannungswiderstand $\tau_{Rdc.\,min}$ für biegebewehrter Bauteile kann wie folgt berechnet werden:

$$\tau_{Rdc,min} = \frac{11}{\gamma_V} \cdot \sqrt{\frac{f_{ck}}{f_{yd}} \cdot \frac{d_{dg}}{d}} = \frac{11}{1{,}4} \cdot \sqrt{\frac{30}{435} \cdot \frac{32}{715}} = 0{,}437 \, MN/m^2$$

Der Nachweis der Querkrafttragfähigkeit kann damit geführt werden und es ist keine Querkraftbewehrung erforderlich:

$$\tau_{Ed} = 0{,}378 \, MN/m^2 < \tau_{Rd,.minc} = 0{,}437 \, MN/m^2$$

8.5.4 Vereinfachter Nachweis Rissbreitenbeschränkung unter Last

Da eine Rissbreitenbeschränkung von 0,2 mm erforderlich ist, wird zunächst der der vereinfachte Nachweis nach ▶ Abschn. 8.4.4.3 geführt. Dazu muss die Spannung in der Betonstahlbewehrung begrenzt werden. Die maximale zulässige Spannung im Betonstahl zur Begrenzung der Rissbreite kann unter Annahme von $f_{ct,\,eff} = f_{ctm}$ mit folgender Gleichung bestimmt werden:

$$\sigma_{s,max} = \sqrt{6 \cdot \frac{w_k \cdot f_{ct,eff} \cdot E_s}{\phi_s}} = \sqrt{6 \cdot \frac{0{,}2 \cdot 2{,}9 \cdot 200000}{20}} = 186{,}5 \, \frac{MN}{m^2}$$

Die Rissbreite muss gemäß Angabe unter häufiger Lastfallkombination beschränkt werden. Da jedoch nur ständige Lasten vorhanden sind entspricht die häufige Kombination der charakteristischen Kombination und die erforderliche Bewehrung aus der Rissbreitenbeschränkung kann über den folgenden Dreisatz abgeschätzt werden:

$$a_{s,schätzung} = a_{s,erf;GZT} \cdot \frac{f_{yd}}{\gamma_G \cdot \sigma_{s,max}} = 15 \cdot \frac{435}{1,35 \cdot 186,5} = 26 \frac{cm^2}{m}$$

Da dies nur eine Abschätzung ist, wird, damit der Nachweis sicher erfüllt ist, die Bewehrung auf $a_{s,\,gew} = 30 cm^2/m$ aufgerundet. Mit dieser Bewehrung kann nun die Spannung im GZG unter Vernachlässigung der Drucknormalkraft gemäß ▶ Abschn. 8.2 berechnet werden. Die Druckzonenhöhe ergibt sich zu:

$$\alpha_e = \frac{E_s}{E_c} = \frac{200}{33} = 6,1$$

$$x = \frac{\alpha_e \cdot A_{s1}}{b} \cdot \left(-1 + \sqrt{1 + \frac{2 \cdot b \cdot d}{\alpha_e \cdot A_{s1}}} \right)$$

$$x = \frac{6,1 \cdot 30}{100} \cdot \left(-1 + \sqrt{1 + \frac{2 \cdot 100 \cdot 71,5}{6,1 \cdot 30}} \right) = 14,5 cm$$

Damit kann der innere Hebelarm bestimmt werden:

$$z = d - \frac{x}{3} = 71,5 - \frac{14,5}{3} = 66,7$$

Über das einwirkende Moment kann nun die Betonstahlspannung berechnet werden:

$$\sigma_{s1,freq} = \frac{M_{k,freq}}{A_{s1} \cdot z} = \frac{0,36}{30 \cdot 10^4 \cdot 0,66} = 182 \frac{MN}{m^2}$$

Der Nachweis der Rissbreitenbeschränkung ist damit knapp erfüllt:

$$\sigma_{s1,freq} = 182 \frac{MN}{m^2} < \sigma_{s,max} = 186,5 \frac{MN}{m^2}$$

8.5.5   Genaue Kontrolle der Rissbildung unter Last

Da beim vereinfachten Nachweis eine hohe Bewehrung von $30\ cm^2/m$ erforderlich ist, wird hier versucht, ob mit einer Bewehrung von $a_{s,\,gew} = 25\ cm^2/m$ der genaue Nachweis Rissbreitenbeschränkung unter Last aus ▶ Abschn. 8.4.4.4 erfüllt ist. Mit der Bewehrung von $a_{s,\,gew} = 25\ cm^2/m$ kann nun die Spannung im GZG unter Vernachlässigung der Drucknormalkraft gemäß ▶ Abschn. 8.2 berechnet werden. Die Druckzonenhöhe ergibt sich zu:

$$x = \frac{6,1 \cdot 25}{100} \cdot \left(-1 + \sqrt{1 + \frac{2 \cdot 100 \cdot 71,5}{6,1 \cdot 25}} \right) = 13,3 \, cm$$

Damit kann der innere Hebelarm bestimmt werden:

$$z = d - \frac{x}{3} = 71,5 - \frac{13,3}{3} = 67,1$$

Über das einwirkende Moment kann nun die Betonstahlspannung berechnet werden:

$$\sigma_{s1,freq} = \frac{M_{k,freq}}{A_{s1} \cdot z} = \frac{0,36}{25 \cdot 10^4 \cdot 0,671} = 215 \, MN / m^2$$

Für die Rissbreitenbeschränkung wird die effektive Höhe $h_{c,eff}$ benötigt, welche sich gemäß ◘ Abb. 8.11 mit $a_y = d_1$ für Biegebeanspruchung wie folgt ergibt:

$$h_{c,eff} = \min\left(2,5 \cdot a_y; \frac{h-x}{3}; \frac{h}{2} \right) = \min\left(2,5 \cdot 8,5; \frac{80 - 14,5}{3}; \frac{80}{2} \right) = 21,25 \, cm$$

Damit kann der effektive Bewehrungsgrad berechnet werden:

$$\rho_{eff} = \frac{A_s}{h_{c,eff} \cdot b} = \frac{25}{100 \cdot 21,25} = 0,0116$$

Der maximale Rissabstand ergibt sich zu:

$$s_{r,m,cal} = \frac{k_b \cdot \phi}{7,2 \cdot \rho_{eff}} \leq \frac{\sigma_s \cdot \phi}{3,6 \cdot f_{ct,eff}}$$

$$s_{r,m,cal} = \frac{1,0 \cdot 20}{7,2 \cdot 0,0116} = 239 \, mm \leq \frac{215 \cdot 20}{7,2 \cdot 2,9} = 206 \, mm$$

Die Größe $(\varepsilon_{sm} - \varepsilon_{cm})$ kann wie folgt berechnet werden:

$$\varepsilon_{sm} - \varepsilon_{cm} = \frac{\sigma_s - k_t \cdot \dfrac{f_{ct,eff}}{\rho_{eff}} \cdot \left(1 + \alpha_e \cdot \rho_{eff} \right)}{E_s} \geq \left(1 - k_t \right) \cdot \frac{\sigma_s}{E_s}$$

$$\varepsilon_{sm} - \varepsilon_{cm} = \frac{215 - 0,4 \cdot \dfrac{2,9}{0,0116} \cdot \left(1 + 6,1 \cdot 0,0116 \right)}{200\,000} = 0,54 \cdot 10^{-3}$$

$$\varepsilon_{sm} - \varepsilon_{cm} = 0,54 \cdot 10^{-3} \geq \left(1 - 0,4 \right) \cdot \frac{215}{200000} = 0,645 \cdot 10^{-3}$$

Bei der direkten Berechnung ergibt sich die Rissbreite somit zu:

$$w_{k,cal} = k_w \cdot k_{1/r} \cdot s_{r,m,cal} \cdot \left(\varepsilon_{sm} - \varepsilon_{cm} \right)$$

$$w_k = 2 \cdot 1 \cdot 206 \cdot 0,645 \cdot 10^{-3} = 0,265\, mm$$

Der Nachweis der Rissbreite von 0,2 mm wäre somit mit 25 cm²/m nicht erfüllt. Mit der Bewehrung von 30 cm²/m wie aus dem vorherigen Abschnitt ergebe sich folgende rechnerische Rissbreite:

$$\rho_{eff} = \frac{30}{100 \cdot 21,25} = 0,014$$

$$s_{r,m,cal} = \frac{1,0 \cdot 20}{7,2 \cdot 0,014} = 198\, mm \leq \frac{182 \cdot 20}{7,2 \cdot 2,9} = 174\, mm$$

$$\varepsilon_{sm} - \varepsilon_{cm} = \frac{182 - 0,4 \cdot \dfrac{2,9}{0,014} \cdot \left(1 + 6,1 \cdot 0,014\right)}{200\,000} = 0,46 \cdot 10^{-3}$$

$$\varepsilon_{sm} - \varepsilon_{cm} = 0,46 \cdot 10^{-3} \geq \left(1 - 0,4\right) \cdot \frac{182}{200000} = 0,546 \cdot 10^{-3}$$

$$w_k = 2 \cdot 1 \cdot 174 \cdot 0,546 \cdot 10^{-3} = 0,19\, mm$$

Es ist somit auch beim genauen Nachweis die Bewehrung von 30 cm²/m maßgebend. Damit kann zum Beispiel eine vertikale Bewehrung von $\phi 20/10 = 31,4 cm^2/m$ gewählt werden.

8.5.6 Mindestbewehrung Rissbreite

Die Bewehrung in Wandlängsrichtung erhält aus dem statischen System keine Lastbeanspruchung. Aufgrund der Betonage auf, die bereist erhärtete Bodenplatte erhält die Wand jedoch eine Zwangsbeanspruchung aus Hydratation.
   Die effektive Zugfestigkeit wird gemäß ▣ Tab. 8.2 für eine normalerhärten Beton bei der Wanddicke von 0,8 m wie folgt gewählt:

$$f_{ct,eff} = 0,75 \cdot f_{ctm} = 0,75 \cdot 2,9 = 2,175\, MN\,/\,m^2$$

Damit kann unter der Annahme eines Bewehrungsdurchmesser von 20 mm die zulässige Spannung berechnet werden:

$$\sigma_{s,max} = \sqrt{6 \cdot \frac{w_k \cdot f_{ct,eff} \cdot E_s}{\phi_s}} = \sqrt{6 \cdot \frac{0,2 \cdot 2,175 \cdot 200000}{20}} = 161,5\, MN\,/\,m^2$$

Die Summe der Wandlängsbewehrung ergibt sich gemäß ▶ Abschn. 8.4.4.2 zu:

$$k_h = 0,8 - 0,6 \cdot \left(\min\{b,h\} - 0,3\right) \begin{cases} \leq 0,8 \\ \geq 0,5 \end{cases}$$

$$k_h = 0,8 - 0,6 \cdot \left(0,8 - 0,3\right) = 0,5$$

$$\Sigma A_{s,\min} = k_c \cdot k_h \cdot f_{ct,eff} \cdot \frac{A_{ct}}{\sigma_s} = 1,0 \cdot 0,5 \cdot 2,175 \cdot \frac{0,8 \cdot 1}{161,5} =$$

$$\Sigma A_{s,\min} = 1,0 \cdot 0,5 \cdot 2,175 \cdot \frac{0,8 \cdot 1}{161,5} = 5,4 \cdot 10^{-3}\, m^2$$

Je Wandseite wäre somit folgende Bewehrung erforderlich:

$$a_{s,\min} = 0,5 \cdot 54\, cm^2 / m = 27\, cm^2 / m$$

Nun wird noch versucht, ob mit der Sonderregelung für dicke Bauteile eine Bewehrungsreduktion erreicht werden kann. Dazu wird die Höhe $h_{c,eff}$ benötigt, welche sich gemäß Gl. (8.24) mit $h/a_y = 80/(8,5 - 2) = 12,3$ wie folgt ergibt:

$$h_{c,eff} = 0,1 \cdot h + 2 \cdot a_y = 0,1 \cdot 80 + 2,0 \cdot 6,5 = 21,0\, cm$$

Damit kann die Mindestbewehrung für dicke Bauteile je Seite ausgerechnet werden:

$$a_{s,\min} = f_{ct,eff} \cdot \frac{A_{c,eff}}{\sigma_s} \geq k_h \cdot f_{ct,eff} \cdot \frac{A_{ct}}{f_{yk}}$$

$$a_{s,\min} = 2,175 \cdot \frac{0,21 \cdot 1}{161,5} = 2,8 \cdot 10^{-3} \geq 0,5 \cdot 2,175 \cdot \frac{0,4 \cdot 1}{500} = 8,7 \cdot 10^{-4}$$

Da diese Bewehrung von 28 cm²/m größer ist als die 27 cm²/m aus dem allgemeinen Nachweis ist die Regelung für dicke Bauteile hier nicht relevant und die Bewehrung kann mit $\phi 20/11,5 = 27,3\ cm^2/m$ gewählt werden.

8.6 Begrenzung der Durchbiegungen und Schwingungen

8.6.1 Anforderungen an die Begrenzung

Für die ordnungsgemäße Funktion und das Erscheinungsbild des Bauteils selbst oder angrenzender Bauteile (wie z. B. leichte nichttragende Wände, Verglasungen, Außenwandverkleidungen, haustechnische Anlagen) sind die Durchbiegungen zu begrenzen. In Ausnahmefällen[2] kann auch eine Begrenzung zur Vermeidung übermäßiger Schwingungen erforderlich sein. Schäden, die infolge zu großer Durchbiegungen entstehen können, sind zum Beispiel:
- Risse in Trennwänden oberhalb des Bauteils
- Verglasungen (Fenster) werden zerstört
- ungewollte Lastumlagerungen
- ungewollte Einspannungen in angrenzenden Bauteilen

---

2 Für Biegebauteile im üblichen Hochbau darf i. d. R. auf Schwingungsnachweise verzichtet werden. Insbesondere bei weitgespannten Decken mit entsprechender Nutzung (z. B. Tanzsäle, Sporthallen, Tribunen) kann zur Sicherung der Gebrauchstauglichkeit jedoch auch die Begrenzung menschenerregter Schwingungen notwendig sein.

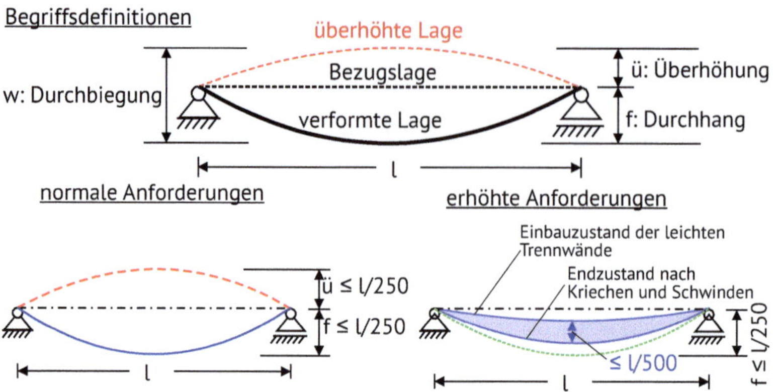

Abb. 8.13 Definition und Grenzwerte der Verformungen

Zur Begrenzung der Durchbiegung wird in der EN 1990 (08.2023) A.1.8.2.2 zwischen dem Durchhang und der Durchbiegung unterschieden. Wie in Abb. 8.13 zu erkennen ist stellt dabei der Durchhang f die vertikale Bauteilverformung, bezogen auf die Verbindungslinie der Unterstützungspunkte dar. Dieser ist unter normalen Anforderungen $f \leq l/250$ nach EN 1990 (08.2023) A.1.8.2.2 zu begrenzen.

Die Durchbiegung w stellt die Bauteilverformung bezüglich der Systemachse dar. Diese kann sich auf unterschiedliche Zeitpunkte beziehen. Zum Beispiel bezieht sich die Gesamtdurchbiegung möglicherweise auf eine überhöhte Lage, welche aufgrund einer Schalungsüberhöhung vorliegen kann.

Unter erhöhten Anforderungen, wie diese z. B. beim Einbau von leichten Trennwänden der Fall ist, muss die Durchbiegung auf $w \leq l/500$ begrenzt werden. Diese Anforderung bezieht sich jedoch auf die Referenzlage zum Zeitpunkt, bei dem die leichten Trennwände eingebaut werden.

8.6.2 Verformungen im Stahlbetonbau

Die Größe der Durchbiegung werden im Stahlbetonbau neben den üblichen Größen wie Bauteilgeometrie, Stützweite und Lagerungsbedingungen von weiteren Faktoren maßgeblich beeinflusst:

- Rissbildung: Wenn die Zugfestigkeit des Betons überschritten wird, geht der Stahlbetonquerschnitt vom Zustand I in den Zustand II über. Dadurch reduziert sich das Flächenträgheitsmoment des jeweiligen Querschnitts erheblich.
- Schwinden: Durch das Verkürzen des Betons beim Schwinden entsteht in der Bewehrung eine Zugspannung. Bei einer unsymmetrischen Bewehrungsführung kann dies zu einer Verkrümmung des Querschnitts führen, was wiederum eine Durchbiegung zur Folge hat.
- Kriechen: Wie in ▶ Abschn. 6.6.3.3 bereits erläutert nimmt die Verformung des Betons unter dauerhafter Last zu, sodass sich die Krümmung und somit die Durchbiegung vergrößert.

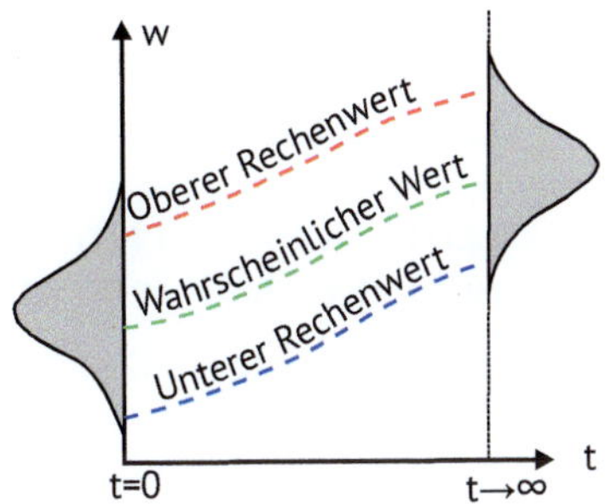

◘ Abb. 8.14 Einfluss der Streuung auf die Durchbiegung

Die Effekte lassen sich zwar mechanisch beschreiben und die Durchbiegung kann mithilfe einer nummerischen Integration über die Krümmungen gut berechnet werden (vgl. auch ▶ Abschn. 6.4.4), jedoch unterliegen die Eingangswerte der Berechnung erheblichen Streuungen. So ist das Schwinden, Kriechen sowie auch die Druck-, Zugfestigkeit und der E-Modul des Betons stark abhängig von der Betonmischungen und den Aushärtebedingungen. In den meisten Fällen macht eine direkte Berechnung nur Sinn, wenn wenigsten einige der Eingangswerte, wie Zug-, Druckfestigkeit und E-Modul an der verwendeten Betonmischung bestimmt worden sind. Aber auch dann kann wie ◘ Abb. 8.14 zeigt die Durchbiegung nur in einem gewissen Bereich abgeschätzt werden.

Aus diesem Grund ist die Berechnung der Verformungen komplex und wird im Teil 2 (Finckh 2026) ▶ Kap. 7 ausführliche betrachtet.

8.6.3 Nachweis der Begrenzung der Durchbiegung

Der Nachweis zur Begrenzung der Durchbiegung darf nach DIN EN 1992-1-1 (09.2025) wie folgt erfolgen:

- Im Hochbau indirekt durch Begrenzung der Biegeschlankheit, wie dies nachfolgend beschrieben ist.
- Im Hochbau durch vereinfachte Berechnung der Durchbiegungen, welche im Teil 2 (Finckh 2026) ▶ Kap. 7 behandelt, wird
- In jeder Art von Tragwerken durch genauere Berechnung, welche ebenfalls im Teil 2 (Finckh 2026) ▶ Kap. 7 behandelt, wird

In der DIN EN 1992-1-1 (09.2025) erfolgt die Begrenzung der Biegeschlankheit über Tabellenwerte in ◘ Tab. 8.3. Wenn die dort aufgeführten Werte für die Biegeschlankheit eingehalten werden, wird in der Regel der Gesamtgrenzwert für die Durchbiegung von $l/250$ eingehalten.

In der ◘ Tab. 8.3 wird zwischen verschiedenen Tragwerkssystemen unterschieden. Dabei sind allerdings keine zweiachsig gespannten Platten oder Flachdecken enthalten. Für diesen Fälle muss der Grenzwert nach den Gl. (8.31) und (8.32) angepasst werden.

◻ Tab. 8.3 Grenzwerte der Biegeschlankheiten l/d bei Hochbauten

Tragwerkssystem	Erforderlicher mechanischer Bewehrungsgrad								
	$\omega_r = 0{,}3$			$\omega_r = 0{,}2$			$\omega_r = 0{,}1$		
	LL/TL			LL/TL			LL/TL		
	60 %	45 %	30 %	60 %	45 %	30 %	60 %	45 %	30 %
Gelenkig gelagerter Einfeldträger; gelenkig gelagerte, einachsig gespannte Einfeldplatte	15	14	12	17	15	13	22	19	17
Endfeld eines Durchlaufträgers oder einer durchlaufenden einachsig gespannten Platte	20	18	16	22	20	17	29	25	22
Innenfeld eines Durchlaufträgers oder einer durchlaufenden einachsig gespannten Platte	23	21	18	26	23	20	33	29	26
Kragträger	7	7	6	8	7	6	10	9	8

LL: Nutzlast; *TL*: Gesamtlast

Als Eingangswert in der der ◻ Tab. 8.3 wird der erforderliche mechanische Zugbewehrungsgrad ω_r in Feldmitte zur Aufnahme des Bemessungsmoments benötigt, welcher mit Gl. (8.29) berechnet wird.

$$\omega_r = \frac{A_{s,req}}{(b_w \cdot d)} \cdot \frac{f_{yd}}{f_{cd}} \tag{8.29}$$

Die vorgegebenen Werte für ω_r von 0,1, 0,2 und 0,3 dürfen für den Fall, dass sich ein Zwischenwert ergibt, interpoliert werden. Die Grenzwerte für gegliederte Querschnitte sind konservativ.

❗ Bei üblichen Hochbaudecken stellt jedoch die untere Begrenzung auf $\omega_r = 0{,}1$ eine erhebliche Einschränkung dar, da diese häufig nicht so stark belastet sind. Hier muss dann ein genauerer Nachweis erfolgen.

Nach der Ermittlung des erforderlichen mechanischen Bewehrungsgrads wird die Einwirkung mit dem Verhältnis aus dem charakteristischen Wert der Nutzlast *LL* und dem charakteristischen Wert der Gesamtlast *TL* berücksichtigt. Beide Lasten werden als voller Wert, d. h. ohne Beiwerte, angenommen. Auch sind dabei für *LL/TL* jeweils drei Ergebnisse vorgegeben. Wenn sich ein Zwischenwert zwischen 30 %, 45 % und 60 % einstellt, darf interpoliert werden. Alle Biegeschlankheitsgrenzwerte in der ◻ Tab. 8.3 wurden mit einem quasi-ständigen Wert der Nutzlast mit $\psi_2 = 0{,}3$ ermittelt. Der Nachweis erfolgt dann über einen Vergleich des maximal zulässigen Biegeschlankheitswerts mit dem vorhandenen Wert.

$$\left(\frac{l}{d}\right)_{vorh} \leq \left(\frac{l}{d}\right)_{zul} \tag{8.30}$$

Der Durchbiegungsgrenzwert für die Langzeitdurchbiegung beträgt bei Einhaltung dieser Gleichung $l/250$. Wird für ein Bauvorhaben eine davon abweichende maximal zulässige Gesamtdurchbiegung l/a vereinbart, sollten die Grenzwerte der Biegeschlankheit l/d nach ◘ Tab. 8.3 mit $250/a$ multipliziert werden. Der Faktor a beschreibt dabei den von 250 abweichenden Wert.

Wenn andere Auflagerbedingungen herrschen, als die in ◘ Tab. 8.3 aufgeführten Tragwerkssysteme, darf die Begrenzung der Biegeschlankheit auf andere Auflagerbedingungen extrapoliert werden. Dafür soll zunächst der Höchstwert der linear-elastischen Durchbiegung eines gelenkig gelagerten Balkens $w_{B,max}$ mit der Stützweite des vorliegenden Systems ermittelt werden. Anschließend kann, ebenfalls nach den Tabellen, der Höchstwert der linear-elastischen Durchbiegung des tatsächlichen Tragwerks $w_{vorh,max}$ berechnet werden. Diese zwei Werte werden ins Verhältnis gesetzt. Mithilfe der Kubikwurzel dieses Verhältnisses ergibt sich der Faktor $\sqrt[3]{w_{B,max} / w_{vorh,max}}$, welcher mit den Grenzwerten der Biegeschlankheit aus Tab. ◘ 8.3 multipliziert wird.

Rechtwinklig zweiachsig gespannte Platten bzw. Flachdecken werden gesondert betrachtet. Liegen rechtwinklig zweiachsig gespannte Flachdecken auf Stützen auf und liegt eine Schlankheit von l_{max}/d vor, darf der Grenzwert der Biegeschlankheit l/d mit einem Faktor nach Gl. (8.31) multipliziert werden.

$$\left(\frac{1}{1+\left(l_{min} / l_{max}\right)^4}\right)^{1/4} \tag{8.31}$$

Dabei ist l_{min} die kleinste Stützweite der Platte und l_{max} die größte Stützweite.

Der zweite Fall stellt rechtwinklig zweiachsig gespannte Platten dar, welche an allen vier Seiten gelenkig auf Wänden oder auf biegesteifen Unterzügen gelagert sind und eine Schlankheit von l_{min}/d vorweisen. Hierbei darf der Biegeschlankheitsgrenzwert l/d mit einem Faktor nach Gl. (8.32) multipliziert werden.

$$\left(\frac{1}{1-0{,}65 \cdot l_{min} / l_{max}}\right)^{1/4} \tag{8.32}$$

Literatur

DAfStb-RiLi BUmwS (03.2011) DAfStb-Richtlinie – Betonbau beim Umgang mit wassergefährdenden Stoffen

DAfStb-RiLi WU (12.2017) Richtlinie – Wasserundurchlässige Bauwerke aus Beton (WU-Richtlinie)

Deutscher Beton- und Bautechnik-Verein E.V. (05.2016) DBV-Merkblatt „Begrenzung der Rissbildung im Stahlbeton- und Spannbetonbau"

DIN 1054 (04.2021) Baugrund – Sicherheitsnachweise im Erd- und Grundbau – Ergänzende Regelungen zu DIN EN 1997-1, Berlin

DIN 4085 (08.2017) Baugrund – Berechnung des Erddrucks, Berlin

DIN EN 1992-1-1 (09.2025) Eurocode 2: Bemessung und Konstruktion von Stahlbeton- und Spannbetontragwerken – Teil 1-1: Allgemeine Regeln und Regeln für Hochbauten, Brücken und Ingenieurbauwerke; Deutsche Fassung EN 1992-1-1:2023, Berlin

DIN EN 1992-1-1/NA1 (E) (08.2025) Entwurf, Nationaler Anhang 1 zu DIN EN 1992-1-1:2025-MM – Eurocode 2 – Bemessung und Konstruktion von Stahlbeton- und Spannbetontragwerken – Teil 1-1: Allgemeine Regeln und Regeln für Hochbauten, Brücken und Ingenieurbauwerke, Berlin

EN 1990 (08.2023) Eurocode. Basis of structural and geotechnical design

Finckh W (2026) Stahlbetonkonstruktion 2; Von der Bauteilberechnung über die Bemessung zur Bauwerksplanung. Springer Vieweg, Wiesbaden

Goris A, Schmitz UP (2014) Bemessungstafeln nach Eurocode 2; Normalbeton, Hochfester Beton, Leichtbeton. Bundesanzeiger-Verl., Köln

Zilch K, Zehetmaier G (2010) Bemessung im konstruktiven Betonbau; Nach DIN 1045-1 (Fassung 2008) und EN 1992-1-1 (Eurocode 2). Springer, Berlin, Heidelberg

8

Grundsätze der Planung im Stahlbetonbau

Inhaltsverzeichnis

© Der/die Autor(en), exklusiv lizenziert an Springer Fachmedien Wiesbaden GmbH, ein Teil von Springer Nature 2026
W. Finckh, *Stahlbetonkonstruktion 1*, erfolgreich studieren,
https://doi.org/10.1007/978-3-658-50727-5_9

Zusammenfassung

Die in den vorherigen Kapiteln gewonnen Erkenntnisse zur Bemessung und der konstruktiven Durchbildung der Stahlbetonbauteile müssen für Projekte in der Praxis dokumentiert und planerisch dargestellt werden, was in diesem Kapitel behandelt wird. Zunächst wird dazu in ▶ Abschn. 9.1 der Prozess der Tragwerkplanung erläutert. In ▶ Abschn. 9.2 wird dargestellt, welche Unterlagen der Planende erstellen muss. Ein zentrales Dokument ist dabei die statische Berechnung, für die es diversere Regelungen und Empfehlungen gibt, welche in ▶ Abschn. 9.3 wiedergeben werden.

Auf der Baustelle werden zur Erstellung des Bauvorhabens zahlreiche Pläne benötigt. In ▶ Abschn. 9.4 sind die Grundlagen für das Anfertigen solcher Pläne erläutert. Darauf aufbauend werden dann die für den Stahlbetonbau wichtigen Positions-, Schal- und Bewehrungspläne in den ▶ Abschn. 9.5, 9.6 und 9.7 behandelt.

Lernziele

Nach dem Lesen dieses Kapitels:
- Wissen Sie, wie eine statische Berechnung aufzubauen ist.
- Kennen Sie alle planerischen Elemente für die Tragwerksplanung im Massivbau.
- Haben Sie Kenntnis von der Plandarstellung von Schal- und Bewehrungsplänen.

9.1 Planungsprozess

9.1.1 Einordung

Der Planungsprozess ist ein mehrstufiges Verfahren, welches sich von der Ermittlung der Grundlagen über die Entwurfsfindung, Detailplanung und die Begleitung der Ausführung grob aufteilen lässt. Die in diesem Buch behandelte Tragwerksplanung im Bereich des Massivbaus hat einen Einfluss auf alle diese Planungsschritte. Gemäß HOAI (vgl. z. B. (Eich und Eich 2021)), welche eine gute Definition der Schnittstellen und der Aufgaben unter den Projektpartnern gibt, wird die Planung in neun Leistungsphasen unterteilt. Die Tragwerksplanung ist eine Fachplanung, welche in der HOAI im Teil 4 Abschn. 1 mit ihrem Leistungsbild beschrieben ist. Das Leistungsbild der Tragwerksplanung ist gemäß HOAI in den Leistungsphasen 1 bis 6 mit folgender prozentualer Gewichtung (in Summe 100 %) zu erbringen:
- Leistungsphase 1 (Grundlagenermittlung) 3 %
- Leistungsphase 2 (Vorplanung) 10 %
- Leistungsphase 3 (Entwurfsplanung) 15 %
- Leistungsphase 4 (Genehmigungsplanung) 30 %
- Leistungsphase 5 (Ausführungsplanung) 40 %
- Leistungsphase 6 (Vorbereitung der Vergabe) 2 %

Neben diesen Leistungen, welche in der HOAI detailliert definiert sind und in den nachfolgenden Abschnitten beschrieben werden, können auch weitere besondere Leistungen vereinbart werden. Weitere Hinweise zur HOAI finden sich z. B. in (Simmendinger 2013).

9.1.2 **Grundlagenermittlung**

Gemäß HOAI soll in der Grundlagenermittlung das *„Klären der Aufgabenstellung auf Grund der Vorgaben oder der Bedarfsplanung des Auftraggebers im Benehmen mit dem Objektplaner"* erfolgen. Dies bedeutet für die Tragwerksplanung vereinfacht das Klären folgender Fragestellungen:

- Wo steht das Bauwerk?
- Was haben wir für einen Boden?
- Welche Randbedingungen, Wünsche, etc. sind zu beachten?
- Welche Funktion und Lasten muss das Bauwerk übernehmen?

Die Beantwortung dieser Fragen ist im Regelfall nur zusammen mit Objektplaner (z. B. Architekt) und dem Bauherrn möglich. Eine Dokumentation dieses Prozesses ist für alle Projektbeteiligten hilfreich, denn auf diesen Grundlagen basieren alle weiteren Überlegungen und Berechnung in den nachfolgenden Leistungsphasen.

9.1.3 **Vorplanung**

Gemäß HOAI sind in der Vorplanung folgende Aufgaben zu erbringen:

- Analysieren der Grundlagen.
- Beraten in statisch-konstruktiver Hinsicht unter Berücksichtigung der Belange der Standsicherheit, der Gebrauchsfähigkeit und der Wirtschaftlichkeit.
- Mitwirken bei dem Erarbeiten eines Planungskonzepts einschließlich Untersuchung der Lösungsmöglichkeiten des Tragwerks unter gleichen Objektbedingungen mit skizzenhafter Darstellung, Klärung und Angabe der für das Tragwerk wesentlichen konstruktiven Festlegungen für zum Beispiel Baustoffe, Bauarten und Herstellungsverfahren, Konstruktionsraster und Gründungsart.

Dies bedeutet in der Praxis, dass aufbauend auf den Erkenntnissen der Grundlagenermittlung zunächst die Lasten grob zusammengestellt werden sollten. Die Lasten können unterteilt werden in ständige Lasten, welche aus Eigengewicht und Erddruck folgen, und in Verkehrslasten. Die Verkehrslasten lassen sich in nutzerabhängige Lasten, welche z. B. nach DIN EN 1991-1 bestimmt werden, und in von Standort abhängige Lasten unterteilen. Von Standort abhängige Lasten sind z. B. Wind-, Schnee- und Erdbebenlasten, welche gemäß den Normen DIN EN 1991-1-4, DIN EN 1991-1-3 und DIN EN 1998-1 bestimmt werden. Hierbei sind jedoch möglicherweise lokale Besonderheiten zu beachten, welche z. B. in den Landesbauordnungen von der Obersten Baubehörde oder in kommunalen Festlegungen von den unteren Baubehörden festgelegt werden. Nach der Festlegung der Belastung wird bei größeren Projekten die Anfertigung eines Lastenplans empfohlen, wie beispielhaft in ◘ Abb. 9.1 dargestellt.

Neben der Lastermittlung muss in der Vorplanung auch ein Konzept bezüglich des vertikalen und horizontalen Lastabtrags erstellt werden. Hierbei beschreibt der vertikale Lastabtrag die Überlegungen, wie die Lasten von oben nach unten geleitet werden. Der horizontale Lastabtrag beschreibt, wie die horizontalen Lasten im Bauwerk aufgenommen werden können. Dies wird oft auch als Aussteifungskonzept bezeichnet (vgl. auch Teil 2 (Finckh 2026) ▶ Abschn. 4.2).

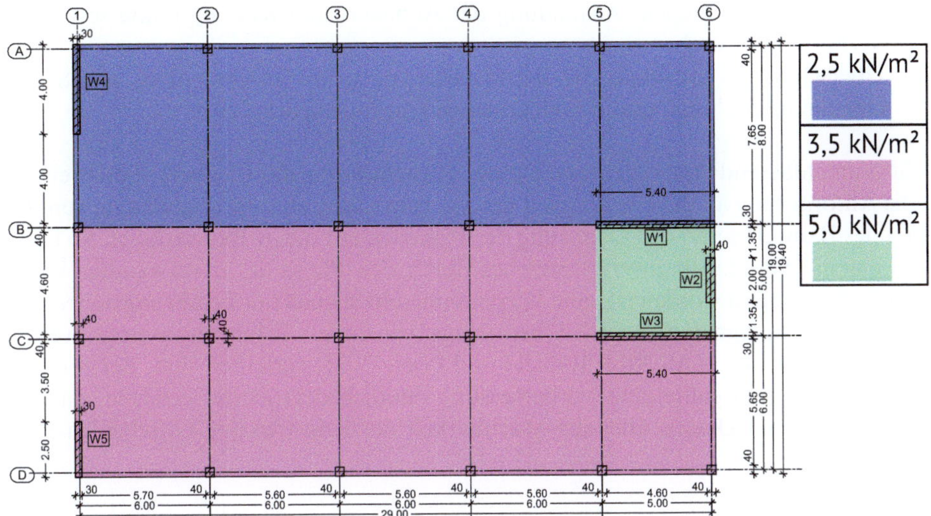

Abb. 9.1   Beispiel für einen Lastenplan

In der Vorplanung sollte auch die Baustoffwahl grundlegend geklärt werden. Dies beutet, dass man festlegt, ob man ein Bauwerk in Massivbauweise (Stahlbeton und Mauerwerk) errichtet oder eine Stahl- bzw. Holzkonstruktion wählt. Eine weitere Detailierung wie z. B. die Wahl von Betonsorten ist im Regelfall in der Vorplanung noch nicht erforderlich.

Eine weitere wichtige Aufgabe in der Vorplanung ist es auf Basis des Bodengutachtens bzw. der Baugrundanalyse ein Gründungskonzept für das Bauwerk zu erarbeiten. Da das Gründungskonzept neben dem Baugrund auch von den Lasten und dem gewählten Lastabtrag abhängig ist, interagiert dieses stark mit den vorher festgelegten Grundlagen.

Oft gibt es gerade bei dem Lastabtrag, der Baustoffwahl sowie dem Gründungskonzept zahlreiche Möglichkeiten. Um für den Bauherren die geeignetste Möglichkeit zu finden, werden von den Planern im Regelfall mehre Varianten erarbeitet und diese verglichen. Ein Vergleich erfolgt im Regelfall anhand verschiedener Kriterien wie z. B. Erstellungskosten, Wartungskosten, Lebensdauer, Bauzeit, Nachhaltigkeit, Gestaltung, Lärmbelästigung. Diese Kriterien werden für die verschiedenen Varianten quantifiziert und je nach Wunsch der Bauherren gewichtet. Über die Aufsummierung aller einzelnen Kriterien kann dann die Vorzugsvariante bestimmten werden. Dies Vorzugsvariante wird dann in der Entwurfsplanung weiterverfolgt.

9.1.4 Entwurfsplanung

In der Entwurfsplanung sind gemäß der HOAI folgende Aufgaben zu erbringen:

- Überschlägige statische Berechnung und Bemessung.
- Grundlegende Festlegungen der konstruktiven Details und Hauptabmessungen des Tragwerks wie zum Beispiel Gestaltung der tragenden Querschnitte, Aus-

sparungen und Fugen; Ausbildung der Auflager- und Knotenpunkte sowie der Verbindungsmittel.
- Überschlägiges ermitteln der Betonstahlmengen im Stahlbetonbau, der Stahlmengen im Stahlbau und der Holzmengen im Ingenieurholzbau.

Zusammenfassend lässt sich dies mit einer Vorbemessung des Bauwerks beschreiben. Die Anforderung an die Genauigkeit der Vorbemessung sind stark abhängig von der Art des Bauwerks und der Erfahrung des Planeden mit dieser Bauwerksart. So kann bei einem „Standardbauwerk", welches durch den Planer in artverwandter Weise schon mal geplant worden ist, eine Vorplanung sehr schnell mit Erfahrungswerten erfolgen. Hierzu eignen sich auch Überschlagsformeln aus Erfahrungswerten, welche z. B. in (Schneider et al. 2012; Rybicki und Prietz 2021) enthalten sind. Bei komplexeren Bauwerken sollte eine Vorbemessung deutlich detaillierter erfolgen, da hier auch manchmal Details über die Machbarkeit der Konstruktion entscheiden können.

Praxistipp

Insbesondere im Ingenieurbau wird häufig das Bauwerk auf Grundlage der Entwurfsplanung ausgeschrieben. Da die Genehmigungs- und Ausführungsplanung Teil der Bauleistung sind, führt dies meist zu einem Wechsel des Planeden. Insbesondere in diesen Fällen sollte die Vorbemessung bzw. Vorstatik genau erfolgen und auch gut dokumentiert werden. Größere Änderungen zwischen Entwurfs- und Genehmigungs- bzw. Ausführungsplanung sind meist mit hohen Kosten verbunden, da hier der Ausführungsprozess möglichweise gestört wird oder die ausführende Firma nicht auf die Änderung spezialisiert ist.

9.1.5 Genehmigungsplanung

In der Genehmigungsplanung wird die vollständige und finale statische Berechnung erstellt. Dies Berechnung muss prüffähig sein und entsprechende Qualitätsanforderungen erfüllen (vgl. auch ▶ Abschn. 9.3).

❗ Die statische Berechnung muss durch Ihre Dokumentation und Skizzen so aufgestellt sein, dass es ohne weitere Nachfrage möglich ist die Ausführungsplanung (Schal- und Bewehrungspläne) zu erstellen.

Wenn das Bauwerk der Prüfpflicht unterliegt, muss die Berechnung durch eine unabhängigen Prüfingenieur bzw. Prüfsachverständigen geprüft bzw. vergleichsgerechnet werden. In diesem Fall ist auch eine Abstimmung mit diesem und eine möglichweise erforderlichen Überarbeitungen Teil des Leistungsbildes.

Neben der statischen Berechnung werden in der Genehmigungsplanung auch die Positionspläne erstellt. Diese sind meist nur im Hochbau erforderlich.

9.1.6 Ausführungsplanung

Im Leistungsbild der Ausführungsplanung müssen gerade im Hochbau zunächst die Ergebnisse der anderen Fachplaner wie z. B. Haustechnik mit in die Tragwerksplanung integriert werden bzw. die Planung der verschiedenen Fachplaner abgeglichen werden. Falls die statische Berechnung z. B. aufgrund von großen Leitungsdurchbrüchen angepasst werden muss, ist die statische Berechnung in der Ausführungsplanung ebenfalls zu ergänzen und gegebenenfalls mit dem Prüfer abzustimmen.

Die Hauptaufgabe in der Ausführungsplanung ist die Erstellung der relevanten Ausführungspläne. Hier sind in der Tragwerksplanung die Schalpläne in Ergänzung der fertiggestellten Ausführungspläne des Objektplaneden anzufertigen. Ebenfalls ist die zeichnerische Darstellung der Konstruktionen mit Einbau und Verlegeanweisungen erforderlich. Dies wird üblicherweise zum Beispiel über Bewehrungspläne, Stahlbau- oder Holzkonstruktionspläne mit Leitdetails gemacht. Auf diesen Plänen sollten ebenfalls Stahl- oder Stücklisten als Ergänzung zur zeichnerischen Darstellung der Konstruktionen mit Stahlmengenermittlung enthalten sein.

Neben diesen Konstruktionsplänen gibt es z. B. im Stahlbau auch Werkstattpläne, welche eine detaillierte Darstellung des Fertigungsprozesses enthalten. Diese sind eine besondere Leistung, welche extra vereinbart werden muss. Die Werkstattpläne werden auch meist durch die ausführenden Unternehmen erstellt, da oft spezifische Kenntnisse der Fertigungsanlagen und der Fertigungsprozesse notwendig sind.

Wenn das Bauwerk der Prüfpflicht unterliegt, müssen die Pläne genauso wie die Statik durch eine unabhängigen Prüfingenieur bzw. Prüfsachverständigen geprüft werden.

❗ Unabhängig von der Prüfpflicht ist gerade bei den Ausführungsplänen eine eigene Qualitätskontrolle durch mehre Personen wichtig, da nach diesen Plänen gebaut wird und Fehler hier große Folgen haben können.

9.1.7 Mitwirkung bei der Vergabe

In dem Leistungsbild „Mitwirkung bei der Vergabe" ist es die Aufgabe des Tragwerksplanenden die Massen wie z. B. Betonstahl, Baustahl, Beton zusammenzustellen und dem Ausschreibenden zu übergeben. Oft erfolgt die Ausschreibung auf Basis der Entwurfsplanung. Je nach Stand der Planung werden die Massen mit der Genauigkeit des Bearbeitungsstandes übernommen.

9.1.8 Hinweise zur Betonbauqualität (BBQ)

Die Qualitätssicherung im Betonbau erfordert eine enge Zusammenarbeit zwischen Planung, Baustofftechnik und Bauausführung. Bereits in der Planungsphase werden oft wichtige Entscheidungen getroffen, die sowohl die Auswahl des Bauverfahrens als auch die Wahl des Betons beeinflussen. Um eine Zusammenarbeit für alle Beteiligten zu strukturieren wurde die DIN 1045-1000 (08.2023) als neues Regelwerk geschaffen.

Je nach Komplexität des Betonbaus ist eine Absprache der Beteiligten erforderlich. Die Komplexität wird in die folgenden BBQ-Klassen unterteilt:

- **BBQ-N**: Normale Anforderungen an Kommunikation, Planung, Bauausführung und Baustoffe.
  Beispiele: Üblicher Hochbau mit Beton mit Druckfestigkeitsklasse $\leq$ C25/30
- **BBQ-E**: Erhöhte Anforderungen an Kommunikation, Planung, Bauausführung und Baustoffe.
  Beispiele: Windenergieanlagen; Maschinenfundamente, Kranbahnen; Landwirtschaftliches Bauen, Trinkwasser- oder Abwasseranlagen, WU-Konstruktionen, Außenbauteile, Betone der Druckfestigkeitsklassen $\geq$ C30/37; Leichtbeton, Stahlfaserbeton, Bauteile im Spezialtiefbau, Spannbeton
- **BBQ-S**: Speziell festzulegende Anforderungen an Kommunikation, Planung, Bauausführung und Baustoffe
  Beispiele: Ingenieurbauwerke nach Regeln der öffentlichen Verkehrsträger; Sichtbetonklassen SB2, SB3 und SB4, Schwerbeton, Gleitbauverfahren

Für die BBQ-N Klasse ist keine gesonderte Kommunikation erforderlich. Bei den Klassen BBQ-E und BBQ-S sind drei verschiedene Betonfachgespräche erforderlich:
- BBQ-Ausschreibungsgespräch: Vor der Ausschreibung
- BBQ-Ausführungs-Startgespräch: Zu Beginn der Ausführung
- BBQ-Bauverlaufsgespräche: Während der Ausführung; in regelmäßigen Abständen (bei Bedarf)

Teilnehmer der jeweiligen Gespräche sind in Anhang A der DIN 1045-1000 (08.2023) geregelt. Für jedes Gespräch sind Mindestteilnehmer sowie projektspezifische, zusätzliche Teilnehmer vorgesehen, um mittels schnittstellenübergreifender Kenntnisse in den verschiedenen Bereichen der Betonbautechnik ein Betonbaukonzept entwickeln zu können. Anhand diesem soll die ordnungsgemäße Ausführung und die Sicherstellung der Betonbauqualität gewährleistet werden. Die bauausführende Firma ist ab dem BBQ-Startgespräch im Kommunikationsprozess mit involviert.

Weitere Hinweise zum BBQ-Konzept finden sich in (Breitenbücher et al. 2025), (DBV 03.2024) und (DBV 03.2025).

9.2 Bautechnische Unterlagen der Tragwerksplanung

Die bautechnischen Unterlagen sorgen für einen reibungslosen Informationsaustausch zwischen Tragwerksplanern, Betonherstellern und den Bauausführenden. Die Qualität der Planung ist maßgeblich für die erfolgreiche Umsetzung von Bauwerken ohne Mängel verantwortlich.

Das Ziel der bautechnischen Unterlagen besteht darin, dass der Tragwerksplanende sämtliche wichtigen Annahmen und Planungsergebnisse so genau und umfassend darlegt, dass sie eine eindeutige Grundlage für die Ausschreibung sowie klare Regelungen im Bauvertrag bieten.

Gemäß der DIN EN 1992-1-1/NA1 (E) (08.2025) gehören zu den bautechnischen Unterlagen die für die Ausführung des Bauwerks notwendigen Zeichnungen, die statische Berechnung. Falls für die Bauausführung erforderlich gehörte ergänzende Projektbeschreibungen sowie bauaufsichtlich erforderliche Verwendbarkeitsnachweise für Bauprodukte bzw. Bauarten auch dazu. Ebenfalls müssen die Angaben über den Zeitpunkt und die Art des Vorspannens, das Herstellungsverfahren sowie das Spannprogramm erkennbar enthalten sein.

9.3 Statischen Berechnung

9.3.1 Allgemeines

Die statische Berechnung ist Teil der bautechnischen Unterlagen und bildet die Grundlage für die Erstellung der Bauzeichnungen. Sie muss zahlreiche Anforderungen erfüllen und muss sowohl rechnerisch richtig als auch unter Einhaltung aller geltenden Normen, Richtlinien und Gesetze erstellt werden. Als zentrales Dokument eines Bauwerks muss die statische Berechnung zudem gewisse nichttechnische Anforderungen erfüllen. Insbesondere ist eine nachvollziehbare und lesbare Darstellung erforderlich, sodass Dritte, wie der Prüfingenieur oder der Bauherr, die Inhalte prüfen und verstehen können.

> ❗ Die Lesbarkeit und Nachvollziehbarkeit der statischen Berechnung muss über die gesamte Lebensdauer des Bauwerks gewährleistet werden. Insbesondere die sich häufigen ändernden Vorschriften sowie der zunehmende Grad der Digitalisierung, verbunden mit der oft mangelhaften Abwärtskompatibilität vieler Softwareprogramme, sind in diese Überlegung mit einzubeziehen.

Aufgrund umfangreicherer Nachweiskonzepte, Regelung und genaueren Rechenverfahren werden die heutigen statische Berechnungen im Vergleich zu früher immer umfangreicher. Hierbei führen EDV-Ausdrucke teilweise zu einem exponentiellen Anwachsen der Seitenzahlen. Jedoch sind die im Vorherigen beschriebenen Anforderungen an die Berechnung gleichgeblieben oder teilweise sogar gestiegen. Aus diesem Grund wird eine einheitliche und übersichtliche Struktur einer statischen Berechnung immer wichtiger. Einen Einblick hierzu wird im Nachfolgenden gegeben, welche auf ZTV-ING (02.2025), (Bundesminister für Verkehr 1987), Ri-EDV-AP-2001 (04.2001) aufbaut.

9.3.2 Das Statik-Layout

Im Regelfall werden die statischen Berechnungen auf DIN A4 Papieren gedruckt bzw. elektronisch als PDF abgegeben. Das Layout dieser Blätter muss sicherstellen, dass bei einem Abhandenkommen einzelner Blätter, diese wieder gesichert dem Dokument zugeordnet werden können und es soll eine schnelle „Navigation" in dem Dokument ermöglichen. Aus diesem Grund sollte jede Seite über entsprechende Kopf- und Fußzeilen mit folgenden Informationen verfügen:
- Aufsteller der Berechnung
- Projektbezeichnung bzw. Bezeichnung des Bauvorhabens

Planungsbüro AG Postfach 1234 Neustadt	Projekt: Neubau Verwaltung XY AG Nr. 0815	Position: **Haupthaus** **Stütze S1**	Seite: 3- 5 Datum: 29.10.25

■ **Abb. 9.2**   Beispiel Statikblatt im Hochbau

Baumaßnahme	**Straßenüberführung über den Musterbach**	**Bauwerksnummer (ASB)**						
Bauherr	Stadt Neustadt	1	2	2		5	5	7	8
Aufsteller	Ingenieurplaner AG - Bauplatz 1, 12345 Musterstadt	**Datum 23.11.2025**						
Bauteil:	2. Überbau	**2-2**						
Kapitel / Vorgang:	2.1 Lastannahmen 2.1.1 Ständige Lasten	**Archiv Nr.:**						

■ **Abb. 9.3**   Beispiel Statikblatt im Ingenieurbau nach ZTV-ING (02.2025)

- Kapitel/Abschnitt bzw. Position der statischen Berechnung
- Datum
- Seitenzahl

Ein Beispiel aus dem Hochbau ist in ■ Abb. 9.2 und ein Beispiel aus dem Ingenieurbau in ■ Abb. 9.3 abgebildet.

9.3.3 Aufbau der statischen Berechnung

9.3.3.1 Allgemeines

Die statische Berechnung besteht aus verschiedenen Elementen, welche nachfolgend in chronologischer Reihenfolge genauer erläutert werden. Die Statik beinhalte eine Titelseite, ein Inhaltsverzeichnis und eine Baubeschreibung, welche auch die verwendeten Normen, Literatur und Software aufzählen soll. Nach der Baubeschreibung folgt die Dokumentation der eigentlichen Berechnung, die sogenannten Standsicherheitsnachweise. Das Hauptdokument endet dann mit der Schlussseite. Zu der statischen Berechnung gehören oft auch Anhänge und die Positionspläne, welche nach der Schlussseite beigefügt werden.

9.3.3.2 Titelseite

Auf der Titelseite sollte schnell erkennbar sein, um welche statische Berechnung es sich handelt. Da große Bauherrn viele Bauwerke mit oft mehren statischen Berechnungen in unterschiedliche Arbeitsständen haben, sind einige Angaben erforderlich bzw. wünschenswert:

- Das Bauvorhaben mit Namen und Adresse des Bauherrn und dem Bauort
- Aufsteller der statischen Berechnung
  (Name und Anschrift des Ingenieurbüros);
- Entwurfsverfasser des Bauvorhabens. Hier ist der Architekt des Bauvorhabens oder im Ingenieurbau der Objektplaneden des Entwurfes zu nennen.
- Name und Anschrift des koordinierenden Tragwerksplanenden bzw. des ZTV-ING-Koordinators.
- Umfang der Berechnung: Die Anzahl der Seiten
- Index bzw. Revisionen: Hier sollte vermerkt werden, um welche Ausgabe der statischen Berechnung mit Datum es sind handelt. Wenn Änderungen gemacht worden sind, sollte hier in zwei bis drei Worten geschrieben werden, was der Anlass der Änderung war. Genauere Angaben zu der Überarbeitung wird im Regelfall auf einer Revisionsseite geführt. Dies wird im ▶ Abschn. 9.3.3.8 dieses Buches erläutert.
- Freiraum für Freigabevermerke: Hier sollte etwas Platz für die Freigabestempel des Prüfingenieurs oder weitere Prüfinstanzen gelassen werden.

Ein Vorschlag für ein Layout findet sich in ◘ Abb. 9.4. Große Bauherrn, wie z. B. die Deutsche Bahn AG haben auch oft eigene Vorgaben.

Insbesondere bei der Verwendung von Plan- und Dokumentenmanagementsystemen, gibt es oft Bauherrenvorgaben bezüglich des Deckblattes, da hier die Freigaben durch die Projektbeteiligte durch das System automatisch an den entsprechenden Stellen vermerkt werden.

9.3.3.3 Inhaltsverzeichnis

Jede statische Berechnung sollte ein Inhaltsverzeichnis mit Angaben der Seitennummer haben, welche dem Leser ein einfacheres „Navigieren" in dem Dokument ermöglicht.

9.3.3.4 Baubeschreibung

Die Baubeschreibung als Teil der statischen Berechnung dient dazu, dass Bauwerk mit allen wichtigen Aspekten zu beschreiben aber auch den Stand der Technik zum Zeitpunkt der Erstellung für die Lebensdauer des Bauwerkes festzuhalten. In der Baubeschreibung sollten folgende Informationen enthalten sein.

- Die Veranlassung der statischen Berechnung mit einer allgemeinen Beschreibung des Bauvorhabens.
- Gegebenenfalls sollte man sich zu anderen statischen Berechnungen abgrenzen, da es sein kann, dass man nur für eine Teilleistung (wie z. B. das Vordach) beauftragt ist. Dies sollte man auf jeden Fall vermerken und erwähnen, dass man die weitere Bausubstanz nicht geplant oder geprüft hat. Dies ist für etwaige spätere juristische Auseinandersetzung in Schadensfällen relevant.
- Standort des Bauvorhabens: Angaben zu dem Standort, Gemarkung, Adresse, gegebenenfalls GPS-Koordinaten oder ein Kartenausschnitt aus einem Onlinekartendienstanbieter.
- Die wichtigsten geometrischen Abmessungen des Bauwerks z. B. über Planausschnitte.
- Die verwendeten Materialien des Bauvorhabens mit entsprechender Bauproduktennorm oder der Bauartgenehmigung.

Planungsbüro Tragwerk

Heinzer Landstraße 134

45820 Neustadt

PROJEKT:

Neue Villa am Winkelweg 1

Projekt Nr.: 10521301

Bauherr:	Architekt	Koordinator
Hans Meier	Design Hoch 5	Kor-Consult GmbH
Holzweg 1	Zeichenstraße 1	Max Mustermann
32145 Heinzhausen	45688 Baustadt	Durchblickstraße 1
		14287 Heimhausen

TITEL:

Berechnung des Dachstuhls

Prüfingenieur:

Dr. Franz Grün
Stempelgasse 5
31511 Rechenstadt

Dokumentnummer: 15b

Revision	Beschreibung	Seiten	Datum	Aufsteller	Intern Geprüft
–	Erstausgabe	157	02.12.2024	H. Rechenmann	F. Leiter
A	Geometrieänderung	159	06.02.2025	H. Rechenmann	F. Leiter
B	Übernahme Prüfanmerkungen	320	01.03.2025	H. Rechenmann	F. Leiter

◘ **Abb. 9.4**   Beispiel Statikdeckblatt

- Baugrundverhältnisse im Bereich des Bauwerks z. B. über Auszüge aus dem geotechnischen Gutachten mit den relevanten Rechenangaben zum Baugrund (Zulässige Bodenpressungen, …).
- Es sollten das statische Grundkonzept zum vertikalen und horizontalen Lastabtrag (Aussteifungskonzept) kurz beschrieben werden, insbesondere wenn dieses Konzept Besonderheiten aufweist.
- Falls in dem Bauwerk Dehnfugen eingebaut werden, sollt dies in der Baubeschreibung erwähnt werden, wo sich diese befinden und für welche Bewegungsrichtungen diese ausgelegt werden sollen.
- Angaben zum Bauablauf und speziellen Montage- bzw. Bauzustände: Hier sollte der Bauablauf kurz beschrieben werden, insbesondere wenn dies von statischer

Relevanz ist und möglicherweise relevante Zwischenzustände entstehen, wie dies z. B. oft im Brückenbau der Fall (Taktschieben, Freivorbau, …) ist. Auch statisch relevante Angaben bzw. Anforderungen zum Bauablauf sollten hier aufgelistet werden (z. B. Ausschalen der Decke nach 3 Tagen, …).

Des Weiteren sollten zur Dokumentation des Stands der Technik aufgelistet werden, welche technische Grundlage die Berechnung hat. Zu dieser Dokumentation gehören folgende Anlage:

- Verwendete Normen, Vorschriften, Regelwerke und Gesetzte (z. B. Bauordnung) mit Ausgabedatum des jeweiligen Dokuments
- Verwendete Bauartgenehmigungen wie z. B. ETAs oder Zulassungen
- Verwendete Literatur (wie z. B. Tabellenwerke mit Ausgabedatum)
- Verwendete Software mit Erwähnung der Einzelprogramme und deren Versionsnummer und des Herstellers mit Adresse
- Falls Abweichungen zum Regelwerk vorgenommen wurden, ist dies hier auch zu erwähnen.

Falls es im Laufe der Lebensdauer bekannt wird, dass in Vorschriften oder Softwareprogrammen gravierende Sicherheitsprobleme bestehen, kann der Bauherr bzw. einer seiner Erfüllungsgehilfen prüfen, ob diese Probleme für das Bauwerk zutreffen oder nicht.

9.3.3.5 Standsicherheitsnachweise

Der Hauptteil der statischen Berechnung ist die Dokumentation des eigentlichen Standsicherheitsnachweises. Diese werden im Hochbau üblicherweise positionsweise gemäß des Positionsplans durchgeführt. Im Ingenieurbau erfolgt dies Bauteilweise. Die Reihenfolge erfolgt sinnvollerweise sowohl im Hochbau wie auch im Ingenieurbau von oben nach unten, da hier die Lastweiterleitung in stützende Bauteile ersichtlich wird. Beispielhaft ist dies in ◼ Abb. 9.5 dargestellt. Bauhilfsmaßnahmen wie z. B. Verbauten oder Nachweise von Gerüsten sind immer am Ende oder in einem separaten Dokument zu führen, da diese normalerweise nicht archiviert werden.

Innerhalb des einzelnen Bauteils bzw. der Position wird die Berechnung ebenfalls so gegliedert, wie das übliche Vorgehen in der Berechnung ist. Beispielhaft ist dies in ◼ Abb. 9.6 dargestellt.

9.3.3.6 Schlussseite

Die Schlussseite dient der Bestätigung des Aufstellers für die Erstellung der Statik. Hier sind folgende Angaben des verantwortlichen Aufstellers (natürliche Person) zu nennen:

Beispiel Fertigteilhalle:	Beispiel Brücke:
1. Dach	1. Überbau
2. Dachbinder	2. Lager
3. Stützen	3. Pfeiler Achse 2
4. Fundament	4. Widerlager Achse 1
	5. Widerlager Achse 2

◼ **Abb. 9.5** Beispiel Grobgliederung der statischen Berechnung

<u>2. Bauteil 1 (z.B. Decke Dach)</u>

2.1 Berechnungsgrundlagen:
    statisches System, Modellierung, Materialien, Querschnitte

2.2 Einwirkungen
    Lasten/ Lastfallkombinationen

2.3 Schnittgrößen

2.4 Nachweise GZT

2.5 Nachweise GZG

2.6 Ergänzende Nachweise

2.7 Bewehrungsskizzen

2.8 Durchbiegungen/ Überhöhungen

◘ Abb. 9.6   Beispiel Feingliederung der statischen Berechnung

- Vor- und Nachname mit akademischen Titeln und Graden
- Geschäftliche Anschrift
- Geschäftliche Emailadresse und Telefonnummer
- Datum und Unterschrift des Aufstellers

Oft wird auch der Stempel der Ingenieurekammer-Bau und weitere Qualifikationen aufgeführt.

9.3.3.7 Anlagen

Als Anlage zur statischen Berechnung sollten noch folgende Unterlagen beigefügt werden:
- Eingabepläne des Architekten bzw. fortgeschriebene Entwurfspläne des Objektplaner bei Ingenieurbauwerken
- Bodengutachten
- Zulassungen bzw. Bauartgenehmigung der verwendenden Bauprodukte, welche nicht durch eine Norm geregelt sind
- Ausführliche Dokumentation EDV-Berechnungen (Programmausdrucksprotokolle)

9.3.3.8 Umgang mit Revisionen

Eine Überarbeitung, Änderung und Ergänzung einer bereits im Umlauf befindlichen statischen Berechnung lässt sich oft nicht vermeiden, da es häufig auch zu Anpassungen des Bauwerks in der Ausführungsphase kommt. Wenn die bisherige statische Berechnung nicht in Gänze obsolet ist, arbeitet man meist mit Ergänzungen und Austauschseiten, welche in dem neuen Index der statischen Berechnung enthalten sind. Eine oft verwendete Konvention bezüglich der Austausch- und Ergänzungsseite sieht wie folgt aus:
- Austauschseiten: Hier wird an die Seitennummer der Austauschseite ein Buchstabe ergänzt. Beispiel: Seite 4-3 wird durch Seite 4-3a ersetzt. 4-3a durch 4-3b. Hierbei ist der Buschstabe vorlaufend und hat nichts mit dem Index des Dokumentes zu tun.
- Ergänzungsseiten: Hier wird hinter die Seitenzahl, nach der die Seite ergänzt werden soll, mit einem Schrägstrich (/) die weiteren zusätzlich Seitenzahlen ergänzt. Beispiel: Die Seiten 4-3/1, 4-3/2 werden nach der Seite 4-3 eingeordnet.

◘ Tab. 9.1 Beispiel für eine Revisionsseite

Seite/ Index	Datum	Beschreibung der Ergänzung/ Änderung	Aufsteller	interne Prüfung	Index
3a	17.12.18	Anpassung der Geometrie	M. Muster	F. Leiter	B
3/1 bis 3/2	17.12.18	Ergänzung Verankerungsnachweis	M. Muster	F. Leiter	B

Im Regelfall werden nur die Austausch- und Ergänzungsseiten den bisherigen Besitzern der statischen Berechnung zugesendet. Um einen vollständigen Überblick zu gewährleisten, werden zusätzlich das Deckblatt mit aktuellem Index und Änderungsvermerk sowie eine Revisionsseite beigelegt. Am Ende des Bauvorhabens werden dann die Seiten in dem Gesamtdokument an den richtigen Stellen ausgetauscht bzw. ergänzt. Ein Beispiel für eine Revisionsseite zeigt ◘ Tab. 9.1.

9.4 Allgemeine Grundlagen Bauzeichnungen

9.4.1 Grundlagen und Definitionen

Unter Bauzeichnungen versteht man zunächst alle Pläne, die im Zusammenhang mit der Realisierung eines Bauwerks erstellt werden (vgl. DIN EN ISO 7519 (01.2025)). Für den Massivbau sind folgende Bauzeichnungen besonders relevant:

- Positionspläne
- Schalpläne und Rohbauzeichnungen
- Bewehrungspläne
- Ggf. Vorspannpläne
- Ggf. Fertigteilverlegpläne

Die Darstellungsweise von Plänen ist schwerpunktmäßig in der DIN 1356-1 (04.2024) und der DIN EN ISO 3766 (05.2004) geregelt. Da die Anfertigung eines Planes jedoch eine individuelle Aufgabe ist, weisen die Pläne in der Darstellungsweise oftmals Unterschiede auf. Gewisse Konventionen sind jedoch allgemein üblich, welche nachfolgend kurz erläutert werden.

9.4.2 Aufbau eines Plans

Ein Plan hat verschiedene Elemente, neben dem Zeichnungsinhalt gibt es immer einen Plankopf und Planränder, welche zum Schneiden und Falten des Planes dienen. Häufig kommen noch weitere Listen und Tabellen (z. B. Baustoffangaben, Biegestempel,) und Maßstabsleisten hinzu. Die Plankopf beinfindet sich immer an der unteren rechten Ecke, so dass dieser bei der richtigen Faltung immer oben liegt

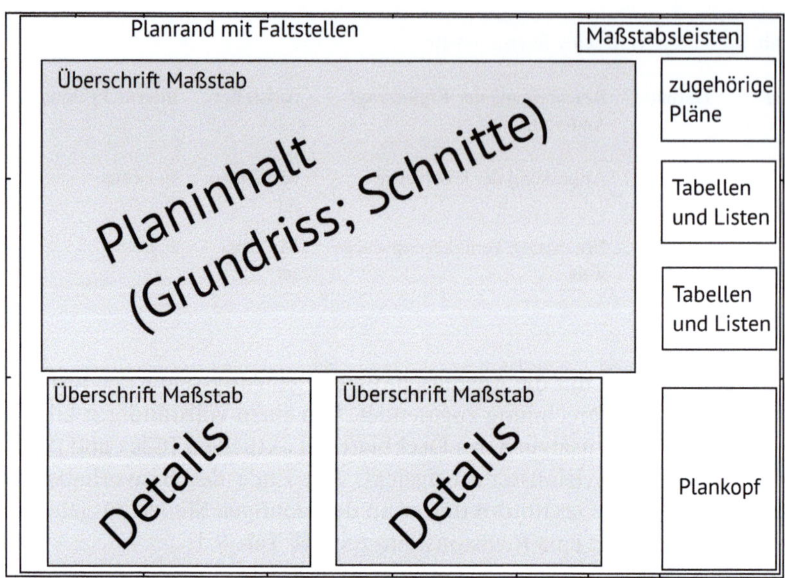

Abb. 9.7   Aufbau eines Planes

Tab. 9.2   Blattgrößen mit Flächen

| Blattgrößen | | Zeichenfläche |
Bezeichnung	Abmessungen (mm) geschnitten	Abmessungen (mm)
A0	841 x 1189	821 x 1169
A1	594 X 841	574 x 821
A2	420 X 594	410 x 584
A3	297 X 420	287 x 410
A4	210 x 297	200 X 287

und man sofort erkennt, um welchen Plan es sich handelt. Die weiteren Tabellen sind meist oberhalb des Planstempels angeordnet. Falls Maßstabsleisten verwendet werden, sind diese in oberen Rand des Planes anzuordnen. Eine Übersicht über den Aufbau eines Plans kann **Abb. 9.7** entnommen werden.

9.4.3 Größen und Maßstäbe

Für die Blattgrößen der Zeichnungen sind vorzugsweise DIN-A Formate nach DIN EN ISO 5457 (10.2017) bzw. **Tab. 9.2** zu wählen. Bei den Blattgrößen A2, A3 und A4 liegt die Zeichenfläche innerhalb einer Umrandungslinie, die einen Abstand von 5 mm von den Blattkanten hat. Bei den Blattgrößen A0 und A1 wird aus lichtpaustechnischen Gründen abweichend von DIN EN ISO 5457 (10.2017) ein Randabstand von 10 mm empfohlen.

◘ Tab. 9.3 Gebräuchliche Maßstäbe

Übersichtszeichnungen	1:5000; 1:2000; 1:1000; 1:500; 1:100
Ausführungszeichnungen für Tragwerke	1:50; 1:25
Details	1:20; 1:10; 1:5; 1:1
Erdbauwerke	1:200
Straßen	1:200
Eisenbahntrassen	1:1000

Bei besonderen Anforderungen können die genormten Formate in Längsrichtung länger gewählt werden. Große Formate erschweren die Handhabung auf der Baustelle erheblich. Auch für die Archivierung sind diese schwerer in der Handhabung. Aus diesem Grund lassen viele Auftraggeber mittlerweile keine größeren Pläne zu.

Die Maßstäbe sind auf den Plänen so zu wählen, dass die zu zeigenden Inhalte hinreichend genau und übersichtlich dargestellt werden können. Eine Übersicht über die im Bauwesen üblich Maßstäbe sind in der ◘ Tab. 9.3 wiedergegeben.

Wissensbox

Tragwerkszeichnungen für den Beton- und Stahlbetonbau werden vorzugsweise im Maßstab 1:50 gezeichnet. Bei sehr komplexen Bewehrungsführungen werden manchmal Maßstäbe von 1:25 angewendet. Für die Details sind Maßstäbe bis 1:10 möglich. Falls zur Darstellung ein noch detaillierterer Maßstab im Beton- und Stahlbetonbau nötig wird, deutet dies darauf hin, dass die Ausführung möglicherweise kritisch wird.

❗ Gelegentlich werden auch Maßstäbe wie 1:75; 1:125 oder 1:33,33 verwendet. Diese Sondermaßstäbe sollten jedoch vermieden werden, da meist kein Dreikantmaßstab für die Maßstäbe auf der Baustelle verfügbar ist.

9.4.4 Grundlegende Darstellungsarten

In diesem Abschnitt werden einige Grundlagen bezüglich der Darstellungen in Zeichnungen erläutert, welche in allen Planarten des Massivbaus ähnlich sind. Deutlich ausführlichere Erläuterung und weitere Details finden sich zum Beispiel in (Dames 1997).

▪ **Linien**

Nach DIN 1356-1 (04.2024) werden bei der Darstellung von Bauzeichnungen Linienarten, Linienbreiten und Liniengruppen unterschieden. Ihre gegenseitige Zuordnung hängt vom Maßstab der Darstellung und der symbolhaften Bedeutung der Darstel-

Bezeichnung	Darstellung	Beschreibung
Volllinie	———————	durchgezogene Linie
Strichlinie	– – – – –	Unterteilung der Volllinie in gleichlange Abschnitte und gleichlange Zwischenräume
Strichpunktlinie	–·–·–·–	Unterteilung der Volllinie in gleichlange Abschnitte und je einen Punkt in der Mitte des Zwischenraumes
Punktlinie	··············	Punktfolge in gleichmäßigen Abständen

Abb. 9.8   Linienarten für Pläne

Tab. 9.4   Liniengruppen für Pläne

Liniengruppe	Linienbreite in mm			Maßstab
	breit	mittelbreit	schmal	
I	0,5	0,25	0,15	1:100 und kleiner
II	0,7 (0,5)	0,35	0,25	
III	1,0	0,5	0,35	1:50 und größer
IV	1,4 (1,0)	0,7	0,5	

lung ab. In einer Bauzeichnung werden nur vier verschiedene Linienarten unterschieden, welche in **Abb. 9.8** aufgeführt sind. Ihre Verwendung ist je nach Planart unterschiedlich und wird dort weiter erläutert.

In Bauzeichnungen sind nicht mehr als drei Linienbreiten in einem Plan zu verwenden. Die Linienbreiten (breit, mittelbreit und schmal) sind in dem ungefähren Verhältnis 4:2:1 gestuft.

Für die Plandarstellung unterscheidet man vier Liniengruppen, welche in **Tab. 9.4** aufgelistet sind. Beispiele für deren Verwendung finden sich in **Tab. 9.5**.

Bemaßungen

Ein zentraler Bestandteil jeder Bauzeichnung ist die Bemaßung, welche die Abmessungen der einzelnen Bauteile bzw. Elemente angibt. Der Umfang der Maßeintragungen richtet sich nach der Art der Bauzeichnung:

- Übersichtszeichnungen erfordern fallweise keine oder nur wesentlichste Bemaßungen, Achsbezeichnungen und Beschriftungen.
- In Ausführungszeichnungen dagegen sind alle für die Herstellung benötigten Maße anzugeben und die unbedingt erforderlichen Beschriftungen vorzunehmen.

> Bei der Wahl der Bemaßung ist es wichtig sich immer darüber im Klaren zu sein, dass die Maße auch auf der Baustelle messbar sein müssen. Hierfür sollte man, gerade wenn man wenige Erfahrung hat, auch Rücksprache mit den Ausführenden führen.

☐ Tab. 9.5 Verwendung der verschiedenen Liniengruppen und -typen gemäß DIN 1356-1 (04.2024)

Anwendungsbereich	Linienart	Liniengruppe		
		I (0,25)	II (0,35)	III (0,50)
		Zuordnung zu Maßstab		
		≤ 1:100	≥ 1:50	
		Linienbreite		
Begrenzung von Schnittflächen, Betonstahlbewehrung	Volllinie	0,5	0,5	0,7
Sichtbare Kanten und sichtbare Umrisse von Bauteilen, Begrenzung von Schnittflächen von schmalen oder kleinen Bauteilen	Volllinie	0,25	0,35	0,5
Maßlinien, Maßhilfslinien, Hinweis- und Bezugslinien, Lauflinien, Begrenzung von Schnittflächen von schmalen oder kleinen Bauteilen, vereinfachte Darstellungen, Schraffuren, Muster, Symbole	Volllinie	0,18	0,25	0,35
Verdeckte Kanten und verdeckte Umrisse von Bauteilen	Strichlinie	0,18	0,25	0,35
Kennzeichnung der Lage der Schnittebenen	Strichpunktlinie	0,5	0,7	1,0
Achsen, Begrenzung von Ausschnittdarstellungen	Strichpunktlinie	0,18	0,25	0,35
Spannstahlbewehrung	Strich-Zweipunktlinie	0,5	0,5	0,7
Schwerlinien, Alternativ- und Grenzstellung beweglicher Teile	Strich-Zweipunktlinie	0,18	0,25	0,35
Bauteile vor bzw. über der Schnittebene	Punktlinie	0,18	0,25	0,35
Schriftgröße	Maßzahlen	2,5	3,5	3,5

Eine Bemaßung besteht immer aus Maßzahl, Maßlinie, Maßlinienbegrenzung und ggf. einer Maßhilfslinie. Die Bezeichnung sind in ☐ Abb. 9.9 veranschaulicht.

Maßzahlen sind im Regelfall wie in ☐ Abb. 9.9 verdeutlich über der zugehörigen, durchgezogenen Maßlinie so anzuordnen, dass sie in der Gebrauchslage der Zeichnung von unten bzw. von rechts lesbar sind. Die Maßlinien sind als Volllinien zu zeichnen. Dabei dürfen Sie entweder zwischen den dargestellten Begrenzungslinien der Schnittflächen oder zwischen Maßhilfslinien gezeichnet werden (vgl. ☐ Abb. 9.10).

Die Maßlinien werden im Allgemeinen rechtwinklig zu den zugehörigen Begrenzungslinien der Schnittflächen bzw. parallel zu dem anzugebenden Maß gezeichnet. Die Maßlinien sind immer etwas länger als die Abstände der zugehörigen Be-

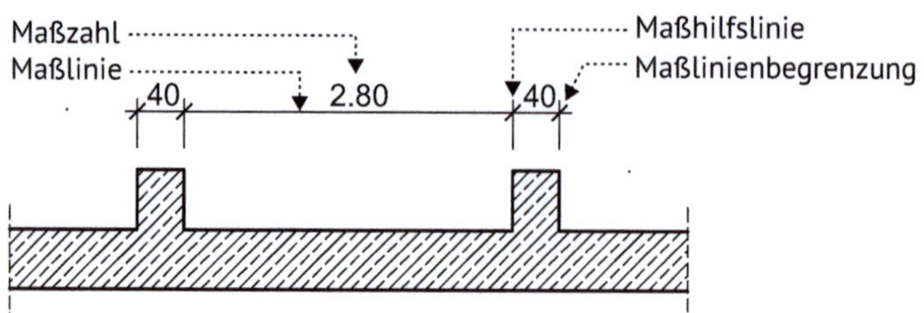

Abb. 9.9   verschiedene Elemente der Bemaßungen

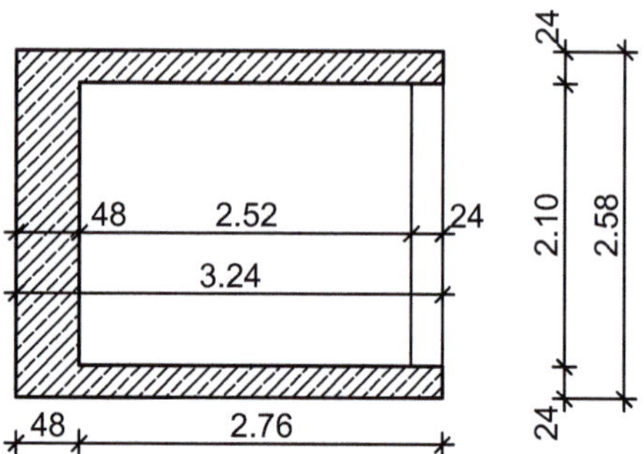

Abb. 9.10   Anordnung der Bemaßungen

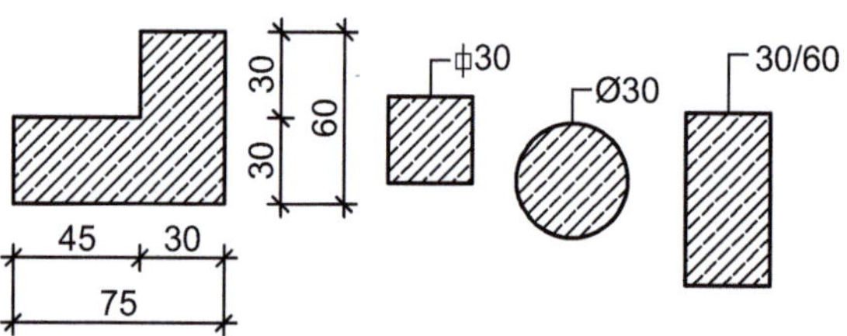

Abb. 9.11   Alternative Formen der Querschnittsbemaßung, nach. (Dames 1997)

grenzungslinien der Flächen bzw. der zugeordneten Maßhilfslinien. Vereinfachend dürfen rechteckige Querschnitte auch durch Angabe ihrer Seitenlängen in Breite/Länge bemaßt werden (im Schnitt: Breite/Höhe). Bei runden Querschnitten ist vor der Maßzahl das Durchmesserzeichen zu ergänzen (siehe auch Abb. 9.11).

Die Maßanordnung erfolgt im Allgemeinen unter bzw. rechts neben der Darstellung. Falls mehrere parallelen Maßketten benötigt werden, stehen die zusammenfassenden Maße außen und die Einzelmaße innen. Die Innenmaße sind so anzuordnen, dass die Flächen in der Raummitte möglichst frei bleiben und möglichst keine bzw. Bauteile verdecken. Grundsätzlich ist vor allem bei CAD-Zeichnungen darauf zu achten, dass es keine Schriftüberdeckungen gibt und alle Maße lesbar und alle Begrenzungslinien sichtbar sind.

Wird in Grundrissen bei der Bemaßung von Wandöffnungen, insbesondere für Türen und Fenster, zusätzlich zur Angabe der Breite auch die Höhe angegeben, so ist die Maßzahl für die Höhe unmittelbar unter dem Breitenmaß unter der Maßlinie anzuordnen. Dies ist in Abb. 9.12 verdeutlicht.

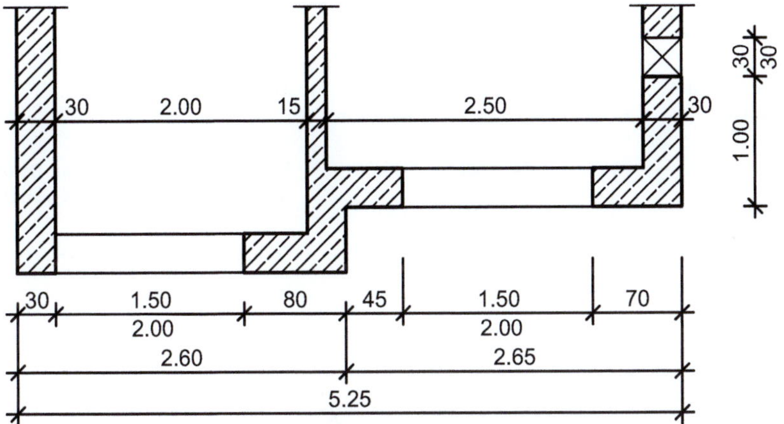

Abb. 9.12 Anordnung von mehreren Maßketten

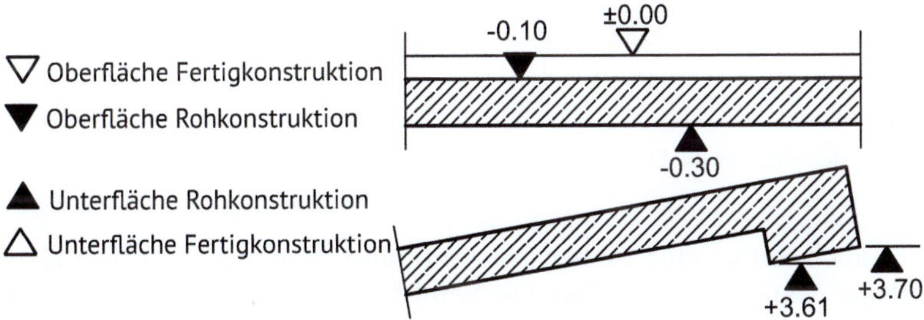

Abb. 9.13 Beispiele für Höhenkoten

Oft ist es auch nötig in Schnitten oder im Grundrissen Höhen anzugeben. Diese Höhenangaben werden in Schnitten, Grundrissen, bzw. Draufsichten durch Höhenkoten verdeutlicht. Beispiele zur Darstellung der Koten in Plänen sind in Abb. 9.13 enthalten.

Im Hochbau ist die Höhe meist eine Referenzhöhe zu einer Bezugshöhe. Hierbei ist die Bezugshöhe meist die Kote des fertigen Fußbodens im Erdgeschoss. Da dies gerade in größeren Gebäudekomplexen oft nicht eindeutig ist, sollte die absolute Höhe der Referenzhöhe z. B. auf dem Planstempel angegeben werden. Im Ingenieurbau, auf Erdbaupläne und Verbauplänen werden die Höhenkoten immer absolut auf Normalnull angegeben. Da sich die Höhenangabe von Normalnull in der Vergangenheit öfter mal geändert hat, ist insbesondere beim Bauen im Bestand mit Bestandspläne hier auch Vorsicht geboten und es sind die Bestandskoten ebenfalls zu überprüfen. Zwischen den verschiedenen Ländern gibt es auch unterschiedliche Höhensysteme (z. B. zwischen Deutschland und Österreich). Bei Bauwerken, welche über die Grenze führen, sollte ein einheitliches System verwendet werden, welches auch auf den Plänen gut sichtbar zu kennzeichnen ist.

Oft kommt es bei der Schnittstelle zwischen Hoch- und Ingenieurbau (z. B. Verbau) zu Problemen mit den Höhenkoten. Hier ist besonders darauf zu achten, dass die Höhenmaße zusammenpassen.

◘ Tab. 9.6   Maßeinheiten

Maßeinheit, Bemaßung in	Maße unter 1 m zum Beispiel			Maße über 1 m	Verwendung
cm	5	24	88,5	313,5	Holz- und Mauerwerksbau, Beton- und Stahlbetonbau, Erd- und Grundbau
m und cm	5	24	88^5	$3{,}13^5$	
Mm	50	240	885	3135	Stahlbau, Metallbau, Ausbau

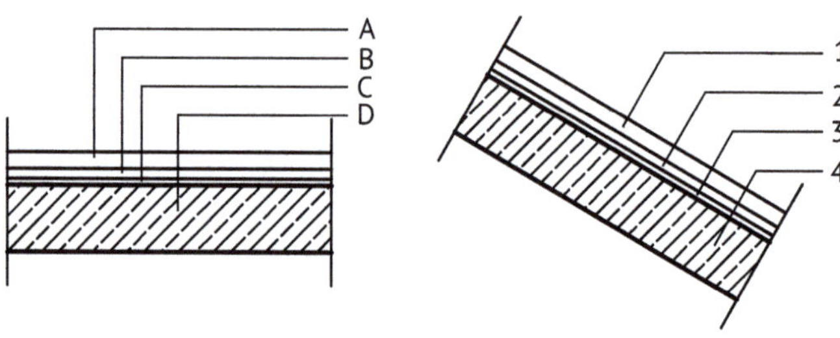

◘ Abb. 9.14   Beispiele für die Darstellungsform von Beschriftungen

Da Maße auch immer eine Einheit besitzen, muss man auch hier eine Konvention bezüglich der Maßeinheiten treffen. Die Wahl der Maßeinheiten richtet sich nach der Bauart und der Größe des Bauwerks oder des Bauteils und ist in ◘ Tab. 9.6 aufgelistet.

- **Beschriftungen**

In Bauzeichnungen ist es meist auch nötig bestimmte Bauteile zu beschriften bzw. mit Hinweisen zu versehen. Diese Hinweise sind möglichst in Blockform anzuordnen. Die zugehörigen Hinweislinien dürfen mit einem Punkt oder ohne Begrenzungszeichen enden. Die Hinweislinien sind rechtwinklig anzuordnen und sollen höchstens einmal abgewinkelt werden. Es ist meist praktikabler, wie in ◘ Abb. 9.14 dargestellt, das Bauteil nicht direkt zu beschriften, sondern mit einer Nummer oder einem Buchstaben zu versehen und die Legende für diese Tabellarisch auf dem Plan anzugeben.

9.4.5 Schriftfeld bzw. Plankopf

Zur eindeutigen Zuordnung des Plans erhält jede Zeichnung ein Schriftfeld bzw. einen Plankopf in der rechten unteren Ecke. Auf diesem Plan muss eindeutig ersichtlich sein, ob es sich um den richtigen Plan für das entsprechende Bauvorhaben und das Bauteil handelt. Deshalb muss der Plankopf folgende Angaben enthalten:

<table>
<tr><td colspan="5">Zugehörige Pläne</td></tr>
<tr><td colspan="5">Änderungsregister</td></tr>
<tr><td>**Index**</td><td>**Datum**</td><td>**Name**</td><td colspan="2">**Betrifft**</td></tr>
<tr><td>a</td><td>21.11.21</td><td>G. Hilfe</td><td colspan="2">Abmessungen Unterzug Achse A</td></tr>
<tr><td>b</td><td>25.11.21</td><td>G. Hilfe</td><td colspan="2">Übernahme von Prüfanmerkungen</td></tr>
<tr><td>c</td><td></td><td></td><td colspan="2"></td></tr>
<tr><td colspan="3">Bauvorhaben:

Neue Villa am Winkelweg 1 48764 Besserwohnen</td><td colspan="2">Bauherr:

Hans Meier Holzweg 1 32145 Heinzhausen</td></tr>
<tr><td colspan="3">Planersteller:

Planungsbüro Tragwerk Heinzer Landstraße 134 45820 Neustadt</td><td colspan="2">Projektkoordination:

Kor-Consult GmbH Max Mustermann Durchblickstraße 1 14287 Heimhausen</td></tr>
<tr><td colspan="5">Plandartsellung

Schalplan Decke über EG</td></tr>
<tr><td>Datum:
15.10.21</td><td>Bearbeitet:
Rechenmann</td><td>Gezeichnet:
Katmann</td><td>Geprüft:
Leiter</td><td>Plangröße:
841/1189 (1m²)</td><td rowspan="2">Plan Nr.:

S 03 b</td></tr>
<tr><td>Maßstab:</td><td colspan="2">1:50; 1:25; 1:10</td><td colspan="2">Proj. Nr.: 10521301</td></tr>
</table>

◘ Abb. 9.15 Beispiel für einen Plankopf

- Name des für die Zeichnung verantwortlichen Unternehmens
- Namen des Auftraggebers
- Bezeichnung des Projektes
- Bezeichnung des Gebäudeabschnitts, Bauteils
- Art und Inhalt der Bauzeichnung
- Zeichnungsnummer
- Projektnummer
- Datum der ersten Fassung
- Name der Zeichnerin bzw. des Zeichners
- Prüf- und Freigabevermerke
- Verwendete Maßstäbe
- Änderungs- und Ergänzungsvermerke mit Datum und Index
- Baustoffe, Betondeckungen, Oberflächenbehandlung
- Positionsnummern der zugehörigen statischen Berechnung
- Verweise auf zugehörige Zeichnungen

In ◘ Abb. 9.15 ist ein Beispiel für einen Plankopf im Hochbau dargestellt. Oft haben jedoch Auftraggeber sehr konkrete eigene Vorstellungen bezüglich des Schriftfeldes bzw. des Plankopfs, insbesondere wenn die Pläne durch ein Planungsmanagementsystem verwaltet werden.

9.4.6 Zeichnungsorganisation

Wie bereits in vorherigen Abschnitt aufgelistet erhält jeder Plan zur eindeutigen Identifikation eine Plannummer. Die Plannummer oder auch Zeichnungsnummer muss die eindeutige Identitätskennzeichnung sein und dient dem Ordnungssystem der Planung bzw. des Bauvorhabens. Somit darf innerhalb eines Projektes die gleiche Nummer nur einmal vergeben werden, um eine Eindeutigkeit zu gewährleisten.

Bei einfachen Planungsaufgaben ist eine einfache vorlaufende Nummerierung ausreichend. Zweckmäßiger und übersichtlicher ist aber auch bereits hier eine Aufgliederung der Nummerierung nach Zeichnungsarten wie dies zum Beispiel in ◘ Tab. 9.7 aufgeführt ist.

Bei komplexen Bauwerken ist es häufig notwendig komplexere Plannummernsysteme zu benutzen, aus welchen gleich erkennbar ist, um welches Bauwerk, Gebäudeteile oder Bauteil es sich handelt. Hierbei dienen Plannummern oft auch als Erkennungscode für das Planungsmanagementsystem.

Bevor man zu zeichnen beginnt sollte man sich gerade bei größeren Projekten zunächst einen umfassenden Überblick über die erforderlichen Zeichnungen gemacht haben. Im Regelfall sollte dies bereits vor der Angebotslegung für die Planung erfolgen. Hierfür ist es meist zweckmäßig, das Projekt in einzelne Bau- oder Gebäudeabschnitte und Zeichnungsarten zu untergliedern und eine Planliste anzulegen.

Die Anzahl der einzelnen Zeichnungen, welche je Bauteil erforderlich sind, ist sehr individuell und richtet sich nach:
- Größe des Bauwerkes
- Darstellungsmaßstäben
- voraussichtlichen Größe und Anzahl der Ausführungsabschnitte und Einzelbauteile
- Schwierigkeitsgrad, der Formenvielfalt bzw. der Unterschiedlichkeit

Nach der Kalkulation, der Angebotslegung und der Auftragserteilung muss man die Zeichenarbeit zeitlich einteilen und einen Planungsterminplan erstellen. Die Zeichen-

◘ **Tab. 9.7** Beispiel für eine einfache Plannummerierung bei kleinen Projekten

Positionspläne	Schalpläne	Rohbauzeichnungen	Bewehrungszeichnungen
P1	S1	R1	B1
P2	S2	R2	B2
P3	S3	R3	B3
oder	oder	oder	oder
1,01	2,01	3,01	4,01
1,02	2,02	3,02	4,02
1,03	2,03	3,03	4,03

arbeit beginnt üblicherweise mit den Bauwerksbereichen, die zuerst ausgeführt werden. Die Zeichenarbeit muss einen ausreichenden zeitlichen Vorlauf vor der Ausführung haben und statische Berechnung sollte zusätzlich der Zeichenarbeit vorauseilen. Um den geeigneten Liefertermin für die Zeichnung zu finden, rechnet man meist vom Ausführungstermin rückwärts. Der Zeichnungsliefertermin errechnet sich dann aus Ausführungstermin abzüglich, der Zeiten für:

- Arbeitsvorbereitung und Materialisierung
- Gleichstellung und Einarbeitung von Änderungen
- Bautechnische Prüfung
- Einarbeitung von Änderungen
- Genehmigung durch die Bauherrenschaft

Für den Planungsprozess ist es zweckmäßig die Planung in Planpakte (z. B. Bodenplatte, Wände und Stützen KG, …) zu unterteilen, da ein einzelner Plan meist weder für den Ausführenden noch für den Prüfenden ausreichend ist.

9.5 Positionspläne

9.5.1 Zweck

Die Positionspläne sind Teil der statischen Berechnung. Diese zeigen die Bauteile, für welche eine Berechnung und eine Bemessung durchgeführt wurde. Hierbei bekommt jedes Bauteil, für welches eine Berechnung durchgeführt wurde, eine eigene Positionsnummer. Die Positionspläne sind somit die Zuordnung der statischen Berechnung zu den Plänen bzw. zur baulichen Umsetzung.

9.5.2 Positionierung

Die Positionierung der berechneten Bauteile auf dem Positionsplan erfolgt sinnvoll in einer systematisch-chronologischen Kombination. In einem Hochbau werden z. B. getrennte Hunderter-Nummern (1. Ziffer) für die unterschiedlichen Geschosse vergeben, beginnend mit 100 für das Dach, 200 für das darunter liegende Obergeschoss usw.

Innerhalb des Geschosses werden die Bauteile dann in der Reihenfolge positioniert, wie sie in der statischen Berechnung bearbeitet werden. Bei größeren Bauten kann auch hier noch einmal eine systematische Unterteilung in Unterzüge, Stützen, Wände usw. sinnvoll sein.

Bei einer derartigen Positionierung verbleiben zwischen vergebenen Nummern immer noch freie Nummern, die bei Änderungen oder Ergänzungen der Ausführungsplanung vergeben werden können.

Gleichartige Bauteile in unterschiedlichen Geschossen sollten die gleichen Endziffern tragen, um die Übersichtlichkeit mit die Lastzusammenstellungen zu steigern. Oft werden Bauteile z. B. Stützen oder Einzelfundamente in der statischen Berech-

◘ Tab. 9.8   Linienarten für Positionspläne

Linienart	Verwendung	Linienbreite [mm]
Volllinie (breit)	Überschritten, Achsbezeichnungen	0,5
Volllinie (mittel-breit)	Kanten geschnittener Bauteile und sichtbare Kanten nicht geschnittener Bauteile. Positionsnummern und Maßzahlen	0,35
Volllinie (schmal)	Maßhilfs- und Maßlinien, Bezugslinien, Diagonallinien zur Angabe von Plattendicken	0,25
Strichlinie (mittel-breit)	unsichtbare Kanten von Bauteilen	0,35

nung zusammengefasst, da diese ähnlich oder identisch sind. Diese Bauteile erhalten dann alle dieselbe Positionsnummer. Folglich haben diese dann auch die gleichen Pläne.

9.5.3 Darstellung

Meist werden Positionspläne in Form eines Grundrisses für jedes Geschoss im Maßstab 1:100 angefertigt. In dem Grundriss werden die Achsbezeichnungen des Architektenplanes bzw. Eingabeplanes übernommen.

Bei der Darstellung im Grundriss ist es zweckmäßig, bei Decken zusätzlich zu den tragenden Wänden und Stützen des darunter liegenden Geschosses auch die Wände des darüber liegenden Geschosses (gestrichelt) einzutragen. Dann ist sofort ersichtlich, welche Bauteile die Decke belasten und ob die Lasten aus den darüberliegen Bauteile direkt weitergeben oder über die Decke überbrückt werden müssen.

Auf dem Positionsplan sollten alle Achsen mit Abständen und Bezeichnungen angeben werden. Die tragenden Bauteile sollten bezüglich der Lage zu den Achsen bemaßt werden. Alle tragenden Bauteile einer Konstruktion (Decken, Unterzüge, Stützen, Wände) sind mit den Querschnittsabmessungen, die der statischen Berechnung zugrunde liegen, zu bemaßen. Die Art und Güte der verwendeten Baustoffe sind, sofern dies nicht einheitlich und zweifelsfrei an anderer Stelle festgelegt wurde, ebenfalls anzugeben. Bei Platten sollte zusätzlich die Spannrichtung durch Pfeile gekennzeichnet werden, damit ist auch erkennbar, ob die Platte ein oder zweiachsig gespannt ist. Für die Darstellung sollten die Linienarten in ◘ Tab. 9.8 verwendet werden. In ◘ Abb. 9.16 ist ein Positionsplan beispielhaft dargestellt.

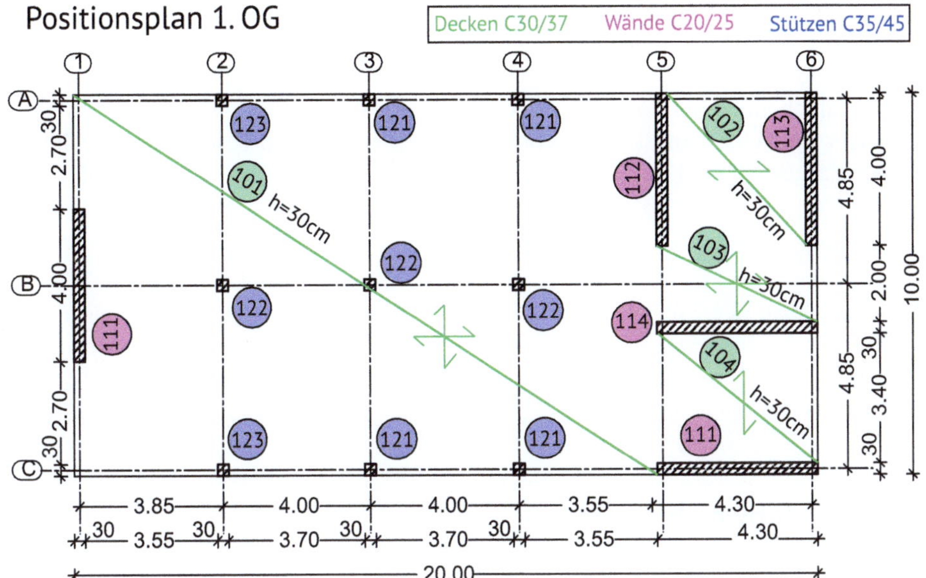

◘ **Abb. 9.16** Beispiel für einen Positionsplan

9.6 Schalpläne und Rohbaupläne

9.6.1 Begriff und Zweck

Schal bzw. Rohbaupläne dienen der Maßangaben für die Fertigung der Bauteile auf der Baustelle. Es wird zwischen Schal- und Rohbauplänen unterschieden.

Schalpläne sind die Grundlage für das Einschalen der Stahlbeton- und Spannbetonbauteile in Ergänzung der Ausführungszeichnungen des Objektplanenden. Schalpläne müssen mindestens die folgenden Angaben enthalten:

— Maße des Bauwerks, der Bauteile, auch Höhenkoten und ggf. Bauwerksachsen
— Aussparungen innerhalb dieser Bauteile
— Auflager der einzuschalenden Bauteile, wie z. B. Umrisse der tragenden Mauerwerkswände oder Kopfplatten von Stahlstützen, sowie tragende Einbauteile, die in der Schalung verlegt werden
— Arten und Festigkeitsklassen der Baustoffe, ggf. besondere Zuschläge, Zusatzmittel oder Zusatzstoffe

Rohbauzeichnungen sind die Grundlage für die Ausführung des Tragwerks, ohne dass hierfür auf der Baustelle noch weitere Zeichnungen benötigt werden. Rohbaupläne müssen mindestens die folgenden Angaben enthalten:

— alle für den Schalplan geforderten Mindestinhalte
— in Beton oder Mauerwerk einbindende Bauteile, die selbst Bestandteile des Tragwerks sind oder zur späteren Befestigung von Ankerplatten usw. dienen. Hierzu gehört auch die genaue Lage beim Einbau einschließlich der Bemaßung

- Aussparungen
- Arbeitsfugen, soweit sie für die Konstruktion erforderlich sind, inklusiver Fugenbänder
- Oberflächenbeschaffenheit, z. B. Abfasungen, Waschbeton
- Lager und Übergangskonstruktionen, soweit sie nicht in besonderen Zeichnungen dargestellt sind.

Praxistipp

Im Hochbau werde üblicherweise Schalpläne erstellt. Die Rohbaupläne sind detaillierter und deshalb gesondert zu beauftragen. Im Ingenieurbau haben die Schalpläne aufgrund der Forderungen aus der ZTV-ING (02.2025) meist bereits annähernd das Niveau eines Rohbauplanes.

9.6.2 Maßabweichungen

Die Planung geht von einem idealen Bauteil aus, bei der Vorstellung und Wirklichkeit übereinstimmen. Dies ist jedoch nicht der Fall, da die Bauteile gewisse Maßabweichungen haben können, welche auch in der Planung ausreichend berücksichtigt werden müssen. In der Wirklichkeit sind die Bauteile weder exakt eben noch genau maßhaltig. Es sind somit nahezu immer Maßabweichungen vorhanden. Diese Maßabweichungen können unterschiedliche Ursachen haben.

So können herstellungsbedingte Maßabweichungen wie z. B. ein ungenaues Übertragen der Entwurfsmaße auf das reale Schalmaß, Längenänderung der (Holz-) Schalung durch Quellen bei Feuchtigkeit, Verschleiß an Systemschalungen oder Verformungen der Schalung infolge Schalungsdruck des Frischbetons auftreten.

Des Weiteren können lastabhängige Maßabweichungen wie z. B. Durchbiegungen eines Balkens aus Eigenlast und Verkehrslast auftreten. Diese kommen auch häufig bei Innenstützen eines Gebäudes vor, da die Stauchungen größer sind als bei Außenstützen mit gleichen Abmessungen, da die Innenstützen infolge größerer Lasteinflussflächen auch größere Lasten erhalten.

Es können auch zeit- und nutzungsbedingte Maßabweichungen auftreten. Hier ist im Betonbau vor allem das Kriechen und Schwinden zu nennen. Bei befahrenen Bauteilen kann es auch zu einer Reduktion des Querschnittes aufgrund von Verschleiß kommen. Dies ist auch im Wasserbau ein häufiges Phänomen.

Zur Beschreibung der Toleranzen und Maßabweichungen werden die Begriffe aus ◨ Tab. 9.9 verwendet, welche in ◨ Abb. 9.17 verdeutlicht sind.

Es ist wichtig die zulässigen Maßabweichung zu kennen, da die Konstruktion hierauf ausgelegt werden muss bzw. hierfür entsprechende Toleranzen vorgesehen werden müssen. Die zulässigen Maßabweichung werden in die Grenzabweichungen für die Passgenauigkeit und in die Grenzabweichungen für die Tragsicherheit und die Gebrauchstauglichkeit unterteilt.

Die Grenzabweichungen für die Passgenauigkeit werden in der DIN 18202 (07.2019) für den Hochbau geregelt, für den Ingenieurbau werden diese meist zusätzlich vom Auftraggeber geregelt (z. B.: ZTV-ING (02.2025); ZTV-W (08.2012); RiL 804 (09.2020); RiL 853 (09.2018)). Die Grenzwerte der Passgenauigkeit sind die zu-

◘ Tab. 9.9　Begriffe zur Beschreibung der Toleranzen und Maßabweichungen

Nennmaß	Maß der in Zeichnungen
Istmaß	durch Messung festgestelltes Maß
Maßabweichung	Differenz zwischen Istmaß und Nennmaß
Höchstmaß	größtes zulässiges Maß
Mindestmaß	kleinstes zulässiges Maß
Grenz-abweichung	Differenz zwischen Mindestmaß und Nennmaß oder Höchstmaß und Nenn-maß
Maßtoleranz	Differenz zwischen Höchstmaß und Mindestmaß

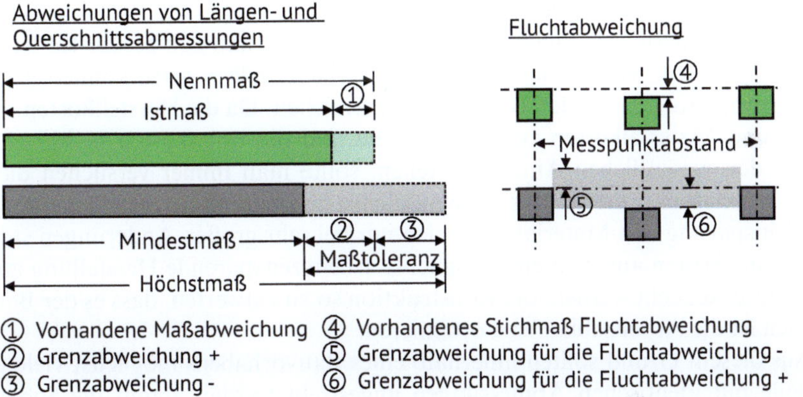

◘ Abb. 9.17　Begriffe zur Beschreibung der Toleranzen und Maßabweichungen, in Anlehnung an. (FDB 09.2023)

lässigen Maßabweichungen und betreffen nur diejenigen, welche aus der Herstellung resultieren. Die last- und zeitabhängigen Verformungen sind hierbei somit nicht erfasst. Die in den Normen festgelegten Herstellungstoleranzen sind bei üblicher Sorgfalt ohne größere Probleme einzuhalten. Sofern höhere Genauigkeiten vom Auftraggeber verlangt werden, sind diese vertraglich zu vereinbaren. Dies kann die Herstellkosten eines Bauteils stark verteuern, da genauere Schalungen aus Stahl und ein höherer Vermessungsaufwand nötig sind. Als wesentliche Maßabweichungen bei Stahlbetontragwerken sind die Abweichungen in den Abmessungen und die Abweichungen bezüglich der Ebenflächigkeit der Oberflächen zu nennen.

Die Grenzabweichungen für die Tragsicherheit und die Gebrauchstauglichkeit werden in der DIN 1045-3 (08.2023) geregelt. Es gelten in Deutschland die zulässigen Abweichungen der Toleranzklasse 1 der Norm. Bei der Einhaltung dieser Toleranzen ist das Sicherheitsniveau der DIN EN 1992-1-2 (11.2025) in Verbindung mit der DIN EN 1992-1-1/NA1 (E) (08.2025) eingehalten, da die Abweichungen in den Abmessungen in den Teilsicherheiten bzw. in den Nachweisformanten (vgl. ▶ Abschn. 2.2.2) berücksichtigt wurden. Bei größeren Abweichungen ist dann das

Sicherheitsniveau der Norm nicht mehr vollständig gegeben. In den entsprechenden Abschnitten der Norm werden folgende Maßtoleranzen geregelt:

- Schiefstellungen
- Versatz zwischen den Achsen oder Lagern
- Querschnittsabweichungen
- Lageabweichungen der Bewehrung

9.6.3 Konstruktionsgrundsätze

Auch bei der Konstruktion müssen die Auswirkungen von Toleranzen berücksichtigt werden. Hier muss vor allem berücksichtigt werden, dass sich die Schalungen unter dem Frischbetondruck verformen können. Dies führt zum Beispiel bei Plattenbalken bzw. Unterzügen dazu, dass sich die Schalung unten, aufgrund des größeren hydrostatischen Betondrucks, möglicherweise leicht aufweitet. Damit sich die Schalung nachher noch ausbauen lässt, ist es zweckmäßig den Unterzug einen leichten Anzug zu geben, wie dies ◘ Abb. 9.18 zeigt.

Neben der Berücksichtigung der Toleranzen sollte man sich bei der Konstruktion immer überlegen, wie die Bauteile am besten hergestellt werden können, um möglichst geringe Kosten für den Bauherren zu erreichen. Da die Herstellkosten sich aus Lohn- und Materialkosten zusammensetzen und die Lohnkosten in Mitteleuropa hierbei den wesentlichen Anteil darstellen, sollte man immer versuchen die Konstruktion so zu entwerfen, dass diese möglichst zeitsparend hergestellt werden kann. Eine Einsparung von Material wirkt sich nur bei sehr großen Änderungen stark auf die Herstellkosten aus. Um eine möglichst arbeitszeitsparende Herstellung zu erreichen sollte versucht werden, die Konstruktion so zu entwerfen, dass es der Baufirma möglich ist die Arbeitsabläufe zu optimieren.

Aus diesem Grund sollten innerhalb eines Bauvorhabens möglichst viele gleiche Bauteile mit identischen Abmessungen angestrebt werden, damit die Schalungen häufig umsetzt werden können und Schalungsumbauten vermieden werden. Dies hat zudem den Vorteil, dass Arbeitsgänge öfter vorkommen, wodurch die Produktivität gesteigert wird, und die Fehlerwahrscheinlichkeit abnimmt.

Eine Systemschalung reduziert die Kosten der Schalungsherstellung und sollte deshalb angestrebt werden. Damit diese verwendet werden kann, sollten Schalmaße nur im 5-cm-Raster gewählt werden.

Im Allgemeinen sollte bei der Konstruktion darauf geachtet werden, dass Bauteile, die sich durchdringen, nicht die gleichen Abmessungen aufweisen, da sonst kreuzende Bewehrungen schwer aneinander vorbeigeführt werden können.

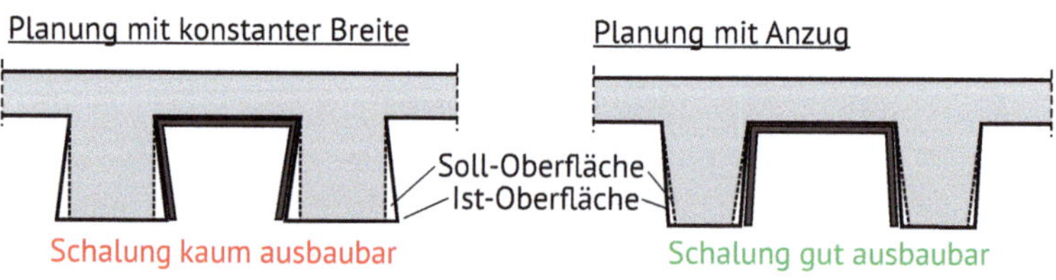

◘ **Abb. 9.18**   Schalungsmöglichkeiten eines Plattenbalken bzw. Unterzugs

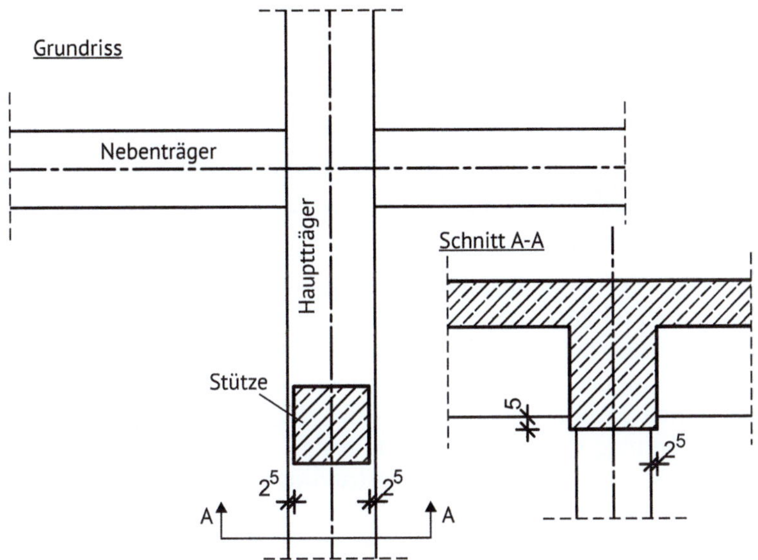

▣ Abb. 9.19 Abstimmung der Unterzugbreite der Haupt- und Nebenträger auf die Stützenabmessungen

Für die Konstruktion von Decken sollte vorab überlegt werden, welche Spannrichtung baupraktisch sinnvoller ist. So sind in Skelettbauten und bei der Verwendung von Elementdecken (Teilfertigteile) einachsig gespannte Decken gegenüber den zweiachsig gespannten vorzuziehen, da bei ihnen in nur einer Richtung Unterzüge auftreten und die Bewehrungsführung einfacher ist. Zweiachsig gespannte Decken sollten folglich nur dort verwendet werden, wenn dies aufgrund der Lichtweiten und der zur Verfügung stehenden Bauteildicke unumgänglich sind. In Büro- und Geschäftsbauten kommen üblicherweise Flachdecken zum Einsatz, da diese flexibel sind. Allerdings ist hier der Einsatz von Teilfertigteilen nur mit hohem Planungsaufwand möglich, sodass hier häufig reine Ortbetonlösungen zum Einsatz kommen.

Bei der Konstruktion von Unterzügen sollte man die Breite zunächst auf die Stützen abstimmen, wie dies ▣ Abb. 9.19 links zeigt, um die Kreuzung der Bewehrung zu vereinfachen. Bei Kreuzungspunkten zwischen Haupt- und Nebenunterzügen sollten die Nebenunterzüge eine kleinere Bauteilhöhe haben, damit sichergestellt wird, dass die Bewehrung des Hauptunterzugs (stützendes Bauteil) auch unter der des Nebenträgers liegt, und somit die Konstruktion des indirekten Auflagers entsprechend dem Kraftfluss gestaltet ist.

Bei Stützen sind stets gleichbleibende Querschnitte anzustreben, die auch geschossweise möglichst wenig wechseln. Die unterschiedlichen Lasten je Geschoss bzw. je Stützen werden durch unterschiedliche Bewehrung aufgenommen, wobei auch die Bewehrung je Geschoss möglichst gleich sein sollte, um Verwechselungen auszuschließen. Ist ein vollständig gleichbleibender Stützenquerschnitt im gesamten Bauwerk nicht möglich, sollte wenigstens eine Seitenabmessung der Stützen in allen Geschossen gleichbleibend sein.

Bei Fundamenten sollten stets rechteckige Fundamente gewählt werden, auch wenn runde Fundamente zunächst statisch günstiger sind. Wenn es sich um ein bewehrtes Fundament handelt, ist unter dem Fundament eine „Sauberkeitsschicht" vorzusehen. Diese Sauberkeitsschicht ist eine 5 bis 10 cm dicke Magerbetonschicht, welche die Betondeckung auf der Fundamentunterseite sicherstellen soll. Die Sauberkeitsschicht sollte umlaufend 10 cm größer als das Fundament sein.

9.6.4 Darstellungsgrundsätze

9.6.4.1 Allgemeines

Die Art der Darstellung in Schalplänen und Rohbauzeichnungen ist grundsätzlich gleich, wobei die Rohbauzeichnungen insbesondere bezüglich der Einbauteile deutlich detaillierter sind. Beide Planarten stellen die Ansichten der zu schalenden Bauteile dar. Hierbei werden die Grundrisse als Draufsicht auf die Deckenschalung dargestellt und durch Schnitte und Details ergänzt. Die Schnitte werden nach Möglichkeit mit Blickrichtung von vorne bzw. von rechts nach links geführt. Dabei ist die Schnittführung so zu legen, dass alle Konstruktionsteile (Abmessungssprünge, Öffnungen usw.) erfasst werden.

Um Verwechslungen und Unklarheiten auszuschließen, wird das Projekt mit Achsen in Quer- und Längsrichtung fixiert. Diese werden häufig durch den Objektplaner oder Bauherren vorgegeben, wie dies Beispielhaft bereits in ◻ Abb. 9.16 zeigte. Im Brückenbau ist die Achse in Längsrichtung meist die Achse des Verkehrsplaneden und in Querrichtung sind es die Lagerachsen der Brücke.

9.6.4.2 Grundrisse

Bei den Grundrissen werden zwei verschiedene Darstellungsarten nach DIN 1356-1 (04.2024) unterschieden. Diese werden als Grundrisstyp A und B bezeichnet, welche in ◻ Abb. 9.20 dargestellt sind und nachfolgend erläutert werden.

■ **Hinweise zur Darstellung – Grundriss – Typ A**

Bei dem Grundriss Typ A handelt es sich um eine Draufsicht auf den unteren Teil eines waagerecht geschnittenen Baukörpers. Aus diesem Grund sind alle von oben sichtbaren Begrenzungen und Knickkanten der Bauteiloberseiten als sichtbare Kanten durch Volllinien darzustellen. Damit auch die Schalung der Deckenuntersicht aus

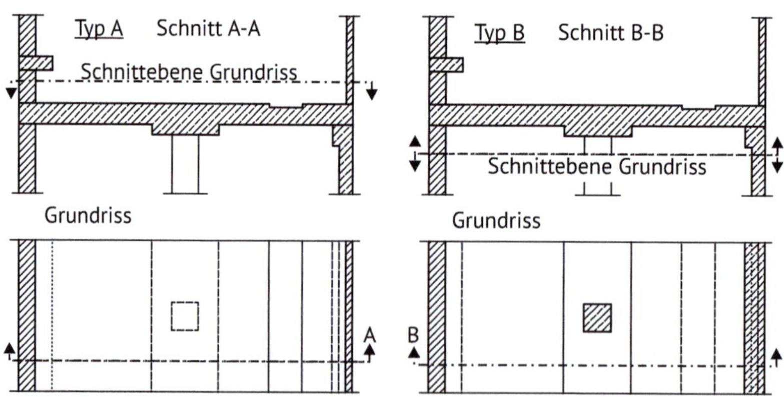

◻ **Abb. 9.20**   Grundrisstyp A und B

dem Plan erkennbar ist, sind die unter dieser Oberfläche liegende Kanten als verdeckte Kanten durch Strichlinien dargestellt. Falls es für den Plan relevant ist, sind die Kanten von Bauteilen, die oberhalb der Schnittebene liegen, gegebenenfalls durch Punktlinien darzustellen. Die geschnittenen Flächen wie aufgehende Wände oder Stützen werden in den Zeichnungen durch dickere Linien und Schraffuren bzw. Fillings hervorgehoben. Bei Grundrissen liegt die horizontale Schnittebene so im Bauwerk oder Bauteil, dass die wesentlichen Einzelheiten, z. B. Wände oder andere Tragglieder geschnitten werden. Die Angabe zur Lage der horizontalen Schnitte ist in der Regel entbehrlich.

■ **Hinweise zur Darstellung – Grundriss – Typ B**

Der Grundriss Typ B ist nach ISO 128-43 (07.2015) die gespiegelte Untersicht unter dem oberen Teil eines waagerecht geschnittenen Baukörpers. Diese Darstellungsart wird typischerweise im Ingenieurbau verwendet. Bei der Darstellungsart B werden alle tragenden Bauteile im jeweiligen Geschoß zusammen mit der Spiegelung der Decke über diesem Geschoß dargestellt. Diese Darstellungsart wird deshalb oft als „Blick in die leere Schalung" oder als „Deckenuntersicht" bezeichnet. Somit werden die Begrenzungen und Kanten der Bauteiluntersichten als sichtbare Kanten durch Volllinien dargestellt. Die über dieser Unterseite liegende Bauteile wie z. B. Überzüge, Aufkantungen, Brüstungen, usw. werden als verdeckte Kanten durch Strichlinien dargestellt. Die stützenden Bauteile der Decke wie Wände und Stützen werden in den Zeichnungen durch dickere Linien und Schraffuren bzw. Fillings hervorgehoben. Die Grundrissebene ist so zu legen, dass die Gliederung und der konstruktive Aufbau des Tragwerks deutlich werden und darf erforderlichenfalls verspringen.

9.6.4.3 Schnitte

Zur vollständigen Darstellung eines Bauwerks in den Plänen sind neben den Grundrissen Schnittdarstellung ein wesentliches Mittel. Bei diesen Schnitten wird das Bauwerk bzw. das Bauteil in einer bestimmten Ebene durchgeschnitten. Diese Schnittebenen sind so festzulegen, dass die Blickrichtung des Schnittes in Hauptleserichtung des Plans ist. Dies ist in der Regel nach oben bzw. nach links. Zusätzlich muss jedoch zur Eindeutigkeit die Blickrichtung durch Pfeile auf jeder Seite des Schnittes gekennzeichnet werden. Der im Schnitt dargestellte Bereich liegt zwischen den Pfeilen. Die verschiedenen Schnittebenen werden mit römischen oder arabischen Ziffern oder mit Buchstaben in Klein- oder Großschreibweise benannt. Der Wortzusatz „Schnitt" ist entbehrlich. Schnittebenen werden im Regelfall rechtwinklig oder parallel zu den Außenflächen des Bauwerkes oder Bauteiles gelegt. Die Lage der vertikalen Schnittebene ist im Grundriss mittels breiter Strichpunktlinie anzugeben. Ein Beispiel für die Darstellung der Schnitte im Grundriss zeigt ◖ Abb. 9.21.

In der Schnittdarstellung selbst werden die von der Blickrichtung des Schnittes von sichtbaren Begrenzungen durch Volllinien dargestellt. Hinter diesen Vorderseiten liegende Kanten werden gegebenenfalls als verdeckte Kanten durch Strichlinien dargestellt. Ein Beispiel einer Schnittdarstellung ist in ◖ Abb. 9.22 abgebildet.

Der Schnitt wird immer senkrecht durch ein Bauteil geführt. Die Schnittfläche wird in der gewählten Blickrichtung dargestellt. Außerdem werden die Ansichten der in Blickrichtung liegenden weiteren Bauteile dargestellt. Dabei beschränkt man sich in der Regel auf eine erforderliche Blicktiefe. Wie in den Grundrissen werden auch in den Schnitten die geschnittenen Flächen in den Zeichnungen hervorgehoben. Die in

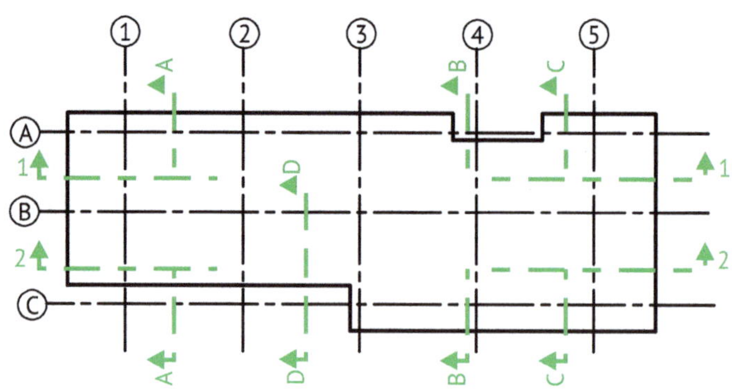

Abb. 9.21   Schnittkennzeichnung im Grundriss

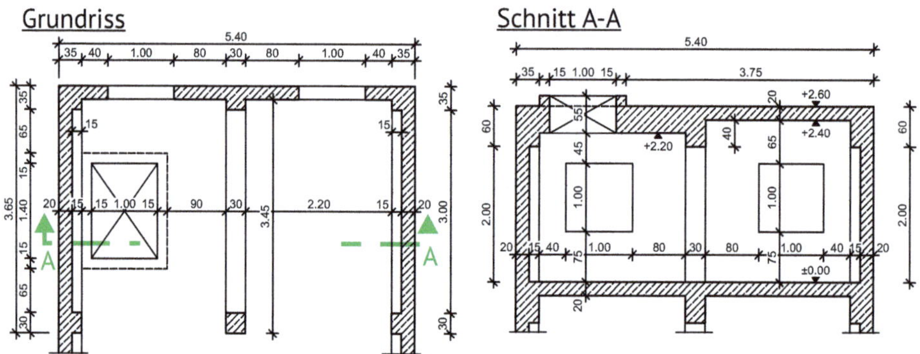

Abb. 9.22   Beispiel einer Schnittführung mit zugehöriger Schnittdarstellung

der Zeichenebene dargestellten Schnittflächen von Bauteilen werden grafisch hervorgehoben. Dies kann mit einer dickeren Umrandungslinie, einer Schraffur oder einer Tönung erfolgen. Bei einer größeren geschnittenen Fläche wird manchmal nur ein schmaler Streifen entlang der Umrandungslinie schraffiert. Die letztgenannte Art wird jedoch bei CAD-Plänen nicht mehr verwendet.

9.6.4.4 Details

Der in den Schalplänen gebräuchlichste Maßstab von 1:50 reicht oft nicht aus, um Einzelheiten deutlich zu machen. Aus diesem Grund wählt man ausschnittweise Vergrößerungen in den Maßstäben 1:10, 1:5. In der kleineren Darstellung werden die hervorgehobenen Bereiche mit einem Kreis großzügig umrandet und mit einem großen Buchstaben oder einer Zahl bezeichnet (vgl. ◘ Abb. 9.23). Das vergrößerte Detail stellt man vorzugsweise auf demselben Blatt dar und bezeichnet es mit dem gewählten Kennzeichen. Es kann jedoch vorkommen, dass bestimmte Details immer wieder vorkommen, dann kann auch ein Plan mit sogenannten Regeldetails für das Bauvorhaben erstellt werden, auf welche in den anderen Plänen verwiesen wird.

Im Ingenieurbau ist es auch üblich gerade in Entwurfspläne auf Regeldetailsammlungen vom Auftraggeber, wie z. B. die RiZ-ING (12.2023) oder Richtzeichnungen der DB-AG RiL 804.9030 (05.2012) zu verweisen.

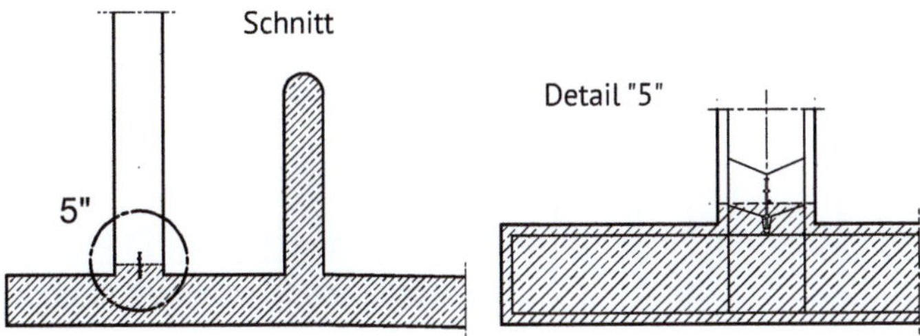

Abb. 9.23 Beispiel für die Kennzeichnung von Details

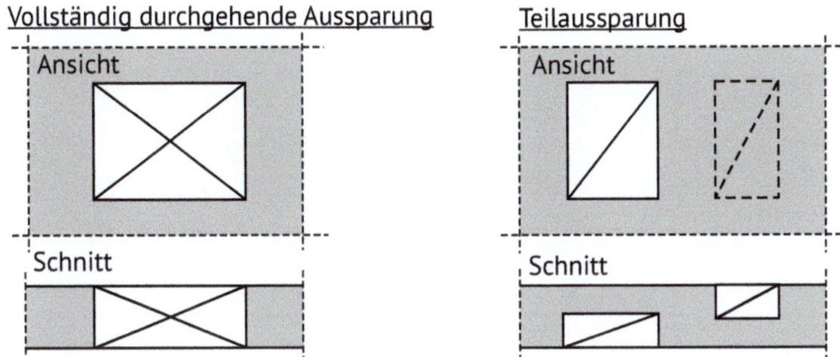

Abb. 9.24 Beispiele für Darstellungsart für Aussparungen und Nischen

9.6.4.5 Aussparungen

Aussparungen bzw. Nischen müssen bezüglich ihrer Lage und den Abmessungen so dargestellt werden, dass bei der Ausführung keine Fehlinterpretation erfolgen kann. Man unterscheidet verschiede Aussparungen, welche auch in Abb. 9.24 mit Beispielen dargestellt sind. Zunächst die durchgehenden Aussparungen, deren Tiefe der Bauteildicke entspricht. Dieser Typ wird mit Volllinien und zusätzlich mit zwei diagonalen Volllinien gekennzeichnet.

Aussparungen deren Tiefe kleiner als die Bauteildicke ist, was auch als Nischen bezeichnet wird, und die auf der dem Betrachter zugewandten Seite des Bauteils liegen, werden mit Volllinien und einer zusätzlichen diagonalen Volllinie gekennzeichnet.

Die Aussparungen deren Tiefe kleiner als die Bauteildicke ist und die auf der dem Betrachter abgewandten Seite des Bauteils liegen, werden mit Strichlinien und mit einer zusätzlichen diagonalen Strichlinie gekennzeichnet.

9.6.4.6 Einbauteile

Einbauteile sind Bauteile, die in den Baukörper aus Beton einbetoniert werden. Sie dienen z. B. späteren Verankerungen oder Rohrdurchführungen. In Rohbauzeichnung werden diese in maßstäblicher Umrissgröße eingezeichnet. Ihre Lage in Bezug auf markante Bauteilkanten muss eindeutig bemaßt sein, wie dies Abb. 9.25 zeigt. Die seitenrichtige Lage muss ebenfalls unmissverständlich sein. Am zweckmäßigsten ist die Bezeichnung mit besonderen Positionsnummern.

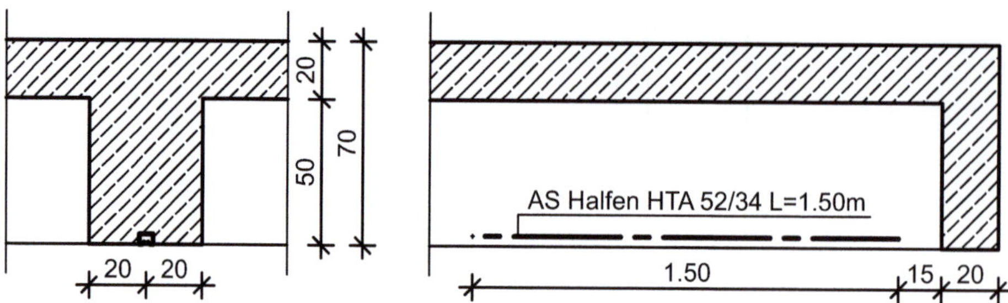

Abb. 9.25   Darstellung eines Einbauteils in einem Rohbauplan

Einbauteilliste

Nr.	Katalog-Nr.	Stück	Bezeichnung
1		1	PVC-Rohr 100 L=500 mm
2		4	Halfenschiene HZA 41/22 L=550mm
3	ET 01	5	Stahlplatte 300x200x20 mm

Werkstattzeichnung Einbauteil

Nr. ET 01 Anzahl 15 Stück	Stahlplatte S355 J2 300x200x20 mm mit 4 Kopfbolzen 13/125 (Nagellöcher vorsehen)
Fertigteile: S1 S2 S3	

Abb. 9.26   Beispiel einer Einbauteilliste und einer Werkstattzeichnung eines Einbauteils

Für den besseren Überblick dienen sogenannte Einbauteillisten, wie ■ Abb. 9.26 zeigt. Eine Werkstattzeichnung ist nur für Einbauteile erforderlich, die nicht in Lieferprogrammen angeboten werden und deshalb besonders angefertigt werden müssen. Es müssen alle Kenndaten vorgegeben werden, die den gestellten Anforderungen genügen und eine fachgerechte Herstellung ermöglichen.

9.6.4.7 Abkürzungen und Symbolik

Damit die Pläne nicht mit zu viel Beschriftungen und Textblöcken versehen werden müssen, werden zahlreiche Abkürzungen und Symbole verwendet. Zunächst sind in ■ Tab. 9.10 die gängigsten Abkürzungen auf Schalplänen aufgelistet.

Neben den Abkürzungen sind auch zahlreiche Schraffuren und Fillings üblich, die gängigen sind in ■ Abb. 9.27 aufgeführt.

Bei Betonbauteile ist oft die Oberflächenbeschaffenheit ein Bauherrnwunsch oder im Fall der Verbundfuge ein bemessungsrelevantes Kriterium. Anforderungen an die Oberflächenbeschaffenheit sind ebenfalls in den Plänen zu kennzeichnen. Die gängigen Symbole sind in ■ Abb. 9.28 dargestellt. Bei Sichtbeton sollte noch die

◻ Tab. 9.10   gängige Abkürzungen auf Schalplänen

Bauteilbezeichnungen:		**Maßbezüge:**	
B	Boden, Bodenplatte	OK	Oberkante, Oberfläche
D	Decken	UK	Unterkante, Unterfläche
F	Fundament	OKF	Oberkante/Oberfläche Fertigkonstruktion
RFB	Rohfußboden	UKR	Unterkante/Unterfläche Rohkonstruktion
FFB	Fertigfußboden		
W	Wand	**Form:**	
U	Unterzug	D	Durchbruch
MW	Mauerwerk	S	Schlitz
VM	Vormauerung		
BK	Bodenkanal	**Herstellungsreihenfolge:**	
AS	Ankerschiene	BA	Betonierabschnitt
RH	Rohrhülse	AF	Arbeitsfuge
FR	Futterrohr		
Sch	Schacht		

Anwendungsbereich	Kennzeichnung	Farbe
Boden/Gelände unverändert		schwarz/weiss
Kies		schwarz/weiss
Sand		schwarz/weiss
Beton (unbewehrt)		olivgrün
Beton (bewehrt)		blaugrün
Mauerwerk		Verkehrsrot
Stahl/Metall		Lichtblau

◻ Abb. 9.27   gängige Schraffuren auf Schalplänen in Anlehnung

Darstellung		Eigenschaften	Bemerkung
Schalseite	▼	maßgenau, rauh	kein Sichtbeton
	▼▼	porenfrei, glatt, anstrichfähig	
	▼▼▼	porenfrei, glatt, gleichfarbig, fleckenfrei	Sichtbeton
abgezogene Seite	▽	maßgenau, rauh, abgezogen	
	▽▽	maßgenau, glatt, verrieben	
	▽▽▽	geglättet, Oberfläche geschlossen, Kellenansätze noch feststellbar	
	▽▽▽▽	fein-geglättet, Oberfläche gespachtelt, Sichtbeton Eigenschaften	

▫ Abb. 9.28   Angaben zur Oberflächenbeschaffenheit des Betons

Schalungsart auf dem Plan vermerkt werden. Bauteile können mit folgenden Schalungen hergestellt werden:

- Gehobelte Holzschalung (GH)
- Kunststoffvergütetes Holz (KH)
- Brettschalung sandgestrahlt (BS)
- Stahlschalung (ST)
- Kunststoffschalung (KST)

9.7 Bewehrungspläne

9.7.1 Zweck

Der Bewehrungsplan soll die Überführung der statischen Berechnung in die Ausführung sicherstellen. In historischen Bewehrungsplänen, waren früher auch die Ergebnisse der statischen Berechnung in Form von Zugkraft- und Schubdeckungslinien mit der Bewehrungsführung überlagert. Obwohl dies den Zweck und Hintergrund des Bewehrungsplan verdeutlicht und erläutert, ist diese Information in den heutigen Plänen nicht mehr enthalten, da diese Information für die Anfertigung des Bewehrungsgeflechtes entbehrlich ist.

Zu beachten ist, dass der Bewehrungsplan meist auch die einzige Verbindung zwischen:

- dem planenden Ingenieurbüro
- dem Biegebetrieb
- und der Baustelle

darstellt. Neben dem Plan findet oft keine weitere umfangreiche Kommunikation zwischen den genannten Akteuren statt. Der Plan muss somit eindeutig sein und alle Informationen enthalten. Des Weiteren ist dieser als „Einbauanleitung" der Bewehrung zu verstehen, ohne dass dabei eine konkrete Einbaureihenfolge angegeben wird.

9.7.2 Voraussetzungen

Neben den Ergebnissen aus der statischen Berechnung, welche am besten als Form einer Bewehrungsskizze vorliegen sollten, sind für die Erstellung des Plans sowohl Kenntnisse über die grafische Darstellung nötig als auch auf Erfahrung basierendes Wissen über die konstruktiven, betonstahlspezifischen und ausführungstechnischen Bedingungen von Vorteil.

Die technische Konzeption soll nicht nur den statischen Erfordernissen entsprechen, sondern muss auch ausführungsgerecht sein. Das heißt:

- es sind die materialspezifischen Eigenschaften der Betonstahlprodukte
- die Gegebenheiten der Bearbeitungsmaschinen
- die Transportbedingungen und -beschränkungen
- die Voraussetzungen und Bedingungen des Einbaus der Bewehrungs- und Arbeitssicherheit zu beachten.

9.7.3 Grundlegende Planangaben

Neben den Bewehrungsführungen, -verlegungen und Biegeformen müssen auf dem Bewehrungsplan auch weitere Angaben zu den Materialien, der Verlegung und der Biegung der Bewehrung vorhanden sein. Hierzu werden üblicherweise zwei weitere Planstempel auf dem Plan ergänzt.

Zum einen ein Stempel für die zu verwendeten Materialien wie dieser Beispielhaft in ◘ Abb. 9.29 dargestellt ist. Dieser sollte alle erforderlichen Materialangaben zum Beton, wie Festigkeit, Expositionsklasse sowie weitere planerische Anforderungen enthalten. Zusätzlich sollte der Betonstahl samt Duktilitätsklasse und die Betondeckung enthalten sein.

Zum anderen sollte ein Stempel für das Biegen von Betonstahl enthalten sein. Beispielhaft ist ein solcher Stempel in ◘ Abb. 9.30 dargestellt. Der Planstempel sollte alle Angaben enthalten, die für den Biegebetrieb relevant sind. So sollte hier angegeben werden, mit welchen Biegerollen standardmäßig gebogen wird, wie mit Bügelschlössern umzugehen ist und wie Maßangaben der Bewehrung zu verstehen sind. Im Allgemeinen sind bei der Bewehrung alle Biegemaße Außenmaße und Längen von Aufbiegungen beziehen sich auf die Systemachse des Bewehrungseisen.

Betonstahlgüte			
Rundstahl	B500B	Mattenstahl	B500A

Betongüte und Betondeckung								
Bauteil	Beton						Betondeckung	
	Festigkeit	Exposition	Feuchtigk.	Gesteinskörn.	Besonder.	F-Entwickl.	Lage	cnom
Fundamente	C30/37	XC4;XD1; XF3;XA1	WA	$D_{lower} \geq 16mm$ / $D_{upper} \leq 22mm$	WU	r<0,3	oben / unten	5,0cm / 5,5cm
Wände	C35/45	XC4;XD1; XF3;XA1	WA	$D_{lower} \geq 16mm$ / $D_{upper} \leq 32mm$	WU	r<0,3	innen / außen	4,0cm / 5,0cm

◘ **Abb. 9.29** Planstempel für die Materialangabe

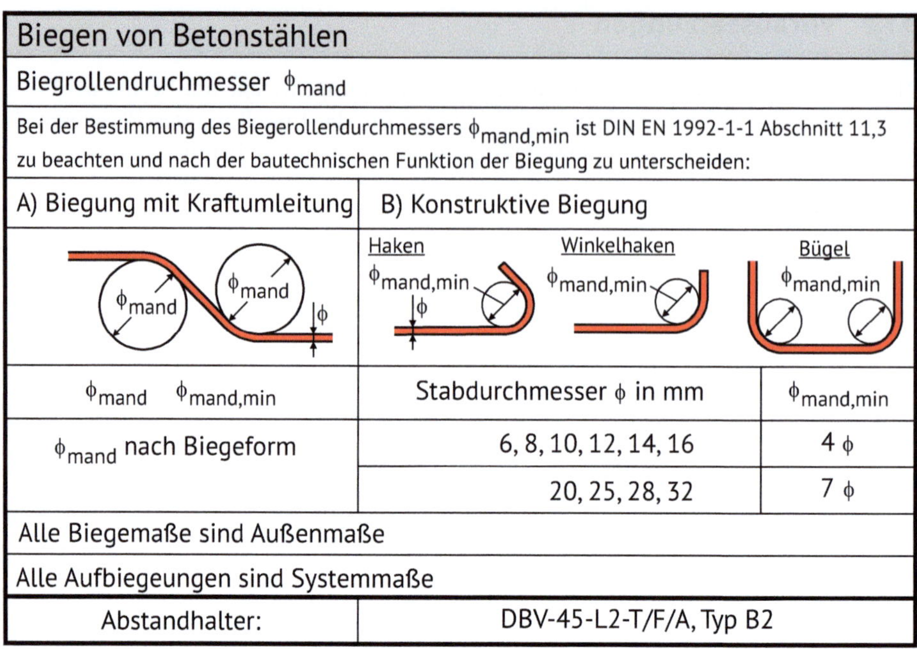

Abb. 9.30 Planstempel zum Biegen von Betonstahl

9.7.4 Darstellungsarten

Für die Darstellung der Bewehrungsführung werden gemäß DIN 1356-10 (02.1991) drei Darstellungsarten unterschieden. Diese Unterscheidung kennt die aktuelle Norm DIN EN ISO 3766 (05.2004) zwar nicht mehr, die Unterscheidung und Gliederung ist jedoch weiterhin sinnvoll.

Bei der **Darstellungsart 1**, welche in ■ Abb. 9.31 dargestellt ist, wird die Bewehrung im Bauteil maßstäblich dargestellt und alle Positionen werden in einem maßstäblichen Stahlauszug herausgezogen und vollständig vermasst. Die Stahlauszüge werden dabei immer an der Stelle herausgezogen, wo diese im Bauteil vorkommen. Hierbei wird die obere Lage oberhalb vom Bauteil und die untere Lage unterhalb vom Bauteil dargestellt. In diesen Auszügen können dann auch Übergreifungen beschriftet und bemaßt werden. Die Darstellungsart ist die übersichtlichste aber auch die zeichenintensivste Darstellungsform. Aufgrund der Übersichtlichkeit hat die Darstellungsart 1 sich als Standard für Bewehrungspläne im Ortbeton durgesetzt.

Die **Darstellungsart 2** ist ähnlich wie die Darstellungsart 1. Allerdings werden die hier nur einzelne Biegeformen bestimmter Positionen herausgezogen und dieser Stahlauszug ist meist unmaßstäblich. Ein Beispiel für die Darstellungsart 2 findet sich in ■ Abb. 9.32.

Die **Darstellungsart 3** ist auf ein zeichnerisches Minimum reduziert. Hier wird das Bauteil mit Bewehrung maßstäblich dargestellt. Es werden jedoch keine Stahlauszüge angegeben, sondern die Bewehrung erhält eine Schlüsselnummer bei der Positionsnummer. Mit dieser Schlüsselnummer kann dann über eine Tabelle in der DIN EN ISO 3766 (05.2004), auf die Biegeformen zurückgeschlossen werden. Ein Beispiel für die Darstellungsart 3 findet sich in ■ Abb. 9.33. Die Darstellungsart 3 wird nur in Ausnahmenfällen z. B. in einer stark automatisierten Fertigung verwendet.

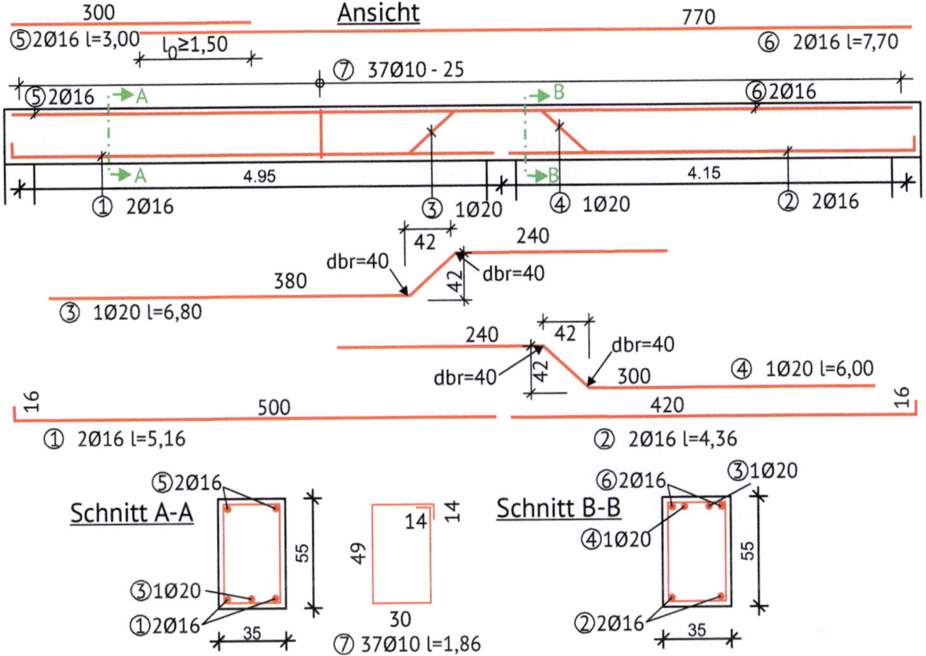

Abb. 9.31 Bewehrungsplan in der Darstellungsart 1

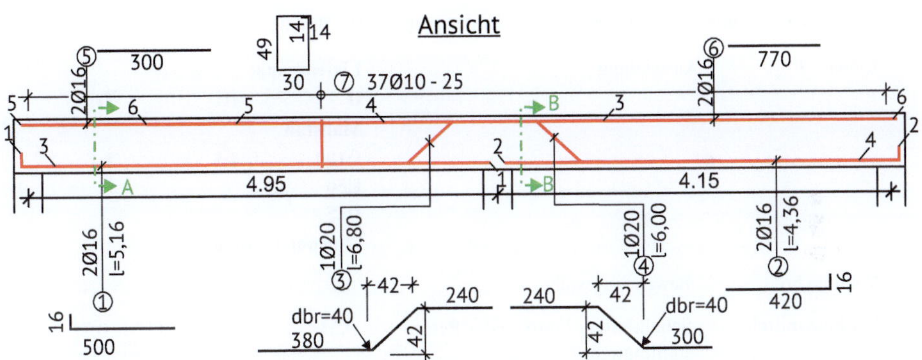

Abb. 9.32 Bewehrungsplan in der Darstellungsart 2

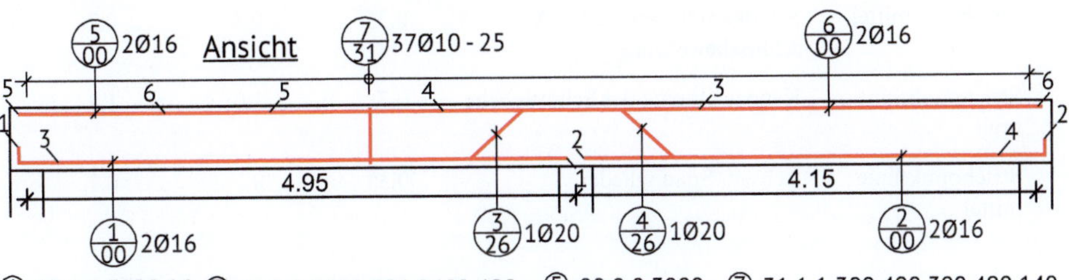

Abb. 9.33 Bewehrungsplan in der Darstellungsart 3

9.7.5 Darstellungsregeln

9.7.5.1 Allgemeines

Für die Bewehrungspläne sollten die Maßstäbe gemäß ◘ Tab. 9.11 in Kombinationen mit den Linien nach ◘ Tab. 9.12 verwendet werden. Bei Beschriftungen sollten die Schriftgrößen nach ◘ Tab. 9.13 verwendet werden.

◘ **Tab. 9.11**   Maßstäbe für Bewehrungspläne

Bauteil	Maßstab
Großflächige Bauteile mit Betonstahlmatten	1:100
Einfache Bauteile ohne kleinformatige Besonderheiten, die für die Formgebung und Anordnung der Bewehrung von Bedeutung sind, Regelmaßstab für Betonstahlmatten	1:50
Schwierige Bauteile und allgemein für Querschnitte, wenn diese eine Anhäufung von Bewehrung enthalten, Regelmaßstab für Betonstabstahl	1:25
Details	1:5
Details, bei denen es auf eine besonders genaue Zuordnung ankommt	1:1

◘ **Tab. 9.12**   Linienarten, Linienbreiten, Liniengruppen für Bewehrungspläne

Linienart	Anwendung	Liniengruppe		
		II	III	IV
		Maßstab		
		1:100 1:50 1:25	1:5	1:1
		Linienbreite (mm)		
Volllinie breit	Bewehrungsstäbe	0,7	1,0	1,4
Volllinie mittel	Schalkanten, Umrisse der Betonstahlmatten	0,35	0,5	0,7
Volllinie schmal	Maßlinie, Verleglinie, Diagonale bei Mattenkennzeichnung	0,25	0,35	0,5
Strichlinie mittel	Schalkanten (verdeckt), Anschlussbewehrung	0,35	0,5	0,7
Strichpunktlinie breit	Kennzeichnung der Schnittebene	0,7	1,0	1,4
Strichpunktlinie mittel	Achsen, Spannglieder	0,35	0,5	0,7

■ **Tab. 9.13** Schriftgrößen für Bewehrungspläne

Art der Information	Schrifthöhe
Überschriften (Grundriss, Ansicht, Schnitt)	7 mm
Hinweise	3,5 mm
Nummer der Stabform	5 mm
Angabe zur Stabform	3,5 mm
Maße	3,5 mm

Die Bewehrung wird in den Plänen mit Positionsnummern versehen und durchnummeriert. Mithilfe der Umrandungssymbole kann auf die Art des Bewehrungselementes zurückgeschlossen werden:

– Bewehrung aus Betonstabstahl: Eintragung im Kreis

– Bewehrung aus Betonstahlmatten: Eintragung im Rechteck

– Spannglied   Eintragung im Sechseck

Die Nummerierung der einzelne Bewehrungselemente erfolgt unabhängig voneinander. Um Verwechselungen auszuschließen, ist es jedoch vorteilhaft eine andere Zifferfolgen für jedes Bewehrungselement zu wählen. Zum Beispiel kann man den Betonstabstahl mit 1 und die Betonstahlmatten mit 100 beginnen lassen.

Oft werden in Bewehrungsplänen auch Abkürzungen verwendet, welche in ■ Tab. 9.14 angeben sind.

9.7.5.2 Stabstahl

Bei der Verwendung von Betonstahlstäben werden die unterschiedlichen Positionen, welche sich in Länge, Form oder Durchmesser unterscheiden mit einer im Kreis befindlichen Positionsnummer fortlaufend durchnummeriert. Für die Beschriftung der einzelnen dargestellten Stäbe gibt es je nach Erfordernis verschiedene Möglichkeiten:

- Es wird lediglich auf eine bestimmte Positionsnummer hingewiesen. z. B.: ①
- Es wird auf die Stabanzahl der Position hingewiesen, die eine Verlegegruppe bilden. z. B.: ①4x
- Man kennzeichnet mit der Positionsnummer, Anzahl und Nenndurchmesser der Stäbe. z. B.: ①4Ø16
- Zusätzlich kann die Angabe des gegenseitigen Achsabstandes erforderlich sein, hier 10 cm. z. B.: ①4Ø16-10 oder ①4Ø16/10
- Oder die Lagebezeichnung, beispielsweise „oben". z. B.: ①4Ø16/10-T

Zur Darstellung der einzelnen Stäbe werden die in Konventionen in ■ Abb. 9.34 verwendet.

Tab. 9.14 Abkürzungen für Bewehrungspläne

	Beschreibung	Abkürzung DIN EN ISO 3766	DIN 1356-10
Lage	außen	o (outside)	-
	Innen	i (inside)	-
	Vorne	N	V
	Hinten	F	H
	Oben	T	o
	Unten	B	u
	1.Lage	1	1.
	2.Lage	2	2.
	Vertikal		ver
	horizontal		hor
	Beidseitig		bs
Sonstiges	Stabdurchmesser	Ø	Ø
	Montagestab		MS
	2,5 m ist eine Passlänge		(2,5)
	Im Wechsel		i. W.
	versetzen		vers.

Falls ein Stab mehrmals verlegt werden soll, kann man dies entweder einzeln kennzeichnen (vgl. Abb. 9.35 links) oder diese in Gruppen verlegen. Bei letzterem spricht man von einer Gruppe gleicher Bewehrungsstäbe. Dazu wird ein Stab maßstäblich gezeichnet und der Verlegebereich wird durch eine Querlinie dargestellt, welche durch kurze Quer- und Schrägstriche begrenzt wird (vgl. Abb. 9.35 rechts).

Wenn die Anordnung der Bewehrung nicht eindeutig durch den Schnitt dargestellt ist, darf ein zusätzliches Detail, dass die Bewehrung darstellt, außerhalb des Schnittes angefertigt werden (siehe auch Abb. 9.36).

9.7.5.3 Mattenstahl

Bei der Verwendung von Betonstahlmatten werden die unterschiedlichen Positionen, welche sich in Länge, Form oder Mattentyp unterscheiden mit einer im Rechteck befindlichen Positionsnummer fortlaufend durchnummeriert. Die Darstellung der Matten ist ähnlich wie die Darstellung von Stabstahl. Hierbei werden zusätzlich die Konventionen gemäß der Abb. 9.37 verwendet.

Beschreibung	Darstellung
Ansichten	
Allgemeine Darstellung eines Bewehrungsstabes mit einer breiten Volllinie	
Gebogener Bewehrungsstab 1) Darstellung als geknickter Linienzug 2) Darstellung als Linienzug aus Geraden und Bögen	
Ein Stabbündel darf als einzelne Linie gezeichnet werden, wobei die Endmarkierung die Anzahl der Stäbe im Bündel angibt	
Schnitte	
Schnitt durch einen Bewehrungstab	
Schnitt durch ein Stabbündel	
Rechtwinklig aus der Zeichenebene nach hinten gebogener Bewehrungsstab	
Rechtwinklig aus der Zeichenebene nach vorne gebogener Bewehrungsstab	
Übergreifungsstoß von Bewehrungsstäben	
ohne Markierung der Stabenden durch Schrägstrich und Positionsnummer (Formnummer)	
mit Markierung der Stabenden durch Schrägstrich und Positionsnummer (Formnummer)	

Abb. 9.34   Darstellung und Zeichnungsvereinbarungen für Bewehrungen

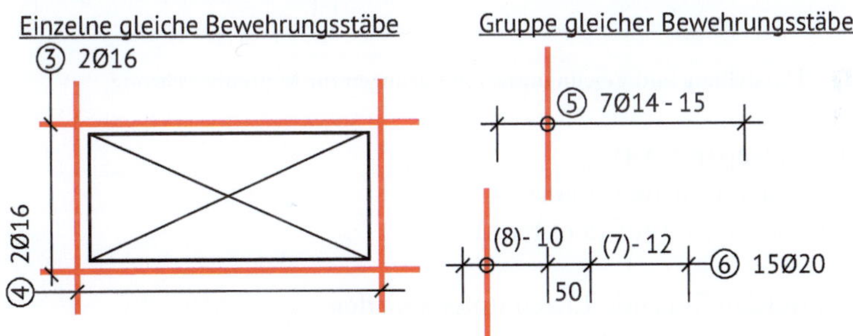

Abb. 9.35   Verlegung von mehreren Stäben

9.7.6 Listen

Alle auf einem Bewehrungsplan dargestellten Bewehrungsstäbe und Matten sind in einer Stahlliste zusammenzufassen. Die Stahlliste dient zur Vergütung der Leistung des Bauausführenden und zur Bestellung der Bewehrung beim Biegebetrieb. Es werden bei Bewehrungsstäbe die folgenden Listen unterschieden:

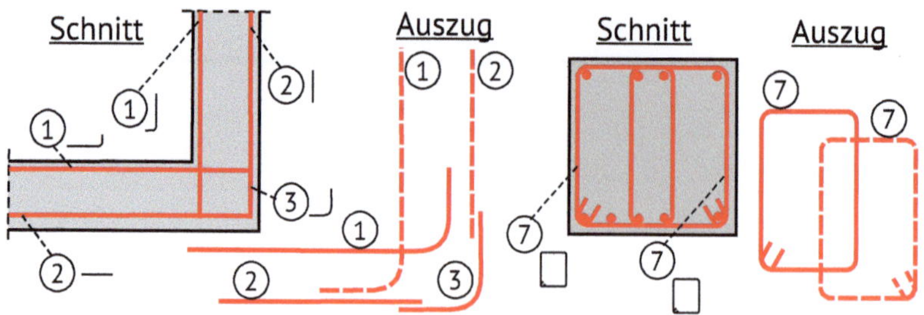

Abb. 9.36   Ergänzung bei nicht eindeutiger Bewehrungsdarstellung

Beschreibung	Darstellung
Matte in der Ansicht.	
Falls erforderlich, darf ein schräger Strich, der die Diagonallinie kreuzt, benutzt werden, um die Richtung der Hauptbewehrung anzugeben.	
Schnitt durch eine geschweißte Matte	
vereinfachte Darstellung, lange breite Strich-Punktlinie	
ausführliche Darstellung	
Gleiche Matten in einer Reihe	
mit Darstellung der einzelnen Matten	
Zusammengefasste Darstellung	

Abb. 9.37   Darstellung und Zeichnungsvereinbarungen für Mattenbewehrung

- Biegelisten (separat A4)
- Gewichtslisten (auf dem Plan)
- kombinierte Listen (auf dem Plan)

Bei Matten werden folgende Listen unterschieden:
- Mattenliste (Gewichtsliste)
- Schneideskizzen: Dienen als Ausführungshilfe zum Ablängen der Matten

9.7.7   Praktische Hinweise

9.7.7.1   Nennmaß und tatsächliche Betonstahlmaß

Bei mehreren übereinanderliegenden Bewehrungslagen und bei Passformen ist zu beachten, dass der tatsächliche Stabstahldurchmesser aufgrund der Rippen um etwa 13 % größer ist als der Nenndurchmesser. In Abhängigkeit von der Lage der Rippen kann es auch zu unterschiedlichen Höhen kommen, wie dies ▪ Abb. 9.38 zeigt.

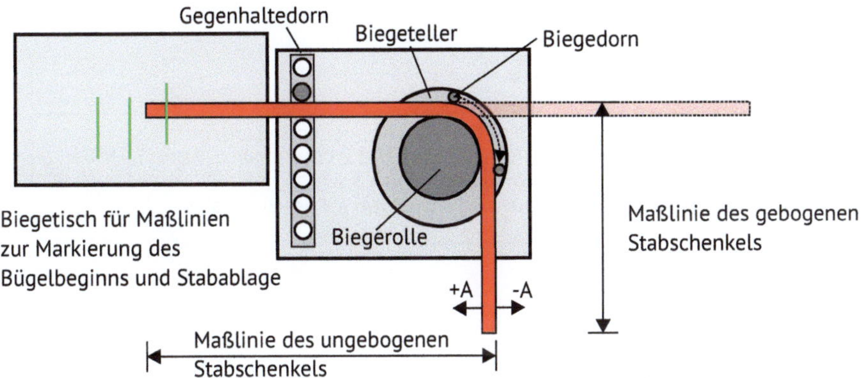

Abb. 9.38 Varianten des Übereinanderlegens von Betonstäben im Maßvergleich

Abb. 9.39 Ablauf des Biegens von Betonstahl, in Anlehnung an. (Kämpfe 2020)

9.7.7.2 Einbaubarkeit

Die Bewehrung ist planerisch so anzuordnen, dass der Beton entmischungsfrei eingebaut und optimal verdichtet werden kann. Bei der Betonage ist das Verdichten, soweit nicht anders vereinbart, durch internes oder externes Rütteln erforderlich. Dies sollte systematisch erfolgen, damit die im Frischbeton eingeschlossene Luft möglichst vollständig austreten kann. Vor allem bei eng liegender Bewehrung müssen ausreichend Rüttellücken für das Einbringen des Innenrüttlers vorgesehen werden. Diese sind bei der Bewehrungsplanung zu berücksichtigen und auf den Plänen anzugeben.

9.7.7.3 Biegeformen

Das Biegen vom Betonstahl erfolgt im Regelfall in einem Biegebetrieb. Dort werden Betonstähle mithilfe von Biegedornen und Biegerollen meist vollautomatisch gebogen. Diesen Ablauf ist in **Abb. 9.39** verdeutlicht.

Bei Biegen ist immer ein Mindestbiegerollendurchmesser zu Vermeidung einer Schädigung im Betonstahl einzuhalten. Gemäß DIN EN 1992-1-1 müssen hierzu folgende Mindestbiegerollendurchmesser eingehalten werden:

- Für Betonstäbe mit Ø < 20 mm gilt der Biegedorndurchmesser $\phi_{mand,\,min} = 4\phi$
- Für Betonstäbe mit Ø ≥ 20 mm gilt der Biegedorndurchmesser $\phi_{mand,\,min} = 7\phi$

Aufgrund des Biegerollendurchmessers und dem Ablauf des Biegens sind einige Biegeformen nicht möglich. Aufgrund der Biegerollen müssen bestimmte Mindestlängen vorhanden sein, welche bei mehrfachen Biegungen bestehend aus Radius-Gerade-Radius aufgrund des neuen Anschlages noch größer sein muss. Als Faustformel kann für das Biegen von 90°-Winkeln angesetzt werden, dass die Mindest-

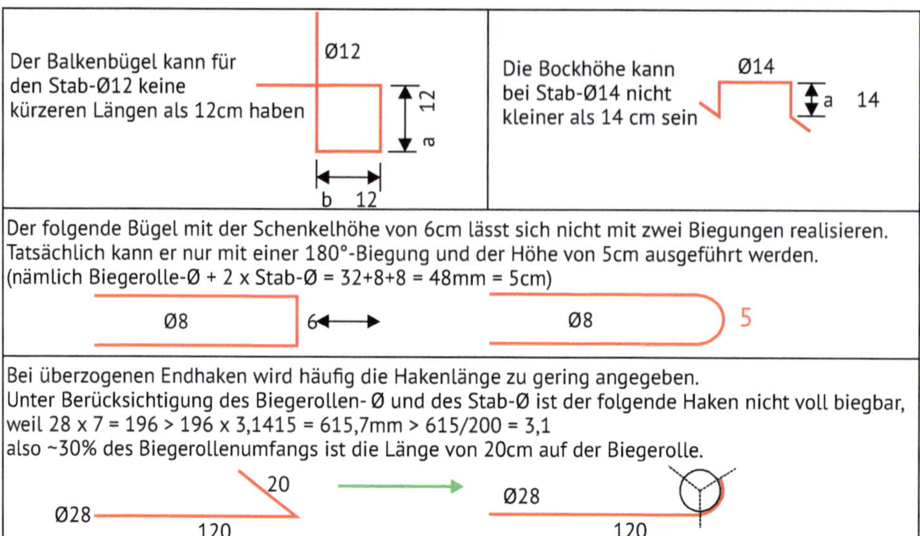

Abb. 9.40 Randbedingungen von Biegeformen, in Anlehnung. (Kämpfe 2020)

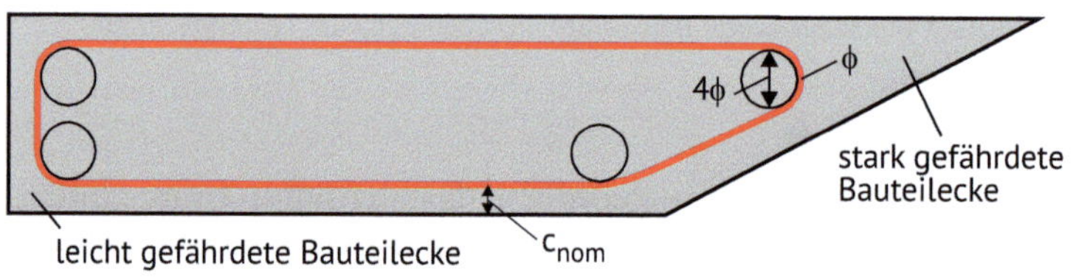

Abb. 9.41 Konsequenzen des Biegeradienprinzips, in Anlehnung. (Kämpfe 2020)

schenkellänge (Außen- oder Eckmaß) bei zwei angrenzenden Biegungen folgende Länge aufweisen:

- (minimal 10 x Ø – für Stab- Ø ≤ 16 mm)
- (minimal 13 x Ø – für Stab- Ø ≥ 20 mm)

Diese Problemstellung wird in **Abb.** 9.40 verdeutlicht. Weiter Hintergründe und Hinweise finden sich in (Kämpfe 2020).

Aufgrund der gerade bei großen Stäben benötigten großen Biegerollen kann es sein, dass einzelne Ecken unbewehrt bleiben, wie dies **Abb.** 9.41 zeigt. Die unbewehrte Ecke sollte konstruktiv durch Zulage von Stäben mit kleinem Durchmesser bewehrt werden.

9.7.7.4 Lieferlängen

Neben der Randbedingungen für die Biegung sind auch die Lieferlängen von Relevanz bei der Planung, da die Bewehrung auch auf die Baustelle transportier werden muss. Meist ist die Größe der Abmessungen der Ladefläche der LKWs das begrenzende Maß. Diese beträgt meist 2,50 m x 18 m.

Die eigentliche Lieferlänge ist stark abhängig vom Händler. Meist sind Standardlänge von 12 bis 14 m auf Lager. Größere Stahlhändler haben oft auch Stäbe mit bis zu 18 m auf Lager. Längere Stäbe mit bis zu 24 m oder länger haben sehr lange Lieferzeiten und benötigen einen Sondertransport.

Die Lieferlängen sind auch bei den Gesamtlängen der Biegeformen zu berücksichtigen, wobei oft bei kleinerem und mittlerem Durchmesser bis einschließlich Durchmesser 16 mm die Biegeautomaten die Betonstähle vom Coil abwickeln und somit längere Biegeformen technisch möglich sind.

9.7.8 Checkliste für eine gute Bewehrungsplanung

Nachfolgend findet sich eine Checkliste für ein gute Bewehrungsführung, die als Hilfestellung zur Beurteilung von Bewehrungskonstruktionen dienen kann.

■ **Statische Berechnung**

Vor Beginn der Berechnung:
- Liegen Übersichtszeichnungen des Bauwerksentwurfs vor?
- Gibt es einen ersten Bauablaufplan, aus dem die Fugenplanung abgeleitet werden kann?

Zur Aufstellung der Statischen Berechnung:
- Wurden alle relevanten Normen, Regelungen und Merkblätter beachtet?
- Ist am Ende des Statik-Dokuments die erforderliche Bewehrung zusammengefasst dargestellt?
- Bei komplizierten Konstruktionen: Ist eine Bewehrungsskizze beigefügt?

■ **Erstellung des Bewehrungsplans**

Vor Beginn der Planerstellung:
- Besteht ausreichend Vorlaufzeit bis zur Bestellung der Bewehrung für eventuelle Plananpassungen?
- Liegen Rohbau- oder Schalpläne vor, aus denen die Bauteilabmessungen entnommen werden können?
- Liegt die Statische Berechnung mit Angabe der erforderlichen Bewehrung vor?
- Wurde das Bewehrungsgeflecht (z. B. anhand einer Skizze) durchdacht, um eine einfache und produktive Bewehrungslösung mit geringer Positionsanzahl zu ermöglichen?

Bei der Planerstellung:
- Wurde eine Betondeckung festgelegt? (aus der statischen Berechnung oder anhand der Verbund- und Dauerhaftigkeitsanforderungen ermitteln)
- Ist die Betondeckung c_{nom} mit Mindestbetondeckung c_{min}, Vorhaltemaß Δc_{dev} und Verlegemaß c_v am Bewehrungsplan vermerkt?
- Ist $c_v \geq c_{nom}$ erfüllt?
- Sind Expositionsklassen und Betonfestigkeitsklasse am Bewehrungsplan angegeben?
- Werden die Mindestabstände der Bewehrungsstäbe überall eingehalten?
- Wurde hierbei der tatsächliche Außendurchmesser der Stäbe berücksichtigt?
- Ist der Mindestbiegerollendurchmesser beachtet?
- Sind Abweichungen von den Mindestbiegerollendurchmessern gekennzeichnet?

- Wurde der Bemessungswert der Verankerungslänge bei Einzelstäben unter Berücksichtigung der geltenden Regelwerke berechnet?
- Wurde bei Stößen der Bemessungswert der Übergreifungslänge l_0 korrekt ermittelt und angewendet?
- Sind die Stöße längsversetzt angeordnet?
- Stöße dürfen nicht in hoch beanspruchten Bereichen liegen – erfüllt?
- Bei Stäben in mehreren Lagen sollten max. 50 % der Stäbe an einer Stelle gestoßen werden – erfüllt?
- Maximaler lichter Abstand von 4 ø oder 50 mm im Stoßbereich eingehalten?

Bei Bodenplatten und Decken:
- Wurde eine Grundbewehrung festgelegt, die ggf. mit Zulagen ergänzt wird?
- Sind Stablängen auf 12 m mit einem in der Länge variablem Reststück ausgelegt?
- Sind untere und obere Lage in verschiedenen Grundrissen dargestellt?
- Sind die einzelnen Bewehrungslagen eindeutig gekennzeichnet?
- Bis zu einer Höhe von 40 cm: Sind Unterstützungen entsprechend gewählt und mit den dazugehörigen Verlegeabständen im Plan vermerkt?
- Ab einer Höhe von 40 cm: Wurden Stehbügel mit Montagestab mit der korrekten Höhe geplant?
- Ist die Randeinfassung an allen freien Rändern konstruiert?
- Ist die Wandanschlussbewehrung als L-Bügel geplant und in der Lage vermaßt?

Bei Wänden ist zusätzlich zur Flächenbewehrung und Randeinfassung zu beachten:
- Sind ausreichend S-Haken (4 Stk./m^2) geplant?
- Ist ein Einbau der S-Haken durch Einhängen möglich?

Fugenband:
- Liegt ein Gesamtkonzept der Fugenplanung vor?
- Ist der genaue Fugenbandtyp mit den dazugehörigen Abmessungen bekannt?
- Ist das Fugenband bei der Bewehrungsführung berücksichtigt?
- Sind die Mindestabstände zwischen Bewehrung und Fugenband eingehalten?

Anschlussbewehrung:
- Sind die Betonierabschnitte in Absprache mit der Baufirma sinnvoll gewählt?
- Wird auf zugehörige Pläne verwiesen?
- Ist die Anschlussbewehrung mit Übergreifungslänge l_s als Überstand geplant?

Bei der Wahl von Muffensystemen:
- Wurde das passende Muffensystem bewusst gewählt?
- Werden die tatsächlichen Abmessungen des Muffenstoßes berücksichtigt?
- Bei Schraubverbindungen: Sind Biegeformen einschließlich der Länge der mech. Verbindung angegeben?

- **Biegebetrieb**
- Sind die Biegeformen mit allen Einzel- und Teillängen sowie Biegerollendurchmessern, Winkeln und ggf. Radien eindeutig angegeben?
- Wurde eine Stahlliste für die Biegerei ausgegeben?
- Bei komplizierten Biegeformen: Sind zusätzliche Kontrollmaße angegeben?

- Sind maximal erhältliche Längen der Betonstahlstäbe berücksichtigt?
- Ist das Mindestmaß für Innenschenkel von Bügeln berücksichtigt?
- Sind die Biegeformen mit LKWs transportierbar? (Ladefläche von rund 2,50 m x 14 m berücksichtigen)

Einbau auf der Baustelle
- Ist eine sinnvolle Einbaureihenfolge möglich?
- War die Kollisionsprüfung von Bewehrungsstäben untereinander oder mit Einbauteilen erfolgreich?
- Wurde die Kollisionsprüfung auch bei Anschlussbewehrung durchgeführt?
- Ist der Bewehrungseinbau trotz angrenzender Bauteile oder Bauteilen in der näheren Umgebung (z. B. Baugrubenumschließung) möglich?
- Optional: Bei ähnlichen oder gleichen Bauteilen: Haben gleiche Biegeformen auf verschiedenen Bewehrungsplänen die gleichen Positionsnummern?
- Sind Montageeisen auf den Bewehrungsplänen angegeben?
- Wenn aus statischer Sicht zweigeteilte Schubbügel möglich sind: Wurden diese eingeplant?

Betonage
- Bei einer Bauteildicke $\geq$ 1,5 m: Sind Betonieröffnungen in entsprechendem Raster und ausreichender Größe vorgegeben?
- Sind Rüttellücken in Bewehrung eingeplant?

Literatur

Breitenbücher R, Fingerloos F, Hegger J, Wiens U (2025) Erläuterungen zur neuen DIN 1045-1000 und DIN 1045-1 – Betonbauqualität (BBQ). In: Bergmeister K, Fingerloos F, Wörner J-D (Hrsg) Beton Kalender 2025. Ernst & Sohn, Berlin, S 633–647

Bundesminister für Verkehr (Hrsg) (1987) Standsicherheitsnachweise für Kunstbauten; Anforderungen an den Inhalt, den Umfang und die Form. Selbstverlag, Bonn- Bad Godesberg

Dames K-H (1997) Rohbauzeichnungen, Bewehrungszeichnungen; Grundregeln, Darstellungen für die Tragwerksplanung, Checklisten, Beispiele. Bauverl., Wiesbaden

Deutscher Beton- und Bautechnik-Verein E.V. (03.2024) DBV-Merkblatt „Umsetzung des BBQ-Konzepts nach DIN 1045"

Deutscher Beton- und Bautechnik-Verein E.V. (03.2025) DBV-Heft 55 „BBQ-Anwendungsfälle nach DIN 1045"; Beispielsammlung

DIN 1045-1000 (08.2023) Tragwerke aus Beton, Stahlbeton und Spannbeton – Teil 1000: Grundlagen und Betonbauqualitätsklassen (BBQ), Berlin

DIN 1045-3 (08.2023) Tragwerke aus Beton, Stahlbeton und Spannbeton – Teil 3: Bauausführung, Berlin

DIN 1356-1 (04.2024) Bauzeichnungen – Teil 1: Grundregeln der Darstellung, Berlin

DIN 1356-10 (02.1991) Bauzeichnungen; Bewehrungszeichnungen, Berlin

DIN 18202 (07.2019) Toleranzen im Hochbau-Bauwerke, Berlin

DIN EN 1992-1-1/NA1 (E) (08.2025) Entwurf, Nationaler Anhang 1 zu DIN EN 1992-1-1:2025-MM – Eurocode 2 – Bemessung und Konstruktion von Stahlbeton- und Spannbetontragwerken – Teil 1-1: Allgemeine Regeln und Regeln für Hochbauten, Brücken und Ingenieurbauwerke, Berlin

DIN EN 1992-1-2 (11.2025) Eurocode 2: Bemessung und Konstruktion von Stahlbeton- und Spannbetontragwerken – Teil 1-2: Tragwerksbemessung für den Brandfall; Deutsche Fassung EN 1992-1-2:2023, Berlin

DIN EN ISO 3766 (05.2004) Zeichnungen für das Bauwesen – Vereinfachte Darstellung von Bewehrungen (ISO 3766:2003); Deutsche Fassung EN ISO 3766:2003, Berlin

DIN EN ISO 5457 (10.2017) Technische Produktdokumentation – Formate und Gestaltung von Zeichnungsvordrucken (ISO 5457:1999 + Amd. 1:2010); Deutsche Fassung EN ISO 5457:1999 + A1:2010, Berlin

DIN EN ISO 7519 (01.2025) Technische Produktdokumentation (TPD) – Baukonstruktionszeichnungen – Allgemeine Grundlagen für Übersichts-Anordnungszeichnungen und Zusammenbauzeichnungen (ISO 7519:2024); Deutsche Fassung EN ISO 7519:2024

Eich R, Eich A (2021) HOAI 2021 – Textausgabe mit Interpolationstabellen – mit E-Book (PDF); Textausgabe mit Erläuterung der Neuerungen, Musterrechnungen und Interpolationstabellen. Müller, Rudolf, Köln

FDB (09.2023) Merkblatt Nr. 6 – Fachvereinigung Deutscher Betonfertigteilbau; Toleranzen und Passungsberechnungen für Betonfertigteile. Fachvereinigung Deutscher Betonfertigteilbau (FDB) e.V.   https://www.fdb-fertigteilbau.de/fdb-angebote/literatur-downloadcenter-merkblaetter/fdb-merkblaetter/merkblatt-nr-6. Zugegriffen: 05. Februar 2022

Finckh W (2026) Stahlbetonkonstruktion 2; Von der Bauteilberechnung über die Bemessung zur Bauwerksplanung. Springer Vieweg, Wiesbaden

ISO 128-43 (07.2015) Technical product documentation (TPD) – General principles of presentation – Part 43: Projection methods in building drawings

Kämpfe H (2020) Bewehrungstechnik; Grundlagen – Praxis – Beispiele – Wirtschaftlichkeit. Springer Vieweg, Wiesbaden, Heidelberg

Ri-EDV-AP-2001 (04.2001) Richtlinie für das Aufstellen und Prüfen EDV-unterstützter Standsicherheitsnachweise, Berlin

RiL 804 (09.2020) Eisenbahnbrücken (und sonstige Ingenieurbauwerke) planen, bauen und instandalten, Karlsruhe

RiL 804.9030 (05.2012) Richtzeichnungen „Bauteile für massive (Eisenbahn-)Brücken", Karlsruhe

RiL 853 (09.2018) Eisenbahntunnel planen, bauen und instand halten, Karlsruhe

RiZ-ING (12.2023) Richtzeichnungen für Ingenieurbauten

Rybicki R, Prietz FU (2021) Faustformeln und Faustwerte für Tragwerke im Hochbau; Geschossbauten, Konstruktionen, Hallen. Reguvis, Köln

Schneider K-J, Widjaja E, Hess R, Schlaich J, Volz H (2012) Entwurfshilfen für Architekten und Bauingenieure; Faustformeln für die Vorbemessung, Vorbemessungstafeln, Bauwerksaussteifung. Beuth, Berlin, Wien, Zürich

Simmendinger H (2013) HOAI 2013; Praxisleitfaden für Ingenieure und Architekten; inkl. Verordnungstext. Ernst, Berlin

ZTV-ING (02.2025) Zusätzliche Technische Vertragsbedingungen und Richtlinien für Ingenieurbauten, Bonn

ZTV-W (08.2012) Zusätzliche Technische Vertragsbedingungen – Wasserbau (ZTV-W) für Wasserbauwerke aus Beton und Stahlbeton (Leistungsbereich 215)

Hilfsmittel und Tabellen

Inhaltsverzeichnis

© Der/die Autor(en), exklusiv lizenziert an Springer Fachmedien Wiesbaden GmbH, ein Teil von
Springer Nature 2026
W. Finckh, *Stahlbetonkonstruktion 1*, erfolgreich studieren,
https://doi.org/10.1007/978-3-658-50727-5_10

10.1 Bemessungshilfsmittel

10.1.1 Bemessungstabellen

Mit den Bemessungstabellen können überwiegend biegebeanspruchte Querschnitt bemessen werden. Dabei ist die ◘ Abb. 10.1 ist für Bauteile ohne Druckbewehrung anzuwenden. Für Bauteile, bei welchen die Druckzone begrenzt werden muss, steht ◘ Abb. 10.2 und 10.3 zur Verfügung.

10.1.2 Interaktionsdiagramme

Nachfolgend finden sich für die Bemessung von Querschnitten unter Momenten- und Normalkraftbelastung Interaktionsdiagramme:

- Für Rechteckquerschnitte mit oberer und unter Bewehrungslage: $d_1/h = 0{,}05$ in ◘ Abb. 10.4; $d_1/h = 0{,}10$ in ◘ Abb. 10.5; $d_1/h = 0{,}15$ in ◘ Abb. 10.6; $d_1/h = 0{,}20$ in ◘ Abb. 10.7.
- Für Rechteckquerschnitte allseitige Bewehrungslage: $d_1/h = 0{,}05$ in ◘ Abb. 10.8; $d_1/h = 0{,}10$ in ◘ Abb. 10.9; $d_1/h = 0{,}15$ in ◘ Abb. 10.10; $d_1/h = 0{,}20$ in ◘ Abb. 10.11
- Für Kreisquerschnitte: $d_1/h = 0{,}05$ in ◘ Abb. 10.12; $d_1/h = 0{,}10$ in ◘ Abb. 10.13; $d_1/h = 0{,}15$ in ◘ Abb. 10.14; $d_1/h = 0{,}20$ in ◘ Abb. 10.15

10.1.3 Bemessungstabellen Plattenbalken

Bei Plattenbalken können in Abhängigkeit des Verhältnisses von Plattendicke h_f und statischer Nutzhöhe d die folgenden Bemessungstabellen verwendet werden:

- ◘ Abb. 10.16 für $h_f/d = 0{,}05$; $h_f/d = 0{,}10$; $h_f/d = 0{,}15$
- ◘ Abb. 10.17 für $h_f/d = 0{,}20$; $h_f/d = 0{,}25$; $h_f/d = 0{,}30$
- ◘ Abb. 10.18 für $h_f/d = 0{,}35$; $h_f/d = 0{,}40$;

C12/15 – C50/60

$$M_{Eds} = M_{Ed} - N_{Ed} \cdot z_{s1}$$

$$\mu_{Eds} = \frac{M_{Eds}}{b \cdot d^2 \cdot f_{cd}}$$

$$A_{s1} = \frac{1}{\sigma_{sd}} (\omega_1 \cdot b \cdot d \cdot f_{cd} + N_{Ed})$$

μ_{Eds}	ω_1	$\xi = x/d$	$\zeta = z/d$	ε_{c2} [‰]	ε_{s1} [‰]	σ_{sd} [MN/m²]
0,01	0,0101	0,030	0,990	-0,77	25,00	456,5
0,02	0,0203	0,044	0,985	-1,15	25,00	456,5
0,03	0,0306	0,055	0,980	-1,46	25,00	456,5
0,04	0,0410	0,066	0,976	-1,76	25,00	456,5
0,05	0,0515	0,076	0,971	-2,06	25,00	456,5
0,06	0,0621	0,086	0,967	-2,37	25,00	456,5
0,07	0,0728	0,097	0,962	-2,68	25,00	456,5
0,08	0,0836	0,107	0,957	-3,01	25,00	456,5
0,09	0,0946	0,118	0,951	-3,35	25,00	456,5
0,10	0,1058	0,131	0,946	-3,50	23,29	454,9
0,11	0,1170	0,145	0,940	-3,50	20,71	452,4
0,12	0,1285	0,159	0,934	-3,50	18,55	450,4
0,13	0,1401	0,173	0,928	-3,50	16,73	448,6
0,14	0,1519	0,188	0,922	-3,50	15,16	447,1
0,15	0,1638	0,202	0,916	-3,50	13,80	445,9
0,16	0,1759	0,217	0,910	-3,50	12,61	444,7
0,17	0,1882	0,233	0,903	-3,50	11,56	443,7
0,18	0,2007	0,248	0,897	-3,50	10,62	442,8
0,19	0,2134	0,264	0,890	-3,50	9,78	442,0
0,20	0,2263	0,280	0,884	-3,50	9,02	441,3
0,21	0,2395	0,296	0,877	-3,50	8,33	440,6
0,22	0,2529	0,312	0,870	-3,50	7,71	440,1
0,23	0,2665	0,329	0,863	-3,50	7,13	439,5
0,24	0,2804	0,346	0,856	-3,50	6,61	439,0
0,25	0,2946	0,364	0,849	-3,50	6,12	438,5
0,26	0,3091	0,382	0,841	-3,50	5,67	438,1
0,27	0,3239	0,400	0,834	-3,50	5,25	437,7
0,28	0,3391	0,419	0,826	-3,50	4,86	437,3
0,29	0,3546	0,438	0,818	-3,50	4,49	437,0
0,30	0,3706	0,458	0,810	-3,50	4,15	436,7
0,31	0,3869	0,478	0,801	-3,50	3,82	436,4
0,32	0,4038	0,499	0,793	-3,50	3,52	436,1
0,33	0,4211	0,520	0,784	-3,50	3,23	435,8
0,34	0,4391	0,542	0,774	-3,50	2,95	435,5
0,35	0,4576	0,565	0,765	-3,50	2,69	435,3
0,36	0,4768	0,589	0,755	-3,50	2,44	435,0
0,37	0,4968	0,614	0,745	-3,50	2,20	434,8
0,38	0,5177	0,640	0,734	-3,50	1,97	394,5
0,39	0,5396	0,667	0,723	-3,50	1,75	350,1
0,40	0,5627	0,695	0,711	-3,50	1,54	307,1

■ **Abb. 10.1** Bemessungstabelle mit dimensionslosen Beiwerten für Rechteckquerschnitte ohne Druckbewehrung

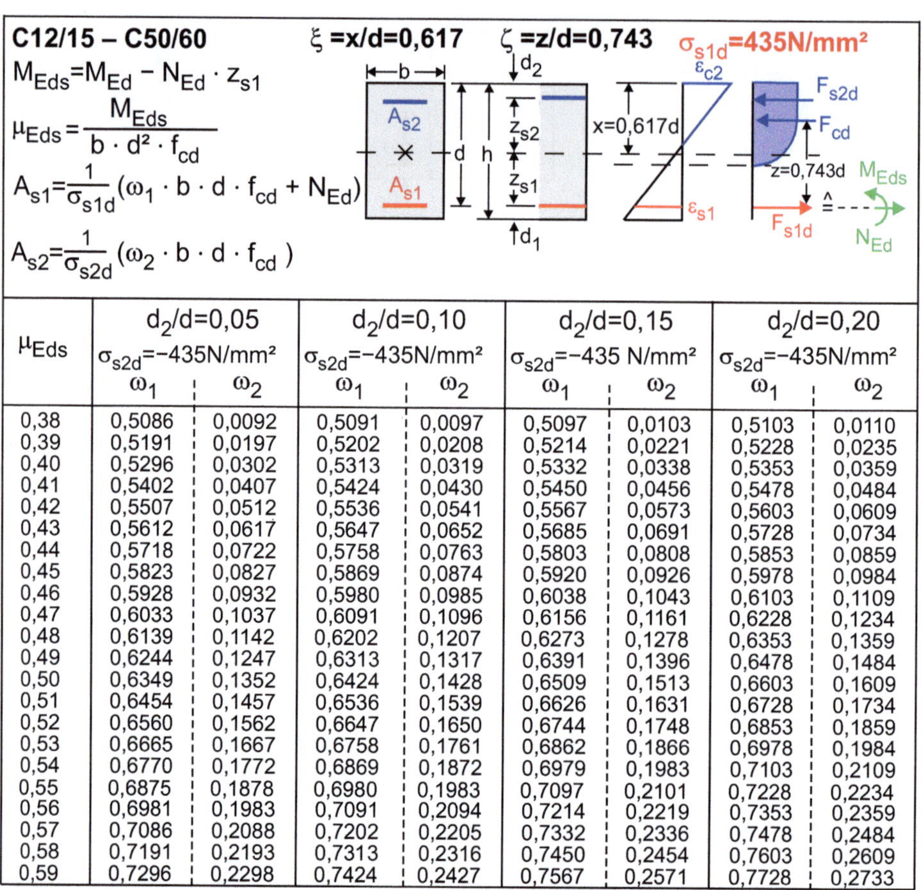

μ_{Eds}	$d_2/d=0{,}05$ $\sigma_{s2d}=-435\,\text{N/mm}^2$		$d_2/d=0{,}10$ $\sigma_{s2d}=-435\,\text{N/mm}^2$		$d_2/d=0{,}15$ $\sigma_{s2d}=-435\,\text{N/mm}^2$		$d_2/d=0{,}20$ $\sigma_{s2d}=-435\,\text{N/mm}^2$	
	ω_1	ω_2	ω_1	ω_2	ω_1	ω_2	ω_1	ω_2
0,38	0,5086	0,0092	0,5091	0,0097	0,5097	0,0103	0,5103	0,0110
0,39	0,5191	0,0197	0,5202	0,0208	0,5214	0,0221	0,5228	0,0235
0,40	0,5296	0,0302	0,5313	0,0319	0,5332	0,0338	0,5353	0,0359
0,41	0,5402	0,0407	0,5424	0,0430	0,5450	0,0456	0,5478	0,0484
0,42	0,5507	0,0512	0,5536	0,0541	0,5567	0,0573	0,5603	0,0609
0,43	0,5612	0,0617	0,5647	0,0652	0,5685	0,0691	0,5728	0,0734
0,44	0,5718	0,0722	0,5758	0,0763	0,5803	0,0808	0,5853	0,0859
0,45	0,5823	0,0827	0,5869	0,0874	0,5920	0,0926	0,5978	0,0984
0,46	0,5928	0,0932	0,5980	0,0985	0,6038	0,1043	0,6103	0,1109
0,47	0,6033	0,1037	0,6091	0,1096	0,6156	0,1161	0,6228	0,1234
0,48	0,6139	0,1142	0,6202	0,1207	0,6273	0,1278	0,6353	0,1359
0,49	0,6244	0,1247	0,6313	0,1317	0,6391	0,1396	0,6478	0,1484
0,50	0,6349	0,1352	0,6424	0,1428	0,6509	0,1513	0,6603	0,1609
0,51	0,6454	0,1457	0,6536	0,1539	0,6626	0,1631	0,6728	0,1734
0,52	0,6560	0,1562	0,6647	0,1650	0,6744	0,1748	0,6853	0,1859
0,53	0,6665	0,1667	0,6758	0,1761	0,6862	0,1866	0,6978	0,1984
0,54	0,6770	0,1772	0,6869	0,1872	0,6979	0,1983	0,7103	0,2109
0,55	0,6875	0,1878	0,6980	0,1983	0,7097	0,2101	0,7228	0,2234
0,56	0,6981	0,1983	0,7091	0,2094	0,7214	0,2219	0,7353	0,2359
0,57	0,7086	0,2088	0,7202	0,2205	0,7332	0,2336	0,7478	0,2484
0,58	0,7191	0,2193	0,7313	0,2316	0,7450	0,2454	0,7603	0,2609
0,59	0,7296	0,2298	0,7424	0,2427	0,7567	0,2571	0,7728	0,2733

■ **Abb. 10.2**   Bemessungstabelle mit dimensionslosen Beiwerten für Rechteckquerschnitte mit Druckbewehrung für $x/d = 0{,}617$

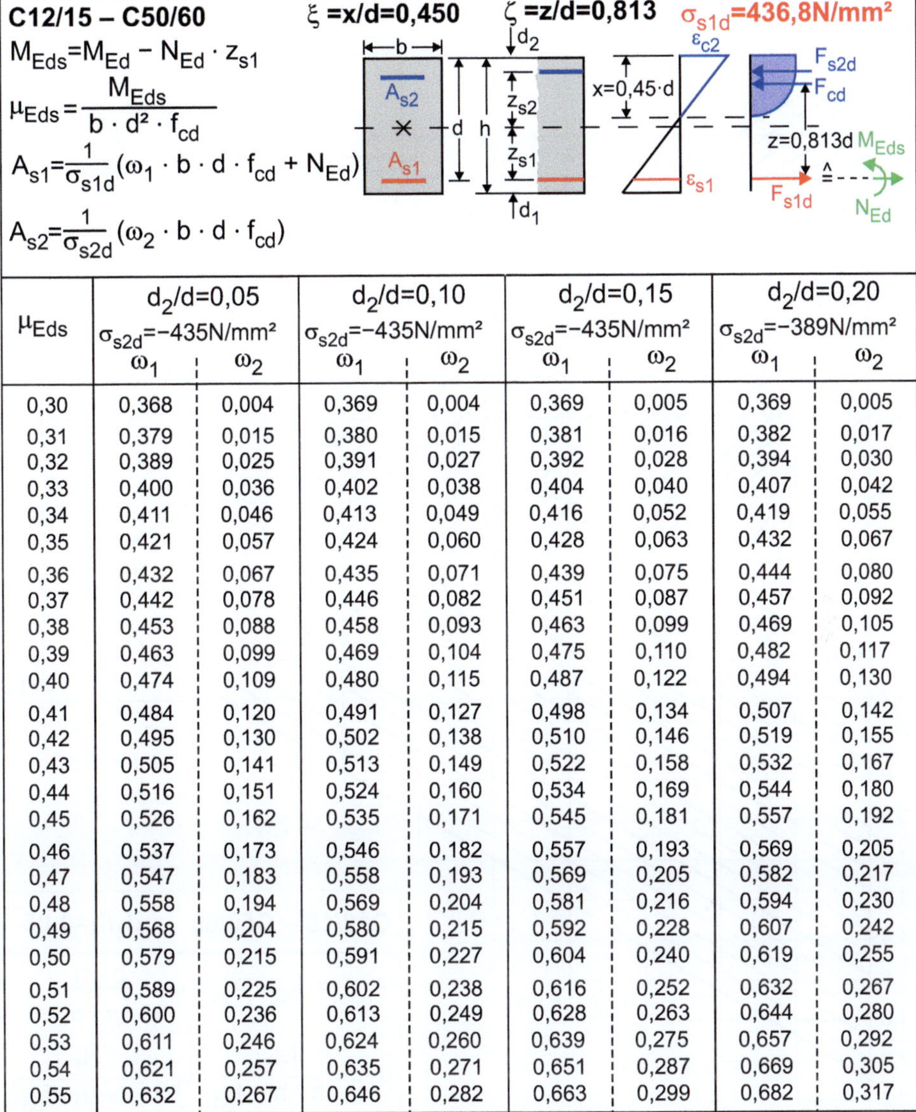

μ_{Eds}	$d_2/d = 0{,}05$ $\sigma_{s2d} = -435\,\text{N/mm}^2$		$d_2/d = 0{,}10$ $\sigma_{s2d} = -435\,\text{N/mm}^2$		$d_2/d = 0{,}15$ $\sigma_{s2d} = -435\,\text{N/mm}^2$		$d_2/d = 0{,}20$ $\sigma_{s2d} = -389\,\text{N/mm}^2$	
	ω_1	ω_2	ω_1	ω_2	ω_1	ω_2	ω_1	ω_2
0,30	0,368	0,004	0,369	0,004	0,369	0,005	0,369	0,005
0,31	0,379	0,015	0,380	0,015	0,381	0,016	0,382	0,017
0,32	0,389	0,025	0,391	0,027	0,392	0,028	0,394	0,030
0,33	0,400	0,036	0,402	0,038	0,404	0,040	0,407	0,042
0,34	0,411	0,046	0,413	0,049	0,416	0,052	0,419	0,055
0,35	0,421	0,057	0,424	0,060	0,428	0,063	0,432	0,067
0,36	0,432	0,067	0,435	0,071	0,439	0,075	0,444	0,080
0,37	0,442	0,078	0,446	0,082	0,451	0,087	0,457	0,092
0,38	0,453	0,088	0,458	0,093	0,463	0,099	0,469	0,105
0,39	0,463	0,099	0,469	0,104	0,475	0,110	0,482	0,117
0,40	0,474	0,109	0,480	0,115	0,487	0,122	0,494	0,130
0,41	0,484	0,120	0,491	0,127	0,498	0,134	0,507	0,142
0,42	0,495	0,130	0,502	0,138	0,510	0,146	0,519	0,155
0,43	0,505	0,141	0,513	0,149	0,522	0,158	0,532	0,167
0,44	0,516	0,151	0,524	0,160	0,534	0,169	0,544	0,180
0,45	0,526	0,162	0,535	0,171	0,545	0,181	0,557	0,192
0,46	0,537	0,173	0,546	0,182	0,557	0,193	0,569	0,205
0,47	0,547	0,183	0,558	0,193	0,569	0,205	0,582	0,217
0,48	0,558	0,194	0,569	0,204	0,581	0,216	0,594	0,230
0,49	0,568	0,204	0,580	0,215	0,592	0,228	0,607	0,242
0,50	0,579	0,215	0,591	0,227	0,604	0,240	0,619	0,255
0,51	0,589	0,225	0,602	0,238	0,616	0,252	0,632	0,267
0,52	0,600	0,236	0,613	0,249	0,628	0,263	0,644	0,280
0,53	0,611	0,246	0,624	0,260	0,639	0,275	0,657	0,292
0,54	0,621	0,257	0,635	0,271	0,651	0,287	0,669	0,305
0,55	0,632	0,267	0,646	0,282	0,663	0,299	0,682	0,317

Abb. 10.3 Bemessungstabelle mit dimensionslosen Beiwerten für Rechteckquerschnitte mit Druckbewehrung für x/d = 0,450

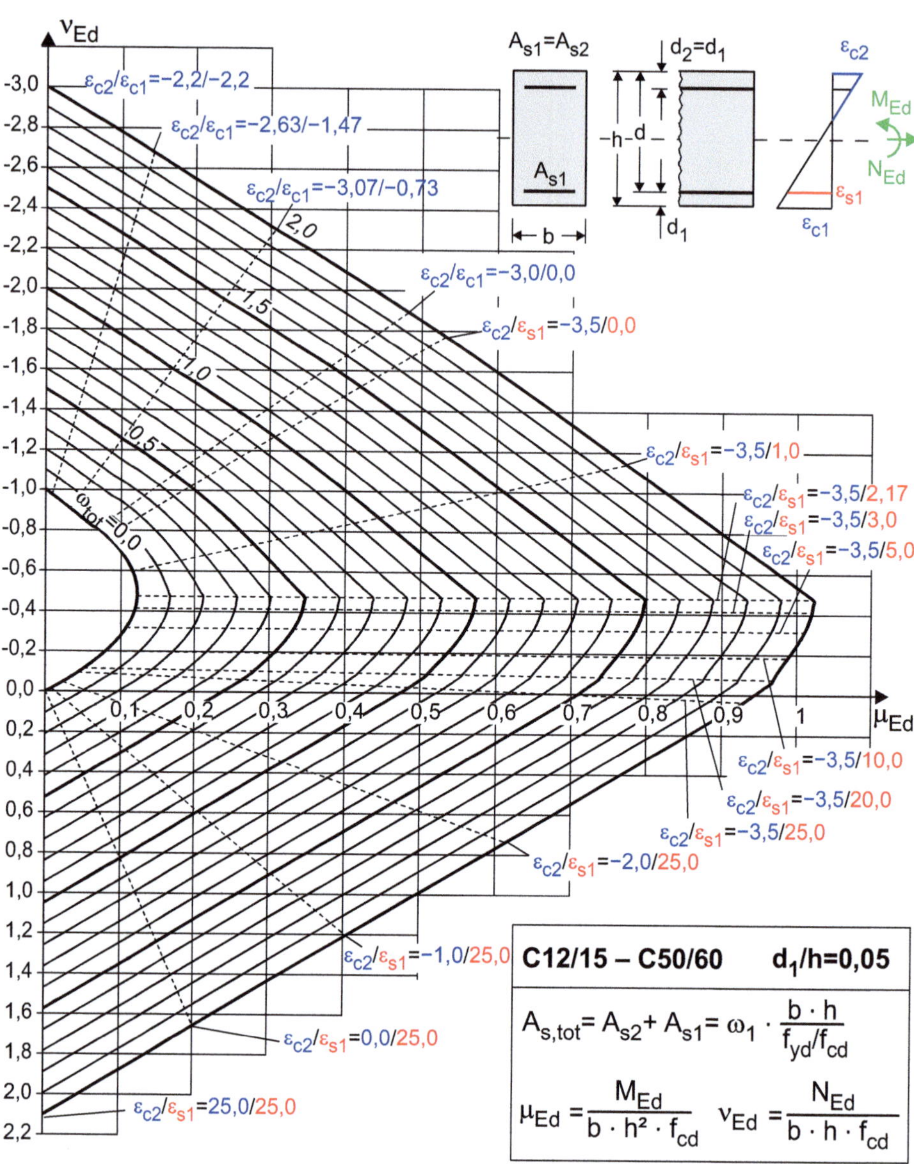

Abb. 10.4   Interaktionsdiagramm für Rechteckquerschnitte mit oberer und unterer Bewehrungslage mit $d_i/h = 0{,}05$

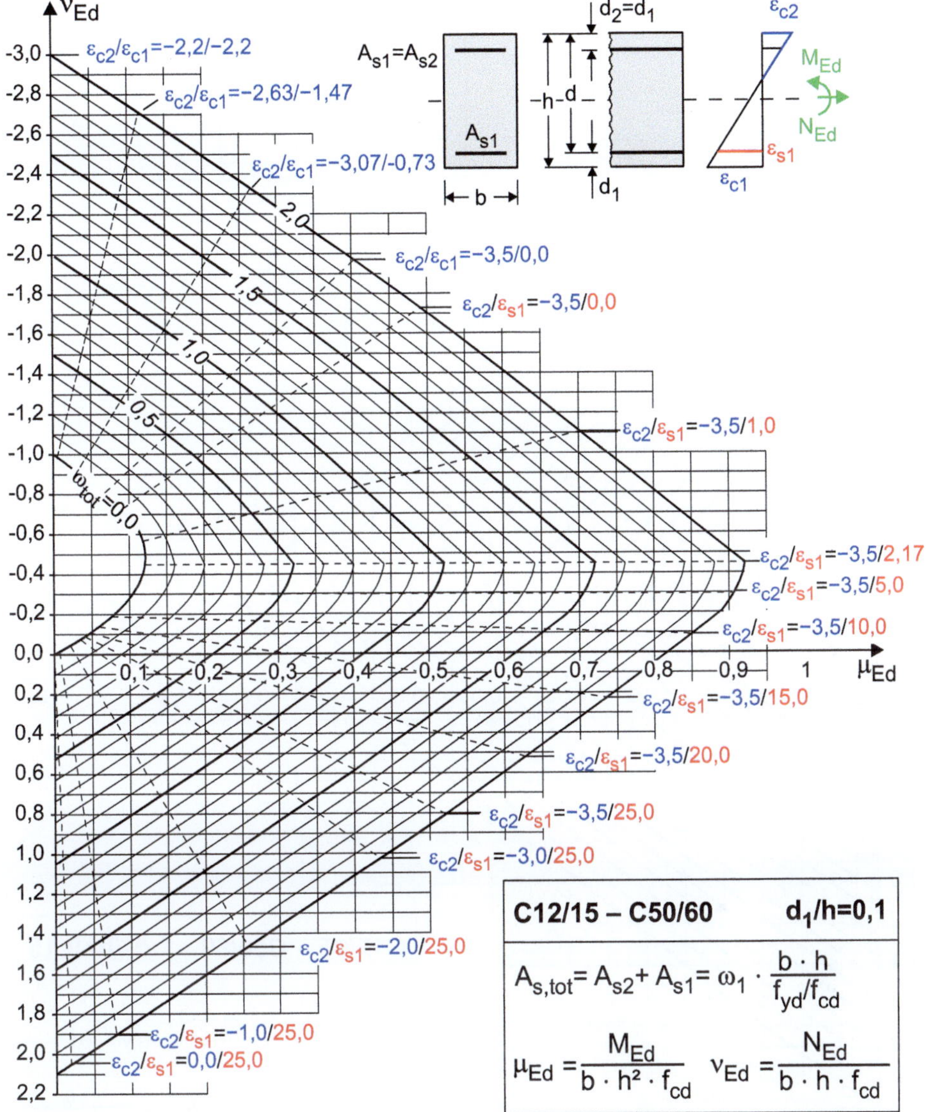

Abb. 10.5 Interaktionsdiagramm für Rechteckquerschnitte mit oberer und unterer Bewehrungslage mit $d_1/h = 0{,}10$

10

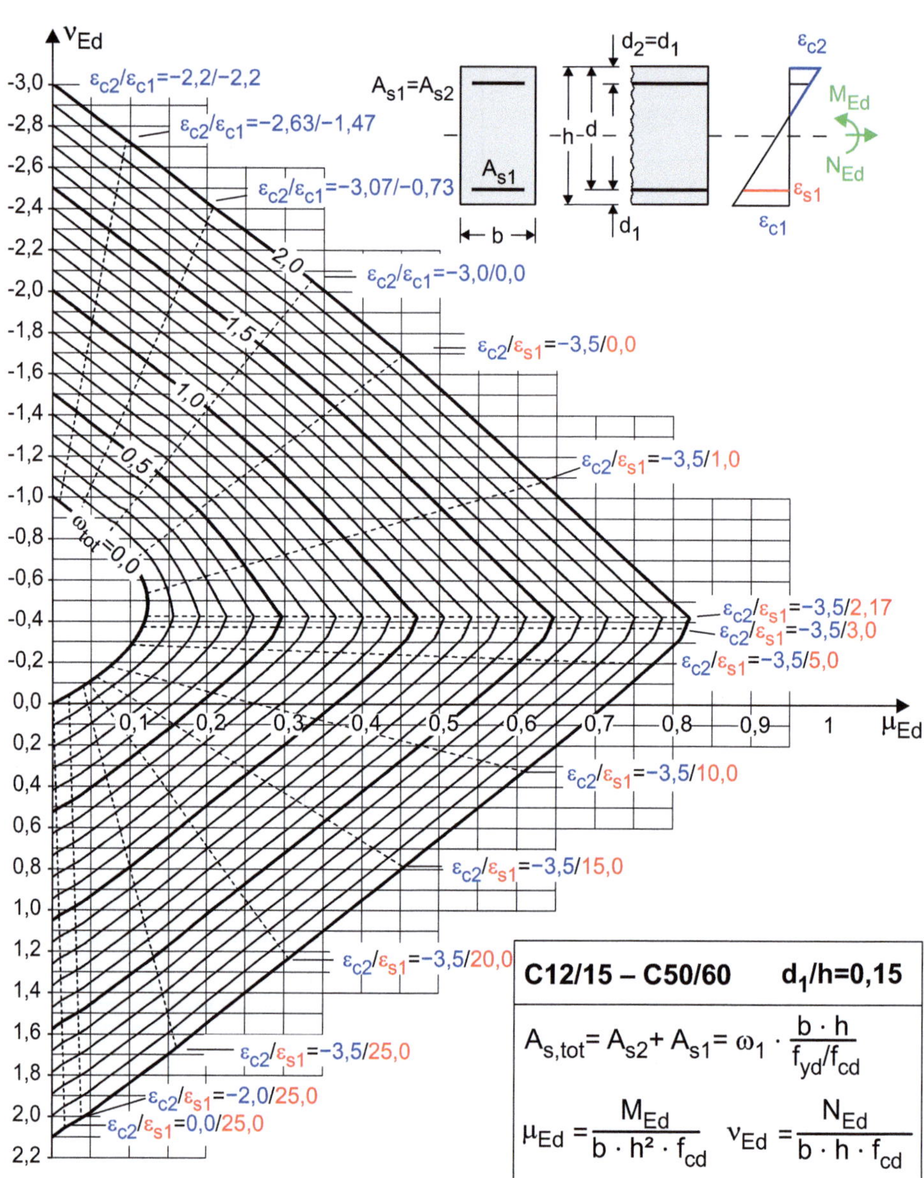

Abb. 10.6   Interaktionsdiagramm für Rechteckquerschnitte mit oberer und unterer Bewehrungslage mit $d_1/h = 0{,}15$

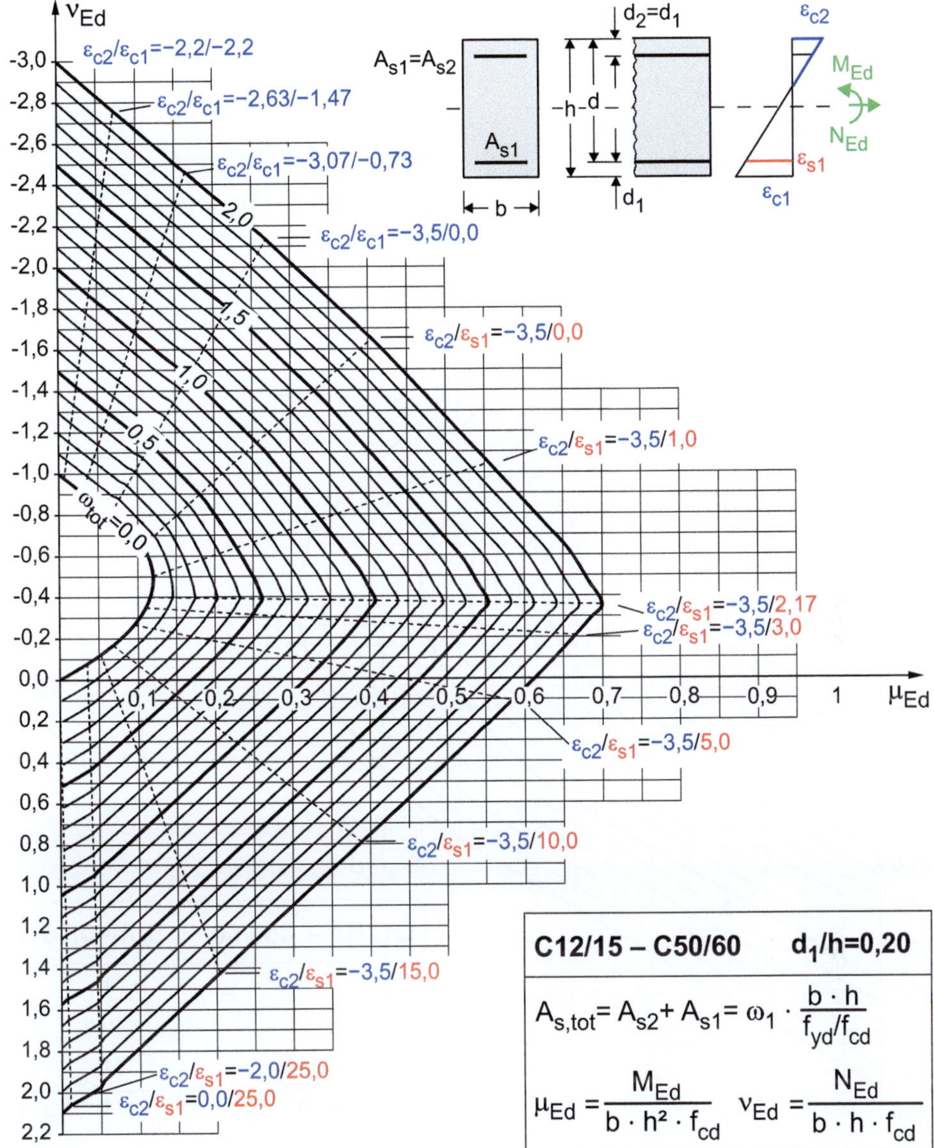

Abb. 10.7 Interaktionsdiagramm für Rechteckquerschnitte mit oberer und unterer Bewehrungslage mit $d_1/h = 0,20$

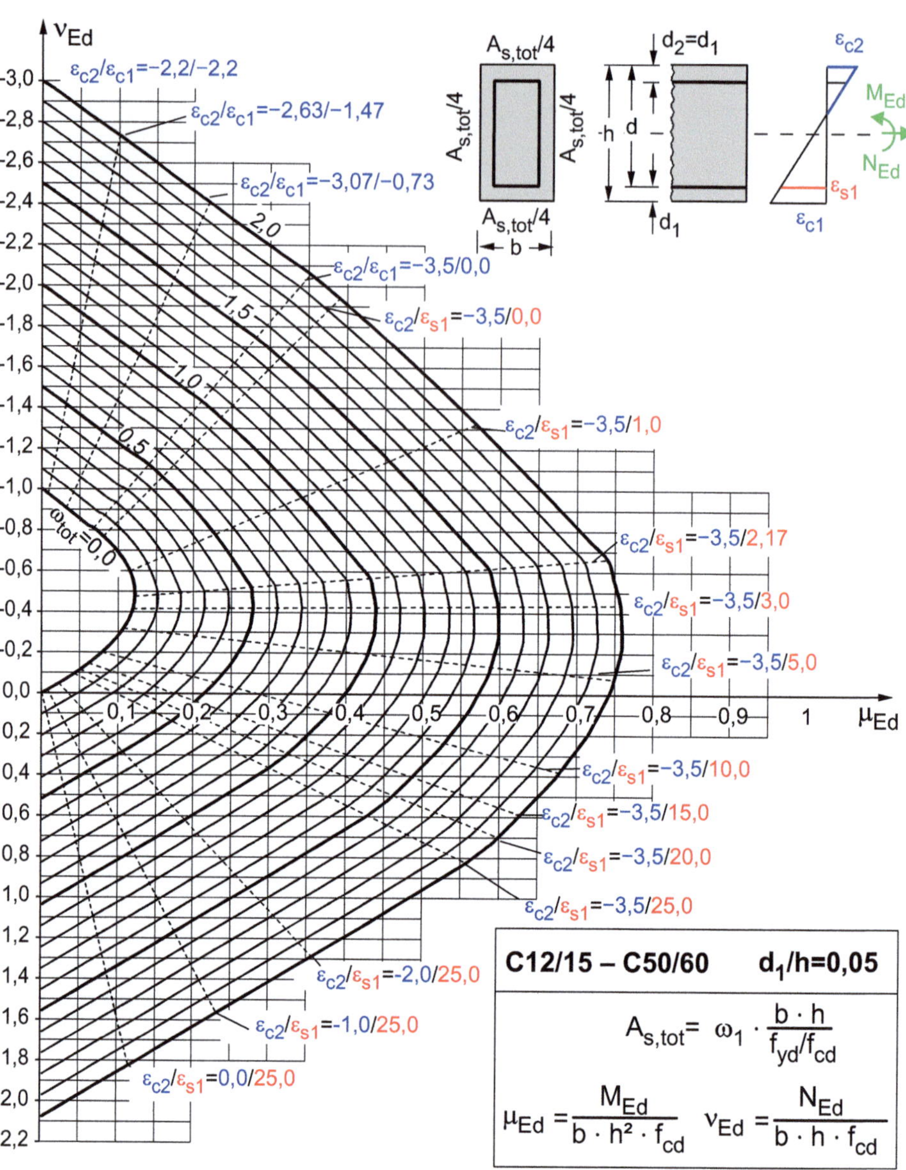

Abb. 10.8 Interaktionsdiagramm für Rechteckquerschnitte mit allseitiger Bewehrungslage mit $d_1/h = 0,05$

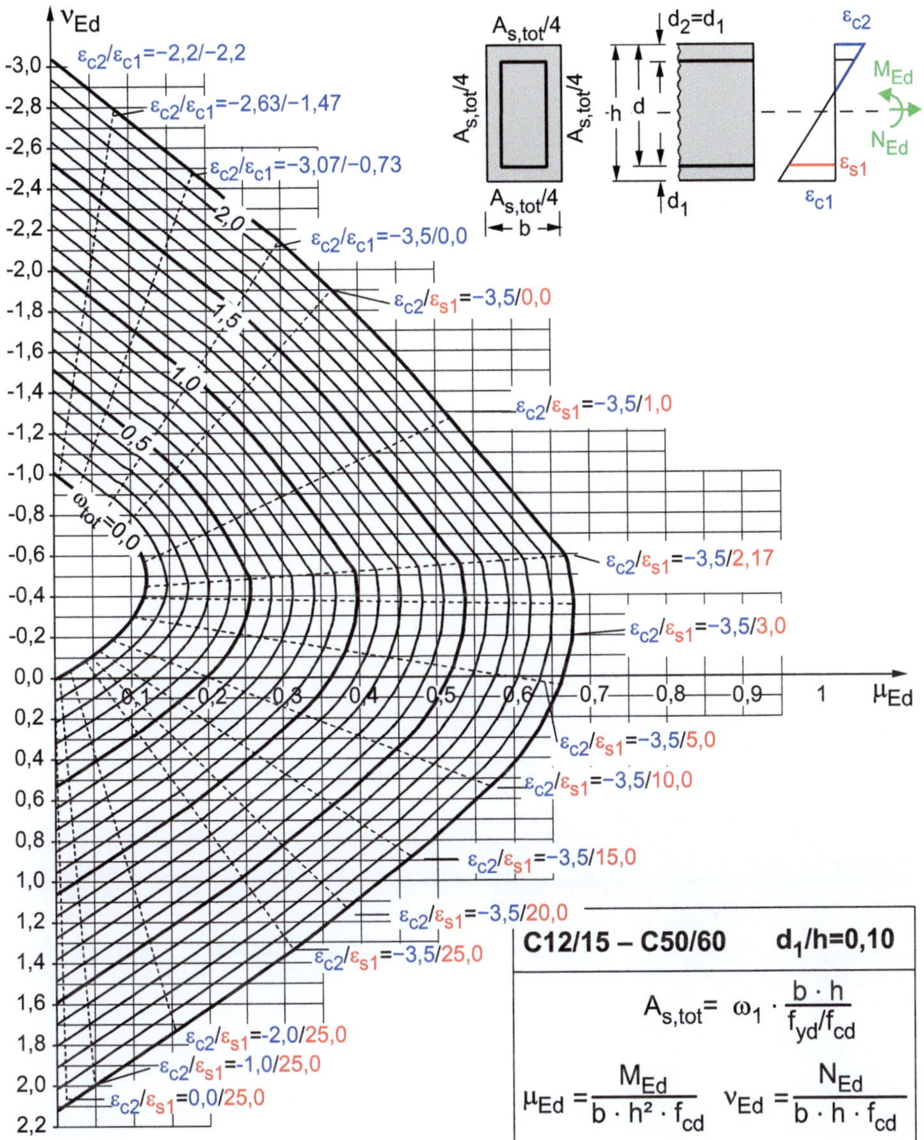

■ **Abb. 10.9** Interaktionsdiagramm für Rechteckquerschnitte mit allseitiger Bewehrungslage mit $d_1/h = 0,10$

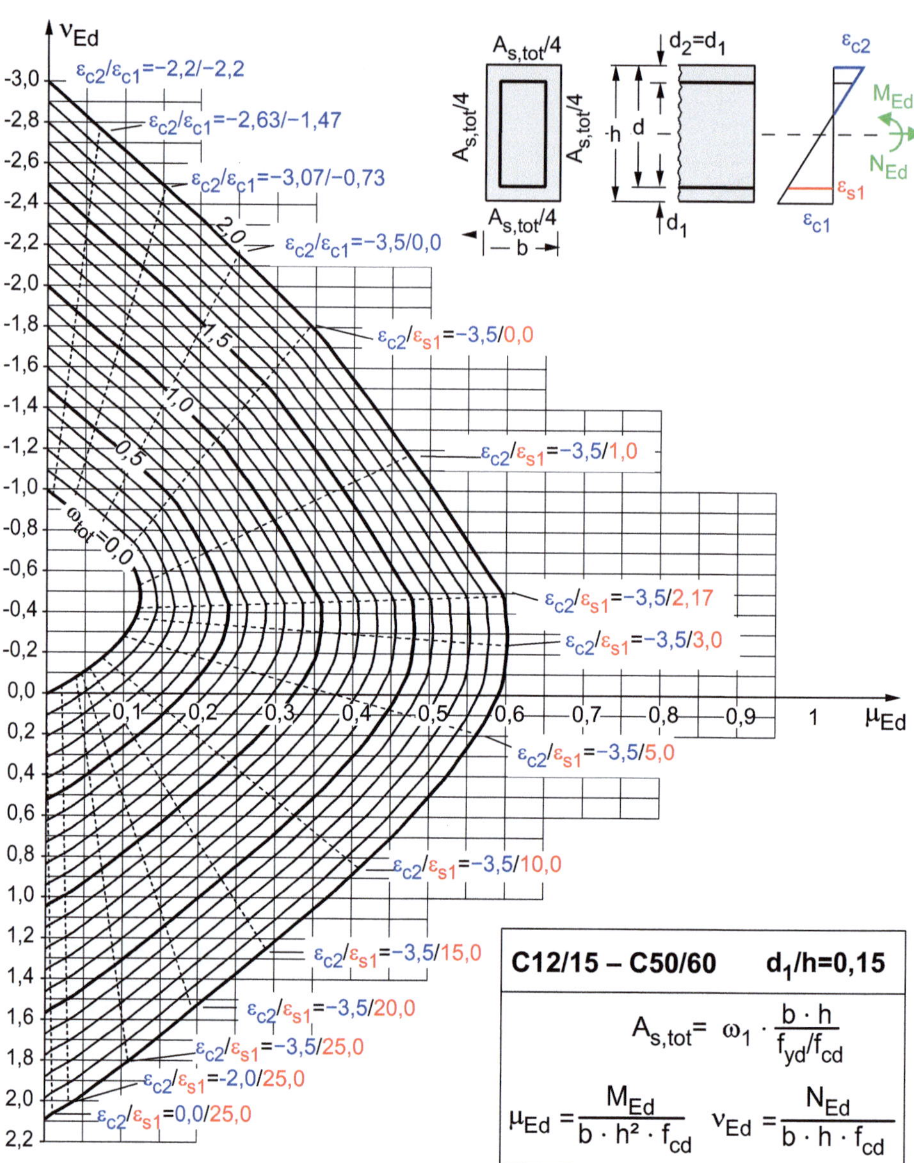

◩ Abb. 10.10 Interaktionsdiagramm für Rechteckquerschnitte mit allseitiger Bewehrungslage mit $d_1/h = 0,15$

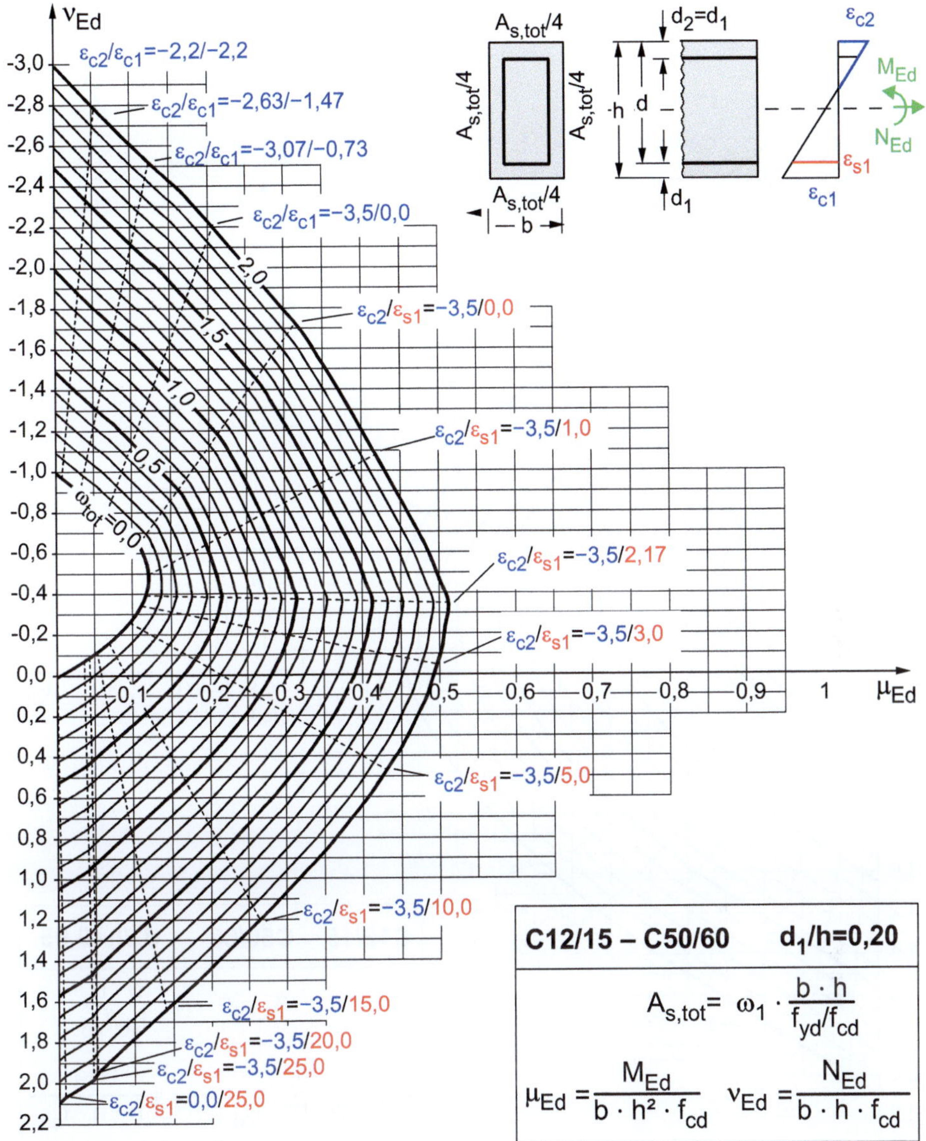

Abb. 10.11 Interaktionsdiagramm für Rechteckquerschnitte mit allseitiger Bewehrungslage mit $d_1/h = 0{,}20$

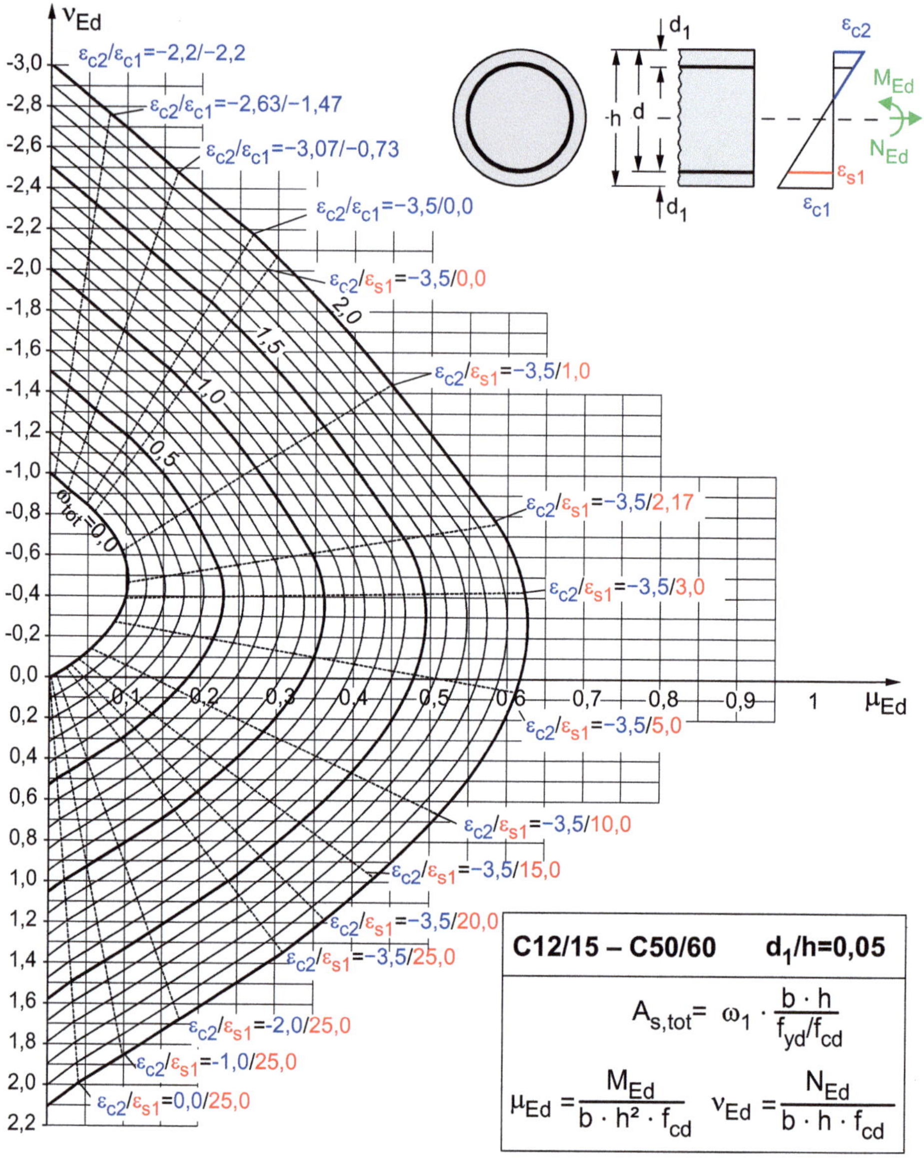

Abb. 10.12 Interaktionsdiagramm für Kreisquerschnitte mit $d_1/h = 0{,}05$

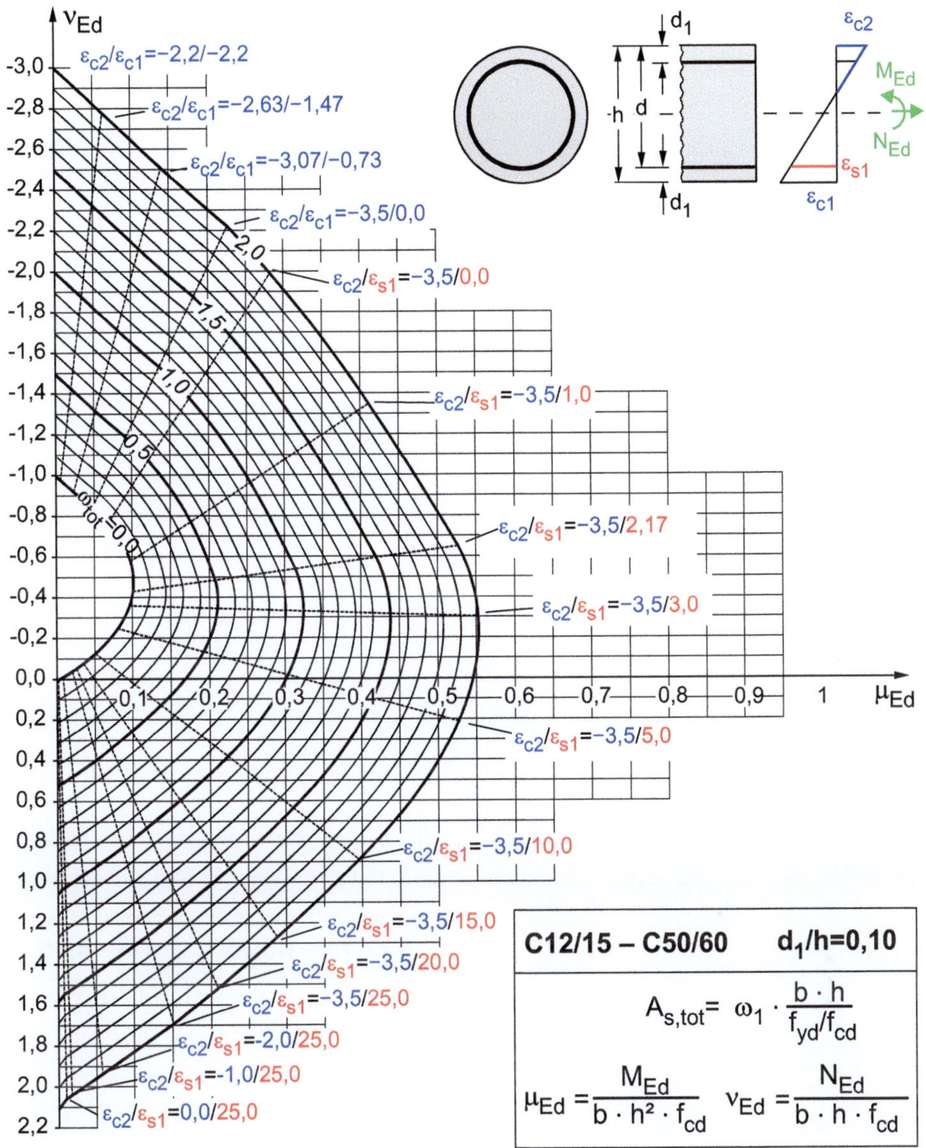

Abb. 10.13 Interaktionsdiagramm für Kreisquerschnitte mit $d_1/h = 0{,}10$

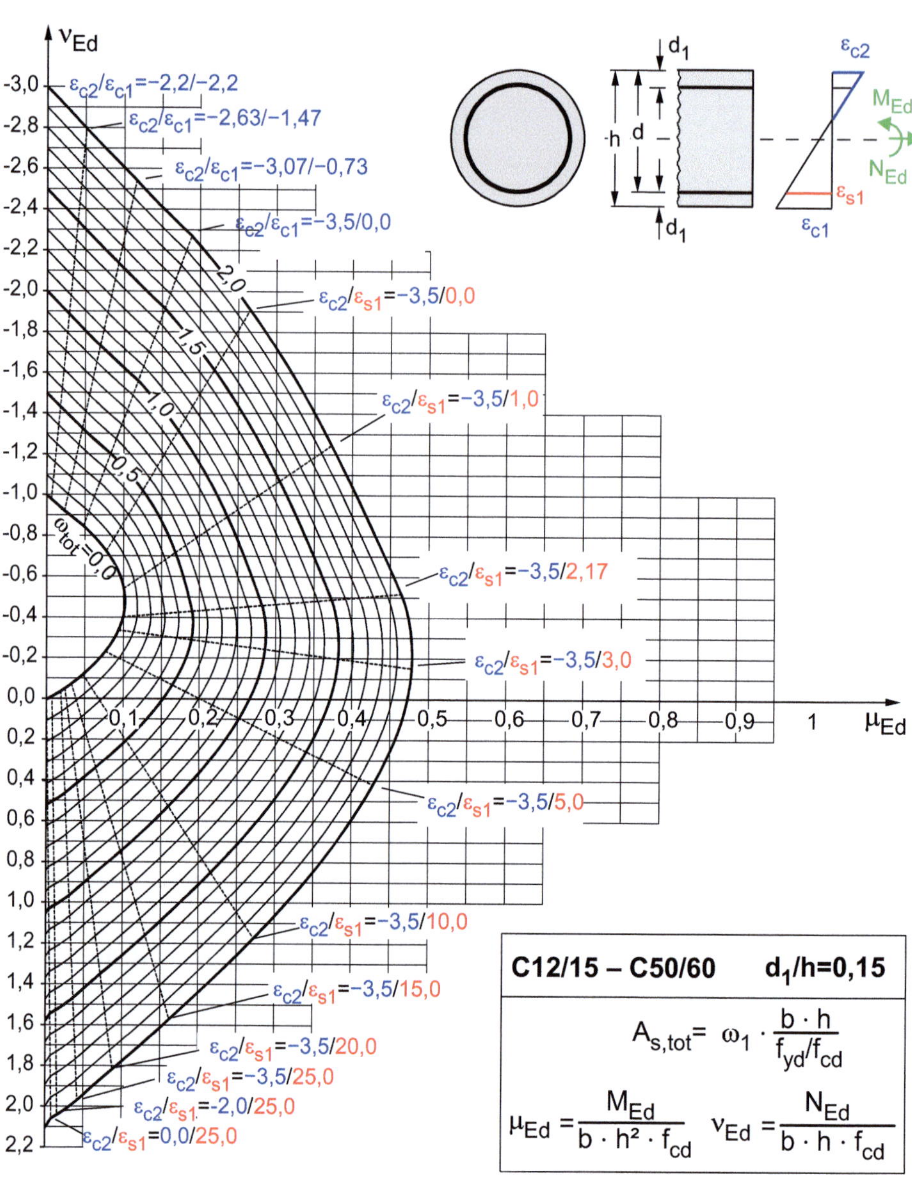

◘ Abb. 10.14   Interaktionsdiagramm für Kreisquerschnitte mit $d_1/h = 0{,}15$

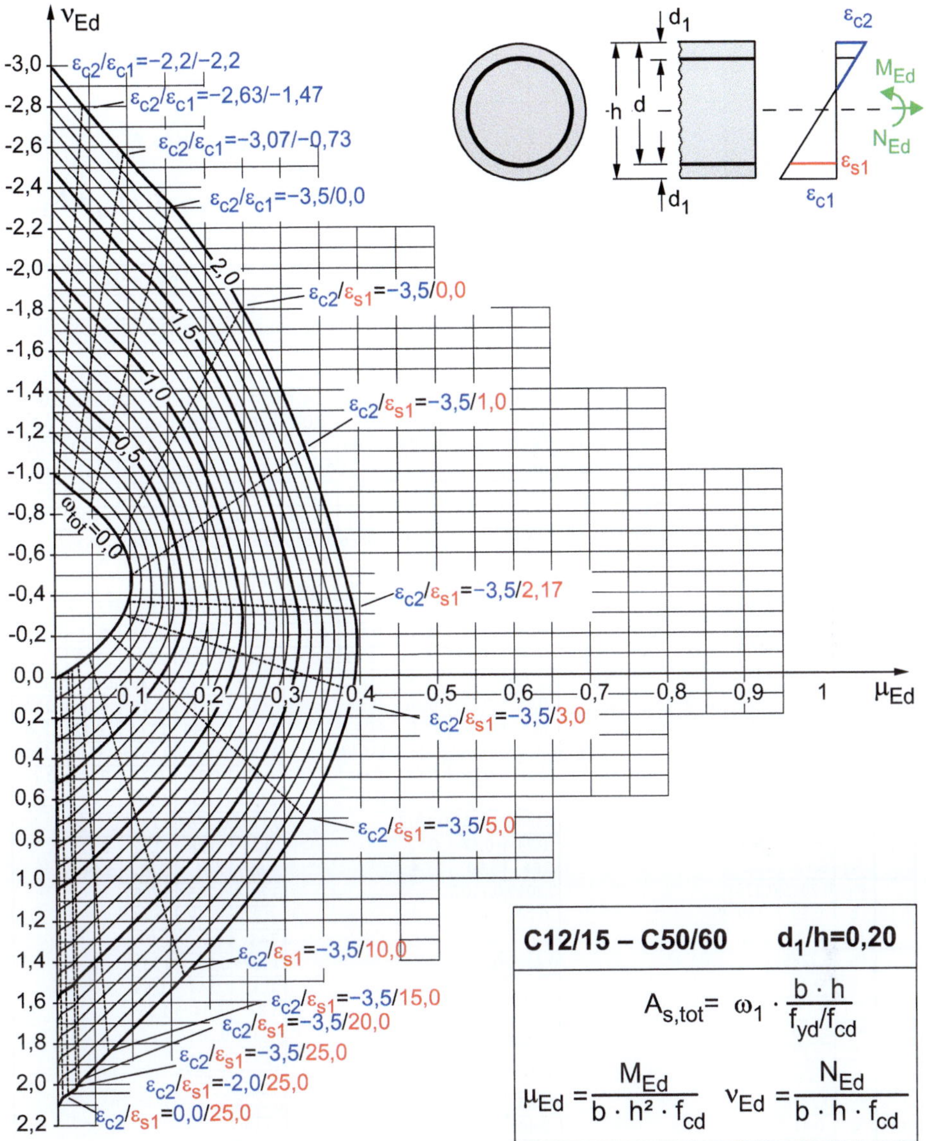

Abb. 10.15 Interaktionsdiagramm für Kreisquerschnitte mit $d_1/h = 0{,}20$

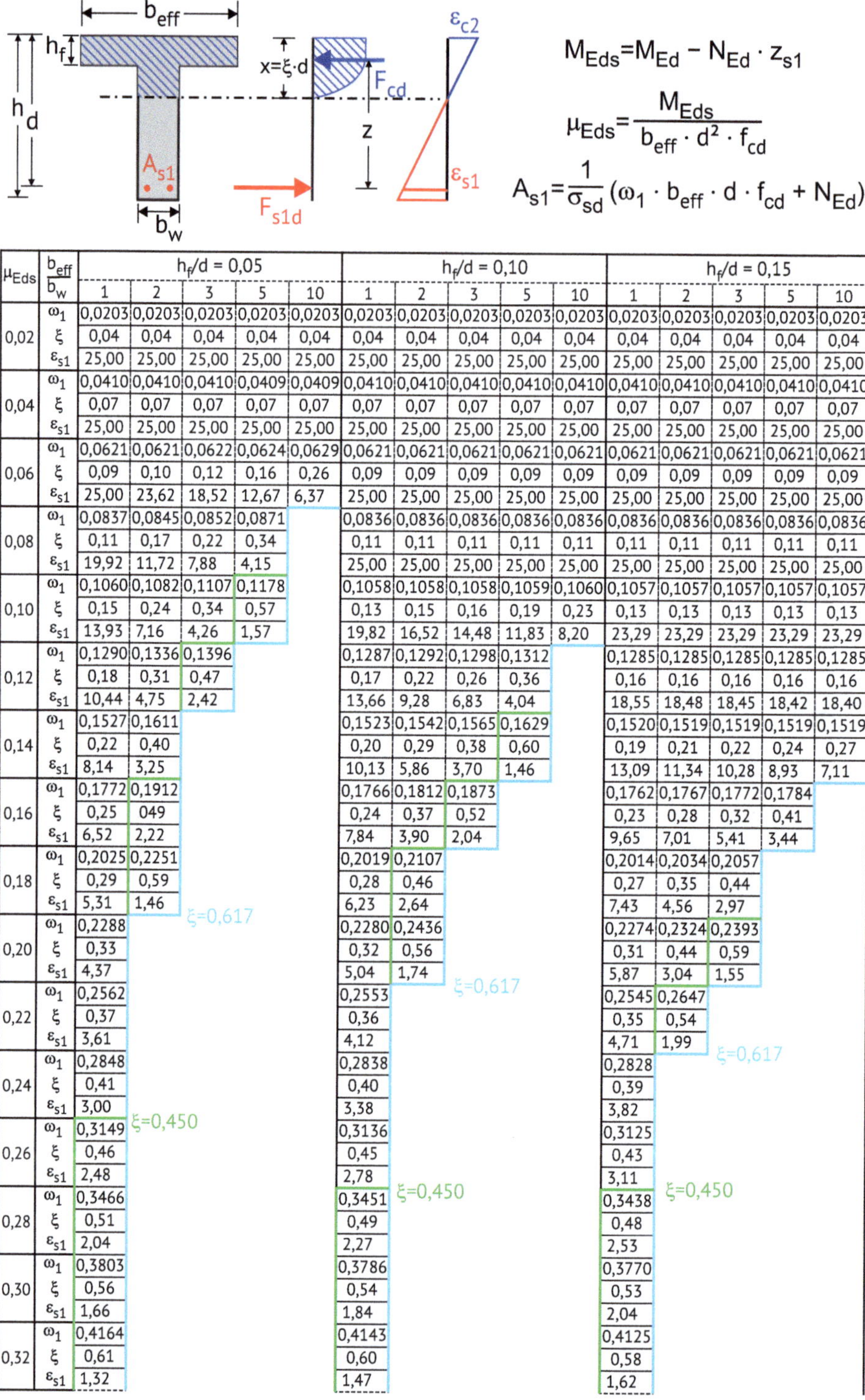

$$M_{Eds} = M_{Ed} - N_{Ed} \cdot z_{s1}$$

$$\mu_{Eds} = \frac{M_{Eds}}{b_{eff} \cdot d^2 \cdot f_{cd}}$$

$$A_{s1} = \frac{1}{\sigma_{sd}} \left(\omega_1 \cdot b_{eff} \cdot d \cdot f_{cd} + N_{Ed} \right)$$

μ_{Eds}	$\frac{b_{eff}}{b_w}$	$h_f/d = 0{,}05$					$h_f/d = 0{,}10$					$h_f/d = 0{,}15$				
		1	2	3	5	10	1	2	3	5	10	1	2	3	5	10
0,02	ω_1	0,0203	0,0203	0,0203	0,0203	0,0203	0,0203	0,0203	0,0203	0,0203	0,0203	0,0203	0,0203	0,0203	0,0203	0,0203
	ξ	0,04	0,04	0,04	0,04	0,04	0,04	0,04	0,04	0,04	0,04	0,04	0,04	0,04	0,04	0,04
	ε_{s1}	25,00	25,00	25,00	25,00	25,00	25,00	25,00	25,00	25,00	25,00	25,00	25,00	25,00	25,00	25,00
0,04	ω_1	0,0410	0,0410	0,0410	0,0409	0,0409	0,0410	0,0410	0,0410	0,0410	0,0410	0,0410	0,0410	0,0410	0,0410	0,0410
	ξ	0,07	0,07	0,07	0,07	0,07	0,07	0,07	0,07	0,07	0,07	0,07	0,07	0,07	0,07	0,07
	ε_{s1}	25,00	25,00	25,00	25,00	25,00	25,00	25,00	25,00	25,00	25,00	25,00	25,00	25,00	25,00	25,00
0,06	ω_1	0,0621	0,0621	0,0622	0,0624	0,0629	0,0621	0,0621	0,0621	0,0621	0,0621	0,0621	0,0621	0,0621	0,0621	0,0621
	ξ	0,09	0,10	0,12	0,16	0,26	0,09	0,09	0,09	0,09	0,09	0,09	0,09	0,09	0,09	0,09
	ε_{s1}	25,00	23,62	18,52	12,67	6,37	25,00	25,00	25,00	25,00	25,00	25,00	25,00	25,00	25,00	25,00
0,08	ω_1	0,0837	0,0845	0,0852	0,0871		0,0836	0,0836	0,0836	0,0836	0,0836	0,0836	0,0836	0,0836	0,0836	0,0836
	ξ	0,11	0,17	0,22	0,34		0,11	0,11	0,11	0,11	0,11	0,11	0,11	0,11	0,11	0,11
	ε_{s1}	19,92	11,72	7,88	4,15		25,00	25,00	25,00	25,00	25,00	25,00	25,00	25,00	25,00	25,00
0,10	ω_1	0,1060	0,1082	0,1107	0,1178		0,1058	0,1058	0,1058	0,1059	0,1060	0,1057	0,1057	0,1057	0,1057	0,1057
	ξ	0,15	0,24	0,34	0,57		0,13	0,15	0,16	0,19	0,23	0,13	0,13	0,13	0,13	0,13
	ε_{s1}	13,93	7,16	4,26	1,57		19,82	16,52	14,48	11,83	8,20	23,29	23,29	23,29	23,29	23,29
0,12	ω_1	0,1290	0,1336	0,1396			0,1287	0,1292	0,1298	0,1312		0,1285	0,1285	0,1285	0,1285	0,1285
	ξ	0,18	0,31	0,47			0,17	0,22	0,26	0,36		0,16	0,16	0,16	0,16	0,16
	ε_{s1}	10,44	4,75	2,42			13,66	9,28	6,83	4,04		18,55	18,48	18,45	18,42	18,40
0,14	ω_1	0,1527	0,1611				0,1523	0,1542	0,1565	0,1629		0,1520	0,1519	0,1519	0,1519	0,1519
	ξ	0,22	0,40				0,20	0,29	0,38	0,60		0,19	0,21	0,22	0,24	0,27
	ε_{s1}	8,14	3,25				10,13	5,86	3,70	1,46		13,09	11,34	10,28	8,93	7,11
0,16	ω_1	0,1772	0,1912				0,1766	0,1812	0,1873			0,1762	0,1767	0,1772	0,1784	
	ξ	0,25	049				0,24	0,37	0,52			0,23	0,28	0,32	0,41	
	ε_{s1}	6,52	2,22				7,84	3,90	2,04			9,65	7,01	5,41	3,44	
0,18	ω_1	0,2025	0,2251				0,2019	0,2107				0,2014	0,2034	0,2057		
	ξ	0,29	0,59				0,28	0,46				0,27	0,35	0,44		
	ε_{s1}	5,31	1,46				6,23	2,64				7,43	4,56	2,97		
0,20	ω_1	0,2288					0,2280	0,2436				0,2274	0,2324	0,2393		
	ξ	0,33					0,32	0,56				0,31	0,44	0,59		
	ε_{s1}	4,37					5,04	1,74				5,87	3,04	1,55		
0,22	ω_1	0,2562					0,2553					0,2545	0,2647			
	ξ	0,37					0,36					0,35	0,54			
	ε_{s1}	3,61					4,12					4,71	1,99			
0,24	ω_1	0,2848					0,2838					0,2828				
	ξ	0,41					0,40					0,39				
	ε_{s1}	3,00					3,38					3,82				
0,26	ω_1	0,3149					0,3136					0,3125				
	ξ	0,46					0,45					0,43				
	ε_{s1}	2,48					2,78					3,11				
0,28	ω_1	0,3466					0,3451					0,3438				
	ξ	0,51					0,49					0,48				
	ε_{s1}	2,04					2,27					2,53				
0,30	ω_1	0,3803					0,3786					0,3770				
	ξ	0,56					0,54					0,53				
	ε_{s1}	1,66					1,84					2,04				
0,32	ω_1	0,4164					0,4143					0,4125				
	ξ	0,61					0,60					0,58				
	ε_{s1}	1,32					1,47					1,62				

In the $h_f/d = 0{,}05$ column group: $\xi = 0{,}450$ and $\xi = 0{,}617$ limit lines. In the $h_f/d = 0{,}10$ and $h_f/d = 0{,}15$ column groups: $\xi = 0{,}450$ and $\xi = 0{,}617$ limit lines.

Abb. 10.16 Bemessungstabellen für Plattenbalken mit $h_f/d = 0{,}05$; $h_f/d = 0{,}10$; $h_f/d = 0{,}15$

$$M_{Eds} = M_{Ed} - N_{Ed} \cdot z_{s1}$$

$$\mu_{Eds} = \frac{M_{Eds}}{b_{eff} \cdot d^2 \cdot f_{cd}}$$

$$A_{s1} = \frac{1}{\sigma_{sd}} \left(\omega_1 \cdot b_{eff} \cdot d \cdot f_{cd} + N_{Ed} \right)$$

μ_{Eds}	$\frac{b_{eff}}{b_w}$	$h_f/d = 0{,}20$					$h_f/d = 0{,}25$					$h_f/d = 0{,}30$				
		1	2	3	5	10	1	2	3	5	10	1	2	3	5	10
0,02	ω_1	0,0203	0,0203	0,0203	0,0203	0,0203	0,0203	0,0203	0,0203	0,0203	0,0203	0,0203	0,0203	0,0203	0,0203	0,0203
	ξ	0,04	0,04	0,04	0,04	0,04	0,04	0,04	0,04	0,04	0,04	0,04	0,04	0,04	0,04	0,04
	ε_{s1}	25,00	25,00	25,00	25,00	25,00	25,00	25,00	25,00	25,00	25,00	25,00	25,00	25,00	25,00	25,00
0,04	ω_1	0,0410	0,0410	0,0410	0,0410	0,0410	0,0410	0,0410	0,0410	0,0410	0,0410	0,0410	0,0410	0,0410	0,0410	0,0410
	ξ	0,07	0,07	0,07	0,07	0,07	0,07	0,07	0,07	0,07	0,07	0,07	0,07	0,07	0,07	0,07
	ε_{s1}	25,00	25,00	25,00	25,00	25,00	25,00	25,00	25,00	25,00	25,00	25,00	25,00	25,00	25,00	25,00
0,06	ω_1	0,0621	0,0621	0,0621	0,0621	0,0621	0,0621	0,0621	0,0621	0,0621	0,0621	0,0621	0,0621	0,0621	0,0621	0,0621
	ξ	0,09	0,09	0,09	0,09	0,09	0,09	0,09	0,09	0,09	0,09	0,09	0,09	0,09	0,09	0,09
	ε_{s1}	25,00	25,00	25,00	25,00	25,00	25,00	25,00	25,00	25,00	25,00	25,00	25,00	25,00	25,00	25,00
0,08	ω_1	0,0836	0,0836	0,0836	0,0836	0,0836	0,0836	0,0836	0,0836	0,0836	0,0836	0,0836	0,0836	0,0836	0,0836	0,0836
	ξ	0,11	0,11	0,11	0,11	0,11	0,11	0,11	0,11	0,11	0,11	0,11	0,11	0,11	0,11	0,11
	ε_{s1}	25,00	25,00	25,00	25,00	25,00	25,00	25,00	25,00	25,00	25,00	25,00	25,00	25,00	25,00	25,00
0,10	ω_1	0,1057	0,1057	0,1057	0,1057	0,1057	0,1057	0,1057	0,1057	0,1057	0,1057	0,1057	0,1057	0,1057	0,1057	0,1057
	ξ	0,13	0,13	0,13	0,13	0,13	0,13	0,13	0,13	0,13	0,13	0,13	0,13	0,13	0,13	0,13
	ε_{s1}	23,29	23,29	23,29	23,29	23,29	23,29	23,29	23,29	23,29	23,29	23,29	23,29	23,29	23,29	23,29
0,12	ω_1	0,1285	0,1285	0,1285	0,1285	0,1285	0,1285	0,1285	0,1285	0,1285	0,1285	0,1285	0,1285	0,1285	0,1285	0,1285
	ξ	0,16	0,16	0,16	0,16	0,16	0,16	0,16	0,16	0,16	0,16	0,16	0,16	0,16	0,16	0,16
	ε_{s1}	18,55	18,48	18,45	18,42	18,40	18,55	18,48	18,45	18,42	18,40	18,55	18,48	18,45	18,42	18,40
0,14	ω_1	0,1518	0,1518	0,1518	0,1518	0,1518	0,1518	0,1518	0,1518	0,1518	0,1518	0,1518	0,1518	0,1518	0,1518	0,1518
	ξ	0,19	0,19	0,19	0,19	0,19	0,19	0,19	0,19	0,19	0,19	0,19	0,19	0,19	0,19	0,19
	ε_{s1}	15,16	15,16	15,16	15,16	15,16	15,16	15,16	15,16	15,16	15,16	15,16	15,16	15,16	15,16	15,16
0,16	ω_1	0,1759	0,1759	0,1759	0,1759	0,1758	0,1759	0,1759	0,1759	0,1759	0,1759	0,1759	0,1759	0,1759	0,1759	0,1759
	ξ	0,22	0,22	0,22	0,22	0,22	0,22	0,22	0,22	0,22	0,22	0,22	0,22	0,22	0,22	0,22
	ε_{s1}	12,60	12,49	12,44	12,39	12,35	12,60	12,60	12,60	12,60	12,60	12,60	12,60	12,60	12,60	12,60
0,18	ω_1	0,2009	0,2009	0,2008	0,2007	0,2007	0,2007	0,2007	0,2007	0,2007	0,2007	0,2007	0,2007	0,2007	0,2007	0,2007
	ξ	0,26	0,28	0,29	0,31	0,35	0,25	0,25	0,25	0,25	0,25	0,25	0,25	0,25	0,25	0,25
	ε_{s1}	9,02	7,82	7,10	6,19	4,99	10,62	10,62	10,62	10,62	10,62	10,62	10,62	10,62	10,62	10,62
0,20	ω_1	0,2269	0,2274	0,2280	0,2293		0,2263	0,2262	0,2262	0,2262	0,2262	0,2263	0,2263	0,2263	0,2263	0,2263
	ξ	0,29	0,35	0,39	0,49		0,28	0,28	0,29	0,29	0,30	0,28	0,28	0,28	0,28	0,28
	ε_{s1}	6,91	5,11	3,99	2,55		9,02	8,85	8,77	8,08	7,41	9,02	9,02	9,02	9,02	9,02
0,22	ω_1	0,2539	0,2563	0,2592			0,2534	0,2533	0,2532	0,2531	0,2530	0,2529	0,2528	0,2528	0,2528	0,2528
	ξ	0,34	0,43	0,53			0,32	0,35	0,37	0,40	0,46	0,31	0,31	0,31	0,31	0,31
	ε_{s1}	5,44	3,38	2,17			6,33	5,37	4,79	4,05	3,06	7,71	7,69	7,68	7,67	7,67
0,24	ω_1	0,2821	0,2883				0,2814	0,2822	0,2831	0,2851		0,2809	0,2806	0,2805	0,2803	0,2801
	ξ	0,38	0,52				0,37	0,43	0,49	0,60		0,36	0,37	0,38	0,39	0,40
	ε_{s1}	4,34	2,21				4,96	3,59	2,73	1,60		5,71	5,28	5,05	4,80	4,54
0,26	ω_1	0,3116					0,3108	0,3142				0,3101	0,3103	0,3105	0,3110	
	ξ	0,42					0,41	0,52				0,40	0,44	0,47	0,52	
	ε_{s1}	3,49					3,94	2,35				4,45	3,61	3,10	2,42	
0,28	ω_1	0,3427					0,3417					0,3409	0,3424	0,3442		
	ξ	0,47					0,46					0,45	0,53	0,61		
	ε_{s1}	2,82					3,14					3,51	2,38	1,67		
0,30	ω_1	0,3756					0,3744					0,3734				
	ξ	0,52					0,51					0,49				
	ε_{s1}	2,26					2,50					2,77				
0,32	ω_1	0,4108					0,4094					0,4081				
	ξ	0,57					0,56					0,55				
	ε_{s1}	1,79					1,98					2,18				
0,34	ω_1						0,4470					0,4455				
	ξ						0,61					0,60				
	ε_{s1}						1,53					1,68				

In den Tabellen markierte Grenzen: $\xi = 0{,}450$; $\xi = 0{,}617$.

Abb. 10.17 Bemessungstabellen für Plattenbalken mit $h_f/d = 0{,}20$; $h_f/d = 0{,}25$; $h_f/d = 0{,}30$

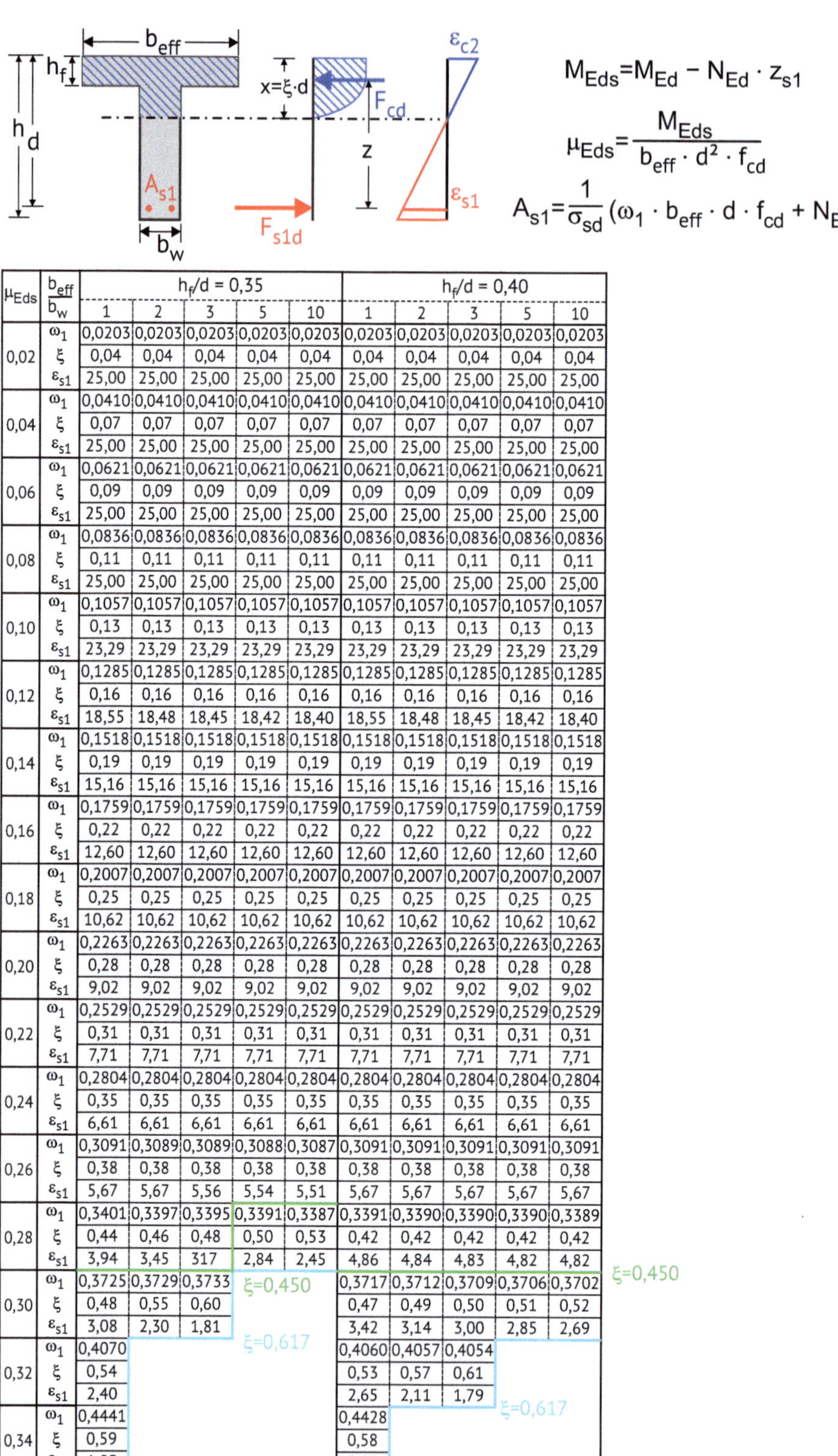

μ_{Eds}	$\dfrac{b_{eff}}{b_w}$	$h_f/d = 0{,}35$					$h_f/d = 0{,}40$				
		1	2	3	5	10	1	2	3	5	10
0,02	ω_1	0,0203	0,0203	0,0203	0,0203	0,0203	0,0203	0,0203	0,0203	0,0203	0,0203
	ξ	0,04	0,04	0,04	0,04	0,04	0,04	0,04	0,04	0,04	0,04
	ε_{s1}	25,00	25,00	25,00	25,00	25,00	25,00	25,00	25,00	25,00	25,00
0,04	ω_1	0,0410	0,0410	0,0410	0,0410	0,0410	0,0410	0,0410	0,0410	0,0410	0,0410
	ξ	0,07	0,07	0,07	0,07	0,07	0,07	0,07	0,07	0,07	0,07
	ε_{s1}	25,00	25,00	25,00	25,00	25,00	25,00	25,00	25,00	25,00	25,00
0,06	ω_1	0,0621	0,0621	0,0621	0,0621	0,0621	0,0621	0,0621	0,0621	0,0621	0,0621
	ξ	0,09	0,09	0,09	0,09	0,09	0,09	0,09	0,09	0,09	0,09
	ε_{s1}	25,00	25,00	25,00	25,00	25,00	25,00	25,00	25,00	25,00	25,00
0,08	ω_1	0,0836	0,0836	0,0836	0,0836	0,0836	0,0836	0,0836	0,0836	0,0836	0,0836
	ξ	0,11	0,11	0,11	0,11	0,11	0,11	0,11	0,11	0,11	0,11
	ε_{s1}	25,00	25,00	25,00	25,00	25,00	25,00	25,00	25,00	25,00	25,00
0,10	ω_1	0,1057	0,1057	0,1057	0,1057	0,1057	0,1057	0,1057	0,1057	0,1057	0,1057
	ξ	0,13	0,13	0,13	0,13	0,13	0,13	0,13	0,13	0,13	0,13
	ε_{s1}	23,29	23,29	23,29	23,29	23,29	23,29	23,29	23,29	23,29	23,29
0,12	ω_1	0,1285	0,1285	0,1285	0,1285	0,1285	0,1285	0,1285	0,1285	0,1285	0,1285
	ξ	0,16	0,16	0,16	0,16	0,16	0,16	0,16	0,16	0,16	0,16
	ε_{s1}	18,55	18,48	18,45	18,42	18,40	18,55	18,48	18,45	18,42	18,40
0,14	ω_1	0,1518	0,1518	0,1518	0,1518	0,1518	0,1518	0,1518	0,1518	0,1518	0,1518
	ξ	0,19	0,19	0,19	0,19	0,19	0,19	0,19	0,19	0,19	0,19
	ε_{s1}	15,16	15,16	15,16	15,16	15,16	15,16	15,16	15,16	15,16	15,16
0,16	ω_1	0,1759	0,1759	0,1759	0,1759	0,1759	0,1759	0,1759	0,1759	0,1759	0,1759
	ξ	0,22	0,22	0,22	0,22	0,22	0,22	0,22	0,22	0,22	0,22
	ε_{s1}	12,60	12,60	12,60	12,60	12,60	12,60	12,60	12,60	12,60	12,60
0,18	ω_1	0,2007	0,2007	0,2007	0,2007	0,2007	0,2007	0,2007	0,2007	0,2007	0,2007
	ξ	0,25	0,25	0,25	0,25	0,25	0,25	0,25	0,25	0,25	0,25
	ε_{s1}	10,62	10,62	10,62	10,62	10,62	10,62	10,62	10,62	10,62	10,62
0,20	ω_1	0,2263	0,2263	0,2263	0,2263	0,2263	0,2263	0,2263	0,2263	0,2263	0,2263
	ξ	0,28	0,28	0,28	0,28	0,28	0,28	0,28	0,28	0,28	0,28
	ε_{s1}	9,02	9,02	9,02	9,02	9,02	9,02	9,02	9,02	9,02	9,02
0,22	ω_1	0,2529	0,2529	0,2529	0,2529	0,2529	0,2529	0,2529	0,2529	0,2529	0,2529
	ξ	0,31	0,31	0,31	0,31	0,31	0,31	0,31	0,31	0,31	0,31
	ε_{s1}	7,71	7,71	7,71	7,71	7,71	7,71	7,71	7,71	7,71	7,71
0,24	ω_1	0,2804	0,2804	0,2804	0,2804	0,2804	0,2804	0,2804	0,2804	0,2804	0,2804
	ξ	0,35	0,35	0,35	0,35	0,35	0,35	0,35	0,35	0,35	0,35
	ε_{s1}	6,61	6,61	6,61	6,61	6,61	6,61	6,61	6,61	6,61	6,61
0,26	ω_1	0,3091	0,3089	0,3089	0,3088	0,3087	0,3091	0,3091	0,3091	0,3091	0,3091
	ξ	0,38	0,38	0,38	0,38	0,38	0,38	0,38	0,38	0,38	0,38
	ε_{s1}	5,67	5,67	5,56	5,54	5,51	5,67	5,67	5,67	5,67	5,67
0,28	ω_1	0,3401	0,3397	0,3395	0,3391	0,3387	0,3391	0,3390	0,3390	0,3390	0,3389
	ξ	0,44	0,46	0,48	0,50	0,53	0,42	0,42	0,42	0,42	0,42
	ε_{s1}	3,94	3,45	317	2,84	2,45	4,86	4,84	4,83	4,82	4,82
0,30	ω_1	0,3725	0,3729	0,3733			0,3717	0,3712	0,3709	0,3706	0,3702
	ξ	0,48	0,55	0,60			0,47	0,49	0,50	0,51	0,52
	ε_{s1}	3,08	2,30	1,81			3,42	3,14	3,00	2,85	2,69
0,32	ω_1	0,4070					0,4060	0,4057	0,4054		
	ξ	0,54					0,53	0,57	0,61		
	ε_{s1}	2,40					2,65	2,11	1,79		
0,34	ω_1	0,4441					0,4428				
	ξ	0,59					0,58				
	ε_{s1}	1,85					2,02				

◻ **Abb. 10.18** Bemessungstabellen für Plattenbalken mit $h_f/d = 0{,}35$; $h_f/d = 0{,}40$

10.2 Konstruktionshilfsmittel

10.2.1 Bewehrungsquerschnitte

Aus ◘ Abb. 10.19 kann der Querschnitt und das Gewicht einzelner Stäbe abgelesen. Für Flächenbewehrung können die Lagermatten in ◘ Abb. 10.20 oder eine Flächenbewehrung aus Stabstahl mit den Querschnittswerten nach ◘ Abb. 10.21 verwendet werden.

10.2.2 Verankerungslängen

Aus ◘ Abb. 10.22 kann die Verankerungslänge bestimmt werden, falls der Bemessungswert der Betondeckung $c_d \geq 1{,}5\phi$ ist.

10.2.3 Biegerollendurchmesser

In ◘ Abb. 10.23 sind Biegerollendurchmesser für die Kraftumlenkung (z. B. Rahmeneck) angegeben.

Betonstabstahl

Nenndurchmesser Ø [mm]	6,0	8,0	10,0	12,0	14,0	16,0	20,0	25,0	28,0	32,0	40,0
Querschnittsfläche A_s [cm²]	0,283	0,503	0,785	1,131	1,54	2,01	3,14	4,91	6,16	8,04	12,6
Nenngewicht [kg/m]	0,222	0,395	0,617	0,888	1,21	1,58	2,47	3,85	4,83	6,31	9,89

zusätzlich für Matten und Gitterträger

Nenndurchmesser Ø [mm]	6,5	7,0	7,5	8,5	9,0	9,5	11,0
Querschnittsfläche A_s [cm²]	0,332	0,385	0,442	0,567	0,636	0,709	0,950
Nenngewicht [kg/m]	0,260	0,302	0,347	0,445	0,499	0,556	0,746

◘ **Abb. 10.19** Betonstahlquerschnitte

| Matte | Länge / Breite | Mattenaufbau in Längs- und Querrichtung | | | | | Querschnitte | Gewicht | | Überstände |
| | | Stababstände | Stabdurchmesser Innenbereich | Stabdurchmesser Randbereich | Anzahl der Längsrandstäbe (Randeinsparung) links | rechts | längs / quer | je Matte | m² | längs / quer |
	[m]	[mm]	[mm]	[mm]	links	rechts	[cm²/m]	[kg]	[kg]	[mm]
Q188		150 / 150	• 6,0 / • 6,0				1,88 / 1,88	41,7	3,02	75 / 25
Q257		150 / 150	• 7,0 / • 7,0				2,57 / 2,57	56,8	4,12	75 / 25
Q335	6,00 / 2,30	150 / 150	• 8,0 / • 8,0				3,35 / 3,35	74,3	5,38	75 / 25
Q424		150 / 150	• 9,0 / • 9,0	/ 7,0	- 4	/ 4	4,24 / 4,24	84,4	6,12	75 / 25
Q524		150 / 150	• 10,0 / • 10,0	/ 7,0	- 4	/ 4	5,24 / 5,24	100,9	7,31	75 / 25
Q636	6,00 / 2,35	100 / 125	• 9,0 / • 10,0	/ 7,0	- 4	/ 4	6,36 / 6,28	132,0	9,36	62,5 / 25
R188		150 / 250	• 6,0 / • 6,0				1,88 / 1,13	33,6	2,43	125 / 25
R257		150 / 250	• 7,0 / • 6,0				2,57 / 1,13	41,2	2,99	125 / 25
R335	6,00 / 2,30	150 / 250	• 8,0 / • 6,0				3,35 / 1,13	50,2	3,64	125 / 25
R424		150 / 250	• 9,0 / • 8,0	/ 8,0	- 2	/ 2	4,24 / 2,01	67,2	4,87	125 / 25
R524		150 / 250	• 10,0 / • 8,0	/ 8,0	- 2	/ 2	5,24 / 2,01	75,7	5,49	125 / 25

▫ **Abb. 10.20**   Lagermattenprogramm

Stababstand [cm]	Querschnitt für Flächenbewehrung [cm²/m]									
	Nenndurchmesser Ø [mm]									
	8	10	12	14	16	20	25	28	32	40
5	10,05	15,71	22,62	30,79	40,21	62,83	98,17			
6	8,38	13,09	18,85	25,66	33,51	52,36	81,81	102,63		
7	7,18	11,22	16,16	21,99	28,72	44,88	70,12	87,96	114,89	
7,5	6,70	10,47	15,08	20,53	26,81	41,89	65,45	82,10	107,23	
8	6,28	9,82	14,14	19,24	25,13	39,27	61,36	76,97	100,53	157,08
9	5,59	8,73	12,57	17,10	22,34	34,91	54,54	68,42	89,36	139,63
10	5,03	7,85	11,31	15,39	20,11	31,42	49,09	61,58	80,42	125,66
11	4,57	7,14	10,28	13,99	18,28	28,56	44,62	55,98	73,11	114,24
12	4,19	6,54	9,42	12,83	16,76	26,18	40,91	51,31	67,02	104,72
12,5	4,02	6,28	9,05	12,32	16,08	25,13	39,27	49,26	64,34	100,53
13	3,87	6,04	8,70	11,84	15,47	24,17	37,76	47,37	61,87	96,66
14	3,59	5,61	8,08	11,00	14,36	22,44	35,06	43,98	57,45	89,76
15	3,35	5,24	7,54	10,26	13,40	20,94	32,72	41,05	53,62	83,78
16	3,14	4,91	7,07	9,62	12,57	19,63	30,68	38,48	50,27	78,54
17	2,96	4,62	6,65	9,06	11,83	18,48	28,87	36,22	47,31	73,92
17,5	2,87	4,49	6,46	8,80	11,49	17,95	28,05	35,19	45,96	71,81
18	2,79	4,36	6,28	8,55	11,17	17,45	27,27	34,21	44,68	69,81
19	2,65	4,13	5,95	8,10	10,58	16,53	25,84	32,41	42,33	66,14
20	2,51	3,93	5,65	7,70	10,05	15,71	24,54	30,79	40,21	62,83
22,5	2,23	3,49	5,03	6,84	8,94	13,96	21,82	27,37	35,74	55,85
25	2,01	3,14	4,52	6,16	8,04	12,57	19,63	24,63	32,17	50,27
27,5	1,83	2,86	4,11	5,60	7,31	11,42	17,85	22,39	29,25	45,70
30	1,68	2,62	3,77	5,13	6,70	10,47	16,36	20,53	26,81	41,89

■ **Abb. 10.21** Flächenbewehrung aus Stabstahl

Verankerungslänge l_{bd} bei $\sigma_{sd}=f_{yd}=435$ N/mm² und $c_d \geq 1{,}5\phi$ in [cm]										
		C12/15	C16/20	C20/25	C25/30	C30/37	C35/45	C40/50	C45/55	C50/60
Ø6	gut	29	25	22	20	18	17	16	15	14
	mäßig	35	30	27	24	22	20	19	18	17
Ø8	gut	43	37	33	29	27	25	23	22	21
	mäßig	51	44	40	35	32	30	28	26	25
Ø10	gut	57	50	44	40	36	34	31	30	28
	mäßig	69	60	53	48	43	40	38	35	34
Ø12	gut	73	63	57	51	46	43	40	38	36
	mäßig	88	76	68	61	55	51	48	45	43
Ø14	gut	90	78	69	62	57	53	49	46	44
	mäßig	108	93	83	75	68	63	59	56	53
Ø16	gut	107	93	83	74	68	63	59	55	53
	mäßig	129	111	100	89	81	75	70	66	63
Ø20	gut	144	125	112	100	91	85	79	75	71
	mäßig	173	150	134	120	110	101	95	89	85
Ø25	gut	194	168	151	135	123	114	106	100	95
	mäßig	233	202	181	162	148	137	128	120	114
Ø28	gut	226	196	175	157	143	132	124	117	111
	mäßig	271	235	210	188	172	159	149	140	133
Ø32	gut	270	234	209	187	171	158	148	139	132
	mäßig	324	281	251	225	205	190	178	167	159
Ø40	gut	364	315	282	252	230	213	199	188	178
	mäßig	436	378	338	302	276	256	239	225	214

◘ **Abb. 10.22**   Verankerungslängen

ϕ / d_{dg} / c_d	C25/30				C35/45				C50/60			
ϕ	12		25		12		25		12		25	
d_{dg}	16	40	16	40	16	40	16	40	16	40	16	40
c_d	ϕ_{mand}/ϕ bei $\alpha_{mand}=90°$											
20	25	20			18	14			12	9		
30	18	13	33	29	13	9	23	21	8	7	16	14
40	13	8	29	25	9	5	21	18	5	4	14	12
50	10	4	26	21	6	4	18	15	4	4	13	10
60	6	4	23	18	4	4	16	12	4	4	11	8
80	4	4	18	13	4	4	13	9	4	4	8	7
100	4	4	15	9	4	4	10	7	4	4	7	7
c_d	ϕ_{mand}/ϕ bei $\alpha_{mand}=45°$											
20	18	11			11	6			6	4		
30	9	4	28	23	4	4	19	15	4	4	13	10
40	4	4	23	17	4	4	16	11	4	4	10	7
50	4	4	19	13	4	4	12	7	4	4	7	7
60	4	4	15	9	4	4	9	7	4	4	7	7
80	4	4	9	7	4	4	7	7	4	4	7	7
100	4	4	7	7	4	4	7	7	4	4	7	7

Abb. 10.23 Biegerollendurchmesser bei Kraftumleitung

10.3 Schnittgrößenermittlung

10.3.1 Einfeldträger

Zur Schnittgrößenermittlung sind für folgende gängige Einfeldsysteme Hilfsmittel abgebildet:
- Einfeldträger mit einseitigem Kragarm in ◘ Abb. 10.24
- Einseitig eingespannter Einfeldträger in ◘ Abb. 10.25
- Beidseitig eingespannter Einfeldträger in ◘ Abb. 10.26

10.3.2 Durchlaufträger

Zur Ermittlung der Schnittgrößen an Durchlaufträger sind in ◘ Abb. 10.27 Tabellenwerte für Durchlaufträger mit gleicher Stützweite mit 2 bis 4 Felder enthalten. Für größere Systeme können für die Mittelfelder die Tabellenwerte aus ◘ Abb. 10.28 für einen unendlich langen Durchlaufträger entnommen werden.

10.3.3 Integrationstafeln

Zur schnelleren Integration verschiedener Einflussflächen steht als Hilfsmittel die Integrationstafel aus ◘ Abb. 10.29 zur Verfügung.

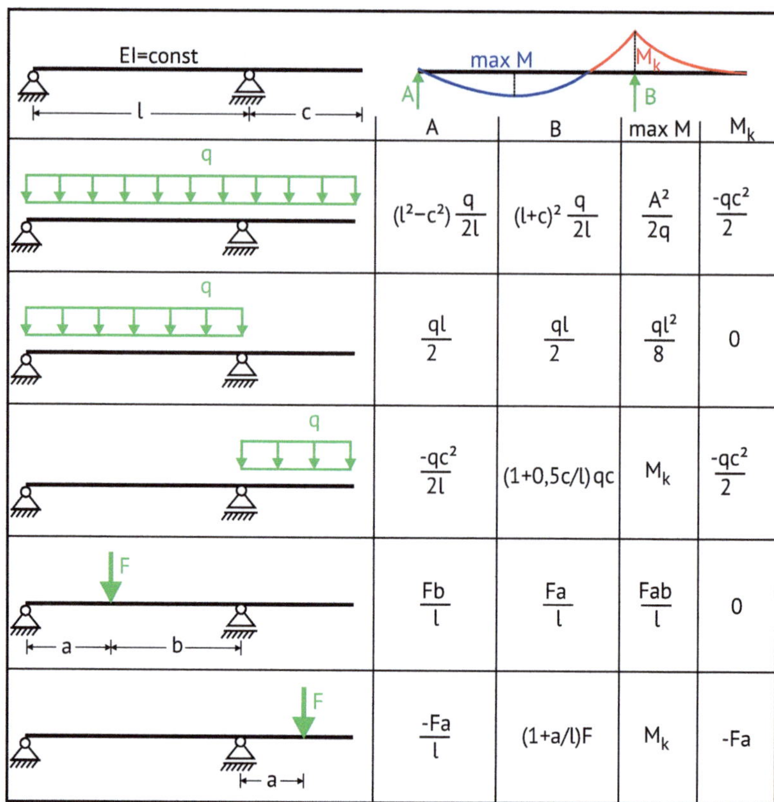

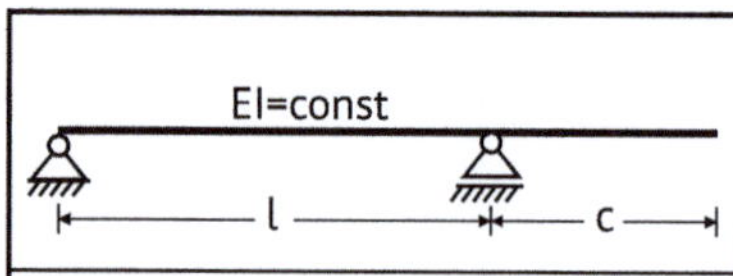 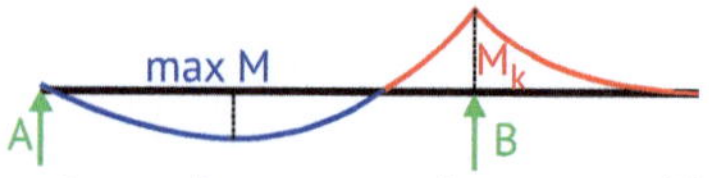	A	B	max M	M_k
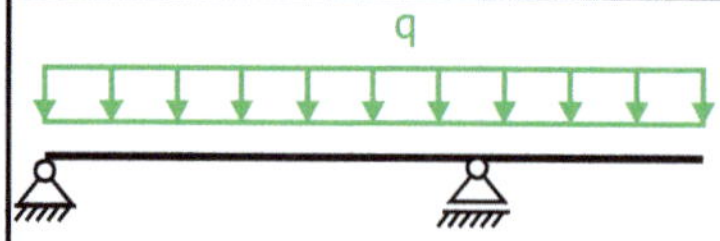	$(l^2-c^2)\frac{q}{2l}$	$(l+c)^2\frac{q}{2l}$	$\frac{A^2}{2q}$	$\frac{-qc^2}{2}$
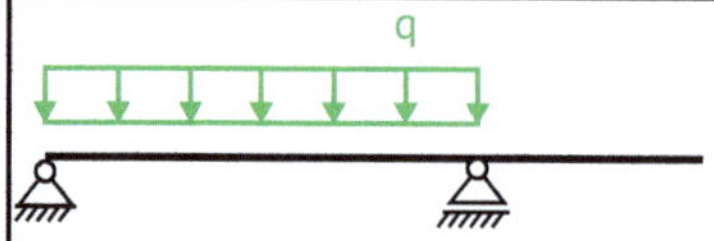	$\frac{ql}{2}$	$\frac{ql}{2}$	$\frac{ql^2}{8}$	0
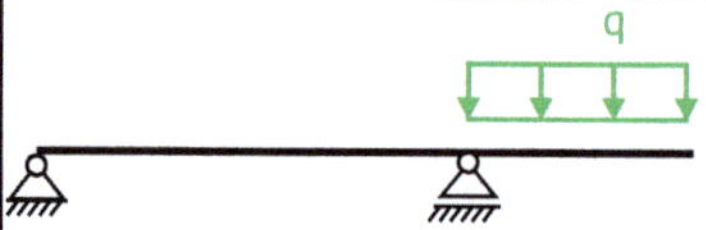	$\frac{-qc^2}{2l}$	$(1+0{,}5c/l)\,qc$	M_k	$\frac{-qc^2}{2}$
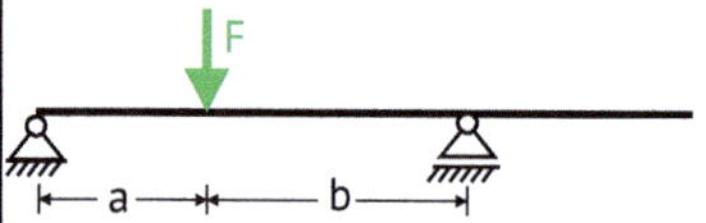	$\frac{Fb}{l}$	$\frac{Fa}{l}$	$\frac{Fab}{l}$	0
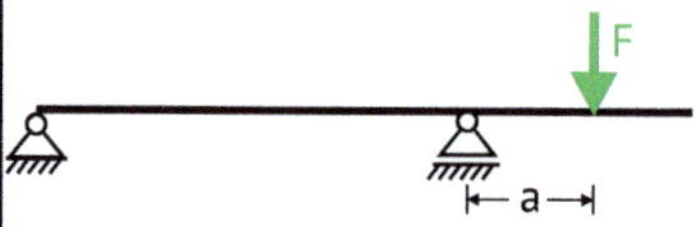	$\frac{-Fa}{l}$	$(1+a/l)F$	M_k	-Fa

Abb. 10.24 Einfeldträger mit Kragarm

	A	B	M_k	max M
Gleichstreckenlast q	$\dfrac{3ql}{8}$	$\dfrac{5ql}{8}$	$\dfrac{-ql^2}{8}$	$\dfrac{9ql^2}{128}$
Dreieckslast q (ansteigend)	$\dfrac{3ql}{10}$	$\dfrac{2ql}{5}$	$\dfrac{-ql^2}{15}$	$\dfrac{ql^2}{33,54}$
Dreieckslast q (abfallend)	$\dfrac{11ql}{40}$	$\dfrac{9ql}{40}$	$\dfrac{-7ql^2}{120}$	$\dfrac{ql^2}{23,65}$
Dreieckslast q ($l/2$ – $l/2$)	$\dfrac{11ql}{64}$	$\dfrac{21ql}{64}$	$\dfrac{-5ql^2}{64}$	$\dfrac{ql^2}{20,96}$
Einzellast F ($l/2$ – $l/2$)	$\dfrac{5F}{16}$	$\dfrac{11F}{16}$	$\dfrac{-3Fl}{16}$	$\dfrac{5Fl}{32}$
Einzellast F (a – b)	$\dfrac{Fb^2}{2l^3}(2l+a)$	$\dfrac{Fa}{2l^3}(3l^2+a^2)$	$\dfrac{-Fab}{2l^2}(l+a)$	$\dfrac{Fab^2}{2l^3}(2l+a)$

◨ **Abb. 10.25** Einseitig eingespannter Einfeldträger

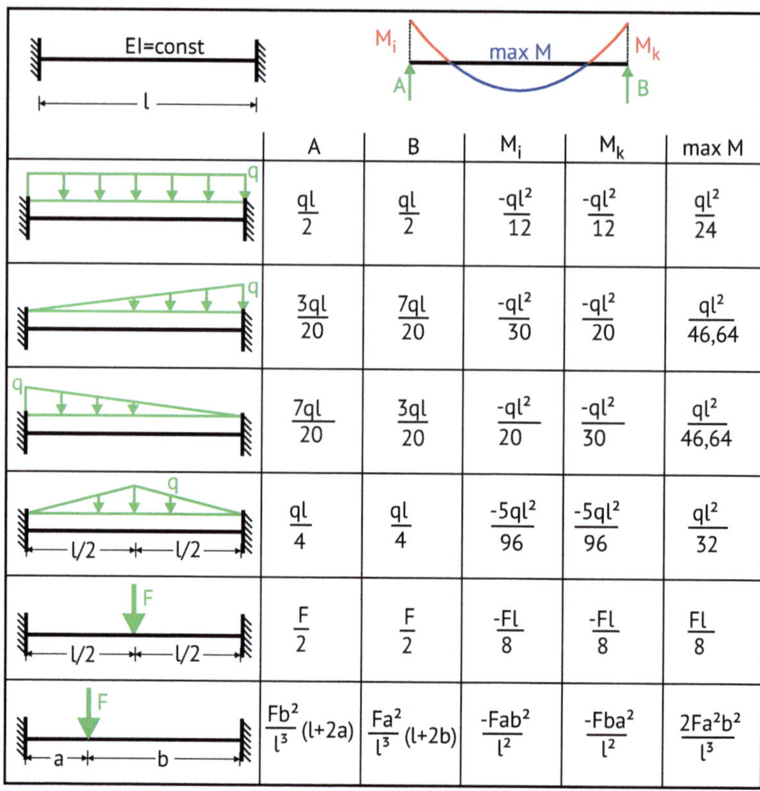

	A	B	M_i	M_k	max M
(Gleichlast q)	$\dfrac{ql}{2}$	$\dfrac{ql}{2}$	$\dfrac{-ql^2}{12}$	$\dfrac{-ql^2}{12}$	$\dfrac{ql^2}{24}$
(Dreieckslast q, ansteigend)	$\dfrac{3ql}{20}$	$\dfrac{7ql}{20}$	$\dfrac{-ql^2}{30}$	$\dfrac{-ql^2}{20}$	$\dfrac{ql^2}{46{,}64}$
(Dreieckslast q, abfallend)	$\dfrac{7ql}{20}$	$\dfrac{3ql}{20}$	$\dfrac{-ql^2}{20}$	$\dfrac{-ql^2}{30}$	$\dfrac{ql^2}{46{,}64}$
(Dreieckslast q, mittig, $l/2$, $l/2$)	$\dfrac{ql}{4}$	$\dfrac{ql}{4}$	$\dfrac{-5ql^2}{96}$	$\dfrac{-5ql^2}{96}$	$\dfrac{ql^2}{32}$
(Einzellast F mittig, $l/2$, $l/2$)	$\dfrac{F}{2}$	$\dfrac{F}{2}$	$\dfrac{-Fl}{8}$	$\dfrac{-Fl}{8}$	$\dfrac{Fl}{8}$
(Einzellast F, a, b)	$\dfrac{Fb^2}{l^3}(l+2a)$	$\dfrac{Fa^2}{l^3}(l+2b)$	$\dfrac{-Fab^2}{l^2}$	$\dfrac{-Fba^2}{l^2}$	$\dfrac{2Fa^2b^2}{l^3}$

Abb. 10.26 Beidseitig eingespannter Einfeldträger

Belastungsfall	Max Feldmoment (Faktor: ql^2)				Stützmomente (ql^2)			Auflagerkräfte (Faktor: ql)				
	M_1	M_2	M_3	M_4	M_B	M_C	M_D	A	B_l / B_r	C_l / C_r	D_l / D_r	E
A 1 B 2 C	0,0703	0,0703			−0,1250			0,3750	0,6250 / 0,6250	0,3750		
A 1 B C	0,0957				−0,0625			0,4375	0,5625 / 0,0625	−0,0625		
A 1 B 2 C 3 D	0,0800	0,0250	0,0800		−0,1000	−0,1000		0,4000	0,6000 / 0,5000	0,5000 / 0,6000	0,4000	
A 1 B C 3 D	0,1013		0,1013		−0,0500	−0,0500		0,4500	0,5500 / 0	0 / 0,5500	0,4500	
A B 2 C D		0,0750			−0,0500	−0,0500		−0,0500	0,0500 / 0,5000	0,5000 / 0,0500	−0,0500	
A 1 B 2 C D	0,0735	0,0535			−0,1167	−0,0333		0,3833	0,6167 / 0,5384	0,4166 / 0,0333	−0,0333	
A 1 B C D	0,0939				−0,0667	+0,0167		0,4333	0,5667 / 0,0834	−0,0834 / −0,0167	0,0167	
A 1 B 2 C 3 D 4 E	0,0772	0,0364	0,0364	0,0722	−0,1071	−0,0714	−0,1071	0,3929	0,6071 / 0,5357	0,4643 / 0,4643	0,5357 / 0,6071	0,3929
A 1 B C 3 D E	0,0996		0,0805		−0,0536	−0,0357	−0,0536	0,4464	0,5336 / 0,0179	−0,0179 / 0,4821	0,5179 / 0,0536	−0,0536
A 1 B 2 C D 4 E	0,0720	0,0610		0,0977	−0,1205	−0,0179	−0,0580	0,3795	0,6205 / 0,6026	0,3974 / −0,0401	0,0401 / 0,5580	0,4420
A B 2 C 3 D E		0,0561	0,0561		−0,0357	−0,1072	−0,0357	−0,0357	0,0357 / 0,4285	0,5715 / 0,5715	0,4285 / 0,0357	−0,0357
A 1 B C D E	0,0940				−0,0665	−0,0179	−0,0045	0,4335	0,5665 / 0,0844	−0,0844 / −0,0224	0,0224 / 0,0045	−0,0045
A B 2 C D E		0,0737			−0,0491	−0,0536	+0,0134	−0,0491	0,0491 / 0,4955	0,5045 / 0,0670	−0,0670 / −0,0134	0,0134

Abb. 10.27 Durchlaufträger mit gleichen Stützweiten über 2 bis 4 Felder unter Gleichlast

Belastungsfall								
Max Feldmoment (Faktor: ql^2)				**Stützmomente (Faktor: ql^2)**				**Max. Auflager-kraft (Faktor: ql)**
M_k	M_l	M_m	M_n	M_J	M_K	M_L	M_M	
0,042	0,042	0,042	0,042	−0,083	−0,083	−0,083	−0,083	1,000

Belastungsfall								
Max Feldmoment (Faktor: ql^2)				**Stützmomente (Faktor: ql^2)**				**Max. Auflager-kraft (Faktor: ql)**
M_k	M_l	M_m	M_n	M_J	M_K	M_L	M_M	
0,083		0,083		−0,042	−0,042	−0,042	−0,042	0,050

Belastungsfall								
Max Feldmoment (Faktor: ql^2)				**Stützmomente (Faktor: ql^2)**				**Max. Auflager-kraft (Faktor: ql)**
M_k	M_l	M_m	M_n	M_J	M_K	M_L	M_M	
					−0,022	−0,114	−0,022	1,184

Belastungsfall								
Max Feldmoment (Faktor: ql^2)				**Stützmomente (Faktor: ql^2)**				**Max. Auflager-kraft (Faktor: ql)**
M_k	M_l	M_m	M_n	M_J	M_K	M_L	M_M	
	0,071			0,014	−0,054	−0,054	0,014	

◘ **Abb. 10.28**   Durchlaufträger mit unendlich vielen Feldern

M_i	k (Rechteck)	Dreieck (k)	$k_1 \quad k_2$	$k \; / \; -k$	$\alpha l \;/\; \beta l$ (k)	$\int i^2\, dx$
i (Rechteck)	ik	$\frac{1}{2}ik$	$\frac{1}{2}i(k_1+k_2)$	0	$\frac{1}{2}ik$	i^2
i (Dreieck)	$\frac{1}{2}ik$	$\frac{1}{3}ik$	$\frac{1}{6}i(k_1+2k_2)$	$-\frac{1}{6}ik$	$\frac{1}{6}ik(1+\alpha)$	$\frac{1}{3}i^2$
i (Dreieck)	$\frac{1}{2}ik$	$\frac{1}{6}ik$	$\frac{1}{6}i(2k_1+k_2)$	$\frac{1}{6}ik$	$\frac{1}{6}ik(1+\beta)$	$\frac{1}{3}i^2$
$i_1 \quad i_2$	$\frac{1}{2}k(i_1+i_2)$	$\frac{1}{6}k(i_1+2i_2)$	$\frac{1}{6}\left[\,i_1(2k_1+k_2)+i_2(k_1+2k_2)\,\right]$	$\frac{1}{6}k(i_1-i_2)$	$\frac{1}{6}k\left[\,i_1(1+\beta)+i_2(1+\alpha)\,\right]$	$\frac{1}{3}(i_1^2+i_1 i_2+i_2^2)$
$i \;/\; -i$	0	$-\frac{1}{6}ik$	$\frac{1}{6}i(k_1-k_2)$	$\frac{1}{3}ik$	$\frac{1}{6}ik(1-2\alpha)$	$\frac{1}{3}i^2$
$i \;/\; -i/2$	$\frac{1}{4}ik$	0	$\frac{1}{4}ik_1$	$\frac{1}{4}ik$	$\frac{1}{4}ik\beta$	$\frac{1}{4}i^2$
$-i/2 \;/\; i$	$\frac{1}{4}ik$	$\frac{1}{4}ik$	$\frac{1}{4}ik_2$	$-\frac{1}{4}ik$	$\frac{1}{4}ik\alpha$	$\frac{1}{4}i^2$
$l/2$, i (symm. Dreieck)	$\frac{1}{2}ik$	$\frac{1}{4}ik$	$\frac{1}{4}i(k_1+k_2)$	0	$\frac{ik}{12\beta}(3-4\alpha^2)$	$\frac{1}{3}i^2$
γl, δl, i	$\frac{1}{2}ik$	$\frac{1}{6}ik(1+\gamma)$	$\frac{1}{6}i\left[\,k_1(1+\delta)+k_2(1+\gamma)\,\right]$	$\frac{1}{6}ik(1-2\gamma)$	$\dfrac{ik}{6\beta\gamma}(2\gamma-\gamma^2-\alpha^2)$ $\gamma \geqslant \alpha$	$\frac{1}{3}i^2$
i (quadr. Parabel)	$\frac{2}{3}ik$	$\frac{1}{3}ik$	$\frac{1}{3}i(k_1+k_2)$	0	$\frac{1}{3}ik(1+\alpha\beta)$	$\frac{8}{15}i^2$
i (quadr. Parabel)	$\frac{2}{3}ik$	$\frac{1}{4}ik$	$\frac{1}{12}i(5k_1+3k_2)$	$\frac{1}{6}ik$	$\frac{ik}{12}(5-\alpha-\alpha^2)$	$\frac{8}{15}i^2$
i (quadr. Parabel)	$\frac{2}{3}ik$	$\frac{5}{12}ik$	$\frac{1}{12}i(3k_1+5k_2)$	$-\frac{1}{6}ik$	$\frac{ik}{12}(5-\beta-\beta^2)$	$\frac{8}{15}i^2$
i (kub. Parabel)	$\frac{1}{4}ik$	$\frac{1}{5}ik$	$\frac{1}{20}i(k_1+4k_2)$	$-\frac{3}{20}ik$	$\frac{ik}{20}(1+\alpha)(1+\alpha^2)$	$\frac{1}{7}i^2$
i (kub. Parabel)	$\frac{1}{4}ik$	$\frac{1}{20}ik$	$\frac{1}{20}i(4k_1+k_2)$	$\frac{3}{20}ik$	$\frac{ik}{20}(1+\beta)(1+\beta^2)$	$\frac{1}{7}i^2$

◘ Abb. 10.29   Integraltafel (Werte der Integrale $\int M_i M_k\, dx = l \cdot$ Tafelwert)

Serviceteil

Stichwortverzeichnis